Das

Elektrische Licht

und

die elektrische Beleuchtung.

Mit einem Anhang

über die Kraftübertragung durch Elektricität.

Für Ingenieure, Architekten

sowie für

Industrielle und das gebildete Publicum.

Von

W. H. Uhland,

Civilingenieur, Redacteur des „Praktischen Maschinen-Constructeur“ u. s. w.

Mit 353 Abbildungen im Texte und 22 Vollbildern neben dem Texte.

Leipzig,

Verlag von Veit & Comp.

1884.

Druck von Metzger & Wittig in Leipzig.

Vorwort.

Von allen Anwendungen, welche gegenwärtig die Elektricität in der Technik und Industrie, ja selbst für die Zwecke des gewöhnlichen Lebens findet, ist die elektrische Beleuchtung unstreitig diejenige, welcher in den weitesten Kreisen und von den verschiedensten Standpunkten aus das lebhafteste Interesse entgegengebracht wird. Stehen sich doch heute Gaslicht und elektrisches Licht in einem Wettkampf gegenüber, in welchen nicht nur Techniker und Industrielle, nein alle Classen der Bevölkerung hineingezogen werden. Um so mehr muß die Wahrnehmung befremden, daß außerhalb der eigentlichen Fachkreise über das Wesen des elektrischen Lichtes und die zur Erzeugung desselben dienenden Apparate im allgemeinen noch jetzt höchst unklare Vorstellungen herrschen. Die Erklärung dieser Thatsache ist vor allem darin zu suchen, daß trotz der außerordentlich reichen Literatur, welche die rapide Entwickelung gerade dieses Zweiges der Elektrotechnik hervorgerufen hat, die Anzahl derjenigen Werke immerhin gering ist, in denen ohne Voraussetzung fachmännischer Vorkenntnisse, allein auf der Grundlage einer allgemein wissenschaftlichen Bildung, die in Betracht kommenden Erscheinungen und Processe, Hilfsmittel und Vorrichtungen erläutert sind. Wenn ich dem entsprechend in dem hiermit vollendet an die Oeffentlichkeit tretenden Werke mir die Aufgabe gestellt habe, ein eingehenderes Verständniß der zur Lichtbildung benutzten elektrischen Stromwirkungen sowie der betreffenden Constructionen (Maschinen, Batterieen, Lampen 2c.) anzubahnen und zugleich eine Uebersicht der bewährten Leistungen auf diesem Gebiete zu geben, so geschah es in klarer Erkenntniß der einem solchen Unternehmen entgegenstehenden Schwierigkeiten und in dem Bewußtsein, daß selbst bei möglichster Vollständigkeit des Werkes dasselbe binnen kurzem durch den Fortschritt des Erfindungsgeistes in Einzelnem überholt sein würde. Für die Auswahl wie für die Behandlung des Stoffes ist durchgängig der praktische Gesichtspunkt maaßgebend gewesen. Das nothwendigerweise streng wissenschaftlich gehaltene Kapitel über das Messen der Elektricität und des Lichtes ist mit Rücksicht auf diejenigen Techniker aufgenommen, welche die Elektrotechnik zwar nicht zu ihrem speciellen Studium gemacht haben, die aber durch ihre Berufsthätigkeit häufig in nahe Beziehung zu derselben gebracht werden. Einen Anhang über die elektrische Kraftübertragung beizufügen, schien mir insofern berechtigt, als ja die Anwendung dieser Betriebsart für den ökonomischen Vortheil elektrischer Beleuchtungsanlagen von naheliegender Bedeutung ist. Dank der Bereitwilligkeit, mit welcher die maaßgebenden Firmen ihre Mittheilungen zur Verfügung gestellt haben, konnte sowohl in der Vielseitigkeit des Inhalts als in der Genauigkeit der Angaben das Mögliche geleistet und durch einen Reichthum an Illustrationen, wie ihn kaum ein ähnliches Werk aufzuweisen hat, die Anschaulichkeit der Darstellung erhöht werden. Namentlich auch durch die Beschreibung und Abbildung zahlreicher ausgeführter Anlagen hoffe ich, den auf anderen Gebieten gemachten Erfahrungen zufolge, zur Gestaltung der dem Werke zu Grunde liegenden Ideen beigetragen zu haben.

Gohlis bei Leipzig im December 1883.

W. H. Uhland.

Inhaltsverzeichniß.

Erstes Kapitel.

Zweites Kapitel.

Drittes Kapitel.

Viertes Kapitel.

Fünftes Kapitel.

Verzeichniß der Illustrationen.

Verzeichniß der Tafeln.

Dr. Werner Siemens.

Erstes Kapitel.

Geschichte des Beleuchtungswesens.

1. Oel-, Kerzen- und Gasbeleuchtung.

Die Erkenntniß der hohen culturhistorischen Bedeutung des elektrischen Lichtes und der tiefeingreifenden Wandlungen, welche die allgemeine Einführung desselben in den Lebensgewohnheiten jedes Einzelnen, im öffentlichen Leben und auf dem weiten Gesammtgebiete der Industrie hervorzubringen berufen ist, hat sich gegenwärtig selbst außerhalb der Fachkreise fast überall Bahn gebrochen. Damit jedoch auch der Laie die Großartigkeit des unser Zeitalter charakterisirenden Fortschritts im vollsten Maße zu würdigen verstehe, erscheint es geboten, ehe wir an die eigentliche Aufgabe dieses Werkes herantreten, im Nachstehenden eine kurzgefaßte Darstellung der Entwickelungsgeschichte der Beleuchtungsmittel zu geben.

Die älteste und bei manchen Naturvölkern noch heute ausschließlich gebräuchliche Beleuchtungsart bestand in der Unterhaltung eines Holzfeuers. Von diesem ersten Versuche, die Finsterniß zu bekämpfen, leitet sich der unter unseren Vorfahren, sowie unter den meisten Völkern des Alterthums im Anfang ihrer Culturentwickelung herrschende Gebrauch her, einen brennenden Kienspan als Leuchte zu benutzen. Jahrhunderte lang blieb dem Kienspan die unbestrittene Alleinherrschaft gewahrt und selbst bei den gebildeten Römern reichte die Anwendung desselben bis in das neunte Jahrhundert hinein; ja die Zeit liegt noch nicht so fern, in welcher man sich in den Spinnstuben des Schwarzwaldes beim Scheine des Fichtenspans zu traulicher Geselligkeit vereinigte.

Aus Andeutungen, welche sich in den biblischen Ueberlieferungen finden, geht hervor, daß schon dem jüdischen Volke der Gebrauch des

Oeles zur Herstellung eines vollkommneren Lichtes bekannt gewesen ist. Auch bei anderen fortgeschrittenen Völkern wurden schon in den späteren Perioden des Alterthums Fette und ölige Stoffe als Beleuchtungsmittel angewendet; doch zeigte selbst bei den civilisirtesten Nationen, den Griechen und Römern, das hierzu dienende Geräth eine kaum weniger primitive Einrichtung als bei den minder gesitteten Volksstämmen. Die antike Lampe, wie sie in Fig. 1 veranschaulicht ist, bestand aus einem mit Oel gefüllten Gefäße, in welches ein grober, aus Hanf- oder Flachsfasern zusammengedrehter Docht derart eingelegt war, daß das eine Ende desselben auf dem Rande des Gefäßes ruhte, wo das von den Fasern aufgesaugte Oel zur Verbrennung gelangte.

Wenngleich die Lampen, deren sich die Culturvölker des Alterthums bedienten und die wir in den Museen aufbewahrt finden, durch die

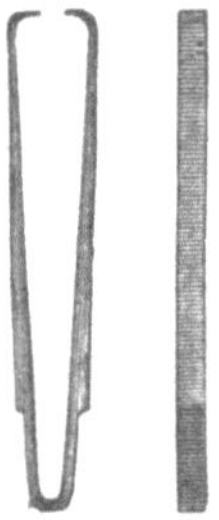

Fig. 2.

Fig. 1.

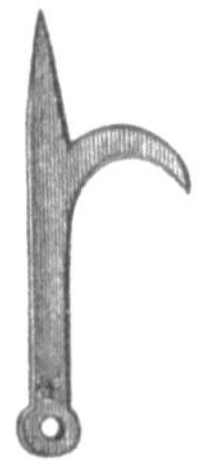

Fig. 3.

Römische Bronzelampe.

ästhetische Ausbildung der Form die Bewunderung des Künstlers und des Archäologen erregen, so waren sie doch mit Rücksicht auf die Leuchtfähigkeit äußerst mangelhaft construirt, indem besonders infolge der unvollkommenen Verbrennung des im Oel enthaltenen Kohlenstoffs ein von üblem Geruch begleitetes Rauchen und starkes Rußen der Flamme nicht zu vermeiden war. Derartige Lampen haben sich übrigens auch noch anderwärts als in den Museen bis in unsere Zeit erhalten. Die in der Cultur stets einigermaßen zurückbleibenden Landbewohner, sowie die Bergleute haben die classische Lampe als sogenannte Küchenlampe resp. als Grubenlampe bis auf den heutigen Tag in Gebrauch; nur insofern ist eine kleine Verbesserung zu bemerken, als der Docht in einem von dem unteren Theile des Oelgefäßes ausgehenden hohlen Arme, der Dille, gelagert ist, sodaß ein Untersinken desselben im Oel nicht stattfinden kann.

Zur Regulirung der Flamme, d. h. um den Docht im Verhältniß zu seiner Verbrennung fortzurücken, bediente sich die vornehme Römerin ebenso wie die Bäuerin der Jetztzeit keines besseren Apparats, als wie ihn eine gewöhnliche Haarnadel darstellt, denn die für diesen Zweck her-

Fig. 4.

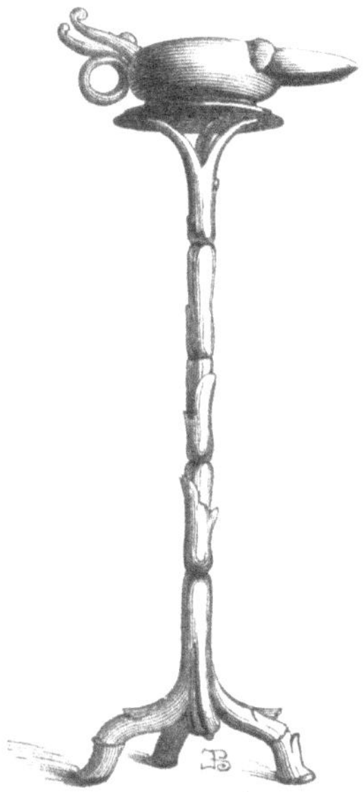

Fig. 5.

Römische Bronzecandelaber.

gestellten Zängelchen und Häkchen, von deren Formen einige durch Fig. 2 und 3 veranschaulicht sind, boten kaum eine größere Bequemlichkeit dar.

In den prunkvollen Palästen des kaiserlichen Roms und in der elenden Hütte des Sklaven war im classischen Alterthum die Beleuchtung im wesentlichen die gleiche. Statt des rohen Thones, mit welchem sich der Proletarier begnügte, mochte man zur Herstellung der Lampe das kostbarste Material verwenden, ihr eine zierliche Form geben, sie auf reich geschnitzten und geschmackvoll angeordneten Candelabern anbringen, — wie dies die Fig. 4 und 5 darstellen — an dem Organismus der Lampe wurde bei aller Schönheit der Ausstattung nichts geändert.

Bis weit in das Mittelalter hinein blieb die beschriebene Lampe das allgemeine Beleuchtungsmittel; denn die vereinzelten Anwendungen, die man bis dahin von der Kerzenbeleuchtung machte, hatten kaum mehr als historische Bedeutung. Die ersten Nachrichten von der Benutzung fester Leuchtstoffe in einer der heutigen Kerze ähnlichen Form reichen allerdings sehr weit zurück. Plinius und Livius berichten von der Anwendung mit Pech oder Wachs getränkter Flachsschnüre, später in Pech getauchter und dann mit Wachs überzogener Streifen von Papyrus und Binsen, sowie des fettgetränkten Markes von Schilfrohren als Beleuchtungsmittel, die unseren Kerzen am nächsten vergleichbar sind. Der römische Schriftsteller Apulejus unterscheidet gegen Ende des zweiten Jahrhunderts bereits zwischen Wachs- und Talgkerzen. Erst im Mittelalter gewann jedoch die Wachskerze einige Bedeutung. Noch im 14. Jahrhundert machte man an den Höfen reicher Fürsten von Kerzen aus gebleichtem Wachs, die ihres außerordentlich hohen Preises wegen als kostbarer Luxusgegenstand galten, einen sehr sparsamen Gebrauch. Durch den Cultus der katholischen Kirche gewann später auch außerhalb der Gotteshäuser der Bedarf an Wachskerzen eine bedeutende Ausdehnung und im 18. Jahrhundert war der Verbrauch derselben an den fürstlichen Höfen und in den Palästen der Bischöfe ein wahrhaft großartiger zu nennen.

Talgkerzen kamen erst im 13. und 14. Jahrhundert in Gebrauch, waren jedoch anfangs gleichfalls als Luxusartikel geschätzt. Das Material für diese Kerzen wurde durch das Auslassen von Rinds- oder Hammelfett gewonnen und die Lichter wurden durch das sogenannte Ziehen, d. h. durch Eintauchen eines baumwollenen Dochts in die geschmolzene Masse hergestellt (gegenwärtig geschieht die Verfertigung der Kerzen allgemein durch Gießen). Obwohl in der Folge die Preisverhältnisse für diese Industrie sich günstiger gestalteten, konnte dieselbe doch zum mindesten nach ihrer technischen Seite hin einen wesentlichen Fortschritt nicht machen, so lange man sich mit der Verwendung des von der Natur gegebenen Materials begnügen mußte. Ein kräftiger Aufschwung trat in dieser Richtung erst dann ein, als am Schluß des vorigen Jahrhunderts bedeutende Chemiker sich bemühten, aus dem weichen, leichtflüssigen Talg ein härteres und schwerer schmelzbares Product herzustellen. Nachdem durch die Entdeckungen von Scheele, Braconnot und Chevreul nachgewiesen worden war, daß die Fettsubstanzen aus einem festen, abscheidbaren Stoffe und einem flüssigen Stoffe bestehen, wurde der erstere, das Stearin, im zweiten Decennium unseres Jahrhunderts zur Herstellung festerer, minder fettig anzufühlender Kerzen benutzt. Chevreul nahm im Jahre 1825 in Gemeinschaft mit Gay-Lussac ein Patent zur Anfertigung von Kerzen aus den fetten Säuren, besonders der Stearinsäure; da jedoch die Darstellungsweise eine sehr complicirte war und überdies die zur Verwendung kommenden Dochte — dieselben, wie sie für Talgkerzen üblich waren — sich für das neue Material nicht eigneten, wurden mit dem betreffenden Verfahren keine nennenswerthen Resultate erzielt. Erst nachdem Cambacerès die Anwendung geflochtener und gedrehter, schnell verglimmender, dünner Baumwolldochte gezeigt hatte und von de Milly im Jahre 1831 ein einfacheres Verfahren zur Darstellung der Stearinsäure erfunden worden war, gewann die neue Industrie eine immer größere Ausdehnung. Wesentliche Verbesserungen, welche in den folgenden Jahren von de Milly in der Anfertigung der nach ihm benannten Kerzen (Millykerzen) eingeführt wurden, veranlaßten, nachdem durch ihn die Fabrikation im Jahre 1837 nach Oesterreich verpflanzt worden war, die Einrichtung von Stearinkerzenfabriken in Paris und Berlin. (Von der zu Anfang ihres Bestehens in der Nähe des „Arc de triomphe de l'Etoile“ gelegenen Pariser Fabrik haben die sogenannten Etoile- oder Sternkerzen ihren Namen erhalten.) Erst seit dieser Zeit ist die Verwendung der Stearinkerzen eine allgemeine geworden. Von da an erhielt die Stearinkerze auch wissenschaftliche Bedeutung, indem man als Einheit zur Messung von Lichtstärken eine Kerze annahm, welche stündlich 10 Gramm Stearin verbrannte. Die aus der ersten Hälfte des 18. Jahrhunderts datirende Benutzung des Walraths, welcher die schönsten Kerzen vom reinsten Weiß liefert, konnte wegen der Kostspieligkeit des Materials bis heute nur eine beschränkte Ausdehnung erlangen und es sind die Walrath- oder Spermacetikerzen nur als Luxus- und als Normalkerzen hauptsächlich in England in Gebrauch. Einen schnellen Eingang verschaffte sich dagegen das im Jahre 1830 entdeckte Paraffin, welches seit 1850 für die Kerzenfabrikation nutzbar gemacht wurde, nachdem es gelungen war, dasselbe fabrikmäßig und in relativer Reinheit darzustellen. Die heute gebräuchlichen Paraffinkerzen zeichnen sich durch ihre alabasterähnliche durchscheinende Farbe und durch ihr schönes weißes Licht aus.

Im Gegensatz zu der fortschreitenden Vervollkommnung der Kerze hatte die Oellampe bis in die zweite Hälfte des 18. Jahrhunderts ihre primitive Form beibehalten. Bei ihrer unvollkommenen Einrichtung konnte, namentlich infolge der unzweckmäßigen Form des Dochts, die Verbrennung des Oeles und somit auch die Lichterzeugung nur eine unvollständige sein. In ein neues Stadium trat daher die Lampenbeleuchtung, als durch die von Léger in Paris im Jahre 1783 erfundenen Plattdochte und vor allem durch den in demselben Jahre aufgetretenen genialen Gedanken Argand's, durch die Anwendung eines röhrenförmigen Dochtes und des nach ihm benannten Brenners der Flamme auch in ihrer Mitte Luft zuzuführen, der Brennstoff in rationellerer Weise verwerthet werden konnte. Die mit Benutzung des Argand'schen Dochtes erzielte Flamme bildet einen spitzen Hohlkegel, der von innen und außen von Luft bespült wird. Der Oelbehälter ist in einer bestimmten Entfernung vom Brenner, und zwar etwas höher als der letztere, angebracht, sodaß die Flüssigkeit nach dem Gesetze von den communicirenden Röhren bis zur Flamme aufsteigt, wobei der Flüssigkeitsdruck durch die Anwendung der sog. Sturzflasche constant erhalten wurde. Im übrigen erhielt die Lampe eine solche Form, daß sie entweder an eine Wand zu hängen, oder, mit einem stabilen Fuß versehen, als Tischlampe zu benutzen war, welch erstere Form durch Fig. 6 dargestellt ist. Als bald darauf durch Quinquet der Luftzutritt zum Aeußern des Lichtkegels durch Aufsetzen eines Glascylinders verstärkt und so eine vollständig rauch- und geruchlose Flamme erzeugt wurde, konnte die Lampenbeleuchtung durch das weißere, gleichmäßigere und concentrirte Licht, durch welches sie sich vor der Kerzenbeleuchtung auszeichnete, schon höheren Ansprüchen genügen.

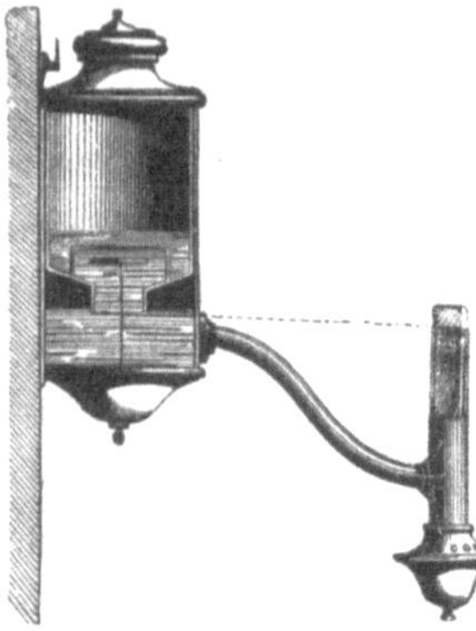

Fig. 6. Argand'sche Lampe.

Als ein weiterer Fortschritt mußte die von Carcel im Jahre 1800 construirte Uhr- oder Pumplampe gelten, bei welcher der Oelbehälter unterhalb des Dochtes angebracht ist und ein Uhrwerk die ununterbrochene Bewegung einer kleinen Pumpe hervorbringt, durch welche das Oel aus dem im Fuße der Lampe befindlichen Behälter gehoben und so ein stetiges Ueberfließen desselben aus der Brenneröffnung bewirkt wird.

Da diese Erfindung Carcel's dem Lichte eine noch größere Gleichmäßigkeit verlieh, wurde seitdem die Carcel-Lampe statt der Stearinkerze benutzt, um die Leistungsfähigkeit anderer Leuchtapparate zu messen und zu vergleichen. Die Verhältnisse der Carcel'schen Normallampe wurden von den französischen Chemikern Dumas und Regnault derart festgestellt, daß für dieselbe der Durchmesser des Dochtes 3 Centimeter, die Flammenhöhe 4 Centimeter und der Verbrauch gereinigten Rüböls 42 Gramm pro Stunde betragen sollte.

Der Gipfelpunkt in der wirthschaftlichen Vervollkommnung der Oellampe wurde schließlich im Jahre 1836 in der Franchot'schen Moderateurlampe erreicht, durch welche die immerhin complicirte, kostspielige und öfters reparaturbedürftige Carcel-Lampe bald nahezu vollständig verdrängt wurde. Die Moderateurlampe hat die gleiche Brennereinrichtung mit Zugcylinder wie die Argand- und die Carcel-Lampen, und ebenso ist das Oelgefäß im Fuße der Lampe untergebracht; doch wird das Oel hier nicht durch ein Pumpwerk, sondern durch eine spiralförmig gewundene Schraubenfeder, die einen Kolben auf die Oberfläche der Oelschicht drückt, in der mit der Dochthülse communicirenden Steigröhre zum Brenner emporgehoben. In Fig. 7, welche eine Ansicht der inneren Einrichtung des Oelbehälters giebt, ist die Wirkung des Federkolbens veranschaulicht. In dieser Form hat die Moderateurlampe bis über die Mitte unseres Jahrhunderts hinaus eine weite Verbreitung gefunden.

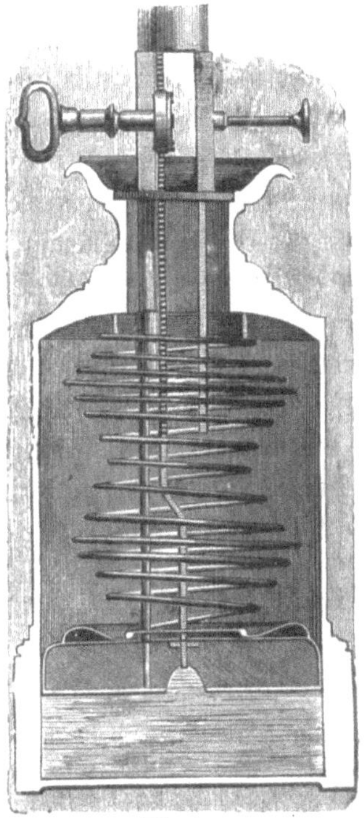

Fig. 7.
Franchot'sche Moderateurlampe.

Ein gänzlicher Umschwung in der Construction der Lampen ist in neuerer Zeit durch die Anwendung der flüchtigen mineralischen Oele als Leuchtstoff herbeigeführt worden. Die Mineralöle geben im Vergleich zu den fetten Oelen ein intensiveres Licht und machen mit Rücksicht auf ihre Dünnflüssigkeit, derzufolge sie leichter durch den Docht angesaugt werden, die künstlichen Vorrichtungen mehr oder weniger entbehrlich. Neben dem wichtigsten derselben, dem Petroleum oder Steinöl, welches in den mit verschiebbarem Flach- oder Hohldocht versehenen sogenannten Petroleumlampen zur Verbrennung gelangt, werden die aus dem rohen Petroleum und verschiedenen Theerarten durch

Destillation gewonnenen und unter den Namen Photogen, Solaröl, Ligroin &c. bekannten Producte in eigens für dieselben construirten Lampen verwendet. Durch die Erzeugung eines hellen, dabei ruhigen und insbesondere auch wohlfeilen Lichtes hat das Petroleum noch heute als Beleuchtungsmaterial für Wohnräume die weiteste Verbreitung, wenngleich demselben für alle Zwecke, für welche größere Lichtmengen gefordert werden, in der Gasbeleuchtung eine siegreiche Concurrenz gegenüber steht.

Ueber Versuche, einen gasförmigen Leuchtstoff herzustellen und zu verwenden, wird schon in der ersten Hälfte des 18. Jahrhunderts berichtet. Nachdem bereits lange die Brennbarkeit und Leuchtfähigkeit des bei der trockenen Destillation der Kohlen, namentlich Steinkohlen, resultirenden Gases bekannt war, ging die Verwerthung desselben Jahrzehnte hindurch nicht über die Anwendung zu wissenschaftlichen Experimenten hinaus, bis der englische Techniker William Murdoch — fast gleichzeitig mit dem französischen Ingenieur Lebon — gegen das Ende des vorigen Jahrhunderts sich ernstlich damit beschäftigte, eine praktische Verwendung dieses Gases in größerem Maßstabe anzubahnen. Im Jahre 1802 trat er mit dem Resultate seiner Versuche zum ersten Male an die Oeffentlichkeit, indem er das Fabrikgebäude von Boulton und Watt in Soho bei Birmingham mit Gas erleuchtete, worauf er in den folgenden Jahren auch andere industrielle Etablissements mit gleichen Beleuchtungsanlagen versah. Ein Deutscher, namens Winzler, der sich in England Winsor nannte, nahm um dieselbe Zeit ein Patent für die Einrichtung von Straßenbeleuchtungen mit Gas. Die von ihm zu diesem Zwecke in London gegründete Actiengesellschaft erlangte jedoch erst Bedeutung, als sie 1813 den Ingenieur S. Clegg, einen Schüler von Murdoch, für die Durchführung des Unternehmens gewann. Noch zu Ende des genannten Jahres beleuchtete die Gesellschaft die Westminster-Brücke und am 1. April 1814 die Pfarrei St. Margaret in Westminster (London), welch letzterer Zeitpunkt als das Datum der Einführung des Gaslichtes für die Straßenbeleuchtung in Europa betrachtet wird, während in Nordamerika bereits zehn Jahre früher Baltimore mit Gasbeleuchtung versehen worden war. In Frankreich gelang die Einführung des Leuchtgases Winzler erst im Jahre 1817, nachdem er das Publicum durch wiederholte Versuche von der Gefahrlosigkeit der neuen Beleuchtungsart hatte überzeugen müssen. Noch später, im Jahre 1826, fand dieselbe in Deutschland Eingang, doch hatten im Jahre 1850 bereits die meisten größeren Städte die Gasbeleuchtung sowohl für die Straßen als auch für das Innere der Gebäude eingeführt, und nach dieser Zeit wurden auch die Mittelstädte und selbst die kleineren Städte Deutschlands mit Gaslicht versehen.

An Stelle des zuerst allein und jetzt noch am meisten üblichen Steinkohlengases wendete man später noch die aus Holz, Torf und Braunkohlen bereiteten Gase und in neuerer Zeit auch das Oelgas (letzteres besonders für geringen Bedarf) an; größere Bedeutung als die letztgenannten Gasarten hat gegenwärtig, besonders in Amerika, die Verwendung des Wassergases für Leuchtzwecke gewonnen. Die Vorzüge der Gasbeleuchtung bestehen im Vergleich mit der Oelbeleuchtung in der hohen Intensität des Lichtes und der mit Rücksicht auf den bedeutenden Lichteffect außerordentlichen Wohlfeilheit, im Vergleich mit der Oel- und Petroleumbeleuchtung in der Bequemlichkeit der Anwendung, welche sowohl aus der Einrichtung des Verbrennungsapparates als aus der fast unbegrenzten Theilbarkeit des Gases sich ergiebt. Den letzteren Vorzug behält die Gasbeleuchtung auch der gegenwärtig so mächtig aufstrebenden elektrischen Beleuchtung gegenüber, durch welche sie eben deshalb wohl niemals ganz verdrängt werden wird. Abgesehen davon, daß für mannigfache Zwecke der Gasbeleuchtung ihre Existenzberechtigung auch künftig gewahrt bleibt, werden durch die veränderten Verhältnisse der Verwendung des Gases andere wichtige Gebiete zugewiesen und es wird dadurch die Gaserzeugung in ganz neue Bahnen gelenkt werden. Die elektrische Beleuchtung selbst zieht schon jetzt das Gas zu ihrer Hilfe heran, indem zum Betrieb der stromerzeugenden Maschinen statt der Dampfmaschinen immer häufiger Gasmotoren verwendet werden. Vor allem ist es aber das weite Feld des Heizungswesens — ein Feld, auf welchem in nächster Zukunft voraussichtlich eine ähnliche Reform vor sich gehen wird, wie sie die praktische Verwendung des elektrischen Lichtes im Beleuchtungswesen zur Folge gehabt hat —, das sich schon jetzt der Gasindustrie eröffnet. Anderseits wird die Einführung der elektrischen Beleuchtung ein gesteigertes Lichtbedürfniß hervorrufen, immer neue Verbesserungen in der Bereitung, wie in der Verbrennung des Gases bewirken und zu Preisermäßigungen Veranlassung geben, welche der Allgemeinheit zu gute kommen, wie schon die wenigen Jahre, welche die Elektrotechnik zu ihrer heutigen großartigen Entfaltung gebraucht hat, in der Construction der Gasbrenner zu fortschreitender Vermehrung der Leuchtkraft bei vermindertem Gasverbrauch geführt haben.

Um die Geschichte des Beleuchtungswesens in folgerechter Entwickelung bis an die Gegenwart heranzuführen, müssen hier zwei Beleuchtungsmethoden Erwähnung finden, welche insofern zu der elektrischen Beleuchtung in Beziehung stehen, als sie auf dem Princip der Incandescenz beruhen, das in verschiedenen Systemen der elektrischen Beleuchtung zu hervorragender praktischer Bedeutung gelangt ist.

Die erstere, vorübergehend zur Ausführung gekommene Methode bestand in der Anwendung eines cylindrischen Netzes von Platindrähten, welche durch eine Wassergasflamme bis zur Weißglut erhitzt wurden und in diesem Zustande hell leuchteten. Versuche zur Straßenbeleuchtung mittels solcher Lichter sind um die Mitte dieses Jahrhunderts namentlich von Gillard in Frankreich mehrfach ausgeführt worden und haben wohl in Bezug auf den erzielten Lichteffect, nicht aber in ökonomischer Hinsicht befriedigende Resultate ergeben.

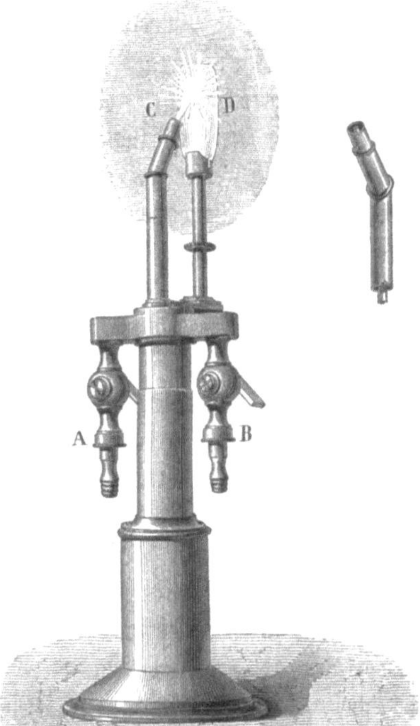

Fig. 8. Lampe für Hydrooxygengas.

Die zweite Methode, die Erzeugung des Hydrooxygengaslichts (auch Drummond'sches Kalklicht nach dem Erfinder genannt), beruht darauf, daß ein Kalkstift durch die Verbrennung von Knallgas, einem Gemische von 2 Theilen Wasserstoff und 1 Theil Sauerstoff, bis zur Weißglut erhitzt wird. Fig. 8 zeigt eine derartige Lampe, wie sie von Tessié du Motay modificirt wurde, indem derselbe statt des Wasserstoffs gewöhnliches Leuchtgas und statt des Kalkcylinders eine Magnesiumplatte zur Anwendung brachte. In der Figur ist diese Platte mit D bezeichnet; A und B sind Rohre, mittels deren die beiden Gasarten — Sauerstoff und Leuchtgas — dem Brenner C zugeführt werden. Innerhalb des gekrümmten Ausblaserohres sind diese Gase derart geführt, daß sie sich erst bei ihrem Austritt bei C zur Flammenbildung vereinigen, indem das Sauerstoffgas durch ein dünneres Rohr geht, welches von dem äußeren Rohre derart umhüllt wird, daß der zwischen beiden Rohren gebildete Raum zur Leitung des Leuchtgases dient, wie dies aus der Detailfigur ersichtlich ist. In den Jahren 1867—1872 machte Tessié du Motay mit der beschriebenen Lampe mehrere Versuche, um verschiedene Straßen von Paris zu beleuchten. Das erzielte Licht hatte eine Leuchtstärke von 20 Carcel-Brennern, wobei die Lampe stündlich etwa 200 Liter Gas verbrannte. Durch die Kosten der Erzeugung und Leitung des Sauerstoffs wurde jedoch der Preis des Lichtes so bedeutend erhöht, daß sich die Einführung desselben für die Zwecke der Straßenbeleuchtung als irrationell erwies. Gegenwärtig beschränkt sich die Anwendung des Kalklichtes auf den Gebrauch in physikalischen Cabinetten, nachdem dasselbe für den Gebrauch auf Leuchtthürmen mehr und mehr dem elektrischen Lichte hat weichen müssen.

2. Elektrische Beleuchtung.

Wie die Elektricitätslehre überhaupt — so weit auch die ersten undeutlichen Spuren derselben in die Vergangenheit zurückreichen — eine durchaus neue Wissenschaft ist, so gehört insbesondere die Erzeugung des elektrischen Lichtes, die in den letzten Jahren eine so hohe industrielle und wirthschaftliche Bedeutung erlangt hat, unstreitig der Neuzeit an und es muß als eine der kühnen Uebertreibungen gelten, deren sich die Geschichtsforscher in unseren Tagen schuldig machen, wenn Thales von Milet, der Begründer der griechischen Philosophie (im 6. Jahrhundert vor unserer Zeitrechnung), weil ihm die Eigenschaft des Bernsteins, mit Wolle gerieben, leichte Körper anzuziehen, bekannt war, als der Stammvater der Elektriker bezeichnet wird. Bis zum Anfang des 17. Jahrhunderts bestand die gesammte Elektricitätslehre — wenn ein so dürftiges Wissen so genannt werden darf — in der Kenntniß der erwähnten Eigenschaft des Bernsteins, von dessen griechischer Benennung elektron ja auch der Name der geheimnißvollsten aller Naturkräfte abgeleitet ist. Um das Jahr 1600 veröffentlichte der englische Arzt und Physiker Gilbert ein Werk, welches den damaligen Standpunkt des bezüglichen Wissens charakterisirt und in welchem, außer von den zu jener Zeit schon bekannten Erscheinungen des Magnetismus, von der anziehenden und abstoßenden Wirkung geriebener Bernstein-, Glas- und Harzstücke die Rede ist. Eine neue Epoche in der Entwickelung der Elektricitätslehre beginnt mit dem Jahre 1670, in welcher Zeit der als Erfinder der Luftpumpe allgemein bekannte gelehrte Bürgermeister von Magdeburg, Otto v. Guericke, die erste, allerdings noch unvollkommene Elektrisirmaschine erfand und ausführte. Wie die Abbildung dieses Apparats, Taf. II., zeigt, bestand derselbe aus einer auf einem hölzernen Gestell gelagerten Schwefelkugel, welche durch ein Schwungrad mit Schnurtrieb in Umdrehung versetzt wurde, wobei sie, durch Anlegen der trockenen Hand gerieben, Elektricität erzeugte. An der auf diese Weise gewonnenen größeren Elektricitätsmenge konnte man das Wesen der Elektricität beobachten, und namentlich war es der so erhaltene elektrische Funke, der die Aufmerksamkeit der Experimentatoren in hohem Grade erregte. Dem Engländer Dr. Wall gelang es, mit einer geriebenen Bernsteinstange ziemlich kräftige Funken zu erzeugen, und zugleich scheint er der Erste gewesen zu sein, der eine Analogie dieses Funkens und des dabei hörbar werdenden Knisterns mit dem Blitz und dem auf ihn folgenden Donner zum mindesten ahnte. Nach ihm beschäftigte sich ein anderer Engländer namens Hawksbee mit derartigen Experimenten und erzeugte durch Reibung von Quecksilber in einem luftleeren Glasgefäße einen phosphorescirenden Lichtschein, den er Quecksilber-Phosphor nannte. Derselbe Experimentator ersetzte die Schwefelkugel der von Otto v. Guericke construirten Elektrisirmaschine durch eine Glaskugel, die gleichfalls durch Anlegen der trockenen Hand gerieben wurde. In der bezeichneten Richtung wurden die Versuche von den Physikern der Folgezeit mit mehr oder minder zweckmäßigen Veränderungen der Apparate fortgesetzt, ohne jedoch die Entwickelung der Elektricitätslehre zu fördern. Als ein Fortschritt in dieser Richtung muß dagegen die im Jahre 1675 von Newton gemachte Beobachtung gelten, wonach die elektrische Anziehung sich durch Glas fortpflanzt, sowie die von Gray und Welher im Jahre 1727 gemachte Entdeckung, daß die Körper mit Rücksicht auf ihr Verhalten zur Elektricität in Leiter und Nichtleiter einzutheilen sind. Auf Grund der letzteren Thatsache entdeckte der französische Physiker Dufay im Jahre 1733, daß alle Körper durch Reibung elektrisch werden, bei den Leitern jedoch die Elektricität sich über die ganze Oberfläche derselben fortpflanzt und, wenn der Körper nicht durch einen Nichtleiter isolirt ist, zur Erde abgeleitet wird, ohne ihr Vorhandensein bemerkbar zu machen, während bei den Nichtleitern die Elektricität sich nicht über diejenigen Stellen hinaus verbreiten kann, an welchen die Reibung stattgefunden hat, und ihre Anwesenheit durch die bekannten Erscheinungen äußert. Dufay erkannte hierin die Ursache, weshalb es niemals hatte gelingen können, in den Leitern durch Reibung Elektricität zu erzeugen. Diese Entdeckung war von wesentlichem Einflusse auf die Entwickelung der Elektricitätslehre, denn durch sie erhielt man ein Mittel, um die Versuche systematischer durchzuführen, indem man jetzt die zu untersuchenden Körper durch Nichtleiter isoliren konnte. Auch auf die Verbesserung der Elektrisirmaschine wendete man die neue Errungenschaft an und die Versuche mit derselben wurden von da an in zahllosen Variationen wiederholt. Nennenswerthe Verbesserungen aus jener Zeit sind der isolirte Conductor von Boze und die Anwendung von Reibkissen, welche an die Stelle der menschlichen Hand traten und eine wesentlich erhöhte Wirkung erzielten. Mit der so verbesserten Elektrisirmaschine gelang es dem englischen Gelehrten, Dr. Watson, die erste bedeutendere Lichterscheinung darzustellen. Indem er vier der Kugeln, welche ihm Elektricität lieferten, vereinigte, erzeugte er elektrische Funken von solcher Größe und so rascher Aufeinanderfolge, daß ein fast continuirliches Licht entstand, bei welchem die Gesichtszüge der im verdunkelten Zimmer anwesenden Personen deutlich erkennbar waren.

Im Laufe desselben Jahres entdeckte Cunäus in Leyden, ein Schüler Muschenbroeck's, das Princip der elektrischen Condensation. Als derselbe damit beschäftigt war, Wasser zu elektrisiren, und zu diesem Zwecke eine mit solchem gefüllte gläserne Flasche in die Hand nahm, in welche ein mit dem Conductor der Elektrisirmaschine verbundener Draht hineinreichte, erhielt er, indem er, ohne die Flasche aus der Hand zu legen, den Draht außer Verbindung mit dem Conductor bringen wollte, einen heftigen Schlag. Cunäus war zugleich der Erste, der die richtige Erklärung dieses Versuches gab, während der Prälat v. Kleist, der beim Elektrisiren von Quecksilber in einem Glase einen ähnlichen Schlag erhalten hatte, die Grundbedingungen nicht so klar erkannte, daß man nach seiner Beschreibung den Versuch hätte wiederholen können. Die richtige Erkenntniß der neuen Erscheinung führte zur Construction der sog. Leydener Flasche, durch welche man im stande war, eine solche Menge Elektricität anzuhäufen und dem entsprechend so kräftige Wirkungen zu erhalten, daß dieselben damals vielleicht ein noch größeres Staunen hervorriefen als seiner Zeit das Auftreten der ersten Elektrisirmaschine.

Während der zweiten Hälfte des 18. Jahrhunderts waren es in erster Linie die Experimente und Veröffentlichungen des Abbé Nollet und später diejenigen Priestley's, welche, wenngleich sie kein neues

Fig. 9. Franklin's Versuch mit dem Papierdrachen.

Moment zur Entwickelung der Elektricitätslehre ergaben, die Kenntniß derselben verbreiteten und zu weiteren Studien anregten. Je mehr man mit den elektrischen Erscheinungen vertraut wurde, desto bestimmter trat die Ueberzeugung hervor, daß zwischen den Entladungen der Leydener

Flasche und der Naturerscheinung des Blitzes und Donners eine merkwürdige Uebereinstimmung bestehe. Was einer der ersten Experimentatoren auf diesem Gebiete, der englische Gelehrte Wall, fast ein Jahrhundert zuvor nach den Ergebnissen seiner unsicheren Versuche geahnt hatte, was später bestimmter von Gray und Nollet ausgesprochen wurde -- daß der Blitz nichts anderes als ein starker elektrischer Funke sei —, das wurde von dem Amerikaner Franklin auf experimentellem Wege bewiesen. Franklin ließ zu diesem Zwecke während eines Ge-

Fig. 10. Elektrometer.

witters einen Papierdrachen steigen (Fig. 9) und erhielt von der durch den Regen naß gewordenen Leine so kräftige Funken, daß er mit denselben Leydener Flaschen laden und ebenso alle anderen der bereits bekannten elektrischen Erscheinungen hervorbringen konnte. Im Jahre 1750 entdeckte Franklin auch die ausstrahlende Wirkung der Spitzen mit Elektricität geladener Körper und wendete diese Eigenschaft auf den von ihm erfundenen Blitzableiter an, welcher hierdurch geeignet wurde, nicht nur die Entladung einer Gewitterwolke gefahrlos abzuleiten, sondern auch die Elektricität der Wolke allmählich zu verringern und so eine Entladung derselben zu verhindern. Kaum irgend eine andere Entdeckung auf dem Gebiete der Elektricitätslehre hat zu ihrer Zeit größere Sensation hervorgerufen als dieser Beweis Franklin's für die eigentliche Natur der Gewitter. Die bedeutendsten Gelehrten, wie Canton, Depinus, Wilke, Beccaria und Volta, beschäftigten sich von nun an eifrig mit dem Studium der Elektricität. Aus jener Zeit datirt die Erfindung des Elektrophors von Wilke im Jahre 1762, sowie die der Apparate zum Messen der Elektricität. Von letzteren stellt Fig. 10 eine der ältesten Anordnungen dar. Auch begann man damals, die elektrischen Erscheinungen einer mathematischen Behandlung zu unterziehen, und namentlich war es Coulomb, welcher im Jahre 1780 Methoden zur genauen Vergleichung der elektrischen Kräfte aufstellte und damit den Grund zu einer streng wissenschaftlichen Untersuchung der elektrischen und magnetischen Erscheinungen legte. So weit war die Kenntniß der Elektricität vorgeschritten, als gegen das Ende des 18. Jahrhunderts Luigi Galvani, Professor der Anatomie in Bologna, mit der Entdeckung hervortrat, welche seinen Namen unsterblich gemacht und das Studium der Elektricität in ganz neue Bahnen gelenkt hat.

Wie man erzählt, war es die Frau Galvani's, welche durch einen Zufall zu der Beobachtung geführt wurde, daß die von der Haut befreiten Schenkel eines frischgetödteten Frosches in der Nähe einer Elektrisirmaschine in Zuckungen geriethen, so oft aus dem Conductor ein Funke gezogen wurde. Galvani, welcher die richtige Erklärung dieser Erscheinung nicht zu finden vermochte, hing hierauf, um zu untersuchen, ob die atmosphärische Elektricität die gleiche Wirkung hervorbringe, präparirte Froschschenkel im Freien auf. In der That bemerkte er an den mittels kupferner Häkchen an einem eisernen Balcongeländer aufgehängten Froschschenkeln gleichfalls Zuckungen, und zwar so oft dieselben mit dem eisernen Geländer in Berührung kamen. In der Folge fand Galvani, daß die gleichen Zuckungen eintraten, wenn er die Muskeln der Froschschenkel mit einem Kupferdrahte, ihre Nerven mit einem Eisendrahte verband und beide Drähte in Berührung brachte. Die Veröffentlichung seiner Untersuchungen veranlaßte Physiker und Physiologen, die Bedingungen dieser Erscheinung näher zu studiren, allein weder Galvani noch andere Männer der Wissenschaft waren im Stande, eine befriedigende Erklärung derselben zu geben. Da Galvani für die Idee eingenommen war, daß im thierischen Körper eine besondere Lebens- oder Nervenflüssigkeit enthalten sei, erklärte er die betreffende Erscheinung in einer Weise, daß sie mit seiner Lieblingstheorie übereinstimmte. Er nahm an, daß jene organische Flüssigkeit durch die metallische Leitung von den Nerven zu den Muskeln überströme und die letzteren in Thätigkeit versetze. Die Mehrzahl seiner Zeitgenossen folgte dieser Annahme und die Hoffnung, ein neues Lebensprincip des animalischen Körpers zu entdecken, spornte die Gelehrten zu zahllosen Versuchen an.

Dem schon durch die Erfindung des Condensators und anderer wichtigen Apparate um die Wissenschaft hochverdienten Professor der Physik Alessandro Volta in Pavia war es vorbehalten, den Forschern auf diesem Gebiete den richtigen Weg zu zeigen. Er kam zu der Einsicht, daß die Ursache der beobachteten Wirkung in der Verschiedenheit der in Contact gebrachten Metalle zu suchen sei, indem zwei ungleichartige Körper, namentlich Metalle, elektrisch werden, wenn sie miteinander in Berührung kommen; die an der Berührungsstelle auftretende Kraft, deren Stärke von der Natur der sich berührenden Körper abhängt, nannte er elektromotorische Kraft. Die Veröffentlichung dieser neuen Theorie rief einen heftigen Streit zwischen Galvani und Volta hervor und der Sieg schien sich bald auf die eine, bald auf die andere Seite zu neigen, um schließlich doch Volta zuerkannt zu werden. Im Jahre 1800 erfand derselbe die nach ihm benannte Säule, einen der bewunderswürdigsten Apparate, welche die physikalische Wissenschaft hervorgebracht hat. Durch diese Erfindung war es möglich, ohne mechanische Arbeit, nur durch chemische Mittel, einen constanten elektrischen Strom zu erzielen, der zwar von dem durch die Elektrisirmaschine erzeugten in mancher Hinsicht verschieden war, in anderen Punkten jedoch einen innigen Zusammenhang mit demselben erkennen ließ. Es galt nun, die früheren Versuche von einem neuen Gesichtspunkte aus einer förmlichen Revision zu unterziehen und mit Hilfe des Stromes der neuen Elektricitätsquelle — nach der bahnbrechenden Entdeckung Galvani's »galvanischer Strom« genannt — diese Versuche zu wiederholen.

Mit der Erfindung der Volta'schen Säule beginnt eine neue Aera in der Entstehungsgeschichte des elektrischen Lichtes. Dreizehn Jahre nach dem Bekanntwerden dieser Erfindung, welche im Laufe der Zeit bedeutende Verbesserungen erfahren hatte und in ihrer vervollkommneten Zusammensetzung »galvanische Batterie« genannt wurde, ließ der englische Physiker Humphrey Davy den Strom einer Batterie von 2000 Plattenpaaren zwischen den Spitzen zweier Kohlenstücke übergehen und erhielt so nicht etwa einen bloßen Funken, sondern einen continuirlichen Flammenbogen, der zwischen den Kohlenspitzen ein Licht erzeugte, das alle bekannten künstlichen Lichtquellen an Intensität bei weitem übertraf. Auf dieser Erscheinung, die unter dem Namen Volta'scher oder Davy'scher Bogen ungeheure Sensation erregte und auf welche sich sofort großartige Pläne einer künstlichen Beleuchtung für ganze Städte gründeten, beruht das Princip der heutigen elektrischen Beleuchtung durch Bogenlampen.

Um der weiteren Darstellung der Entwickelung des elektrischen Lichtes mit Interesse folgen zu können, ist es erforderlich, an dieser Stelle die Entstehung des Lichtbogens genauer ins Auge zu fassen. Wenn man die beiden Poldrähte einer kräftigen Batterie mit zwei zugespitzten Kohlenstäbchen verbindet, wozu man sich der in Fig. 11 und 12 dargestellten Kohlenhalter bedienen kann, können die Spitzen bis auf eine verschwindend kleine Entfernung einander genähert werden, ohne eine Lichterscheinung zu erzeugen. Schließt man jedoch den Strom durch das Zusammenhalten der beiden Kohlen und entfernt dieselben dann wieder langsam voneinander, so entsteht der Lichtbogen. Zur genauen Untersuchung des letzteren projicirt man die beiden Kohlenstäbe mit dem Flammenbogen durch eine Linse von passender Brennweite auf einen weißen Schirm, worauf derselbe ohne Gefahr für das Auge beobachtet werden kann. Die Erscheinung gestaltet sich alsdann in folgender Weise: Anfangs springen die Funken zwischen den Kohlenspitzen nur in geringer Stärke und vereinzelt über; allein bald erhitzen sich die Kohlen und werden glühend, worauf das blendende Licht entsteht. Man kann dann sehen, wie die von den bis zur Weißglut erhitzten, intensiv leuchtenden

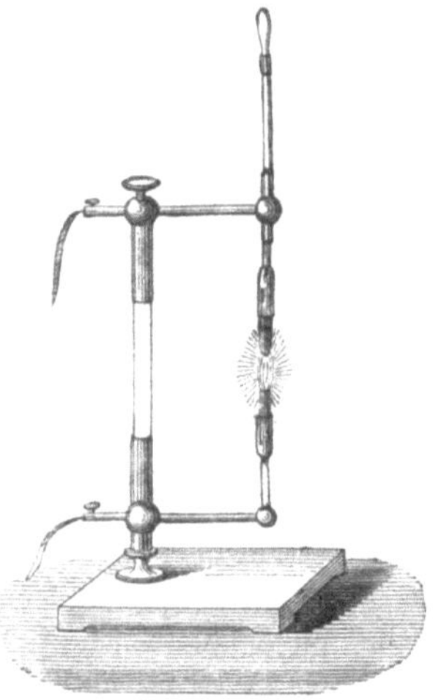

Fig. 11.

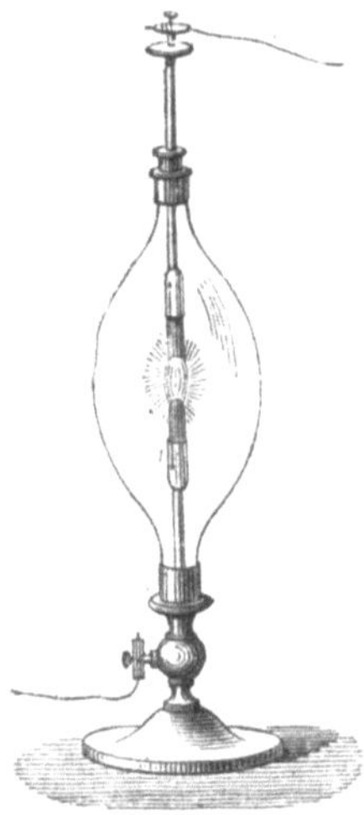

Fig. 12.

Kohlenhalter für elektrisches Licht.

Spitzen durch den Strom mitgerissenen Kohlentheilchen von einer Kohle zur anderen übergeführt werden und indem sie so den Stromkreis geschlossen halten, den Lichtbogen bilden. Hierbei schwinden infolge der Verbrennung beide Kohlen allmählich, und zwar nutzt sich die eine

(positive) Kohle schneller ab und wird kraterförmig ausgehöhlt, während die andere, welche langsamer abnimmt, zugespitzt bleibt. In Fig. 13 ist ein Paar solcher Kohlenspitzen gezeigt. Das blendende Licht rührt demnach nicht eigentlich von dem die Kohlenspitzen verbindenden Bogen, sondern von den ersteren selbst her. Maßgebend für das Zustandekommen des Lichtbogens ist der richtige Abstand der Kohlenspitzen voneinander, da bei zu geringer Entfernung das Licht nicht in seinem vollen Glanze erscheint, bei zu großer Entfernung dagegen der Strom einen für seinen Uebergang zu bedeutenden Widerstand findet und infolge dessen das Licht erlischt. Zuerst wendete man zur Herstellung des Lichtbogens feste Holzkohle an. Da sich dieselbe jedoch sehr rasch verzehrte, versuchte schon Davy, eine langsamere Verbrennung dadurch zu erzielen, daß er das Licht in dem luftleeren Raume einer Glasglocke erzeugte, und erreichte so allerdings eine längere Dauer der Kohlenstäbe. Man fand indeß bald, daß die graphitartige Kohle, welche sich bei der Leuchtgasfabrikation in den Gasretorten ansetzt, einerseits ein schöneres, gleichmäßigeres Licht giebt, anderseits, infolge ihrer großen Festigkeit, von viel längerer Dauer als die Holzkohle ist.

Die Bedenken, welche der Anwendung des elektrischen Lichtes entgegentraten und die trotz des eifrigsten Bemühens damals nicht zu beseitigen waren, bestanden ebensowohl in der Kostspieligkeit und dem enormen Raumbedarf der zur Erzeugung hinreichend kräftiger Ströme erforderlichen Batterieen als in der Schwierigkeit, die durch die Verbrennung sich verkürzenden Kohlenstäbe stets in der richtigen Entfernung voneinander zu erhalten. Die Bestrebungen der Physiker, welche sich nach Davy mit der Untersuchung des elektrischen Lichtbogens beschäftigten, waren theils darauf gerichtet, das Wesen und die Eigenschaften des neuen Lichtes festzustellen, theils darauf, die technischen Schwierigkeiten, welche sich einer praktischen Verwendung desselben entgegenstellten, zu überwinden. Sie ergaben jedoch kein weiteres Resultat, als daß man die Ueberzeugung gewann, das elektrische Licht biete zwar die beste Lichtquelle für wissenschaftliche Zwecke, sei aber nur in wenigen Fällen für praktische Zwecke mit Vortheil zu benutzen. Allerdings hatten in den Jahren 1841 und 1844 zwei französische Gelehrte Deleuil und Archereau in Paris Versuche zur Straßenbeleuchtung angestellt, wobei der Lichtbogen, um die Verbrennung der Kohlen zu verzögern, in einem geschlossenen luftleeren Gefäße erzeugt wurde. Der erste Eindruck, den diese Versuche machten, war ein großartiger und riß die leicht beweglichen Franzosen zu enthusiastischer Bewunderung hin. Man träumte sogar davon, die Stärke der hierbei angewendeten Apparate in dem Maße zu erhöhen, daß man kleine Sonnen zu Gunsten der vom Himmel spärlich mit Sonnenlicht bedachten Städte zu schaffen vermöchte. Allein diese hochfliegenden Pläne scheiterten, wie bereits angedeutet, an der Unmöglichkeit, genügend starke Batterieen herzustellen, sowie an der Schwierigkeit, die Kohlen in der richtigen Entfernung von einander zu erhalten. So war man noch vor vier Jahrzehnten in Wirklichkeit nicht darüber hinausgekommen, in dem elektrischen Lichte wenig mehr als eine wissenschaftliche Curiosität zu sehen. Die erste wirklich praktische, d. h. bezahlte Anwendung des elektrischen Lichtes wurde im Jahre 1846 für einen ganz speciellen Zweck gemacht. Als es sich nämlich darum handelte, in Meyerbeer's Oper »Der Prophet« die Sonne zur Erscheinung zu bringen, nahm man die Elektricität zu Hilfe und erzielte mit derselben einen so glänzenden Erfolg, daß unter der Leitung Duboscq's für die Große Oper in Paris eine ständige Einrichtung zur elektrischen Beleuchtung getroffen wurde. Von besonderem Interesse ist hierbei der den Abstand der Kohlenspitzen selbstthätig regulirende, von Duboscq nach Foucault's Angaben construirte Apparat — die erste derartige Vorrichtung, welche sich als wirklich brauchbar erwies (in vervollkommneter Form ist derselbe noch heute in manchen physikalischen Cabinetten in Gebrauch). Fig. 14 zeigt diesen Apparat in der ursprünglichen einfachen Construction.

Auf den kleinen Wagen c c′ sind die Fassungen für die Kohlenstäbe befestigt. Die Federn R R′, welche gleichzeitig den Strom zu den Kohlenhaltern leiten, sind beständig bestrebt, die Wagen einander zu nähern. Der Hebel L, der an seinem oberen Ende mit dem Wagen c direct verbunden ist und mittels der über die Rollen p′ p″ p‴ geführten Schnur auch den Gang des Wagens c′ beeinflußt, macht die Thätigkeit der beiden Wagen derart voneinander abhängig, daß sich dieselben mit verschiedener Geschwindigkeit gegeneinander bewegen, und zwar muß die Geschwindigkeit des Wagens c′ sich zu der des Wagens c so verhalten, wie die Gesammtlänge des Hebels sich zu der Länge seines unteren Stückes bis zur Rolle p‴ verhält. Da nun die auf dem Wagen c befestigte positive Kohlenspitze sich etwa doppelt so schnell verzehrt wie die auf dem Wagen c′ befindliche negative Kohlenspitze, ist die Rolle p‴ ungefähr in der Mitte des Hebels L angebracht, wodurch sich der Lichtbogen stets an einer und derselben Stelle erhält. Es ist nun noch der Lauf des Wagens c so zu regeln, daß der Abstand der Kohlenspitzen fortwährend derselbe bleibt. Zu diesem Zwecke geht von dem Wagen c die Schnur p zu einer Welle des Uhrwerks M, durch dessen Bewegung die Wagen sich einander nähern. Mittels des Drahtes D kann das Uhrwerk arretirt und ausgelöst werden, und zwar wird die Bewegung desselben durch den

Strom in folgender Weise bewirkt: Der positive Strom tritt durch den mit + bezeichneten Draht in die Umwindungen des Elektromagnets E und von da durch die Feder R und den Wagen c in den rechts befindlichen Kohlenstab; der negative Strom passirt zuerst den Dämpfer K, dessen Wirkungsweise weiter unten beschrieben werden soll, und tritt

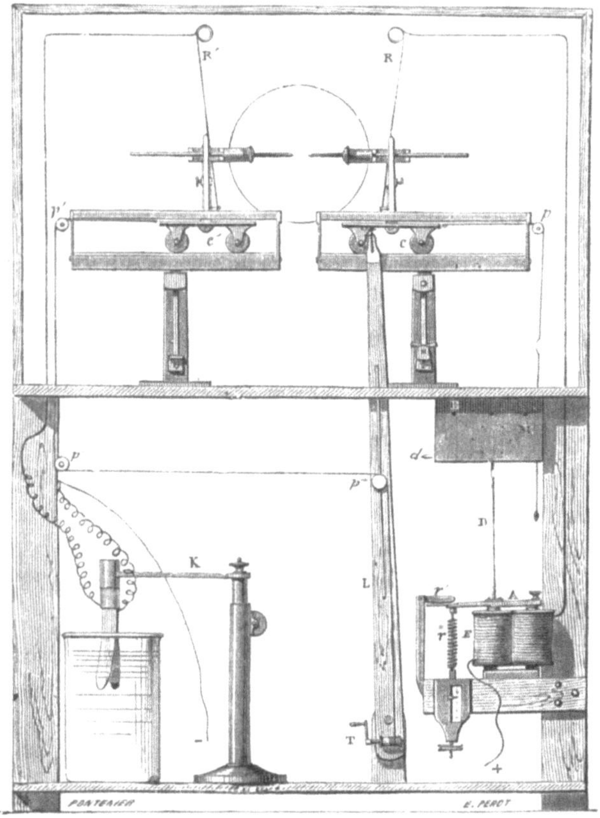

Fig. 14. Erste elektrische Lampe von Foucault und Duboscq.

dann durch die Feder R' und den Wagen c' in den linken Kohlenstab. Bringt man beim Beginn der Thätigkeit des Apparats die beiden Kohlenstäbe miteinander in Berührung, so circulirt der Strom in der Richtung E, R, c c' R' K und zieht infolge dessen den Anker A des Elektromagnets E kräftig an. Entfernt man durch Drehen der Kurbel T die beiden Kohlenstäbe voneinander, so entsteht der Lichtbogen und der Strom circulirt mit entsprechender Stärke in der oben bezeichneten Richtung.

Der Elektromagnet E hält seinen Anker angezogen und das Uhrwerk bleibt arretirt. Im Verhältniß zur Verbrennung der Kohlenspitzen nimmt die Entfernung derselben voneinander zu, wodurch der Strom einen immer größeren Widerstand findet und folglich auf den Elektromagnet eine immer schwächer werdende magnetisirende Wirkung ausübt. Es tritt dann endlich der Moment ein, in welchem die Feder r, welche durch den Hebel r′ fast astatisch gemacht ist, den Anker A in die Höhe treibt. Das Uhrwerk wird durch den mit A verbundenen Draht D ausgelöst, die Kohlen können sich einander nähern; infolge der zunehmenden Stromstärke wird der Anker A angezogen und das Uhrwerk wird arretirt. Sobald der Strom durch die vergrößerte Entfernung der Kohlenspitzen schwächer wird, wiederholt sich das Spiel, und zwar in um so kleineren Pausen, je empfindlicher der Apparat ist. Der vorerwähnte Dämpfer K hat den Zweck, die Stärke des Stromes constant zu erhalten. Derselbe besteht aus zwei gegeneinander isolirten Platinblechen, die bis auf einen Zwischenraum von 1 Millimeter genähert sind und in eine Lösung von schwefelsaurem Kali tauchen, sodaß der Strom gezwungen ist, durch diese Flüssigkeit von einem Blech auf das andere überzugehen. Durch mehr oder weniger tiefes Eintauchen der beiden Bleche in die Flüssigkeit kann die Stromstärke je nach dem bestehenden Verhältniß vermehrt oder vermindert werden. Das bei diesem Apparat zuerst zur Anwendung gebrachte Princip der Regulirung durch den Strom selbst wurde in den späteren Constructionen elektrischer Lichtregulatoren beibehalten und liegt noch heute der Construction einer großen Anzahl elektrischer Lampen zu Grunde, wenn man auch durch das System der Differentiallampen in neuester Zeit aus praktischen Gründen einen anderen Weg in der Regulirung eingeschlagen hat.

Nach diesem ersten erfolgreichen Versuche zur praktischen Verwerthung des elektrischen Lichtes wurden die Bemühungen für eine ausgedehntere Anwendung desselben wieder aufgenommen und ergaben auch theilweise günstige Resultate. Zu Ende des Jahres 1847 erleuchtete W. E. Staite in England mittels seines Kohlenlichtregulators den Saal eines Hôtels in Sunderland. Allem Anschein nach war dies der erste derartige Versuch, denn es liegen keine Nachrichten über die praktische Ausführung der in den Jahren 1841—45 von verschiedenen Erfindern in England genommenen Patente vor. Die Beleuchtungsversuche in Sunderland scheinen einige Zeit fortgesetzt worden zu sein; die »Times« berichtete über dieselben in ihrer Nummer vom 3. November 1848 in sehr anerkennender Weise. In den folgenden Jahren wiederholte der Erfinder seine Versuche in einer Anzahl englischer Städte und im Jahre 1852 ließ die Schiffbauverwaltung in Liverpool einen großen Apparat seines Systems auf einem eigens hierzu erbauten Thurme anbringen, doch starb Staite in demselben Jahre und mußte es somit Anderen überlassen, seine Bestrebungen ihrer Verwirklichung zuzuführen.

Zu Anfang des Jahres 1855 ließen sich zwei Gelehrte aus Lyon, J. Lacassagne und Rodolphe Thiers, ein neues System eines Regulators patentiren, bei welchem die Kohle auf einer Quecksilbersäule ruhte, durch welche sie, ihrer Verbrennung entsprechend, mit Hilfe eines besonderen Mechanismus gehoben wurde. Die in Lyon im Juni 1855 mit diesem Regulator angestellten Versuche fielen nicht weniger glänzend aus und fanden im Publicum nicht weniger Beifall als sechs Jahre zuvor die von Staite veranstaltete Beleuchtung; die Presse sprach sich sogar noch enthusiastischer aus, als es damals durch die »Times« geschehen war. Aehnliche Versuche wurden in den folgenden Monaten in Paris (so auch in der Wohnung des berühmten Marinemalers Théodore Gudin) angestellt. Den Glanzpunkt derselben bildete ein kolossales Licht, durch welches von der Höhe des »Arc de triomphe de l'Etoile« die »Avenue des Champs Elysées« während der Dauer von vier Stunden beleuchtet wurde. Im folgenden Jahre wurden diese Beleuchtungsversuche in Paris und Lyon mehrfach wiederholt. Im Jahre 1857 unternahmen Lacassagne und Thiers mit nur zwei ihrer Lampen die permanente Beleuchtung der »Rue Impériale« in Lyon, und in Toulon suchte man in demselben Jahre das elektrische Licht für Leuchtthürme und Häfen nutzbar zu machen. Es zeigte sich jedoch hierbei, daß das neue Beleuchtungssystem bedeutender Verbesserungen bedurfte, um praktischen Werth zu erhalten, und da Wissenschaft und Technik damals noch nicht so weit ausgebildet waren, um die beobachteten Mängel beseitigen zu können, gerieth das Project allmählich in Vergessenheit. So fanden während des ganzen folgenden Jahrzehnts, außer bei physikalischen Experimenten, nur vereinzelte Anwendungen des elektrischen Lichtes bei besonders festlichen Veranlassungen, sowie bei einigen industriellen Unternehmungen statt. Erwähnenswerth ist namentlich die elektrische Beleuchtung der großen Schieferbrüche bei Angers im Jahre 1863 und die fast 10000 Stunden dauernde Beleuchtung der Arbeiten beim Bau der spanischen Nordbahn.

Obwohl durch die Foucault-Duboscq'sche, sowie durch die im

Jahre 1859 erfundene (noch jetzt in Frankreich verbreitete) Serrin'sche Lampe das Problem der zuverlässigen Regulirung des Abstandes der Kohlenspitzen als vollständig gelöst betrachtet werden durfte, konnte doch das elektrische Licht eine wirkliche praktische Bedeutung erst erlangen, nachdem durch die Vervollkommnung der magnet-elektrischen Maschine das Mittel gefunden war, nur durch mechanische Arbeit, ohne die Einwirkung chemischer Kräfte, starke Ströme auf wohlfeilere und minder umständliche Weise als durch galvanische Batterieen zu erhalten. Die der Construction dieser Maschinen zu Grunde liegende Idee, den Einfluß, welchen ein Magnet auf die Windungen einer in seiner Nähe rotirenden Drahtspirale ausübt, zur Erzeugung von Elektricität zu benutzen, war schon im Jahre 1832 von Pixii in Paris durch die Rotation eines kräftigen Magnets über zwei mit weichen Eisenkernen versehenen Drahtspiralen zur Ausführung gebracht worden. Diese Idee wurde später von Saxton und Clarke verfolgt und weiter ausgebildet. Den Uebergang von diesen kleinen, richtiger als elektrische Apparate zu bezeichnenden Ausführungen zu den eigentlichen elektrischen Maschinen, wie sie später zur Erzeugung des elektrischen Lichtes gebraucht wurden, bilden die magnet-elektrischen Maschinen des Mechanikers Stöhrer in Leipzig, welcher mehrere sehr große und starke zusammengesetzte Stahlmagnete in verticaler Stellung anordnete und dicht über den Polen derselben ein System von einzelnen miteinander verbundenen Inductionsspulen rotiren ließ. Die günstigen Resultate, welche diese größeren magnet-elektrischen Maschinen in der Erzeugung kräftiger Ströme lieferten, veranlaßten in Frankreich die Gründung der Gesellschaft »Alliance«, welche sich die Aufgabe stellte, durch magnet-elektrische Maschinen von gewaltigen Dimensionen Wasser in seine Bestandtheile — Wasserstoff und Sauerstoff — zu zersetzen und diese Gase für Beleuchtungszwecke zu verwenden. So entstanden durch die vereinte Arbeit mehrerer Physiker — namentlich Nollet's, Professor an der »Ecole militaire« in Brüssel, und Van Malderen's, Ingenieur der »Compagnie l'Alliance« — die sogen. Alliance-Maschinen. Nachdem die Gesellschaft ihr ursprüngliches Project aufgegeben hatte, wurden die für diesen Zweck gebauten Maschinen zur Erzeugung des elektrischen Lichtes verwendet, und es wurden mit Hilfe derselben im Jahre 1863, sowie in den folgenden Jahren mehrere Anlagen für Schiffe und Leuchtthürme ausgeführt, bei welchen sich jedoch die Art der Stromerzeugung immer noch als zu kostspielig und zu complicirt erwies, um zu einer ausgedehnteren Verwendung des elektrischen

Lichtes Veranlassung zu geben; indeß war von jetzt an den auf die praktische Verwerthung des elektrischen Lichtes gerichteten Bestrebungen der zu verfolgende Weg klar vorgezeichnet. Die wichtigsten Anwendungen, welche die Alliance-Maschinen in der Praxis fanden, sind die für die Leuchtthürme auf dem Cap La Hève an der Seine-Mündung bei Havre, auf dem Cap Gris-Nez bei Calais, in den Häfen von Kronstadt und Odessa. Auf dem Leuchtthurme des Cap La Hève bei Havre arbeiteten vier gleich große Maschinen, welche von zwei Dampfmaschinen von je fünf Pferdestärken betrieben wurden, mit einer Umdrehungsgeschwindigkeit von 400 Touren in der Minute; die maximale Stärke des erzeugten Lichtes entsprach der Leuchtkraft von 5000 Carcel-Lampen, sodaß dasselbe bei klarem Wetter noch in einer Entfernung von 50 Kilometer gesehen wurde. Außerdem wurden die Alliance-Maschinen zur Erzeugung des elektrischen Lichtes namentlich auch bei nächtlichen Arbeiten von größerem Umfange, z. B. bei den Brückenbauten in Paris und Kehl, bei dem Bau des neuen Louvre und auch sonst auf großen Bauplätzen benutzt. Eine nicht unbedeutende Rolle spielten dieselben zur Zeit der Belagerung von Paris im Jahre 1870—71, indem von französischer Seite sowohl auf dem Mont Valérien als auf dem Montmartre große magnet-elektrische Maschinen der beschriebenen Art aufgestellt waren, um mittels des von ihnen erzeugten Lichtes die nächtlichen Belagerungsarbeiten der feindlichen Armee beobachten zu können. Obwohl die Alliance-Maschinen in befriedigender Weise functioniren und keinen bedeutenden Aufwand von Betriebskraft erfordern, sind dieselben doch, besonders infolge der geringen Anziehungskraft der Stahlmagnete, durch die neueren Constructionen vollständig verdrängt worden. Ebenso wenig hat die von dem englischen Physiker Holmes construirte magnet-elektrische Maschine, in welcher die permanenten Stahlmagnete durch Elektromagnete ersetzt waren, deren Drahtspiralen zum Zweck der Magnetisirung von einem Theile des in der Maschine erzeugten Stromes durchflossen wurden, einen bleibenden Werth für die Praxis erlangt. Den stromerzeugenden Theil der verbesserten magnet-elektrischen Maschine bildet der im Jahre 1857 von Dr. Werner Siemens erfundene, in zahlreichen anderen Constructionen der Gegenwart zur Anwendung kommende Cylinderinductor, durch welchen nicht nur die inducirende Kraft der Magnetpole vollkommen ausgenutzt, sondern auch die Wirksamkeit der Maschine durch möglichst kurze Unterbrechungen beim Stromwechsel vergrößert wurde. In seiner einfachsten Gestalt besteht dieser

Inductor, auch Siemens-Armatur genannt, aus einem Eisencylinder, der der Länge nach mit zwei einander gegenüberstehenden Einschnitten versehen ist; mit dem in der so gebildeten Nuth liegenden isolirten Kupferdraht ist der massive Eisenkörper derart umwickelt, daß durch diese Umwindungen die cylindrische Form wieder hergestellt ist. Die beiden Enden des Umwindungsdrahtes können zu einem auf der Achse des Inductors sitzenden Commutator geführt werden, wodurch man Ströme von gleicher Richtung erhält. Wenngleich der Strom der mit diesem Inductor arbeitenden Maschine immer noch durch kurze Intervalle unterbrochen wird, so nähert er sich doch hinsichtlich der Continuität schon bedeutend dem constanten Strome der Batterieen. Im Laufe der Zeit wurde die ursprüngliche Form des Siemens'schen Inductors wesentlich modificirt und in solchem Grade vervollkommnet, daß sich derselbe noch heute neben der mit Rücksicht auf continuirliche Stromerzeugung vollendeteren Construction des sogen. Gramme'schen Ring-Inductors zu behaupten vermag. Einen weiteren Fortschritt bezeichnet das im Jahre 1866 veröffentlichte System von H. Wilde in Manchester, welches auf der Combination zweier Siemens'schen Cylinder-Inductoren beruht, von denen der eine in der ersten der beiden im übrigen gleich construirten Maschinen zwischen den Polen permanenter Stahlmagnete, der andere in der zweiten Maschine zwischen denen eines kräftigen Elektromagnets rotirte. Der Strom zur Magnetisirung des letzteren wurde von dem ersten Inductor geliefert und man erhielt so von dem zweiten Inductor einen sehr kräftigen verfügbaren Strom. Wilde ging sogar noch weiter, indem er die vom zweiten Inductor gelieferten Ströme zur Magnetisirung eines zweiten, viel größeren, aus Eisenplatten gebildeten Magnets benutzte und erst die von dem Inductor dieses letzteren gelieferten Ströme für den Zweck der Lichterzeugung verwendete. Man begreift, daß es auf diese Weise möglich war, durch immer weiter gehende Vermehrung der Apparate und entsprechende Vergrößerung derselben Ströme von fast beliebiger Stärke zu erzeugen, und es liegt in der Anordnung der Wilde'schen Maschine schon der Grundgedanke der dynamo-elektrischen Maschine, deren Princip von Werner Siemens im Jahre 1867 zuerst klar ausgesprochen und durch eine kleine dynamo-elektrische Maschine praktisch illustrirt wurde. Fast gleichzeitig mit Siemens hatte der Engländer Wheatstone dieses Princip aufgestellt; doch trat derselbe erst am 14. Februar 1867 in einem Vortrage vor der »Royal Society« in London mit seiner Entdeckung an die Oeffentlichkeit, während

Siemens bereits im December 1866 vor einer Anzahl von Gelehrten in Berlin mit einer Maschine ohne Stahlmagnete Versuche angestellt und um die Mitte Januar 1867 der Berliner Akademie der Wissenschaften seine Entdeckung mitgetheilt hatte, wonach die Priorität der Erfindung unzweifelhaft Siemens gebührt.

Das Princip der dynamo-elektrischen Maschine beruht auf der durch die Arbeit einer und derselben Maschine hervorgebrachten, sich fortwährend verstärkenden Wechselwirkung des magnetisirenden und des durch Elektromagnete erzeugten Stromes. Denkt man sich in einer magnet-elektrischen Maschine den permanenten Stahlmagnet durch einen Elektromagnet ersetzt und die vom Inductor dieser Maschine gelieferten Ströme durch die Drahtwindungen des Elektromagnets geleitet, so wird auch die geringste in dem Eisenkern des letzteren vorhandene Spur von Magnetismus genügen, um bei der Drehung des Inductors zunächst einen sehr schwachen Strom zu erzeugen, welcher den Elektromagnet umkreist, den Magnetismus desselben verstärkt und durch diesen seinerseits verstärkt wird. So steigern sich gegenseitig Elektricität und Magnetismus bis zu einer Grenze, welche durch die Größe des Elektromagnets und durch die Anzahl der Umdrehungen bestimmt wird. Der zur ersten Erregung des Inductors erforderliche Magnetismus in den Kernen der Elektromagnete ist bei einmal gebrauchten Maschinen stets vorhanden. Bei neuen Maschinen erzeugt man denselben, entweder indem man einen Batteriestrom einmal durch die Drahtwindungen hindurchleitet, oder indem man einen permanenten Magnet den Polen des Elektromagnets nähert, oder auch indem man die Maschine in den magnetischen Meridian stellt. Wie ersichtlich, ist durch das Princip der dynamo-elektrischen Maschine das Mittel geboten, elektrische Ströme von nahezu unbegrenzter Stärke auf ökonomische und einfache Weise überall da zu erzeugen, wo Betriebskraft disponibel ist.

So wichtig nun auch die Vervollkommnung war, welche durch die Anwendung des dynamo-elektrischen Princips mit Rücksicht auf eine ökonomische Stromerzeugung erreicht wurde, so trat doch immer noch störend der Umstand auf, daß die Maschine keinen vollkommen continuirlichen Strom lieferte, daß vielmehr der in derselben erzeugte Strom aus einer Anzahl rasch aufeinander folgender Ströme von entgegengesetzter Richtung bestand und die Gleichrichtung dieser Ströme mittels eines Commutators bei großen Maschinen unüberwindliche Schwierigkeiten verursachte.

Schon im Jahre 1860 hatte Dr. Antonio Pacinotti in Florenz eine elektro-magnetische — zur Umwandlung von Elektricität in Arbeit bestimmte — Maschine construirt, in welcher der rotirende Elektromagnet die Form eines Ringes hatte. Am Schlusse der Abhandlung, die er im Jahre 1864 in »Il Nuovo Cimento« (einer Zeitschrift für Physik und Chemie) über diese neue Maschine veröffentlichte, ist genau angegeben, wie man mittels derselben Ringarmatur die elektro-magnetische Maschine in eine magnet-elektrische zur Erzeugung eines continuirlichen, stets gleichgerichteten Stromes umwandeln könne. Pacinotti selbst hat diese Idee ausgeführt und durch praktische Versuche dargethan, daß man mit seiner Maschine einen continuirlichen gleichgerichteten Strom erhält. Seltsamerweise blieben jedoch diese Arbeiten und Versuche gänzlich unbeachtet, bis im Jahre 1870 Gramme die durch ihn von neuem erfundene Ringarmatur, die, wenn auch bedeutend vervollkommnet, doch im Princip dem Pacinotti'schen Ringe gleich ist, in der von ihm construirten Maschine anwendete. Erst diese Maschine, in welcher beide Momente — die directe Erzeugung gleichgerichteter Ströme und die dynamo-elektrische Wirkung — vereinigt sind, hat jenen gewaltigen Umschwung auf dem Gebiete der Elektrotechnik hervorgebracht, dem zufolge das elektrische Licht seine jetzt allgemein anerkannte Stellung unter den Beleuchtungsmitteln der Gegenwart zu erkämpfen vermochte.

Zénobe Théophile Gramme, ein Belgier von Geburt, kam, ohne die Arbeit Pacinotti's zu kennen, auf die Idee, innerhalb eines feststehenden, hohlen, mit einem Drahtgewinde umgebenen Eisenringes einen inducirend wirkenden Magnet rotiren zu lassen, um dadurch ununterbrochene Ströme von gleicher Richtung zu erzeugen. Später wählte er die Anordnung Pacinotti's und ließ den Ring zwischen den Polen eines Magnets rotiren. Er war der Erste, welcher den Pacinotti'schen Ring im Großen anwendete und dadurch die elektrische Maschine in die Industrie einführte; denn erst von da an war es möglich, Maschinen von beliebiger Größe zu bauen, welche Ströme von gleicher Richtung ohne Unterbrechung lieferten. Aus der Gramme'schen Maschine entwickelte sich später die Maschine v. Hefner-Alteneck's und eine Anzahl anderer Constructionen, die als Modificationen bald der einen, bald der anderen Art zu betrachten sind. Bei allen diesen Maschinen für continuirliche Stromerzeugung ist jedoch das Princip des Pacinotti'schen oder Gramme'schen Ringes angewendet, wodurch die Bedeutung der Erfindung in evidenter Weise documentirt wird.

In Fig. 15 ist eine Gramme'sche Maschine neuerer Construction dargestellt, wie sie zur Erzeugung elektrischen Lichtes für Fabrikzwecke gebaut wird. Das Gerüst derselben besteht aus zwei eisernen Seitenwänden, die durch zwei starke cylindrische Querstücke aus weichem Eisen oben und unten zusammengehalten werden. Diese Querstücke werden in Magnete mit drei Polen verwandelt, sobald der im Inductorring erzeugte Strom durch die sie umgebenden Drahtspiralen circulirt, und zwar sind die Spiralen so gewunden, daß alle sich gegenüberstehenden Pole einander

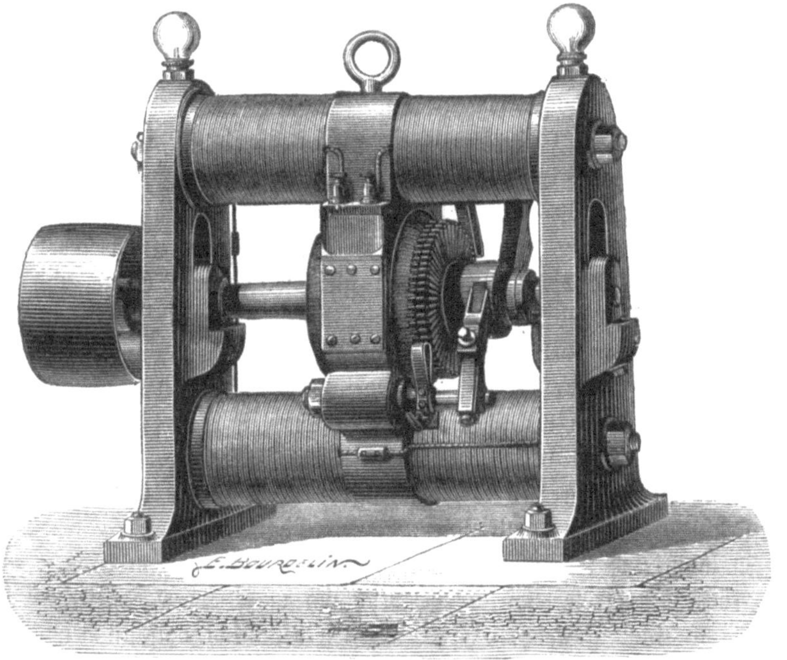

Fig. 15. Gramme'sche Lichtmaschine.

entgegengesetzte sind. Um die in der Mitte gebildeten Doppelpole besser ausnützen zu können, sind dieselben mit starken Polschuhen aus weichem Eisen versehen, welche den auf einer Stahlachse befestigten und mit dieser rotirenden Inductorring fast ganz umschließen. Diese Maschinen zeichnen sich besonders durch ihr geringes Gewicht, sowie durch geringen Raumbedarf und Kraftverbrauch aus. Eine Maschine der beschriebenen Art wiegt 180 Kilogramm, hat eine Höhe von 0,60 Meter und eine Breite von 0,35 Meter bei einer Länge (mit Einschluß der Riemenscheibe) von 0,65 Meter. Der für die inducirenden Elektromagnete aufgewendete

Kupferdraht wiegt 28 Kilogramm, während das Gewicht der Kupferdrahtumwindungen des Ringes 4,5 Kilogramm beträgt. Bei einer Rotationsgeschwindigkeit von ca. 900 Touren in der Minute kann diese Maschine einen Strom erzeugen, der eine der Stärke von 1440 Carcel-Brennern entsprechende Lichtmenge liefert.

Die nächst der Gramme'schen Construction am meisten verbreitete Maschine für continuirlichen Strom ist die von dem Ingenieur v. Hefner-Alteneck erfundene, von der Firma Siemens & Halske in Berlin

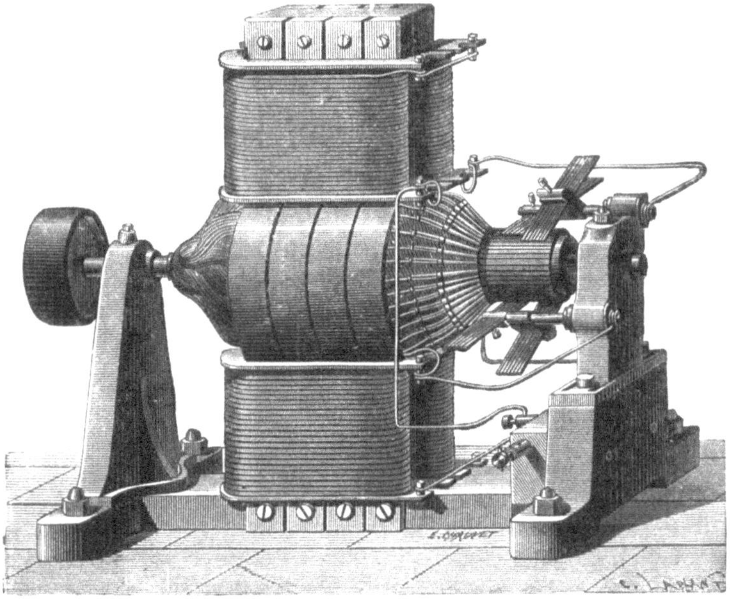

Fig. 16. Siemens'sche Lichtmaschine.

gebaute, sogenannte Siemens'sche Maschine mit Trommelinductor. In Fig. 16 ist die gebräuchlichste Anordnung dieser Maschine dargestellt. Wie aus derselben ersichtlich, ist hier der für die Gramme'sche Maschine charakteristische Ring durch eine mit Draht umwickelte Trommel ersetzt. Die inducirenden Elektromagnete bestehen aus einer Anzahl von Stäben aus weichem Eisen, welche nebeneinander mit kleinen Zwischenräumen angeordnet sind, sodaß die Luft zwischen ihnen hindurch circuliren kann und so einer Erhitzung derselben entgegengewirkt wird. An ihren freien Enden sind diese Stäbe einerseits mit der Fundamentplatte verschraubt, anderseits durch ein eisernes Querstück verbunden; die Drahtumwickelung ist so angeordnet, daß in allen sich gegenüberstehenden Magneten entgegengesetzte Pole entstehen. Auf diese Weise wird in dem durch die kreisförmig nach auswärts gebogenen Eisenstäbe gebildeten Hohlraume ein magnetisches Feld von hoher Intensität erzeugt, in welchem der Trommelinductor rotirt. Die Drahtumwindungen desselben sind parallel zu der Drehungsachse der Trommel aufgewickelt und in Gruppen eingetheilt, welche eine zusammenhängende Drahtleitung darstellen; außerdem aber führt von jeder Gruppe ein Enddraht zu dem Collector oder Stromsammler, der infolge dessen ebensoviele Segmente hat, als Gruppen der Drahtumwindungen vorhanden sind. Die Verbindung dieser Enddrähte mit den Collectortheilen ist derart hergestellt, daß in den sich gegenüber liegenden Theilen des Collectors die beiden in den Trommelumwindungen erzeugten entgegengesetzten Ströme zusammentreffen und durch die Collectorbürsten nach außen geleitet werden.

Durch die außerordentliche Vervollkommnung, welche die elektrischen Maschinen in den letzten Jahren erfahren haben, ist die Frage der elektrischen Beleuchtung, deren Lösung vorher stets an dem Mangel einer wohlfeilen Elektricitätsquelle gescheitert war, in ein ganz neues Stadium getreten und der zunehmende Erfolg, von welchem die Anwendung des elektrischen Lichtes für industrielle und technische Zwecke begleitet gewesen ist, hat die Elektriker auch bezüglich der Construction der Beleuchtungsapparate zu immer eifrigeren Bemühungen angespornt. Die Schwierigkeiten, welche sich der Einführung der elektrischen Beleuchtung auch jetzt noch entgegenstellten, beruhten hauptsächlich auf dem Umstande, daß jede Maschine nur ein Licht, allerdings von großer Stärke, hervorbrachte und die für allgemeine Zwecke unerläßliche Theilung des Lichtpunktes in mehrere kleinere mittels der bis dahin bekannten Lampen entweder gar nicht oder doch nur in sehr unsicherer Weise zu bewirken war. Diese Aufgabe, welche noch heute den Schwerpunkt der Bestrebungen der Elektriker bildet, mußte in einigermaaßen befriedigender Weise gelöst werden, wenn die elektrische Beleuchtung mit dem Gaslichte, welches der Forderung einer allseitigen und gleichmäßigen Lichtvertheilung in so hohem Grade entspricht, erfolgreich concurriren sollte. Es war demnach unbedingt erforderlich, mehrere Lampen durch denselben Strom speisen zu können. Die frühesten Versuche, diese Aufgabe zu lösen, wurden in der Art angestellt, daß man den elektrischen Strom durch zwei oder mehrere Lampen gleichzeitig hindurchleitete, doch fand man bald, daß dies nicht mit Erfolg durchzuführen war, da die Regulirung der Lichtstärke stets von den Vorgängen im Stromkreise außerhalb der Lampe abhängig war und infolge dessen jede Stromschwankung, welche durch den sich ändernden Widerstand im Lichtbogen einer der Lampen hervorgerufen wurde, sich den in denselben Stromkreis eingeschalteten Lampen mittheilen mußte. Ebensowenig glücklich fiel der Versuch aus, von den beiden Polen der stromgebenden Maschine nach jeder der zu speisenden Lampen besondere Drahtleitungen abzuzweigen; die Veränderlichkeit des Widerstandes in dem Lichtbogen jeder einzelnen Lampe war auch hier die Veranlassung zu verstärkten Schwankungen in den Widerständen der übrigen Lampen.

Interessant ist das Verfahren, welches Le Roux im Jahre 1868 und, mit einigen Variationen, Mersanne im Jahre 1873 einschlug, um die Speisung mehrerer Lampen durch denselben Strom zu ermöglichen, wenn dasselbe auch nicht zur praktischen Verwendung gelangt ist. Ausgehend von der schon von Wartmann gemachten Beobachtung, daß der Lichtbogen durch eine ganz kurze, nicht über $^1/_{25}$ Secunde dauernde Stromunterbrechung nicht beeinträchtigt wird, construirte Le Roux eine Vorrichtung, durch welche der Strom mittels eines schnell umlaufenden Vertheilungsrades bald in die eine, bald in die andere Lampe geleitet wurde. Auf diese Weise gelang es ihm, die Lichtstärke zweier Lampen vollständig gleichmäßig zu erhalten; zu einer weitergehenden Theilung des Lichtes und zur Einführung der elektrischen Beleuchtung in die Praxis hat jedoch dieses System nicht gedient. Der Erste, welcher die schwierige Aufgabe in befriedigender Weise löste, indem er im Jahre 1877 mit einer vollständig neuen Regulirungsmethode hervortrat, durch welche die Verwendbarkeit des elektrischen Lichtes in bedeutendem Maaße erhöht wurde, war der russische Officier Paul Jablochkoff, welcher an die Stelle der auf mechanischer Wirkung beruhenden selbstthätig regulirenden Lampe die sogenannte elektrische Kerze setzte, deren mehrere gleichzeitig in dieselbe Stromleitung eingeschaltet werden können und bei welcher die Länge des Lichtbogens stets die gleiche bleibt. Die Jablochkoff'sche Kerze, welche demnach als eine werthvolle Errungenschaft auf dem betreffenden Gebiete gelten muß, wird durch zwei parallel nebeneinander stehende, jedes für sich in einer Messingfassung befestigte Kohlenstäbchen gebildet, welche durch einen kleinen Zwischenraum getrennt sind. Zur Ausfüllung dieses Zwischenraumes dient ein isolirendes Material — Kaolin, Gips 2c. —, während durch eine Zwischenlage von Kohlenpulver 2c. die leitende Verbindung der Spitzen für den ersten Durchgang des Stromes hergestellt wird. In dem Maaße, wie sich die Kohlenstäbe infolge des an ihren Spitzen entstehenden Lichtbogens verzehren, schmilzt die nichtleitende Substanz und verflüchtigt sich, sodaß die Kohlenstäbe allmählich frei werden und in demselben Maaße langsam verbrennen. Der ganze Proceß geht so ruhig und gleichmäßig vor sich wie das Abbrennen einer Wachs- oder Stearinkerze, wobei durch die glühenden Dämpfe der schmelzenden Isolirmasse das Licht des Flammenbogens noch bedeutend verstärkt wird. Da bei der Anwendung gleichgerichteter Ströme der Verbrauch der Kohle am positiven Pole fast doppelt so groß als am negativen ist, muß entweder die Kohle für den positiven Pol doppelt so stark genommen werden, oder es muß auf die Verwendung gleichgerichteter Ströme verzichtet und zur Stromerzeugung eine Wechselstrommaschine benutzt werden. Das letztere Verfahren ist das am meisten gebräuchliche und es ist dadurch die Ausbildung der Wechselstrommaschinen wesentlich gefördert worden. In Fig. 17, welche eine Jablochkoff'sche Lampe darstellt, ist die Anordnung der Kerze deutlich zu erkennen. Damit die Entstehung des Flammenbogens beim ersten Hindurchgehen des Stromes erfolgen kann, sind hier die Kohlenstäbe durch eine dünne Graphitplatte verbunden, welche beim Durchgang des Stromes verbrennt und so die Bildung des Lichtbogens einleitet. Da die Brenn-

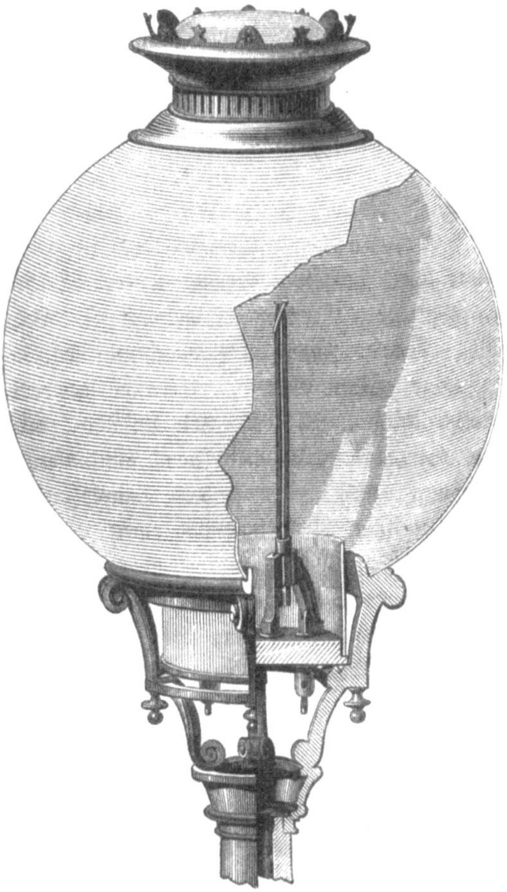

Fig. 17. Elektrische Lampe mit Jablochkoff'schen Kerzen.

dauer einer Kerze auf etwa vier Stunden anzunehmen ist, wird in allen Fällen die Anordnung der Lampe so getroffen, daß in derselben mehrere Kerzen angebracht sind, welche nacheinander derart zur Verwendung kommen, daß nach dem Abbrennen einer Kerze die folgende selbstthätig in den Stromkreis eingeschaltet wird, und es können auf diese Weise gleichzeitig bis zu 16 Kerzen innerhalb eines und desselben Stromkreises zur Wirkung gelangen.

Um die Anwendung des elektrischen Kerzenlichts für die Beleuchtung großer, prächtig ausgestatteter Räume zu veranschaulichen, ist in Taf. III. der in maurischem Stil gehaltene, mit Jablochkoff'schen Kerzen erleuchtete Salon des Hôtel Continental in Paris dargestellt.

Fig. 18. Differential-Lampe, System v. Hefner-Alteneck.

So große Erfolge die elektrische Kerze in Verbindung mit der verbesserten Wechselstrommaschine seit ihrem ersten glänzenden Auftreten in der Beleuchtung der »Avenue de l'Opéra« zur Zeit der Pariser Weltausstellung erreicht hat, so ist man doch infolge der bei dieser Methode häufig vorkommenden Störungen (indem durch das Versagen einer Kerze die Leitung unterbrochen wird) zu der Anwendung sich selbstthätig regulirender Lampen zurückgekehrt, seitdem durch die in der Construction v. Hefner-Alteneck's zur höchsten Vollendung ausgebildete Differentiallampe den beiden gebieterischen Forderungen der Praxis — selbstthätige Regulirung und Theilung des Lichtes — in gleich befriedigender Weise entsprochen ist. Die Wirkungsweise der Differentiallampe, welche seit dem Auftreten der v. Hefner-Alteneck'schen Construction in den verschiedenartigsten Variationen ausgeführt worden ist, beruht darauf, daß man, um die Größe des Lichtbogens unverändert zu erhalten, sich zweier Drahtspulen (Solenoide) bedient, in deren Drahtwindungen wesentlich verschiedene Widerstände auftreten und von denen diejenige, welche den größten

Widerstand besitzt, von einem Zweigstrome durchflossen wird, sodaß hier nicht, wie bei den früheren Regulatoren, die gesammte wirksame Stromstärke den Abstand der Kohlenspitzen regulirt, sondern durch die angebrachte Nebenschließung der Lichtbogen jeder einzelnen Lampe sich selbstthätig richtig stellt. In Fig. 18 ist eine Differentiallampe nach dem v. Hefner-Alteneck'schen System dargestellt, die für allgemeine Beleuchtungszwecke dient. Der Regulirungsmechanismus ist in derselben nach oben gelegt, sodaß er keine Schatten wirft, und zur Dämpfung des Lichtes sind die Kohlenstäbe von einer mattgeschliffenen Glasglocke umschlossen. Zum Betriebe dieser einfachen, mit vollständigster Sicherheit functionirenden Lampen verwenden Siemens & Halske ihre neue Wechselstrommaschine, deren Vorzug außer in geringem Kraftbedarf und geringer Erhitzung namentlich darin besteht, daß in derselben kein Polwechsel und keine magnetische Verschiebung stattfindet, da nicht Eisentheile, sondern nur Kupferdrähte bewegt werden.

Als eine derjenigen Verwendungsarten, durch welche das elektrische Licht die höchste Bedeutung für die öffentliche Sicherheit zu gewinnen vermag, wird gegenwärtig die Nutzbarmachung desselben im Eisenbahnbetrieb erstrebt und es waren in den letzten Jahren die Bemühungen verschiedener Elektriker darauf gerichtet, den Bahnkörper der Eisenbahnen durch eine an der Locomotive angebrachte elektrische Sonne zu beleuchten. Die Schwierigkeiten, welche sich der Verwirklichung dieser Idee entgegenstellten, gipfelten in der Construction einer Regulirungsvorrichtung, welche im stande war, den während der Fahrt unausgesetzt zur Wirkung kommenden heftigen Stößen Widerstand zu leisten. Erst in allerneuester Zeit ist es gelungen, diese Schwierigkeiten zu überwinden. Durch die in Fig. 19 dargestellte Locomotivbeleuchtung, System Sedlaczek-Wikulill ist, den bis jetzt gewonnenen Versuchsresultaten zufolge, den in der Praxis des Eisenbahnbetriebs auftretenden Forderungen im vollsten Maaße entsprochen. Zur Stromerzeugung dient eine Gramme'sche oder eine Schuckert'sche dynamo-elektrische Maschine, die, mit einer Brotherhood'schen dreicylindrigen Dampfmaschine verbunden, auf der Locomotive, hinter dem Schornstein, angebracht ist. Das Interessante der Einrichtung liegt in der neuen Regulirungsvorrichtung, welche die Entfernung der Kohlenspitzen, unbehindert durch Erschütterungen, stets innerhalb der richtigen Grenzen erhält. Die principielle Verschiedenheit der Lampe von den gewöhnlichen Constructionen beruht auf der Anwendung zweier verticalen, miteinander communicirenden Röhren, die mit einer

Fig. 19. Elektrische Locomotivbeleuchtung. System Sedlaczek=Wikulill.

dicklichen Flüssigkeit — Oel, Glycerin ꝛc. — gefüllt sind und in welchen sich dichtschließende Kolben auf- und abbewegen. Die Kohlenstäbe sind mit den Kolben fest verbunden und die Regulirung erfolgt dadurch, daß die Verbindung der beiden Röhren durch einen sich selbstthätig verstellenden Kolbenschieber in geeigneter Weise hergestellt wird.

Wenn sich das elektrische Licht in der Erscheinung des Flammenbogens in allen Fällen, für welche es sich um die Erzeugung eines oder mehrerer Lichter von sehr großer Intensität handelt, als ein Beleuchtungsmittel von wahrhaft imponirender Leistungsfähigkeit darstellt, so hat dasselbe doch erst durch das in den letzten Jahren in überraschend schnellem Fortschritt entwickelte Princip der Incandescenz, das eine weitgehende Theilung des Lichts gestattet, die Fähigkeit erlangt, auch mit Rücksicht auf die Beleuchtung von Innenräumen seine Rivalität dem Gaslicht gegenüber zu behaupten, obgleich die Kosten der Incandescenz- oder Glühlichtbeleuchtung verhältnißmäßig höher als die des Bogenlichtes und nahezu ebenso hoch als die der Gasbeleuchtung sind.

Den Uebergang von der Bogenlicht- zur Glühlichtbeleuchtung bildet, zwar nicht hinsichtlich der chronologischen Reihenfolge der Erfindungen, doch aber durch die Analogie der als Grundlage dienenden Vorgänge, die von mehreren Constructeuren der Gegenwart zur Ausführung gebrachte Incandescenzlampe mit unvollkommenem Contact, in welcher die Lichterscheinung nicht an der Spitze eines continuirlichen Leiters, sondern an der Berührungsstelle zweier schwer schmelzbaren Körper von ungleichem Querschnitt auftritt. Am besten ist dieses System durch die mehrfach zur Verwendung gelangten Lampen von Reynier, Werdermann, Joël und Marcus vertreten, doch reicht die praktische Bedeutung desselben nicht entfernt an die der eigentlichen Glühlichtbeleuchtung heran.

Schon im Jahre 1845 war von King eine Lampe construirt worden, in deren luftleerem Raume ein dünner Draht oder Kohlenstab durch den elektrischen Strom zum Glühen gebracht wurde. Dieser Versuch, sowie die späteren Vorschläge von Draper und Pétrie blieben jedoch ohne jede Bedeutung für die Praxis. Erst in neuester Zeit gelang es Thomas A. Edison in Menlo-Park, New-Jersey, eine durch ihre Einfachheit, Dauerhaftigkeit und Wohlfeilheit wirklich praktische Glühlichtlampe herzustellen, deren Abbildung Fig. 20 zeigt. In einem luftleeren, birnförmigen Glasgefäße befindet sich ein hufeisenförmig gebogener Kohlenfaden, welcher aus der Faser des Bambusrohres durch einen besonderen Verkohlungsproceß hergestellt wird. Die beiden Enden desselben sind mit Platindrähten verbunden, welche ihm den Strom zuführen, wodurch er, bis zu intensiver Glut erhitzt, ein mildes, ruhiges Licht ausstrahlt.

Durch die auf der Pariser Elektricitätsausstellung im Jahre 1881 zur allgemeinen Anschauung gebrachten Erfolge Edison's ermuthigt, haben sich seitdem zahlreiche Elektriker mit der Construction von Incandescenzlampen beschäftigt und durch wesentliche Verbesserungen die Anwendbarkeit dieses Beleuchtungssystems für den öffentlichen wie für den Privatgebrauch bedeutend erhöht. Namentlich sind es die Swan'schen und die Maxim'schen Lampen, die sich für die mannigfachsten Zwecke (zur Beleuchtung von Bureaux, industriellen Etablissements, Theatern 2c.) einzubürgern beginnen. Das elektrische Glühlicht zeichnet sich, außer durch seine absolute Gleichmäßigkeit, besonders auch durch die angenehme Färbung und völlige Gefahrlosigkeit aus und nicht minder wird überall, wo es zur Anwendung kommt, im Gegensatz zu den älteren Beleuchtungsarten, die dadurch gewahrte Sauberkeit und Reinhaltung der Luft geschätzt.

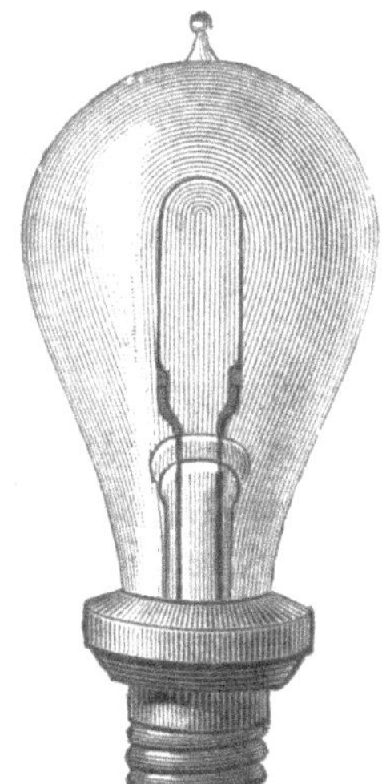

Fig. 20. Glühlichtlampe von Edison.

Durch die großartigen Anlagen, welche in neuester Zeit in New-York zur Beleuchtung der bürgerlichen Wohnungen mit Glühlicht gemacht worden sind und die, den bisher gewonnenen günstigen Resultaten zufolge, noch fortwährend ausgedehnt werden, ist die Möglichkeit, das elektrische Licht gleich dem Gaslicht in Hausleitungen nutzbar zu machen, in augenfälliger Weise dargethan und wird voraussichtlich das hiermit gegebene glänzende Beispiel auch in europäischen Großstädten zur Einführung des elektrischen Lichtes in die Wohnhäuser Anregung geben.

Zweites Kapitel.

Die Erzeugung der elektrischen Ströme.

Seitdem zu Anfang unseres Jahrhunderts durch die Erfindung der Volta'schen Säule zuerst die Möglichkeit gegeben wurde, durch chemische Wirkungen elektrische Ströme hervorzubringen, ist die auf dieser Erfindung beruhende galvanische Batterie, Dank dem wissenschaftlichen Fortschritt, zu immer höherer Vollkommenheit ausgebildet worden. Bis in die Neuzeit stellte dieselbe das einzige Mittel zur Erzeugung continuirlicher Ströme dar. Mit Rücksicht auf die Umständlichkeit und Kostspieligkeit dieser Art der Stromerzeugung ist jedoch seit der Einführung der auf den Gesetzen der Magnet-Induction beruhenden elektrischen Maschinen die Anwendung des galvanischen Stromes für Beleuchtungszwecke fast ganz verlassen worden und es könnte somit als überflüssig erscheinen, an dieser Stelle die Apparate zur Erzeugung des galvanischen Stromes zu besprechen, wenn nicht in letzter Zeit statt der gewöhnlichen galvanischen Batterieen eine andere Art von Batterieen in Aufnahme gekommen wäre, welche mit den ersteren in einem gewissen Zusammenhang steht und voraussichtlich berufen ist, in Zukunft auch bei der elektrischen Beleuchtung eine wichtige Rolle zu spielen. Es sind dies die sog. Secundär-Batterieen oder Accumulatoren. Auf Grund der angeführten Thatsache soll im Folgenden eine gedrängte Uebersicht des Wesens und der Wirkungsweise der verschiedenen galvanischen Batterieen, sowie Secundär-Batterien gegeben werden.

Von theoretischem Gesichtspunkte besonders interessant sind die thermo-elektrischen Batterieen, in welchen das Mittel zur directen Umsetzung von Wärme in Elektricität geboten ist, weshalb es als nothwendig betrachtet werden kann, die Stellung kennen zu lernen, welche diese Batterieen gegenwärtig als Elektricitätserzeuger einnehmen. Nicht minder gerechtfertigt ist ein längeres Verweilen bei der Entstehung der Inductionsströme, namentlich da die hierbei auftretenden Erscheinungen die Grundlage bilden, auf welcher die Wirkungsweise der elektrischen Maschinen beruht, und ohne eine genauere Kenntniß der Grundgesetze der galvanischen und magnetischen Induction ein klares Verständniß der immerhin complicirten Anordnungen der betreffenden Maschinen nicht zu erreichen ist.

---

1. Die galvanischen Elemente und Batterieen.

Zur Erzeugung der durch die Berührung zweier verschiedenartigen Körper erregten Elektricität (Berührungs- oder Contact-Elektricität, auch galvanische Elektricität) eignen sich vorzüglich die Metalle. Unter denselben werden am häufigsten für den bezeichneten Zweck Kupfer und Zink benutzt, von denen bei der Berührung dieses positiv, jenes negativ elektrisch wird. Alle einfachen Körper lassen sich dergestalt zu einer Reihe (Spannungsreihe) zusammensetzen, daß bei der Berührung je zweier beliebigen Glieder dieser Reihe das vorhergehende positiv, das nachfolgende negativ elektrisch wird. Die als Glieder einer solchen Reihe für die Erzeugung galvanischer Elektricität am meisten in Betracht kommenden Körper sind: Zink, Zinn, Blei, Eisen, Kupfer, Silber, Gold, Platin, Kohle. Die bei der Berührung zweier Glieder erregten entgegengesetzten Elektricitäten treten mit bestimmten Spannungen auf, deren Differenz nur von der materiellen Beschaffenheit der beiden Körper abhängt, und zwar ist diese Spannungsdifferenz eine um so größere, je weiter die beiden Glieder in der Spannungsreihe voneinander entfernt sind.

Die Größe der bei der Berührung entwickelten Elektricitätsmenge ist von der Größe der Oberfläche und der Berührungsfläche der in Contact befindlichen Leiter bedingt.

Zur Erzeugung oder Scheidung entgegengesetzter Elektricitäten ist ein gewisser Aufwand von Arbeit erforderlich; die hierzu nothwendige Kraft wird die elektromotorische Kraft genannt.

Verbindet man die freien Enden zweier sich berührenden Metalle durch einen metallischen Leiter (Draht), so erhält man stets nur elektrische Spannungen, welche miteinander im Gleichgewicht stehen; ein elektrischer Strom tritt noch nicht auf, eine gleiche Temperatur in dem ganzen System vorausgesetzt. Durch Einschaltung einer die Elektricität leitenden (chemisch zusammengesetzten) Flüssigkeit kann jedoch das elektrische Gleichgewicht aufgehoben werden und es entsteht alsdann ein elektrischer Strom, der durch die fortdauernde Contactwirkung der beiden Metalle unter sich und mit der Flüssigkeit eine Zeit lang continuirlich erhalten wird.

Eine derartige, zur Stromerzeugung geeignete Combination heißt eine galvanische oder hydro-elektrische Kette, oder gewöhnlicher ein galvanisches Element. Man erhält dasselbe in seiner einfachsten Form, indem man z. B. eine Kupfer- und eine Zinkplatte (welche beide Platten Elektroden genannt werden) einerseits in einem gewissen Abstande voneinander in ein mit verdünnter Schwefelsäure gefülltes Glasgefäß (Becher) tauchen läßt und dieselben anderseits durch einen Draht, den sog. Schließungsdraht, verbindet. Es geht in diesem Falle ein elektrischer Strom vom elektro-positiven Zink durch die Flüssigkeit zu dem elektro-negativen Kupfer und von diesem durch den Schließungsdraht zum Zink.

Fügt man mehrere galvanische Elemente derart zusammen, daß jede Zinkplatte durch einen Draht mit der Kupferplatte des vorhergehenden Gefäßes verbunden ist, so erhält man eine galvanische Batterie. In jedem einzelnen Becher geht hierauf der positive Strom von der Zinkplatte durch die Flüssigkeit zu der gegenüberstehenden Kupferplatte, sodaß die positive Elektricität der letzten Zinkplatte in die letzte Kupferplatte übergeht, welche man deshalb den positiven Pol der Batterie nennt, während die erste Zinkplatte, welche die negative Elektricität der ersten Kupferplatte aufnimmt, der negative Pol genannt wird. Es bildet somit das elektro-negative Metall (Kupfer) den positiven Pol und das elektro-positive Metall (Zink) den negativen Pol der Batterie. Verbindet man beide Pole durch einen Schließungsdraht, so verläuft in demselben der Strom vom Kupferpol zum Zinkpol; die gesammte Strombahn einer derartigen Batterie (oder eines Elementes) nennt man den Schließungskreis derselben.

Der elektrische Strom bewirkt stets einen gewissen Grad der Wärmeentwickelung in allen Theilen des Schließungskreises. Außerdem ist mit dem Auftreten desselben eine Zersetzung der leitenden Flüssigkeit verbunden; der Vorgang einer solchen Zersetzung durch den elektrischen Strom wird Elektrolyse und die demselben unterliegenden Körper werden Elektrolyten genannt.

Im gegebenen Falle geht die Zersetzung der verdünnten Schwefelsäure derart vor sich, daß sich der Wasserstoff derselben an der Kupferplatte ausscheidet und an der Zinkplatte die Bildung einer entsprechenden Menge von schwefelsaurem Zink veranlaßt wird. Hierdurch ist eine allmähliche Consumtion des Zinks bedingt, welche noch stärker auftritt, wenn das Zink nicht durch eine dünne Quecksilberschicht (Amalgamirung) gegen den directen Angriff der Schwefelsäure geschützt ist.

Indem bei dem erwähnten Vorgange die auf der Kupferplatte befindliche Wasserstoffschicht positive Elektricität annimmt, bildet dieselbe mit dem Zink gewissermaaßen auch eine Kette, welche jedoch eine dem ursprünglichen Strome entgegengesetzte Stromrichtung herzustellen bestrebt ist. Die in dieser Weise auftretende Gegenwirkung nennt man galvanische Polarisation.

Die Thätigkeit der Kette veranlaßt im weiteren Verlauf wieder eine Zersetzung des schwefelsauren Zinkes, infolge deren metallisches Zink an der Kupferplatte ausgeschieden wird. Diese Ablagerung an der letzteren, vor allem aber die Polarisation, bewirkt eine rasch eintretende Stromabnahme, welche bald denjenigen Grad erreicht, wo die entgegengesetzt gerichtete elektro-motorische Kraft die ursprüngliche elektro-motorische Kraft compensirt. Man nennt daher derartige Ketten inconstant und es wird das Wesen der sog. constanten Ketten in Einrichtungen bestehen, durch welche elektro-positive Ablagerungen an der Kupferplatte verhindert werden.

Die Anordnung der constanten Ketten gründet sich in fast allen Fällen darauf, daß die beiden Metalle in zwei verschiedene Flüssigkeiten getaucht werden, welche durch eine poröse Scheidewand (Diaphragma) oder durch ihre Schichtung nach dem specifischen Gewichte verhindert werden, sich zu mischen. Als elektro-positives Metall kommt dann fast immer amalgamirtes Zink zur Anwendung, welches sich in verdünnter Schwefelsäure befindet, während die den elektro-negativen Bestandtheil der Kette bildende Platte in eine oxydirende und dadurch depolarisirende Flüssigkeit taucht.

Die älteste constante Kette ist die Daniell'sche Kette, bei welcher eine concentrirte Lösung von Kupfervitriol als depolarisirende Flüssigkeit die Kupferplatte umgiebt. Fig. 21 bringt die Anordnung eines Daniell'schen Elements zur Anschauung. Das äußere Glasgefäß enthält die Kupfervitriollösung und einen aus Kupferblech gebogenen Hohlcylinder K, innerhalb dessen die mit verdünnter Schwefelsäure oder auch mit Zinkvitriollösung gefüllte Thonzelle T steht, in welche der Zinkcylinder Z eintaucht. An diesem ist ein Kupferblechstreifen m, am Kupfercylinder ein gleicher Streifen p befestigt, welcher letztere die Schraube s trägt, mittels deren derselbe mit dem Streifen m des nächsten Bechers zusammengeschraubt werden kann.

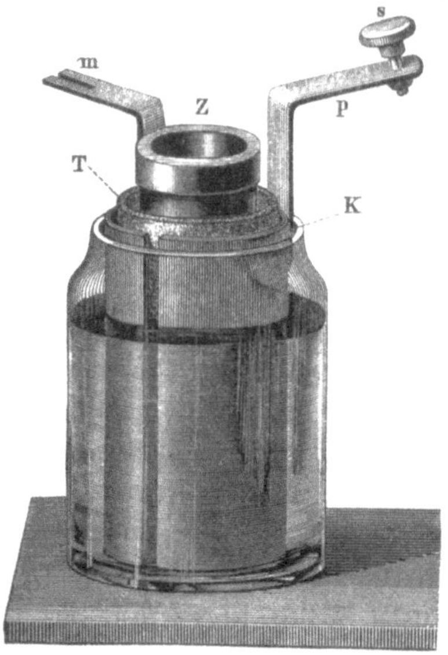

Fig. 21. Daniell'sches Element.

Häufig findet man auch die umgekehrte Anordnung, sodaß also der Zinkcylinder den äußeren Ring bildet und der Kupfercylinder in die mit der Kupfervitriollösung angefüllte Thonzelle eintaucht. Bei der Thätigkeit der Kette findet zwischen den beiden durch die poröse Zelle getrennten Flüssigkeiten nach dem Gesetze der Endosmose ein langsamer Austausch statt und der elektrolytisch ausgeschiedene Wasserstoff der Schwefelsäure tritt im Kupfervitriol an die Stelle des Kupfers, von welchem eine entsprechende Menge an der Kupferplatte niedergeschlagen wird.

Die Thonzellen derartiger Elemente müssen öfters ausgewechselt werden, da dieselben in nicht zu langer Zeit infolge warzenförmiger Kupferincrustationen unwirksam werden. Meidinger hat darum auf folgende Weise die poröse Zelle entbehrlich zu machen gesucht: Das unterhalb bei b sich verengende Glasgefäß A (Fig. 22) trägt einen Zinkring Z, während sich der Kupferring e in einem auf dem Boden von A stehenden Glasgefäße d befindet. Die Füllung des Glasgefäßes A besteht aus einer Bittersalzlösung, durch welche der Zuleitungsdraht g des Ringes e, isolirt durch eine Guttaperchahülle, geführt ist. In dieses Glasgefäß hängt ein Glastrichter h hinein, der unten in eine feine Oeffnung ausläuft und mit Kupfervitriol-

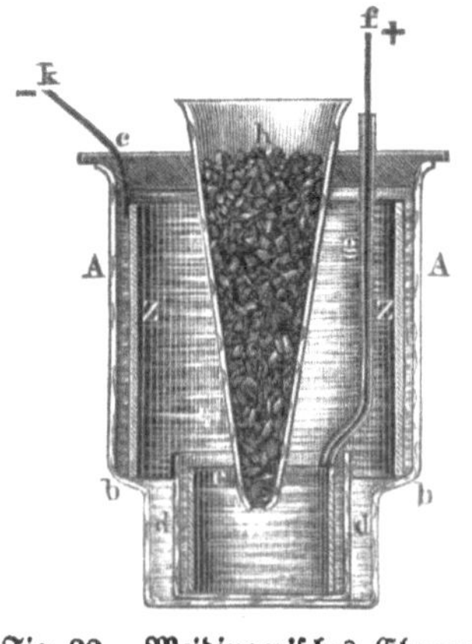

Fig. 22. Meidinger'sches Element.

stücken gefüllt ist. Die in dem unteren Theile des Trichters sich bildende Kupfervitriollösung sinkt als schwerere Flüssigkeit durch die kleine Oeffnung in das Becherglas d hinunter und umgiebt das Kupferblech bald bis zur Höhe der Oeffnung. Das Nachsinken der Flüssigkeit erfolgt äußerst langsam in dem Maaße, in welchem die Lösung durch Kupferausscheidung specifisch leichter wird.

Zweckmäßiger noch sind die Ballonelemente von Meidinger, bei welchen der Glastrichter durch einen mit Kupfervitriolkrystallen gefüllten Glasballon ersetzt ist, dessen Hals nach abwärts in die Kupfervitriollösung eingesenkt ist. Derartige Elemente liefern einen sehr constanten Strom, können länger als ein Jahr in Thätigkeit sein, ohne einer Nachfüllung zu bedürfen, und werden deshalb besonders für die Zwecke der Telegraphie heute noch vielfach verwendet.

Fig. 23. Reynier'sches Element. (Rechteckige Form.)

Neuerdings ist von M. Reynier eine weitere, bemerkenswerthe Modification des Daniell'schen Elementes ausgeführt worden. In derselben ist als depolarisirendes Agens wieder Kupfervitriol, statt der verdünnten Schwefelsäure aber Aetznatron angewendet, wodurch allein schon die elektro-motorische Kraft von 1 auf 1,5 erhöht wurde. Reynier gab diesem Elemente die Form, welche in Fig. 23 dargestellt ist. Die poröse Zelle ist hier aus einem eigenthümlich zusammengelegten Blatte Pergamentpapier hergestellt, wobei eine Naht nicht vorhanden ist und alle Falten auf die schmalen Seiten des Gefäßes zu liegen kommen. Die beiden Elektroden — Kupfer und Zink — sind einfach umgebogene Blechstücke und es befindet sich das Kupfer außerhalb, das Zink innerhalb der porösen Zelle. Dieselben liegen dabei ganz nahe aneinander, wodurch der innere Widerstand des Elementes beträchtlich vermindert wird. Zu jeder der erregenden Flüssigkeiten setzte Reynier mehrere Salze (Natriumsulfat, Zinksulfat, Zinkchlorid und Natriumchlorid) hinzu und erzielte dadurch eine bedeutende Erhöhung in der Leitungsfähigkeit der Flüssigkeiten. Mit 50 solcher Elemente erzeugte derselbe den elektrischen Lichtbogen, wobei dieselben keinerlei schädliche Dämpfe entwickelten, wie die weiterhin zu besprechenden Bunsen-Elemente, denen sie an Wirksamkeit gleichkommen. Fig. 24 zeigt die runde Form des Reynier'schen Elementes.

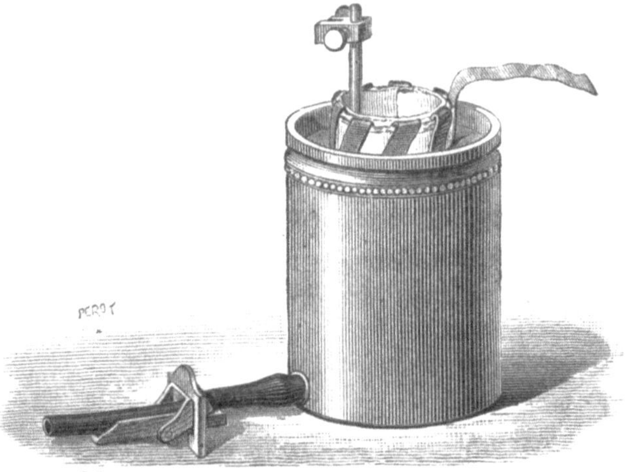

Fig. 24. Reynier'sches Element. (Runde Form.)

Ersetzt man in der Daniell'schen Kette die Kupfervitriollösung der Thonzelle durch Salpetersäure, indem man gleichzeitig statt des Kupfers Platin anwendet, so erhält man die Grove'sche Kette.

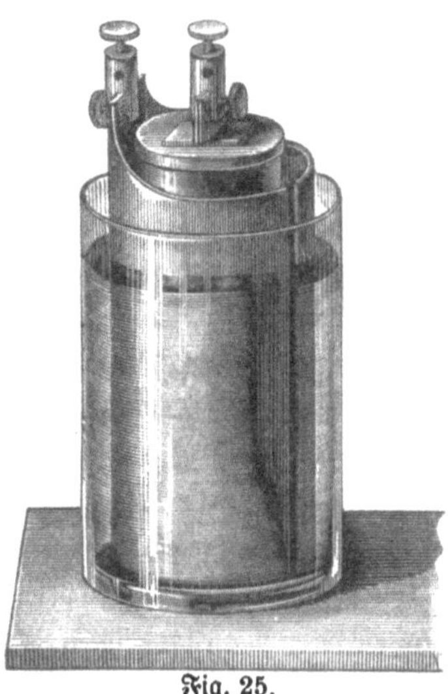

Fig. 25.

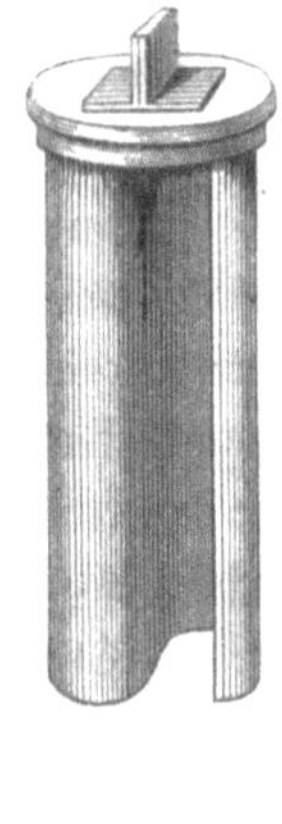

Fig. 26.

Grove'sches Element.

Ein Grove'sches Element wird durch Fig. 25 dargestellt. Innerhalb des äußeren Zinkcylinders befindet sich die mit Salpetersäure gefüllte

Thonzelle, in welche das Platinblech eingetaucht ist. Wie Fig. 26 erkennen läßt, ist das letztere S förmig gebogen und an einem runden Bretchen befestigt, welches gleichzeitig den Deckel für die Thonzelle bildet.

Indem das kostspielige Platinblech der Grove'schen Kette durch die wohlfeilere Kohle ersetzt wird, erhält man das Bunsen'sche Element, das also im übrigen dieselbe Zusammensetzung wie das Grove'sche Element zeigt. Die Bunsen'sche Kette hat, eben infolge ihrer Wohlfeilheit, sowie ihrer kräftigen Wirkung wegen, die größte Verbreitung gefunden und wird fast ausschließlich in allen Fällen zur Anwendung gebracht, wo es sich um die Erzeugung sehr kräftiger galvanischer Ströme handelt.

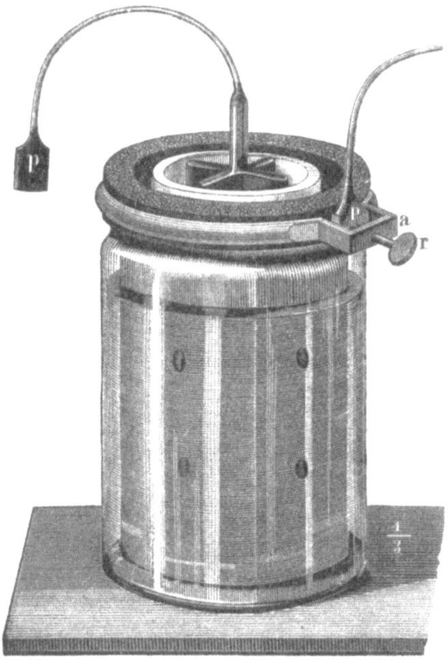

Fig. 27.
Bunsen'sches Element. (Aeltere Form.)

Bei den älteren Bunsen'schen Elementen steht die Kohle außerhalb, das Zink innerhalb der Thonzelle. Eine von Stöhrer verbesserte derartige Form ist in Fig. 27 veranschaulicht. In derselben taucht ein aus einer dichten und festen künstlichen Kohlenmasse hergestellter Cylinder in concentrirte Salpetersäure. Innerhalb desselben befindet sich die Thonzelle und in dieser ein amalgamirter Zinkkörper von kreuzförmigem Querschnitt nebst verdünnter Schwefelsäure. Um den Kohlencylinder ist ein starker messingner Ring gelegt, der bei a mit einer viereckigen Ausbiegung versehen ist. Der Zinkkörper trägt einen weichen Kupferdraht, welcher in einer kleinen Platte p endigt. Diese Platte, welche mit dem Zink des vorhergehenden Elementes zusammenhängt, wird in die Ausbiegung a eingeführt und mittels der Schraube r fest gegen die Kohle dieses Bechers gepreßt.

In neuerer Zeit zieht man die Anordung vor, von welcher Fig. 28 ein Beispiel zeigt. Die hier angewendete Kohle C ist Gaskohle (der bei der Bereitung von Leuchtgas aus Steinkohle in den Retorten haftende Rückstand) und befindet sich in der Thonzelle, während das Zink (Z) außen um dieselbe herumreicht. Aus der Figur ist auch die Art der Messingarmatur zu ersehen, mittels deren man die Verbindungs-Kupferstreifen anklemmen kann.

Die Bunsen'sche und auch die Grove'sche Kette haben eine fast doppelt so große elektro-motorische Kraft als die Daniell'sche Kette und sind ebenso constant, doch zeigen sie, wie bereits angedeutet, einen Uebelstand, der ihre Anwendung in bewohnten Räumen verbietet. Sie verbreiten nämlich Dämpfe der so schädlichen Untersalpetersäure, weshalb sie nur in gut ventilirten Räumen aufgestellt werden können. Aus diesem Grunde wurde von Bunsen selbst die beschriebene Kette derart modi-

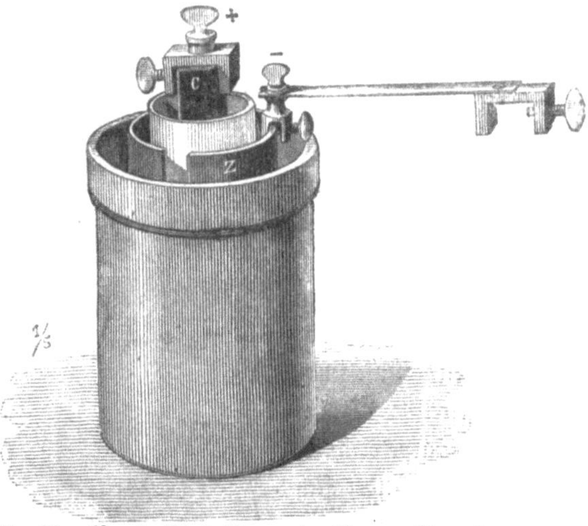

Fig. 28. Bunsen'sches Element. (Neuere Form.)

ficirt, daß er die Salpetersäure durch eine gleichfalls stark oxydirend wirkende Flüssigkeit ersetzte, die aus einer Mischung von Schwefelsäure mit einer Lösung von doppeltchromsaurem Kali bestand. Derartige Ketten sind unter dem Namen Chromsäure-Ketten bekannt. Da die chromsäurehaltige Flüssigkeit das Zink nicht stärker angreift als Schwefelsäure, kann man hier die Thonzelle ganz entbehren und man taucht Kohle und Zink in die gleiche Flüssigkeit. Die derartig erzielte Vereinfachung des Elementes und die Geruchlosigkeit desselben müssen als wesentliche Vortheile gelten, doch ist dasselbe weniger wirksam als das eigentliche Bunsen-Element.

Sehr brauchbar sind, namentlich auch mit Rücksicht auf ihre Dauerhaftigkeit, die Tauchbatterieen, bei welchen die Kohlen und Zinkplatten

Maurischer Salon im Hôtel Continental in Paris, durch Jablochkoff'sche Kerzen erleuchtet (S. 35).

III.

Avenue de l'Opéra in Paris, durch Jablochkoff'sche Kerzen erleuchtet.

IV.

Hippodrom in Paris, durch Jablochkoff'sche Kerzen erleuchtet.

V.

so aufgehängt sind, daß sie nur dann in die bereits gefüllten Gefäße getaucht werden, wenn der Strom zur Verwendung kommen soll.

Alle bisher beschriebenen Ketten, außer den Chromsäure-Elementen, enthalten zwei verschiedene Flüssigkeiten. Von den Ketten, welche nur eine Flüssigkeit enthalten, sind von besonderem Interesse die von Smee und von Leclanché, von denen die letztere in neuester Zeit in den Batterieen für Haustelegraphen und Telephone ausgedehnte Verwendung findet. Die Smee'sche Kette ist inconstant und besteht aus amalgamirtem Zink und mit Platinmohr überzogenem Platin oder Silber, welche Metalle gleichzeitig in dieselbe Flüssigkeit tauchen.

Die Kette von Leclanché ist einerseits aus Zink, anderseits aus gepulvertem, durch eine Thonzelle zusammengehaltenem Braunstein (Mangansuperoxyd) zusammengesetzt. Um die leitende Verbindung mit dem Braunstein herzustellen, ist eine Kohlenplatte in denselben versenkt; als erregende Flüssigkeit dient eine Salmiaklösung. Eine derartige Kette bleibt lange Zeit wirksam und hat eine größere elektro-motorische Kraft als die Daniell'sche; außerdem empfiehlt sich dieselbe durch ihre Wohlfeilheit und die Bequemlichkeit der Anwendung, insbesondere in allen Fällen, in denen es auf die Erzeugung lange andauernder Ströme von geringer Stärke ankommt. Die neueste Construction des Leclanché-Elementes besitzt kein Diaphragma und enthält den Braunstein in Gestalt eines massiven Cylinders, der aus einem Gemenge von gepulvertem Braunstein, Gaskohle und wenig Schellack durch starken Druck hergestellt ist.

2. Die secundären Elemente oder Accumulatoren.

Eine der wichtigsten Aufgaben der Technik besteht darin, Energie aufzuspeichern, um sie für beliebige Zwecke jederzeit und an jedem Orte nutzbar machen zu können. Man hat diese Aufgabe bisher auf verschiedene Weise zu lösen gesucht und die diesem Zwecke dienenden Apparate Accumulatoren (Kraftsammler) genannt. In weiterem Sinne könnte beispielsweise auch das Gas als Accumulator für Energie betrachtet werden, welche durch die Arbeit der Gaskraftmaschinen nutzbar gemacht wird. Alle diese Accumulatoren erfüllen jedoch die Bedingung, daß die in ihnen aufgespeicherte Kraft leicht und an jedem Orte verwendet werden kann, bis heute noch nicht in genügender Weise und erst mit Hilfe der

Elektricität scheint gegenwärtig eine befriedigende Lösung der betreffenden Aufgabe herbeigeführt zu werden, indem wir, Dank den Forschungen der beiden letzten Jahrzehnte, heute schon in Gestalt der Secundär-Elemente Apparate besitzen, welche die Aufspeicherung beträchtlicher Mengen elektrischer Energie gestatten, die längere Zeit nach dem Zeitpunkt ihrer Ansammlung und an beliebigem Orte zur Verwendung gelangen können. Die Einrichtung, sowie die Wirkungsweise derartiger Accumulatoren beruht auf Vorgängen, welche den bei den gewöhnlichen galvanischen Elementen auftretenden Erscheinungen analog sind.

Je nach den Verhältnissen, unter welchen die Elektrolyse auftritt, äußern sich die Wirkungen derselben der Hauptsache nach entweder in einer chemischen Veränderung der Elektrolyten oder in einer solchen der Elektroden; die letzteren Erscheinungen sind es, welche für die Zwecke der Ansammlung von Elektricität nutzbar gemacht worden sind. Mit dem Namen »Secundär-Elemente« bezeichnet man solche Elemente, in welchen zwei in einer leitenden Flüssigkeit befindliche Elektroden, nachdem dieselben eine erste Umwandlung unter dem Einfluß des Durchgangs eines einer anderen Kraftquelle entnommenen elektrischen Stromes erfahren haben, bei ihrer Verbindung durch einen Schließungsdraht in ihren ursprünglichen Zustand zurückkehren, indem sie bei dieser zweiten Umwandlung eine gewisse Elektricitätsmenge frei werden lassen. Einen solchen Vorgang, welcher den Elektroden die Eigenschaft elektrischer Pole ertheilt, nennt man das Polarisiren der Elektroden, und den durch die polarisirten Elektroden erzeugten Strom den »secundären Strom«.

Die chemischen Veränderungen der Elektroden treten hauptsächlich an der positiven Elektrode auf und rühren von der Einwirkung des elektrolytisch ausgeschiedenen Sauerstoffs auf das Metall her, welches dadurch oxydirt wird. Die genannten Wirkungen treten bei den meisten Metallen auf, sind jedoch nur bei den wenigen derselben, deren Oxyde gute Leiter abgeben, für den in Rede stehenden Zweck verwerthbar. Es kommen demnach hier vorzüglich Silber und Blei in Betracht, deren höhere Oxydationsstufen, die Superoxyde, genügend gute Leiter abgeben. Während jedoch bei Silber das gebildete Superoxyd sich sehr leicht zersetzt, hält sich dasselbe auf Blei sehr gut und es scheint demnach das letztere das für die Zwecke der Accumulation am besten verwendbare Metall zu sein.

Das erste zur praktischen Verwendung geeignete Secundär-Element wurde im Jahre 1859 von Planté hergestellt. Dasselbe besteht aus zwei Streifen von Bleiblech, welche mit einer Zwischenlage von Kautschuk zu einer Spirale aufgerollt und in ein Gefäß mit verdünnter Schwefelsäure gesetzt werden. Planté versah jeden der Bleistreifen mit einem Poldraht und verband diesen mit je einem Pol von zwei gekuppelten Bunsen-Elementen. Es bildet sich alsdann an der positiven Bleiplatte (Anode) Bleisuperoxyd, während die negative Bleiplatte (Kathode), an welcher sich der Wasserstoff abscheidet, zu metallischem Blei reducirt wird, wenn dieselbe oxydirt war. Verbindet man nun nach Ausschaltung des Ladungsstromes die Pole des Planté'schen Elementes, so entsteht durch die eintretende Rückbildung der zersetzten Stoffe ein kräftiger Strom; der Sauerstoff des Superoxyds vereinigt sich mit dem Wasserstoff der Schwefelsäure und der somit freiwerdende Sauerstoff wird durch das die Kathode bildende Blei aufgenommen, welches hierdurch an seiner Oberfläche oxydirt. So lange Superoxyd an der Anode vorhanden ist und so lange die Kathode den Sauerstoff aufnimmt, so lange dauert auch der Strom.

Planté fand ferner, daß, wenn man ein solches secundäres Element längere Zeit wiederholt ladet und entladet, die Wirksamkeit desselben stets zunimmt, indem sich auf der Oberfläche des Bleies immer dickere Schichten des Bleisuperoxyds bilden und dasselbe demzufolge immer mehr die Fähigkeit erlangt, große Mengen Elektricität in sich aufzuspeichern.

Die Umständlichkeit dieser Präparirungsmethode brachte Faure auf den glücklichen Gedanken, das Bedecken der Bleiplatten mit Bleisuperoxyd von vornherein vorzunehmen, und zwar belegte er dieselben zu diesem Zwecke mit Mennige, einer Verbindung von Bleioxyd mit Bleisuperoxyd. Die Anfertigung des Faure'schen Elementes geschieht in der Regel auf folgende Weise: Man verwendet hierzu zwei Bleistreifen (Platten) von 200 Millimeter Breite, von welchen der eine 600 Millimeter lang und einen Millimeter dick, der andere 400 Millimeter lang und einen halben Millimeter dick ist und an deren Ende je ein kräftiger Bleistreifen vorsteht. Jede der Bleiplatten wird alsdann mit Mennige, die mit Wasser zu einem Brei angerührt wurde, bedeckt, wobei die größere Platte 800 Gramm, die kleinere 700 Gramm davon erhält. Man bedeckt hierauf die Mennige mit einem Blatt Pergamentpapier, hüllt das Ganze in einen Filzüberzug, legt die Platten übereinander und rollt sie auf, indem man Kautschukbänder dazwischen legt. Schließlich bringt man das Ganze in ein cylindrisches Gefäß aus Blei, welches inwendig mit Mennige und Filz ausgekleidet ist und, da der vorstehende Streifen der kleineren Bleiplatte an dasselbe angelöthet wird, an der

Wirkung participirt. Das fertige Element wiegt ohne die Flüssigkeit (im Verhältniß 1:10 verdünnte Schwefelsäure) 8500 Gramm.

Um die Wirkung der an sich nicht leitenden Mennige im Faure'schen Elemente zu erklären, kann man sich denken, daß beim Durchgang eines elektrischen Stromes an der äußersten Schicht derselben sich eine dünne Lage von Bleisuperoxyd und schwefelsaurem Blei bildet, welche alsdann einerseits zu Blei reducirt wird, während anderseits reines Bleisuperoxyd entsteht; daß sodann eine weitere Schicht der Mennige zur Wirkung kommt, wodurch sich nach und nach eine Fläche herstellt, welche die Ladung leicht und in größerer Menge aufzunehmen imstande ist. Der Vorzug des Faure'schen Elementes besteht im wesentlichen darin, daß dasselbe bald nach der Herstellung gebrauchsfertig ist, während das Planté'sche Element erst einer mühsamen und zeitraubenden Präparirung durch wiederholtes Laden und Entladen bedarf. Im übrigen ist die Leistungsfähigkeit des Faure'schen Elementes gegenüber dem Planté'schen nicht um soviel größer, als man zuerst annahm.

Interessant sind in dieser Beziehung die Resultate der Versuche, welche von Allard, Blanc, Joubert, Potier und Tresca im »Conservatoire des Arts et Métiers« in Paris mit 35 Faure'schen Elementen angestellt wurden. Das Laden der Batterie erfolgte durch eine Siemens'sche Maschine innerhalb vier Tagen und erforderte zusammen 22 $^3/_4$ Stunden; hierfür wurden im ganzen 9 569 798 Kilogrammmeter mechanischer Arbeit aufgewendet, von welcher Arbeit, abzüglich des auf die Erregung und Transmission des Stromes entfallenden Arbeitsverlustes, für die Ladung der Elemente im ganzen 6 382 100 Kilogrammeter zur Verwendung gelangt waren. Das Entladen der Batterie erforderte zusammen 10 Stunden und 39 Minuten und der erhaltene Strom diente zum Betriebe von 11 Maxim-Lampen.

Die Feststellung der Versuchsresultate ergab nun, daß von der in die Batterie eingeführten Elektricitätsmenge 90 % wieder abgegeben wurden, daß dagegen von der aufgespeicherten Arbeit nur 60 % und von der gesammten überhaupt aufgewendeten Arbeit nur 40 % reproducirt wurden. Der Gebrauch des Accumulators hatte also hier 40 % der von der dynamo-elektrischen Maschine gelieferten Arbeit gekostet, d. h. 40 % der elektrischen Arbeit, welche ohne diesen Vermittler zur freien Verfügung gestanden hätte.

Die vorstehenden Ergebnisse können immerhin als recht befriedigende bezeichnet werden, wenn man berücksichtigt, daß durch die Anwendung der Secundär-Batterieen der Bedarf elektrischer Kraft von den elektrischen Maschinen und ihren unvermeidlichen Betriebs-Schwankungen unabhängig wird, was besonders in denjenigen Fällen von Wichtigkeit ist, in denen durchaus constante Ströme verlangt werden. Auch in anderen Fällen, wo Betriebskraft und infolge dessen die Erzeugung des elektrischen Stromes wohlfeil ist, diese Kraft aber nur zeitweise Verwendung finden kann, bieten die Accumulatoren schon heute erhebliche Vortheile dar. So wird es künftig bei der elektrischen Beleuchtung nicht mehr erforderlich sein, die Gaskraft- resp. Dampfmaschine so lange arbeiten zu lassen, als die Lampen brennend erhalten werden sollen, wodurch zugleich die Gefahr ausgeschlossen ist, daß das Licht infolge einer in der Maschine eingetretenen Betriebsstörung erlischt. Die Maschine kann mithin den Tag über arbeiten und während der Nacht ruhen, oder sie kann, indem sie sich Tag und Nacht im Betrieb befindet, einen größeren Bezirk mit vorräthiger elektrischer Kraft versorgen. Die Amortisation der Anlage-Kosten der betreffenden Einrichtung würde hierdurch in weit kürzerer Zeit erfolgen können, während zugleich die Kosten für Brennmaterial erheblich reducirt würden.

Kleinere Secundär-Elemente lassen sich bequem in ein handliches Kästchen verpacken und bilden dann eine leicht transportable Elektricitätsquelle, die sich vor den gewöhnlichen Batterieen durch Reinlichkeit und Bequemlichkeit der Handhabung auszeichnet: Ein solcher Apparat kann ohne Mühe, etwa mittels der Batterie eines Haustelegraphen oder durch irgend einen Elektriker, geladen werden und es steht sodann der secundäre Strom für längere Zeit zur Verfügung, sodaß derselbe nach Bedarf in beliebig kleinen Quantitäten (z. B. für medicinische Zwecke, für Zündmaschinen 2c.) nach und nach verbraucht werden kann.

Die Ueberzeugung von der praktischen Tragweite der Secundär-Batterieen, welche namentlich durch die Pariser Elektricitätsausstellung vielseitig Ausdruck gefunden, hat seit dem Bekanntwerden des Faure'schen Elementes zu zahlreichen derartigen Constructionen geführt, die zum Theil von großem Interesse sind. So schichtet z. B. Kabath, um eine größere Oberfläche der Elektroden zu erzielen, eine Anzahl dünner, glatter oder auch gewellter Bleistreifen übereinander und umgiebt dieselben mit einem durchlöcherten Bleimantel. Ein solcher Körper bildet dann eine Elektrode, welche mit 11 weiteren zu einem Elemente vereinigt wird.

Auf dem gleichen Princip beruht das Element der Société Universelle d'Electricité, Tommasi in Paris. Abweichend hiervon sind die

Secundärbatterieen der Société Générale d'Electricité eingerichtet, indem bei denselben Elektroden mit polirter Oberfläche benutzt werden, deren Polarisationsfähigkeit dadurch erhöht wird, daß sie mit einer Schicht öliger, fettiger oder harziger Körper umgeben sind.

Allgemeine Aufmerksamkeit erregten auf der Elektricitäts-Ausstellung in München die Accumulatoren des Elektrotechnikers der Elsässischen Elektricitäts-Gesellschaft in Straßburg, O. Schulze. Jeder dieser Accumulatoren ist 230 Millimeter hoch, hat 120 Millimeter im Quadrat und besteht aus 30 nebeneinander in Metallklemmen aufgehängten Bleiplatten, welche vor ihrer Verwendung mit Schwefel in der Hitze derart behandelt sind, daß dieselben eine poröse Oberfläche erhalten. Durch die elektrische Behandlung des Elementes in angesäuertem Wasser wird der Schwefel wieder ausgeschieden und es entstehen in weiterer Folge, wie bei den Accumulatoren von Planté und Faure, die schwammigen Bleioxydschichten. Die Oberfläche je eines Accumulators beträgt 1,2 Quadratmeter, das Bleigewicht 8 Kilogramm und das Gesammtgewicht mit Kasten und Füllung 10,5 Kilogramm; die Leistung eines Elementes wird auf 15 000 Kilogrammeter angegeben.

Der wesentliche Uebelstand, welcher heute noch einer ausgedehnteren Verwendung der Secundär-Batterieen, namentlich auch für Beleuchtungszwecke, entgegensteht, ist das bedeutende Gewicht derselben, vor allem da, wo die leichte Transportabilität in Frage kommt. Als eine beachtenswerthe Neuerung stellt sich in dieser Hinsicht das von dem Oberstabsarzt Dr. Emil Böttcher in Leipzig construirte Secundär-Element dar, bei welchem an Stelle des Bleies für die positive elektromotorische Platte Zink zur Verwendung gekommen ist. Die gegenüberstehende Platte besteht aus dünnen, von oben nach unten gefältelten oder auch glatten Bleiplatten, die mit Bleiglätte überzogen sind. Als leitende und chemisch wirksame Flüssigkeit dient Schwefelsäure, welche mit Zinkvitriol versetzt wird. Durch die Elektrolyse des letzteren schlägt sich metallisches Zink auf der Zinkplatte nieder, während die freiwerdende Schwefelsäure nebst Sauerstoff an der gegenüberstehenden, mit dem porösen Blei überzogenen Platte reichlich Bleisuperoxyd bildet.

Da die hier verwendeten Zinkplatten schon mit Rücksicht auf die Natur des Materials wesentlich leichter ausfallen, als Bleiplatten es jemals sein können, und da auch die elektromotorische Kraft des Zinkes größer als die des Bleies ist, sowie infolge der Menge des vorhandenen Bleisuperoxyds kann diese Batterie ein bedeutend geringeres Gewicht erhalten und zugleich wohlfeiler sein als eine Faure'sche Batterie von gleicher Capacität.

Auch in anderen neuen Constructionen von Secundär-Batterieen tritt das Bestreben hervor, die Verwendung metallischen Bleies entweder ganz auszuschließen, oder doch auf bloße Polplatten zu beschränken, und ebenso scheint bis jetzt in der Erhöhung des Procentsatzes, bis zu welchem die Wiederabgabe der ladenden Stromkraft erfolgt, die äußerste Grenze der Möglichkeit noch nicht erreicht zu sein. Erst dann aber, wenn diese Bestrebungen in einem leichten, nicht zu kostspieligen und in seiner Wirksamkeit praktisch bewährten Elektricitäts-Accumulator eine feste Gestalt gewonnen haben werden, wird die Einführung des elektrischen Lichtes als Beleuchtungsmittel der Wohnräume und für den Kleingewerbebetrieb auch in denjenigen Städten, die infolge irgend welcher Verhältnisse sich nicht dazu entschließen, nach dem Beispiele New-Yorks von einer Centralstation aus den elektrischen Strom, ähnlich wie jetzt das Gas, an die Häuser der Abonnenten abzugeben, als ein in seiner vollen Bedeutung erkannter wirthschaftlicher Fortschritt gelten können.

---

3. Die thermo-elektrischen Säulen.

Wie bereits auf Seite 41—42 erörtert wurde, entsteht eine galvanische Kette, wenn das elektrische Gleichgewicht zweier sich berührenden metallischen Körper durch Einschaltung einer leitenden Flüssigkeit aufgehoben wird. Im Jahre 1823 wies Seebeck nach, daß auch durch ungleiche Erwärmung der Metalle an ihrer Berührungsstelle eine solche Störung des elektrischen Gleichgewichtes eintritt und bei Verbindung der freien Enden der Metallkörper durch einen Schließungsdraht ein elektrischer Strom entsteht; daß somit in jedem aus zwei verschiedenen Metallen zusammengelötheten Ringe ein Strom erzeugt wird, wenn die eine Löthstelle wärmer als die andere ist. Die so entstandenen Ströme wurden von Seebeck thermo-elektrische, und die aus zwei Metallen, welche an zwei Stellen zusammengelöthet oder auf andere Weise in metallische Berührung gebracht sind, gebildete Combination ein thermo-elektrisches Element genannt. Kräftige thermo-elektrische Elemente erhält man aus Antimon und Wismuth, indem man diese Metalle zu einem länglichen Rechteck zusammensetzt. Erwärmt man hierauf die eine Löthstelle, so ist das Vorhandensein und die Richtung des elektrischen Stromes leicht nachzuweisen, indem man eine der längeren Seiten des Rechtecks über eine in ihrer Ruhelage befindliche Declinationsnadel hält. Dasjenige Metall, zu welchem alsdann der Strom durch die erwärmte Contactstelle geht, wird das thermo-elektrisch positivere genannt. Nach diesem Verhalten kann man die Metalle in eine Reihe ordnen, welche die Eigenschaft zeigt, daß, wenn aus zwei Metallen derselben eine Kette gebildet und die eine Berührungsstelle erwärmt wird, an dieser Stelle der positive Strom von dem in der Reihe tiefer stehenden Metall zu dem höher stehenden übergeht. Die wichtigsten Glieder der Reihe sind, vom positiven Metall angefangen: Antimon, Eisen, Zink, Silber, Gold, Kupfer, Blei, Platin, Wismuth. Die Stellung eines der Metalle in der Reihe wird jedoch schon durch geringe Beimengungen anderer Stoffe bedeutend alterirt, sodaß z. B. Legirungen nicht immer zwischen ihre Bestandtheile fallen. Außerdem gilt eine gewisse thermo-elektrische Reihenfolge stets nur innerhalb bestimmter Temperaturgrenzen.

Die thermo-elektrische Differenz zweier Metalle ist um so bedeutender, je weiter dieselben in der thermo-elektrischen Spannungsreihe auseinanderstehen. Einen gleichen Temperaturunterschied der Löthstellen vorausgesetzt, wird also ein thermo-elektrisches Element aus Antimon und Wismuth einen stärkeren Strom als ein solches aus Antimon und Silber, und dieses wiederum einen stärkeren Strom als ein aus Zink und Silber gebildetes Element ergeben.

Verbindet man eine Anzahl thermo-elektrischer Elemente nach dem Princip der Volta'schen Säule, so entsteht eine thermo-elektrische Säule. Man wird dann einen Strom von einer der Anzahl der Elemente entsprechend größeren elektromotorischen Kraft, als ihn ein einzelnes Element zu liefern vermöchte, erhalten, wenn man die Löthstellen 1, 3, 5 ꝛc. erwärmt, während die dazwischen liegenden Löthstellen kalt bleiben.

Die ersten Wismuth-Antimon-Säulen wurden zur Bestimmung geringer Temperaturunterschiede bei Untersuchungen über Wärmestrahlung verwendet. Nobili construirte für diesen Zweck eine aus 25 bis 30 Wismuth- und Antimonstäbchen zusammengesetzte, ein compactes Bündel bildende Säule, bei welcher die Löthstellen derart angeordnet sind, daß alle paarigen Löthstellen auf der einen, alle unpaarigen auf der anderen Seite sich befinden.

Wegen der großen Zerbrechlichkeit der Wismuth-Antimon-Säulen, sowie infolge des Umstandes, daß dieselben eine bedeutende Temperaturerhöhung nicht vertragen, hat man späterhin andere Metallcombinationen in Anwendung gebracht, die eine größere Erhitzung der Löthstellen gestatten. Marcus, Noë und Clamond haben in neuerer Zeit mit Benutzung von Metalllegirungen bedeutend kräftigere Thermo-Säulen construirt, mit denen sich sämmtliche Wirkungen der galvanischen Ketten erzielen lassen.

Die von S. Marcus in Wien im Jahre 1864 angegebene Thermo-Säule enthält als negatives Metall Kupfer mit einem kleinen Zinkzusatz (später auch Neusilber), während das positive Metall aus einer Legirung von Antimon und Zink besteht. Marcus vereinigte 20 solcher Elemente, schräg gegeneinander gestellt, zu einer Thermo-Säule; die Erhitzung der oberen Berührungsstellen geschah durch einen entsprechend langen Gasbrenner, wobei die unteren Berührungsstellen in kaltes Wasser tauchten. Eine aus 125 solcher Elemente gebildete Batterie war imstande, einen Platindraht von $^1/_2$ Millimeter Dicke glühend zu machen, während schon 30 Elemente genügten, um einen Elektromagnet von 70 Kilogramm Tragfähigkeit zu erzeugen.

Noch zweimal kräftigere Elemente lieferte F. Noë in Wien. Die aus denselben zusammengesetzte Batterie in sternförmiger Anordnung ist in den Fig. 29 und 30 in der Ansicht und im Grundriß in $^1/_4$ der natürlichen Größe dargestellt. Dieselbe wird aus 20 Elementen gebildet, die auf einem Ringe b aus isolirendem Material befestigt sind. Das positive, aus Antimon und Zink bestehende Metall ist hier mit m, das negative, neusilberähnliche, in Form eines doppelten Drahtes angewendete Metall mit n bezeichnet. Bei a ist die erwärmte Contactstelle des Elementes, welche dadurch erhitzt wird, daß ihr ein in den Körper m eingegossener Kupferstift h die Wärme durch Leitung zuführt. An der entgegengesetzten Seite geschieht die Abkühlung durch eine kupferne Armatur k, die mit der gleichfalls kupfernen Blechspirale r in wärmeleitender Verbindung steht. Durch diese Spirale wird ein Luftzug und hierdurch eine Luftkühlung zu stande gebracht, welche die Anwendung von Kühlwasser entbehrlich macht. Die nach innen gerichteten Enden der kupfernen Heizstifte werden durch eine mittels der Glimmerscheibe g ausgebreitete Gasflamme bis zum Glühen erhitzt. Der positive Poldraht ist bei k, der negative bei n′ befestigt. Die von Prof. A. v. Waltenhofen in Prag vorgenommenen genauen Messungen der mit diesen Säulen erzielten Wirkungen ergaben, daß die elektromotorische Kraft einer derartigen Säule ungefähr derjenigen eines Bunsen'schen Elementes entspricht.

Außer den sternförmig angeordneten Säulen baute Noë auch solche mit einer größeren Anzahl von Elementen in geradliniger Anordnung, welche nur noch die Hälfte des Widerstandes der ersteren hatten und bei denen überdies durch ein passend angebrachtes Pachytrop verschiedene Combinationen mit größerer und geringerer elektromotorischer Kraft und geringerem oder größerem Widerstande hergestellt werden können. Hinsichtlich des Heizapparates zeigen dieselben eine wesentliche Vervollkommnung, indem die Erhitzung der Heizstifte durch eine geradlinige Reihe von Bunsen-Brennern erfolgt, deren Gaszufluß durch eine Sicherheitsvorrichtung regulirt wird. Durch Anwendung einer Anzahl solcher Noë'schen Thermo-Säulen ist es A. v. Waltenhofen gelungen, elektrisches Kohlenlicht zu erzeugen.

Fig. 29. Ansicht des Noë'schen Elementes.

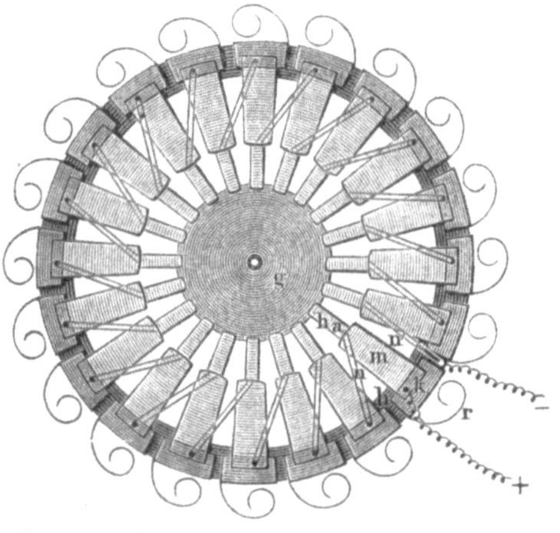
Fig. 30. Grundriß des Noë'schen Elementes.

Als Nachfolger Noë's und Besitzer der Patente desselben baut zur Zeit Gustav Rebicek in Prag thermo-elektrische Säulen nach Noë'schem System mit eigenen Verbesserungen, welch letztere sich sowohl auf die Vergrößerung der elektro-motorischen Kraft als auf die Verringerung des Widerstandes beziehen. Da die Bestrebungen des genannten Constructeurs namentlich darauf gerichtet sind, geeignete Apparate für Beleuchtungszwecke herzustellen, dürften die Resultate seiner noch im Gange befindlichen Arbeiten für die Frage der praktischen Verwendbarkeit der thermo-elektrischen Batterieen von besonderem Interesse sein.

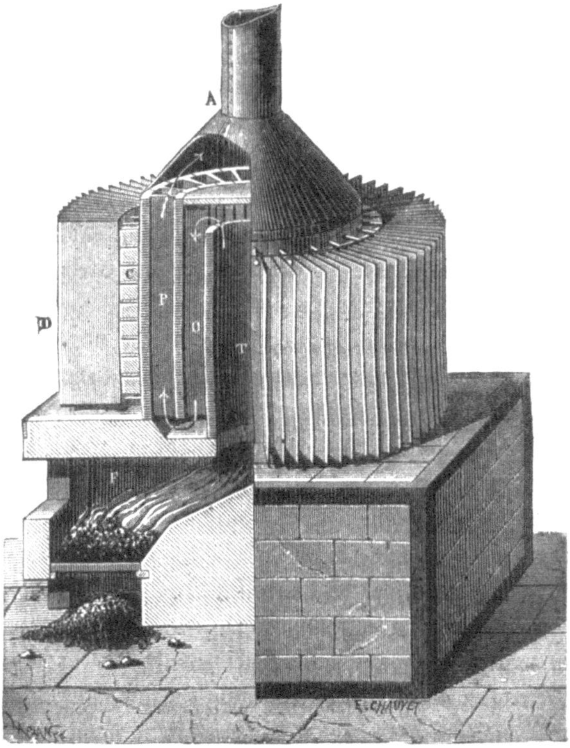

Fig. 31. Clamond'sche Thermo-Säule.

Für gleiche Zwecke construirte Clamond, nachdem er mit einer Anzahl kleinerer, mit Gas geheizter Apparate günstige Resultate erzielt hatte, im Jahre 1879 eine mit Coaksheizung versehene Thermo-Säule von 1 Meter Durchmesser und annähernd 2 Meter Höhe. Von dieser Säule giebt Fig. 31 ein deutliches Bild. Die Elemente derselben bestehen, wie auch die Elemente seiner kleineren Säulen, einerseits aus einer Legirung von 2 Theilen Antimon und 1 Theil Zink, anderseits aus verzinntem Eisen. Mit Hilfe eigenartig angeordneter Formen stellt Clamond mit einem einzigen Guß eine größere Anzahl von Plattenpaaren her, welche dabei zugleich miteinander verbunden werden. Eine kreisförmig angeordnete Reihe solcher Elemente wird durch einen Kitt aus Asbest und Natronwasserglas nichtleitend verbunden. Auf den so gebildeten Kranz werden, gleichfalls durch Asbest isolirt, noch mehrere derartige Kränze aufgesetzt und die Polenden aller einzelnen Kränze außerhalb der hierdurch entstandenen cylindrischen Säule C entsprechend verbunden. Die letztere wird nach innen mit einer gußeisernen Armatur versehen, welche derart angeordnet ist, daß sie zum Zweck der Wärmeübermittelung die Feuerzüge T, O, P bildet. Diese aus einzelnen Gußstücken hergestellten Heizcanäle, welche die im Feuerraum F erzeugten Heizgase durchziehen, um sodann durch den Schornstein A zu entweichen, dienen durch ihre Masse gleichzeitig zur Regulirung der Temperatur. Die äußere Armatur besteht aus einer großen Anzahl von Kupferplatten D, deren bedeutende Oberfläche eine schnelle Zerstreuung der Wärme am Umfange der Säule bewirkt.

Die Temperaturdifferenz bleibt bei der vorstehenden Einrichtung sehr gleichmäßig und es ist demgemäß der von der Säule gelieferte kräftige Strom ein sehr constanter. Clamond erzeugte mit demselben zwei elektrische Lichter, jedes von der Leuchtkraft von 40 Gasbrennern, bei einem Aufwand von ca. 10 Kilogramm Coaks pro Stunde; übrigens läßt sich hierbei die zur Entwickelung der Elektricität aufgewendete Wärme noch für Heizungszwecke benutzen.

Eine andere Thermo-Säule wurde von Clamond so eingerichtet, daß sie in vier Abtheilungen thätig sein kann und aus jeder dieser Abtheilungen einen Strom zu liefern vermag, der ein Licht von der Leuchtkraft von 20 bis 25 Gasbrennern giebt, wobei selbstverständlich die vier elektrischen Lampen an vier verschiedenen Orten aufgestellt werden können. (Jamin hatte für diesen Zweck eine wesentlich vereinfachte Lampenconstruction entworfen.)

Die vorstehend beschriebenen Noë'schen und Clamond'schen Thermo-Säulen sind die vollkommensten, die wir bis jetzt besitzen, und durch sie ist zugleich der Standpunkt charakterisirt, den die Entwickelung der thermoelektrischen Batterieen gegenwärtig erreicht hat. Während die thermo-elektrischen Säulen schon seit längerer Zeit, namentlich aber in ihrer neuesten Form, einen nicht unwesentlichen Bestandtheil jedes physikalischen Cabinets bilden, haben dieselben eine praktische Bedeutung bis heute nur für die Galvanoplastik erlangt, in welcher sie bereits mehrfach mit Vortheil zur Anwendung gekommen sind. Für die Verwendung zur Lichterzeugung scheinen diese Batterieen auf die Dauer noch keine genügende Leistungsfähigkeit zu besitzen, indem bei längerer Einwirkung der Heizflammen durch die auftretende Oxydation der elektromotorischen Metalle der Widerstand derselben erhöht und dadurch die Wirkung des Stromes mit der Zeit abgeschwächt wird. Es ist dies wohl auch der Grund, weshalb weder auf der Elektricitäts-Ausstellung in Paris 1881, noch auf der in München 1882 die Lichterzeugung für praktische Zwecke mittels thermo-elektrischer Säulen repräsentirt war und die hauptsächlichste Verwendung derselben immer noch die für wissenschaftliche Zwecke ist.

Wenn nun auch, dem Vorstehenden zufolge, die thermo-elektrischen Apparate, um ein ausgedehnteres Gebiet in der Praxis zu erobern, noch sehr wesentlicher Verbesserungen bedürfen, so sind doch schon heute die Gesichtspunkte deutlich bezeichnet, von welchen aus Verbesserungen erstrebt werden müssen. Zunächst scheint es sich zu empfehlen, die Apparate so hoch als möglich zu bauen, um die Wärme der Verbrennungsgase vollständig auszunutzen. Da ferner die Stromstärke für niedere Wärmegrade den Temperaturunterschieden der Löthstellen proportional ist, für größere Hitzegrade aber die elektromotorische Kraft meist langsamer als die Temperaturunterschiede zunimmt, scheint es vortheilhafter, die äußeren Löthstellen mehr abzukühlen, als die Temperatur der inneren zu erhöhen, wobei die derart gewonnene Wärme noch zu Heizungszwecken oder in anderer Weise ausgenutzt werden könnte. Anderseits ließe sich vielleicht die von Stubenöfen, Küchenherden ꝛc. abgehende Wärme mittels passend angebrachter Thermo-Elemente wenigstens theilweise in Elektricität umsetzen, um dieselbe sodann unter Zuhilfenahme von Accumulatoren beispielsweise für die Glühlampenbeleuchtung der Zimmer zu verwerthen. Auch ein Theil der abgehenden Wärme von Dampfkesselfeuerungen könnte unter Umständen auf diese Weise in Elektricität umgewandelt und für Beleuchtungszwecke nutzbar gemacht werden.

Es würde demnach, wenn es gelänge, durch Ueberwindung der angedeuteten Schwierigkeiten mittels der Thermo-Säulen einen größeren Procentsatz der aufgewendeten Wärme in Elektricität überzuführen — und der erwähnte Versuch mit der großen Clamond'schen Säule läßt dies als wahrscheinlich gelten —, die Thermo-Elektricität binnen kurzem eine vielseitige Anwendung finden, und nicht in letzter Linie würde dadurch die Beleuchtungsfrage gefördert werden. Es ist diese Annahme besonders darauf gegründet, daß die Anwendung der dynamo-elektrischen Maschinen durch die Nothwendigkeit eines Motors, meist einer Dampfmaschine, erschwert wird, welch letztere die dem Brennstoff entnommene Wärme nur sehr unvollständig (meist 3 bis 5%) in Arbeit umsetzt, die sodann von der dynamo-elektrischen Maschine erst wieder in Elektricität umgesetzt werden muß, ein Proceß, der seinerseits wieder mit einem erheblichen Arbeitsverluste verbunden ist.

4. Die elektrischen Maschinen.

Seit der ersten Anwendung der magnet-elektrischen und dynamo-elektrischen Maschinen in der Praxis sind — wenn von den frühesten unsichern und vereinzelten Versuchen abgesehen wird, und im Verhältniß zu der in den vorhergehenden Perioden so außerordentlich langsamen Entwicklung der Elektricitätslehre — nur wenige Jahre verflossen und doch hat dieser kurze Zeitraum genügt, um die galvanischen Batterieen, die seit Volta's Entdeckung ausschließlich zur Erzeugung elektrischer Ströme in Anwendung kamen, aus ihrer hervorragenden Stellung zu verdrängen. Der Grund hierfür ist leicht verständlich, wenn man Wesen und Wirkung beider Arten von Stromquellen miteinander vergleicht. Während die galvanischen Batterieen bei hohen Anschaffungskosten und dem Erforderniß beständiger, kostspieliger Wartung einen elektrischen Strom liefern, dessen Stärke immerhin begrenzt und im Vergleich zu dem Aufwand für Herstellung und Unterhaltung des Apparats geringfügig ist, liefern die elektrischen Maschinen Ströme von nahezu unbegrenzter Stärke, wobei die Anlage- und Betriebskosten erheblich geringer sind, da bei ihrer Anwendung die Thätigkeit chemischer Kräfte vollständig ausgeschlossen ist und lediglich mechanische Arbeit gebraucht wird. Die theoretische Grundlage für die Construction und Wirkungsweise der elektrischen Maschinen bilden die von Faraday angestellten Versuche über die galvanische Induction. Diese Versuche führten zur Kenntniß der unter dem Namen Inductionserscheinungen zusammengefaßten Wirkungen, welche ein von einem Strome durchflossener Leiter auf einen zweiten in seiner Nähe befindlichen Leiter ausübt, wonach ein galvanischer Strom in einem benachbarten Drahte, ohne mit demselben in Berührung zu kommen, einen neuen galvanischen Strom hervorrufen kann. Man unterscheidet hierbei gewöhnlich galvanische und dynamische Induction, je nachdem der vom Hauptstrom durchflossene Leiter in Ruhe bleibt und nur die Intensität des ihn durchfließenden Stromes sich ändert, oder bei constanter Stromstärke durch Bewegung des Leiters neue Ströme erzeugt (inducirt) werden, welch letztere Art der Stromerzeugung in den elektrischen Maschinen zur Anwendung kommt.

Bei der galvanischen Induction treten folgende Erscheinungen auf: Befindet sich in der Nähe eines mit den Polen einer Elektricitätsquelle in Verbindung stehenden Leiters ein zweiter in sich geschlossener Draht, so entsteht in dem Augenblicke, in welchem der Strom im ersten Leiter geschlossen resp. geöffnet, d. h. unterbrochen wird, auch in dem Nebendrahte ein Strom, der jedoch immer nur einen Augenblick andauert. Der durch den primären oder Hauptstrom in dem benachbarten Drahte erzeugte Strom wird Inductions- oder secundärer Strom genannt. Zur experimentellen Darstellung dieser Erscheinung bedient man sich des nachstehend beschriebenen Apparates: Auf eine Holzspule werden parallel nebeneinander zwei Drähte gewickelt, von denen man den einen bedeutend dicker als den anderen wählt. Verbindet man sodann die Enden des dickeren Drahtes mit den Polen einer galvanischen Batterie und die des dünneren mit einem Galvanometer, so wird man in dem Augenblicke, in welchem der Strom im dicken Drahte geschlossen wird, einen Ausschlag der Galvanometer-Nadel beobachten und ebenso bei Unterbrechung des Stromes einen nochmaligen Ausschlag der Nadel, aber nach der entgegengesetzten Richtung. Dagegen ist, wenn der Batteriestrom im dicken Drahte circulirt, die Nadel vollständig in Ruhe, es findet also im dünnen Drahte keine elektrische Strömung statt. Jede plötzliche Veränderung der Stromstärke erzeugt jedoch einen Strom, der bei Vergrößerung dem Hauptstrom entgegengesetzt, bei Verminderung demselben gleichgerichtet ist.

Die zweite Art, bei constanter Stromstärke im Hauptdrahte einen Strom im Nebendrahte zu erzeugen, die sogenannte dynamische Induction, besteht darin, daß man den Hauptdraht plötzlich vom Nebendrahte entfernt, oder demselben nähert. Zu dem Zwecke wird der Hauptdraht auf eine Spule gewickelt, welche in eine größere Spule, die den Nebendraht enthält, geschoben werden kann (Fig. 32). Schiebt man nun die vom Batteriestrom durchflossene kleine Spule schnell in die Höhlung der größeren, so zeigt die Galvanometer-Nadel durch einen Ausschlag die Entstehung eines Stromes im Nebendrahte an, dessen Richtung der des Hauptstromes entgegengesetzt ist. Bei rascher Entfernung der kleinen Rolle entsteht dann wieder ein zweiter Strom, dessen Richtung der des Hauptstromes gleich ist. Die auf solche Weise durch Bewegung der Leiter bei constanter Stromstärke entstehenden Inductionsströme werden dynamische und, je nach der Art ihrer Entstehung, Näherungs- oder Entfernungsströme genannt.

Diese von Faraday aufgestellten Gesetze der Induction erhielten eine wesentliche Erweiterung durch die Entdeckung Ampère's, welcher nachwies, daß man mit einem Magnetstabe genau dieselben Inductionserscheinungen wie mit der von einem galvanischen Strome durchflossenen Drahtspule hervorbringen kann, sodaß man einen Magnet als ein System paralleler, gleich weit voneinander entfernter galvanischer Ströme, die

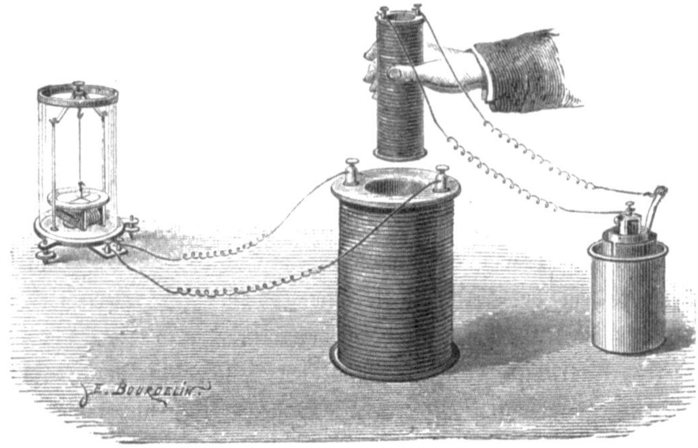

Fig. 32. Der Faraday'sche Versuch mit zwei Spulen.

das Eisen senkrecht zu seiner Axe umkreisen, betrachten kann. Der letztere Satz, der unter dem Namen Ampère'sche Theorie bekannt ist, giebt zugleich das Mittel an, um die Richtung der durch Magnete inducirten

Fig. 33. Der Faraday'sche Versuch mit einer Spule und einem Magnet.

Ströme im voraus zu bestimmen. Zu diesem Versuche erhält, wie Fig. 33 zeigt, die in Fig. 32 dargestellte Anordnung nur die kleine Aenderung, daß man statt der primären Drahtspule einen Magnet in die Höhlung der zweiten Spule führt, um dann an der Galvanometer-Nadel Ausschläge zu beobachten. Man kann den Versuch auch dahin abändern, daß man ein Stück weichen Eisens in die Höhlung der Spule bringt und dieses durch Annäherung eines Magnets, also durch Influenz, magnetisch macht — eine Anordnung, die den Grundgedanken der ersten elektrischen Maschine von Pixii bildet. Um die Richtung der entstehenden Inductionsströme im voraus zu bestimmen, braucht man sich nach Ampère's Theorie nur den Magnet durch primäre Ströme ersetzt zu denken, die den Magnetismus in weichem Eisen hervorrufen, und muß sich dabei vergegenwärtigen, daß beim Annähern der Inductionsstrom die entgegengesetzte, beim Entfernen die gleiche Richtung hat. Betrachtet man nach dieser Regel einen Ring, der aus einer Anzahl isolirter Drahtwindungen gebildet wird, und denkt sich diesem Ringe einen Magnetstab mit dem Nordpole voran genähert, so wird, wenn der Ring horizontal liegt, der Magnetstab also vertical bewegt wird, zuerst ein Strom entstehen, der die Drahtwindungen in demselben Drehungssinne durchfließt, wie die Zeiger einer Uhr bewegt werden. In dem Augenblicke, in welchem der Nordpol die Mitte des Ringes passirt, erreicht der Strom seine größte Stärke und wird dann allmählich schwächer, um endlich ganz aufzuhören. Ist der Magnetstab mit seinen beiden Polen gleich weit vom Ringe entfernt, so herrscht Stromlosigkeit und bei fortgesetzter Weiterbewegung beginnt ein Strom von entgegengesetzter Richtung, der sein Maximum dann erreicht, wenn der Südpol in den Ring eintritt. Daß die Erscheinungen genau dieselben sind, wenn man sich den Magnetstab feststehend und den Ring über ihn hinweg geführt denkt, braucht wohl kaum erwähnt zu werden.

a. Die ersten elektrischen Maschinen und das dynamo-elektrische Princip.

Nach der Entdeckung des Princips der Magnetinduction lag der Gedanke nahe, die bei derselben auftretenden Erscheinungen für die Construction von Maschinen zur Erzeugung elektrischer Ströme von größerer Intensität zu verwenden. Das Verdienst, diese Idee zuerst praktisch zur Ausführung gebracht zu haben, gebührt Pixii, der im Jahre 1832 die erste magnet-elektrische Rotationsmaschine construirte. Fig. 34 ist eine Wiedergabe dieser Maschine. Wie aus derselben ersichtlich, trägt ein Gestell in seinem oberen Theile den Inductor, welcher aus zwei Drahtspulen besteht, deren Bewickelung ein Ganzes bildet und die weiche Eisenkerne enthalten, welche oberhalb durch eine schmiedeeiserne Platte verbunden sind. Unterhalb des Inductors befindet sich ein um eine verticale Achse drehbarer Hufeisenmagnet, der aus mehreren starken Lamellen besteht und mittels eines Zahnrades mit Trieb in schnelle Rotation versetzt werden kann. Bei einer solchen Rotation nähern sich die Pole des Magnets den Spulen, gehen über dieselben hin und entfernen sich dann wieder, wodurch schon in den Spulen schwache Inductionsströme entstehen. Gleichzeitig nähern sich jedoch auch die Magnetpole den Eisenkernen der beiden Spulen und es entsteht hierdurch in den Eisenkernen Magnetismus, der bei der Entfernung der Pole allmählich wieder verschwindet. Der so entstehende und verschwindende Magnetismus erzeugt in den Spulen kräftigere Inductionsströme, deren Richtung je nach der Annäherung oder Entfernung der Magnetpole wechselt. Diese Ströme vereinigen sich mit den ersterwähnten schwächeren Strömen, indem sie durch dieselben noch eine gewisse Verstärkung erfahren, da die Richtung beider Ströme die gleiche ist.

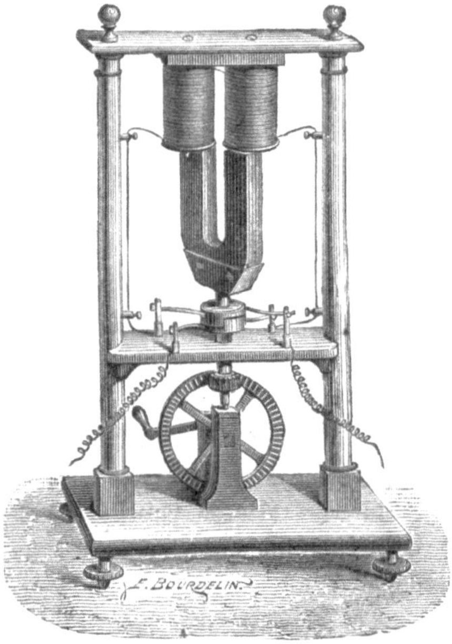

Fig. 34.
Magnet-elektrische Maschine von Pixii.

Für viele Fälle ist es wünschenswerth, die bei jeder einzelnen Umdrehung des Elektromagnets mit einmaligem Richtungswechsel auftretenden Inductionsströme in Ströme von gleicher Richtung zu verwandeln. Zu diesem Zwecke ist mit der Maschine dicht unterhalb des Magnets ein sogenannter **Stromwender** oder **Commutator** verbunden, dessen bei aller Einfachheit höchst sinnreiche Einrichtung durch die schematische Fig. 35 erläutert wird. Derselbe besteht aus zwei einander gegenübergestellten Halbcylindern a und b, die

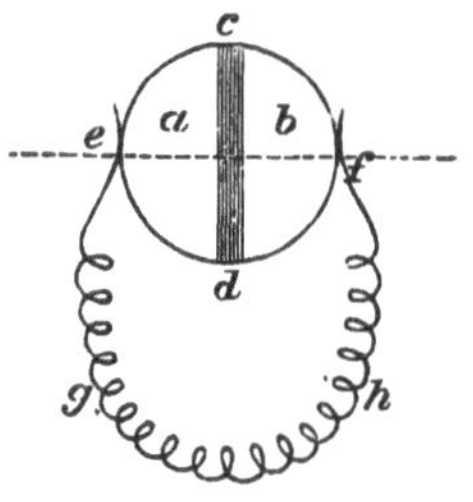

Fig. 35. Stromwender oder Commutator.

durch ein isolirendes Zwischenstück c d von Elfenbein oder Hartgummi voneinander getrennt und auf der verticalen rotirenden Welle befestigt sind. Auf diesen Halbcylindern schleifen in diametral einander gegenüberliegenden Punkten zwei Messingfedern e und f, die in seitlichen Klemmen befestigt sind und gleichzeitig dazu dienen, die durch die Maschine erzeugten Ströme durch einen Schließungsdraht g h (derselbe ist in Fig. 34 durch die gleichartigen Drahtspiralen angedeutet) beliebig weiter zu leiten. Dieselbe Figur zeigt ferner, daß die in dem Inductor entstehenden Ströme seitlich herab und von den Enden des Inductor-Drahtes mittels zweier anderen Schleiffedern je in einen der messingenen Halbcylinder a und b, und von hier durch die ersterwähnten Schleiffedern weiter in den Schließungsdraht geleitet werden. Es sei nun die Bewegung des Magnets gegen den Inductor eine solche, daß in dem Drahte des letzteren ein Näherungsstrom entsteht, der in den Theil a des Commutators eintritt, über e durch den Schließungsdraht, dann weiter über f nach b geht und dort den Commutator wieder verläßt. Dies geschieht so lange, bis durch die Drehung der Halbcylinder das isolirende Zwischenstück auf die Schleiffedern trifft. In diesem Augenblicke ist der Strom im Schließungskreise unterbrochen und die Pole des erregenden Magnets befinden sich den Elektromagneten des Inductors gerade gegenüber. Im nächsten Augenblicke jedoch, wenn der Magnet sich von den Eisenkernen des Inductors zu entfernen beginnt und in der Spule einen entgegengesetzt gerichteten Entfernungsstrom erregt, kommt der Halbring a mit der Feder f und b mit e in Berührung und es geht alsdann der bei a eintretende Inductionsstrom im Schließungsdrahte in der Richtung von h nach g, also in der entgegengesetzten Richtung wie vorher. Ein Entfernungsstrom in der Richtung h g ist aber gleichbedeutend mit einem Näherungsstrom in der Richtung g h und es haben daher bei fortgesetzter Rotation des Commutators die beiden aufeinander folgenden Inductionsströme, welche im Inductor selbst entgegengesetzte Richtung haben, außerhalb desselben im Schließungsdrahte gleiche Richtung.

Die Handhabung der Pixii'schen Maschine mußte bald auf den Uebelstand hinweisen, daß die Drehung des schweren Stahlmagnets einen verhältnißmäßig zu großen Kraftaufwand erforderte und bei derselben Erschütterungen auftraten, welche die Wirkung dieser Magnete nach und nach abschwächten. Den nächsten Schritt zur Verbesserung der genannten Construction zeigen daher die Maschinen von Saxton und Clarke, welche eine Umkehrung der Maschine in der Art vornahmen, daß sie feststehende Stahlmagnete anwendeten und den um vieles leichteren Inductor dicht an den Polen des Magnets vorbei rotiren ließen. Saxton gab sowohl dem Magnet als dem Inductor eine horizontale Lage, während Clarke den Magnet vertical aufstellte und den Inductor vor den Polen desselben rotiren ließ. Fig. 36 ist eine Ansicht der Maschine des letztgenannten Constructeurs.

Einen weiteren Fortschritt im Bau magnet-elektrischer Maschinen bezeichnet die in Fig. 37 abgebildete Maschine von Stöhrer, welcher sowohl die Anzahl der Inductorrollen als die der Magnete vermehrte. Bei dieser Maschine rotiren sechs Inductorrollen vor den sechs Polen dreier aus mehreren Stahllamellen bestehenden Magnete. Die Spiralen der Inductorrollen sind so gewunden, daß bei jeder Annäherung der letzteren an die Magnetpole in den Spiralen aller Rollen Ströme von gleicher Richtung entstehen, die sich zu einem Strome summiren, während bei jeder Entfernung der Inductorrollen von den Magnetpolen in den Spiralen Ströme inducirt werden, deren Richtung den Näherungsströmen entgegengesetzt ist. Die so erzeugten Näherungs- und Entfernungsströme werden, ehe sie in die Leitung gelangen, durch einen im oberen Theile der Maschine angeordneten Commutator a b c d gleichgerichtet.

Fig. 36. Magnet-elektrische Maschine von Clarke.

Die der Stöhrer'schen Maschine zu Grunde liegende Idee wurde infolge der mit derselben erzielten günstigen Resultate von verschiedenen Constructeuren weiter ausgebildet, indem dieselben die Anzahl der Inductorrollen und Magnetpole noch vermehrten und der Maschine eine dementsprechende Form ertheilten. Aus diesen Bestrebungen ging nach einiger Zeit die von der »Compagnie l'Alliance« gebaute sogenannte Alliance-Maschine hervor, über deren Entstehung und Anwendung bereits in der Geschichte des Beleuchtungswesens (S. 25) berichtet wurde.

Der eigentliche Erfinder dieser Maschine, welche noch heute von derselben Gesellschaft für Beleuchtungszwecke ausgeführt wird, war Nollet. Mit der Zeit wurde jedoch die ursprüngliche Construction wesentlich modificirt und verbessert und gewann eine wirkliche praktische Bedeutung erst mit der Beseitigung des Commutators durch Van Malderen. In Fig. 38 ist die Maschine in ihrer heutigen Form ab-

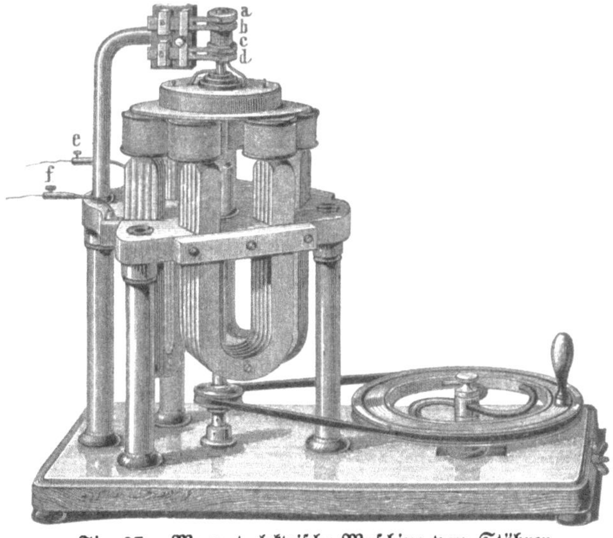

Fig. 37. Magnet-elektrische Maschine von Stöhrer.

gebildet. Dieselbe besteht aus einer Reihe von Messingscheiben, welche hintereinander auf der horizontalen Achse der Maschine befestigt sind und deren jede 16 in gleichem Abstande voneinander angebrachte Inductorrollen trägt. Diese Scheiben rotiren mit ihren Inductorrollen zwischen den Polen einer Anzahl strahlenförmig im Kreise angeordneter Stahlmagnete, welche derart gestellt sind, daß die einander unmittelbar benachbarten Pole sowohl in der Richtung der Kreisperipherie als in der Richtung der Maschinenachse stets entgegengesetzten Magnetismus besitzen. Demzufolge kommt jede Inductorrolle bei der Drehung zwischen zwei ungleichnamige Pole zu stehen und die Eisenkerne derselben verwandeln sich in starke Magnete, die in den Spiralen der Inductorrollen kräftige Ströme induciren. Diese Drahtspiralen sind so gewunden, daß man dieselben als eine einzige große Spirale betrachten kann, deren eines Ende auf der Maschinenachse befestigt ist, während das andere zu einem auf der Achse angebrachten, von derselben isolirten Ringe führt. Durch Federn, die auf dem Ringe und der Achse schleifen,

Fig. 38. Magnet-elektrische Maschine der Gesellschaft l'Alliance.

werden die in den Spiralen erzeugten alternirenden Ströme nach außen geleitet.

In der Regel hat die Alliance-Maschine vier oder sechs Messingscheiben und dementsprechend 64 Inductorrollen und 32 Magnete resp. 96 Rollen und 48 Magnete. Bei jedem Vorübergange einer Drahtrolle vor den Polen eines Magnets wechselt der Strom seine Richtung; man hat daher, da dieselbe bei jeder Umdrehung an 16 Polen vorübergeht, gleichviel Stromwechsel bei jedem Umlauf der Achse, was bei den in der Praxis bei einem Aufwande von 5 Pferdestärken üblichen 400 Umdrehungen in der Minute etwa 100 Stromwechsel in der Secunde hervorruft. Die Intervalle zwischen den verschiedenen Strömen sind demnach so klein, daß sie kaum in Betracht kommen und daß für bestimmte Zwecke die verschiedenen Ströme zusammen wie ein einziger Strom wirken, indem der durch dieselben erzeugte Lichtbogen nicht merklich beeinflußt wird. Bei der Anordnung mit sechs Scheiben liefert die Maschine ein Licht von 200 Carcel-Brennern; für den Zweck der Leuchtthürme arbeiten meist mehrere derartige Maschinen zusammen, wobei Lichter von 3500 bis 5000 Carcel-Brennern erzeugt werden. Obgleich die Alliance-Maschinen dem Vorstehenden zufolge recht gute Resultate ergeben, werden dieselben heute nur noch in geringer Anzahl gebaut, weil sie kostspielig und, der complicirten Bauart wegen, häufigen Betriebsstörungen unterworfen sind, besonders aber, weil durch die in Bezug auf die Größe und Kraft der Stahlmagnete nothwendige Beschränkung die Erzeugung sehr starker Ströme ausgeschlossen ist.

Während die Alliance-Maschinen ausschließlich in Frankreich construirt wurden, baute der englische Physiker Holmes nach ähnlichen Principien und zu gleichem Zwecke eine Reihe magnet-elektrischer Großmaschinen, deren bemerkenswertheste ihm im Jahre 1869 patentirt wurde. Bei derselben sind 20 Inductorrollen am Umfange einer Scheibe fest aufgestellt und die Stahlmagnete durch fünf mit einer Scheibe rotirende Elektromagnete ersetzt, deren zehn Pole dicht an den Eisenkernen der festen Inductorrollen vorüberlaufen. Ein Theil des erzeugten Stromes dient zur Magnetisirung der Elektromagnete und die Verbindung der Inductorrollen untereinander ist hierbei derartig, daß mehrere voneinander unabhängige Ströme von der Maschine abgeleitet und mit denselben gleichzeitig mehrere elektrische Lampen unterhalten werden können.

Mit Rücksicht darauf, daß die nach den dargelegten Principien construirten Maschinen mit Beibehaltung dieser Principien einer durchgreifenden Verbesserung nicht fähig sind, ist bereits im Jahre 1857 durch Dr. Werner Siemens eine bemerkenswerthe Abänderung der Construction magnet-elektrischer Maschinen in der Form der Inductorrollen vorgenommen worden. Es geschah dies auf Grund der Beobachtung, daß die Stärke der von den magnet-elektrischen Maschinen erzeugten Ströme vermehrt wird, wenn sich die Spiralen des Inductors möglichst nahe den Magnetpolen befinden, weil so die inducirende Kraft der Magnetpole vollständiger ausgenutzt wird, und daß außerdem die Wirksamkeit der Maschine von einer möglichst kurzen Zeitdauer der Stromunterbrechungen abhängt. Demgemäß ist bei dem Siemens'schen Inductor, von dem Erfinder seiner Form wegen Cylinder-Inductor genannt, eben durch seine Cylinderform und die eigenthümliche Art seiner

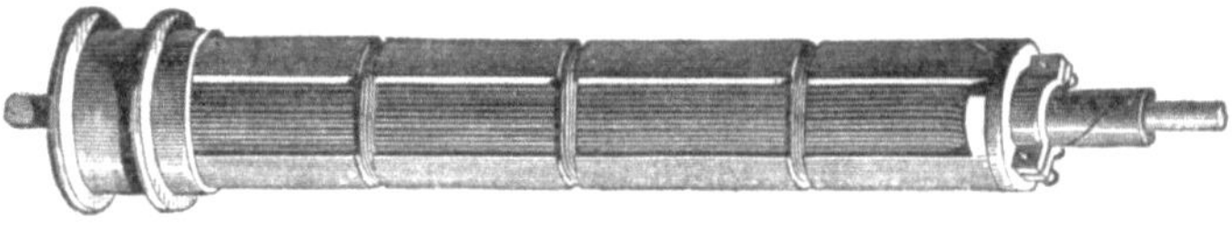

Fig. 39. Cylinderinductor von Werner Siemens.

Bewickelung, sowie durch seine Anordnung in Bezug auf die Stahlmagnete die vollkommenste Ausnutzung der Magnetpole und eine möglichst kurze Dauer der Stromunterbrechung erreicht. Die äußere Form eines solchen Inductors ist durch Fig. 39 veranschaulicht, während Fig. 40 denselben im Querschnitt und in seiner Verbindung mit dem Stahlmagnet darstellt. Aus letzterer Abbildung ist zu ersehen, daß der eiserne Inductorkörper aus einem Cylinder besteht, welcher in seiner Längenrichtung derart mit zwei rinnenförmigen Einschnitten versehen ist, daß die Cylindersegmente f und f^1 mit dem Verbindungsstück g die Form eines Doppel-T zeigen. Um diesen Steg g wird parallel zur Längenachse übersponnener Kupferdraht derart gewickelt, daß die Rinnen durch denselben ausgefüllt werden und somit die annähernde Cylinder-

Fig. 40.

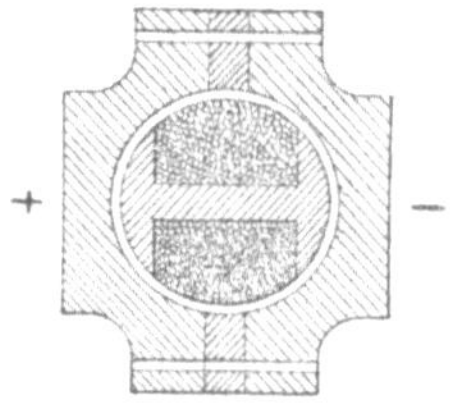

Fig. 41.

Siemens'scher Cylinderinductor in Verbindung mit dem inducirenden Magnet.

form hergestellt wird; durch drei ringförmige, um den Cylinder gelegte Bänder wird der Inductordraht zusammengehalten. Das eine Ende des Drahtes steht mit der Achse des Cylinders, das andere mit einem auf der Achse befestigten, aber von dieser isolirten Ringe in Verbindung. Zwei Federn, von denen die eine auf dem isolirten Ringe, die andere auf der Achse schleift, leiten die inducirten Ströme nach außen.

Der so gebildete Cylinder-Inductor dreht sich zwischen den Polen zweier Reihen hintereinander mit kleinem Spielraum angeordneter Stahlmagnete G und G[1] in der aus Fig. 40 ersichtlichen Weise, indem die letzteren bei m mit kreisförmigen Ausschnitten zur Aufnahme des Inductors versehen sind. Es ist hierbei von Wichtigkeit, daß der Inductor möglichst an seinem ganzen Umfange von den Magnetpolen umschlossen wird, weshalb die letzteren später mit Polschuhen versehen wurden, welche denselben fast ganz umfassen, wie dies in Fig. 41 ersichtlich ist. Durch eine Riemenscheibe oder ein Zahnräderpaar wird dem Inductor eine große Rotationsgeschwindigkeit ertheilt. Aus den früheren Erörterungen geht hervor, daß nunmehr bei jeder halben Umdrehung der Magnetismus in den inneren flachen Eisenkernen des Inductors der ganzen Länge nach umgekehrt und dadurch jedesmal ein der Größe des entwickelten Magnetismus proportionaler Inductionsstrom in den Windungen der Drahtspirale erzeugt wird, vorausgesetzt, daß letztere zu einem ununterbrochen leitenden Kreise geschlossen ist. Die entstehenden Ströme haben demnach gleich denen der zuletzt besprochenen Maschinen wechselnde Richtung, folgen jedoch in äußerst kleinen Pausen aufeinander, sodaß sie sich in ihrer Gesammtheit schon bedeutend dem continuirlich fließenden Strome einer galvanischen Batterie nähern.

Im Jahre 1866 hat H. Wilde in Manchester den Siemens'schen Inductor zur Construction einer größeren magnet-elektrischen Maschine benutzt, die als eine weitere Verbesserung dieser Maschinen gelten muß. Wie aus der Abbildung Fig. 42 zu ersehen, besteht dieselbe aus zwei übereinander befindlichen Theilen. Der obere ist eine aus einer Anzahl permanenter Hufeisenmagnete gebildete Siemens'sche Maschine; die Stahlmagnete derselben sind mit zwei gußeisernen, gleichzeitig das Untergestell der Maschine bildenden Polschuhen verbunden, welche den horizontal gelagerten Cylinder-Inductor eng umschließen. Der untere Theil ist eine beträchtlich größere Inductor-Maschine, die aus einem einzigen, aber sehr großen Elektromagnet und dem zugehörigen Cylinder-Inductor besteht. Die Schenkel dieses Elektromagnets sind zwei parallele Platten aus gewalztem Eisen, die oben mit einer eisernen Platte verbunden sind und um welche ca. 1000 Meter dicken Kupferdrahtes gewickelt sind. Die Inductoren beider Maschinen werden durch eine kleine Dampfmaschine in schnelle Rotation versetzt (der untere Inductor mit 1700—1800 Touren pro Minute) und es werden nun die Ströme des oberen Inductors, nachdem sie durch einen Commutator gleichgerichtet worden sind, zur

Magnetisirung des Elektromagnets benutzt, indem sie zu den an den vorderen Ecken der Verbindungsplatte desselben isolirt angebrachten Polklemmen und so in den Umwindungsdraht des Elektromagnets geführt werden. Auf diese Art erhält der letztere eine beträchtlich größere

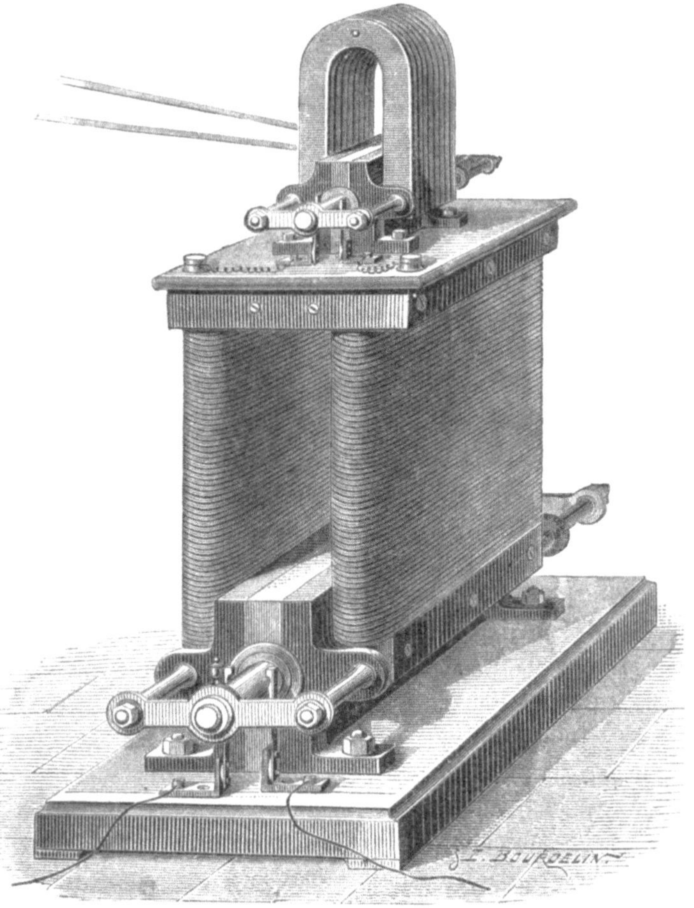

Fig. 42. Magnet-elektrische Maschine von Wilde.

magnetische Kraft, als die Stahlmagnete vereint besitzen, sodaß die aus der Rotation des unteren Inductors hervorgehenden, wiederum durch einen Commutator gleichgerichteten und aus den beiden unteren Polklemmen austretenden Ströme bedeutend stärker als die der oberen Maschine sind.

Die mit dieser Maschine erzielten günstigen Resultate veranlaßten Wilde, noch weiter zu gehen, indem er derselben einen zweiten, weit größeren Elektromagnet mit zugehörigem entsprechend großen Cylinder-Inductor hinzufügte. Mit dieser dreifachen Maschine erhielt er in der That außerordentliche Lichtwirkungen. Bald fand die Wilde'sche Maschine mehrfache Anwendung für verschiedenartige Zwecke; der Grund, weshalb dieselbe eine allgemeine Anwendung nicht gefunden hat, ist namentlich in dem Umstande zu suchen, daß bei der hohen Geschwindigkeit, mit welcher die Cylinder rotiren und demgemäß in ihren Eisenkernen die Polarität wechselt, dieselben sich sehr stark erhitzen und dann die Intensität des Stromes abnimmt, sodaß es z. B. nicht gelang, mit der Wilde'schen Maschine das Licht für Leuchtthürme während der erforderlichen Dauer von 6—8 Stunden constant zu erhalten.

Noch leistungsfähiger als bei der von Siemens herrührenden Anordnung erwies sich der Cylinder-Inductor in einer von Marcel Deprez ausgeführten Maschine, bei welcher der Inductor parallel zu den Magnetschenkeln zwischen diese eingelagert ist und so die ganze inducirende Kraft derselben zur Wirkung kommt. Mit einem aus vier Lamellen bestehenden Stahlmagnet von 145 Millimeter Länge, 33 Millimeter Schenkelabstand, 32 Millimeter Inductordurchmesser und 60 Millimeter Inductorlänge erreichte die erste von dem Erfinder construirte Modellmaschine die Leistung von drei Bunsen-Elementen. Das Ergebniß der von Deprez hierbei angestellten Beobachtungen ist später von Heinrichs und G. Fitzgerald bei der Construction ihrer dynamo-elektrischen Maschinen verwerthet worden, indem bei denselben die Inductoren fast ganz von den Elektromagneten eingeschlossen sind.

In den bisher zur Besprechung gekommenen Maschinen — magnet-elektrische Maschinen genannt, weil bei denselben die elektrischen Ströme entweder durch Stahlmagnete, oder, wie bei den Wilde'schen Maschinen, durch Magnete inducirt werden, die ihren Magnetismus durch den in einer anderen Maschine erzeugten Strom erhalten — waren bereits die Bedingungen für eine auf den Ergebnissen der Wissenschaft wie der Praxis basirende constructive Ausbildung der elektrischen Maschinen gegeben. Die Anwendung von Elektromagneten führte in naturgemäßer Entwicklung zu der Entdeckung des dynamo-elektrischen Princips, durch welches für die Construction großer stromgebender Maschinen ganz neue Gesichtspunkte zur Geltung gelangten. Nachdem die praktische Bedeutung der Elektromagnete einmal erkannt war, lag der Gedanke nahe, die stromgebende Maschine derart einzurichten, daß sie selbst zur Erregung der in ihr zur Wirkung kommenden Elektromagnete dienen könne und bezüglich des zur Stromerzeugung erforderlichen Magnetismus weder auf Stahlmagnete, noch auf den Strom einer zweiten Maschine angewiesen sei. Es gelang dies mit Hilfe des dynamo-elektrischen Princips, welches sich am besten in folgender Weise erklären läßt:

Denkt man sich bei einer magnet-elektrischen Maschine die Magnete aus weichem Stahl und auf diese Magnete Drahtrollen gesteckt, die der von der Maschine selbst erzeugte Strom erst durchläuft, bevor er in den äußeren Schließungskreis tritt, so wird es einleuchten, daß eine solche Maschine anfangs nur einen geringen Strom geben wird, und zwar infolge der geringen Stärke der weichen Stahlmagnete, daß aber darauf der Magnetismus der letzteren durch den sie umkreisenden Strom verstärkt und hierdurch wiederum in der Maschine ein stärkerer Strom erzeugt werden muß. Je weicher der Stahl genommen wird, desto geringer wird der nach der Magnetisirung in ihm zurückbleibende Magnetismus (remanente Magnetismus), desto größer aber die magnetische Kraft sein, welche derselbe unter dem Einfluß des elektrischen Stromes annehmen kann. Den weitaus größten Magnetismus nimmt unter der Einwirkung des Stromes weiches Eisen an; dafür ist aber sein remanenter Magnetismus nur äußerst gering. Da jedoch selbst die kleinste Spur von Magnetismus zur Stromerzeugung genügt und auch das weichste Eisen noch remanenten Magnetismus besitzt, so wird durch denselben ein anfänglich zwar sehr schwacher Strom in den Spiralen des rotirenden Inductors inducirt werden. Derselbe umkreist die inducirenden weichen Eisenkerne und verstärkt den Magnetismus derselben, welcher nunmehr in der Inductordrahtrolle einen neuen, stärkeren Strom hervorruft, der seinerseits, wie vorher, auf den Magnetismus der Eisenkerne zurückwirkt. Es werden durch diese Wechselwirkung, der zufolge stets das Wachsthum des einen das Wachsthum des anderen bedingt, schließlich in den Inductordrähten Ströme erzeugt, die bei weitem stärker sind als diejenigen, welche man mittels gleich großer Maschinen mit Stahlmagneten hervorzubringen vermocht hätte.

Hieraus ist zu ersehen, daß die Stärke des anfänglich vorhandenen remanenten Magnetismus von durchaus keinem Einfluß auf die schließliche Stärke des Magnetismus in der Maschine ist; dieselbe dient nur dazu, die Stromerzeugung in Gang zu bringen. Das Wachsthum des Stromes geschieht anfangs rasch, dann immer langsamer und hört schließlich auf, wenn Magnetismus und Strom ihr Maximum erreicht haben. Das Gleiche findet statt, wenn der Magnetismus der Elektromagnete so stark geworden ist, daß der im Inductor erregte Strom gerade ausreicht, um jenen Magnetismus zu erhalten; sobald dies der Fall ist, tritt ein Zustand ein, der sich nicht verändert, so lange der Widerstand im Stromkreise und die Umdrehungsgeschwindigkeit des Inductors sich nicht verändern.

Da bei derartigen Maschinen ohne permanente Magnete der anfangs vorhandene Magnetismus ein verschwindend geringer und die Wirkung hauptsächlich von der Zahl der Drehungen des Inductors vor den Polen der inducirenden Eisenkerne abhängig ist, also vorzugsweise die bei der Rotation des Inductors aufgewendete dynamische oder mechanische Kraft in Betracht kommt, bezeichnet man diese Maschinen als dynamo-elektrische Maschinen. Im Grunde genommen sind dieselben jedoch nichts anderes als modificirte magnet-elektrische Maschinen; das dynamo-elektrische Princip ist ein allgemeines und läßt sich unmittelbar auf jede magnet-elektrische Maschine mit gleichgerichtetem Strome, also namentlich auch auf die später zu besprechenden Maschinen mit Ringinductor anwenden. Es ist demnach stets fest zu halten, daß sowohl bei den magnet-elektrischen als bei den dynamo-elektrischen Maschinen Elektricität auf Kosten der aufgewendeten Arbeit erzeugt wird; in den ersteren geschieht dies mit Hilfe bereits vorhandener, in den dynamo-elektrischen mit Hilfe selbsterzeugter Magnete.

Das Princip der dynamo-elektrischen Maschine wurde fast gleichzeitig von Werner Siemens in Berlin (Ende 1866) und von dem englischen Physiker Charles Wheatstone (Anfang 1867) entdeckt. Von Siemens wurde dasselbe zuerst durch praktische Versuche festgestellt, weshalb die dynamo-elektrische Maschine mit Recht als eine deutsche Erfindung gilt. Beide Constructeure, sowohl Siemens als Wheatstone, knüpften ihre Idee an die Siemens'sche Maschine mit Cylinder-Inductor an. Die einfachste Siemens'sche dynamo-elektrische Maschine besteht aus zwei flachen Kernen von weichem Eisen, welche von den Spiralen eines gut isolirten Kupferdrahtes derart umgeben sind, daß dieselben als eine einzige Spirale betrachtet werden können. Die beiden hinteren Enden der Kerne sind durch eine weiche Eisenplatte zu einem Elektromagnet verbunden, während ihre beiden vorderen Enden plattenförmig aus den Drahtwindungen hervorragen, kreissegmentförmig ausgeschnitten sind und den Cylinder-Inductor zwischen sich aufnehmen. Die in demselben bei seiner Rotation erzeugten Ströme werden durch einen Commutator gleichgerichtet und zwei Polklemmen zugeführt, die mit den Drahtenden der Bewickelung des Elektromagnets entsprechend verbunden sind.

Vor dem ersten Gebrauche der Maschine erzeugt man in den weichen Eisenplatten eine Spur von Magnetismus, etwa durch Einfügung eines galvanischen Elementes zwischen die Enddrähte der Bewickelung der Eisenkerne. In der Praxis ist dies kaum nothwendig, da durch den Einfluß des Erdmagnetismus in weichem Eisen eine geringe magnetische Polarität entsteht, welche genügt, den ersten Strom in dem Inductor der dynamo-elektrischen Maschine zu erregen. Nachdem eine solche Maschine einmal in Thätigkeit war, bleibt in ihren Eisenkernen stets soviel Magnetismus zurück, daß dieselbe jederzeit zur Erzeugung elektrischer Ströme benutzbar ist. Bei der Bewegung des Cylinder-Inductors werden nach dem Auftreten des ersten schwachen Stromes in der bereits geschilderten Weise immerfort sich verstärkende Ströme erzeugt, bis die Eisenkerne das

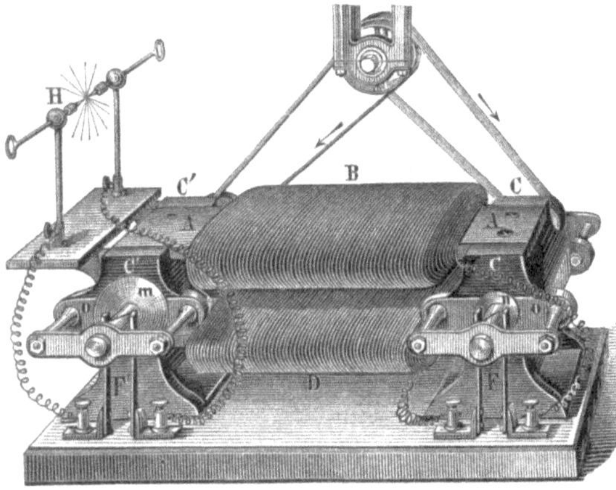

Fig. 43. Dynamo-elektrische Maschine von Ladd.

Maximum des Magnetismus angenommen haben und die Maschine somit das Maximum ihrer Wirksamkeit erreicht hat.

Schon einige Wochen nach der Veröffentlichung des dynamo-elektrischen Princips übersandte der Engländer Ladd der »Royal Society« in London die Beschreibung einer von ihm construirten dynamo-elektrischen Maschine und Mitte Mai 1867 brachte er dieselbe auf die Pariser Weltausstellung. Diese in Fig. 43 abgebildete Maschine stellt insofern eine bemerkenswerthe Modification der dynamo-elektrischen Maschine dar, als sie mit zwei voneinander unabhängigen plattenförmigen Elektromagneten B und D ausgestattet ist, deren Polenden A A zu beiden Seiten aus den Drahtwindungen hervorragen. Die Polarität derselben ist infolge der Richtung der Drahtbewickelung eine solche, daß je zwei entgegengesetzte Pole sich gegenüberstehen. Zwischen diesen vier Polflächen werden zwei Cylinder-Inductoren m und n mittels der Riemenscheiben C′ und C in sehr rasche Rotation versetzt, wobei der durch den kleinen Inductor erzeugte Strom allein zur Magnetisirung der Eisenplatten benutzt wird, indem derselbe nur durch die Drahtbewickelung der letzteren geführt wird, während die Ströme des anderen Inductors zur Arbeitsleistung, also beispielsweise, wie in der Figur bei H angedeutet, zur Erzeugung elektrischen Lichtes Verwendung finden.

Trotz der verhältnißmäßig günstigen Resultate, die mit dieser Maschine erreicht wurden, kehrte Ladd bei seinen späteren Constructionen zu dem eincylindrigen System zurück und führte mehrfach dynamo-elektrische Maschinen aus, bei welchen ein Cylinder-Inductor in der bekannten Art zwischen den Schenkeln eines Elektromagnets rotirte. Der Inductor enthielt hier zwei voneinander getrennte, hintereinander liegende Drahtsysteme, deren magnetische Achsen einen rechten Winkel miteinander bildeten; die inducirten und gleichgerichteten Ströme des einen Systems wurden zur Magnetisirung des Elektromagnets benutzt, während die in der zweiten, längeren Drahtspule entstehenden Ströme, nachdem sie einen zweiten Commutator passirt, zu nutzbarer Verwendung gelangen konnten. Bei längerer Thätigkeit dieser Maschinen machte sich der Uebelstand bemerkbar, daß, infolge des schnellen Polwechsels und der hierdurch hervorgerufenen bedeutenden molecularen Arbeit im Eisen des rotirenden Cylinders, eine starke Erhitzung der Drähte in den Armaturen eintrat, welche die Dauerhaftigkeit und somit die Leistungsfähigkeit der Maschine ungünstig beeinflußte.

Bessere Resultate erzielte die Firma Siemens & Halske in Berlin mit einer zweicylindrigen dynamo-elektrischen Großmaschine, welche aus drei nebeneinander gelagerten Plattenpaaren bestand, die beim Gebrauche sich in sechs Elektromagnete mit zwölf Polen verwandelten. An jedem Ende der Maschine rotirte zwischen den Polflächen eine kräftige Armatur, deren eine die Elektromagnete magnetisirte, während die andere den freien Arbeitsstrom für die Leitung lieferte; eine besondere Einrichtung gestattete außerdem die verschiedenartigsten Combinationen der Elektromagnete und der beiden Armaturen. Bei der gewöhnlichen Schaltung der Drähte war die Leistung der Maschine sowohl bezüglich der Kraftumsetzung als des erzeugten Lichteffects sehr zufriedenstellend, indem bei einem Kraftaufwand von 4—5 Pferdekräften das Licht so intensiv war, daß es selbst am hellen Tage blendete.

b. Die ersten Gramme'schen Maschinen.

In dem Maaße, wie die vorstehend beschriebenen elektrischen Maschinen in der Praxis Eingang fanden, wurde in immer unangenehmerer Weise der Uebelstand empfunden, daß dieselben nicht einen continuirlichen Strom, sondern eine große Anzahl schnell aufeinander folgender Ströme von entgegengesetzter Richtung erzeugten, die in sehr vielen Fällen für die praktische Verwendung durch einen Commutator gleichgerichtet werden mußten. Die Gramme'sche Maschine, die erste, welche für praktische Zwecke con-

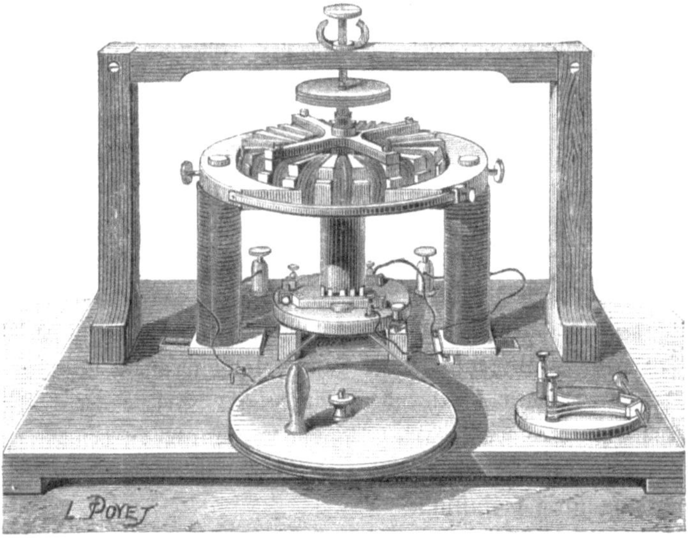

Fig. 44. Original-Modell der Pacinotti'schen Ringmaschine.

tinuirliche Ströme von einer und derselben Richtung ohne Anwendung eines Commutators lieferte, kam demnach einem erkannten Bedürfniß entgegen. Den Uebergang zu derselben bildet das im Jahre 1860 von Dr. Antonio Pacinotti in Florenz für das technologische Cabinet der Physik an der Universität Pisa construirte Modell einer elektromagnetischen Maschine, welche sich durch die originelle Form des beweglichen Elektromagnets auszeichnete. Der letztere bestand aus einem Ring aus weichem Eisen, in welchem die Magnetpole nicht, wie in den bisher üblichen Armaturen, eine unveränderliche Lage behielten, sondern sich innerhalb des Ringes bewegten, d. h. der Reihe nach die verschiedensten Lagen annahmen. In Fig. 44 ist das ursprüngliche Modell der Pacinotti'schen Ringmaschine, welches auf der Pariser Elektricitäts-

Ausstellung im Jahre 1881 ausgestellt war, zur Anschauung gebracht. Der wichtigste Theil dieser Maschine, der bewegliche Elektromagnet, besteht aus einem Eisenring von der Form eines Zahnrades mit 16 Zähnen, das auf 4 messingenen Speichen befestigt und hierdurch mit der Achse der Maschine fest verbunden ist. Auf die Zähne sind kleine hölzerne Keile gesetzt und die zwischen den Keilen freibleibenden Räume mit Drahtumwindungen ausgefüllt. Die Richtung, in welcher die Drähte aufgewickelt sind, ist in allen Spulen die gleiche und das Ende einer jeden derselben ist mit dem Anfang der folgenden verbunden, sodaß das ganze System eine einzige in sich geschlossene Drahtleitung bildet. Von der Verbindungsstelle je zweier Spulen geht ein Draht zu je einem isolirten Messingstückchen, welch letztere in einen mit der Achse fest verbundenen Holzcylinder eingelassen sind und nach außen etwas hervortreten. Zu beiden Seiten dieses wagrechten Ringes stehen zwei Elektromagnete, deren Pole mit gebogenen Eisenstücken armirt sind, die sich möglichst nahe an den Ring anschmiegen und zum besseren Halt durch Messingschienen verbunden sind. Der Strom einer galvanischen Batterie wird zuerst durch die Drahtwindungen der Elektromagnete geleitet, um dann durch Rollen, welche federnd gegen die erwähnten Messingstückchen drücken, in die Drahtumwickelung des Ringes überzugehen. Auf diese Weise wird in dem letzteren Magnetismus erzeugt, wobei der Ring als aus zwei magnetischen Hälften bestehend gedacht werden kann, die mit ihren gleichnamigen Polen aneinander stoßen. Da diese Pole sich an denjenigen Stellen zeigen werden, wo der Strom in die Umwindungen des Ringes ein- resp. aus denselben austritt, sind die Contactrollen derart anzubringen, daß ihre Verbindungslinie senkrecht zu der Linie steht, welche die beiden Pole der Elektromagnete verbindet. Erwiesenermaaßen hat das Pacinotti'sche Modell zu mannigfachen Versuchen über die Umsetzung von Elektricität in Arbeit gedient, und zwar wurde zur Uebertragung der Kraft die am oberen Theile der verticalen Welle sichtbare Schnurscheibe benutzt. Ebenso sicher geht aus der von Pacinotti in dem Journal »Il Nuovo Cimento« über seine Maschine veröffentlichten Abhandlung hervor, daß derselbe recht wohl den großen Vortheil erkannte, der durch Anwendung seines Ringes bei magnetelektrischen Maschinen erreicht werden konnte, und er selbst hat, indem er den Ring seiner Maschine durch einen Schnurlauf, wie in der Abbildung angedeutet, in Bewegung setzte, Ströme erzeugt, welche continuirlich und gleichgerichtet waren.

Zu epochemachender Bedeutung gelangte diese Erfindung durch das im Jahre 1871 erfolgte Auftreten der Gramme'schen Maschine, durch deren sinnreiche Construction zum erstenmal eine für allgemeine Zwecke anwendbare Stromquelle geschaffen war, sodaß eigentlich erst von da an für die Mehrzahl der Techniker und Industriellen die Frage der elektrischen Beleuchtung aus der Theorie in die Praxis übersetzt wurde.

Schon vor der angegebenen Zeit besaß Gramme, der als Modellschreiner bei der Compagnie l'Alliance beschäftigt war, eine Anzahl Patente für elektrische Lichtregulatoren, welche das Genie des Erfinders unzweifelhaft darthun, aber nicht zur Ausführung kamen, weil seine Be-

Fig. 45. Zénobe Théophile Gramme.

strebungen nicht die nöthige Unterstützung fanden. Die Thatsache, daß die erste Idee Gramme's, nach welcher er innerhalb eines feststehenden Eisenringes, der mit einem Drahtgewinde umgeben war, einen Magnet rotiren ließ, in constructiver Hinsicht wesentlich von der Pacinotti'schen Anordnung abwich, ist der giltigste Beweis für die Selbständigkeit der Gramme'schen Erfindung; die Uebereinstimmung beider tritt erst in den späteren Maschinen Gramme's hervor, in welchen er nach Art der Pacinotti'schen Maschine einen mit Draht umwickelten Ring zwischen zwei festen Magnetpolen in Umdrehung versetzte.

Da die Wirkungsweise des Gramme'schen Ringes (wie die verbesserte Ringarmatur Pacinotti's heute allgemein genannt wird) die

Grundlage für das Verständniß aller neueren Constructionen für continuirliche, gleichgerichtete Ströme bildet, erscheint es nothwendig, dieselbe genauer zu analysiren, um so mehr, als hier die Inductionserscheinungen in einer Weise auftreten, welche von der bei den älteren Constructionen vorkommenden bedeutend abweicht.

Es ist bereits bei Besprechung der von Faraday entdeckten, von Ampère erweiterten Inductionstheorie von den elektrischen Inductionsströmen die Rede gewesen, welche entstehen, wenn eine geschlossene Drahtspule über einen Magnetstab hinbewegt wird. Bei der Gramme'schen Maschine gestaltet sich der Vorgang folgendermaaßen: Denkt man sich zwei halbkreisförmig gebogene Magnetstäbe mit den gleichnamigen Polen gegeneinander gehalten, wie dies in Fig. 46 gezeigt ist, so werden, wie Fig. 47 noch deutlicher erkennen läßt, die nach der Ampère'schen Theorie beide Stäbe umkreisenden sogenannten Solenoidströme die durch die Pfeile angedeutete Richtung haben. Wird nun über den von den beiden Magneten gebildeten Ring eine geschlossene Drahtwindung in der Richtung von links nach rechts hinbewegt, so wird in derselben, wenn sie sich in der in der Figur gezeichneten Stellung befindet, ein Inductionsstrom entstehen, welcher infolge der die Magnete umkreisenden Solenoidströme die durch den Pfeil bezeichnete Richtung hat. Dieser Inductionsstrom resultirt nämlich aus der Einwirkung der ihm zunächst kreisenden Solenoidströme, und zwar rufen diejenigen derselben, welche in dem in der Figur unteren Theile des Ringes circuliren, einen gleichgerichteten Entfernungsstrom hervor, während die nach oben zu kreisenden einen entgegengesetzten Näherungsstrom erzeugen. Da nun die Zahl der einen Entfernungsstrom hervorrufenden Solenoidströme in der gezeichneten Stellung des Ringes die überwiegende ist, entsteht als Differenz beider der durch den Pfeil angedeutete, mit den Solenoidströmen des Magnets gleichgerichtete Inductionsstrom. Läßt man die Drahtwindung

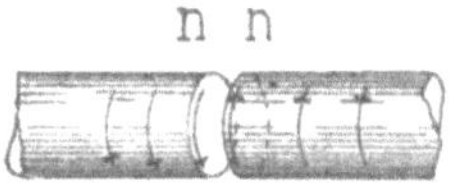

Fig. 46. Solenoidströme in zwei gleichnamigen gegeneinander gerichteten Magnetpolen.

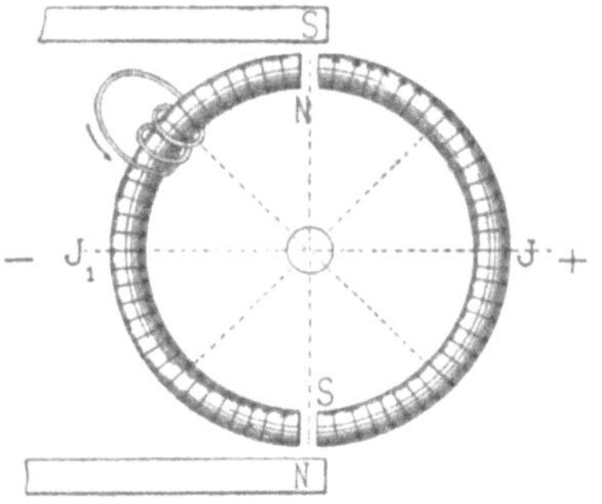

Fig. 47. Principfigur des Gramme'schen Ringes.

sich weiter bewegen, so wird in der Stellung über dem Doppelpole S ein Inductionsstrom vorhanden sein, der als Entfernungsstrom in Bezug auf die im linken Magnetstabe kreisenden Solenoidströme diesen gleichgerichtet, als Näherungsstrom in Bezug auf die im rechten Magnetstabe kreisenden Ströme letzteren entgegengesetzt, also den ersteren gleichgerichtet ist, sodaß sich an dieser Stelle die Wirkungen beider Magnete addiren und der in der Drahtwindung erzeugte Inductionsstrom seine größte Stärke erlangt. Bei fortgesetzter Weiterbewegung wird der Inductionsstrom wieder schwächer, bis er in dem Punkte J, wo er sich einer Anzahl gleichgerichteter Solenoidströme nähert und sich gleichzeitig von einer ebenso großen Anzahl derselben entfernt, gleich Null wird, um dann allmählich steigend bei dem festen Pole N sein Maximum zu erreichen und bei J_1 wieder gleich Null zu werden. In J_1, dem einen magnetischen Indifferenzpunkte des Eisenringes, ist also die Drahtwindung stromlos. Gleich darauf beginnt der Inductionsstrom aufzutreten, anfangs mit geringer Intensität, dann immer stärker werdend, bis er auf dem Doppelpole N sein Maximum erreicht. Von hier ab vermindert sich seine Intensität und wird im zweiten Indifferenzpunkte J gleich Null. Während dieser Zeit bleibt die Richtung des Stromes unverändert; dagegen hat der bei der Weiterbewegung auftretende Strom seine Richtung gewechselt, erreicht, immer stärker werdend, über dem zweiten Doppelpole S das zweite Maximum seiner Intensität, nimmt dann wieder ab und wird bei der ersten Indifferenzstelle J_1, von welcher die Bewegung angefangen gedacht war, gleich Null. Was hier von einer Drahtwindung gesagt wurde, gilt selbstverständlich auch für alle Windungen, welche sich in den betreffenden Stellungen befinden, und da ein Ring aus weichem Eisen, der, wie in Fig. 47 gezeigt ist, zwischen zwei Magnetpolen rotirt, unbeschadet dieser Rotation, sich ganz wie ein feststehender verhält, d. h. da die Pole und Indifferenzpunkte stets dieselbe feste Lage im Raume behalten, wird an den eben entwickelten Inductionserscheinungen nichts geändert, wenn man einen mit fortlaufenden Drahtwindungen versehenen Ring zwischen zwei Magnetpolen rotiren läßt. Fig. 48 zeigt eine derartige Anordnung, welche die wirklichen Vorgänge im Gramme'schen Ringe genau wiedergiebt. Die bei der Rotation in der Bewickelung entstehenden Summenströme haben die durch die Pfeile angedeutete Richtung, welche durch die schematische Fig. 49 noch deutlicher zu erkennen ist. Da nun die Spulen auf beiden Hälften des Ringes gleichgewickelt sind, müssen sich diese beiden gleich starken und entgegengesetzten Summenströme aufheben und es circulirt demzufolge kein Strom bei der Drehung des Ringes um seine Achse. Nichtsdestoweniger sind die inducirenden Wirkungen der Solenoidströme während der Rotation im Ringe unausgesetzt thätig. Man kann sich dies so vorstellen, als ob man, wie Schema

Fig. 48. Stromlauf im Gramme'schen Ringe.

Fig. 50 zeigt, die gleichnamigen Pole zweier Batterieen, I und II, miteinander verbunden hätte. Obgleich alsdann die elektro-motorischen Kräfte beider Batterieen thätig sind, heben sich die erzeugten Ströme in ihrer Wirksamkeit auf. Die elektro-motorischen Kräfte können aber zur Wirkung gebracht werden, wenn man die untereinander verbundenen gleichnamigen Pole, also je einen Punkt der Drähte a b und c d, durch einen gemeinsamen Schließungsdraht verbindet. Man erhält dann in dieser Leitung einen Strom in der Richtung des gezeichneten Pfeiles, welcher der elektro-motorischen Kraft beider Batterieen

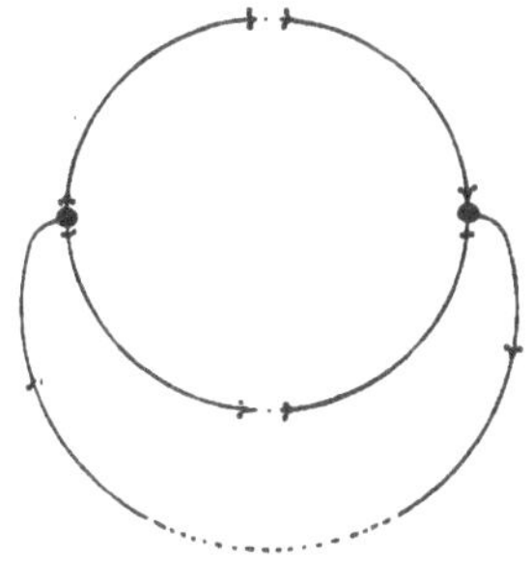

Fig. 49.
Richtung der Summenströme im Gramme'schen Ringe.

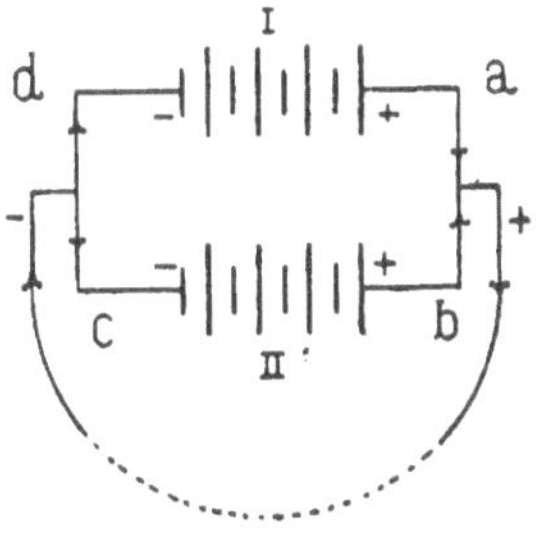

Fig. 50.
Zwei auf Quantität gekuppelte Batterieen.

entspricht. Ganz dasselbe kann mit den beiden Stromsystemen im Ringe geschehen, wenn man an den Indifferenzpunkten Schleiffedern anbringt, welche die beiden an diesen Stellen zusammenstoßenden Ströme aufnehmen, wie dies durch Fig. 49 angedeutet ist.

Abgesehen von dem im Vorstehenden in Betracht gezogenen Einfluß des durch Influenz magnetisch werdenden Eisenkernes auf die Drahtwindungen, treten indeß auch Wirkungen der beiden festen Magnetpole auf das zwischen ihnen rotirende Drahtsystem auf. Zur Veranschaulichung derselben dient Fig. 51, in welcher A B ein Stück des rotirenden Ringes darstellt, auf dem die Drahtwindungen der Deutlichkeit wegen etwas auseinander gerückt sind. Mit S ist die Stellung des Südpoles bezeichnet, der unter dem Ringe liegend gedacht werden muß; die ihn umkreisenden Ampère'schen Ströme sind durch Pfeile angedeutet. Denkt man sich dann den Ring in der Richtung von A nach B bewegt und berücksichtigt nur die an der Außenseite des Ringes befindlichen, in der Figur punktirt gezeichneten Theile der Spiralen, während man die an der Innenseite liegenden, durch ausgezogene Linien angedeuteten außer Acht läßt, so werden in den Spiralen 1, 2 und 3 Näherungsströme entstehen, welche die durch die Pfeile angedeutete Richtung haben, während in den Spiralen 8 und 9 Entfernungsströme auftreten, die ebenfalls dieselbe Richtung haben müssen. Es werden also in allen Spiralen rechts und links vom Pole Ströme hervorgerufen, welche die gleiche Richtung haben wie die durch den Eisenring inducirten Ströme. Eine inducirende Wirkung der Magnete auf die an der inneren Seite des Ringes liegenden, durch die ausgezogenen Linien angedeuteten Theile der Drahtwindungen wird durch das dazwischen liegende Eisen verhindert. In den Theilen der Spirale, welche sich gerade über dem Pole befinden, also 4—7, entstehen gleichfalls Ströme von derselben Richtung, die als Differenz zweier entgegengesetzten Ströme aufzufassen sind, sodaß das Resultat der Einwirkung der festen Magnete darin besteht, daß in allen sich denselben nähernden und sich von ihnen entfernenden Spiralen Ströme von einer und derselben Richtung auftreten, durch welche die oben erwähnten Inductionsströme verstärkt werden.

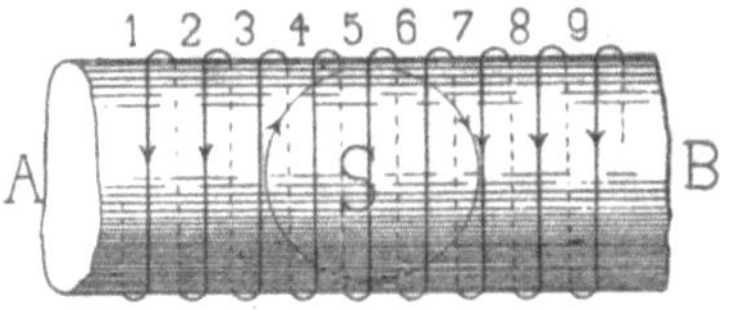

Fig. 51. Einfluß der festen Magnetpole auf die Drahtwindungen des Gramme'schen Ringes.

Nachdem so das Princip des Gramme'schen Ringes erläutert ist, wird die Beschreibung der Maschine selbst, und zwar zunächst die der Construction des Ringes, leicht verständlich sein. Der Kern des letzteren besteht, um das Auftreten störender Peripherieströme zu vermeiden, aus geglühten Eisendrähten und das ihn umgebende System von Drahtwindungen wird, wie bei dem Pacinotti'schen Ringe, aus verschiedenen Gruppen gebildet, die aber nicht, wie bei jenem, durch hervorragende Eisenzähne voneinander getrennt sind, sondern dicht aneinander stoßen. Der Anfangsdraht jeder Spule ist mit dem Enddrahte der folgenden zusammengelöthet und es stellen demnach alle Spulen des Ringes eine einzige in sich geschlossene Leitung dar. Die Anzahl der Spulen, deren jede aus 300 und mehr Umwindungen besteht, ist je nach der Größe und dem Zwecke der betreffenden Maschine verschieden. Während die kleinen Handmaschinen nur 30—32 derselben besitzen, beträgt ihre Zahl bei den großen zur Erzeugung des elektrischen Lichtes dienenden Maschinen über 100. Die Löthstellen, welche je zwei aufeinander folgende Spulen verbinden, sind sämmtlich gleich weit voneinander entfernt und liegen, wie Fig. 52 zeigt, alle auf derselben Seite des Ringes.

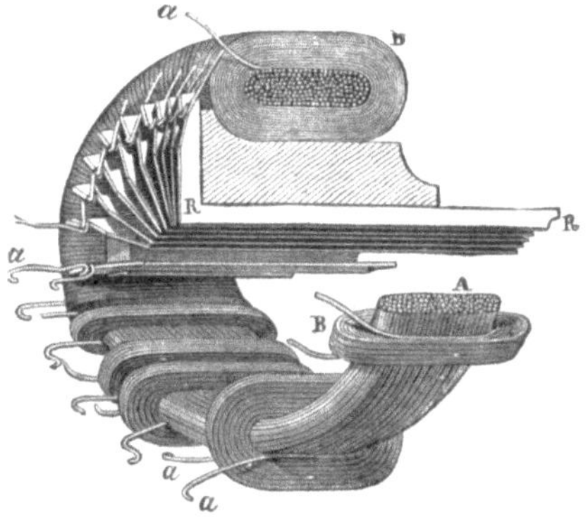

Fig. 52. Der Gramme'sche Ring.

Zum besseren Verständniß der Einrichtung ist in der Figur von dem Ringe nur ein Theil gezeichnet und sind einige der unteren Spulen B voneinander gerückt, wodurch ihre Drahtenden a, sowie der eiserne Kern A deutlich erkennbar sind. Der innere Raum des Ringes wird durch eine Holzscheibe ausgefüllt, die zur Befestigung der rechtwinkelig gebogenen Kupferstreifen (Strahlstücke) R dient, welche den Strom aus den Spulen zur Achse leiten.

Solcher kupfernen Strahlstücke sind demnach ebensoviele wie Drahtspulen vorhanden und während ihre hinteren Theile, wie in der Figur ersichtlich, radial zur Achse stehen, bilden die mit dieser parallelen Stücke einen hohlen Cylinder von kleinem Durchmesser, den sogenannten Collector, durch welchen die Achse hindurch geht; die Strahlstücke selbst sind sowohl unter sich als von der Achse isolirt. Auf der einen Seite der letzteren wird das Getriebe oder die zum Antrieb dienende Riemenscheibe angebracht, während auf der vorderen Seite diejenigen Theile liegen, welche die entwickelte Elektricität nach Maaßgabe des in Fig. 49 gezeichneten Schema's in Form eines continuirlichen Stromes in die Leitung zu führen haben. Die Gramme'schen Ringinductor-Maschinen werden in sehr verschiedenen Größen und mit mancherlei Modificationen der einzelnen Theile construirt. Einige derselben sind für Hand- oder Fußbetrieb eingerichtet und dienen nur für die Zwecke der Laboratorien oder für geringe Arbeitsleistungen, während andere für Dampfbetrieb und für die verschiedenartigsten Verwendungen bestimmt sind und dem entsprechend in der Construction mehr oder weniger voneinander abweichen. Da jedoch das herrschende Princip bei allen diesen Maschinen dasselbe ist, genügt es, einige der gebräuchlichsten Typen zu beschreiben. Unter den zum Gebrauche in physikalischen Cabinetten bestimmten Maschinen zeichnet sich besonders die in Fig. 53 abgebildete Construction aus, die von Breguet in Paris ausgeführt wird. Es ist dies eine magnetelektrische Maschine, deren inducirender Theil, ein sogenannter Blättermagnet, aus verschiedenen Stahllamellen besteht, welche durch zwei Klemmen zusammengehalten werden, an ihren Polenden etwas von-

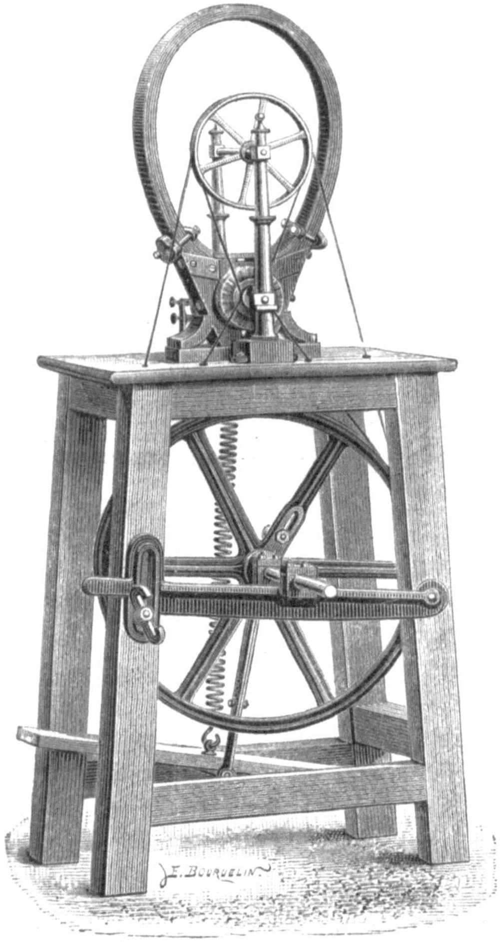

Fig. 53. Gramme'sche Maschine für Fußbetrieb.

einander stehen und mit massiven Polschuhen versehen sind, die den zwischen ihnen rotirenden Ringinductor nahezu umfassen. Dieser Magnet, von dem französischen Physiker Jamin, dem die Construction desselben zuzuschreiben ist, ein Normalmagnet genannt, weil in ihm das Maximum des Magnetismus der angewendeten Stahllamellen erreicht ist, besitzt eine weit größere Tragkraft als die aus einfachen Stahlbündeln bestehenden Magnete gleicher Größe. Die hier abgebildete von Breguet gebaute Maschine liefert einen Strom, welcher dem von acht Bunsen-Elementen gleichkommt. Zur Ableitung des Stromes nach außen ist es nur nothwendig, von den Strahlstücken, die auf der Achse, zu einem Cylinder vereinigt, sorgfältig isolirt nebeneinander liegen, diejenigen beiden, welche den in den Indifferenzpunkten stehenden Spulen entsprechen, zu verbinden, wodurch man in diesem Verbindungsstücke einen Strom erhält.

Zu dem genannten Zwecke bringt Gramme zu beiden Seiten der Achse zwei federnde, aus lockeren Kupferfäden zusammengesetzte Drahtbündel (Bürsten oder Besen) an, welche immer genau an denjenigen Strahlstücken schleifen, die zu den in den Indifferenzpunkten stehenden Spulen führen. Die Bürstenhalter sind schließlich durch Metallschienen mit zwei Polklemmen in Verbindung gesetzt, von denen aus der Strom in die Leitung geht. Da der Strom schon durch die Art seiner Entstehung stets gleichgerichtet ist, haben die Drahtbündel nur den Zweck, denselben zu sammeln; infolge dessen entstehen an den Contactstellen keine Funken und es ist so der wesentliche Uebelstand der älteren Maschinen mit Commutator beseitigt.

So lange zur Erregung des Stromes Stahlmagnete angewendet wurden, konnte die Stromstärke in den Gramme'schen Maschinen nicht bedeutend werden, oder man hätte denselben ähnliche Dimensionen geben müssen, wie sie die älteren magnet-elektrischen Maschinen der Compagnie l'Alliance &c. aufweisen. Durch solche Erwägungen wurde Gramme sehr bald dazu geführt, die Stahlmagnete durch Elektromagnete zu ersetzen, und zwar verwendete er nach dem schon erläuterten dynamo-elektrischen Princip einen Theil des von dem Ringe erzeugten Stromes zur Erregung der Elektromagnete. Die erste dynamo-elektrische Großmaschine nach dem Gramme'schen Systeme wurde im Jahre 1872 in den Werkstätten von Breguet für das galvanoplastische Institut von Christofle & Co. in Paris gebaut und functionirt noch heute in völlig befriedigender Weise, ohne bisher einer Reparatur bedurft zu haben.

Die erste dynamo=elektrische Maschine, welche von Gramme zur Erzeugung elektrischen Lichtes gebaut wurde, war selbstverständlich in

Fig. 54. Gramme's große Lichtmaschine mit zwei Ringen.

ganz anderen Verhältnissen als die für Galvanoplastik ausgeführt, da ja zur Herstellung des elektrischen Bogenlichtes ein Strom von größerer Intensität und Quantität gebraucht wird. So erhielt die Lichtmaschine eine Umwickelung des Ringes mit einem langen dünnen Draht und ihre Umdrehungszahl wurde erheblich gesteigert, wodurch eine Lichtstärke von 900 Carcel-Brennern erzielt wurde. Diese Maschine hat längere Zeit zu Versuchen auf dem Thurme von Westminster in London gedient, doch zeigte sie während des Betriebes leicht Erwärmung und infolge der schnellen Rotation ein Funkensprühen zwischen den Drahtbürsten und den rotirenden Strahlstücken des Ringes. Da für gewöhnlich von einer elektrischen Maschine keine so bedeutende Leistung verlangt wurde, construirte Gramme in der Folge Maschinen, bei denen die Dimensionen etwas geringer gehalten waren, sodaß die Erwärmung und Funkenbildung aufhörte. Eine derartige Maschine ist in Fig. 54 dargestellt. Dieselbe hat sechs aufrechtstehende Elektromagnete, welche im Dreieck aufgestellt sind; zwischen den Polschuhen dieser Magnete rotiren zwei Gramme'sche Ringe, welche je nach Bedarf gestatten, entweder den ganzen von ihnen erzeugten Strom durch die Elektromagnete zu senden, oder nur den einen Ring zur Erregung der Elektromagnete, den anderen zur Erzeugung des elektrischen Lichtes zu verwenden, oder auch zwei getrennte Lichter zu erzeugen. In dieser Form wiegt die Maschine 700 Kilogramm; die Drähte der Elektromagnete wiegen 180, die der beiden Ringe 40 Kilogramm. Die Maschine ist 0,65 Meter lang und breit, 0,90 Meter hoch und giebt unter normalen Verhältnissen eine Lichtstärke von 550 Carcel-Brennern, welche jedoch versuchsweise durch Erhöhung der Rotationsgeschwindigkeit auf das Doppelte gebracht worden ist. Benutzt man jeden Ring zur Herstellung eines besonderen Lichtes, so erhält man zwei Lichter von je 150 Carcel-Brennern. Bei einer Umdrehungsgeschwindigkeit von 400 Touren in der Minute findet weder eine nachtheilige Erwärmung noch ein Funkensprühen statt. Nach dieser erfolgreichen Anordnung construirte Gramme noch mehrere Maschinen mit größeren und geringeren Abänderungen und gelangte schließlich zur Construction einer Maschine, welche bei äußerster Einfachheit sich durch kräftige Wirkung auszeichnet. Diese Anordung, welche als der Normal-Typus der Gramme'schen Maschine betrachtet werden kann, ist in Fig. 55 abgebildet. Dieselbe besteht aus nur zwei Elektromagneten, die mit ihren bis auf einen kleinen Zwischenraum genäherten Polschuhen den Ring fast ganz umfassen. Die Construction des letzteren weicht von der früher beschriebenen allgemeinen Form nicht ab; der erzeugte Strom dient zuerst zur kräftigen Erregung der Elektromagnete, um dann in die Leitung geführt zu werden. Das Gewicht der ganzen Maschine beträgt nur 180 Kilogramm bei einer Höhe von 0,60 Meter und einer Breite von 0,35 Meter; das Gewicht des auf die Elektromagnete gewickelten Kupferdrahtes ist 28, das des Ringes 4,5 Kilogramm. Für viele industrielle Zwecke (wie für galvanoplastische Arbeiten, für die Beleuchtung von Arbeitsplätzen, großen Fabrikräumen, offenen Hallen ꝛc.) genügt diese Maschine vollständig, da sie ungeachtet des geringen Quantums von Kupferdraht bei einer Umdrehungsgeschwindigkeit von 900 Touren

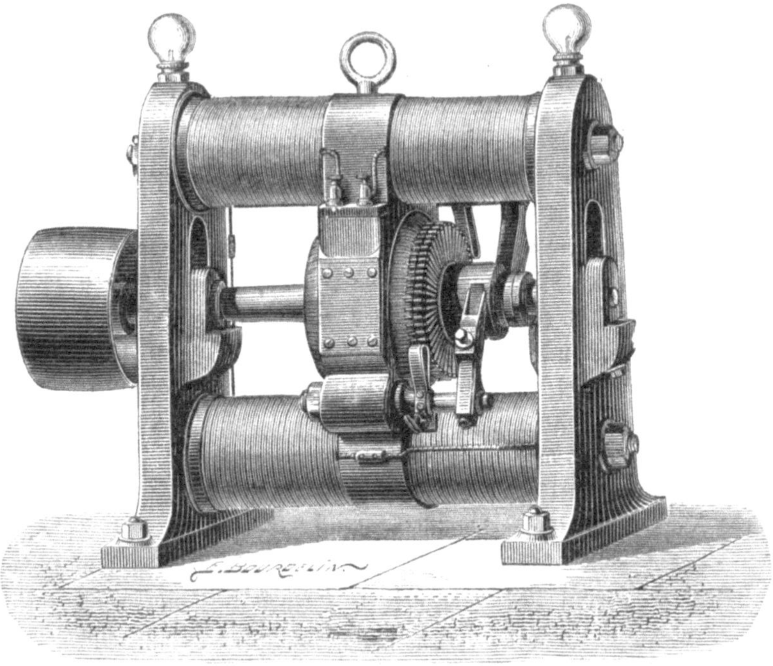

Fig. 55. Gramme'sche Lichtmaschine.

pro Minute einen Strom liefert, der ein Licht von 1440 Carcel-Brennern erzeugt.

Nachdem es durch die Erfindung der Differentiallampen gelungen war, mehrere Lampen in einen und denselben Stromkreis einzuschalten, steigerten sich mehr und mehr die Anforderungen, welche man an die elektrischen Maschinen stellte. Hierdurch wurde Gramme zu einer neuen Konstruction geführt, welche Ströme von sehr hoher Intensität liefert und speciell zur Speisung mehrerer Bogenlampen in demselben Stromkreise gebraucht werden kann. Wie Fig. 56 zeigt, bestehen hier die inducirenden Magnete aus flachen, an den Seiten abgerundeten Eisenplatten, welche zwischen ihren Polen ein magnetisches Feld von sehr großer Intensität erzeugen, in welchem der Gramme'sche Ring von der bekannten Form rotirt. Die Drahtumwindungen des letzteren sind aus einem langen dünnen Drahte hergestellt, sodaß auch bei kleiner Umdrehungsgeschwindigkeit ein Strom von großer elektro-motorischer Kraft und hoher

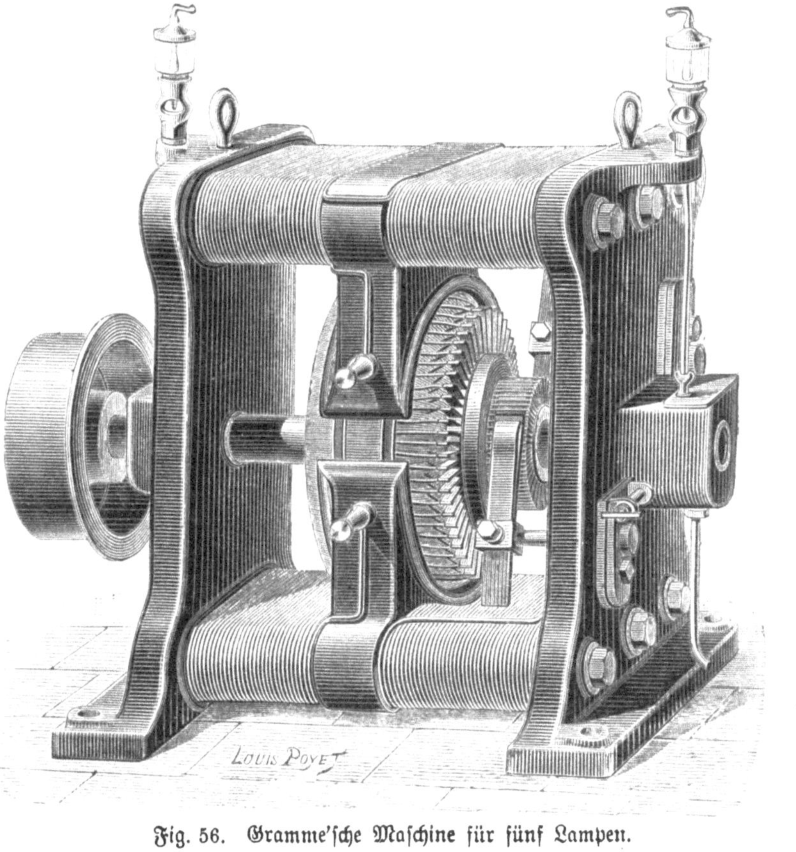

Fig. 56. Gramme'sche Maschine für fünf Lampen.

Spannung entsteht. Die Elektromagnete werden bei dieser Maschine durch eine besondere dynamo-elektrische Maschine erregt, wodurch, wie nachstehend erläutert, in gewisser Hinsicht beachtenswerthe Vortheile erreicht werden.

Auf der Pariser Elektricitäts-Ausstellung im Jahre 1881 hatte Gramme Maschinen von dieser Construction für 5, 10 und 20 Lampen ausgestellt, von welchen namentlich die Maschine für 5 Lampen durch elegante und solide Ausführung Aufsehen erregte. Dieselben Maschinen können auch zur Erzeugung nur eines Lichtes von großer Stärke verwendet werden, wie dasselbe für Leuchtthürme und Kriegszwecke gebraucht wird. Es genügt hierzu, die Tourenzahl und gleichzeitig den Widerstand des äußeren Stromkreises in entsprechender Weise abzuändern. Theilweise sind diese großen Lichtmaschinen so eingerichtet, daß dieselben gleichsam einen doppelten Ring besitzen, d. h. daß von den den Ring umgebenden 120 Drahtspulen je 60 zu einem Stromkreise vereinigt sind

Fig. 57. Gramme's Maschine für elektrische Kraftübertragung (»Octogonale«).

und der erzeugte Strom in zwei getrennten Theilen durch 4 Contactbürsten nach außen geleitet wird. Durch passende Verbindung der Polklemmen können diese beiden Stromhälften auf Quantität nebeneinander oder auf Intensität hintereinander geschaltet werden. Ebenso kann die eine Hälfte des Stromes zur Erregung der Elektromagnete dienen und die andere als Arbeitsstrom verwendet werden. Der Vollständigkeit wegen sei an dieser Stelle eine von Gramme construirte dynamoelektrische Maschine erwähnt, welche eigentlich nur für Zwecke der elektrischen Kraftübertragung gebaut ist, aber in ihrer Construction und Wirkungsweise als aus den zuletzt erwähnten großen Lichtmaschinen hervorgegangen gedacht werden kann. In Fig. 57 ist diese Maschine dargestellt und die eigenartige Anordnung der acht Elektromagnete deutlich zu erkennen. Das in einem Stücke gegossene Gerüst umhüllt die wesentlichsten Theile, wodurch die Maschine vor Beschädigungen geschützt ist. Die acht Elektromagnete sind in vier Gruppen angeordnet und wirken je zu zweien auf einen gemeinsamen Polschuh, sodaß die äußere Oberfläche des Ringes fast vollständig von den vier Polschuhen umfaßt ist, welche abwechselnd entgegengesetzten Magnetismus erhalten, und so in dem Ringe ebenfalls vier Pole erzeugen. Durch die gleichzeitige Wirkung der Inductionspole und des durch dieselben inducirten Eisenringes entwickeln sich in den Kupferspiralen des letzteren (Fig. 58) elektrische Ströme von solcher Richtung, daß zwei derselben von den oben und unten anliegenden Bürsten 1 und 3 ausgehen, den äußeren Widerstand durchlaufen und schließlich in die links und rechts liegenden Bürsten 4 und 2 zurückströmen. Mit Vorstehendem ist die Beschreibung der ersten direct von Gramme angegebenen Maschinen abgeschlossen; die neuesten Constructionen dieses erfindungsreichen Elektrikers werden später an geeigneter Stelle im Zusammenhang mit den neuesten Maschinen von Siemens & Halske ein leichteres Verständniß finden.

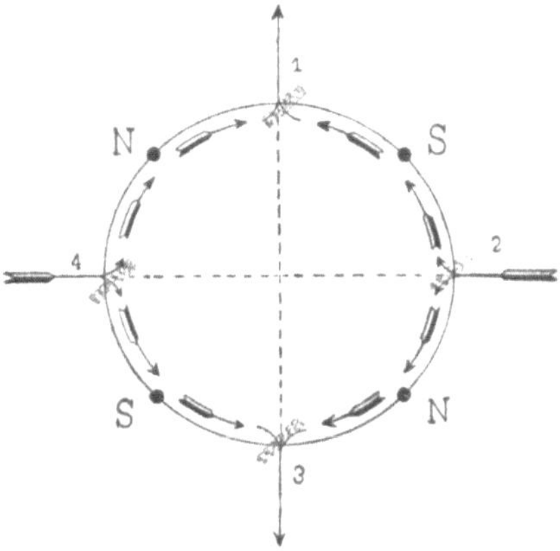

Fig. 58.
Kreislauf der Ströme im Gramme'schen Ringe der Maschine »Octogonale«.

c. Die dynamo-elektrischen Maschinen mit modificirtem Gramme'schen Ringe.

Bei allen Vorzügen, welche die beschriebenen Gramme'schen Ringmaschinen gegenüber den älteren Maschinen mit Commutator aufweisen, treten bei der Anwendung derselben mehrfache Unvollkommenheiten hervor, die theils in der Construction des Ringes, theils in technischen Schwierigkeiten ihren Grund haben. Ein Hauptfehler, der den Gramme'schen Maschinen zum Vorwurf gemacht wird, besteht in der unvollständigen Ausnutzung der den Ring umgebenden Drahtwindungen, indem, wie bereits erwähnt, die inducirende Wirkung der Magnetpole auf die unter ihnen hinrotirenden Drahtwindungen sich nur auf die eine äußere Seite der letzteren erstreckt, da nur diese in den wirksamen Theil des magnetischen Feldes der festen Pole gebracht wird, während das Innere, sowie die Seitentheile der Drahtspulen bei der Rotation des Ringes von diesen äußeren Magnetpolen fast ganz unbeeinflußt bleiben. Aehnliches gilt von den beiden Magnetpolen, welche sich in dem Eisenringe durch Influenz bilden und die nicht gleich weit von der Mitte des letzteren,

Fig. 59. Flachringmaschine von Schuckert.

sondern den festen inducirenden Polen möglichst nahe, nämlich an dem äußeren Umfange des Ringes, liegen, sodaß sich ihr Einfluß nur auf einen kleinen Theil der Drahtwindungen erstreckt. Die Folge ist, daß ein großer Theil des Umwickelungsdrahtes zur Stromerzeugung nicht beiträgt, vielmehr, indem er dem durch ihn hindurchgehenden Strome erheblichen Widerstand entgegensetzt, den Wirkungsgrad der Maschine beeinträchtigt. Diesen Uebelstand der Gramme'schen Maschine haben verschiedene Constructeure dadurch zu beseitigen gesucht, daß sie durch zweckmäßige Formgebung des Ringes und der Polschuhe die inducirende Wirkung des ersteren auf nahezu alle Theile der Drahtwindungen aus=

Hafen von Havre, erl

…blochkoff'sche Kerzen.

dehnten. So entstanden die modificirten Gramme'schen Maschinen, die sich von dem Originaltypus nur durch die eigenthümliche Gestalt des Ringes und der Polschuhe unterscheiden.

Schon seit längerer Zeit wurden sowohl in Frankreich als in Deutschland Versuche mit der Construction von Inductorringen gemacht, die statt der Cylinderform eine mehr schmale, flache Form erhielten und auf welche die Armaturen der zwei Elektromagnete gleichzeitig auf beiden Seiten des Ringes inducirend einwirkten. Siemens & Halske, welche im Jahre 1874 eine Maschine mit derartigem Inductor, einem sogen.

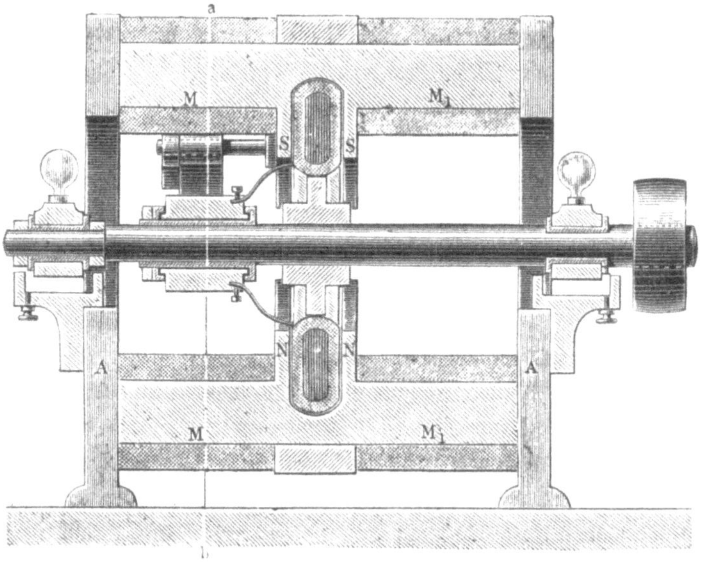

Fig. 60. Flachringmaschine von Schuckert. (Längenschnitt.)

Flachring, zur Ausführung gebracht hatten, wendeten sich später anderen Constructionen zu; von Sigmund Schuckert in Nürnberg wurde jedoch dieses System weiter ausgebildet. Derselbe hat bis heute an der Verbesserung der Flachringmaschine fortgearbeitet und sie auf eine so hohe Stufe der Vollkommenheit gebracht, daß gegenwärtig die von ihm construirten Maschinen für elektrische Beleuchtungs-Anlagen vielfach Anwendung finden.

Fig. 59 stellt eine Ansicht der Schuckert'schen Flachringmaschine dar; die Construction derselben wird durch die in Fig. 60 gegebene Durchschnittszeichnung erläutert. Die beiden Ständer A A in Verbindung mit den Eisenkernen der mit Kupferdraht bewickelten Elektromagnete bilden das Gestell der Maschine. In der vorliegenden Vereinigung ist dieses Gestell als aus zwei hufeisenförmigen Elektromagneten bestehend zu betrachten, die mit ihren gleichnamigen Polen zusammenstoßen. MM sind dann die Schenkel des einen, $M_1 M_1$ die des anderen Elektromagnets, wobei die Ständer AA die Verbindungstheile der Schenkel bilden. In der Mitte der in den Ständern gelagerten Rotationsachse befindet sich der Flachring, der auf drei Seiten, und zwar fast über seine ganzen Außenflächen, von den flachen, bogenförmigen Polausläufen SS und NN umschlossen wird, sodaß nur das kurze Stückchen der Drahtbewickelung an der Innenseite des Inductorringes von der directen Inductionswirkung der kräftigen magnetischen Felder, die sich zwischen den Magnetpolen und dem Eisen des Inductorringes bilden, nicht beeinflußt wird. Letzterer ist nicht in einem Stücke ausgeführt, sondern besteht aus einzelnen isolirten Blechringen, welche in der Figur durch die den Kern des Ringes bildenden schwarzen Striche bezeichnet sind. In diesen einzelnen Eisenschichten von kleiner Masse vollzieht sich der Polwechsel schneller als in einem massiven Ringe; das Maximum des Magnetismus wird erreicht und dadurch die schädliche Erwärmung dieser Theile verhindert. Da ferner bei der Ausnutzung des Ringes von beiden Seiten kein Theil desselben vergeblich magnetisirt, sondern aller Magnetismus in Elektricität umgesetzt wird, so wird der für die Umdrehung des Ringes erforderliche Arbeitsaufwand nicht unwesentlich reducirt. Um die Festigkeit der Maschine zu erhöhen, konnte Schuckert die Verbindung des Ringes mit der Achse durch Metall herstellen, während dies bei der Gramme'schen Maschine durch Holz geschieht, um den störenden Inductionswirkungen zu begegnen, welche die Bewegung größerer rotirender Massen im magnetischen Felde hervorbringt. Bei der Schuckert'schen Maschine wird nur ein ganz kleiner Theil des sich bewegenden Drahtes von diesen Inductionswirkungen berührt, sodaß dieselben nicht in störender Weise auftreten.

Die Bewickelung des Eisenringes besteht aus einer Anzahl in radialem Sinne gewundener Drahtspulen; das Drahtende jeder derselben ist ähnlich wie bei der Gramme'schen Maschine mit dem Anfang der nächstfolgenden Spule und zugleich mit dem Stromabgeber (Collector) verbunden. Der letztere, der aus ebensovielen voneinander isolirten Theilen besteht, als sich Drahtspulen auf dem Ringe befinden, ist abnehmbar und kann somit erforderlichenfalls ausgewechselt werden. Bei der Rotation des Ringes wird stets der oben befindliche Theil desselben nordpolarisch, der untere südpolarisch; die so in den einzelnen Drahtspulen erzeugten, entgegengesetzten Ströme werden mittels zweier Drahtbürsten, die auf dem Stromabgeber in der neutralen Linie schleifen, abgeleitet, worauf der Strom die Bewickelung der Elektromagnete und den äußeren, die Lampen enthaltenden Schließungskreis durchläuft.

Um die Auswechselung, die sich bei der nur in geringem Maaße auftretenden Funkenbildung an der neutralen Linie und der infolge dessen höchst unbedeutenden Abnutzung erst nach langandauerndem Betriebe nothwendig macht, zu erleichtern, ist der Stromabgeber bei den

Fig. 61. Schuckert'sche Flachringmaschine für Einzellicht.

neueren Maschinen von Schuckert außerhalb des Gestelles angeordnet, wie dies aus Fig. 61 ersichtlich, welche eine solche dynamo-elektrische Maschine für Einzellicht darstellt. Fig. 62 zeigt die größere Maschine für getheiltes Licht, bei welcher dem Gestell insofern eine sehr zweckmäßige Form gegeben ist, als dieselbe ein bequemes Herausnehmen des Inductorringes, sowie der Welle gestattet. Die für getheiltes Licht erforderlichen höheren Spannungen werden hier besonders dadurch ermöglicht, daß die den Eisenring bildenden, magnetisch voneinander isolirten Eisenblechscheiben zur Vermeidung einer Erhitzung der Maschine durch passende Räume voneinander getrennt sind, welch' letztere durch seitliche und äußere Oeffnungen in Communication mit der Außenluft stehen, sodaß bei der Rotation des Ringes eine bedeutende Kühlung durch die hindurchgetriebenen Luftströme bewirkt wird.

Diese Maschinen werden gegenwärtig für zwei bis vierzehn Lampen gebaut. Hat man eine größere Anzahl von Lampen zu speisen, so werden diese selbstverständlich in mehrere Stromkreise vertheilt und man bedarf dann mehrerer Dynamo-Maschinen zum Betrieb. Auch in Fällen, wo es sich darum handelt, eine weit entfernte Kraft, etwa Wasserkraft,

Fig. 62. Schuckert'sche Flachringmaschine für getheiltes Licht.

für Beleuchtungszwecke nutzbar zu machen, hat sich die Anwendung der Schuckert'schen Maschinen für getheiltes Licht als vortheilhaft erwiesen. Als Beispiel einer solchen Anlage mag hier erwähnt werden, daß gelegentlich der Elektricitäts-Ausstellung in München sieben Lampen im Glaspalast und vier auf dem Königsplatze, also im ganzen elf Lampen, aus einer Entfernung von $5^1/_2$ Kilometer (von Hirschau aus) von einer Maschine gespeist wurden; die Drahtstärke der Leitung betrug hierbei nur 4 Millimeter und es entsprach der auf die Gesammtlänge der Drahtleitung von 11 Kilometer kommende Verlust nur dem Strombedarf von zwei Lampen.

Bei der Anordnung des Flachringes gehen, wie bereits erwähnt, die Drahtwindungen radial auseinander, sodaß derselbe, um einen Draht von derselben Gesammtlänge und der gleichen Windungszahl aufnehmen zu können, einen bedeutend größeren Durchmesser als der walzenförmige Ring erhalten muß. Allerdings tritt hierdurch, besonders unter der Einwirkung der Elektromagnete, ein größerer Widerstand gegen die Bewegung des Ringes auf, welcher Nachtheil indeß gegenüber der sonst günstigen Arbeitsweise der Maschine wenig in Betracht kommt. Die Berücksichtigung des genannten Uebelstandes veranlaßte jedoch die Construction der dynamo-elektrischen Maschine von E. Fein,

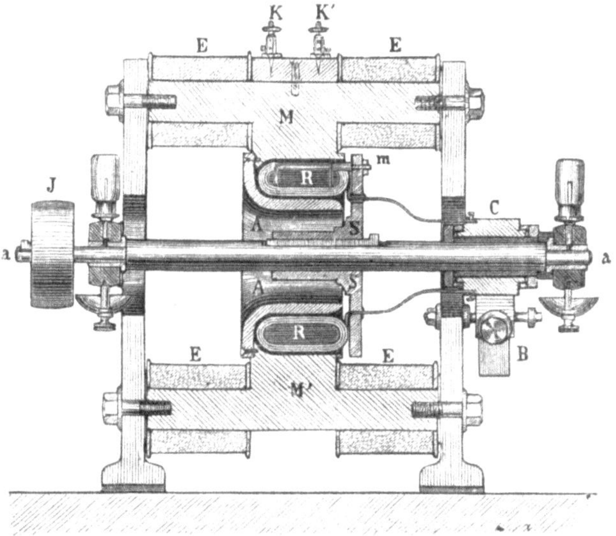

Fig. 63. Dynamo-elektrische Maschine von Fein. (Längenschnitt.)

in welcher die walzenförmige Gestalt des Ringes beibehalten, dagegen die Befestigung desselben auf der Rotationsachse in eigenthümlicher Weise ausgeführt ist und die bei gleichzeitiger Anbringung entsprechend geformter Armaturen gestattet, beinahe die ganze Länge der Drahtwindungen des Ringes der Wirkung der Elektromagnete auszusetzen. Ein Durchschnitt der Fein'schen Maschine ist in Fig. 63 und die äußere Ansicht derselben in Fig. 64 dargestellt. Wie aus ersterer Figur ersichtlich, ist der mit den Drahtwindungen versehene Ring RR mittels der Schrauben m an dem Messingstern SS befestigt, der, mit einer Büchse versehen, auf der Achse aa festgekeilt ist und durch die Riemenscheibe J in Rotation versetzt wird. Die Enden der einzelnen Drahtspiralen gehen einestheils durch Oeffnungen, welche sich in den Speichen des Sternes befinden, anderentheils zwischen diesen hindurch zu dem auf der rechten Seite des Apparates befestigten, abnehmbaren Stromabgeber C, der für den Zweck der Stromableitung mit den Schleifbürsten B und B[1] in Verbindung steht; der Eisenring ist auch hier aus einer Anzahl dünner, voneinander magnetisch isolirter Eisenscheiben gebildet. Die Eisenkerne der Elektromagnete E tragen zunächst die die äußeren Seiten des Ringes umschließenden Armaturen M und M[1]; an diese sind halbtrichterförmige eiserne Polstücke A A geschraubt, die in der aus der

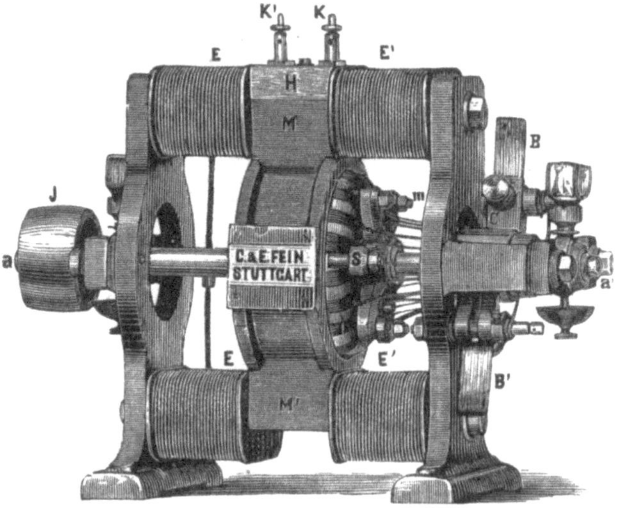

Fig. 64. Dynamo-elektrische Maschine von Fein.

Durchschnittszeichnung ersichtlichen Weise den Ring noch auf zwei weiteren Seiten umfassen, sodaß sich nahezu die ganze Länge seines Umwindungsdrahtes in den magnetischen Feldern bewegt und nur die dem Messingstern S gegenüberliegenden, ganz kurzen Drahtstücke nicht elektromotorisch wirken. Inwieweit die Polstücke auf die Erhöhung des Nutzeffectes der Maschine Einfluß haben, ist in einfachster Weise ersichtlich, wenn dieselben entfernt werden, sodaß die Induction, wie bei der Gramme'schen Maschine, nur die äußeren Windungen des Ringes beeinflußt. Das Resultat ist, daß die nunmehr erzielte Stromstärke kaum die Hälfte derjenigen beträgt, welche die Maschine unter der Einwirkung der Armaturen A ergab. Da infolge des kleinen Durchmessers des Ringes die Rotationsfähigkeit desselben möglichst wenig beeinflußt wird und daher die nach dem Fein'schen System gebauten Maschinen im Verhältniß zu ihrer Leistung einen geringen Kraftaufwand beanspruchen, erscheint dieses System besonders geeignet, zur Construction kleiner dynamo = elektrischer Handmaschinen Verwendung zu finden, die einen genügend starken Strom liefern, um mit demselben die elektrischen Lichterscheinungen für Demonstrationszwecke hervorzubringen. Demgemäß beschäftigt sich in letzter Zeit die Telegraphenbau-Anstalt von C. & E. Fein in Stuttgart, außer mit dem Bau der vorstehend beschriebenen dynamo-elektrischen Maschinen, mit der Construction derartiger Handmaschinen; in Fig. 65 ist eine solche in Verbindung mit dem Antriebsschwungrad und einem Experimentirtisch abgebildet. Wie Fig. 66 zeigt, schließt sich die Einrichtung der auf der Bodenplatte befestigten Maschine im wesentlichen der vorher beschriebenen an; auch in dieser Form hat sich dieselbe vorzüglich bewährt. Es kommt hier nur ein Elektromagnet mit zwei abwärts gerichteten, entsprechend armirten Schenkeln zur Anwendung, was eine

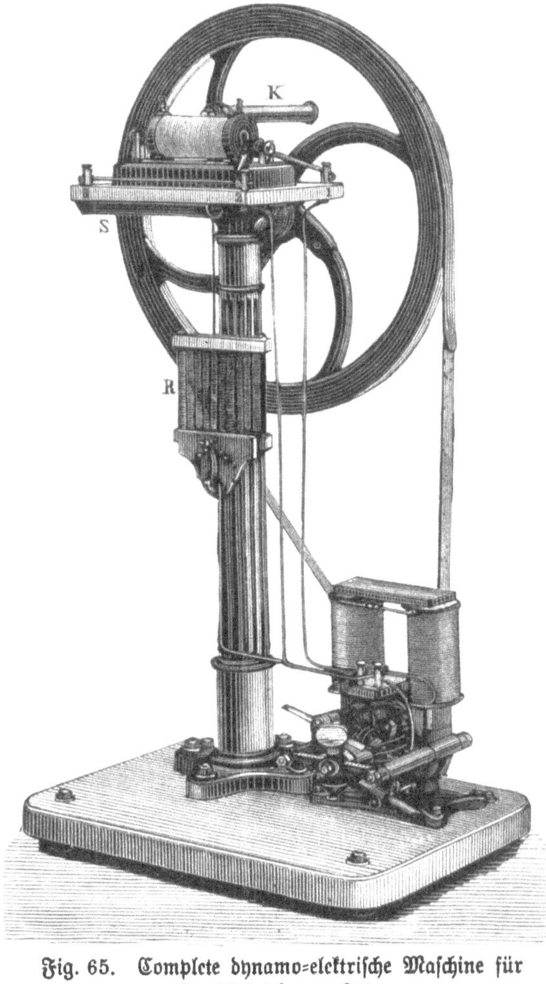

Fig. 65. Complete dynamo-elektrische Maschine für Handbetrieb von Fein.

entsprechende Abweichung der Gestellform bedingt, während die Construction des Ringes die gleiche ist.

Die einzelnen Theile des in Fig. 65 dargestellten Apparates sind auf einem eichenen Sockel montirt; das durch die Kurbel K zu betreibende Schwungrad hat seine Lagerung in dem oberen Theile einer gußeisernen Säule und steht durch einen Riemen direct mit der kleinen Riemenscheibe der dynamo-elektrischen Maschine in Verbindung, wodurch der Inductorring in eine sehr rasche Umdrehung (1400—1600 Touren pro Minute) versetzt werden kann; die Maschine liefert dann einen Strom, der ca. 8 bis 12 Bunsen'schen Elementen entspricht. R ist ein aus Neusilberspiralen gebildeter Rheostat, mit dessen Hilfe verschiedene Widerstände in die Stromleitung eingeschaltet werden können. Der mit S bezeichnete Experimentirtisch zeigt die Klemmschrauben 1, 2 und 3; dieselben sind mit dem Rheostat und der Maschine derart verbunden, daß wenn man die Klemmen 2 und 3 in leitende Verbindung bringt, der Rheostat sich in einem Nebenschluß befindet, wie dies beispielsweise beim Experimentiren mit denjenigen Apparaten nothwendig ist, die, wie die Vacuum-Glühlichtlampen, einen großen Widerstand besitzen. Eine solche Lampe wird dann mit den Klemmen 1 und 2 in Verbindung gesetzt, worauf mit dem Kraftaufwand eines Mannes ein schönes, klares Licht erzeugt werden kann, während anderseits das mit dem gelieferten Strome in einer Contact-Glühlichtlampe hergestellte Licht als Beleuchtungsmittel für Projectionen vollständig ausreicht.

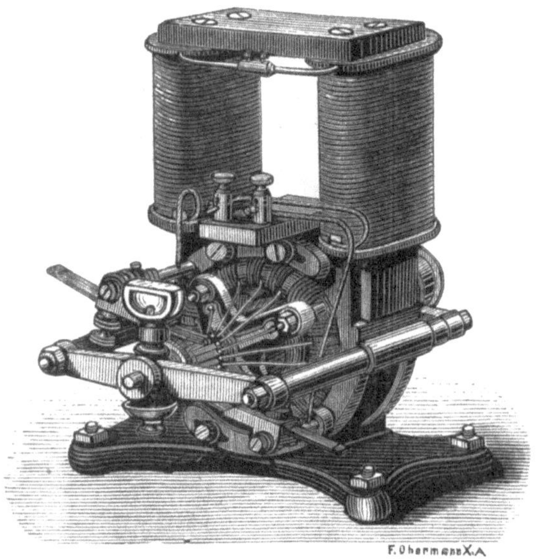

Fig. 66. Dynamo-elektrische Maschine für Handbetrieb von Fein.

Mit Hilfe einer zweiten, stärkeren und mit zwei Kurbeln zu betreibenden Handmaschine dieser Art kann mittels des Stöhrer'schen

Regulators elektrisches Bogenlicht von $1^1/_2$ Millimeter Bogenlänge erzeugt werden. Im übrigen eignen sich beide Maschinen ebensowohl für Motorenbetrieb, wobei der Inductorring, ohne daß die Maschine Schaden leidet, eine Umdrehungszahl von 1800—2000 in der Minute erhalten kann.

Aus den gleichen Bestrebungen, wie sie sowohl den Schuckert'schen als den Fein'schen Maschinen zu Grunde liegen, ist die von Heinrichs construirte, in Fig. 67 im Querschnitt abgebildete dynamo-elektrische Maschine hervorgegangen. Während dieselbe bezüglich der Anordnung der inducirenden Elektromagnete im wesentlichen der weiter unten zu besprechenden Siemens'schen Maschine gleicht, hat hier der Ringinductor eine eigenartige Form. Derselbe, in der Figur mit k bezeichnet, ist von hufeisenförmigem Querschnitt, sodaß die ihn umgebenden, durch punktirte Linien angedeuteten Drahtwindungen nur auf dem bogenförmigen äußeren Ringtheile aufliegen und die canalartige Vertiefung o geradlinig überspannen. Der Eisenkern ist aus starken Drähten gebildet, die auf einem entsprechend gebogenen Blechbügel zur Ringform gewunden sind. Mittels der Theile a und v steht der Inductorring mit der Achse a′ in fester Verbindung. Hierbei ist der Luft der freie Zutritt zu dem canalartigen inneren Raume des Ringes gestattet, sodaß der während der Rotation entstehende kräftige Luftzug eine schädliche Wärmeentwickelung nicht eintreten läßt. Aus den zu beiden Seiten des Inductors liegenden Elektromagneten E, deren Bewickelung gleichfalls durch punktirte Linien angedeutet ist, treten eine Anzahl weicher Eisenkerne e_1 bis e_9, die in je neun terrassenförmig gelagerten Lamellen den Inductor möglichst vollständig umschließen. Die Einwirkung der festen Pole erfolgt bei der eigenthümlichen Construction des Ringes nur auf die äußeren, diesen Polen zunächst liegenden Theile der Inductions-

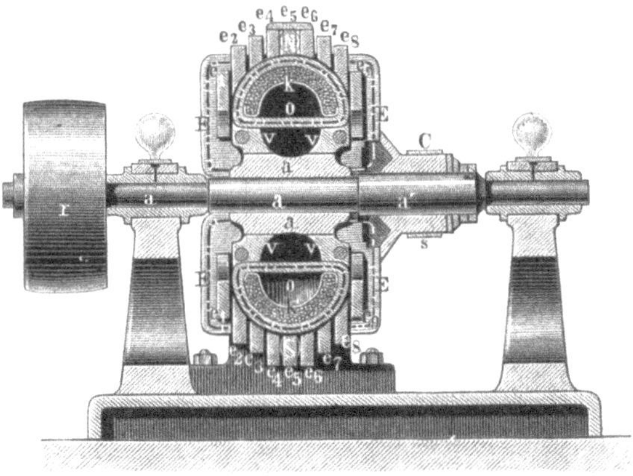

Fig. 67. Dynamo-elektrische Maschine von Heinrichs. (Querschnitt.)

spirale; die inneren, frei liegenden Stücke derselben sind durch ihre Lage zu den magnetischen Massen und wegen ihrer zu großen Entfernung von denselben den inducirenden Wirkungen entzogen, sodaß die in dem größeren Theile der Windungen inducirten Ströme ungeschwächt über den in bekannter Weise gebildeten Stromabgeber C in die Windungen der Elektromagnete und weiter in den äußeren Stromkreis treten. Eine solche Maschine speiste beispielsweise drei Heinrichs'sche Lampen von 1800 bis 2000 Normalkerzen, wobei der mittlere Durchmesser des Ringes 203 Millimeter, die Anzahl der Touren pro Minute 900 betrug.

In etwas anderer Weise suchte Desmond G. Fitzgerald die Leistungsfähigkeit des Gramme'schen Ringes zu erhöhen, indem er denselben innerhalb eines eigenthümlich geformten, aus drei Theilen e, e_1 und e_2 bestehenden Elektromagnets rotiren ließ, wie dies durch Fig. 68 veranschaulicht wird. Von den genannten Theilen sind e_1 und e_2 in sich geschlossene Ringe, während e aus zwei Theilen besteht. Die Bewickelung des Elektromagnets ist derart ausgeführt, daß derselbe seinem Wesen nach mit zwei der gewöhnlichen hufeisenförmigen Magnete identisch ist, die mit den gleichnamigen Polen zusammengeschlossen sind.

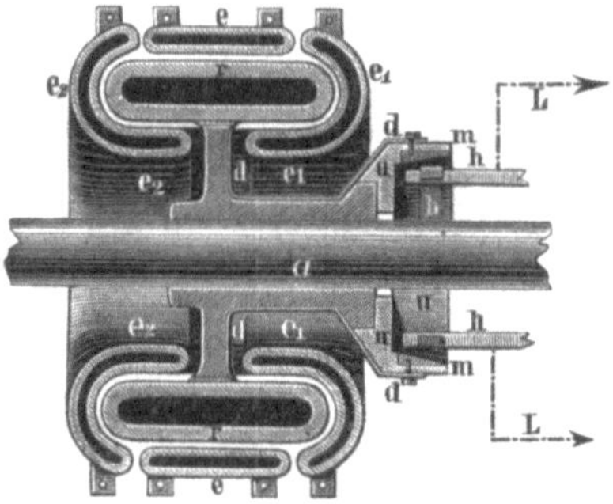

Fig. 68. Ringinductor mit Elektromagnet von Fitzgerald.

Die Drahtgruppen des Inductorringes r sind durch eiserne, keilförmige Platten voneinander getrennt und die freien Enden d jeder einzelnen Drahtspule zu dem isolirenden Material des Stromsammlers u geführt, wo dieselben durch Schrauben mit den isolirten Metallschienen m in leitender Verbindung stehen. Diese letzteren befinden sich an dem inneren Umfange des Stromsammlers, innerhalb dessen die Metallbürsten b den Strom aufnehmen und mittels der Halter h in die Leitungen L eintreten lassen. Ob mit dieser Maschine eine bedeutende Verbesserung der Gramme'schen Construction erreicht ist, muß die Erfahrung lehren; die schwierige Herstellung der doppelt gekrümmten Elektromagnete läßt dies, vom praktischen Standpunkte wenigstens, fraglich erscheinen.

Das Bestreben, Ströme von geringer Spannung, aber großer Quantität zu erzeugen, veranlaßte R. J. Gülcher in Biala zur Construction seiner in Fig. 69 veranschaulichten Maschine, die einen Bestandtheil seines solche Ströme erfordernden (an geigneter Stelle zur Besprechung kommenden) eigenartigen Beleuchtungssystems mit Nebeneinanderschaltung der Lampen bildet. Um das bezeichnete Resultat zu erreichen, war es nothwendig, den inneren und demgemäß auch den äußeren Widerstand der Maschine möglichst zu reduciren, weshalb einestheils die vier flachen inducirenden Elektromagnetenpaare e e nebeneinander geschaltet sind, anderentheils die Bewickelung derselben durch isolirte Kupferseile (da massive, starke Drähte sich nicht gut aufwinden lassen würden) hergestellt ist. Die einander gegenüberstehenden Pole dieser Elektromagnetenpaare zeigen gleiche Polarität, während dieselbe in der Kreisrichtung wechselt.

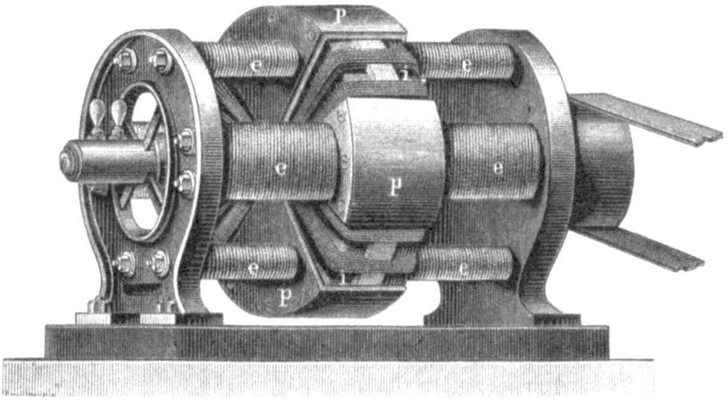

Fig. 69. Dynamo-elektrische Maschine von Gülcher.

Die gleichnamigen Polenden jedes Elektromagnetenpaares werden durch U förmig gebogene Polschuhe p gebildet, die den rotirenden Ring auf einem großen Theile seiner Peripherie umschließen. Dadurch, daß der Querschnitt des Inductorringes nach innen keilförmig gestaltet ist, wurde es möglich, die dem inducirenden Einflusse entzogenen Theile der einzelnen Ringumwindungen aufs äußerste einzuschränken und somit eine der hauptsächlichsten schädlichen Wärmequellen zu vermeiden. Außerdem findet eine mechanische Abkühlung der Drahtwindungen des Ringes statt, indem dieser dem Pacinotti'schen Ringe ähnlich bewickelt ist und die hierdurch gebildeten Kammern in Verbindung mit den sie umgebenden Polschuhen p ähnlich einem Ventilator wirken. Infolge der wechselnden Polarität der zu Paaren vereinigten acht Elektromagnete e entstehen innerhalb dieser Inductorwindungen vier Ströme von wechselnder Richtung, die durch Parallelschaltung der entsprechenden Bürsten zu einem continuirlichen Strome vereinigt sind, wodurch zugleich der Gesammtwiderstand der Maschine beträchtlich vermindert ist.

In der äußeren Anordnung einigermaßen abweichend von den sich an das Gramme'sche System anlehnenden dynamo-elektrischen Maschinen stellt sich die gleich der Gülcher'schen Construction durch die Pariser Elektricitätsausstellung von 1881 bekannt gewordene Maschine von C. P. Jürgensen und L. Lorenz in Kopenhagen dar. Wie aus Fig. 70 ersichtlich, sind hier die Kerne der inducirenden Elektromagnete E E gekrümmt und durch die eiserne Grundplatte E_1 zu einem Hufeisenmagnet verbunden, dessen entgegengesetzte Pole p p den walzenförmigen Ringinductor r auf der ganzen Oberfläche in geringem Abstande umfassen. Charakteristisch für diese Maschine ist ferner die Anbringung eines zweiten inducirenden Elektromagnets innerhalb des Inductors, wodurch die Wirksamkeit der Maschine erhöht werden soll. Derselbe hat ungefähr die Form von zwei gekreuzten Magnetstäben, deren Nordpole und Südpole durch je ein

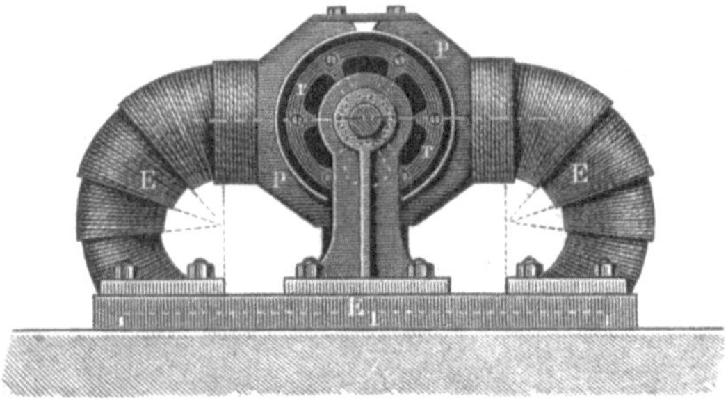

Fig. 70. Dynamo-elektrische Maschine von Jürgensen und Lorenz.

gemeinschaftliches Polstück verbunden sind. In der Mitte trägt dieser Elektromagnet einen längeren Zapfen, der in ein entsprechendes Lager hineinragt und mittels Schrauben derart befestigt wird, daß sein Nordpol vor den Nordpol des äußeren Elektromagnets, sein Südpol vor den Südpol desselben zu liegen kommt. Der Kern des Inductorringes, für dessen sichere Lagerung trotz des vorhandenen inneren Magnets Sorge getragen ist, besteht aus einer Anzahl nebeneinanderliegender, durch Bolzen zusammengehaltener Eisenringe und ist im übrigen wie der Gramme'sche Ring bewickelt. Die genannten Eisenringe werden durch isolirende Lagen voneinander getrennt; die Entstehung von Inductionsströmen parallel der Umdrehungsachse des Inductors (nach Foucault, welcher sie zuerst studirte, Foucault'sche Ströme genannt) wird somit verhindert und außerdem erreicht, daß sehr lange Kerne angewendet werden können. Auch hier ist insofern für eine äußere Luftkühlung gesorgt, als die den Ring mit seiner Nabe verbindenden Speichen mit kleinen, schräg nach außen gerichteten Flügeln versehen sind, sodaß bei der Rotation des Ringes beständig ein Luftstrom durch den Inductor hindurchgeführt wird.

Wie bereits angedeutet, ist der äußere inducirende Magnet als ein einziger hufeisenförmiger Elektromagnet zu betrachten. Um den kräftigsten Magnetismus mit dem geringsten Widerstande zu erzielen, sind die Drahtspiralen, wie aus der Form derselben zu erkennen ist, am stärksten bei den Polstücken der Elektromagnete aufgewickelt. Die Einrichtung des Collectors stimmt im wesentlichen mit der bereits bekannten überein. Obwohl die Leistungen dieser, sowie der vorgenannten Maschine nach den mit ihnen gewonnenen Resultaten als recht gute zu bezeichnen sind, so können doch erst die Ergebnisse größerer Messungen, besonders aber die Erfahrungen der Praxis über die Zukunft derselben entscheiden.

d. Die elektrischen Maschinen von Siemens & Halske, System v. Hefner-Alteneck.

Die gleiche charakteristische Bedeutung wie in den von Gramme construirten, oder aus seiner Construction hervorgegangenen Maschinen der Ringinductor hat in den von Siemens & Halske in Berlin ge-

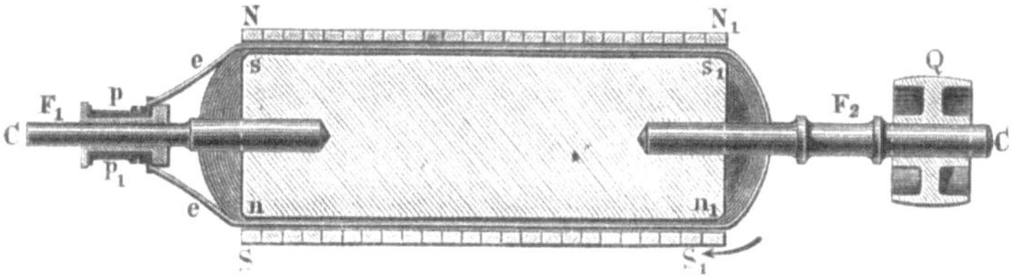

Fig. 71. Der v. Hefner-Alteneck'sche Trommelinductor.

bauten Maschinen zur Erzeugung gleichgerichteter continuirlicher Ströme der von dem Oberingenieur dieser Firma, v. Hefner-Alteneck, im Jahre 1872 erfundene Trommelinductor, welcher in seiner einfachsten Gestalt in Fig. 71 abgebildet ist. Zwischen einer Reihe von Nordpolen $N N_1$ und einer Reihe von Südpolen $S S_1$ befindet sich der sammt seiner Achse $C C$ in den Lagern $F_1 F_2$ drehbare eiserne Cylinder $s s_1$ $n n_1$. Durch Influenz wird derselbe zu einem Quermagnet, der nach oben seinen Südpol $s s_1$ und nach unten seinen Nordpol $n n_1$ erhält; die Lage dieser Pole bleibt selbstverständlich auch bei der Rotation des Cylinders die gleiche. Der Raum zwischen den Magnetpolen und dem Eisenkerne bildet zwei intensive magnetische Felder von entgegengesetzter Polarität. Um den Cylinder sind parallel zu seiner Längenaxe Drahtwindungen gelegt, sodaß bei der Rotation der größte Theil der Drahtmasse durch die magnetischen Felder hindurchgeht, wobei jede Hälfte einer einzelnen Windung bei jedem Umlaufe einmal jedes der beiden Felder passirt. Die in der Figur im Verticalschnitt gezeichneten Polflächen $N N_1$ und $S S_1$ erstrecken sich durch bogenförmige Verlängerungen um den Eisencylinder und umschließen ihn der ganzen Länge nach auf etwa zwei Drittel seines Umfanges (Fig. 73). Die Drahtwindungen sind in zahlreichen (8 bis 28 und mehr) Abtheilungen derart um den Eisencylinder gewickelt, daß jede Abtheilung denselben ungefähr in der Form eines Rechtecks umzieht (Fig. 72); die beiden Enden jeder solchen Drahtlage sind, außerdem daß die letzteren unter sich ein zusammenhängendes Ganzes bilden, mit zwei isolirten Theilen eines Stromsammlers verbunden. Nimmt man nun an, daß bei der Drehung der Trommel die oberhalb der Linie $s s_1$ liegenden Drahtpartieen sich den Nordpolen $N N_1$ nähern, so werden sich die anderen Hälften derselben Windungen, welche unterhalb der Linie $n n_1$ liegen, den Südpolen $S S_1$ nähern. Der erzeugte Inductionsstrom hat daher für den Beschauer der Fig. 71 in der oberen halben Windung die Richtung von rechts nach links, in der unteren dagegen die von links nach rechts, also eigentlich die entgegengesetzte Richtung. Infolge der Art der Wickelung müssen sich diese beiden gleichzeitig auftretenden Ströme zu einem Strome summiren, der in den Enddrähten jeder Drahtgruppe zu der Sammel- und Ableitescheibe $p p_1$ gelangt. Anderseits kommt aber jede Hälfte einer solchen Drahtpartie, welche soeben an den Nordpolen $N N_1$ vorbeigegangen ist, gleich darauf zu den Südpolen $S S_1$ und erhält dadurch einen Summenstrom, der dem vorigen entgegengesetzt ist. Allein nicht nur in der einen, hier in Betracht gezogenen Drahtpartie entsteht ein Inductionsstrom, es bilden sich solche vielmehr gleichzeitig auch in den übrigen Theilen des Stromkreises und es muß demnach eine Einrichtung vorhanden sein, um die in den einzelnen Drahtpartieen auf-

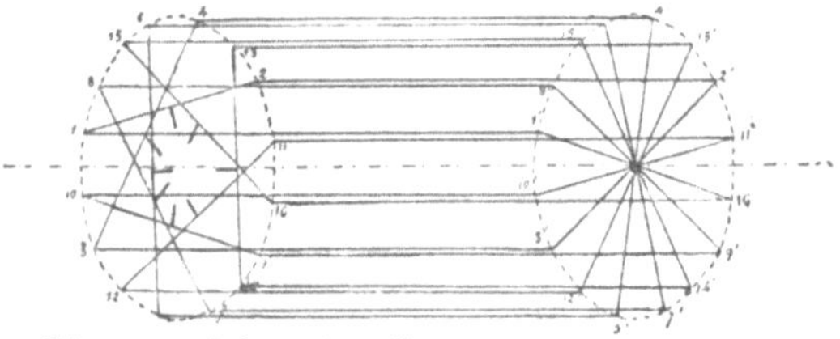

Fig. 72. Schema der Bewickelung der v. Hefner-Alteneck'schen Trommel.

tretenden Ströme beim Uebergange aus dem einen in das andere magnetische Feld ganz wie beim Gramme'schen Ringe nach außen abzuleiten. Diesem Zwecke dient der Stromsammler oder Collector, dessen Schema Fig. 73 zeigt. N und S stellen die äußeren Pole vor; der mit den Ziffern besetzte Kreis entspricht der Mantelfläche des rotirenden Cylinders. Der innere, in acht Segmente von a bis h eingetheilte Kreis bedeutet die voneinander isolirten metallischen Theile des Stromsammlers. Von letzteren sind stets diejenigen, welche die Lage g c einnehmen, mit den Contactrollen oder Contactbürsten in Verbindung und führen den resultirenden Hauptstrom nach außen. Es handelt sich nun noch darum, die sämmtlichen Drahtwindungen so zu verbinden, daß schließlich jeder positiv gerichtete Einzelstrom zu der Schiene g des Collectors geführt wird, während alle negativen Ströme zu der gegenüberliegenden Schiene c gelangen müssen. Es ist dies durch eine außerordentlich sinnreiche Anordnung v. Hefner-Alteneck's erreicht, die in Fig. 73 veranschaulicht ist. Die acht Drahtpartieen haben zusammen sechszehn Enden, vor denen aus den acht, in der Figur mit + und den Ziffern 1—8 bezeichneten der positive Strom austritt; die anderen acht Enden derselben, aus welchen der negative Strom austritt, sind mit — und den Ziffern 1^1—8^1 bezeichnet; die gleichbezifferten Enden gehören einer und derselben Drahtpartie an. Mit Hilfe der krummen Linien in Fig. 73 ist angegeben, in welcher Weise die Enden miteinander verbunden sind. Durch diese Art der Verbindung wird die ganze Drahtbewickelung in zwei Theile oder Zweige geschieden, und zwar so, daß jeder Zweig eine continuirliche Leitung bildet, die von c ausgeht und bei g endigt. Es geht demnach bei der in Fig. 73 gezeichneten Stellung der eine Zweig von c über 5 5^1 d 7 7^1 e 1^1 1 f 4^1 4 nach g, der andere Zweig von c über 3^1 3 b 2^1 2 a 8 8^1 h 6 6^1 nach g, sodaß die vier Ströme der einen, wie die vier Ströme der anderen Hälfte der Windungsabtheilungen gesondert in gleicher Richtung gesammelt und dann die beiden Summen dem bei g befindlichen Collectorstücke zugeführt

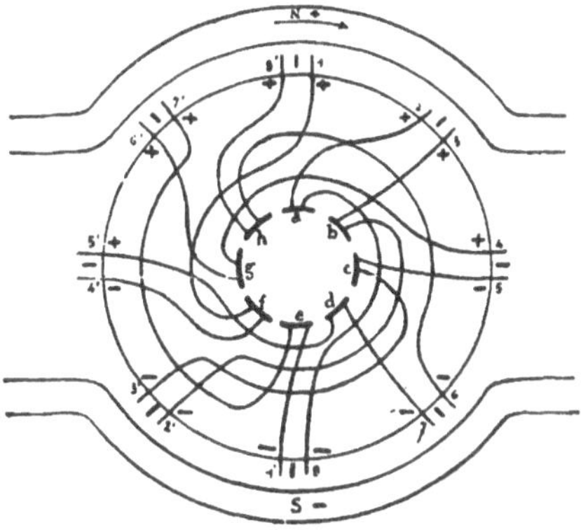

Fig. 73. Schematische Zeichnung des Collectors der v. Hefner-Alteneck'schen Maschine.

werden. Wird die Trommel in Umdrehung versetzt, so tritt zwar an die Stelle g ein anderes Collectorstück, allein der Vorgang bleibt stets der gleiche. Die bei g und c anliegenden Contactrollen oder Bürsten nehmen den Strom von den Collectorstücken auf, um ihn in die Leitung zu senden. Hiernach ist es klar, daß der von der Trommelmaschine v. Hefner-Alteneck's gelieferte Strom ebenso wie der der Gramme'schen Maschine von gleicher Richtung und bei gleichbleibender Umlaufsgeschwindigkeit gleicher Stärke sein muß.

Den Uebergang zu der eingehenden Beschreibung der nach dem System v. Hefner-Alteneck's gebauten Maschinen bildet eine Darstellung der ursprünglichen Construction, die zum ersten Male auf der Wiener Weltausstellung im Jahre 1873 an die Oeffentlichkeit trat. Die Trommel besteht hier nicht aus einem massiven Eisenkerne, um welchen die Drahtwindungen parallel zur Längenaxe aufgewickelt sind, sodaß die Inductionsströme durch die Rotation des ganzen Cylinders erzeugt werden, sondern die Drahtwindungen sind auf einen Cylinder aus Neusilberblech gewickelt, in dessen Inneren ein hohler Eisencylinder fest gelagert ist, der an der Rotation der Drahtwindungen nicht theilnimmt. Der Grund, welcher bei der Wahl einer derartigen Anordnung maaßgebend war, ist im wesentlichen folgender: In jeder metallischen Masse, die sich in einem magnetischen Felde bewegt, entstehen Inductionsströme, die sogen. Foucault'schen Ströme, die, wenn sie nicht abgeleitet werden, sich in Wärme umsetzen. So lange daher in den beschriebenen Maschinen der innere Eisenkern mitrotirte, entstanden in letzterem Foucault'sche Ströme, die nicht nur einen erheblichen Theil der aufgewendeten mechanischen Arbeit absorbirten, sondern auch eine bedeutende Erhitzung der Maschine zur Folge hatten, durch welche unter Umständen ein Verbrennen der Isolationsschicht auf den Bewickelungsdrähten herbeigeführt werden konnte. In den Gramme'schen Maschinen und den Varianten derselben hat man diese Ströme und ihre schädlichen Wirkungen dadurch zu verringern gesucht, daß man den rotirenden Kern nicht aus massivem Eisen, sondern aus einer Anzahl von Eisendrähten herstellt. Bei der in Fig. 74 und 75 abgebildeten Maschine sind die Foucault'schen Ströme vollständig vermieden, allerdings durch eine Construction der Trommel, die nur mit bedeutenden Schwierigkeiten in der erforderlichen exacten Weise ausgeführt werden kann. In dem Längenschnitt der Maschine Fig. 74 erkennt man deutlich die aus dünnem Neusilberblech hergestellte Trommel, auf deren Umfang der

Draht in zahlreichen Windungen und in acht Partieen in der früher beschriebenen Weise aufgewickelt ist. Die beiden die Trommel tragenden Scheiben ab und cd endigen in zwei hohlen Zapfen, welche sich in den mit Schmierbüchsen versehenen Lagern F_1 und F_2 drehen. Durch diese Zapfen oder Rohre tritt eine in den Ständern $D_1 D_2$ festgeschraubte Eisenstange CC hindurch, welche den durch zwei gegeneinander geschraubte Scheiben zusammengehaltenen Eisenkern $n n_1 s s_1$ trägt. Auf ihrer Außenseite wird die Trommel von den halbkreisförmig gebogenen Eisenstäben $N N_1 S S_1$, die als Pole der Elektromagnete $E E E_1 E_1$ anzusehen sind, umgeben und, da dieselben so nahe als möglich an die Trommel herantreten, bilden sie mit dem durch Influenz magnetisch werdenden inneren Eisencylinder $s s_1 n n_1$ ein äußerst kräftiges magnetisches Feld, in welchem

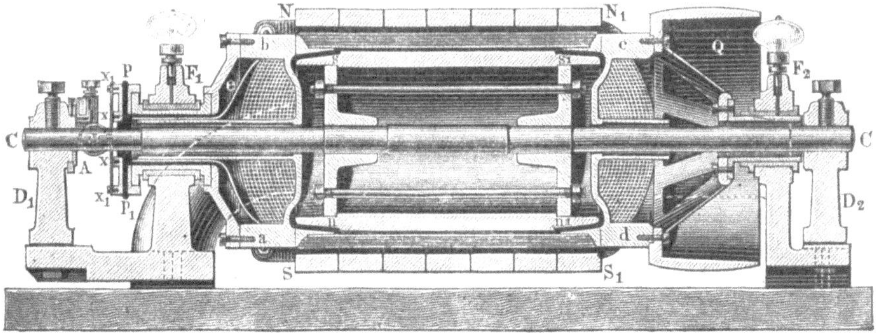

Fig. 74. Siemens & Halske's dynamo-elektrische Großmaschine. (Schnitt durch die Trommel.)

sich die Trommel mit ihrer Drahtumwindung frei drehen kann. Der durch das Lager F_1 gehende hohle Zapfen der Scheibe ab trägt auf der Außenseite eine Scheibe $p p_1$, die den Stromsammler bildet und mit den Sectoren belegt ist, zu denen die von den Drahtwindungen der Trommel kommenden Drähte e führen. Die Elektromagnete mit ihren eigenthümlich gestalteten Polen bestehen aus den Eisenstücken $o N N_1 o_1$ und $m S S_1 m_1$, die von den Drahtrollen EE und $E_1 E_1$ umgeben sind. Die Wickelung dieser Rollen ist so gewählt, daß die gleichnamigen Pole einander zugekehrt sind und demnach alle Punkte des gebogenen Eisenstückes zwischen den Drahtrollen die gleiche Polarität zeigen. Um das dynamo-elektrische Princip bei dieser Maschine anzuwenden, hat man nur nöthig, den Strom, bevor er an den Ort seiner Verwendung geleitet wird, die Umwindungen der Elektromagnete passiren zu lassen. Die in Fig. 74 und 75 abgebildete Maschine hat eine Länge von 110,5 Centimeter bei einer Höhe von 32 Centimeter und einer Breite von 46,5 Centimeter. Bei 450 Umdrehungen pro Minute liefert dieselbe ein Licht von 14 000 Kerzenstärken und verbraucht hierzu sechs Pferdekräfte. Die feste Stellung des Eisencylinders in diesen Maschinen darf als eine bedeutende Verbesserung gelten, doch wird dadurch, wie die Erfahrung gelehrt hat, die Herstellung der Maschinen außerordentlich erschwert. Namentlich verursacht das Aufwickeln des Drahtes auf die Trommel große Schwierigkeiten, da auf die Widerstandsfähigkeit des ganzen Systems gegen die bei der schnellen Rotation auftretenden Centrifugalkräfte die sorgfältigste Rücksicht ge-

Fig. 75. Siemens & Halske's dynamo-elektrische Großmaschine.

nommen werden muß. Die Firma Siemens & Halske baut daher nach obigem Typus mit feststehendem Eisenkerne nur die größten Maschinen, bei denen die im mitrotirenden Eisencylinder auftretenden Foucault'schen Ströme einen zu großen Arbeitsverlust herbeiführen würden; bei den mittleren und kleinen Maschinen wird der Draht direct auf einen aus Eisendrähten bestehenden Cylinder gewickelt, der dann an der Umdrehung theilnimmt. Nach diesen Principien ist die speciell zur Erzeugung elektrischen Lichtes geeignete Maschine Fig. 76 gebaut. Wie die Abbildung zeigt, hat dieselbe verticale Magnete — eine Anordnung, welche lediglich auf dem Streben beruht, die Längenausdehnung zu beschränken und dafür die Maschine etwas höher zu halten. Die vier Eisenstäbe der Elektromagnete haben die bekannte Form; der

Trommelinductor hat jedoch außer der obenerwähnten Abweichung von dem der Maschine Fig. 74 und 75 eine bedeutend größere Anzahl Gruppen von Drahtwindungen, die in ähnlicher Weise wie bei den Gramme'schen Maschinen mit dem Collector verbunden sind und den Strom mittels zweier Metallbürsten nach außen leiten. Da diese Maschinen einen continuirlichen, gleichgerichteten Strom liefern, kann man den letzteren nach dem dynamo-elektrischen Princip zur Erregung der Elektromagnete verwenden; für größere Maschinen, die zur Herstellung elektrischen Lichtes dienen, ist es jedoch vortheilhaft, die Er-

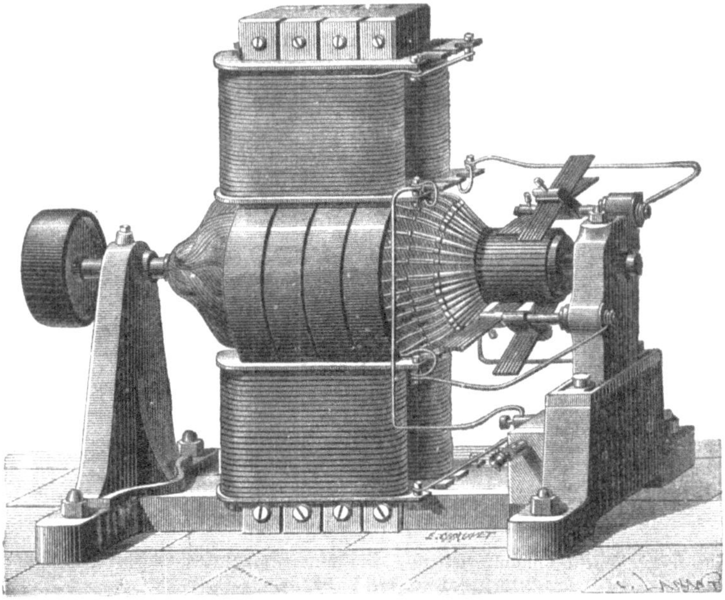

Fig. 76. Siemens'sche Lichtmaschine.

regung der Elektromagnete durch eine besondere kleinere Maschine, die dann nach dem dynamo-elektrischen Princip geschaltet wird, zu bewirken.

Die neueste dynamo-elektrische Maschine der Firma für continuirliche, gleichgerichtete Ströme unterscheidet sich von den bisher besprochenen durch die vollständig abweichende Form des Inductors. Während das Charakteristische der Maschinen mit Gramme'schem Ringe oder v. Hefner-Alteneck'scher Trommel darin besteht, daß der Strom in zwei parallel geschalteten Kreisen auftritt, die ihre Lage im Raume nicht verändern, wird bei dieser neuen Construction der Strom allerdings auch in zwei Stromkreisen erzeugt, die aber ihre Lage fortwährend ändern und in entgegengesetztem Sinne wie die Maschinenachse rotiren. Fig. 77 und 78 geben die Maschine in Längenschnitt und Vorderansicht wieder, während Fig. 79 eine schematische Darstellung der Vorgänge ist. Auf einer kräftigen Grundplatte A sind zwei gußeiserne Ständer B befestigt; jeder derselben trägt an seiner Innenseite, um die Maschinenachse im Kreise angeordnet, eine gerade Anzahl (im vorliegenden Falle zehn) Elektromagnete C, deren einander zugewendete ungleichnamige Polenden in passend geformte Verbreiterungen N S auslaufen. Die Umwindungen sämmtlicher Magnete sind in geeigneter Weise verbunden, um einen continuirlichen Stromkreis zu bilden. Zwischen den einander zugekehrten Polflächen der sich paarweise gegenüberliegenden Elektromagnete

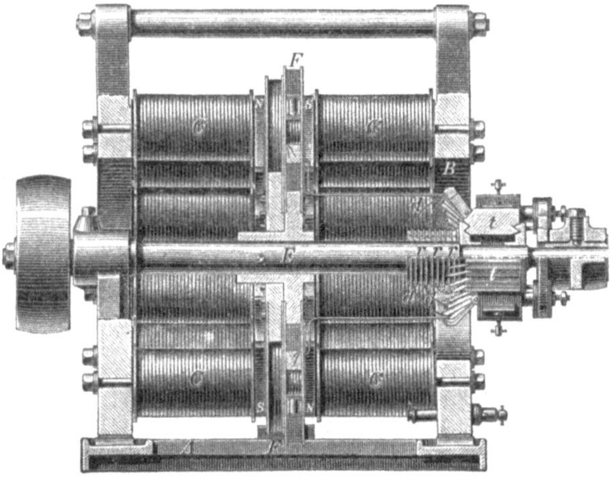

Fig. 77. Neueste dynamo-elektrische Maschine für continuirlichen Strom von Siemens & Halske. (Längenschnitt.)

ist wenig Raum gelassen, sodaß zwischen den einzelnen Polen magnetische Felder von hoher Intensität entstehen, deren jedes die entgegengesetzte Polarität der beiden ihm zunächst liegenden besitzt. Durch diese Felder bewegen sich acht flache, aus isolirtem Kupferdraht gewickelte Spulen F (die linksseitig davon angeordneten, deren Anzahl verdoppelnden Spulen seien hier noch unberücksichtigt), die im Kreise herum mit der Achse E derart verbunden sind, daß sie in einer zu derselben senkrechten Ebene liegen und den Raum zwischen den Elektromagneten C möglichst ausfüllen. Diese Drahtspulen sind um einen länglichen Kern aus Holz oder einem anderen isolirenden Material gewickelt; da kein Eisen im Inneren der Spulen verwendet ist, wird die Erhitzung der

Kerne, die infolge der äußerst schnell wechselnden Polarität sehr erheblich sein würde, vollständig vermieden und zugleich das Gewicht des rotirenden Theiles wesentlich vermindert. Wird die Achse gedreht, so durchlaufen sämmtliche Spulen, welche an einer auf derselben sitzenden Metallscheibe befestigt sind, der Reihe nach alle magnetischen Felder. Da die Anzahl der Spulen um zwei geringer als die der Elektromagnete, mithin auch ihr Abstand ein anderer als der der magnetischen Felder ist, kommen von denselben stets nur zwei einander gegenüberliegende gleichzeitig genau in die Mitte der magnetischen Felder, während die übrigen Spulen noch einen größeren oder geringeren Abstand von den ihnen gerade am nächsten liegenden Feldern haben. Die stärkste inducirende Wirkung der magnetischen Felder tritt demnach nicht in allen Spulen gleichzeitig, sondern in den aufeinander folgenden Spulen in aufeinander folgenden Zeiten auf. Die Enden der Inductorrollen sind derart fortlaufend untereinander zu einem geschlossenen Kreise verbunden, daß ein continuirlicher Strom in demselben jede Rolle in regelmäßiger Folge entgegengesetzt durchlaufen würde. Da nun die in den Rollen bei der Rotation entstehenden Inductionsströme infolge der wechselnden Polarität der magnetischen Felder entgegengesetzt gerichtet sind, müssen sich die in zwei benachbarten Spulen entstehenden Stromimpulse summiren. Von den Verbindungsdrähten zweier Spulen führt je ein Draht zu dem auf der Achse befestigten Collector, der an und für sich ähnlich wie bei den anderen dynamo-elektrischen Maschinen construirt ist. Die Entstehung und Sammlung des Stromes, die mit Hilfe der schematischen Fig. 79 verständlich wird, gestaltet sich in der nachstehend beschriebenen Weise: Der Collector C besteht aus 40 voneinander und von der Achse isolirten Theilen (t), die zu acht Gruppen so untereinander verbunden sind, daß jede Gruppe fünf Collectortheile umfaßt, welch letztere in der Figur mit

Fig. 78. Neueste dynamo-elektrische Maschine für continuirlichen Strom von Siemens & Halske. (Vorderansicht.)

den gleichen Ziffern bezeichnet sind, wobei des beschränkten Raumes wegen die geraden Zahlen fortgelassen sind. Die Verbindung der zu einer Gruppe gehörenden Collectortheile wird durch die isolirt auf der Achse a befestigten Ringe r hergestellt, zu denen von den genannten Theilen sternartig angeordnete Drähte führen, wie dies in der Figur bei den zur ersten Gruppe gehörenden Theilen 1, 1, 1 u. s. w. angedeutet ist. Von den Uebergangsdrähten zwischen je zwei aufeinander folgenden Spulen geht ein Verbindungsdraht zu je einer Gruppe und zwar so, daß die aufeinander folgenden Uebergangsdrähte auch mit aufeinander folgenden Gruppen in Verbindung stehen. In der schematischen Figur sind ferner die mit i_1, i_2.... bezeichneten Spulen je nach der Richtung ihrer Umwickelung

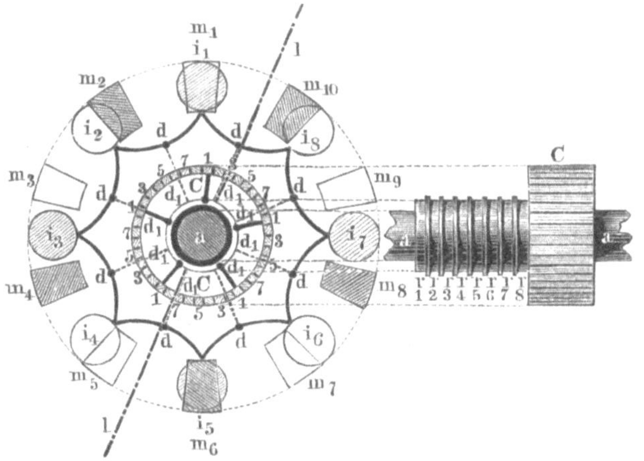

Fig. 79. Entstehung und Sammlung der Ströme in der neuesten dynamo-elektrischen Maschine von Siemens & Halske.

schraffirt oder nicht schraffirt gezeichnet, ebenso wie die magnetischen Felder m_1 m_2 u. s. w. je nach ihrer Polarität schraffirt oder nicht schraffirt sind. Denkt man sich die Spulen mit dem Collectorcylinder im Sinne eines Uhrzeigers gedreht, so mag man die momentane Stellung der Spulen annehmen, wie man will, es wird stets eine durch den Mittelpunkt gehende Linie geben, welche die Figur derart in zwei Hälften theilt, daß in der einen Hälfte nur gleichfarbige, in der anderen nur ungleichfarbige Spulen und magnetische Felder sich einander nähern. Für die in der Figur gezeichnete Stellung ist diese Linie ll punktirt gezeichnet. In beiden Hälften circuliren demgemäß im gegebenen Moment entgegengesetzt gerichtete Ströme, die durch schleifende Bürsten in bekannter Weise zu einem continuirlichen Strome vereinigt werden. Im vorliegenden Falle greifen die Bürsten auf den von der Linie ll getroffenen, sich diametral gegenüberliegenden Schienen 3 und 7 des Collectorcylinders C an; für jede andere Lage des Inductors findet man, daß die betreffende Halbirungslinie ll durch diejenigen beiden gegenüberliegenden Schienen des Collectorcylinders geht, die momentan mit den Bürsten in Berührung sind.

Begreiflicherweise kann die Zahl der Spulen und magnetischen Felder vielfach abgeändert werden, nur muß die Zahl der ersteren von der der Elektromagnete verschieden sein. Auch kann man unter Beibehaltung der Zahl der magnetischen Felder die der Spulen verdoppeln. Eine solche Verdoppelung bietet den Vortheil, daß infolge der alsdann constanten Wirkung auf die Magnetpole die Leistung der Maschine erhöht und ihr Gang ruhiger wird und daß die Funkenbildung an dem mehrtheiligen Collector nur noch in geringem Maaße auftritt. Die Spulen werden hierbei in zwei Ebenen aneinanderliegend derart angeordnet, daß sie sich gegenseitig zur Hälfte überdecken; die Drahtwindungen derselben sind dann nicht mehr hintereinander geschaltet, sondern bilden eine vor- und zurückspringende Linie. In den Fig. 77 und 78 ist die Maschine mit einer derartigen Verdoppelung der Inductorspulen gezeichnet und der Collectorcylinder erhält in dem angenommenen Falle 80 Theile, die in 5 Gruppen von je 16 Theilen arrangirt sind. Ein wesentlicher Vorzug dieser Maschinen vor denen mit Trommelinductor besteht in der einfachen Art der Drahtbewickelung der Spulen, sowie in der Leichtigkeit, mit welcher die vollständige Isolation der letzteren von den Metalltheilen der Maschine hergestellt werden kann. Während die Bewickelung des Trommelinductors einen geschickten Arbeiter verlangt, der dieselbe mit der Hand ausführen und jede einzelne Lage sorgfältig ordnen muß, werden die Spulen der neuen Maschine einfach auf der Drehbank gewickelt und sind gegen die Berührung mit den Metalltheilen der Maschine durch eingelegte Holzbretchen geschützt.

e. Die neueren dynamo-elektrischen Maschinen für gleichgerichtete Ströme.

Die zahlreichen Constructionen elektrischer Maschinen, welche in neuester Zeit aufgetaucht sind, können im allgemeinen als Modificationen entweder der Maschinen von Gramme oder der von Siemens & Halske gelten, indem einer derselben bald die Form der Elektromagnete, bald die Construction und Bewickelung des Inductors entlehnt ist. Wenn nun auch theilweise diese Varianten nicht als Verbesserung der typischen Grundformen anzusehen sind, so haben doch viele derselben Eingang in

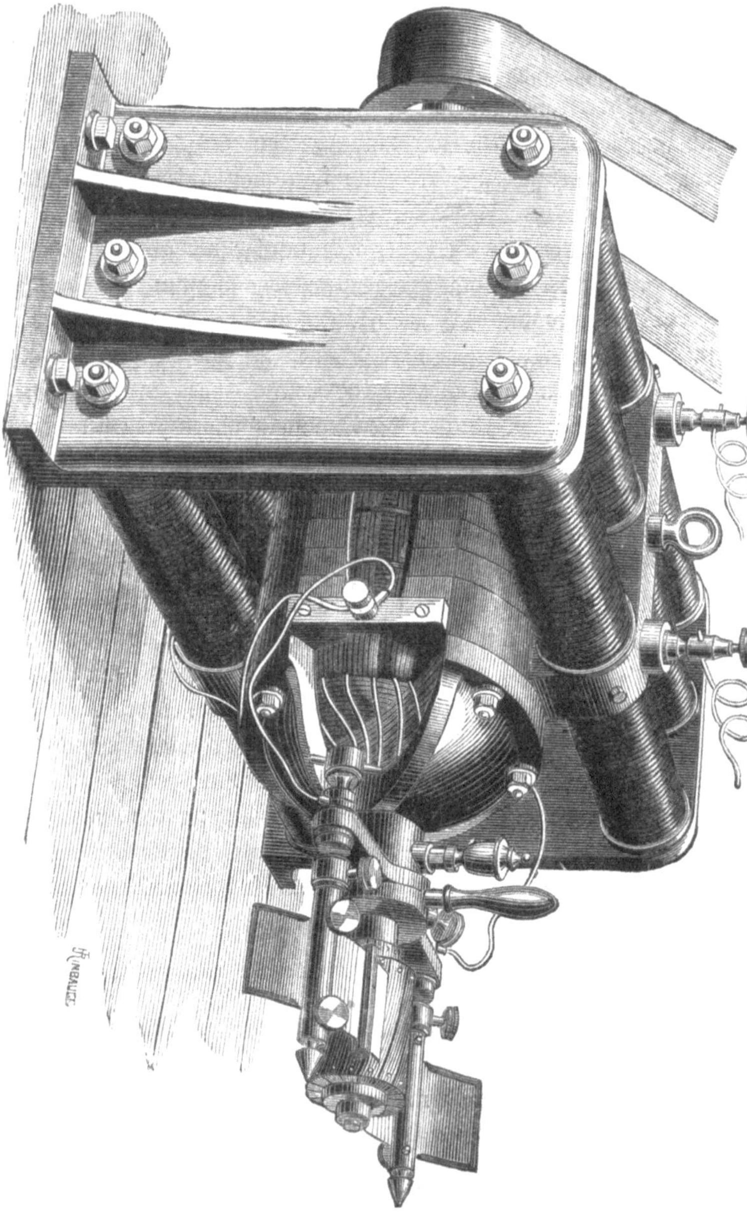

Fig 80. Dynamo-elektrische Lichtmaschine von Weston-Möhring.

die Praxis gefunden und verdienen aus diesem Grunde Beachtung. Hierher gehört die dynamo-elektrische Maschine von **Weston**, welche von **H. G. Möhring** in Frankfurt a. M. gebaut wird und in neuester Zeit vielfach Verwendung gefunden hat. Dieselbe zeichnet sich namentlich durch die originelle Form ihres Inductors aus, der principiell zwar der Trommel der **Siemens & Halske'schen** Maschine ähnlich ist, vor dieser aber doch einige Vorzüge besitzt, während die Form der erregenden Elektromagnete mit ihren Polschuhen der **Gramme'schen** Construction entnommen ist. Wie Fig. 80 zeigt, hat die Maschine 12 cylinderförmige Magnete, von denen sechs, welche in einem oberen Polstücke sich vereinigen, oberhalb des Inductors, und die übrigen sechs, die ein unteres Polstück verbindet, unterhalb des Inductors so angebracht sind,

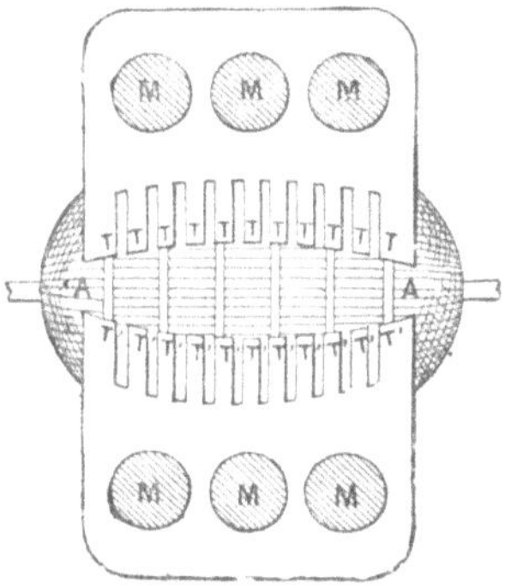

Fig. 81. Polschuhe der Weston-Möhring'schen Lichtmaschine.

Fig. 82. Eisenscheibe aus dem Inductor der Weston-Möhring'schen Lichtmaschine.

daß die beiden Polflächen entgegengesetzte Polarität haben. Die den Inductor umschließenden Theile der Polschuhe sind lamellenförmig gestaltet und bestehen aus einer Reihe von Zungen T T T von verschiedener Länge, Fig. 81, welche derart angeordnet sind, daß die Enden derselben auf beiden Seiten der Armatur eine ellipsenförmige Figur einschließen. Diese Anordnung soll einen gleichmäßigeren Strom liefern, da die inducirende Wirkung der einzelnen Lamellen auf die Drahtspulen nacheinander stattfindet. Der Eisenkern des trommelartigen Inductors ist aus einer Anzahl Scheiben zusammengesetzt, die, wie Fig. 82 zeigt, die Form eines Rades mit Speichen haben, welches auf seinem Umfange 16 vorspringende Zähne mit ebensovielen Einschnitten hat. Durch Aneinanderreihen von 36 dieser Scheiben auf einer gemeinsamen Achse wird der Kern des Inductors gebildet, und zwar stoßen diese Scheiben nicht dicht aneinander, sondern sind durch Einschaltung kleiner Zwischenstücke getrennt. Da die Einschnitte aller Scheiben so stehen, daß die zahnförmigen Vorsprünge genau hintereinander liegen, hat der ganze Cylinder das Aussehen, als ob derselbe von 16 der Achse parallelen Rinnen durchzogen wäre. In die so gebildeten Rinnen werden die Drahtwindungen, wie bei der v. Hefner-Alteneck'schen Trommel, parallel der Achse aufgewickelt. Diese Art des Aufwickelns hat den Vortheil, daß die Lage des Drahtes auf dem Umfange der Trommel gesichert ist und außerdem zwischen den Drahtwindungen fortwährend abkühlende Luft circuliren kann.

Der Stromsammler der Weston'schen Maschine ist in Fig. 83 dargestellt und hat eine von den bekannten Arten abweichende Construction. Die von den Verbindungsstellen der einzelnen Drahtgruppen sich abzweigenden Metallstücke endigen in Kupfersegmenten $p_1 p_1, p_2 p_2 \ldots$, die aber nicht mit der Achse S parallel laufen, sondern schraubenförmig gekrümmt sind. Diese Anordnung bezweckt, daß die ableitenden Bürsten B, welche aus 10 bis 12 elastischen Kupferplatten bestehen, die durch Schlitze vorn in drei Theile T getheilt sind, gleichzeitig auf mehreren Segmentstreifen schleifen, wodurch die Funkenbildung vermieden werden soll. Die Bürstenhalter sind an einer drehbaren Scheibe befestigt, sodaß man durch Verstellen derselben mit der Hand die Stärke des Stromes reguliren kann — eine Einrichtung, welche bei der im Folgenden näher beschriebenen dynamo-elektrischen Maschine von Maxim eine zweckmäßige Verwendung zur selbstthätigen Regulirung der Stromstärke gefunden hat.

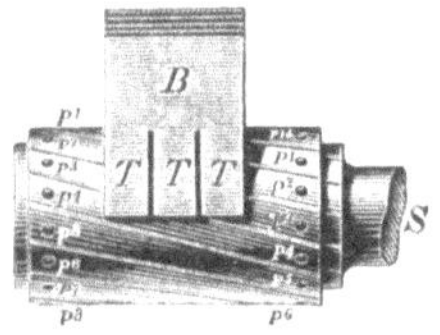

Fig. 83. Stromsammler der Weston-Möhring'schen Maschine.

Die dynamo-elektrische Maschine von Hiram Maxim gleicht in ihrer äußeren Ansicht der Construction von Siemens & Halske mit aufrechtstehenden inducirenden Elektromagneten; ihr Inductor ist jedoch im Princip der Gramme'schen Maschine entnommen, wenn derselbe auch seiner äußeren Form nach eher dem Trommelinductor der Siemens & Halske'schen Maschine als dem Gramme'schen Ringe gleicht. In hohem Grade interessant ist die Vereinigung mehrerer Maschinen nach Maxim'schem System zum Zwecke der Incandescenz-Beleuchtung, wobei die dynamo-elektrische Maschine, welche die Elektromagnete der den nutzbaren Strom liefernden größeren dynamo-elektrischen Maschine zu erregen hat, mit der erwähnten Einrichtung ausgestattet ist, durch welche die Stromstärke genau dem Verbrauch entsprechend regulirt wird. Diese

Combination der Maschinen bildet mit den von demselben Erfinder benutzten Lampen ein Beleuchtungssystem, welches seit einiger Zeit mit Erfolg in New-York in Anwendung ist. Diejenigen Maschinen, welche den elektrischen Strom für die Lampen liefern, sind einzeln oder zu mehreren in den Stromkreis einer dynamo-elektrischen Maschine eingeschaltet, welche, mit einem Regulator versehen, den zur Erregung der Elektromagnete dienenden Strom immer genau in solcher Stärke liefert, daß die von den ersteren erzeugten Ströme die dem Verbrauch entsprechende Stärke haben.

Die Elektromagnete der Maxim'schen Maschinen, Fig. 84, sind genau wie die der dynamo-elektrischen Maschinen von Siemens & Halske angeordnet und umschließen den trommelförmigen Inductor auf nahezu zwei Drittheilen seines Umfanges. Der Inductor zeigt eine ähnliche Anordnung wie bei der Maschine von Weston; derselbe besteht aus einer Anzahl radförmiger Scheiben aus Eisenblech, die an ihrem Rande mit 16 zahnartigen Vorsprüngen versehen sind. Diese auf einer gemeinsamen Achse befestigten Blechstücke sind durch dazwischengelegte Papierscheiben voneinander isolirt und bilden so einen Cylinder, dessen Umfang von 16 Längsnuthen durchzogen ist, in denen die Drathlagen angeordnet sind. Die letzteren sind jedoch nicht, wie bei dem Inductor der Weston'schen Maschine, nach Art der v. Hefner-Alteneck'schen Trommel gewickelt, sondern umziehen die Trommelwandungen genau so wie die Drahtwindungen eines Gramme'schen Ringes. Jede Gruppe besitzt 4 Lagen von Drähten, sodaß, obschon nur 16 Gruppen vorhanden sind, doch 64 Drahtenden zu 64 Segmentstücken des Commutators geführt werden und so eine ununterbrochene Leitung bilden. Der Stromsammler ist analog dem von Gramme benutzten construirt; auf demselben schleifen zwei Paare Contactbürsten, von denen je eine länger als die andere ist, sodaß während des Betriebes der Maschine immer wenigstens eine von diesen mit einem der Segmentstücke des Collectors in Verbindung steht. Diese Anordnung bezweckt das Gleiche wie die schraubenförmig gewundenen Contactstücke bei der Weston'schen Construction, nämlich die möglichste Einschränkung der Funkenbildung zwischen den Contactstücken und den Sammelbürsten. Bei den großen Maschinen, welche zur Speisung der Lampen benutzt werden, sind zwei Collectoren — auf jeder Seite der Maschine einer — angebracht und die Drahtgruppen mit denselben derart verbunden, daß die Gruppen 1, 3, 5 u. s. w. mit dem einen Collector in Verbindung stehen, während die Gruppen 2, 4, 6 u. s. w. zu dem anderen Collector geführt sind. Die beiden von den

Sammelbürsten ausgehenden, voneinander völlig getrennten Ströme sind zu einem auf dem oberen Theile der Maschine angebrachten Umschalter geleitet und können von da aus entweder jeder einzeln zur Verwendung

Fig. 84. Dynamo-elektrische Maschine von Maxim für Beleuchtungszwecke mit zwei Stromsammlern.

kommen, oder durch einfache Umschaltung auf Quantität oder Spannung zu einem einzigen Strome gekuppelt werden. Für die Zwecke der Incandescenzbeleuchtung zieht man es vor, einen auf Quantität gekuppelten Strom zu verwenden, in dessen Kreis die Incandescenzlampen als Zweigleitungen eingeschaltet sind. Sehr häufig ist auch die Anordnung so getroffen, daß man den einen Strom der Maschine zur Speisung eines oder mehrerer Bogenlichter verwendet, während der andere in Glühlichtlampen zur Wirkung gelangt. Von besonderem Interesse sind die kleineren Dynamomaschinen, welche die Elektromagnete der großen Lichtmaschinen erregen und mit einem Stromregulator ausgerüstet sind. Fig. 85 und 86 stellen eine solche in perspectivischer und Seitenansicht dar. Der Inductor dieser Maschine ist nicht getheilt, sondern mit nur einem Collector ausgerüstet, an welchem nur ein Paar Sammelbürsten schleifen. Diese Sammelbürsten sind an einem Stücke befestigt, das concentrisch zu der Achse des Inductorcylinders verstellbar ist, sodaß die Lage der Sammelbürsten geändert werden kann. Es ist bereits gezeigt worden, daß die in sämmtlichen Drahtwindungen des Gramme'schen Ringes entstehenden Summenströme in zwei sich diametral gegenüberstehenden Punkten zusammentreffen und daß man die größte Stromstärke erhält, wenn man die Contactfedern an den diesen Punkten entsprechenden Stücken des Commutators schleifen läßt. Läßt man dagegen die Bürsten an anderen Stücken schleifen, so wird nicht der gesammte von der Maschine erzeugte Strom, sondern nur ein Theil desselben abgeleitet, da diejenigen Drahtwindungen, welche gewissermaßen hinter den Schleifbürsten liegen, den in ihnen circulirenden Strom nicht in die Leitung senden können. Durch Veränderung der Stellung der Schleifbürsten ist es demnach möglich, den von einer Maschine erzeugten elektrischen Strom nur zum Theil aus der Maschine fortzuleiten und so die Stärke desselben bei gleichbleibender Tourenzahl der Maschine innerhalb beliebiger Grenzen variiren zu lassen. Bei der von Maxim angewendeten Verbindung mehrerer Maschinen findet die Regulirung der Stromstärke in folgender Weise statt: Die Drahtwindungen der Elektromagnete sämmtlicher Maschinen sind mit dem Inductor der kleinen erregenden Maschine zu einem Stromkreise verbunden; je nach dem Grade der Erregung ihrer Magnete variirt die Stärke des von den großen Maschinen gelieferten Stromes, sodaß eine Aenderung in der Stromstärke der erregenden Maschine eine Aenderung der von allen Maschinen gelieferten Ströme zur Folge hat. Der auf der erregenden Maschine angebrachte Regulator besteht aus einem Räderwerke, welches zwei Zahnräder enthält, die an mit Stirnrädern versehenen Achsen befestigt sind. Durch Kegelräder und einen segmentförmigen Zahnkranz wird die Drehung der Zahnräder auf die Collectorbürsten übertragen und so die Stellung derselben verändert. Die beiden Zahnräder stehen, wie Fig. 86 ersehen läßt, ein wenig voneinander ab und zwischen ihnen befindet sich ein

Fig. 85. Maxim's Maschine mit Stromregulator.

Hebel, welcher oben und unten einen Zahn trägt, mittels dessen je nach der Stellung des Hebels das obere oder untere Rad weitergeschoben

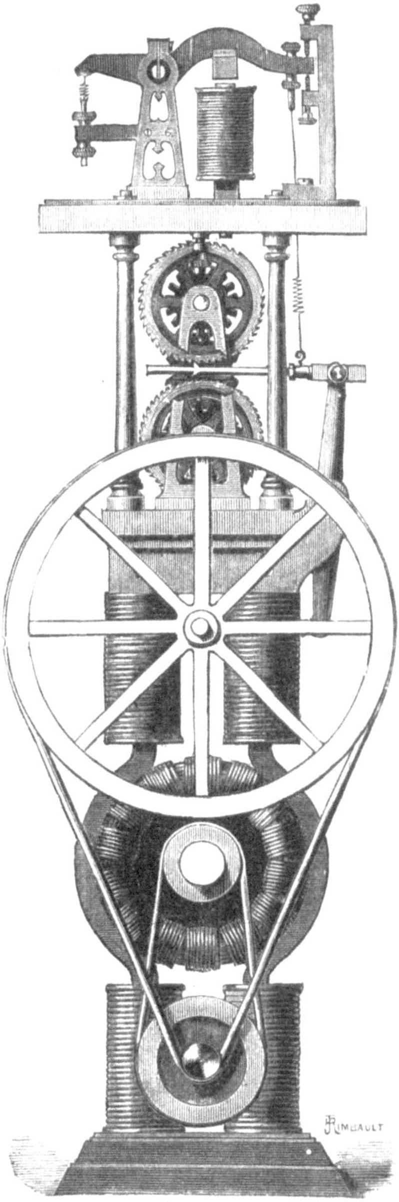

Fig. 86. Maxim's Maschine mit Stromregulator.

wird. Der Hebel erhält eine hin- und hergehende Bewegung durch eine oscillirende Stange, die ihrerseits von einer über der Armatur und zwischen den Windungen des Magnets gelagerten Achse mittels Kurbel bewegt wird. Auf diese Achse wird die Drehung des Inductors in der in Fig. 86 ersichtlichen Weise mit bedeutend verminderter Geschwindigkeit übertragen. Der Hebel ist durch eine Spiralfeder mit dem Ankerhebel des regulirenden kleinen Elektromagnets verbunden und nimmt für den normalen Strom der Maschine resp. des Lichtkreises die Mittellage ein, sodaß er sich zwischen beiden Zahnrädern frei hindurch bewegen kann. Sobald sich der Strom verstärkt, wird der Ankerhebel durch den Elektromagnet kräftiger angezogen, wobei sich der mit ihm verbundene Hebel senkt und mit seinem unteren Zahne in die Zahnreihe des unteren Rades eingreift, während bei einer Stromschwächung der Ankerhebel und mit ihm der untere Hebel gehoben wird und mit seinem oberen Zahne auf das obere Zahnrad einwirkt. Auf diese Weise überträgt sich die hin- und hergehende Bewegung des Hebels auf das Räderwerk, welches je nach der Stellung des Hebels die verticale Welle in Rechts- oder Linksdrehung versetzt. Diese Drehung theilt sich der verticalen Spindel mit, die

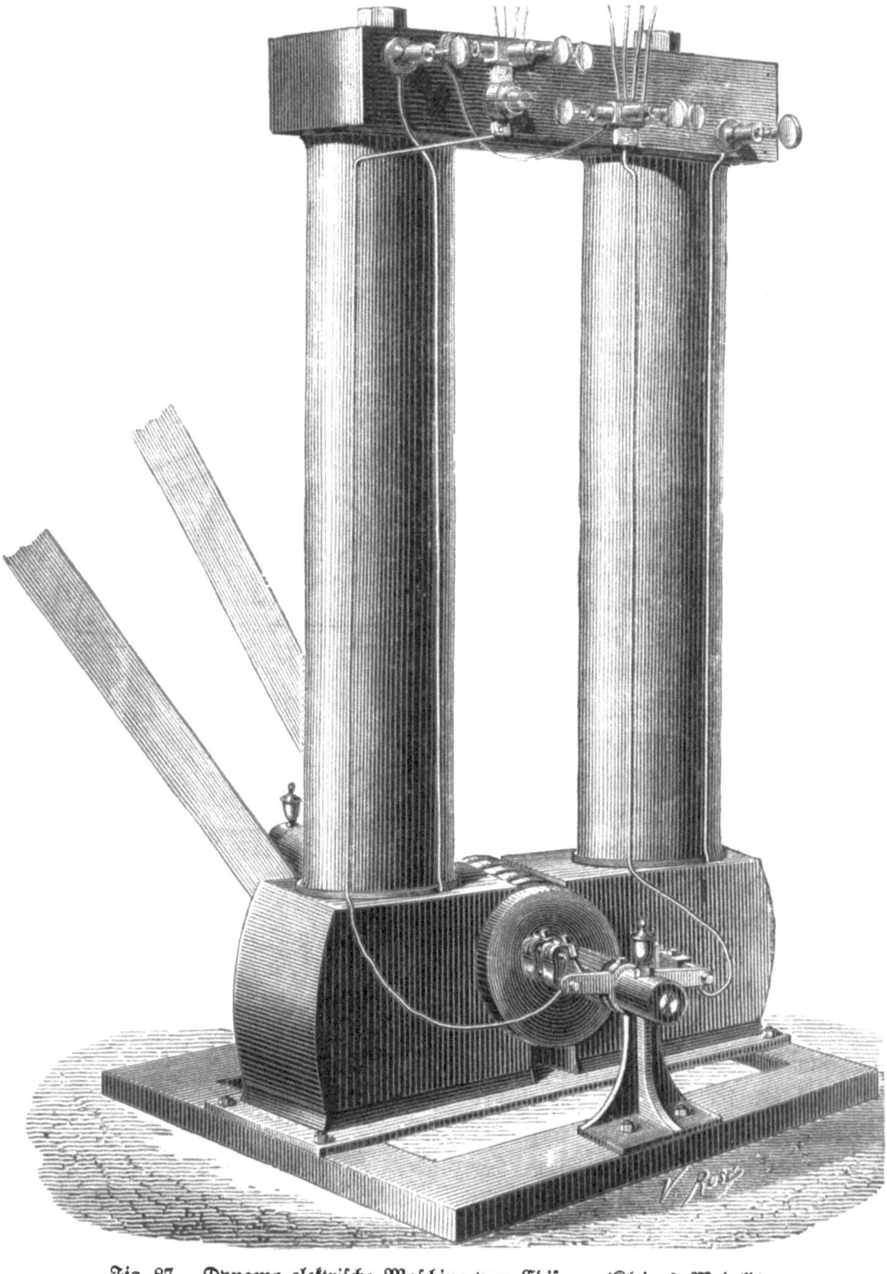

Fig. 87. Dynamo-elektrische Maschine von Edison. (Kleines Modell.)

sodann wieder drehend auf die Commutatorbürsten wirkt. Sind die Bürsten für die normale Stromstärke zwischen der neutralen Linie des magnetischen Feldes und den Punkten der Maximalstromstärke eingestellt, so muß bei ihrer Verschiebung innerhalb dieser Grenzen der Strom verstärkt oder geschwächt werden, je nachdem die Drehung in dem einen oder anderen Sinne erfolgt. Der zweite kleine Elektromagnet hat die Aufgabe, Maschine und Lampen gegen Beschädigungen durch zu starke Ströme zu schützen, die durch plötzliche bedeutende Widerstandsverminderung zu befürchten wären. Zu diesem Zwecke bilden die Drahtspulen desselben einen größeren Widerstand als die des ersten Magnets, sodaß er seinen Anker nur dann anzieht, wenn die Stromstärke plötzlich eine solche Größe erlangt, daß die Regulirung derselben durch Verstellen des Commutators zu lange dauern würde. In diesem Falle sendet der Anker des zweiten Elektromagnets den Strom durch einen Nebenschluß mit geringem Widerstande zwischen den Collectorbürsten der kleineren Maschine und führt so den Hauptstrom derselben nicht mehr durch die Elektromagnetwindungen der großen Maschinen, wodurch der von diesen gelieferte Strom sofort verschwindet. Beide Magnete des Regulators sind in eine Zweigleitung des Hauptstromes eingeschaltet.

Wenn auch in ihrer äußeren Anordnung wesentlich von den bisher betrachteten Constructionen abweichend, ist die in Fig. 87 dargestellte dynamo-elektrische Maschine von Edison den genannten Ausführungen doch so weit ähnlich, daß Princip und Wirkungsweise derselben ohne weiteres verständlich sind. Die beiden äußerst kräftigen Elektromagnetschenkel sind vertical angeordnet und ruhen auf zwei kräftigen Polschuhen, in deren Ausrundung der cylinderförmige, dem Siemens'schen ähnliche Trommelinductor rotirt. Die Antriebsriemenscheibe und der Stromsammler sind in bekannter Weise auf der Inductorachse befestigt. In dieser Beziehung bietet die Construction wenig Neues und Bemerkenswerthes. Nachdem aber Edison bei der Ausführung seiner Versuche zur Beleuchtung größerer Districte mittels Glühlichts dieselbe als Grundlage für seine Maschinen mit bedeutenden Dimensionen benutzte und eine derartige Maschine auf der Elektricitäts-Ausstellung in Paris ausgestellt war, wo sie in sehr befriedigender Weise functionirte, hat sich das Interesse für dieselbe bedeutend gesteigert. Fig. 88 zeigt das auf der Pariser Ausstellung zur Anschauung gebrachte Exemplar. Bei demselben ist die Dynamomaschine und die zu ihrem Betriebe erforderliche Dampfmaschine auf einem gemeinsamen Gestell montirt. Der ganze Apparat wiegt 17 000 Kilogramm, wovon 10 000 Kilogramm

Fig. 88. Dynamo-elektrische Großmaschine von Edison.

allein auf die 8 Elektromagnete kommen, während der rotirende Inductor ein Gewicht von 250 Kilogramm hat. Der Dampfmotor ist eine Horizontalmaschine von 125 Pferdestärken, deren Achse durch eine besondere Vorrichtung mit der Inductorachse gekuppelt ist, sodaß der Treibriemen wegfällt und ein durchaus regelmäßiger Gang der Maschine erzielt wird. An der dynamo-elektrischen Maschine sind namentlich die sehr langen Elektromagnete (von 2,25 Meter Länge), sowie ihre eigenthümliche Gruppirung bemerkenswerth. Fünf derselben befinden sich in horizontaler Lage über und drei unter der Drehungsachse des Inductors. An die auf ihrer ganzen Länge zur Verminderung der Kosten mit Eisendraht bewickelten Elektromagnetkerne schließen sich große massive Eisenblöcke als Pole an, welche durch Platten aus nicht magnetischem Metall verbunden und zur Aufnahme des Trommelinductors cylindrisch ausgebohrt sind. Die bedeutende Länge der Eleltromagnete ergiebt sich aus der Verwendung von Eisendraht für die Bewickelung. Der hierdurch erzielte pecuniäre Vortheil scheint jedoch zweifelhaft, da die Wirkung der Magnete wesentlich beeinträchtigt wird, weshalb in den neueren Constructionen dieser Maschinen starker Kupferdraht zur Anwendung kommt. Der Inductor von 0,71 Meter Durchmesser und 1,53 Meter Länge hat die Form der Siemens'schen Trommel, ist aber, statt mit Draht, mit isolirten Kupferstreifen von etwa 1 Meter Länge bewickelt, welche, 138 an der Zahl, in der Längenrichtung des Umfanges gleichmäßig auf dem aus isolirten Eisenlamellen gebildeten Cylinder vertheilt und an den beiden Kopfenden desselben durch isolirte Kupferplatten derart untereinander verbunden sind, daß sie eine continuirliche Leitung bilden. Mit jeder Kupferplatte des einen Kopfendes sind je zwei sich diametral gegenüberliegende Kupferstreifen verbunden, während an dem anderen Kopfende die betreffende Platte nur an einen dieser Kupferstreifen anschließt und der zweite Streifen mit der nächstfolgenden in Verbindung steht. Die Kupferstreifen haben sämmtlich gleiche Länge, indem die durch die Stärke der Platten bedingte Differenz dadurch ausgeglichen wird, daß die äußerste Platte der einen Seite mit der innersten der anderen Seite in Verbindung steht. Durch eine derartige Construction, welche auch auf die kleinere Maschine Edison's, Fig. 87, übertragen werden kann, ist der Widerstand an den todten Endflächen des Inductors möglichst vermindert und die unbequeme Anhäufung der sich hier sonst kreuzenden Drähte vermieden. Der Commutator von etwa 0,23 Meter Länge hat die bekannte Form und besitzt, der Anzahl der Kupferstreifen entsprechend, 138 isolirte Sectoren, die mit jenen leitend verbunden sind. Auf dem Commutator schleifen zwei breite, aus je acht Drahtbündeln bestehende Bürsten und nehmen den erzeugten Strom auf, der von hier in mehreren Zweigen theils in die Windungen der Elektromagnete geführt wird, theils an einen oder mehrere äußere Stromkreise anschließt. Bei einer Umdrehungsgeschwindigkeit von 350 Touren pro Minute lieferte diese Maschine einen Strom, der imstande sein soll, 1000 größere oder 2000 kleinere Incandescenzlichter von 16 resp. 8 Kerzenstärken zu speisen (auf der Pariser Ausstellung wurden mit dieser Maschine über 600 Lichter unterhalten). Eine noch größere Maschine dieser Art mit 12 Elektromagneten hat ein Totalgewicht von 22000 Kilogramm und

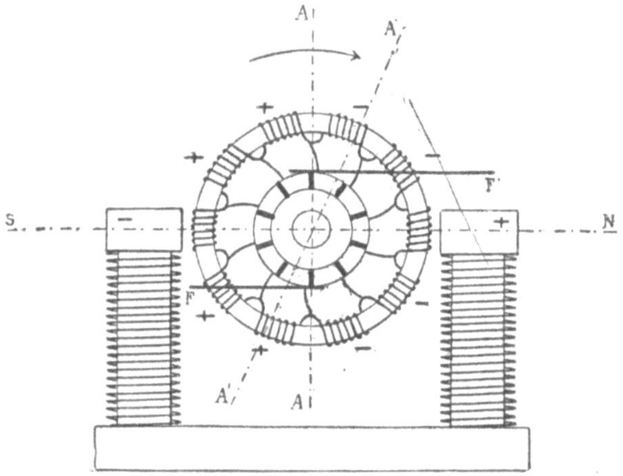

Fig. 89. Princip der Induction beim Gramme'schen Ringe.

zeichnet sich namentlich durch gute Ventilation des Inductors aus, der eine etwas veränderte Construction erhalten hat. Diese Maschine ist zur Unterhaltung von 1000 Edison'schen Lampen bestimmt, wozu es einer mechanischen Arbeit gleich 125 Pferdestärken bedarf, sodaß auf die einzelne Pferdestärke eine Leuchtkraft von 128 Normalkerzen entfallen würde.

In enger Beziehung zu den bisher beschriebenen Maschinen stehen diejenigen von Lontin, Niaudet, Wallace-Farmer und Bürgin, welche zwar keine aus Eisen construirte Trommel oder Ring besitzen, jedoch die gleiche Verbindungsweise der einzelnen stromerzeugenden Spulen zeigen und den Strom mittels des Gramme'schen Collectors sammeln und durch Bürsten nach außen leiten. Ein wesentlicher Unterschied, der am besten durch die schematischen Figuren 89 und 90 deutlich wird, tritt aber bei den letztgenannten Maschinen in Bezug auf die Stellung der Collectorbürsten hervor. Wie aus Fig. 89, dem bekannten Schema der Entstehung und Ableitung der Ströme im Gramme'schen Ringe, ersichtlich, liegen bei demselben die Schleifstellen der Bürsten F F' senkrecht zu der Verbindungslinie der Magnetpole N S, da an diesen Punkten die Richtung des Stromes wechselt, wie auf Seite 84 beschrieben wurde; dagegen gestaltet sich bei den Maschinen der zweiten Art der Vorgang in anderer Weise. Dem Schema Fig. 90 ist die Maschine von Lontin zu Grunde gelegt, bei welcher 10 mit Drahtspulen versehene Eisenkerne radial um eine Achse angeordnet sind und mit derselben zwischen den festen Polen zweier Elektromagnete rotiren. Die Inductionserscheinungen treten hier in

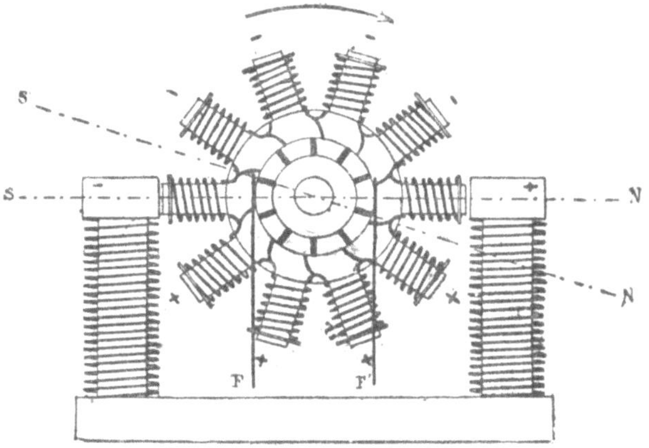

Fig. 90. Princip der Induction bei dem Lontin'schen Inductor.

derselben Weise wie bei den älteren Maschinen von Clarke und Stöhrer auf und in den unter der Verbindungslinie der festen Magnetpole N S befindlichen Spulen circuliren Ströme von gleicher Richtung, da dieselben als Näherungs- und Entfernungsströme entgegengesetzter Magnetpole auftreten. Ebenso haben die Ströme der oberen Spulen unter sich gleiche Richtung, die aber der in den unteren Spulen entgegengesetzt ist. Die Punkte zur Anbringung der Schleiffedern oder Bürsten F F' liegen demnach hier in der Verbindungslinie der Pole N S.

Nach diesen Principien ist die Maschine von Lontin gebaut, deren Haupttheil, der Inductor, in Fig. 91 dargestellt ist. Derselbe besteht aus einer cylindrischen Welle aus weichem Eisen, auf welcher 40 eiserne, radial angeordnete Zapfen in vier Abtheilungen von je 10 befestigt sind.

Jeder Zapfen ist mit Kupferdraht in einer und derselben Richtung bewickelt und zwar so, daß das Drahtende jedes Zapfens mit dem Anfange des Drahts des nächstfolgenden verbunden ist, daher die Umwindungen aller Zapfen, wie im Gramme'schen Ringe, eine in sich geschlossene Leitung bilden. Von den Verbindungsstellen der Drähte je zweier aufeinander folgenden Inductorrollen führen kurze, starke Drähte zu kupfernen Contactstücken, welche isolirt voneinander und von der Achse auf dieser befestigt sind und genau wie der Gramme'sche Collector den Strom aufnehmen, um ihn an die Bürsten abzugeben. Letztere zeigen insofern eine abweichende Form, als dieselben Prismen aus Antifrictionsmetall darstellen, welche in gut isolirten bronzenen Nuthen liegen und durch Gewichts- oder Federdruck an die Collectorstücke gedrückt werden. Der inducirende Theil der Maschine ist ein gewöhnlicher zweischenkeliger Elektromagnet, dessen Polschuhe verstellbar sind, sodaß man sie nach Belieben dem Inductor nähern oder von demselben entfernen und auf diese Weise die Stärke des von der Maschine gelieferten Stromes reguliren kann. In der Maschine werden bei der in Fig. 91 dargestellten Anordnung des Inductors mit vier Gruppen von Inductionsspulen vier voneinander unabhängige Stromkreise erzeugt, die entweder, zu nur einem Collector geführt, einen einzigen Strom bilden, dessen Spannung durch Neben- oder Hintereinanderschaltung der Gruppen verändert werden kann, oder, indem jede Gruppe mit einem besonderen Commutator ausgestattet wird, vier verfügbare Ströme liefern, welche beliebig einzeln verwendet oder in verschiedener Weise geschaltet werden können.

Fig. 91.
Inductor der Lontin'schen Licht-Maschine.

Im Jahre 1872 wurde von Niaudet in Paris eine magnet-elektrische Maschine construirt, die sich als eine Vervielfachung der älteren Clarke'schen Construction darstellt, jedoch durch Anwendung des Stromsammlers der Gramme'schen Maschine gleichgerichtete Ströme in die Leitung sendet, ohne eines Commutators zu bedürfen. Bei derselben bilden 12 eiserne Kerne mit Drahtwindungen, die zwischen zwei eisernen Scheiben befestigt sind, den Inductor und rotiren möglichst nahe an den vier Polen zweier festliegenden Magnete, wodurch in den Spulen genau wie bei der Maschine von Lontin zwei entgegengesetzte Summenströme entstehen, die in bekannter Weise abgeleitet werden.

Die Maschine von Wallace-Farmer, Fig. 92, kann als eine Combination zweier Niaudet'schen Maschinen angesehen werden, indem bei derselben die zwischen vier Magnetpolen rotirenden Inductorspulen in zwei Kreisen angeordnet sind. Obschon diese Maschine in Bezug auf ihre Leistungsfähigkeit hinter den neueren Constructionen vou Weston und Brush bedeutend zurückbleibt, stand dieselbe vor etwa drei Jahren in Amerika in hohem Ansehen, da Edison bei seinen ersten Versuchen mit der elektrischen Beleuchtung sich ihrer bedient hatte und ihre ausgezeichnete Wirksamkeit pries. Der Inductor derselben wird aus zwei dicht nebeneinander auf einer Welle sitzenden Scheiben gebildet, deren jede

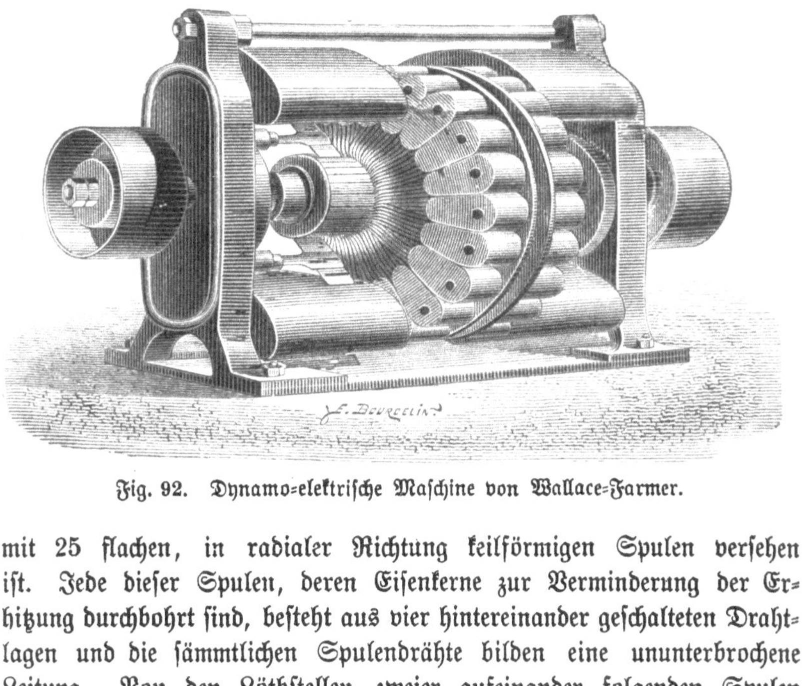

Fig. 92. Dynamo-elektrische Maschine von Wallace-Farmer.

mit 25 flachen, in radialer Richtung keilförmigen Spulen versehen ist. Jede dieser Spulen, deren Eisenkerne zur Verminderung der Erhitzung durchbohrt sind, besteht aus vier hintereinander geschalteten Drahtlagen und die sämmtlichen Spulendrähte bilden eine ununterbrochene Leitung. Von den Löthstellen zweier aufeinander folgenden Spulen gehen Drähte zu den Collectorschienen und die Inductionsströme werden wie bei der Gramme'schen Maschine abgenommen und weiter geführt. Jede Inductorscheibe läuft mit ihren Spulen möglichst nahe an den Polen zweier Elektromagnete vorbei, deren Schenkel nach dem Umfang der Scheibe gekrümmt sind. Es braucht wohl kaum bemerkt zu werden, daß jeder Inductor seinen eigenen Strom liefert, der einzeln zur Verwendung kommen kann.

Die dynamo-elektrische Maschine von Bürgin, welche besonders von Crompton in England bei seinem Beleuchtungssystem angewendet wird und sich dort bisher am meisten verbreitet hat, ist, wie die Fig. 94, 95 und 96 zeigen, in der äußeren Anordnung des Inductors den

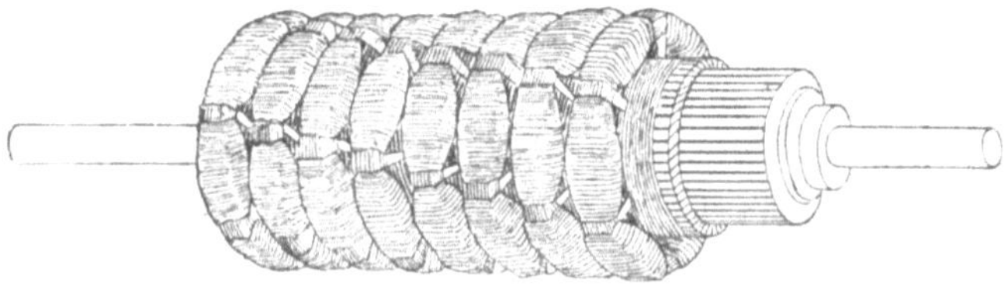

Fig. 93. Inductor der dynamo-elektrischen Maschine von Bürgin.

Ringmaschinen ähnlich, während die Entstehung der Inductionsströme vollständig derjenigen in den Maschinen von Lontin, Niaudet und Wallace-Farmer gleicht, sodaß dieselbe mit jenen zu einer Gattung

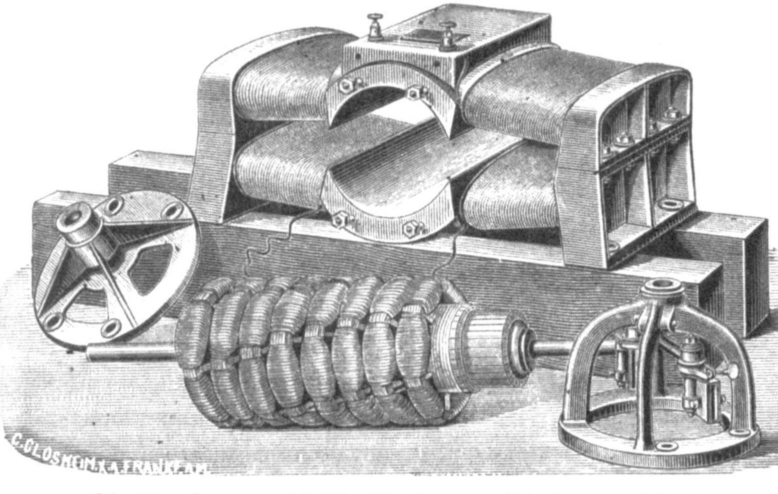

Fig. 94. Dynamo-elektrische Maschine von Bürgin, zum Theil demontirt.

gehört. Der Inductor dieser zuerst im Jahre 1878 gebauten Maschine, in Fig. 93 in perspectivischer Ansicht dargestellt, besteht aus acht hintereinander auf derselben Achse befestigten sechseckigen eisernen Rädern mit Speichen, deren jedes gegen das vorhergehende um $7^1/_2{}^0$ verstellt ist. Jede Seite des sechseckigen Radkranzes ist mit einem 15 Meter langen und 1,5 Millimeter dicken Kupferdraht derart umwunden, daß die Zahl der Windungen, wie die Figur zeigt, in der Mitte der Seite größer wird und so jedes Sechseck sich in seinem äußeren Umfange der Ringform nähert. Die auf diese Weise gebildeten 48 Drahtspulen sind mit ihren Enden derart verbunden, daß, wenn man sich dieselben in einer Ebene projicirt denkt, der Enddraht jeder Spule mit dem Anfangsdraht der nächstfolgenden in Verbindung steht. Die Drahtwindungen sämmtlicher Spiralen bilden demnach eine in sich geschlossene Leitung. Von den Verbindungsstellen der einzelnen Spulenenden führen Drähte zu je einer Metallschiene des Collectors und der Strom wird von hier gerade so wie bei den vorher beschriebenen Maschinen durch schleifende Bürsten in die äußere Leitung geführt. Die Form der inducirenden Elektromagnete ist der von Simens gewählten ähnlich, wonach die Armaturen derselben den Inductor fast ganz umfassen und somit kräftig inducirend auf die Drahtwindungen desselben einwirken. Aus der Fig. 94, welche eine Bürgin'sche Maschine in theilweise demontirtem Zustande zeigt, ist die Form der inducirenden Elektromagnete und der durch dieselben gebildete Raum für den Inductor deutlich ersichtlich. Nach der Einbringung des letzteren werden dann vorn und hinten die zur Seite liegend sichtbaren Lagerstücke angeschraubt. Eine derartig vollständig montirte, kleinere Maschine zeigen die Fig. 95 und 96 in einer Ansicht und einem theilweisen Längendurchschnitt.

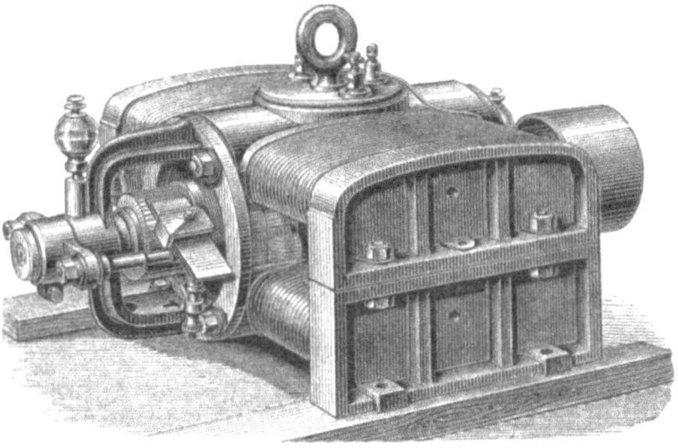

Fig. 95. Dynamo-elektrische Maschine von Bürgin.

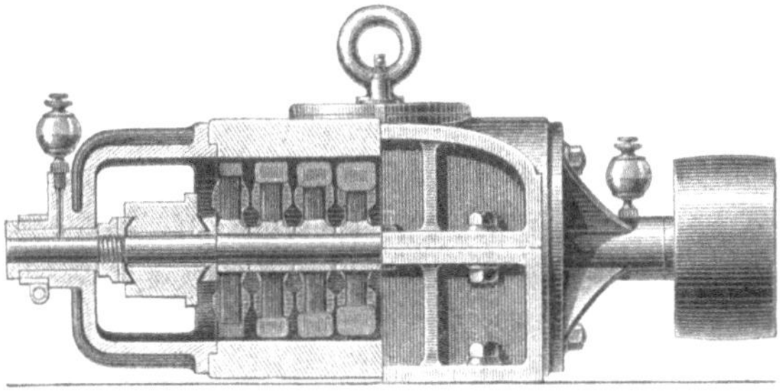

Fig. 96. Dynamo-elektrische Maschine von Bürgin.

Wie bei allen Maschinen, welche Elektromagnete besitzen und einen constanten gleichgerichteten Strom liefern, kann man den letzteren auch hier nach dem dynamo-elektrischen Princip zur Erregung der Elektromagnete benutzen, wenn man es nicht vorzieht, diese Erregung durch einen besonderen Strom zu bewirken. Bemerkenswerth bei der Bürgin'schen Maschine ist die hohe Umdrehungsgeschwindigkeit derselben, welche 1500 bis 1600 Touren pro Minute betragen kann, ohne eine schädliche Erwärmung der Theile nach sich zu ziehen; dabei liefert eine Maschine in der eben beschriebenen Anordnung mit 48 Inductorspulen einen Strom, welcher imstande ist, drei oder vier Crompton'sche Lampen in Hintereinanderschaltung zu speisen.

f. Die Wechselstrommaschinen.

Wie bereits mehrfach erwähnt, lieferten die ersten elektrischen Maschinen Ströme von wechselnder Richtung, welche je nach der Art der Verwendung entweder durch einen Commutator gleichgerichtet wurden, oder, wie bei den Alliance-Maschinen, als Wechselströme zur Speisung der elektrischen Lampen auf Leuchtthürmen 2c. dienten. Durch die epochemachende Erfindung Gramme's wurden diese älteren Wechselstrommaschinen vollständig in den Hintergrund gedrängt und sind erst in neuester Zeit durch die Erfindung der elektrischen Kerzen von Jablochkoff, Jamin und Anderen, da dieselben die Anwendung von Wechselströmen erfordern, wieder zur Geltung gebracht worden. Infolge der Verbreitung, welche die elektrische Kerzenbeleuchtung in der ersten Zeit ihres Bekanntwerdens fand, machte sich das Bedürfniß nach guten Wechselstrommaschinen fühlbar und da die Ansicht herrschend wurde, daß die Wechselströme für das elektrische Licht den gleichgerichteten Strömen vorzuziehen seien, trat an die Constructeure elektrischer Maschinen für gleichgerichtete Ströme die Forderung heran, sich mit dem Bau von Wechselstrommaschinen zu befassen. Auf diese Weise entstanden eine Anzahl Constructionen, welche für die Erzeugung von Wechselströmen bestimmt waren und unter denen namentlich die Maschinen von Lontin, Gramme, Siemens & Halske und Brush eine ausgedehnte Verwendung fanden und sich sehr gut bewährten. Einen wesentlichen Vortheil boten diese Maschinen auch dadurch, daß dieselben die Abzweigung mehrerer selbständiger Stromkreise aus einer Maschine gestatteten, womit die Möglichkeit zu einer praktischen Lösung des Problems der Theilung des elektrischen Lichtes gegeben war. Durch die Erfindung der Differentiallampen und die Vervollkommnung der Glühlichtlampen betrat die elektrische Beleuchtung ganz neue Wege und man überzeugte sich bald, daß die Gleichstrommaschinen in Bezug auf ökonomische Wirkungsweise denen für Wechselströme überlegen sind. Aus diesem Grunde ist heute die Bedeutung der Wechselstrommaschinen als solche wieder mehr zurückgetreten; da diese Maschinen jedoch in den meisten Fällen durch geeignete Verbindung der Drahtwickelungen und zweckmäßige Anordnung des Stromsammlers für gleichgerichtete Ströme eingerichtet werden können und sich dann auch selbstverständlich nach dem dynamo-elektrischen Princip schalten lassen, haben dieselben noch jetzt eine erhebliche Bedeutung für die elektrische Beleuchtung.

Die älteste Wechselstrommaschine, welche für Beleuchtungszwecke Anwendung fand, ist die auf Seite 70 beschriebene und in Fig. 38 dargestellte Alliance-Maschine, die als inducirende Theile permanente Stahlmagnete hat und daher magnet-elektrische Maschine genannt wird. Nach der Erfindung des dynamo-elektrischen Princips wurden die permaneten Stahlmagnete für größere elektrische Maschinen nicht mehr angewendet, sondern an Stelle derselben die weit kräftigeren Elektromagnete benutzt, zu deren Erregung man bei den Wechselstrommaschinen natürlich nicht den von derselben Maschine gelieferten Strom verwenden konnte, sondern sich einer zweiten selbständigen Stromquelle bedienen, oder einen Theil der Wechselströme durch einen Commutator gleichrichten und diesen dann nach dem dynamo-elektrischen Princip durch die Windungen der Elektromagnete führen mußte. In neuerer Zeit ist die Verwendung permanenter Stahlmagnete statt der Elektromagnete durch de Méritens wieder aufgenommen worden, dessen Construction unter allen magnet-elektrischen Maschinen bei einem bestimmten Kraftaufwand den größten Lichteffect ergiebt. Von der englischen Regierung wurde diese Maschine zum Gebrauche auf Leuchtthürmen adoptirt. Der Vortheil, welchen man durch die magnet-elektrischen Maschinen erreichen will, ist größere Einfachheit der Construction und Regelmäßigkeit der erzeugten Ströme infolge der stets sich gleichbleibenden Intensität der magnetischen Felder. De Méritens baut seine Maschinen in drei Größen. Das große Modell für Wechselströme dient zur Erzeugung starker Einzellichter und findet hauptsächlich auf Leuchtthürmen Verwendung. Die Maschine der zweiten Größe kann, ohne sich merklich zu erhitzen, bei einem Kraftaufwande von drei Pferdestärken vier Jablochkoff'sche Kerzen in ununterbrochener Thätigkeit erhalten und dient vorwiegend zur Beleuchtung von Innenräumen; das kleinste Modell liefert gleichgerichtete Ströme. In Fig. 97 ist das große Modell der de Méritens'schen Maschine dargestellt. Dasselbe besteht aus fünf ringförmig angeordneten Reihen kräftiger Magnete und einer ebenso großen Anzahl Inductorringe, sodaß gewissermaßen jede Reihe Magnete mit ihrem zugehörigen Inductorringe

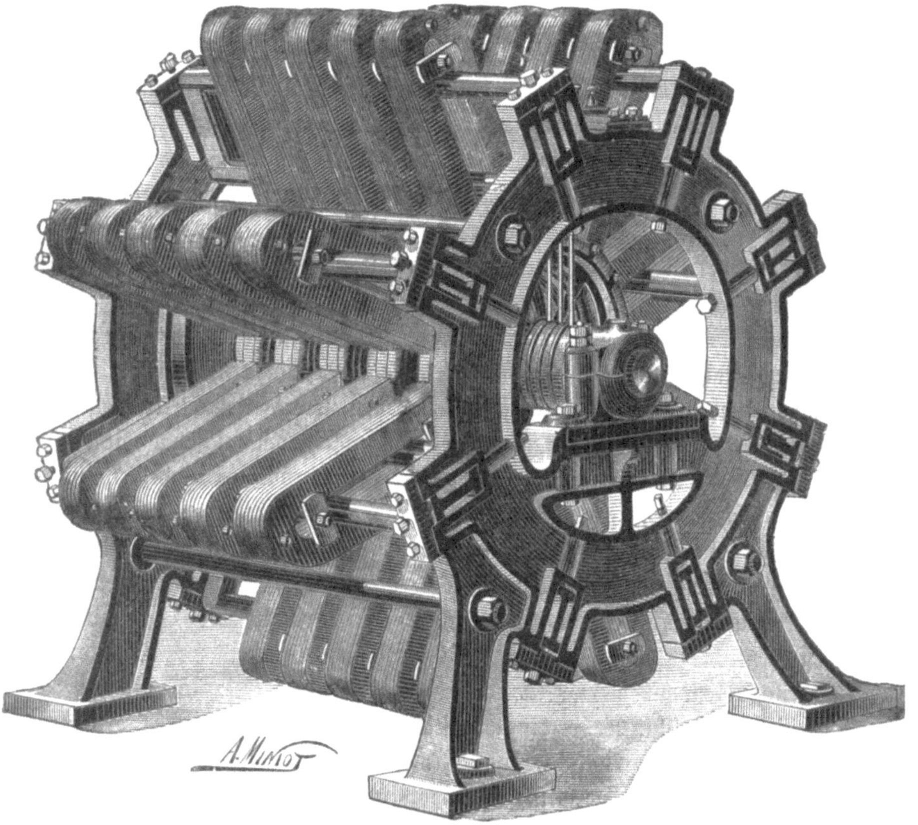

Fig. 97. Magnet- elektrische Maschine von de Méritens. (Großes Modell für Leuchtthürme.)

eine selbständige Maschine bildet. Jede Reihe Magnete ist aus acht Hufeisenmagneten zusammengesetzt, welch letztere radienförmig derart angeordnet sind, daß ihre Pole einen Kreis bilden, innerhalb dessen der Inductor rotirt. Jeder Hufeisenmagnet besteht aus acht Stahllamellen von 10 Millimeter Dicke, die durch Bolzen zusammengehalten werden. Durch die Befestigung dieser magnetischen Magazine an den bronzenen

Verbindungsstücken der äußeren Wände der Maschine ist nicht nur eine genaue Einstellung derselben zu den Inductorem ermöglicht, sondern auch ein leichtes Auswechseln gestattet, ohne daß die ganze Maschine demontirt zu werden braucht. Jeder vollständige Magnet dieser Maschine wiegt ca. 27 Kilogramm bei einer Tragkraft von 150 Kilogramm. Der Inductor zeigt die Form eines Rades und besteht aus 16 flachen Elektromagneten, welche aneinander gereiht den Radkranz bilden, der in passender Weise mit den auf der Achse festsitzenden bronzenen Speichen verbunden ist. Fig. 98 stellt einen Theil des Ringes dar, wobei jedoch eine andere Anordnung bezüglich der Lage der inducirenden Magneten zu den Inductionsspulen getroffen ist. An den Stellen, wo die Elektro-

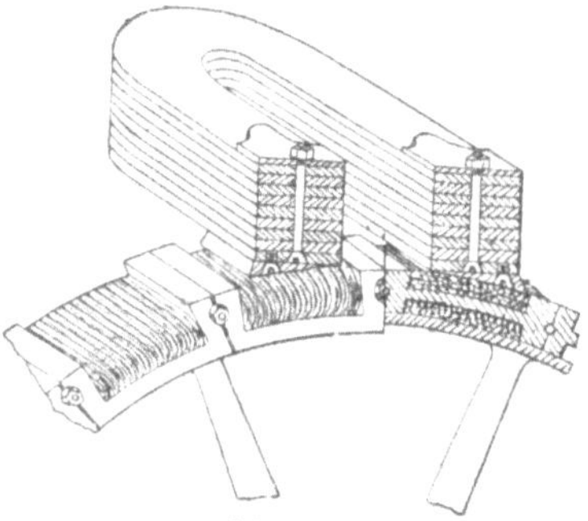

Fig. 98.
Ein Stück des Inductor-Ringes der de Méritens'schen Maschine.

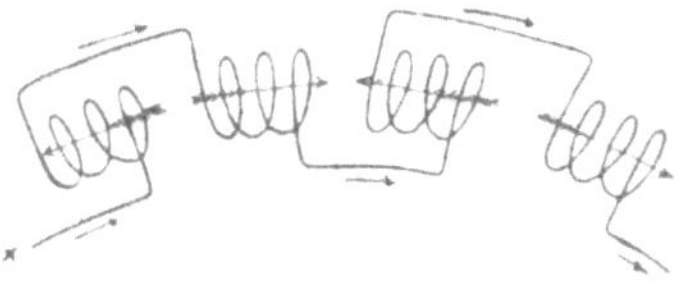

Fig. 99.
Verbindung der Drahtspulen im Ringe der de Méritens'schen Maschine.

magnete mit ihren Polen aneinanderstoßen, sind dünne Kupferplatten eingefügt. Um den Polwechsel der Elektromagnete bei der Rotation des Ringes zu erleichtern und das Auftreten von Foucault'schen Strömen zu vermindern, besteht der Kern der Elektromagnete aus einzelnen 1 Millimeter starken Blechplatten von entsprechender Form und bei dem Aufwickeln des Drahtes ist auf gute Isolation der Drahtwindungen voneinander, wie von dem Eisenkern die größte Sorgfalt verwendet. Die Windungen sämmtlicher Spulen sind in demselben Sinne ausgeführt, doch ist die Verbindung der Drahtenden nach dem Schema Fig. 99 in der Art bewirkt, daß der Anfang resp. das Ende der einen Spule mit dem Anfang oder Ende der anderen Spule verbunden ist; auf solche Weise erhalten die gleichzeitig in allen Spulen entstehenden Ströme eine und dieselbe Richtung. Die Enddrähte dieses nicht in sich selbst geschlossenen Inductorringes sind zu zwei auf der Achse befestigten isolirten Ringen geleitet, von denen der Strom durch zwei Schleiffedern abgenommen wird, um hierauf in die Leitung zu gelangen. Dadurch, daß sämmtliche Inductionsrollen bei $^1/_{16}$ Umdrehung des Ringes von entgegengesetzten Polen inducirt werden, entstehen in ihnen entgegengesetzte Ströme, sodaß bei einer Umdrehung des Ringes 16 Stromimpulse von abwechselnd entgegengesetzter Richtung in die Leitung gelangen. Die fünf Ringe der Maschine, Fig. 97, sind so miteinander geschaltet, daß zwei getrennte Ströme entstehen, welche nach

Fig. 100. Magnet-elektrische Maschine von de Méritens. (Mittlere Größe.)

Belieben einzeln oder zusammen verwendet werden können. Interessant sind die Versuche, welche mit dieser Maschine von Allard in Paris angestellt wurden, der mit einem Serrin'schen Regulator eine mittlere Lichtstärke von 636 Carcel-Brennern erzielte. Die Maschine machte hierbei 790 Touren pro Minute und zu ihrem Betriebe waren 8 Pferdekräfte erforderlich, sodaß auf eine Pferdekraft eine Lichtstärke von 85 Carcel-Brennern kommt.

Die Maschine in mittelgroßer Ausführung wird durch Fig. 100 dargestellt; ihre Construction und Wirkungsweise beruht auf denselben

Principien wie die der vorherbeschriebenen. Statt der hufeisenförmigen Magnete sind jedoch hier gerade Stabmagnete verwendet, welche je aus 12 Stahllamellen gebildet und auf dem bronzenen Gestell derart nebeneinander angeordnet sind, daß die Polarität der an derselben Seite liegenden Pole abwechselt. Der Inductorring, von genau derselben Form wie bei der großen Maschine, rotirt in der in Fig. 98 angedeuteten Weise an den Polen der Magnete vorüber, doch sind die Enden der einzelnen Drahtwindungen zu besonderen isolirten Ringen geführt, welche ihrerseits den Strom zu einem Umschalter leiten, mit dessen Hilfe die

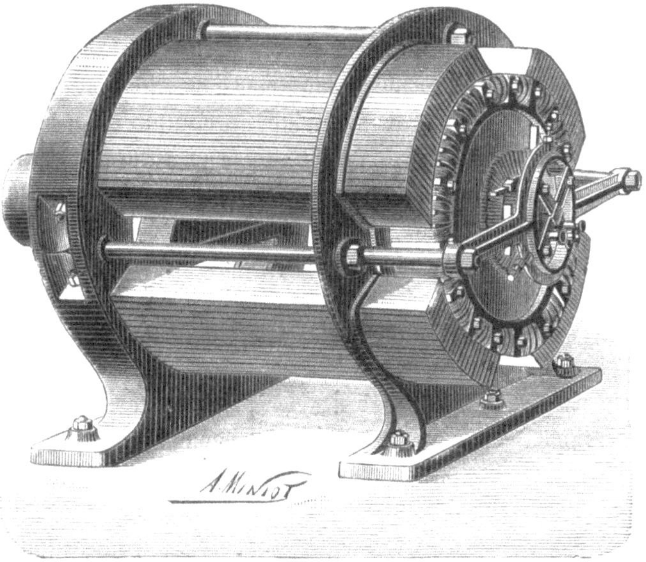

Fig. 101. Magnet=elektrische Maschine von de Méritens. (Kleines Modell.)

Schaltung der einzelnen Spulen auf Quantität oder Intensität des Stromes vorgenommen werden kann. Mit Hintereinanderschaltung aller 16 Spulen lassen sich mittels dieser Maschine vier Jablochkoff'sche Kerzen speisen, wobei die Geschwindigkeit 1000 Touren pro Minute beträgt und drei Pferdekräfte absorbirt werden. Durch Verringerung der Anzahl der magnetischen Felder auf vier entsteht aus der Maschine mitlerer Größe das kleine Modell für continuirliche Ströme (Fig. 101). Die sehr kräftigen Magnete sind jeder aus 64 Stahllamellen zusammengesetzt und bilden, indem sie sich der Ringform des Inductors anschließen, vier kräftige magnetische Felder von abwechselnd entgegengesetzter

Polarität, in denen der Inductor rotirt. Der letztere enthält gleichfalls 16 Spulen, deren Eisenkerne jedoch, wie Fig. 102 zeigt, eine von den früher beschriebenen abweichende Form haben. Dieselben besitzen vier Aussparungen, welche mit Drahtwindungen ausgefüllt werden, sodaß 64 Spulen entstehen, die, wie bei dem Gramme'schen Ringe, hintereinander geschaltet sind und von jeder Verbindungsstelle zweier Spulen eine Drahtabzweigung zu einer der 64 Schienen des Collectors senden. Der Collector, genau dem Gramme'schen gleich, ist auf der Nabe des Inductorrades befestigt, eine Anordnung, welche den Ring mit dem Collector zu einem von der Achse unabhängigen Ganzen macht. Die Inductionserscheinungen treten bei dieser Maschine genau so wie bei der auf Seite 94 und 95 beschriebenen Gramme'schen Maschine »Octogonale« auf. Wie bei dieser, bilden sich zwei selbständige Stromkreise, die mittels vier Collectorbürsten zu einem Umschalter geführt werden, welcher ihre Schaltung auf Quantität oder Intensität durch einen einfachen Handgriff gestattet. Die Collectorbürsten sind an einem bronzenen Ringe befestigt und ihre Anordnung gestattet ihre genau passende Einstellung.

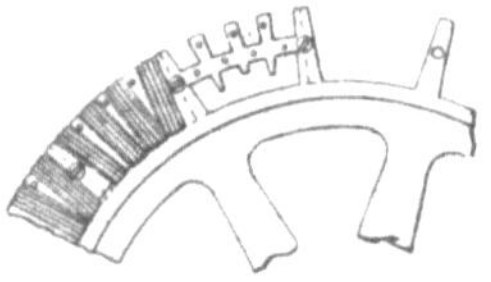

Fig. 102. Wickelung der Inductionsspulen in der kleinen magnet-elektrischen Maschine von de Méritens.

Einen besonderen Vortheil bieten diese magnet-elektrischen Maschinen für gleichgerichtete Ströme in ihrer Anwendung für galvanoplastische Zwecke und zum Laden der Secundärbatterieen, da bei denselben eine Umkehrung der Stromrichtung infolge der starken Polarisation der Elektroden in den Bädern resp. Batterieen vollständig ausgeschlossen ist.

Auf Grund der vor der Erfindung der Differentiallampen vielfach herrschenden Ansicht, daß, abgesehen von der bei der Verwendung von Wechselströmen möglichen Theilung des elektrischen Lichtes, auch an und für sich die Wechselströme bessere Resultate in den Lampen lieferten, baute Lontin außer der auf Seite 134 beschriebenen dynamo-elektrischen Maschine für gleichgerichtete Ströme auch solche für Wechselströme, die, in großartigen Dimensionen ausgeführt, namentlich den Vortheil bieten, daß sich leicht eine beliebige Anzahl Partialströme von beliebiger Stärke aus ihnen ableiten lassen. Die inducirenden Elektromagnete sind bei dieser Maschine, abweichend von den bekannten Constructionen, auf der Hauptachse sternförmig befestigt und werden in Rotation versetzt, während die Inductorrollen feststehen. Die Drahtwindungen der Elektromagnete

Die Ruinen des Collosseums in Rom bei elektrischer Beleuchtung.

VII.

Conzert-Saal in Paris, durch Jamin'sche Kerzen erleuchtet.

VIII.

sind so miteinander verbunden, daß die letzteren an ihren nach außen gerichteten Polen abwechselnd entgegengesetzte Polarität zeigen; der zu ihrer Erregung dienende Strom wird von einer Lontin'schen Dynamo-Maschine geliefert, die entweder als selbständige Maschine ausgeführt und mit eigenem Antrieb versehen ist, oder auch ihren Inductor auf der Rotationsachse der großen Maschine hat und so mit jener ein Ganzes bildet.

Die Maschine von Brush — durch ihre Leistungsfähigkeit eine der interessantesten Constructionen — wird von vielen Elektrikern als eine Modification der Gramme'schen Maschine betrachtet; allein obwohl

Fig. 103. Lichtmaschine von Brush.

ihr Inductor in gewisser Hinsicht an den Gramme'schen Ring erinnert, ist doch die Entstehung der Ströme und die Ableitung derselben durchaus originell. Namentlich aber unterscheidet sie sich dadurch von den Maschinen von Gramme und Siemens, daß in ihr keine gleichgerichteten Ströme, sondern Wechselströme entstehen, welche erst durch den Commutator gleichgerichtet werden. Fig. 103 stellt die äußere Ansicht dieser Maschine dar. Dieselbe besitzt zwei sehr kräftige Hufeisenmagnete, deren mit entsprechenden Polschuhen versehene Pole so liegen, daß die gleichnamigen einander gegenüberstehen. Zwischen den Polschuhen rotirt der Inductor, der mit dem Gramme'schen Inductor die Ringform gemeinsam hat, in der Art der Bewickelung und der Gestalt des inneren Eisenkernes sich jedoch wesentlich von jenem unterscheidet.

Während bei dem Gramme'schen Ringe die einzelnen Drahtspulen ohne Zwischenraum nebeneinander liegen, sind dieselben bei der Ringarmatur der Brush'-Maschine durch Verstärkungen des Ringes getrennt, sodaß auf dem ganzen Umfang des letzteren die Drahtwindungen mit massiven Eisenkörpern abwechseln (Fig. 104), die mit ihnen eine Fläche bilden und den Polschuhen der Elektromagnete ebenso nahe gebracht werden können wie die Drahtspulen selbst. Ferner läßt Fig. 104 und der Schnitt durch einen verstärkten Theil des Ringes, Fig. 105, erkennen, daß die vorspringenden Eisenstücke von concentrischen Rinnen durchzogen sind, theils um das Gewicht des Ringes zu vermindern, theils um die im Eisen entstehenden Inductionsströme zu localisiren; aus demselben Grunde ist der Ring an seiner Peripherie mit einer tiefen, ihn nahezu durchschneiden-

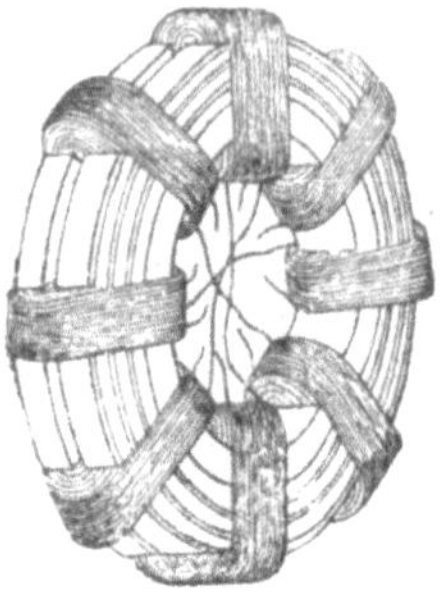

Fig. 104. Ringinductor der Lichtmaschine von Brush.

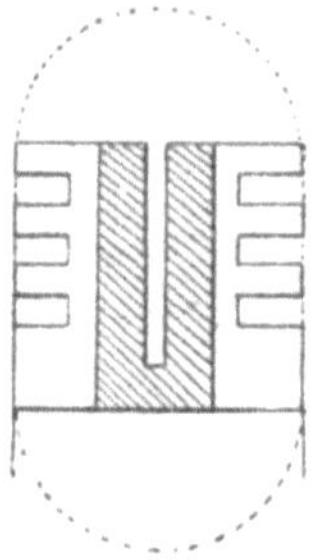

Fig. 105. Schnitt durch den Eisenkern des Ringinductors der Lichtmaschine von Brush.

den Rinne versehen. (Fig. 105). Die Schaltung der Spulen ist gleichfalls in durchaus origineller Weise ausgeführt. Das innere Ende einer jeden derselben ist mit dem inneren Ende der ihr diametral gegenüberliegenden verbunden, während die beiden äußeren Enden dieser Spulen, durch die Maschinenwelle geführt, mittels isolirter Drähte mit je zwei einander gegenüberliegenden Theilen des Commutators verbunden sind. Der Commutator besteht aus ebensovielen flachcylindrischen Ringen, als Spulenpaare in dem Inductor vorhanden sind. Jeder Ring ist aus zwei halbkreisförmigen Segmenten gebildet, die auf der einen Seite der Welle durch einen drei Millimeter breiten Raum, auf der anderen durch ein zwischen zwei kleineren Räumen befindliches Kupferstück voneinander, sowie von den übrigen Spulen isolirt sind. Das erwähnte Kupferstück hat die Bestimmung, die auf der Peripherie des Commutators oben und unten angebrachten, gegen denselben schleifenden elastischen Kupferbürsten so lange von den Segmenten zu trennen, als irgend eins der Spulenpaare den neutralen Theil des magnetischen Feldes passirt, was zweimal während jeder Umdrehung des Ringes und folglich auch des Commutators geschieht. In dem Augenblicke, wo das betreffende Spulenpaar den neutralen Theil des magnetischen Feldes passirt, ist dasselbe durch den Commutator aus der Leitung ausgeschlossen und kann infolge dessen in demselben kein Strom inducirt werden. Durch diese Einrichtung hat jedes Spulenpaar einmal während jeder Umdrehung eine Ruhepause von der Dauer einer Viertelumdrehung, welchem Umstande zum großen Theile die geringe Erhitzung der Maschine zuzuschreiben ist. Außerdem sind hierdurch zwei die Leistung der Maschine beeinträchtigende Momente vermieden. Das erste derselben, welches bei den meisten Armaturen mit permanent geschlossenem Strome auftritt, beruht darauf, daß den in den Spulen erzeugten Strömen zwei Wege offen stehen: der eine zu den Segmenten und Bürsten des Commutators, der andere durch die unthätigen Spulen, wodurch die Außenleitung an Stromstärke verliert. Das zweite nachtheilige Moment beruht auf dem Widerstande dieser unthätigen Spulen, zu dessen Ueberwindung in anderen Maschinen ein Theil der Stromstärke nutzlos verbraucht wird. Die Polschuhe der Elektromagnete bilden ein magnetisches Feld von solcher Ausdehnung, daß drei Paare der Inductorspulen sich stets in demselben befinden. Durch den Commutator werden diese sechs zur Zeit wirksamen Spulen derart geschaltet, daß ein Paar Spulen den Strom zur Erregung der Elektromagnete liefert, während die beiden anderen Paare den nutzbaren Strom in die Leitung senden. Diese Anordnung macht die Stärke des magnetischen Feldes von den Widerständen im äußeren Leitungskreise unabhängig und giebt der Maschine denselben Vortheil, wie ihn andere Constructeure durch Anordnung einer eigenen dynamo-elektrischen Maschine zur Erregung der Elektromagnete erreichen. Diese Maschinen werden in drei Größen gebaut, und können resp. 6, 16 und 40 Lampen speisen. Bei der in Fig. 103 abgebildeten Maschine für 16 Lampen sind die Windungen der Elektromagnete je aus einem Kupferdrahte von 900 Meter Länge und 4 Millimeter Dicke hergestellt, während jede Spule des Inductorringes ca. 270 Meter Draht von 2 Millimeter Dicke enthält. Die Umdrehungsgeschwindigkeit beträgt 750 Touren pro Minute, wobei 16 Pferdekräfte verbraucht werden. Die Brush-Maschinen liefern Ströme von hoher Spannung und gestatten daher die Hintereinanderschaltung aller 16 Lampen zu einem Stromkreise, dessen Ausdehnung 10 bis 12 Kilometer betragen kann. Die hohe Spannung der in diesen Maschinen erzeugten Ströme erfordert jedoch eine sehr sorgfältige Isolation der Zuleitungsdrähte und große Vorsicht bei der Instandhaltung der Apparate. Bei den Beleuchtungsversuchen, welche mit dem Brush-System in Paris gemacht wurden, waren die die Lampen speisenden Maschinen im Ausstellungspalaste in den Champs-Elysées stationirt, während die Lampen auf der Bühne des Opernhauses brannten.

Fig. 106. Neueste Gramme'sche Wechselstrommaschine.

Die für die Jablochkoff'sche Kerzenbeleuchtung von den beiden bedeutendensten Constructeuren von Gleichstrommaschinen, Gramme und v. Hefner-Alteneck, Oberingenieur der Firma Siemens & Halske, nach einer Reihe von Versuchen in großer Anzahl gebauten Wechselstrommaschinen tragen sowohl in principieller Hinsicht als in der praktischen Ausführung das Gepräge mustergiltiger Constructionen und sind unstreitig diejenigen, welche die meiste Verwendung in der Praxis gefunden haben.

Die Wechselstrommaschine von Gramme ist, wenn auch im Aeußeren an die gebräuchlichen Grundformen der älteren Maschinen der Gesellschaft L'Alliance und des Engländers Holmes sich anschließend, eine durchaus selbständige Construction, die zugleich durch viele sinnreiche Details in hohem Grade interessant erscheint. Fig. 106 stellt die neueste Gramme'sche Wechselstrommaschine in perspectivischer Ansicht dar. Zwei starke, nahezu kreisförmige Seitenwände sind durch acht kupferne Verbindungsstücke fest miteinander verbunden und bilden mit ihren Mitten die Lagerstellen für eine kräftige Stahlachse, auf welcher acht starke Elektromagnete befestigt sind; die Polschuhe derselben sind verbreitert und an den Endflächen so abgerundet, daß sie zusammen, wie aus der schematischen Fig. 107 zu ersehen ist, eine genaue Cylinderfläche bilden. Dieses System von Elektromagneten rotirt in einem Ringe, der aus langgestreckten Drahtwindungen hergestellt ist, die entweder auf ein ringförmiges Stück weichen Eisens aufgewickelt sind, oder auf eine Anzahl kreisförmig gebogener Segmentstücke, welche zusammengelegt die Ringform bilden und durch einen kupfernen Reifen aneinander gehalten werden.

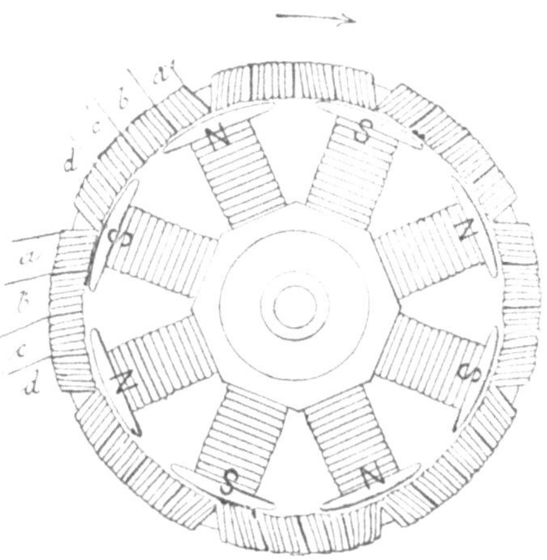

Fig. 107. Ring und Elektromagnete der Gramme'schen Maschine für Wechselströme.

Die Elektromagnete des inneren Cylinders erhalten den zu ihrer Magnetisirung erforderlichen Strom durch zwei Bürsten, welche auf zwei von der Achse und voneinander isolirten Ringen schleifen; die Ringe sind mit den Enden der gesammten Drahtbewickelung der Elektromagnete verbunden, welch letztere, wie Fig. 107 zeigt, der Reihe nach wechselnde Pole erhalten. Der zur Magnetisirung erforderliche Strom wird entweder von einer besonderen Dynamo-Maschine mit Ringinductor von bekannter Form, oder, wie bei der hier abgebildeten Construction, durch die Maschine selbst geliefert, auf deren Achse ein zwischen den Polschuhen von vier kräftigen Magneten rotirender Ringinductor angebracht ist, eine Combination, wie sie bei der Wechselstrommaschine von

Lontin ebenfalls Anwendung gefunden hat. Die Bewickelung des äußeren Ringes ist in 32 Spulen getheilt, welche wiederum acht Gruppen von je vier Spulen bilden. Dadurch, daß die Anzahl der Gruppen gleich der Anzahl der rotirenden Elektromagnete ist, lassen sich die Spulen in acht Classen theilen, und zwar bilden, wenn man sich die Spulen fortlaufend numerirt denkt, die den Zahlen 1, 5, 9, 13, 17, 21, 25, 29 entsprechenden, in der Figur mit a bezeichneten die erste Classe, die den Zahlen 2, 6, 10, 14, 18, 22, 26, 30 entsprechenden, mit b bezeichneten die zweite u. s. w. Sämmtliche Spulen einer Classe haben nun in jedem Momente dieselbe Stellung zu einem der acht Magnetpole, liefern also Ströme von einer und derselben Stärke. Da aber die Polarität der Magnetpole wechselt, muß auch die Stromrichtung abwechselnd in den Spulen einer Classe die entgegengesetzte sein und wenn man die Inductionsströme zu einem Gesammtstrom vereinigen will, hat man, wie Fig. 107 zeigt, die Windungen derselben entgegengesetzt anzuordnen. Man kann dann sämmtliche Enddrähte aller zu einer Classe gehörenden in der Figur mit a bezeichneten Spulen in zwei Polklemmen vereinigen, von denen man dann einen Strom erhält, der seine Richtung bei einer Umdrehung des Cylinders achtmal wechselt. In gleicher Weise sind bei dieser Maschine die Enddrähte sämmtlicher Spulen b, sämmtlicher c und sämmtlicher d zu je zwei Klemmenschrauben geführt, sodaß auf dem oberen Theile der Maschine acht solche sichtbar sind, die je zu zweien einen unabhängigen Wechselstromkreis bilden. Eine Vereinigung dieser Ströme zu einem Gesammtstrom von großer Quantität oder Intensität kann also ebenso leicht vorgenommen werden, wie die Verwendung jedes Stromes für sich ohne weiteres erfolgen kann. Von diesen in zwei Größen gebauten Maschinen wiegen die kleineren 280 Kilogramm und speisen acht Kerzen von je 40 Carcel-Brennern Lichtstärke, oder 12 Kerzen von 25 Brennern; die größeren wiegen 470 Kilogramm und sind im stande, 16 Kerzen von je 35, oder 24 Kerzen von 20 Brennern zu unterhalten.

In gleichem Maaße durch sinnreiche Construction wie durch günstige Wirkungsweise bedeutend ist die Wechselstrommaschine von Siemens & Halske, welche, als das Ergebniß gründlicher wissenschaftlicher Forschung und reicher praktischer Erfahrung, den Höhepunkt der Erfolge in der Vervollkommnung der Wechselstrommaschinen repräsentirt. In der Abbildung Fig. 108 ist die Siemens'sche Wechselstrommaschine in Verbindung mit einer Siemens'schen dynamo-elektrischen Maschine dargestellt, welch letztere die Elektromagnete der ersteren erregt und so die Stromstärke der großen Maschine constant erhält. Die große Wechselstrommaschine ist in ihrem Aeußeren der früher beschriebenen neuesten Siemens'schen Maschine für gleichgerichtete Ströme gleich, für deren Construction sie als Vorbild gedient hat. Auf einer Grundplatte sind zwei kreisförmige

Fig. 108. Wechselstrommaschine von Siemens & Halske mit dynamo=elektrischem Stromerreger.

eiserne Ständer befestigt, welche an den einander zugekehrten Seiten eine Anzahl Elektromagnete (in vorliegendem Falle je 12) tragen. Die einander zugewendeten Pole der letzteren sind mit größeren flachen Polschuhen versehen und die Polarität wechselt ab. Die Elektromagnete sind an jedem Ständer um die Achse der Maschine im Kreise angeordnet. Der Abstand zwischen den einander zugekehrten Polflächen der sich paarweise gegenüberstehenden Elektromagnete ist so klein gewählt, daß zwischen den einzelnen Polen magnetische Felder von hoher Intensität entstehen, deren jedes die entgegengesetzte Polarität der beiden ihnen zunächst liegenden besitzt. Durch diese magnetischen Felder bewegen sich flache, aus isolirtem Kupferdraht gewickelte Spulen, welche im Kreise herum mit der Achse derart verbunden sind, daß sie in einer und derselben Ebene liegen und den Raum zwischen sämmtlichen Elektromagnetpolen, d. h. die magnetischen Felder möglichst ausfüllen. Diese Drahtspulen können rund sein, sind aber besser um einen länglichen Kern aus Holz oder Metall (unter Ausschluß von Eisen) gewickelt und mit ihrer länglichen Dimension radial zur Achse gestellt. Die Spulen sind an einer auf der Achse sitzenden flachen Metallscheibe befestigt. Wird diese gedreht, so durchlaufen die sämmtlichen Spulen der Reihe nach alle magnetischen Felder; dabei ist die Anordnung so getroffen, daß jede Spule, wenn sie mit ihrer einen Hälfte sich noch in dem einen magnetischen Felde befindet, mit ihrer anderen Hälfte bereits in dem nächsten magnetischen Felde von entgegengesetzter Polarität vorschreitet. In der schematischen Fig. 109 ist eine dieser Spulen als ein in sich geschlossener Kupferdraht in vier verschiedenen Stellungen angedeutet, wobei der Einfachheit wegen nur acht feste Magnetpole angenommen sind. Beim Durchgang durch die Stellung I entstehen infolge der inducirenden Wirkungen der entgegengesetzten Pole N und S zwei Ströme von der Richtung der bezeichneten Pfeile. In der Stellung II befinden sich beide Drahthälften in nur einem magnetischen Felde und es entstehen zwei Ströme, deren Richtung die Pfeile angeben und die sich also aufheben; mithin ist die Windung in dieser Stellung stromlos. In Stellung III entstehen wieder Ströme, welche sich summiren, in ihrer Richtung aber den in Stellung I entstehenden entgegengesetzt sind. Dieser Vorgang wiederholt sich in allen Spulen und, wenn die Anzahl derselben gleich der Anzahl der Elektromagnete ist, in sämmtlichen Spulen gleichzeitig. Durch geeignete Verbindung der Enden aller Spulen kann man die auftretenden Ströme sammeln und in bekannter Weise nach außen leiten. Durch

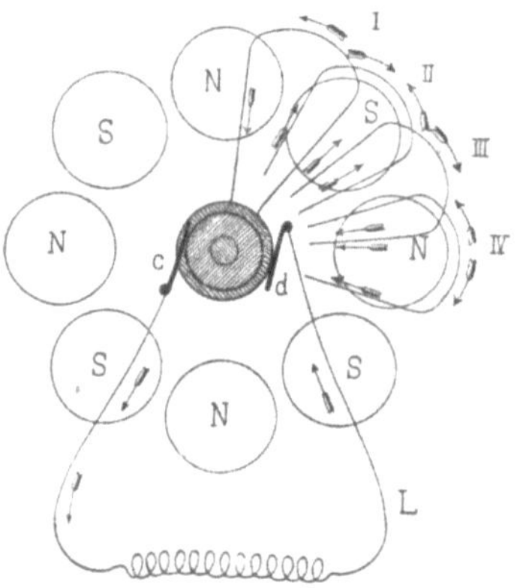

Fig. 109. Schema der Strombildung in der Wechselstrommaschine von Siemens & Halske.

passende Verbindung der Spulen miteinander können alle oder auch einzelne gruppenweise zu verstärkter Wirkung vereinigt und so einer oder mehrere Stromkreise erhalten werden. Da die Spulen, wie erwähnt, keinen eisernen Kern enthalten, findet kein Polwechsel und keine Polverschiebung in sich bewegendem Eisen statt. Es ist hierdurch der Vortheil erreicht, daß die mit einem solchen Polwechsel verbundene Erhitzung sowie Arbeitsverluste und schädliche Inductionswirkungen vermieden werden. Statt, wie in unserem Falle, die Elektromagnete dieser Maschine durch eine besondere kleine Dynamomaschine zu erregen, kann man auch einen Theil der in den Spulen erzeugten Wechselströme durch einen Commutator gleichrichten und durch die Elektromagnetwindungen leiten; in jedem Falle ist jedoch die elektromotorische Kraft der Maschinen unabhängig vom äußeren Widerstande und nur durch die Stärke des Magnetismus in den Polplatten, durch die Höhe der Zahl der rotirenden Spiralen, welche derjenigen der Magnetpole möglichst entsprechen muß, und durch die Umdrehungsgeschwindigkeit bedingt.

Außer den im Vorstehenden beschriebenen elektrischen Maschinen giebt es noch eine große Anzahl anderer Constructionen, welche mehr oder weniger gut functioniren, deren Beschreibung aber, als dem Zwecke dieses Werkes nicht entsprechend, unterbleiben mußte. Bei der Auswahl der zur Anschauung gebrachten Maschinen war in erster Linie das Bestreben maaßgebend, die für das Verständniß der Wirkungsweise zweckmäßigsten Constructionen darzustellen, wobei zugleich die historische Bedeutung derselben berücksichtigt wurde. Die hier getroffene Auswahl hat umsomehr den Charakter der Vollständigkeit, als alle nicht beschriebenen Maschinen sich von den bekannten Constructionen im wesentlichen nur durch die Form und Anordnung der einzelnen Theile unterscheiden.

Ein definitives Urtheil über die Leistungsfähigkeit der bis jetzt bekannt gewordenen elektrischen Maschinen abzugeben, ist bei der verhältnißmäßig kurzen Entwickelung derselben nicht möglich, da außer den sehr spärlich vorliegenden vergleichenden Versuchen namentlich auch die Frage zu berücksichtigen ist, ob sich eine Maschine längere Zeit hindurch in der Praxis bewährt hat. Im allgemeinen läßt sich das Ergebniß der ausgeführten vergleichenden Versuche dahin zusammenfassen, daß jede Maschine mit Rücksicht auf ihre Verwendung in einem bestimmten Beleuchtungssystem construirt ist und die Versuchsresultate mehr den Werth des ganzen Systems als den der einzelnen Maschine repräsentiren. Dagegen lassen sich die Hauptpunkte, welche bei der Construction elektrischer

Maschinen in's Auge zu fassen sind, nach Dr. Werner Siemens in Folgendem zusammen stellen:

1. Alle Leitungsdrähte, welche nicht elektromotorisch wirken, sind möglichst zu beseitigen resp. zu vermindern.
2. Die Leitungsfähigkeit sämmtlicher Drähte soll möglichst groß sein.
3. Die Metallmassen, in denen durch bewegte Stromleiter oder Magnete Ströme erzeugt werden können, sollen so angeordnet sein, daß die Strombahn in denselben möglichst unterbrochen wird.
4. Der in den Elektromagneten erzeugte Magnetismus soll möglichst vollständig und direct zur Wirkung kommen.
5. Die Abtheilungen der Drahtwindungen, welche von Strömen wechselnder Richtung durchflossen werden, sollen möglichst klein, ihre Zahl also möglichst groß sein, damit der beim Stromwechsel auftretende Extrastrom möglichst gering wird.

Außer den angeführten Regeln kommen jedoch bei der Construction der elektrischen Maschinen noch zahlreiche andere Punkte in Betracht, die sich der theoretischen Speculation vollständig entziehen, und es ist demnach eine Verbesserung der Dynamomaschinen nur von praktischen Erfahrungen zu erwarten. So hält es auch Werner Siemens für unmöglich, ohne geeignete Versuche den praktischen Werth etwaiger Veränderungen zu erkennen, da es durchaus nicht ausgeschlossen ist, daß unwesentlich scheinende, selbst nur Dimensionen betreffende Modificationen von den günstigsten Erfolgen begleitet sein können.

Drittes Kapitel.

Die elektrischen Lampen.

Wenngleich auch heute noch das eigentliche Wesen des elektrischen Stromes dem Verständniß des Forschers nicht völlig erschlossen ist und die mannigfachen Erklärungen, welche in Bezug auf dasselbe versucht werden, dem Bereich der Hypothese angehören, so sind doch, Dank den unausgesetzten Bemühungen unserer ersten Physiker und Elektrotechniker, die das Auftreten des elektrischen Stromes begleitenden Erscheinungen, resp. die Eigenschaften desselben zur Zeit schon so genau bekannt, daß in einer ungemein großen Zahl von Anwendungsarten der Elektricität der Zusammenhang zwischen Ursache und Wirkung deutlich erkennbar ist.

Für den Zweck der Lichterzeugung kommen insbesondere die Wärmeerscheinungen in Betracht, welche mit dem Auftreten des elektrischen Stromes verbunden sind, indem jeder von einem Strome durchflossene Leiter einen gewissen Grad der Erwärmung erfährt. Der Grad der Wärmeentwickelung richtet sich nach dem Widerstande, den der elektrische Strom in dem durchflossenen Leiter findet. Fügt man daher in einen sonst keinen erheblichen Widerstand bietenden Leiter an irgend einer Stelle einen großen Widerstand ein, so wird sich an dieser Stelle ein großer Theil der Elektricität in Wärme umsetzen, die in der im Folgenden näher zu erläuternden Weise in Licht umgewandelt und als solches zur Erscheinung gebracht werden kann. Die Erzeugung des elektrischen Lichtes geschieht, nach der zuerst bekannt gewordenen und noch jetzt am häufigsten angewendeten Methode, indem man die mit den beiden Polen einer Elektricitätsquelle verbundenen Enden eines unterbrochenen Leiters mit zugespitzten Kohlenstäbchen versieht, wobei der elektrische Strom von einer Kohlenspitze zur anderen übergehen muß und durch den auf diese Art erzeugten Widerstand zu der Entstehung der als Volta'scher oder Davy'scher Bogen bezeichneten, glänzenden Lichterscheinung Veranlassung giebt. Anderseits kann man aber auch einen in die Leitung eingeschalteten dünnen Kohlenstab oder Kohlenfaden, welcher dem ihn durchfließenden elektrischen Strome einen sehr großen Widerstand entgegensetzt, durch diesen zum Weißglühen bringen und bezeichnet das alsdann auftretende Licht als Incandescenz- oder Glühlicht.

Der englische Physiker Sir Humphrey Davy war es, der zuerst, und zwar im Jahre 1813, den elektrischen Lichtbogen in der erwähnten Weise darstellte. Allerdings bedurfte dieser Gelehrte hierzu einer kolossalen Batterie von 2000 Elementen; an eine eigentliche praktische Anwendung des so erzielten intensiven Lichtes konnte daher nicht gedacht werden, so lange man es nicht verstand, kräftigere Elemente und auch dauerhaftere Kohlenstäbe herzustellen, als diejenigen waren, deren sich Davy bedient hatte. So blieb vier Jahrzehnte hindurch (bis zum Jahre 1844) die Erzeugung des elektrischen Lichtes, die man bei ihrem ersten Auftreten mit den weitgehendsten Hoffnungen begrüßt hatte, auf die Experimente in physikalischen Cabinetten beschränkt. Um diese Zeit kam Léon Foucault auf die glückliche Idee, die bisher als Elektroden benutzten Holzkohlen durch Kohlenstäbe zu ersetzen, welche aus den in den Gasretorten sich bildenden Rückständen verfertigt waren, und sich zugleich der starken Bunsen'schen Batterie zu bedienen. Derselbe Physiker construirte sodann auch zuerst eine kleine elektrische Lampe, mittels deren er den Davy'schen Lichtbogen statt des Sonnenlichtes zu photographischen Versuchen benutzte.

Diese erste elektrische Lampe, welche durch die Hand des Experimentirenden regulirt werden mußte, wurde von Deleuil zu den Beleuchtungsversuchen benutzt, die derselbe noch im genannten Jahre auf der Place de la Concorde in Paris anstellte und über welche bereits früher berichtet wurde. Nachdem im Jahre 1846 das elektrische Licht zum erstenmale in Paris bei einer Aufführung der Oper »Der Prophet« zur Darstellung des Sonnenaufgangs mit überraschendem Erfolg benutzt worden war, construirte Foucault im Verein mit Duboscq speciell für die Pariser Oper den als Foucault-Duboscq'scher Regulator bekannten Apparat. Seit jener Zeit geht kaum ein Ballet oder eine Oper über die Bühne, in welcher nicht ein elektrischer Beleuchtungseffect angebracht wäre. In den folgenden Jahrzehnten wurden Kohlenlichtregulatoren immer häufiger, aber doch nur vereinzelt, für Leuchtthürme, Schiffe, sowie in gewerblichen Etablissements in Gebrauch genommen und in gleichem Fortschritt mit der zunehmenden Anwendung derselben waren die Constructeure immer eifriger bemüht, die gewonnenen Erfahrungen durch praktische Verbesserungen der betreffenden Apparate zu verwerthen.

Zur allgemeinen Anschauung wurde die Verwendbarkeit des elektrischen Lichtes für praktische Zwecke zum erstenmal auf der Pariser Weltausstellung von 1878 durch die elektrische Kerzenbeleuchtung des Russen Jablochkoff gebracht, in welcher, allerdings nicht ohne die Gefahr häufiger Betriebsstörungen, die Unterhaltung mehrerer Lichter innerhalb eines Schließungskreises in ebenso einfacher als zweckmäßiger Weise erreicht war. Nachdem in neuerer Zeit durch die Erfindung der Differentiallampen die Möglichkeit gegeben wurde, eine große Anzahl mit nahezu absoluter Sicherheit functionirender Lampen in denselben Stromkreis zu schalten, und die mit denselben ausgestatteten Beleuchtungseinrichtungen zum größten Theile bezüglich des Lichteffectes wie der Betriebsverhältnisse ausgezeichnete Resultate ergeben haben, sind die Installationen für elektrische Beleuchtung sowohl der Zahl als der Ausdehnung nach fortwährend in rascher Zunahme begriffen und es kann mit Recht für viele Zwecke das elektrische Bogenlicht als das Licht der Zukunft bezeichnet werden.

Da indeß trotz der innerhalb gewisser Grenzen erreichten Theilbarkeit des elektrischen Bogenlichtes die einzelnen Lichter immerhin noch von sehr bedeutender Stärke sind, hat sich neben dieser Beleuchtungsart die von Edison ausgebildete und in die Praxis eingeführte Incandescenz- oder Glühlichtbeleuchtung, bei welcher der lichtgebende Körper einen continuirlichen Theil des Schließungskreises bildet und mittels deren sich auch schwächere Lichteffecte (bis herab zu acht Normalkerzenstärken) herstellen lassen, auf dem ihr zunächst zufallenden Gebiete der vertheilten Innenbeleuchtung eine ehrenvolle Stellung erobert, obwohl der erzielte Nutzeffect, im Verhältniß zu der zur Erzeugung des erforderlichen elektrischen Stromes aufgewendeten motorischen Kraft, ein wesentlich geringerer als bei der Beleuchtung mit Bogenlampen ist.

Im Anschluß an die ursprüngliche Foucault'sche Lampe (Fig. 14), bei welcher zuerst ein Elektromagnet zur Regulirung des Lichtbogens Verwendung fand, sollen im Nachstehenden die aus derselben hervorgegangenen Lampenconstructionen bis zu den heute hauptsächlich verwendeten Differentiallampen zur Darstellung kommen. Zum besseren Verständniß dieser Apparate, in denen allen eine möglichst vollkommene selbstthätige Regulirung des Volta'schen Lichtbogens erstrebt ist, müssen hier jedoch einige Bemerkungen über das Wesen des letzteren und die sein Auftreten begleitenden Erscheinungen vorausgeschickt werden.

1. Das Wesen und die Erscheinungen des elektrischen Lichtbogens.

Wie bereits früher erwähnt, setzt sich beim Durchgang des galvanischen Stroms durch einen Leiter ein Theil der Elektricität in Wärme um und die Temperatur des Leiters wird dementsprechend erhöht. Diese Temperaturerhöhung wächst proportional dem Widerstande, den der Strom auf seinem Wege erfährt, und ist unter Umständen so groß, daß der Leiter dadurch weißglühend wird. Um durch Einschaltung zweier zugespitzten Kohlenstäbchen in den Kreislauf des Stroms den Volta'schen Lichtbogen entstehen zu lassen, läßt man zunächst die Spitzen der Kohlen sich berühren, sodaß der Stromkreis geschlossen wird und an der Berührungsstelle von der einen zur anderen Kohle überfließt. Hierbei wird das mit dem positiven Pole der Stromquelle (galvanische Batterie oder elektrische Maschine) verbundene Kohlenstäbchen als die positive, das mit dem negativen Pole in Verbindung stehende als die negative Kohle (Elektrode) bezeichnet.

Durch den unvollkommenen Contact der beiden Spitzen und den geringen Querschnitt, den der elektrische Strom für seinen Durchfluß findet, wird demselben ein so bedeutender Widerstand entgegengesetzt, daß sich alsbald die Temperatur in den Kohlenspitzen bis zum Glühen derselben steigert. Entfernt man die Spitzen hierauf nur sehr wenig voneinander, so wird der Strom nicht unterbrochen, sondern es bildet sich zwischen den Kohlenspitzen gleichsam eine Brücke von glühenden Kohlentheilchen, welche vorzugsweise von der positiven Elektrode zur negativen übergeführt werden. Infolge des enormen Widerstandes, den der Strom nunmehr beim Durchfluß der mit glühenden und voneinander getrennten Kohlentheilchen erfüllten Luftschicht findet, ist die Wärmeumsetzung eine so bedeutende, daß die Kohlentheilchen, sowie die Enden der beiden Elektroden weißglühend werden und letztere ein blendendes Licht — das elektrische Licht — ausstrahlen. Seinen Namen »Volta'scher Lichtbogen« erhielt der so gebildete Flammenbogen dem großen Physiker zu Ehren, mit dessen Elementen er zum erstenmale dargestellt wurde.

Die Intensität des gewonnenen Lichtes hängt im wesentlichen von der Stromstärke und von der Beschaffenheit der Elektroden ab. Für jedes bestimmte Verhältniß zwischen diesen Factoren existirt ein bestimmter Abstand der beiden Kohlenspitzen, bei welchem der Flammenbogen seine größte Lichtintensität zeigt. Bei noch größerer Entfernung der Kohlenspitzen nimmt dieselbe rasch ab und der Bogen erlischt, wenn der Abstand der Kohlenstäbchen so groß geworden ist, daß der Strom die zwischen ihnen befindliche, mit glühenden Kohlenpartikeln angefüllte Luftschicht nicht mehr zu überwinden vermag.

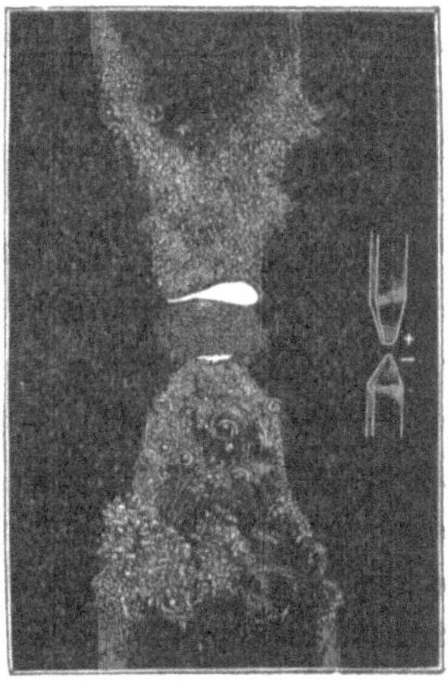

Fig. 110. Die beiden Pole des Volta'schen Lichtbogens.

Wenn man den Lichtbogen, wie früher angegeben, in vergrößertem Maaßstab auf einen weißen Schirm projecirt, erkennt man leicht, daß das intensivste Licht nicht von dem zwischen den Kohlenspitzen hin- und herzitternden Flammenbogen, sondern von den weißglühenden Kohlen ausgestrahlt wird, sowie daß die positive Kohle sehr bald ihre Spitze verliert und sich zu einer kraterförmigen Höhlung abstumpft, indem intensiv leuchtende Partikel von derselben zur negativen Kohle überfliegen. Die Form, welche die beiden Kohlenspitzen auf diese Weise erhalten, wird durch die Fig. 110 verdeutlicht, in welcher die obere Kohle nach dem Vorstehenden als positive Elektrode zu erkennen ist. Die auf der Oberfläche der Kohlenstäbchen umherlaufenden Kügelchen sind Tropfen schmelzender Kieselerde, welche selbst in gereinigten Kohlen selten ganz fehlen, durch ihre leichte Beweglichkeit die Ruhe des Lichtbogens stören und der Intensität des Lichtes Eintrag thun. Sobald dieselben zwischen die äußersten und heißesten Spitzen der Kohlen gelangen, verursachen sie ein bemerkbares Zischen und eine plötzliche Abnahme des Lichtes.

Wo es sich um die Einrichtung der elektrischen Beleuchtung für industrielle Zwecke, öffentliche Gebäude u. s. w. handelt, werden heute ausschließlich elektrische Maschinen zur Stromerzeugung benutzt, und zwar wird jetzt allgemein denjenigen Maschinen, welche gleichgerichtete

Ströme erzeugen, der Vorzug gegeben. Die Anwendung derselben giebt den Kohlenspitzen die in Fig. 110 dargestellte Form, indem sich die obere, positive Kohle etwa doppelt so schnell als die untere, negative verzehrt. Bei der Verwendung von Wechselströmen, wo die Polarität der Kohlenspitzen in jedem Augenblicke wechselt, also der Strom einmal von der oberen Kohle zur unteren und gleich darauf von der unteren zur oberen fließt, ist die Abnutzung beider Kohlen eine gleichmäßige; die positive Kohle erleidet demnach die kraterförmige Aushöhlung nicht und beide Kohlen behalten eine zugespitzte Form. Um einen möglichst großen Lichtwinkel in der verticalen Ebene zu erhalten, würde diese zugespitzte Form der Kohlen offenbar sehr vortheilhaft sein, da sie dem Lichte nach oben und unten eine freie Ausbreitung gestattet; in horizontaler Richtung kann sich dabei das Licht in gleicher Weise entfalten. Für die meisten Beleuchtungszwecke sucht man jedoch mehr eine Bodenbeleuchtung zu erzielen und muß daher die nach oben geworfenen Lichtstrahlen durch besondere Reflectoren nach abwärts richten. Betrachtet man dem gegenüber die Kohlenspitzen in Fig. 110, wie sich dieselben bei der Anwendung Gramme'scher oder Siemens'scher Gleichstrommaschinen gestalten, so sieht man sofort, daß ein Theil des erzeugten Lichtes sich nicht nach oben ausbreiten kann, da die äußeren Ränder der Kraterfläche dasselbe nicht durchlassen und es somit nach unten werfen. Hieraus ist schon der Grund erkennbar, warum für gewöhnliche Beleuchtungszwecke die Verwendung gleichgerichteter Ströme gegenüber den Wechselströmen einen erheblichen Vortheil gewährt. Derselbe beruht darauf, daß bei den gleichgerichteten Strömen die obere Kohle die erwähnte Aushöhlung zeigt und etwa 65 % der totalen Lichtmenge nach unten ausstrahlt, infolge dessen weniger Licht an Decken und Wänden verloren geht und eine gute Bodenbeleuchtung erzielt wird, während bei Wechselströmen das nach allen Richtungen zerstreute Licht erst durch Reflectoren auf den Boden geworfen werden muß. Ueberdies ist durch zahlreiche Versuche constatirt worden, daß die Verwendung gleichgerichteter Ströme einen geringeren Verbrauch an Kohlenstäben ergiebt als diejenige der Wechselströme.

Um diese Ueberlegenheit der Gleichstrommaschinen deutlich zu machen, hat Hippolyte Fontaine die in Fig. 111 wiedergegebenen Curven entworfen, welche die nach allen Richtungen erhaltenen Lichtstärken graphisch darstellen. Hierbei bezieht sich die Linie a, b, c, d, e, f, g auf die continuirlichen Ströme, die Linie a, n, o, r, s auf die Wechselströme; durch die punktirten Kreise sind die bezüglichen mittleren Lichtstärken angedeutet. Der Brennpunkt ist als im Scheitelpunkt beider Achsen liegend zu denken und es zeigt diese Figur klar, wie bei der erstgenannten Curve die Helligkeit vorwiegend nach unten geworfen erscheint, während bei der Curve, welche das bezügliche Verhältniß für Wechselströme illustrirt, die nach oben und unten ausgesendeten Lichtmengen gleich sind.

In manchen Fällen, z. B. für die Zwecke der Leuchtthürme, erscheint es in anderem Sinne wieder vortheilhaft, wenn der Lichtbogen seine Helligkeit vorwiegend nach einer Seite (seewärts) ausstrahlt, da

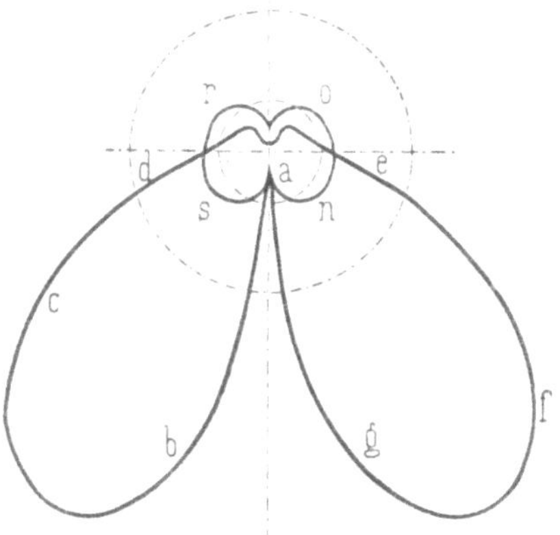

Fig. 111. Graphische Darstellung der Lichtstärken im Volta'schen Bogen.

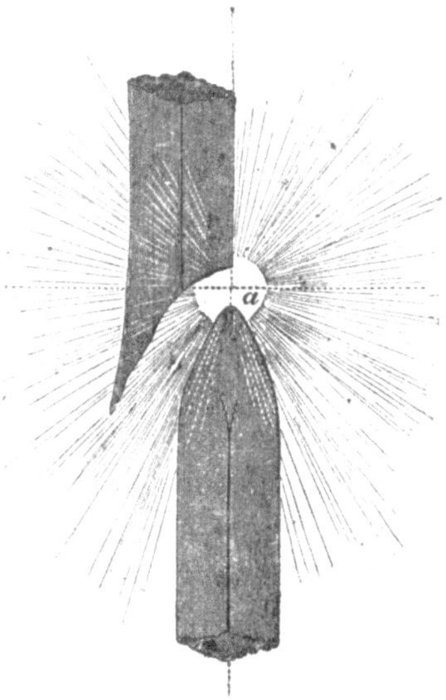

Fig. 112. Kohlen mit nicht zusammenfallenden Achsen.

das von der Seeseite abgekehrte Licht nutzlos verloren wäre, wenn es nicht durch besondere optische Hilfsmittel (Spiegel, Linsen und Prismen) nach vorn gebracht würde. Um dies wenigstens theilweise schon durch den Lichtbogen erreichen zu können, werden die Kohlenstäbe nicht, wie Fig. 110 angiebt, vertical, sondern derart untereinander gestellt, daß die Achse der unteren Kohle mit der vorderen verticalen Kante der oberen Kohle ungefähr zusammenfällt, wie aus Fig. 112 hervorgeht. Bei dieser Anordnung gelangt eine reiche Fülle von Licht, welches von der am intensivsten glühenden oberen Kohle von deren großer, seitlich ausgehöhlter Oberfläche ausgestrahlt wird, nach einer und derselben Richtung hin; dieses Licht ist noch beständiger und ruhiger als bei den anderen Anordnungen, weil der Strom durch die obere Kohle stets nach der vorderen Kante a gerichtet bleibt.

Nach den zahlreichen Versuchen, welche von Fontaine und Lemonnier in Frankreich, sowie von Tyndall und Douglaß in England angestellt worden sind, um mit besonderer Rücksicht auf die Verwendung für Leuchtthürme den Effect eines derartigen einseitigen Lichtbogens festzustellen, ist die nach der einen Seite geworfene Lichtmenge um ungefähr 50% größer als bei dem gewöhnlichen Lichtbogen.

Wenngleich die Consumtion der Kohlenspitzen bei der Erhaltung des Lichtbogens langsam vor sich geht, so ist doch die Abnutzung namentlich der positiven Kohle stark genug, um eine Unterbrechung des Stromes zu bewirken, wenn nicht durch geeignete Vorrichtungen ein Nachschieben der Kohlen derart erfolgt, daß dieselben constant in dem die größte Intensität des Lichtes ergebenden Abstande erhalten werden.

In der ersten Zeit der Anwendung des elektrischen Lichtbogens mußte diese Regulirung mit der Hand geschehen. Es ist das Verdienst des französischen Physikers Foucault, den elektrischen Strom selbst als das geeignetste Agens zur Vornahme dieser Regulirung erkannt und ihn hierfür benutzt zu haben. Zu diesem Zwecke wird in dem Foucault'schen Apparat der Strom genöthigt, vor seinem Durchgang durch die Kohlen die Spiralen eines Elektromagnets zu durchlaufen, dessen Kern infolge dessen magnetisirt wird und so auf einen Anker wirkt, der in passender Weise mit den Kohlen in Verbindung gebracht ist. Vergrößert sich durch das Abbrennen der Kohlenstäbe der Lichtbogen über das normale Maaß, so wird der Widerstand, welchen die zu verdrängende Luftschicht dem Durchgang des Stromes entgegensetzt, größer und dementsprechend erfolgt eine Abnahme der Stromstärke, durch welche die Wirkung des Elektromagnets geschwächt und somit der Anker von demselben entfernt wird. Die Verbindung des Ankers mit den Kohlen ist derart hergestellt, daß die erwähnte Bewegung des ersteren eine gleichzeitige Annäherung beider Kohlenstäbe gegeneinander veranlaßt, und zwar ist hierbei die positive Kohle gezwungen, dem bestehenden Abnutzungsverhältniß gemäß, den doppelten Weg als wie die negative Kohle zurückzulegen. Durch diese gleichzeitige Bewegung der Kohlen wird zunächst erreicht, daß der Lichtbogen wieder seine normale Länge annimmt, und ferner, daß derselbe seine Lage im Raume behält, welcher Umstand für viele Fälle der Praxis von wesentlicher Bedeutung ist, weshalb demselben bei einer großen Zahl der bisher existirenden Lampenconstructionen Rechnung getragen ist.

Ist die Annäherung der Kohlen eine zu große, sodaß der durch den Strom zu überwindende Widerstand geringer wird als bei normaler Länge des Lichtbogens, so wird infolge dessen die Stärke des den Elektromagnet umkreisenden Stromes wachsen und den Magnetismus desselben derart verstärken, daß alsbald auf's neue eine verstärkte Anziehung des Ankers und demgemäß die Entfernung der Kohlen voneinander erfolgt, sodaß sich für den Anker eine Mittelstellung ergiebt, die der normalen Größe des Lichtbogens entspricht und aus welcher er zur Regulirung des letzteren entweder nach oben oder nach unten ausschlägt.

So sinnreich nun auch die Construction dieses Apparates genannt werden muß, so erscheint doch das Princip, welches der hier durch den Strom selbst bewirkten Regulirung zugrunde liegt, so einfach und leicht verständlich, als habe sich dasselbe aus der Beobachtung der betreffenden Erscheinungen und Vorgänge von selbst ergeben müssen, und man ist daher bei der Betrachtung des ersten Foucault'schen Regulators erstaunt, daß es zur Auffindung dieses Princips einer verhältnißmäßig so langen Zeit bedurfte. Der Grund, warum dasselbe, auch nachdem von Oerstedt und Ampère die Gesetze des Elektromagnetismus aufgefunden worden waren, nicht schon früher zur Anwendung gebracht wurde, mag wohl darin zu suchen sein, daß man es vor der mit Foucault's ersten bezüglichen Arbeiten zusammenfallenden Zeit noch nicht verstanden hatte, Elektromagnete von solchen geringen Dimensionen herzustellen, wie sie ein in so hohem Grade empfindlicher Apparat erforderte und wie sie sich in einem solchen unterbringen lassen. Es ist dies wieder eins derjenigen Beispiele, welche zeigen, wie ein an sich kleiner Fortschritt oft zu Erfindungen Anlaß giebt, die von weittragendster Bedeutung werden und die ohne ihn unmöglich gewesen wären.

---

2. Elektrische Lampen mit Lichtbogen für Einzellicht.

Nachdem Foucault und Duboscq den ersten praktisch anwendbaren Apparat zur Erzeugung elektrischen Bogenlichtes construirt hatten, wurde von anderen Physikern und Constructeuren derselbe Weg beschritten und so entstanden während der folgenden Jahrzehnte gleichartige Vorrichtungen, sogen. Kohlenlicht-Regulatoren oder elektrische Lampen, in großer Anzahl, von denen manche mit außerordentlichem Scharfsinne construirt waren, bis uns die vollkommenste Form derselben in der Differentiallampe gegeben wurde.

Wenn man noch einmal, die bisherigen Erwägungen zusammenfassend, berücksichtigt, daß zur Entstehung und Erhaltung, sowie für die Möglichkeit einer ausgiebigen praktischen Verwerthung des Lichtbogens erforderlich ist:

1. daß sich die Kohlenspitzen beim ersten Durchgange des elektrischen Stromes berühren;
2. daß sich dieselben, nachdem sie durch den Strom glühend geworden, voneinander entfernen;
3. daß diese Entfernung die richtige, von der Stärke des Stromes abhängige Größe habe und unverändert beibehalte;
4. daß es in den meisten Fällen wünschenswerth ist, den Lichtbogen stets in derselben Lage im Raume zu erhalten (im Brennpunkte eines Hohlspiegels 2c.);
5. daß die Brenndauer der Kohlenstäbe vier bis acht Stunden betrage, und wenn hierbei immer von der Voraussetzung ausgegangen wird, daß alle zur Regulirung nothwendigen Bewegungen ohne Zuthun der menschlichen Hand, ausschließlich durch die Mechanismen der Lampe, unter Mitwirkung des elektrischen Stromes, ausgeführt werden müssen, so erscheinen die Schwierigkeiten begreiflich, welche mit der Construction geeigneter, d. h. einfacher, dabei sicher functionirender Apparate verbunden sind.

a. Regulatoren mit Elektromagneten.

Zunächst waren es wiederum Foucault und Duboscq, die eine Lampe construirten, welche mit ihrem ersten, bereits beschriebenen Apparate nur noch das Princip der Regulirung gemein hatte. Auch bei dieser Lampe, die in der That als ein Meisterwerk der Mechanik bezeichnet werden kann und in welcher alle Functionen in exactester Weise zur Ausführung kommen, erfolgt die Richtigstellung des Lichtbogens wieder dadurch, daß der das Licht erzeugende Strom um einen Elektromagnet geleitet wird und durch die Ab- und Zunahme seiner Stärke eine entsprechende Veränderung in der auf einen Anker wirkenden Anziehungskraft desselben hervorbringt. Die in dieser Weise beeinflußten Bewegungen des Ankers werden hier mittels eines sinnreich angeordneten Sperrwerks und zweier durch Spiralfedern getriebenen Rädersysteme auf die in Zahnstangen endigenden Kohlenträger übertragen und veranlassen die der Stromstärke sowohl als dem Abbrennen der Kohlenstücke entsprechende Einstellung derselben. Fig. 113 ist eine Querschnittszeichnung dieses Apparates, der noch heute in der mechanischen Werkstätte von Duboscq in Paris in vorzüglicher Güte und speciell für wissenschaftliche Zwecke ausgeführt wird; Fig. 114 giebt eine perspectivische Ansicht desselben. In ersterer Figur bezeichnet P die positive Klemme, durch welche der Strom in die Lampe eintritt, um zu dem Umwindungsdrahte des Elektromagnets M zu gelangen, von hier aus das ganze metallische Gehäuse KK der Lampe zu durchlaufen und dadurch in den Träger A der unteren, positiven Kohle einzutreten. Der Träger T der oberen, negativen Kohle steht in metallischer Verbindung mit der negativen Klemme und der Strom circulirt demnach, sobald die beiden Kohlenstäbe sich berühren, resp. so lange sie die für die Entstehung des Lichtbogens nothwendige Entfernung voneinander haben. C_1 ist das Gehäuse einer Spiralfeder, welche

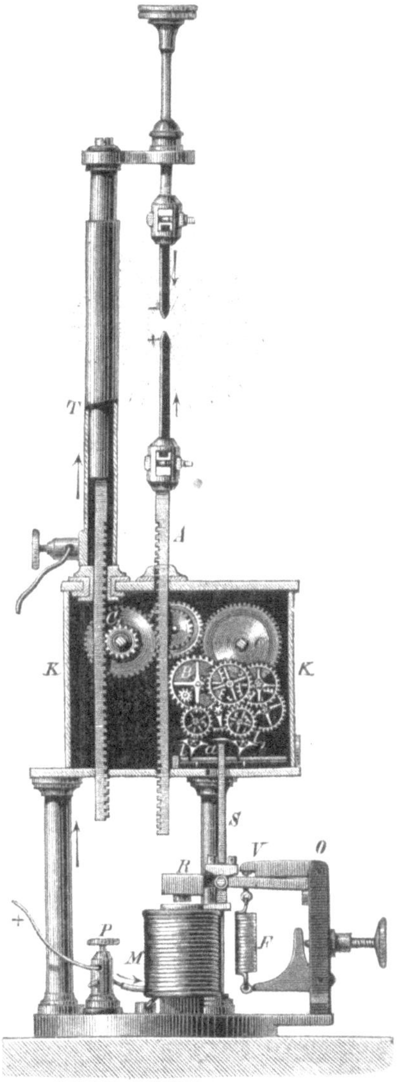

Fig. 113. Elektrische Lampe von Foucault und Duboscq.

mit dem kleineren Zahnrade die linksseitige Zahnstange, also die obere Kohle bewegt, während sie mit dem größeren Zahnrade die rechtsseitige Zahnstange, also den unteren Kohlenstab in entgegengesetzter Richtung in Bewegung setzt, und zwar mit der doppelten Geschwindigkeit als wie der obere Kohlenhalter, da ja bei der hier vorausgesetzten Anwendung gleichgerichteter Ströme die untere positive Kohle etwa in dem doppelten Maaße wie die negative Kohle abbrennt. Die Drehung des Federhauses C_1 wirkt außerdem auf ein Uhrwerk, dessen letztes Rad l_1 einen sternförmig ausgeführten Windfang bildet. So lange derselbe nicht gehemmt wird, bewirkt das Uhrwerk die Entfernung der Kohlenspitzen. Ein zweites Uhrwerk, welches mit einem anderen Federhaus C und dem Windfang l in Verbindung steht, ist bestrebt, die Kohlen einander zu nähern. Zwischen den beiden bezeichneten Rädersystemen befindet sich (unter B) ein sogen. Satellitenrad, welches mit denselben derart im Eingriff steht, daß es die Bewegung des einen Laufwerks hemmt, wenn es die entgegengesetzte des anderen frei läßt. Zwischen den Windflügelrädern l und l_1 befindet sich ein mit horizontaler Arretirvorrichtung a versehenes Stäbchen S, welches an dem Anker R des Elektromagnets befestigt ist und dessen Oscillationen mittels der Arretirvorrichtung abwechselnd die Windräder o oder o′ momentan zum Stillstand bringen. Der Anker R wird durch eine Feder F von dem Elektromagnet abgezogen; doch wirkt diese Feder nicht direct auf den Ankerhebel, sondern zunächst auf das Ende eines um die Achse O drehbaren Metallstücks. Infolge der eigenthümlichen Krümmung, die das erwähnte Metallstück an seinem unteren Ende zeigt, kommen bei seinem Niedergange immer andere, dem Drehpunkte O nähere Punkte mit dem Ankerhebel in Berührung, sodaß die Kraftäußerung der Feder auf den Anker mit der Annäherung desselben an den Elektromagnet zunimmt.

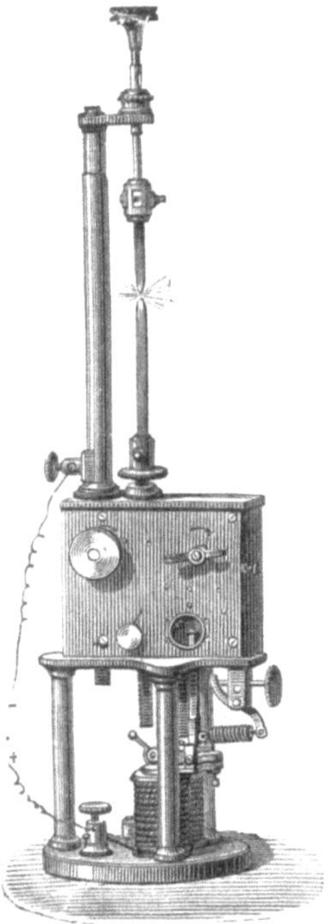

Fig. 114. Elektrische Lampe von Foucault u. Duboscq.

Die beschriebene Lampe functionirt nun, wenn die Pole der Elektricitätsquelle entsprechend mit den Klemmschrauben verbunden sind und das Räderwerk aufgezogen ist. Es wird dann zunächst der Arretirungshaken a das Rad l_1 hemmen und l frei lassen und somit eine Annäherung der Kohlenstäbe bis zu ihrer Berührung veranlassen. Der nunmehr die

Lampe durchfließende Strom bewirkt die Anziehung des Ankers R durch den Elektromagnet M; das mit der Arretirvorrichtung versehene Stäbchen S schlägt nach links aus, hemmt dadurch l und giebt l_1 frei und läßt somit dasjenige Räderwerk arbeiten, welches die Kohlenspitzen voneinander entfernt, worauf sich der Lichtbogen bildet. Ueberschreitet in der Folge die Entfernung der Kohlen das erforderliche Maaß, so wird der Anker R infolge der eintretenden Stromschwächung weniger stark angezogen, die Feder F veranlaßt einen kleinen Rückgang desselben und hemmt so mittels des Arretirungshakens a das Rädchen l_1, gestattet also wiederum eine Annäherung der Kohlen; diese Annäherung ist jedoch nur gering, da anderenfalls die Stromstärke alsbald wieder steigt und die Kohlenspitzen voneinander entfernt werden. Es stellt sich so ein Gleichgewichtszustand her, bei welchem die Entfernung der Kohlenspitzen constant ist und der Lichtbogen ruhig bleibt; der Anker schwebt alsdann über seinem Pole, der Arretirhebel S steht senkrecht und seine beiden Schneiden arretiren gleichzeitig beide Windflügel.

Die für die Feder F erforderliche Spannung richtet sich nach der Stärke des die Lampe in Thätigkeit setzenden Stromes (in physikalischen Cabinetten verwendet man je nach der zu erzielenden Lichtstärke 40 bis 60 Bunsen-Elemente zum Betrieb dieses Regulators) und ist hiernach mittels der rechts in der Figur sichtbaren Stellschraube zu reguliren. Um dem Lichtbogen von Anfang an eine beliebig hohe Stellung anzuweisen, hat die Lampe außerdem die Einrichtung, daß man die Kohlenstifte während des Gebrauches der Lampe unabhängig vom Räderwerke auf- und abbewegen kann. Für die Verwendung von Wechselströmen, wobei die Abnutzung beider Kohlenspitzen gleichmäßig erfolgt, erhalten die beiden die Kohlenhalter führenden Zahnräder gleiche Durchmesser, sodaß ihre Geschwindigkeit gleich groß ist.

Während der Foucault'sche Regulator erforderlichenfalls ebensowohl in liegender als in aufrechter Stellung arbeiten kann, da kein Theil desselben unter dem Einflusse der Schwerkraft in Thätigkeit tritt, ist dies nicht der Fall bei denjenigen Lampen, bei welchen die Schwere des positiven Kohlenhalters als Motor statt eines Uhrwerkes zur Wirkung kommt. Von Serrin wurde im Jahre 1859 in diesem Sinne eine Lampe construirt, die sich ebenfalls sowohl für gleichgerichtete als für Wechselströme als ein höchst leistungsfähiger Apparat erwies und besonders in der französischen Industrie unter den Regulatoren für Einzellicht die ausgedehnteste Anwendung gefunden hat. Fig. 115 giebt eine Ansicht des Serrin'schen Regulators mit durchschnittenem Gehäuse, sodaß die wesentlichen Theile desselben in ihrer Verbindung miteinander deutlich sichtbar sind. Der in einer Hülse bewegliche obere, positive Kohlenhalter B strebt infolge seiner Schwere herabzusinken und, indem er unten in eine Zahnstange endigt, welche in das Zahnrad F eingreift, letzteres in Drehung zu versetzen. Mit F auf derselben Achse sitzt eine Scheibe G, um welche sich eine Gliederkette H schlingt, deren freies Ende über eine Rolle J mittels eines Querstückes an dem unteren Ende des sich in einer verticalen Hülse bewegenden Trägers K der negativen Kohle befestigt ist. Aus der Figur geht hervor, daß beim Herabsinken des Halters B durch die Gliederkette eine Hebung des Halters K, also eine Annäherung der Kohlenstäbe und zwar wiederum in dem der Abnutzung beider Kohlen entsprechenden Geschwindigkeitsverhältniß bewirkt wird. Von der gleichen Achse, auf welcher das Rad F befestigt ist, führt eine Räderübersetzung zu einer anderen, unten angebrachten Achse, auf welcher ein Windflügel und ein sternförmig gebildetes Hemmrad e sitzen, deren Function weiter unten erläutert werden wird.

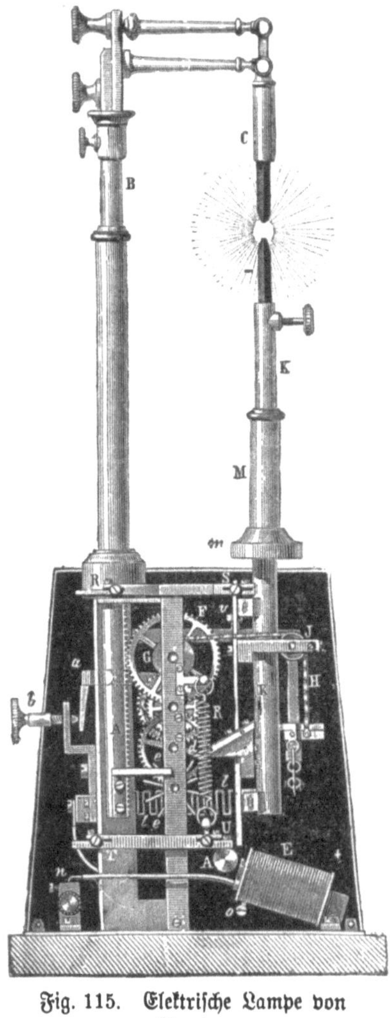

Fig. 115. Elektrische Lampe von Serrin.

Ein zweiter Theil des Mechanismus besteht in einem doppelten Gelenk-Parallelogramme RSTU, dessen Längenseite RT fest liegt, während den Punkten S und U eine geringe Beweglichkeit nach oben und unten gestattet ist; das rechts liegende, verticale Glied ist überdies mit der Hülse verbunden, in welcher sich der untere Kohlenhalter K mit einiger Reibung bewegt, und es wird das ganze Gliedersystem durch zwei entsprechend starke, mittels der Schraube b und des Winkelhebels a zu regulirende und oberhalb U angreifende Schraubenfedern R derart in schwebender Lage erhalten, daß die obere und die untere Seite nahezu waagerecht liegen. Dieses auf und ab bewegliche Gliedersystem trägt an seiner unteren Seite den waagerecht liegenden Anker A eines Elektromagnets E und rechts einen dreieckigen Sperrzahn, dessen Spitze mit d bezeichnet ist. Im allgemeinen hängt das Parallelogramm so tief, daß der Sperrzahn in die Speichen des Sternrades e eingreift; durch Anziehen der Schraube b kann aber auch die eine der das Parallelogramm tragenden Federn gespannt und ersteres etwas gehoben werden, sodaß der Zahn d außer Eingriff kommt. Hierdurch gelangt das Gewicht des oberen Kohlenhalters zur Wirkung, indem durch dasselbe das Räderwerk bewegt wird und eine Annäherung der Kohlenspitzen stattfindet. Sobald sich jedoch die letzteren berühren, greift infolge des auf den unteren Kohlenhalter ausgeübten Druckes der Zahn d wieder in das Sternrad ein und verhindert so jede weitere Bewegung.

Wird alsdann der elektrische Strom durch die Lampe hindurch geführt (derselbe gelangt durch die obere Kohle zur unteren, entsprechend isolirten Kohle und von dieser über eine im Zickzack gefältelte, leicht bewegliche Feder l durch den Elektromagnet zum negativen Pol der Lampe), so zieht der Elektromagnet seinen Anker A an, entfernt hierdurch gleichzeitig die beiden Kohlenstäbe voneinander und erhält den das Räderwerk hemmenden Zahn im Eingriff. Mit der Abnutzung der Kohlen wird der Lichtbogen länger und die Anziehungskraft des Magnets schwächer. Die Folge hiervon ist, daß die das Gelenkviereck tragenden Federn den Zahn d in die Höhe ziehen, bis er außer Eingriff mit dem Sternrade gelangt, und sodann das Gewicht des oberen Kohlenhalters eine Annäherung der Kohlen bewirkt, bis der passende Abstand derselben erreicht ist und die nunmehr wieder verstärkt auftretende Anziehung des Magnets die Hemmung des Räderwerks bewirkt.

Durch einen leichten Druck auf den unteren Kohlenhalter kann man auch sonst jederzeit den Zahn d zum Eingriff bringen und so die Function der Lampe unterbrechen. Um den Kohlenhalter in dieser Stellung zu erhalten, hat man nur einen seitlich in demselben bei m angebrachten Stift in den entsprechenden Einschnitt einer entsprechend angeordneten Elfenbeinknagge zu drehen.

Die Kohlenstäbe werden mittels Klemmschrauben in den Kohlenhaltern festgehalten. Eine genau verticale Einstellung der oberen Kohle über die untere ist mittels der oberhalb sichtbaren Schrauben und Gelenke leicht zu erreichen und in dem Anziehen oder Nachlassen der Schraube b bietet sich ein ebenso feines als sicheres Mittel, die Länge des Lichtbogens der Stromstärke anzupassen.

Die Serrin'sche Lampe hat vor manchen anderen Regulatoren dieser Art den Vorzug, daß das verhältnißmäßig große Gewicht des oberen Kohlenhalters im stande ist, kleinere unvorhergesehene Widerstände, die anderenfalls störend auftreten würden, leicht zu überwinden, wodurch das Räderwerk einen gleichmäßigen Gang erhält. Ein durch die obere Kohle auf die untere ausgeübter Druck kann hierbei nicht schädlich wirken, weil die letztere alsbald dem Drucke nachgiebt und das Räderwerk hemmt. Da bei der im übrigen großen Empfindlichkeit dieser Regulatoren die kleinsten Wirkungen des Elektromagnets auf den Anker sofort auf den unteren Kohlenhalter übertragen werden und der letztere beständig auf- und abzittert, wenn die Kohlenstäbe Unreinigkeiten enthalten, die zu Schwankungen in der Stärke des den Elektromagnet durchlaufenden Stromes Veranlassung geben, erfordert die Serrin'sche Lampe vor allem einestheils einen sehr gleichmäßigen Gang der stromerzeugenden Maschine, anderentheils eine sehr reine Beschaffenheit der Kohlen. Bei Anwendung reiner Kohlen und unter dem Einflusse eines völlig constanten Stromes sind dagegen Schwankungen in dem Anker des Elektromagnets kaum wahrzunehmen, das erzeugte Licht ist daher in solchem Falle ein durchaus ruhiges und angenehmes.

Mit Rücksicht darauf, daß bei den vorstehend beschriebenen Lampen der gesammte elektrische Strom den Lichtbogen und den Regulirungsapparat durchfließt, also die Lichterzeugung durch die Stromstärke im Schließungskreise regulirt wird, erscheint es leicht begreiflich, daß bei denselben die Regulirung stets eine Rückwirkung auf die Stromstärke im Gefolge haben wird, die bei Einschaltung zweier oder mehrerer derartiger Lampen in denselben Stromkreis einer gleichmäßigen Lichtentwickelung hindernd entgegentreten muß, sodaß diese Lampen nur für Einzellicht zur Anwendung kommen können.

Nachdem das Princip der Stromtheilung zur Regulirung der elektrischen Lampen bekannt geworden war, verbesserte im Jahre 1877 Lontin die Serrin'sche Lampe, indem er die Regulirung derselben durch einen Zweigstrom ausführen ließ, der nicht den Lichtbogen passirt, wodurch es möglich wurde, mehrere Lampen gleichzeitig in einer einzigen Leitung im Betriebe zu erhalten, ohne daß eine derselben durch ihre Regulirung störend auf die anderen einwirkt. In dieser Construction stellt also die

Serrin-Lontin'sche Lampe einen Regulator für getheiltes Licht dar, weshalb dieselbe erst in dem folgenden Abschnitt näher beschrieben werden soll.

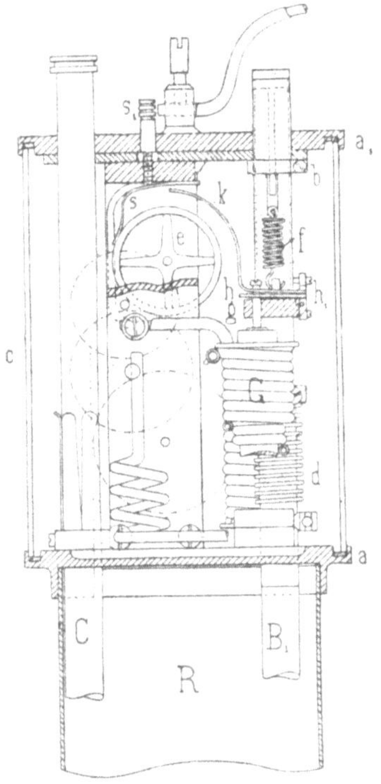

Fig. 116.

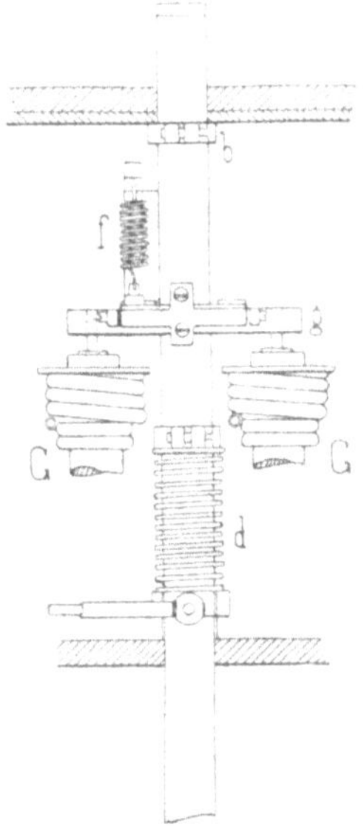

Fig. 118.

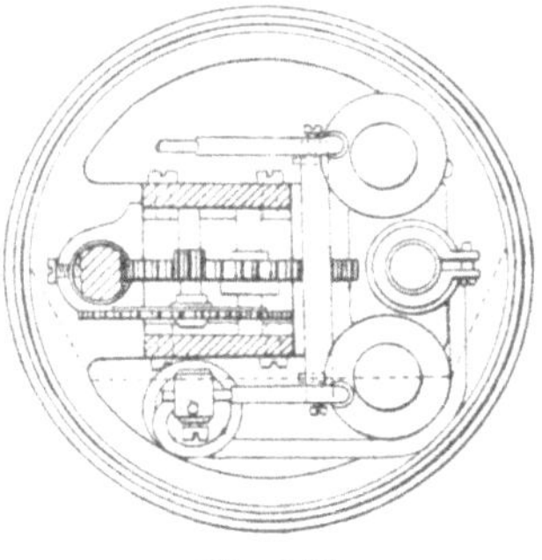

Fig. 117.

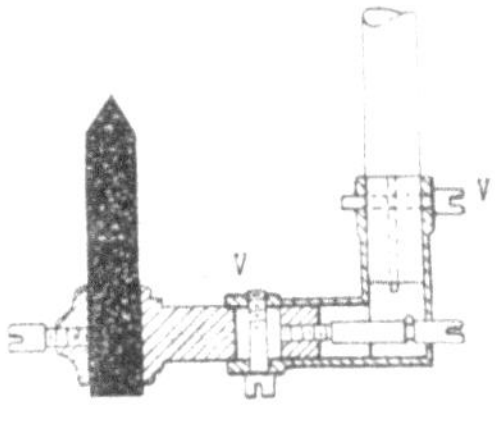

Fig. 119.

Fig. 116—119. Regulirungs-Mechanismus der Crompton'schen Lampe für Einzellicht.

Zu den Regulatoren für Einzellicht, welche ihrer praktischen Bedeutung wegen an dieser Stelle Platz finden müssen, gehört zunächst die

Lampe von R. E. Crompton, welche besonders mit Rücksicht auf die Gewichtsverminderung der das Nachschieben der Kohlen besorgenden Theile construirt ist, um eine leichtere Beweglichkeit und folglich auch größere Empfindlichkeit für die Stromschwankungen herbeizuführen, im übrigen jedoch als eine Vereinfachung der Serrin'schen Lampe betrachtet werden kann. Die wesentlichsten Theile des Crompton'schen Regulators sind in den Fig. 116 bis 119 dargestellt, von welchen die Fig. 116, 117 und 118 den Regulirungsmechanismus einer Lampe in hängender Anordnung im Querschnitt und im Horizontalschnitt, sowie eine Seitenansicht der Elektromagnete zeigen, während Fig. 119 einen Durchschnitt durch den nach vorn gedreht gedachten unteren Kohlenhalter giebt.

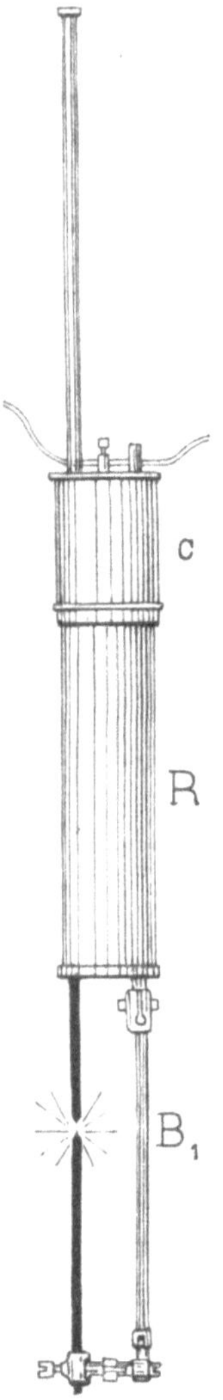

Fig. 120.
Elektrische Lampe von Crompton.

Der den Mechanismus enthaltende obere Theil besteht aus einer Bodenplatte a und einer Deckelplatte a_1, vereinigt durch zwei Platinen, welche das Werk einschließen. Das letztere ist von einem Glascylinder c umgeben, der von in den beiden Platten eingedrehten Nuthen gefaßt wird. Soll die Lampe länger als fünf Stunden brennen, so wird sie in Form einer Röhre R verlängert, welche an ihrem unteren Ende die Führungen für die hierzu erforderlichen langen Kohlenstäbe trägt und in welcher sich der den Strom der Kohle zuführende Platincontact befindet (s. Fig. 120). Hierdurch bleibt die in den Stromkreis eingeschaltete Länge der Kohlenstäbe und somit der Widerstand derselben während der ganzen Brenndauer constant. Haben die Lampen nur bis höchstens fünf Stunden zu brennen, so ist jener Kohlenwiderstand nicht so wichtig und es kann, da die Kohlen hinreichend fest sind, um sich ohne Führung gerade zu halten, die röhrenförmige Verlängerung wegbleiben. In letzterwähnter Figur ist B_1 der untere Kohlenhalter, der durch Gelenke o nach jeder Richtung hin genau eingestellt werden kann, wie dies in dem Schnitt Fig. 120 veranschaulicht ist. Derselbe gleitet durch Löcher in den Bodenplatten a und a_1 und ist im übrigen derart construirt, daß er den Strom von der negativen Kohle vom Lampenkörper zu dem Elektromagnet G leitet.

Der Hub dieses Kohlenhalters ist durch den Bundring b fixirt. Wenn die Lampe stromlos ist, wird der Kohlenhalter durch die Schraubenfeder d in die Höhe gehoben, bis der Bundring b gegen die Platte a_1 stößt. Die Anziehungskraft des Elektromagnets, welcher auf die fest mit dem Kohlenhalter verbundene Armatur g wirkt, kann den Druck jener Feder d überwinden, sobald der Strom stark genug ist, um ein gutes Licht zu erzeugen, und zieht dann den Kohlenhalter so weit herunter, bis Elektromagnet und Anker in Berührung kommen. Die obere Kohle wird von der massiven Messingstange C getragen, deren Gewicht zur Bewegung eines Räderwerkes ausreicht, dessen letztes unterstes Rad durch Verzahnung mit der Stange C in Verbindung ist und dessen oberste Achse ein Bremsrad e trägt. Der Gang dieses Räderwerkes wird durch eine mittels der Schraube s_1 einzustellende Schleiffeder s regulirt.

Auf der oberen Fläche der vorher erwähnten Armatur g ist eine leichte Eisenplatte h bei h_1 zwischen Stahlspitzen drehbar befestigt; dieselbe trägt einen gekrümmten Arm k, der so adjustirt und gestaltet ist, daß er, wenn die Armatur g durch die Wirkung des Stromes niedergedrückt ist und, demselben Einflusse folgend, die Platte h auf der Armatur ruht, leicht auf dem Rade e aufliegt, dasselbe bremst und hierdurch jede Bewegung der oberen Kohle hindert. Indem sich nun der Lichtbogen entfaltet und eine allmähliche Abnutzung der Kohlen eintritt, wächst der Widerstand in der Leitung und nimmt die Stromstärke etwas ab. Bei unbedeutender Abnahme der Stromstärke bleibt der Contact zwischen Armatur und Elektromagnet noch bestehen und dauert überhaupt so lange an, als der Strom ein bestimmtes Minimum der Stärke hat; indeß reicht schon die geringste Schwächung des Stromes und somit auch des Magnetismus im Elektromagnet hin, um zu bewirken, daß die kleine, leichte Platte h, der Zugkraft einer Spiralfeder f folgend, sich von der Armatur g abhebt; alsdann hebt sich auch der Arm k von dem Bremsrade ab und das letztere bleibt in Thätigkeit, bis der normale Widerstand des Lichtbogens und die normale Stromstärke wieder hergestellt sind, worauf das Bremsrad abermals gehemmt wird.

Die Spannung der Feder f kann mit einem solchen Grade von Feinheit regulirt werden, daß, wenn der Widerstand im Lichtbogen normal ist, der Arm k eben nur das Bremsrad streift; die geringste Veränderung der Stromstärke und somit auch des Magnetismus stellt dann die Bremse an oder ab. So lange die Lampe gut brennt, ist das Stück h fortwährend in Bewegung und das Bremsrad dreht sich nur ganz langsam, wodurch ein regelmäßiges Nachschieben des Kohlenstabes bewirkt wird. Erfahrungsgemäß findet in der Crompton'schen Lampe die Hemmung des Rades e während der vollen Umdrehung desselben acht- bis zehnmal statt, wobei die Kohle um $^1/_{10}$ Millimeter sinkt, sodaß die Einzelbewegungen derselben ungefähr $^1/_{100}$ Millimeter betragen. Hierin besteht ein Vorzug dieser Construction, z. B. der Serrin'schen Lampe gegenüber, bei welcher infolge des Umstandes, daß zur Regulirung erst ein Gelenkviereck in Bewegung gesetzt werden muß, welch' letztere durch die Schwere des Ganzen sowie durch geronnenes Oel, Staub ꝛc. beeinflußt wird, das Nachschieben der Kohlen häufig erst bei zu großer Verminderung der Stromstärke eintritt und erst dann aufhört, wenn infolge zu großer Annäherung der Kohlen die Stromstärke zu bedeutend geworden ist.

Wie aus vorstehender Beschreibung hervorgeht, beruht die Wirkungsweise der Crompton'schen Lampe auf der Veränderung der Stromstärke im Verein mit der einmal fixirten Spannung der Feder f, wodurch h gehoben oder herabgedrückt und somit das Rad e gebremst wird. Dieselbe functionirt daher, gleich den vorher beschriebenen Lampen, nicht mehr gut, wenn ihrer mehrere in einem Stromkreise brennen, da die Abnahme der Stromstärke in einer der Lampen nicht allein in ihr selbst, sondern auch in allen übrigen Lampen des Stromkreises ein Nachschieben des Kohlenhalters ohne Rücksicht auf dessen Nothwendigkeit bewirken muß. Um diese Lampen für getheiltes Licht verwenden zu können, ist auch von Crompton eine Nebenschließung benutzt worden, sodaß jede Lampe unabhängig von der Stromstärke ihre Kohlen regulirt. Das Nähere über die in dieser Weise modificirte Lampe wird im nächsten Abschnitt mitgetheilt werden.

Im Gegensatz zu der Einrichtung der Crompton'schen Lampe, der zufolge das die Kohlenspitzen einander nähernde Räderwerk fest und die hemmende Feder beweglich ist, hat ein Schweizer Constructeur, Emil Bürgin in Basel, mit Glück die umgekehrte Anordnung angewendet, indem er die Bremsfeder festlegte und das Hemmrad beweglich machte. Trotzdem eine derartige Vermehrung der zu bewegenden Massen auf den ersten Blick als ein Rückschritt erscheinen könnte, zeigt der Bürgin'sche Regulator infolge der eigenthümlichen Führung des Ankers des Elektromagnets einen hohen Grad von Empfindlichkeit und Zuverlässigkeit. Der Mechanismus dieser Lampe, welcher seit dem ersten Auftreten derselben, im Jahre 1875, keine wesentlichen Aenderungen erfahren hat, ist in der Anwendung für eine hängende Lampe durch Fig. 121 und 122 in der Vorderansicht und im Horizontalschnitt dargestellt. Derselbe ist in einem viereckigen Gehäuse untergebracht, an dessen unterem Theile sich eine Röhre zur Führung des oberen Kohlenhalters, sowie zum Tragen der Laterne ansetzt. Der erstere ist isolirt durch das Rohr hindurchgeführt und an der Schnur f aufgehängt, während der untere Kohlenhalter an einem metallenen Stege befestigt ist, der mit dem negativen Pole der Stromquelle leitend verbunden ist. An der einen Seite des Gehäuses ist ein Elektromagnet NS befestigt, dessen Polen der durch die parallelen Schienen k getragene Anker ii gegenübersteht, der die eine Seite eines auf der gegenüberliegenden Seite festliegenden Gelenkparallelogramms bildet; der horizontale Abstand des Elektromagnets von diesem Anker kann durch die Stellschrauben vv der Stärke des zur Verwendung kommenden Stromes entsprechend regulirt werden.

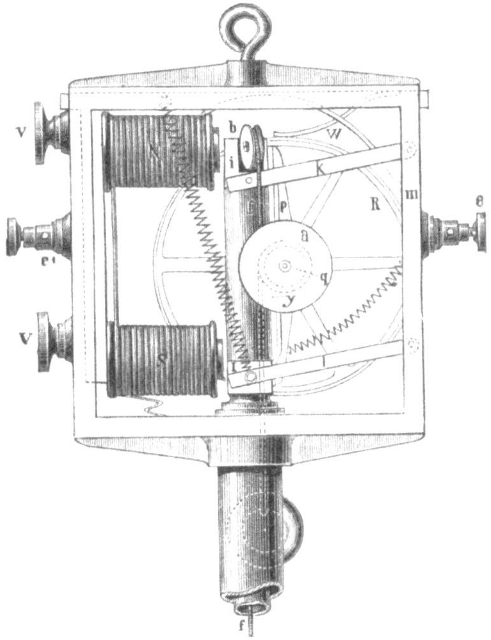

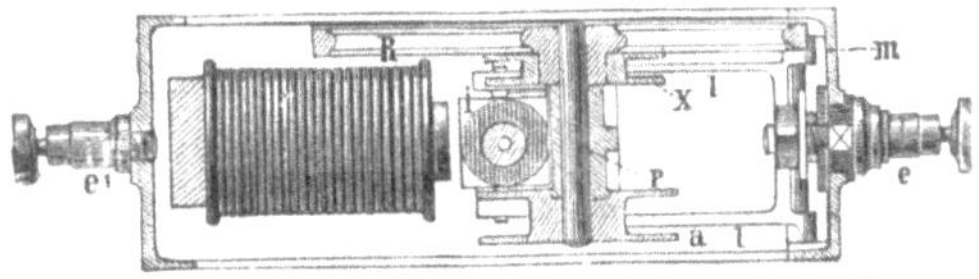

Fig. 121 u. 122. Mechanismus der elektrischen Lampe von Bürgin.

Der Anker ii, der seiner Länge nach durchbohrt ist und oberhalb ein Röllchen b aufnimmt, trägt das Hemmrad R und auf der Achse desselben zugleich zwei Spulen a und x. Auf die erstere Spule ist die über die Rolle b nach dem oberen Kohlenhalter geführte Schnur f gewickelt, während auf die Spule x sich die Schnur y aufwickelt, an deren Ende ein Messingring hängt, mittels dessen man den oberen Kohlenhalter hinaufziehen kann.

Die Lage des Ankers ii hängt von der Stärke des die Lampe durchfließenden Stromes ab. Derselbe tritt rechts durch die positive Polklemme e ein und spaltet sich hier in zwei Zweige, von denen der eine die Umwindungsdrähte des Elektromagnets NS passirt, um durch den oberen Kohlenhalter und die Kohlen seinen Weg nach der negativen Polklemme e[1] zu nehmen; der andere Zweig wird vor dem Eintritt in den oberen Kohlenhalter in einer Anzahl von Windungen um den Anker geführt, um die Lampe in ihrem Spiel möglichst empfindlich zu machen. Diese Drahtleitung ist derart gewickelt, daß die Pole des Ankers zu den gegenüberliegenden des Elektromagnets ungleichnamig sind. Demgemäß findet zwischen den einzelnen Polen eine Anziehung statt, welche stark genug ist, um bei normaler Stromstärke den Anker und mit diesem das Rad R so weit zu heben, daß das letztere durch eine flache Feder w gebremst wird. Die Drehung des Rades R und der Spulen a und x ist somit gehemmt und jede abwärts gehende Bewegung des oberen Kohlenhalters verhindert. Wird mit zunehmender Länge des Lichtbogens der den Elektromagnet und den Anker umkreisende Strom und folglich auch der Magnetismus der Pole der Elektromagnete geschwächt, so reicht ihre gegenseitige Anziehung nicht mehr hin, den Anker ii in der gleichen Höhe zu erhalten. Derselbe sinkt alsdann, wodurch das Rad R außer Berührung mit der Feder w kommt und der obere Kohlenhalter vermöge seines Uebergewichtes langsam herabsinken kann. Auf diese Weise nähern sich die Kohlen, bis der Lichtbogen seine normale Länge wieder erlangt hat, worauf die Stromstärke in den Drähten der Elektromagnete wieder zunimmt; die gegenseitige Anziehung derselben wächst infolge dessen und erreicht schließlich diejenige Größe, bei welcher der Anker wieder emporgehoben und das Rad gebremst wird.

Als besonderer Vorzug dieser Lampe ist der sehr kräftige Regulirmechanismus hervorzuheben, bei welchem die Disposition derart getroffen ist, daß die horizontale Entfernung zwischen dem Anker und den ihm gegenüberliegenden Polen des Elektromagnets sich nicht erheblich ändert, wenn auch der Anker auf seine volle Höhe gehoben ist. Es ist hierdurch erreicht, daß die auf den letzteren ausgeübte magnetische Kraft von der Entfernung desselben vom Elektromagnet weniger als bei den vorher beschriebenen Lampen abhängig ist; daher ist diese Regulirung in ihrer Wirkung mehr derjenigen von Solenoid und Kern ähnlich, wie sie bei den im folgenden Abschnitt zu beschreibenden Lampen zur Anwendung kommt.

Fig. 123 stellt eine complete hängende Lampe von Bürgin dar; aus derselben ist die Anordnung des die untere Kohle tragenden Bügels zu ersehen. Am Ende des Führungsrohres des oberen Kohlenhalters tritt die obere Kohle aus, deren freies Ende durch einen entsprechend

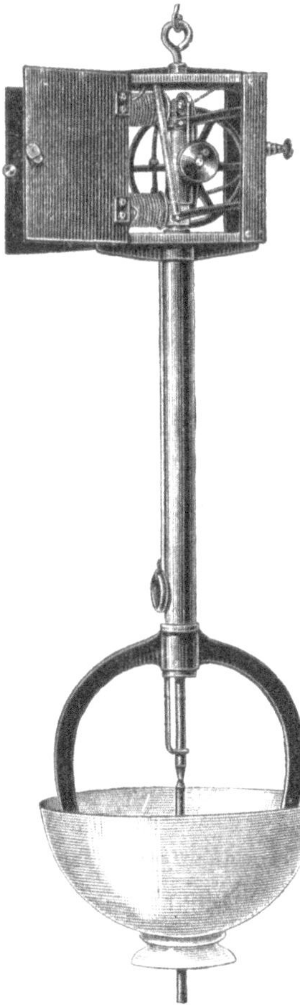

Fig. 123.

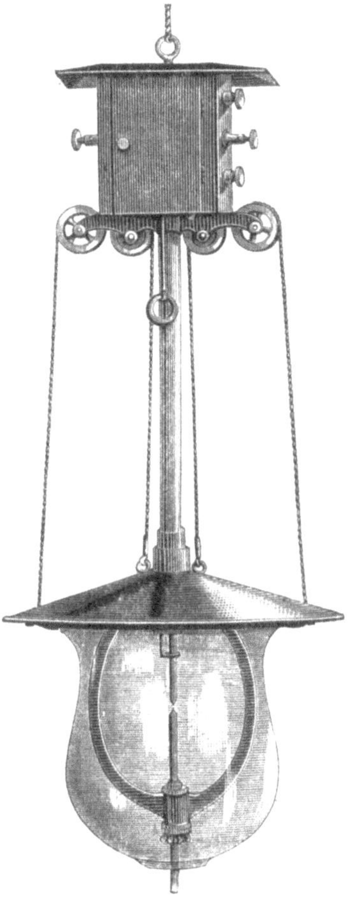

Fig. 124.

Elektrische Lampen von Bürgin.

gebogenen Draht geführt wird. Die Lampe ist unterhalb mit einer porcellanenen Glocke (Diffuseur) versehen, welche zur Zerstreuung des Lichtes dient.

Wie aus dem Vorhergehenden ersichtlich, hat die Bürgin'sche Lampe einen veränderlichen Brennpunkt, da der unteren Kohle keine

Beweglichkeit ertheilt ist. Bei Anwendung von 50 Centimeter langen Kohlenstäben von 1,3 Centimeter Durchmesser brennt dieselbe acht Stunden,

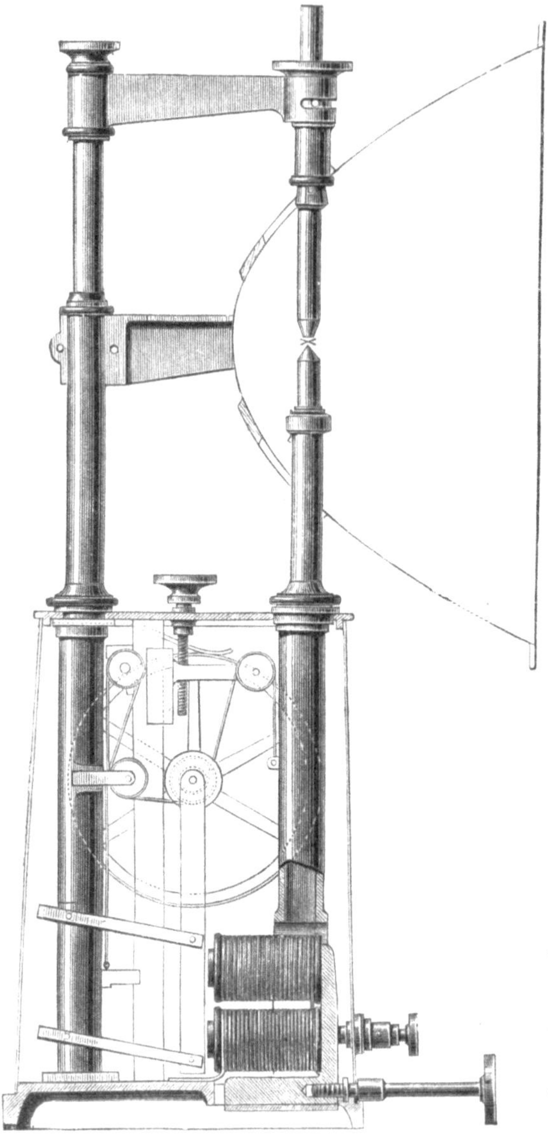

Fig. 125. Elektrische Reflectorlampe von Bürgin.

doch werden diese Lampen auch für die Anwendung noch längerer Kohlenstäbe ausgeführt, welche eine Brenndauer von 12 bis 14 Stunden gestatten, wie sie etwa der Länge einer Winternacht entsprechen würde. In solcher Ausführung gewährt die Lampe nicht nur den Vortheil, daß man nicht so oft neue Kohlen einzusetzen braucht, es ist auch der Kohlenverbrauch erheblich geringer als bei Lampen mit beispielsweise sechsstündiger Brennzeit, da man auf 12 Stunden nur etwa soviel Abfall hat als sonst auf sechs Stunden.

In Fig. 124 ist eine Lampe zur Darstellung gebracht, welche bestimmt ist, im Freien zu brennen, und deshalb mit einer geschlossenen Glasglocke versehen ist, durch welche der Lichtbogen vollständig gegen Luftzug geschützt wird. Oberhalb wird diese Glocke durch einen konischen Reflector abgeschlossen, mit dessen Hilfe sich eine bessere Bodenbeleuchtung erzielen läßt. Derselbe ist mittels über Rollen geführter Schnüre aus feinem Stahldraht mit der Glocke verbunden, wobei diese zugleich derart ausbalancirt wird, daß man die Glocke leicht herabziehen kann, während sich der Reflector hebt, und so der freie Zugang zum Auswechseln der Kohlen geschaffen ist.

Besonders für wissenschaftliche Zwecke, für Projectionen, sowie für Reflectorbeleuchtungen im Freien (von Flußufern 2c.) hat sich die in Fig. 125 abgebildete Lampe vielfach bewährt. Dem Umstande entsprechend, daß bei derselben der Lichtbogen sich stets im Brennpunkt des parabolischen Reflectors befinden muß, ist die Führung des oberen und des unteren Kohlenhalters in der bereits mehrfach erläuterten Weise durch Schnüre, welche über die in der Figur sichtbaren Rollen laufen, derart bewirkt, daß die obere, positive Kohle sich mit der doppelten Geschwindigkeit wie die untere, negative bewegt. Im übrigen zeigt der Mechanismus die gleiche Construction, wie sie bei den hängenden Lampen zur Anwendung kommt, nur daß dieselbe hier dem speciellen Falle angepaßt ist.

Fig. 126.
Einzellichtbogenlampe von Siemens & Halske.

Sowohl Bürgin als Crompton haben auch Lampen mit zwei Kohlenpaaren construirt, bei welchen sich der Lichtbogen zuerst in dem einen Kohlenpaar bildet und nach dem vollständigen Abbrennen desselben selbstthätig zu dem anderen Kohlenpaare übergeht. Bei der Bürgin'schen Lampe dieser Art sind die Kohlenhalter mit Zahnstangen versehen, welche in kleine Triebe eingreifen, die lose auf der Achse des Bremsrades sitzen, aber mit dieser durch Sperrhebel in Verbindung stehen. Ist der eine Kohlenhalter am Ende seines Weges angelangt, so wird ein Hebel mechanisch ausgelöst, der den anderen Kohlenhalter bisher gehemmt hat, und es entsteht der Lichtbogen zwischen dem zweiten Kohlenpaar.

Um seine Lampen auch für getheiltes Licht verwenden zu können, führt Bürgin die Bewickelung des Ankers mit sehr feinem Drahte von großem Widerstande derart aus, daß er in demselben mit den gegenüber liegenden Magnetpolen gleichnamige Pole erzeugt. Auf diese Weise wird die Stärke des den Anker umkreisenden Stromes und somit die

Gleichgewichtsstellung des letzteren eine Function des Abstandes der Kohlenspitzen, hängt also nicht mehr allein von der Stärke des Hauptstromes ab.

Fig. 127. Einzellichtbogenlampe von Siemens & Halske.

Bei dem nach dem System v. Hefner-Alteneck von Siemens & Halske ausgeführten Regulator für Einzellicht ist, wie bei der Serrin'schen Lampe, das Gewicht des oberen Kohlenhalters und die Anziehungskraft eines Elektromagnets, in angemessener Weise abwechselnd, als bewegende Kraft für ein Räderwerk verwendet, welches das Vorschieben beider Kohlen bewirkt, doch ist das hier zur Anwendung gekommene Regulirungsprincip ein wesentlich einfacheres und darum vollkommeneres als das der genannten Construction. Fig. 126 zeigt eine äußere Ansicht des kleineren Modelles dieser Lampe in etwa $^1/_8$ natürlicher Größe, während die innere Einrichtung derselben durch Fig. 127 veranschaulicht wird. Der positive Strom tritt bei K in die Lampe, umkreist den Elektromagnet E und gelangt über das metallene Gestell auf den Träger des oberen Kohlenstiftes, durch den Lichtbogen zur unteren Kohlenspitze und zu der isolirten Zahnstange derselben, um schließlich von hier nach Z zurückgeführt zu werden. Beide Zahnstangen sind mit einem Räderwerk derart verbunden, daß sich die beiden Kohlenspitzen wie bei der Foucault'schen Lampe gegeneinander bewegen, und zwar die obere, positive Spitze mit doppelt so großer Geschwindigkeit als die untere negative Kohle. Die Annäherung der Kohlen wird durch das Uebergewicht des oberen Kohlenhalters hervorgebracht; sobald aber der Strom durch die gegenseitige Berührung der Kohlenspitzen geschlossen wird, zieht der Elektromagnet den Anker A an und bewegt so den um eine Achse bei k drehbaren Hebel T. Hierdurch wird einerseits mittels des Stößers m das Sperrädchen u, in dessen Zähne die Spitze von m eingreift, zurückgedreht, welche Drehung durch Vermittelung des in der Figur sichtbaren Räderwerkes eine Entfernung der Kohlenspitzen bewirkt; anderseits wird bei c ein Contact geschlossen, wodurch dem Strome ein kürzerer Weg an der Spirale des Elektromagnets vorbei geöffnet wird. Infolge dessen verliert der letztere seine Kraft und der Hebel T weicht unter dem Drucke der Feder f mit dem Stößer m nach rechts zurück. War jedoch die Entfernung der Kohlenspitzen noch nicht hinreichend groß, so erneuert sich sofort dasselbe Spiel und der Hebel T oscillirt so lange hin und her, bis durch den wiederholten Eingriff des Stößers in das Räderwerk die Entfernung der Kohlenspitzen so groß geworden ist, daß infolge der eintretenden Verminderung der Stromstärke die Anziehung des Elektromagnets der Einwirkung der Stromstärke das Gleichgewicht hält und demnach sich der Contact bei c nicht mehr bilden kann. Wird infolge der Verbrennung der Kohlen die Stromstärke noch geringer, so überwiegt die Wirkung der Feder f, der Sperrzahn hemmt nicht mehr die Bewegung des Räderwerkes und beide Kohlen können sich unter dem Einflusse des Gewichtes des oberen Kohlenhalters langsam einander um soviel nähern, bis das Spiel des Elektromagnets von neuem beginnt.

Bei normaler Functionirung der Lampe sind die alternirenden Bewegungen der Kohlenspitzen an diesen selbst kaum wahrnehmbar; erlischt dagegen der Lichtbogen durch eine äußere Veranlassung, so laufen die Kohlenspitzen sofort zusammen und werden nach eingetretener Berührung durch den in Thätigkeit kommenden Anker des Elektromagnets und die Wirkung desselben auf den Hebel T und den Stößer m wieder voneinander entfernt, wonach der Lichtbogen von neuem entsteht. Um die beschriebene Lampe für die Verwendung von Wechselströmen geeignet zu machen, sind nur geringe Abänderungen erforderlich. Der Elektromagnet arbeitet in diesem Falle in gleicher Weise, indem die Oscillationen des Ankers schon infolge des steten Polwechsels im Elektromagnet, also auch ohne Beihilfe des Ausschlußcontactes c auftreten. Da jedoch bei den Wechselströmen beide Kohlen gleich stark abbrennen, so müssen sich dieselben mit genau der gleichen Geschwindigkeit gegeneinander bewegen, wenn der Brennpunkt seine anfängliche Lage im Raume behalten soll, und es sind danach die Durchmesser der die Kohlenhalter bewegenden

Zahnräder gleich zu machen, resp. es greifen die Zahnstangen der Kohlenhalter in einen und denselben Trieb. Soll daher die Lampe gleichzeitig für beide Arten von Strömen verwendbar gemacht werden, so wird die Einrichtung derart getroffen, daß durch Drehung eines nach außen liegenden Knopfes die Zahnstangen der Kohlenhalter entweder mit einem gemeinschaftlichen Rade oder mit zwei Zahnrädern von entsprechend verschiedenem Durchmesser in Eingriff gebracht werden können.

Abgesehen von dieser doppelten Verwendbarkeit der v. Hefner-Alteneck'schen Lampe, zeichnet sich dieselbe besonders durch die Einfachheit und Uebersichtlichkeit der Construction sowie durch die Präcision der Regulirung aus. Der Apparat selbst ist von gefälliger Form und so leicht zugänglich gebaut, daß die Lösung von nur zwei Schrauben genügt, um alle Haupttheile mit der Hand herausnehmen zu können. Die Lampe ist für ein Licht von 2000 bis 14000 Normalkerzenstärken verwendbar und es bleibt das erzeugte Licht selbst bei mehrstündiger Brenndauer — die Anwendung guter Kohlen vorausgesetzt — vollkommen ruhig und gleichmäßig.

So befriedigend im allgemeinen die bisher betrachteten Regulatoren arbeiten, so ist doch beim Gebrauch derselben die Möglichkeit nicht ausgeschlossen, daß, namentlich bei schlechter Beschaffenheit der Kohlen, der Lichtbogen einmal erlischt. Abgesehen davon, daß durch eine solche Unterbrechung des Stromes eine Schädigung der stromerzeugenden Maschinen verursacht werden kann, ist in vielen Fällen, beispielsweise auf Leuchtthürmen, ein stetiges Licht unentbehrlich. Um ein solches zu erzielen, brachten zuerst Siemens & Halske mit ihrer Lampe eine Nebenlampe ohne Laufwerk in Verbindung, die den Zweck hat, bei zufällig eintretendem Verlöschen des Lichtbogens ein Nebenlicht anzuzünden und bei dem selbstthätigen Wiederauftreten des Hauptlichtes jenes von selbst wieder erlöschen zu lassen. Eine solche als Deviator bezeichnete Lampe wird in den Hauptstromkreis derart eingeschaltet, daß bei normalem Lichtbogen der Hauptlampe der Strom durch den Fuß der Nebenlampe hindurchgeht, ohne dieselbe in Wirksamkeit zu setzen. Derselbe durchläuft nämlich gleichzeitig die Umwindungen eines Elektromagnets der Nebenlampe und durch die Wirkung desselben auf den oberen Kohlenhalter der letzteren werden in ihr die Kohlenspitzen in einer gewissen Entfernung voneinander gehalten, sodaß hier der Lichtbogen nicht entstehen kann. Es geht also der ganze Strom durch die Hauptlampe und setzt diese in Thätigkeit, als ob die Nebenlampe nicht vorhanden wäre. Erlischt jedoch durch irgend einen Umstand das Licht der Hauptlampe, so hört momentan der ganze Strom auf zu circuliren; der Elektromagnet der Nebenlampe läßt den oberen Kohlenhalter los und die Kohlenspitzen derselben kommen vermöge des Gewichtes des oberen Kohlenhalters zur Berührung. Der Stromkreis ist alsdann durch die Nebenlampe wieder geschlossen, der Elektromagnet kommt zur Wirksamkeit und zieht die Kohlen so weit voneinander, als zur Bildung des Lichtbogens erforderlich ist. Dies alles geschieht fast in dem gleichen Momente, in welchem die ersterwähnte Stromunterbrechung erfolgt; nach kurzer Zeit kommen sodann die Kohlenspitzen der Hauptlampe durch den Mechanismus derselben wieder in vorübergehenden Contact. Der Strom findet alsdann hier den geringeren Widerstand, setzt die Hauptlampe wieder in Function und der Lichtbogen der Nebenlampe erlischt. Die Kohlen derselben behalten indeß ihren Abstand, da der Strom den Elektromagnet der Nebenlampe umkreist, der den oberen Kohlenhalter in seiner Stellung festhält, sodaß der Nebenzweig des Stromlaufes unterbrochen ist und die Hauptlampe wieder allein functionirt.

Die Principien, welche bei der Construction elektrischer Lampen maaßgebend sind, müssen im allgemeinen je nach dem Zwecke, dem die Lampen dienen sollen, verschiedene sein und es treten sonach für verschiedene Fälle der Anwendung andere Forderungen und Schwierigkeiten auf. So hatte man sich seit längerer Zeit erfolglos bemüht, für Locomotiv- und Schiffslichter, zur Erhöhung der Verkehrssicherheit bei Nacht, zweckentsprechende elektrische Lampen zu construiren. Die mit dieser Frage sich beschäftigenden Constructeure benutzten für ihre ersten Versuche Serrin'sche und diesen ähnliche Lampen, welche an Locomotiven und auf Schiffen an passenden Stellen angebracht wurden. Es zeigte sich jedoch stets nach der ersten Fahrt, daß die feinen Zapfen der Werke dieser Lampen infolge der Erschütterungen, welchen die Fahrzeuge ausgesetzt sind, abgestoßen wurden und dadurch eine richtige Functionirung des Lampenmechanismus unmöglich gemacht wurde. Erst den langjährigen vereinten Bemühungen von H. Sedlaczek, F. Wikulill, beide in Leoben, und S. Schuckert in Nürnberg gelang es, einen höchst einfachen Beleuchtungsapparat zu construiren, welcher gleichzeitig den Oscillationen und Stößen der Fahrzeuge in ausgezeichneter Weise Widerstand leistet und ein durchaus gleichmäßiges Licht erzeugt.

Das Princip dieser Lampe beruht, entgegen den bei allen übrigen Lampenconstructionen angewendeten Principien, auf der Verwendung von verticalen, miteinander communicirenden Röhren, die mit einer Flüssigkeit, Oel, Glycerin 2c., gefüllt sind und in welchen sich dichtschließende, die Kohlen tragende Kolben auf und ab bewegen, wobei die Regulirung entweder durch einen Elektromagnet oder auch durch einen Centrifugalregulator geschieht. Die erstere Regulirungsmethode ist in Fig. 128 schematisch dargestellt.

Die Kohlenstäbe sind mit den Kolben a und b fest verbunden und machen die Bewegungen derselben mit. Die Durchmesser der Cylinder sind so gewählt, daß der Kolben a mit der positiven Kohle einen doppelt so langen Weg zurücklegt als der Kolben b mit der negativen Kohle, damit der Lichtbogen an demselben Punkte verbleibt. Der Kolben a ist schwerer, drückt auf die Flüssigkeit und hebt den Kolben b, bis die Kohlen einander berühren. In diesem Moment wird der Strom in der Lampe geschlossen, welcher gleichzeitig die Drahtbewickelung eines Elektromagnets c durchläuft und somit eine Anziehung des Ankers b bewirkt, der an einem um den Punkt x drehbaren Hebel befestigt ist. Wie aus der Figur ersichtlich, bewegt sich infolge dessen ein kleiner Kolben k von links nach rechts; es senkt sich dadurch der Kolben b mit der negativen Kohle, weil der Raum unter demselben vergrößert wurde, und der Lichtbogen bildet sich. Die positive Kohle bleibt dabei in ihrer Stellung, weil durch die Bewegung des Kolbens k gleichzeitig die Verbindung zwischen den beiden communicirenden Röhren

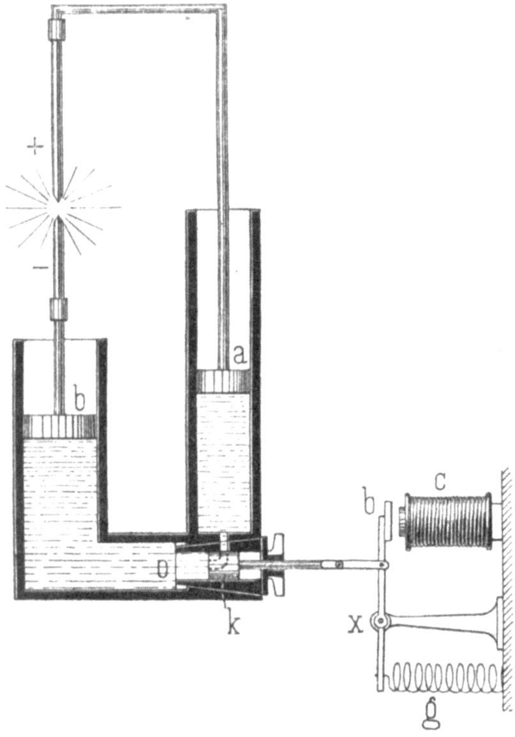

Fig. 128. Principfigur der elektrischen Schiffslampe von Sedlaczek und Wikulill.

nach der positiven Röhre zu abgeschnitten wird. In dieser Stellung verharrt der Kolben k, bis durch Vergrößerung des Lichtbogens der Widerstand wächst, welchen der elektrische Strom in der Lampe findet, und demgemäß der Elektromagnet c schwächer wird. Eine an seinem Ende auf ihn einwirkende Schraubenfeder g erhält dadurch das Uebergewicht über die anziehende Kraft des Elektromagnets; dieselbe veranlaßt also eine Entfernung des Ankers b von seinen Polen, wodurch der Kolben k wieder zurückgeschoben wird und so eine entsprechende Hebung der negativen Kohle veranlaßt.

Bei weiterem Abbrennen der Kohlen, d. i. bei weiterem Vordringen des Kolbens k unter Einwirkung der Schraubenfeder g, welche mehr und mehr die von dem Elektromagnet geäußerte Anziehungskraft überwindet, wird durch die betreffende Stellung des Kolbens eine Verbindung zwischen den beiden Röhren hergestellt und ein gewisser Theil der unterhalb des Kolbens a befindlichen Flüssigkeit gelangt hinunter, wodurch das Fallen der positiven Kohle, die Kraftzunahme des Stromes durch Verminderung des Widerstandes im Lichtbogen, darauf der Rückgang des Kolbens k nnd der Abschluß der Communication bewirkt werden, sodaß das Spiel von neuem beginnen kann.

Unabhängig von dem Kolben k ist man im stande, mit der Hand den Hahn e derart zu drehen, daß man nach Belieben die Verbindung zwischen den beiden Röhren öffnen oder schließen kann, was bei dem Einsetzen neuer Kohlen nöthig ist, um leicht und schnell die Kohlenhalter in die richtige Lage zueinander zu bringen.

In Fig. 129 ist der Durchschnitt einer ausgeführten derartigen Lampe dargestellt. Der verhältnißmäßig kräftige Elektromagnet wirkt auf einen Anker, der mit dem kürzeren Arme eines horizontalen Hebels verbunden ist. An dem anderen, rechtsseitigen Hebelende greift die entgegenwirkende Spiralfeder an und etwas weiter nach dem Hebeldrehpunkt zu ist der kleine, vorher mit k bezeichnete Regulirungskolben mit dem Hebel in Verbindung gesetzt. Die Figur zeigt den Hahn, in dessen Höhlung sich unabhängig von demselben der kleine Kolben bewegt, im Querschnitt und in der Stellung, welche man herbeiführt, um für das Einsetzen neuer Kohlen beide Cylinder in Communication zu setzen. Der untere Kohlenhalter kann alsdann leicht heruntergedrückt werden; sind die Kohlen eingesetzt, so giebt man dem Hahne die aus der kleinen, linksseitigen Durchschnittsfigur ersichtliche Stellung, in welcher der den unteren Kohlenhalter enthaltende Cylinder mit dem linksseitigen Hohlraume des Hahnes in Verbindung steht. Die durch das Gewicht des oberen Kohlenhalters gepreßte Flüssigkeit drückt nunmehr auf den Kolben und stellt ihn, so lange die Lampe stromlos ist, in die in der Figur gezeichnete Ruhelage. In dieser Stellung verbindet eine in den Kolben eingedrehte Nuth zwei kleine, zu den Cylindern führende Bohrungen; infolge dessen nähern sich die Kohlenstäbe einander langsam. Wird durch ihre Berührung der Strom geschlossen, so wird der Kolben durch die Wirkung des Elektromagnets noch mehr nach rechts gezogen, die untere Kohle senkt sich entsprechend und der Lichtbogen entsteht. Gleichzeitig sind aber auch beide Kohlen in der jetzigen Stellung vollständig arretirt, und zwar so lange, bis bei Vergrößerung des Lichtbogens die selbstthätige Regulirung in der oben geschilderten Weise erfolgt.

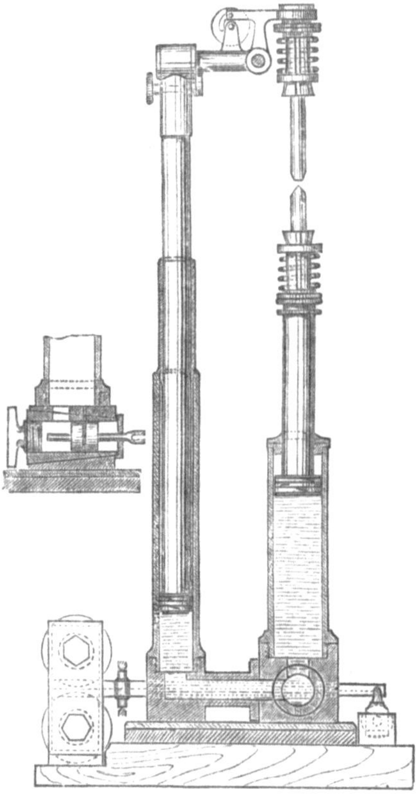

Fig. 129. Elektrische Schiffslampe von Sedlaczek und Wikulill. (Querschnitt.)

Mittels zweier am Anker befindlichen Messingschrauben kann die Stellung desselben derart regulirt werden, daß derselbe, auch wenn er angezogen wird, die Pole des Elektromagnets nicht berührt. Dies zusammengenommen mit der an dem längeren Hebelarme angreifenden Feder bewirkt eine Regulirung, welche viel Aehnlichkeit mit der durch Solenoid und Eisenkern bewirkten hat, wie sie die im nächsten Abschnitt zu behandelnden Lampen aufweisen, indem das Hebelende langsam zwischen seinen beiden Anschlägen hin- und herspielt.

Eine perspectivische Ansicht der besprochenen Lampe ist in Fig. 130 gegeben und es zeigt die Einrichtung derselben diejenige Form, welche für die Herstellung von Schiffslichtern üblich ist. Lassen es die örtlichen Verhältnisse zweckmäßiger, resp. nothwendig erscheinen, daß Lampe, Dynamomaschine und Motor nahe beieinander aufgestellt werden, wie dies bezüglich der Locomotivlichter der Fall ist, so kann, statt durch Anwendung eines Elektromagnets, die Regulirung des Lichtbogens auch direct durch die Umdrehung der Maschine selbst mittels eines Centrifugalregulators bewirkt werden, welche Einrichtung an dieser Stelle gleichzeitig näher beschrieben werden soll.

Für die Locomotivbeleuchtung benutzte man den bereits in Fig. 61, S. 99 dargestellten Stromerzeuger von S. Schuckert. Derselbe wurde mit einer Brotherhood'schen Dreicylindermaschine direct gekuppelt und oberhalb des Kessels der Locomotive angebracht; die gemeinschaftliche Rotationsachse steht dann mittels eines kleinen Centrifugalregulators mit dem kleinen Regulirungskolben im Hahne der Lampe durch Gestänge in Verbindung.

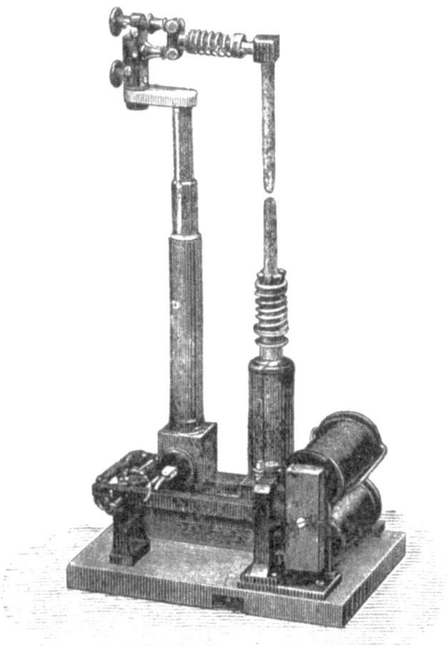

Fig. 130. Elektrische Schiffslampe von Sedlaczek und Wikulill.

Eine schematische Darstellung der Einrichtung dieser Lampe zeigt Fig. 131. Beim Anlassen der Maschine wird der Kolben k infolge der Zusammenziehung des Centrifugalregulators f herausgezogen und schließt zuerst die Durchgangsöffnung gegen den Cylinder a. Bei weiterem Herausziehen bildet sich der Lichtbogen, weil durch das Nachziehen der Flüssigkeit der Kolben b sinkt. Das Abbrennen der Kohlen bedingt nunmehr das Wachsen der Umdrehungsgeschwindigkeit der Maschine und somit ein noch weiteres Herausziehen des Kolbens, bis bei entsprechender Größe des Lichtbogens eine zweite Oeffnung die Communication der Flüssigkeit herstellt, wodurch die Kohlen gegeneinanderrücken. Die Maschine rotirt sodann langsamer, der Regulator schiebt den Kolben wieder ein und schließt die Durchgangsöffnung. Dieser Vorgang wiederholt sich während des ganzen Betriebes; dabei spielt die Bewegung des Regulators innerhalb sehr enger Grenzen, sodaß die

Kohlen ganz gleichmäßig allmählich abbrennen, und da zudem weder die Flüssigkeitssäule zwischen den beiden die Regulirung vermittelnden Kolben einem Drucke von außen nachgiebt, noch sich ein Vacuum bilden läßt, brennt die Lampe trotz aller Stöße und Erschütterungen vollständig ruhig fort.

Die den ersten Versuchen dienende Locomotivlampe wurde von ihren Erfindern mit einem parabolischen Reflector versehen, in einem

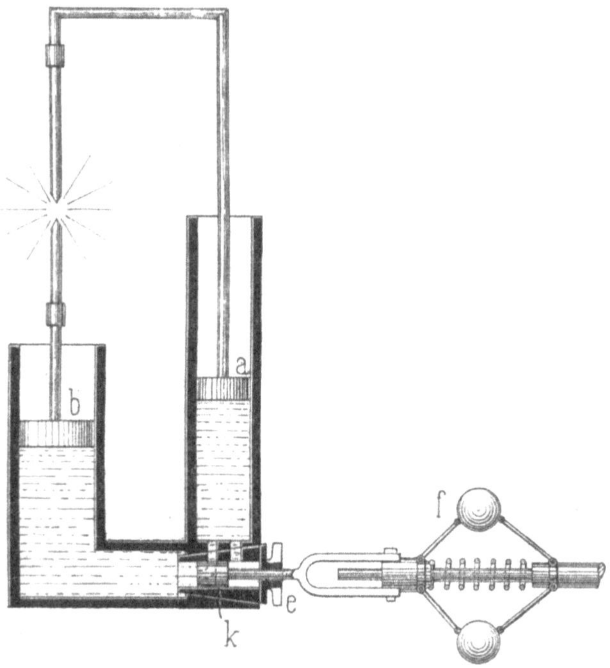

Fig. 131. Principfigur der elektrischen Locomotivlampe von Sedlaczek und Wikulill.

entsprechenden Gehäuse montirt und dicht vor dem Schornstein der auf der Kronprinz-Rudolf-Bahn (Steiermark) verkehrenden Locomotive »Johnsdorf« als Kopflicht befestigt. Eine Abbildung dieser Locomotive in Verbindung mit dem elektrischen Beleuchtungsapparat ist bereits in Fig. 19, S. 37 gebracht worden. Ueber die in jeder Beziehung günstigen Ergebnisse der mit der Locomotivlampe bisher mehrfach angestellten Versuche wird in dem die Anwendungsarten des elektrischen Lichtes behandelnden Abschnitt eingehender berichtet werden.

Um eine möglichst lange Brenndauer für elektrische Lampen zu erreichen, ist von Wallace und Farmer ein Regulator mit plattenförmigen Elektroden construirt worden, der seiner eigenartigen Einrichtung wegen Erwähnung verdient. Fig. 132 giebt ein deutliches Bild dieses Apparates. Die untere der beiden mit je einem Pole der Elektricitätsquelle verbundenen Kohlenplatten ist fest; die obere wird durch den Anker eines kleinen Elektromagnets getragen, der in dem Gehäuse A eingeschlossen ist. Beide Platten berühren sich, so lange der Strom nicht circulirt. Wird der Stromkreis geschlossen, so zieht der Elektromagnet die obere Platte in die Höhe, der Lichtbogen bildet sich, und zwar an dem Punkte des kleinsten Widerstandes zwischen beiden Platten, welcher stets vorhanden ist, da sich die Platten nicht genau parallel herstellen lassen. Der Lichtbogen rückt dann langsam von einem Rande zum anderen vor. Nachdem er dort angelangt, senkt sich die obere Platte ein wenig und das Licht legt den umgekehrten Weg zurück.

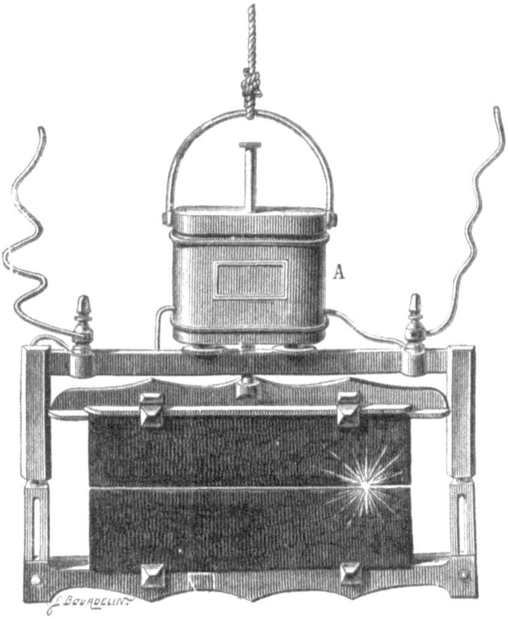

Fig. 132. Elektrische Lampe von Wallace-Farmer.

Zwei derartige Kohlenplatten ermöglichen bis zu ihrer vollkommenen Abnutzung eine Brenndauer von 100 Stunden. Leider giebt dieser sonst so einfache Regulator nur einen mittelmäßigen Lichteffect wegen der unvollkommenen Incandescenz der vom Lichtbogen passirten Plattentheile.

b. Regulatoren mit Solenoiden.

In den bisher betrachteten Lampen geschieht die Regulirung des Volta'schen Lichtbogens durch die Wirkung eines von dem Strome umkreisten Elektromagnets auf seinen die Bewegung der Kohlenstäbe entsprechend beeinflussenden Anker. So sinnreich diese Art der Regulirung genannt werden muß, so kann dieselbe immerhin als unvollkommen gelten mit Rücksicht darauf, daß die Constanterhaltung des Widerstandes nur einer elektrischen Lampe unter Voraussetzung eines Stromes von constanter Intensität stets erfordert, daß die auf den Anker ausgeübte magnetische Kraft von der jeweiligen Entfernung des Ankers vom Elektromagnet unabhängig sei. Bei einem Elektromagnet ist dies jedoch keineswegs der Fall, indem sich die anziehenden Kräfte umgekehrt proportional den Quadraten der Ankerentfernungen ändern. Im allgemeinen muß daher in der Construction der elektrischen Lampen, bei welchen die Regulirung durch die im gesammten Schließungskreise herrschende Stromstärke stattfindet, der Ersatz des Elektromagnets und des zugehörigen Ankers durch die Einführung eines Solenoids und zugehörigen Kernes als ein Fortschritt betrachtet werden, da die bei den verschiedenen Stellungen des Kernes eintretenden Aenderungen in der Anziehung des Solenoids leicht ausgeglichen werden können.

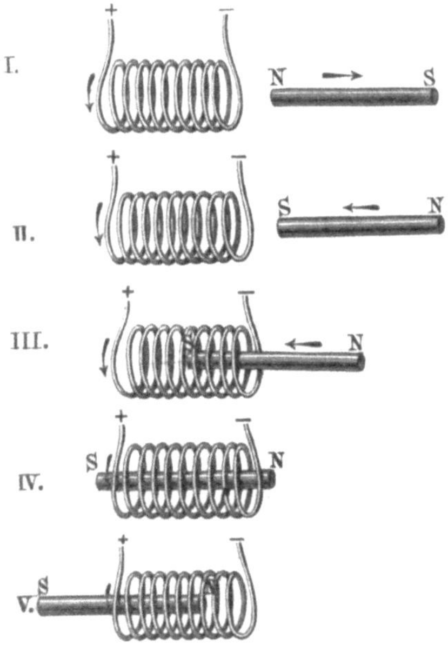

Fig. 133. Solenoid mit Eisenkern.

Als Solenoid bezeichnet man eine von einem elektrischen Strome durchflossene Drahtspule, innerhalb deren in der Achsenrichtung ein cylindrischer Eisenkern (oder ein permanenter Magnet von bestimmter Polstellung) beweglich ist. Durch die Wirkung des Stromes wird der Kern in die Spule hineingezogen, bis seine Mitte mit der Mitte derselben zusammenfällt; Fig. 133 dient zur Erläuterung der hierbei auftretenden Erscheinungen. Denkt man sich in der mit I bezeichneten Stellung die Spule in der Richtung des Pfeiles von einem Strome durchflossen, so wirkt nach der Ampère'schen Regel dieser Strom auf den in N befindlichen Nordpol eines permanenten Magnets abstoßend, auf den Südpol in S anziehend. Ist der Magnet nur parallel zu sich verschiebbar, so muß derselbe in der Achsenrichtung abgestoßen werden, weil die abstoßende Wirkung auf den näher befindlichen Nordpol überwiegt.

Haben die Pole die umgekehrte Lage (II), so überwiegt die Anziehung des Südpols die Abstoßung des Nordpols und der Magnet wird infolge dessen in die Spirale hineingezogen. In der Lage III muß diese Wirkung verstärkt fortdauern; in der Position IV ist dagegen die Kraft, welche den Südpol nach links treibt, ebenso groß als diejenige, welche den Nordpol nach rechts zu bewegen sucht, und es befindet sich der Magnet in einer stabilen Gleichgewichtslage. Bei jeder weiteren Verschiebung nach links wird alsdann die Wirkung der Spule auf den Nordpol jene auf den Südpol überwiegen und infolge dessen der Magnet nach rechts zurückgezogen werden, bis er wieder die symmetrische Gleichgewichtslage angenommen hat.

Nimmt man an, daß der permanente Magnet durch einen weichen Eisenstab ersetzt ist, so wird derselbe bei der Annäherung an die Drahtspule in dem Sinne magnetisirt, wie in dem Falle II angenommen ist, und es werden die gleichen Erscheinungen wie bei dem Magnet auftreten, indem das weiche Eisen in derselben Weise in die Spirale hineingezogen und dann in der symmetrischen Lage festgehalten wird. Die Kraft, mit welcher das Hineinziehen des Magnets, resp. des Eisenstabes erfolgt, wächst mit der Annäherung beider Theile; bevor jedoch die symmetrische Stellung eintritt, nimmt die Kraft wieder ab und wird in dieser selbst gleich Null. Bei der Weiterbewegung ändert sie sodann ihre Richtung und nimmt an Intensität bis zu einem gewissen Maximum zu, um wieder abzunehmen, wenn sich der Stab von der Spirale entfernt.

Der Erste, der die hier dargestellten Erscheinungen für die Regulirung des Volta'schen Lichtbogens praktisch verwerthete, war der französische Gelehrte Archereau. Derselbe construirte schon vor mehr als dreißig Jahren den in Fig. 134 abgebildeten, allerdings noch sehr primitiven Regulator, welcher in der Folge einer Reihe gleichartiger Constructionen als Grundform gedient hat und dessen kurzgefaßte Beschreibung daher das Verständniß der letzteren wesentlich erleichtern wird. Die Regulirvorrichtung dieses Apparats besteht aus einer um ein Kupferrohr gewickelten Drahtspule, in deren Mitte ein weicher Eisenkern eintaucht, der an seinem oberen Ende die untere Kohle trägt. Eine seitlich angebrachte Säule trägt die obere Kohle und ein mit der unteren Kohle in Verbindung gebrachtes Gegengewicht, welch letzteres so bemessen ist, daß die Kohle im Ruhezustande mit einem leichten Drucke aufwärts bewegt wird.

Das eine Ende der Drahtspule steht mit dem positiven Pol der Stromquelle, das andere Ende derselben mit dem in der Spule befindlichen Kupferrohre in leitender Verbindung. Da der Eisencylinder des unteren Kohlenhalters in jeder Lage sich mit diesem Rohre in Contact befindet, gelangt der positive Strom in die untere Kohle und geht zur oberen Kohle, um den Apparat am Fuße der metallenen Säule zu verlassen. Der in der Drahtspule circulirende Strom bewirkt hiebei eine Anziehung des mit der unteren Kohle in Verbindung stehenden Eisenkerns und gestattet so die Bildung des Lichtbogens. Infolge der Verbrennung vergrößert sich allmählich der Abstand der Kohlenspitzen; gleichzeitig nimmt aber auch die Stromstärke und die magnetische Wirkung der Spiralen ab und die untere Kohle hebt sich unter der Einwirkung des Gegengewichts um soviel, daß wieder der normale Abstand beider Spitzen erreicht wird. Durch passende Wahl der einzelnen Organe und ihrer Stellung zueinander ist es nicht schwer, zwischen den verschiedenen Bewegungen ein Gleichgewicht derart herzustellen, daß der Lichtbogen die gleiche Länge behält.

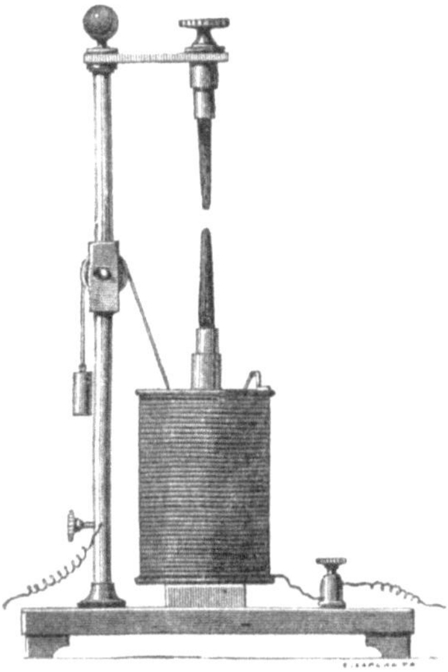

Fig. 134. Elektrische Lampe von Archereau.

Eine wesentliche Vervollkommnung des Regulirungsprincips der vorstehend beschriebenen Lampe zeigt der von G. A. Gaiffe in Paris construirte und in Fig. 135 abgebildete Regulator. Bei demselben werden die Halter H und H′ der oberen und unteren Kohle von Metallstangen I und K getragen, die an ihrem unteren Ende verzahnt und durch Rollen U geführt sind und, wie dies schon bei der Foucault'schen Lampe der Fall war, in je ein Zahnrad M und M′ eingreifen, deren Durchmesser, dem Abnutzungsverhältniß der Kohlen entsprechend, in dem Verhältniß wie 1 : 2 stehen. Die Zahnräder sitzen lose auf der Achse W, sind aber mit der Kapsel O in Verbindung, in deren Innerem eine Feder sich befindet, die von außen her mittels eines Schlüssels gespannt

Eingang der Passage Jouffroy in Paris, durch die Lampe Soleil erleuchtet.

IX.

Der Mansion=House=Platz in London, durch Siemens'sche Bogenlampen erleuchtet.

X.

werden kann und in diesem Zustande eine Drehung der Kapsel und somit auch der Zahnräder zu bewirken strebt, durch deren Einfluß auf die Zahnstangen der Kohlenhalter eine Annäherung der Kohlenspitzen stattfindet.

Die eiserne Zahnstange des unteren Kohlenhalters wird von dem Solenoid L umschlossen; der positive Strom tritt bei P in die Lampe, wird von dort durch das Verbindungsglied X und die Contactrolle Y der Stange I zugeführt, geht durch die Kohlen nach dem unteren Kohlenhalter K und passirt sodann die Spule L, um bei N wieder auszutreten. So lange der Strom nicht circulirt, werden die beiden Kohlen durch die Einwirkung der Feder gegeneinander gedrückt; sobald jedoch der Stromkreis geschlossen ist, zieht die Drahtspule die Stange K an, deren Bewegung die der Stange I, den Abstand der Kohlen und damit die Bildung des Volta'schens Bogens bedingt.

Damit diese Bewegung eintritt, ist es nothwendig, daß die anziehende Wirkung der Spule die Wirkung der Feder etwas überwiegt, wonach die Spannung der letzteren regulirt werden muß. Bei zu starker Spannung derselben würden die Kohlenspitzen so nahe beieinander bleiben, daß

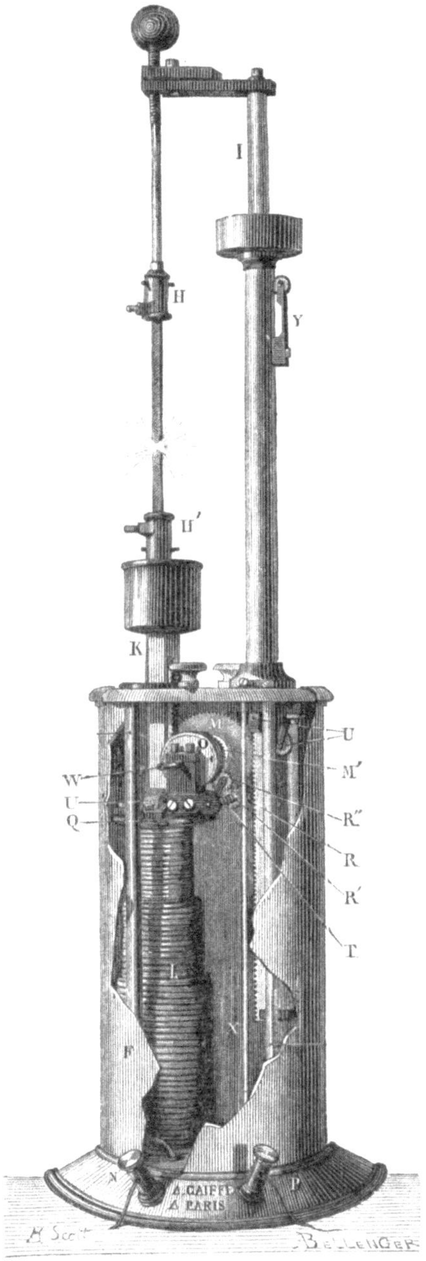

Fig. 135. Elektrische Lampe von G. A. Gaiffe.

keine bedeutende Lichtentwickelung stattfindet, während bei ungenügender Federspannung leicht der Abstand der Kohlen ein zu großer werden und dadurch die Unterbrechung des Lichtes veranlaßt werden könnte.

Durch die nach unten zu sich vermehrende Anzahl der Drahtwindungen der Spule soll erreicht werden, daß die ungleiche Anziehung des Solenoids bei den verschiedenen Stellungen der Zahnstange K ausgeglichen wird. Da es für manche optische Versuche von Wichtigkeit ist, daß man die Lage des Brennpunktes verändern kann, ohne das Licht zu unterbrechen, hat der Erfinder noch ein Räderwerk R R′ R″ angeordnet, welches parallel zu der Achse W verschiebbar ist und eine entsprechende Einwirkung auf die Zahnräder M und M′ gestattet.

Einfacher und doch vollkommener in der Wirkungsweise, von ungewöhnlicher Empfindlichkeit und Sicherheit des Betriebes ist die elektrische Lampe von J. Jaspar, einem Maschinenbauer in Lüttich, die der genannten Eigenschaften wegen auf der Pariser Weltausstellung von 1878 mit der goldenen Medaille ausgezeichnet wurde. Fig. 136 dient zur Erläuterung dieses sinnreichen Apparats.

Die mit dem positiven Pole der stromgebenden Maschine verbundene Stange A A trägt den oberen Kohlenhalter und ist im übrigen von allen Theilen der Lampe vollkommen isolirt. Der untere, negative Kohlenhalter ist in Verbindung mit einer schmiedeeisernen Stange B, die mit dem metallenen Gehäuse der Lampe und dem negativen Pole der Elektricitätsquelle in leitender Verbindung steht und deren unteres Ende in das Solenoid C hinabreicht. Der Strom geht über den positiven und negativen Kohlenhalter durch die Stange B und das Solenoids C nach der negativen Polklemme der Leitung. Zwei im oberen Theile des Gehäuses drehbar angeordnete Scheiben, von denen die eine den doppelten Durchmesser der anderen hat, stehen an ihrem Umfange mit den unteren Enden der Stangen A und B mittels je einer Schnur oder einer leichten Gliederkette in Verbindung, sodaß in der bereits mehrfach auseinandergesetzten Weise das Niedersinken der oberen Kohle das Aufsteigen der unteren um den doppelten Weg zur Folge hat, und umgekehrt. Da nun der zur oberen Kohle gehörige Theil der schwerere ist und an der Schnurscheibe von größerem Durchmesser wirkt, werden auf Veranlassung desselben die Kohlenspitzen stets das Bestreben haben, sich einander bald zu nähern. Bei der Berührung der letzteren circulirt sodann der Strom und durchläuft die Drahtspule C. Der Eisenkern B wird infolge dessen nach der Mitte der letzteren hinabgezogen; der obere Kohlenhalter wird durch die Verbindung der Schnurscheiben entsprechend nach oben gezogen und der Lichtbogen entsteht. Hierdurch wächst jedoch aufs neue der Widerstand in der Leitung, die Anziehung des Solenoids nimmt ab und es stellt sich zwischen dem Uebergewicht des oberen Kohlenhalters und der Anziehung des Solenoids das Gleichgewicht her, bis durch das Abbrennen der Kohlen diese Anziehung noch schwächer wird und die Annäherung der Kohlen in nunmehr leicht ersichtlicher Weise vor sich geht. Um die Kraft, mit welcher die Annäherung geschieht und welche durch das Uebergewicht des oberen Kohlenhalters ausgeübt wird, variabel machen und so dieselbe Lampe für Ströme von verschiedener Intensität verwenden zu können, ist neben den Schnurscheiben auf der gleichen Achse noch eine dritte, kleinere Scheibe befestigt, um welche eine Schnur gelegt ist, die zu einem einarmigen, mit dem Gewichte F belasteten Hebel führt; durch Drehen des außerhalb der Lampe befindlichen Knopfes K läßt sich dieses Gewicht auf dem Hebel hin- und herschieben. Da nun die Schnur derart

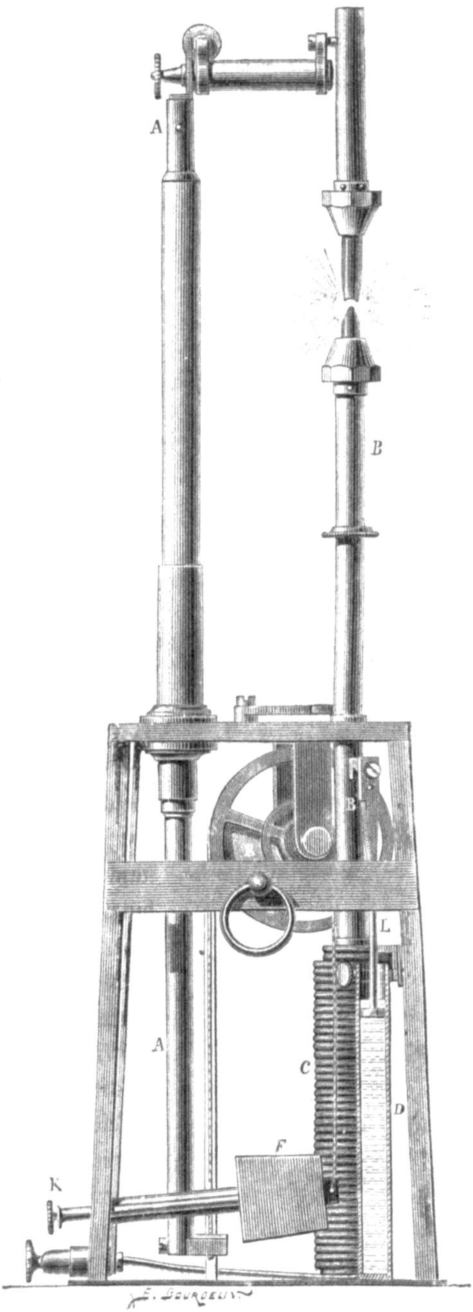

Fig. 136. Elektrische Lampe von J. Jaspar.

um die Scheibe gelegt ist, daß das Laufgewicht dem Gewichte des oberen Kohlenhalters entgegenwirkt, wird der Lichtbogen durch Einschieben des Laufgewichtes größer, dagegen beim Ausziehen desselben kleiner werden.

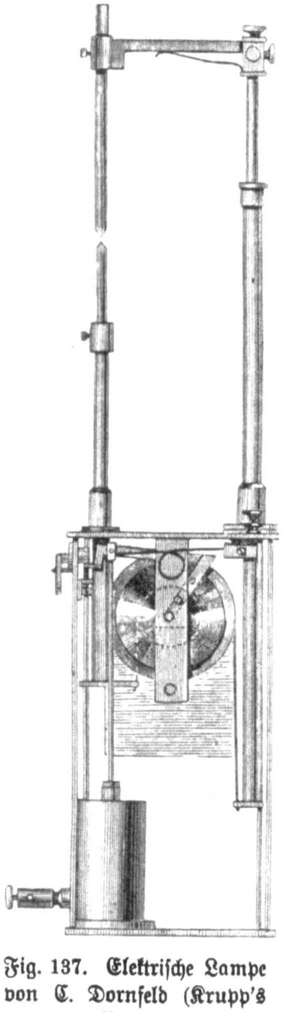

Fig. 137. Elektrische Lampe von C. Dornfeld (Krupp's Patent).

Ein zweites, zwischen den Speichen der großen Schnurscheibe angebrachtes Gegengewicht E' hat den Zweck, die Abschwächung in der Anziehung des Solenoids auszugleichen, welche in dem Maaße eintritt, wie sich die Stange B aus dem Solenoid heraushebt. Es geschieht dies, indem durch das bezeichnete Gegengewicht bei der Drehung der Schnurscheibe, dem höheren oder tieferen Stande des Eisenkerns entsprechend, das Uebergewicht des oberen Kohlenhalters entweder verringert oder vermehrt wird.

Einen wesentlichen Theil der Jaspar'schen Lampe bildet schließlich der mit Quecksilber gefüllte Cylinder D, in welchem sich mit nur wenig Spielraum ein eiserner Kolben bewegt, dessen Stange L mit der Stange B in fester und leitender Verbindung steht. Da dieser Kolben sich nur mit einer gewissen Geschwindigkeit bewegen kann, wird durch ihn jede zu rasche oder stoßweise Bewegung namentlich des oberen Kohlenhalters verhütet; zugleich stellt derselbe einen vollständigen Contact der Leitung mit der unteren Kohle her. Wie bereits oben erwähnt, functionirt der Jaspar'sche Regulator vortrefflich und nachdem die auf der Pariser Ausstellung noch etwas massive Construction desselben von dem Erfinder in eine gefälligere Form gebracht worden ist, hat dieser Regulator besonders in Belgien eine weitere Verbreitung gefunden.

Um dieselbe Zeit erlangte in Deutschland eine von C. Dornfeld in Essen a. d. Ruhr erfundene Lampe (Krupp's Patent) größere Bedeutung. Diese Lampe hat mit der vorher beschriebenen die Haupttheile gemein, unterscheidet sich von derselben jedoch in einigen nicht unwesentlichen Punkten. Zunächst ist hier der Quecksilberwiderstand durch einen passend angebrachten Luftwiderstand ersetzt, indem statt der in einem mit Quecksilber gefüllten Rohre sich bewegenden Kolbenbremse ein mittels Zahnradvorgelege betriebener Windflügel für die Bewegungsregulirung angewendet ist. Der Hauptunterschied besteht jedoch in der Art, wie die Kohlenspitzen voneinander entfernt werden. Der diese Bewegung bewirkende Mechanismus ist aus der in Fig. 137 gegebenen Darstellung der Dornfeld'schen Lampe theilweise ersichtlich. Fig. 138 giebt ein deutlicheres Bild der eigentlich wirksamen Theile, durch welche die selbstthätige Einstellung und Regulirung des richtigen Abstandes der Kohlenspitzen veranlaßt wird.

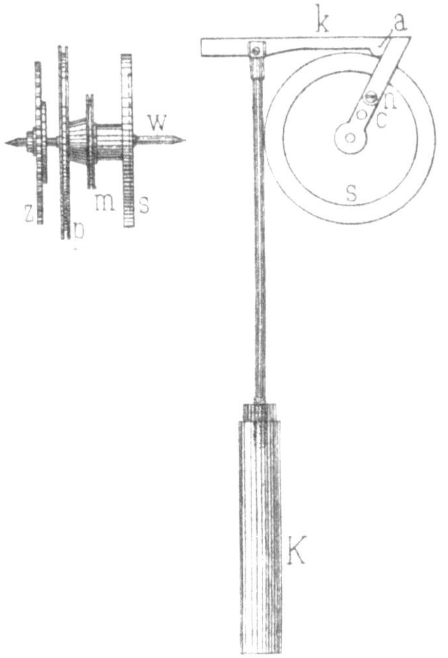

Fig. 138. Bremse der elektrischen Lampe von C. Dornfeld.

Auf der Achse w, welche dem den Windfang bewegenden Zahnrade z und den beiden mit den Kohlenhaltern verbundenen Schnurscheiben p und m gemeinschaftlich ist, befindet sich noch ein Bremsrad s, auf dessen Umfang eine eigenthümlich construirte Bremse wirkt. Dieselbe besteht aus zwei Theilen, die durch das Gelenk n verbunden sind. Der obere dieser Theile trägt einen Bremsklotz a und an seinem anderen Ende den weichen Eisenstab K eines Solenoids, dessen Drahtwindungen in die Stromleitung eingeschaltet sind.

Ist nach dem Zusammenlaufen der Kohlen die Leitung geschlossen, sodaß der Strom in dem Solenoid circulirt, so wird der Eisenstab k in das letztere hineingezogen. Hierdurch wird der Bremsklotz a auf den Umfang der Scheibe s gepreßt und bei seiner weiteren Bewegung die letztere mitgenommen, doch nur so weit, als es eine kleine seitliche Stellschraube gestattet. Diese Drehung wirkt entgegengesetzt derjenigen, welche das Gewicht des oberen Kohlenhalters zu bewirken sucht, und es wird somit die Entfernung der Kohlenspitzen voneinander, folglich auch die Bildung des Lichtbogens veranlaßt.

Entspricht sodann infolge der Consumtion der Kohlenspitzen die Länge des Lichtbogens nicht mehr dem normalen Maaß, so nimmt die auf den Eisenkern K wirkende Anziehungskraft des Solenoids ab und unter dem Einfluß einer in Fig. 137 deutlich sichtbaren Abreißfeder geht der Eisenkern in die Höhe und bewegt die Bremse mit der Bremsscheibe s langsam zurück, worauf die Kohlen sich wieder einander nähern. Ist diese Bewegung so weit gegangen, als die Bremse vorher zurückgedreht wurde, so legt sich der untere Theil derselben gegen einen Stift, der in eine Oeffnung bei o hineinragt. Infolge dessen dreht sich bei weiterer Schwächung des Stromes die Bremse in dem Gelenk n, der Bremskörper a läßt die Scheibe s los und die Kohlenspitzen bewegen sich frei gegeneinander. Die in kurzem eintretende Verstärkung des Solenoids bewirkt dann wieder, daß sich die Bremse auf die Scheibe auflegt, entweder blos um dieselbe festzuhalten, wenn der Abstand der Kohlen der normale ist, oder um die letzteren voneinander zu ziehen, falls ihr Abstand sich zu sehr vermindert haben sollte.

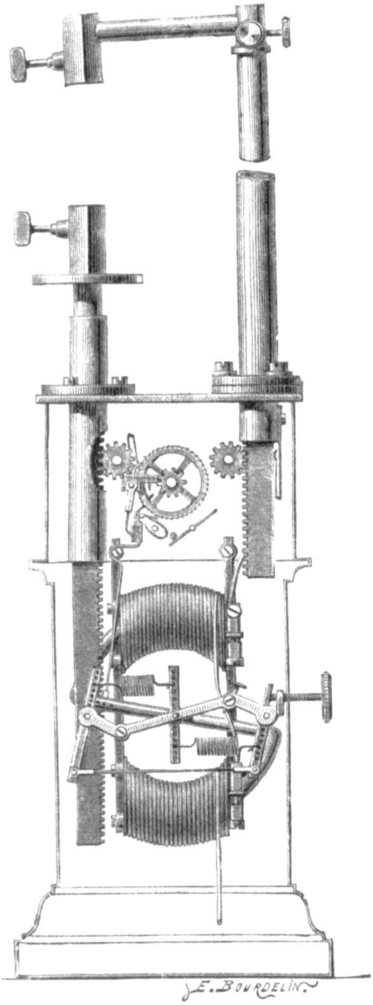

Fig. 139. Kohlenlicht-Regulator von Carré.

Die wirksamen Theile des Dornfeld'schen Regulators können in so exacter Weise adjustirt werden, daß die Bewegungen der Kohlen ganz gleichmäßig vor sich gehen und ein ruhiges Abbrennen der letzteren stattfindet; dagegen ist die Lampe keineswegs so empfindlich, daß nicht kleine, durch Unregelmäßigkeiten im Gange der Maschinen verursachte Stromschwankungen auf die Bewegung der Kohlenspitzen einwirken.

Nachdem die Dornfeld'schen Regulatoren zuerst in dem Krupp'schen Etablissement in Essen in größerer Anzahl zur Verwendung gekommen waren, sind dieselben auch anderwärts zur Beleuchtung von Arbeitsräumen, freien Plätzen etc., woselbst es unnöthig ist, den Lichtbogen immer auf derselben Stelle zu erhalten, angewendet worden. Der untere Kohlenhalter steht dann fest; der obere fällt durch sein Gewicht herunter und wird mittels einer Schnur und der vorhin beschriebenen Bremse in seinen Bewegungen gehemmt und regulirt. Bei den Lampen dieser Art macht die Verwendung von Kohlenstäben, welche eine Brenndauer von 10—12 Stunden haben, keine Schwierigkeiten, wodurch sich ihre Herstellung und Unterhaltung vorzüglich ökonomisch gestaltet.

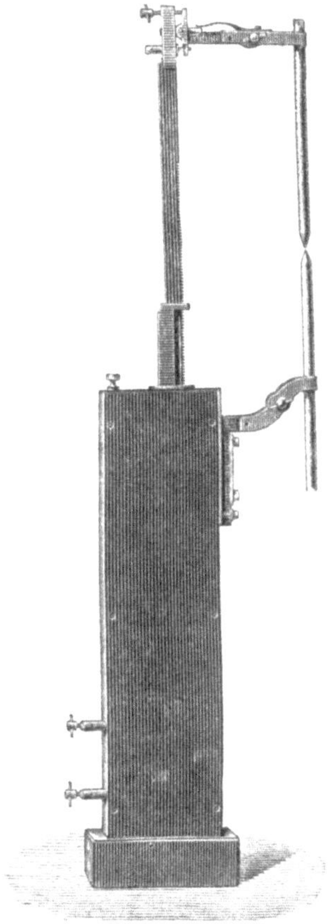

Fig. 140. Einzellichtlampe von Siemens & Halske.

Von besonderem Interesse hinsichtlich der Anordnung des Solenoids ist ein von Carré construirter Regulator. Wie die Abbildung desselben, Fig. 139, zeigt, ist hier das Solenoid in zwei in einem Kreise liegenden bogenförmigen Abtheilungen gewunden, und der Anker von S förmiger Gestalt schwingt in seiner Mitte um einen festen Punkt, während jedes seiner Enden in eine der gebogenen Spulen eintaucht, wobei die Drähte auf beiden Spulen so gewickelt sind, daß sie den Anker in demselben Sinne anziehen.

Ist die Lampe stromlos, so wird der Anker unter dem Einfluß zweier Federn aus den Spulen herausgezogen und ein mit ihm verbundener Sperrzahn zur Seite bewegt; auf diese Weise wird das Flügelrädchen des Bewegungsmechanismus frei, welches eine Annäherung der Kohlen bewirkt. Sobald der Strom circulirt, wird der Anker angezogen und gleichzeitig durch die Einwirkung einer Stange und eines eigenartig geformten Hakens der zur Bildung des Lichtbogens erforderliche Abstand der Kohlenspitzen hergestellt. Nimmt die Stromstärke beim Abbrennen der Kohlen ab, so gelangt der Anker unter dem Einfluß der Federn in seine ursprüngliche Stellung; das Flügelrädchen wird frei und es erfolgt eine geringe Annäherung der Kohlen, bis der angezogene Anker von neuem die Bewegung unterbricht.

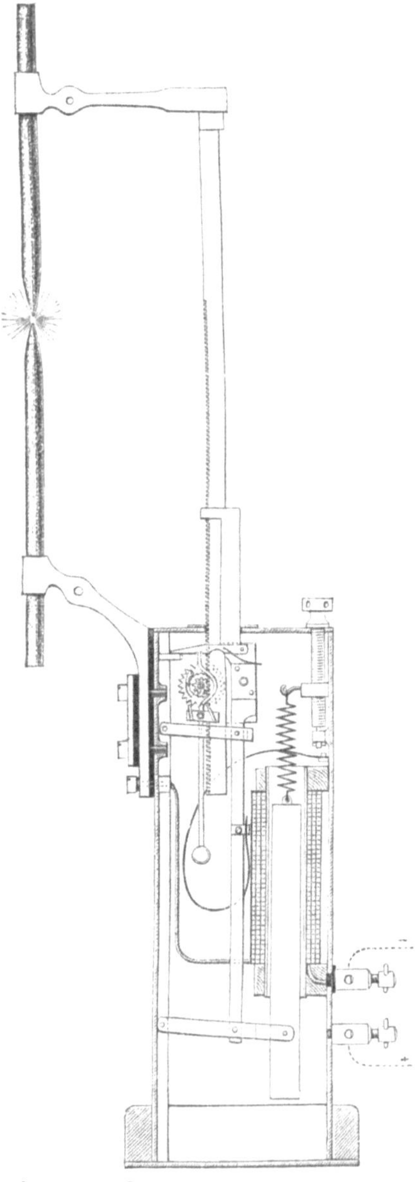

Fig. 141. Schema der Einzellichtlampe von Siemens & Halske.

Von Siemens & Halske ist im Jahre 1878 eine elektrische Lampe für Einzellicht mit Solenoid-Regulirung construirt worden, die den Uebergang zu der in demselben Jahre von der genannten Firma construirten Differentiallampe für getheiltes Bogenlicht bildet und deren Schema in Fig. 141 abgebildet ist, während Fig. 140 eine äußere Ansicht dieser Lampe in $^1/_8$ der natürlichen Größe zeigt. Bei dieser Lampe ist die untere Kohle feststehend und der Brennpunkt senkt sich demnach in dem Maaße, wie die untere Kohle abbrennt. Das Gewicht des oberen Kohlenhalters sucht die Kohlen zusammenzubringen; die Wirkung der rechtsseitig in dem Gehäuse sichtbaren Drahtspule auf einen in ihr hängenden Eisenkern strebt dagegen, dieselben auseinanderzutreiben. Der Eisenkern steht mit einem Gelenkparallelogramm in Verbindung, welches oberhalb mit einem auf- und abschwingenden

Halter für den in eine Zahnstange auslaufenden oberen Kohlenhalter versehen ist. Bei der tiefsten Stellung des Eisenkerns löst sich die Verbindung zwischen der Zahnstange und ihrem Halter und erstere fällt langsam herab, um die Abbrennung der Kohlenstäbe auszugleichen. Die Verbindung des Halters mit der Zahnstange, die im wesentlichen mit dem entsprechenden, bei der Differentiallampe zur Anwendung gekommenen Pendelmechanismus übereinstimmt, ist in der an bezüglicher Stelle beschriebenen Weise hergestellt.

Ein kleiner, von Stöhrer jun. mit Benutzung des hydrostatischen Auftriebes im Verein mit der Wirkung eines Solenoids construirter, einfacher Regulator eignet sich sehr wohl zur Erzeugung kleiner Bogenlichter für physikalische Cabinette. Fig. 142 giebt eine Ansicht dieses Apparates, dessen unterer, für die Regulirung wirksamer Theil in Fig. 143 im Querschnitt dargestellt ist. Einen wesentlichen Theil desselben bildet ein aus Eisenblech hergestellter Schwimmer a, welcher sich in dem mit Glycerin gefüllten Cylinder b von nur wenig größerem Durchmesser auf und ab bewegen kann. Der obere Theil dieses Schwimmers steht mit der unteren Kohle d in Verbindung, während der untere Theil desselben mittels eines starken Kupferdrahts in ein eisernes, mit Quecksilber gefülltes Rohr f eintaucht, das mit dem einen Pole der Stromquelle (Batterie oder dynamo-elektrische Handmaschine) verbunden ist; im übrigen ist der Schwimmer derart äquilibrirt, daß die untere Kohle d nur mit sehr geringem Drucke gegen die obere Kohle d′ gepreßt wird.

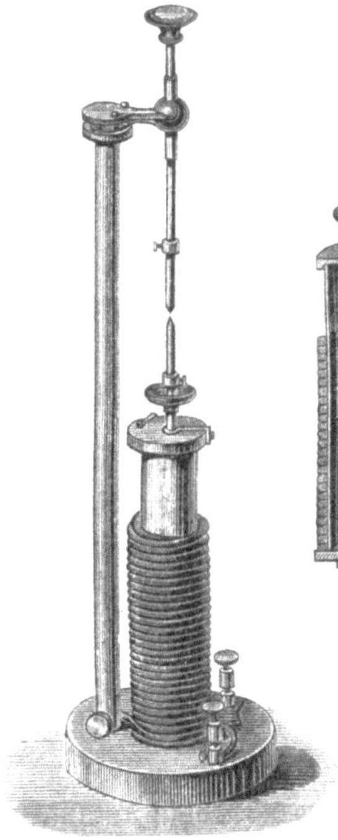

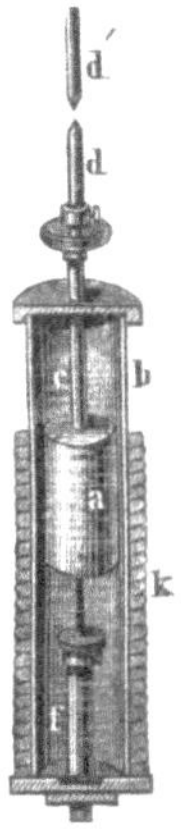

Fig. 142 u. 143. Elektrische Lampe von Stöhrer.

Wie aus den Figuren ersichtlich, umgiebt den Cylinder b eine Kupferdrahtspule k, die in den Stromkreis eingeschaltet ist; diese Spule wirkt als Solenoid auf den eisernen Schwimmer, sobald ein Strom die Lampe durchläuft; der Schwimmer wird alsdann nach unten gezogen, worauf sich die Länge des Lichtbogens der Stromstärke entsprechend regulirt. Die Verschiebung der oberen Kohle geschieht bei dem dargestellten Apparate mit der Hand und es genügt ein solcher schon zu einfachen Projectionen, zur Darstellung des Spectrums ꝛc. Bei größeren Apparaten, bei denen der Lichtbogen dieselbe Stellung im Raume behalten soll, wird die obere Kohle in dem Maaße, als sie abbrennt, durch ein regulirbares Uhrwerk nach unten bewegt.

Von Ducretet ist ein ähnlicher Apparat für gleiche Zwecke angegeben worden, bei welchem das gerade seiner Zähigkeit wegen empfehlenswerthe Glycerin durch Quecksilber ersetzt ist.

---

3. Elektrische Lampen mit Lichtbogen für getheiltes Licht.

a. Die Theilung des elektrischen Lichtes.

Eine der schwierigsten Aufgaben, um deren Lösung sich die Elektriker bemüht haben, seitdem die Anwendung des elektrischen Lichtes für praktische Zwecke in's Auge gefaßt wurde, ist die Theilung des Lichtes, d. h. die Möglichkeit, durch den Strom einer Maschine statt eines großen Lichtpunktes eine Anzahl kleinerer zu erhalten. Dem Russen Jablochkoff gelang es zuerst, mittels der von ihm construirten elektrischen Kerzen das Bogenlicht zu theilen. In der Folge schlossen sich an diese Erfindung eine Reihe von Constructionen an, deren charakteristisches Merkmal, den bis dahin bekannten elektrischen Lampen gegenüber, wie bei der Jablochkoff'schen Kerze darin bestand, daß ohne eine eigentliche Regulirvorrichtung der Lichtbogen in der richtigen Länge erhalten wurde. Eine Folge der bezeichneten Eigenthümlichkeit ist es jedoch, daß bei der elektrischen Kerze der Lichtbogen nur von geringer Länge sein kann und daß beim zufälligen Versagen einer Lampe der Stromkreis sofort unterbrochen wird, sodaß sämmtliche in denselben eingeschaltete Lampen erlöschen. Trotz dieser wesentlichen Unvollkommenheit sind es die elektrischen Kerzen, welche die eigentliche Anregung zu der großartigen neueren Entwickelung der elektrischen Beleuchtung gegeben haben, der das elektrische Licht seine jetzt allgemein anerkannte Concurrenzfähigkeit gegenüber dem Gaslicht verdankt.

Die Unsicherheit im Betriebe der Kerzenbeleuchtung wurde in der Praxis als ein so bedenklicher Uebelstand empfunden, daß man schon in der nächsten Zeit nach dem sensationellen Erfolg derselben auf der Weltausstellung von 1878 vielfach zu der Anwendung gut gearbeiteter Regulatoren zurückkehrte. So lange indeß jede durch den Lichtbogen einer Lampe hervorgerufene Stromschwankung auch den Mechanismus einer zweiten in denselben Stromkreis eingeschalteten Lampe zu unzeitiger Thätigkeit veranlaßte, weil die Regulirung von den Vorgängen im Stromkreise, außerhalb der Lampe, abhängig war, mußte es als unmöglich gelten, dem praktischen Bedürfniß entsprechend, mehrere Lampen in einem Stromkreise zu gleichmäßiger Function zu vereinigen. Zu diesem Zwecke war es unumgänglich nothwendig, die Regulirung derart zu bewerkstelligen, daß die Vorgänge innerhalb einer Lampe keinen Einfluß auf den aus der Lampe austretenden und zur nächsten Lampe fließenden Strom hatten, dieser also in der gleichen Stärke die Lampe verließ, mit welcher er in dieselbe eingetreten war.

Allerdings war es schon im Jahre 1868 Le Roux gelungen, in zwei Lampen gleichzeitig genau die gleiche Stromstärke zu erhalten. Derselbe construirte nämlich eine Vorrichtung, mit deren Hilfe der Strom einer galvanischen Batterie oder einer Alliance-Maschine getheilt wurde, indem er mittels eines schnell umlaufenden Vertheilungsrades den Strom abwechselnd bald in die eine, bald in eine zweite elektrische Lampe leitete und dafür sorgte, daß die Dauer der einzelnen Stromunterbrechungen nicht $^1/_{25}$ Secunde überschritt, in welchem Falle der Lichtbogen noch continuirlich erscheint. Mersanne construirte nach dem gleichen Princip einen Apparat, der indeß ebensowenig wie derjenige von Le Roux eine praktische Anwendung im Großen gefunden hat.

Als eine zweckmäßigere Methode zur gleichzeitigen Speisung mehrerer Lampen mit dem Strome einer Maschine erwies sich die Ableitung von Partialströmen. Die hierfür eingerichteten Wechselstrommaschinen von Lontin, Gramme und Siemens & Halske lieferten mehrere voneinander unabhängige Stromsysteme, deren jedes eine Lampe unterhielt. Erst im Jahre 1878 gelang es fast gleichzeitig Lontin, Mersanne und Fontaine in Paris, das Princip der Stromtheilung zur Regulirung und Theilung des elektrischen Lichtes in einer Weise zu benutzen, daß mehrere Lampen durch denselben Strom gespeist werden konnten, indem die gewissermaßen voneinander isolirten Lampen von der gemeinschaftlichen Hauptleitung unabhängig gemacht wurden. Das dieser

Einrichtung zugrunde liegende Princip ist mit Hilfe der Fig. 144 leicht verständlich. Denkt man sich, daß einem aus irgend einer Elektricitätsquelle B kommenden Strome c an einer Stelle a der Leitung zwei oder mehrere Wege s s_1 für seinen Durchgang freistehen, so wird sich derselbe in dem Punkte a in soviel Partial- oder Zweigströme theilen, als ihm Wege dargeboten sind. Nach der in dem Punkte b erfolgenden Wiedervereinigung aller Zweige fließt der Hauptstrom in der gleichen Stärke, die er vor der Verzweigung besaß, durch die Leitung weiter.

Theilt sich der Strom in zwei Zweigströme s s_1 und sind die Widerstände der beiden Zweige einander gleich, sind also die beiden Drähte bei gleichem Querschnitt gleich lang, so sind die Zweigströme s und s_1 auch einander gleich und jeder stellt eine Hälfte des unverzweigten Stromes c dar. Sind dagegen die Widerstände, welche die beiden Zweigleitungen dem Durchfluß des Stromes entgegensetzen, einander nicht gleich, so ist die Stromstärke in demjenigen Zweige am kleinsten, in welchem der Widerstand am größten ist. Hat demnach der eine Zweigstrom eine lange Spule aus dünnem Drahte mit zahlreichen Windungen zu durchlaufen und der andere eine solche aus dickem Drahte von wenigen Windungen, so wird sich der Strom bei a in zwei ungleiche Theile theilen, von denen der größere durch die Spule aus dickem Drahte abfließt, während die andere Spule fast stromlos bleibt; die Summe der Zweigströme ist aber immer gleich dem unverzweigten Strome.

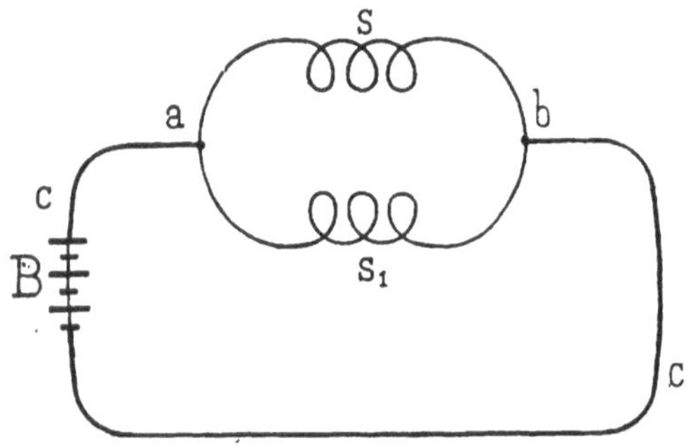

Fig. 144. Princip der Stromverzweigung.

Es sei nun in dem oberen Zweigdrahte ein großer Widerstand w und in dem unteren eine elektrische Lampe mit regulirbarem Lichtbogen eingeschaltet gedacht, so wird in dem Augenblicke, wo die Kohlenspitzen in der Lampe einander berühren, der Widerstand in diesem Zweige im Verhältnisse zu dem künstlichen Widerstande der anderen Leitung sehr gering sein. Der Haupttheil des Stromes geht dann durch die Lampe, während nur ein kleiner Theil den künstlichen Widerstand passirt. Hinter der Stromverzweigung wird dann der ganze Strom c durch die Leitung weiter geführt und kann, wie in Fig. 145 schematisch angegeben, in derselben Weise noch mehrere in gleichartigen Schleifen $a_1\ w_1\ b_1$, $a_2\ w_2\ b_2$ rc. eingeschaltete Lampen passiren.

In welchem Maaße sich nun auch infolge des Abbrennens der Kohlenstäbe der Lichtbogen und damit der Widerstand in der Lampe vergrößern mag, so hat dies auf die Größe des bei b, b_1 und b_2 austretenden Stromes solange keinen Einfluß, als der volle bei a, a_1 und a_2 eintretende Strom durch den oberen Zweig abfließen kann, ohne sich theilweise in Wärme umzusetzen, wobei sich die Ungleichheiten in den Widerständen und Stromstärken innerhalb der Drahtzweige a b, $a_1\ b_1$ und $a_2\ b_2$ ausgleichen, sodaß eine in einer solchen Schleife eingeschaltete Lampe

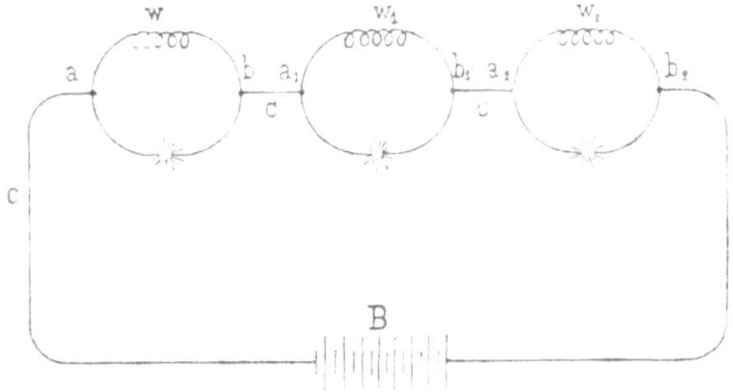

Fig. 145. Princip der Lichttheilung durch die Stromverzweigung.

durch ihre Regulirung keinen erheblichen Einfluß auf die anderen Lampen ausüben kann.

Werden statt der Bogenlichtlampen Lampen, in denen der lichtgebende Körper eine Platinspirale oder ein Kohlenfaden ist (Glühlichtlampen), in der gleichen Weise hintereinander in eine Leitung geschaltet, so treten dieselben Erscheinungen auf; in diesem Falle führt die Zerstörung eines solchen glühenden Lichtträgers keineswegs das Verlöschen aller anderen in derselben Leitung befindlichen Lampen herbei, denn es nimmt nunmehr der Strom in derjenigen Lampe, wo das Abbrennen des Kohlenfadens resp. das Abschmelzen der Platinspirale stattfindet, seinen Weg durch den zweiten, unbeschädigten Drahtzweig, um zu der nächstfolgenden Lampe zu gelangen. In der angedeuteten Weise wurde zuerst von de Changy die Stromverzweigung zur Theilung des elektrischen Lichtes angewendet. Das Licht wurde in diesem Falle durch Glühen von Platinspiralen erzeugt, die an verschiedenen Stellen der

Leitung derart eingeschaltet waren, daß das Abschmelzen derselben durch eine an jeder Spirale angebrachte, den Strom vertheilende Zweigleitung verhindert wurde.

Die Ersten, welche überhaupt von der Stromtheilung zum Zweck der Regulirung einer elektrischen Lampe Gebrauch gemacht haben, scheinen zwei französische Chemiker, Lacassagne und Thiers in Lyon, gewesen zu sein. Dieselben construirten im Jahre 1855 eine Kohlenlichtlampe, deren Regulirung durch zwei Elektromagnete erfolgte, von denen der eine in den durch die Kohlen gehenden Hauptstrom eingeschaltet war, der zweite dagegen sich in einer Zweigleitung von großem Widerstande befand, welche der Hauptstrom nicht passirte, und auf einen Anker wirkte, durch welchen das Oeffnen und Schließen des Schlauches einer Quecksilberleitung veranlaßt wurde; der letztere stand mit einem verticalen, mit Quecksilber gefüllten Cylinder in Verbindung, in welchem sich der eine Kohlenhalter derart bewegte, daß das jedesmalige Oeffnen des Schlauches eine Hebung der Kohle ihrem Abbrennen entsprechend bewirkte. Diese Lampe functionirte trotz ihren vielen constructiven Unvollkommenheiten in befriedigender Weise; an eine Benutzung der Stromverzweigung zum Zweck der Lichttheilung scheinen die genannten Chemiker jedoch nicht gedacht zu haben.

b. Die Nebenschlußlampen.

Für die praktische Verwerthung der Stromverzweigung zum Zweck der Lichttheilung ist es nach dem Vorhergehenden eins der wesentlichsten Erfordernisse, daß dem Hauptstrom immer noch ein anderer Zweig der Leitung zur Verfügung stehe, auf welchem er zu den folgenden Lichtern weiter fließen kann, wenn eins der in demselben Stromkreise befindlichen Lichter erlischt, und daß die Widerstände der Zweige, in welche sich die Hauptleitung bei jedem Lichte theilt, richtig bemessen werden. Seit den ersten Anfängen der Benutzung von Zweigströmen sind die hervorragendsten Elektriker bemüht gewesen, die Regulirungsmechanismen diesen Gesichtspunkten gemäß zu vervollkommnen, welche stets dieselben bleiben, mag man für die Regulirung des Lichtes Elektromagnete mit Ankern und regulirbaren Federn, oder Solenoide mit einziehbaren Eisenkernen, oder, wie bei den Differentiallampen, ausschließlich die Differentialwirkung zweier Zweigströme benutzen. Kommt neben der letzteren noch eine weitere, etwa eine Feder- oder die Schwerkraft zur Wirkung, so bezeichnet man derartige Lampen als Nebenschlußlampen und es ist beispielsweise bereits gelegentlich der Besprechung der Serrin'schen Lampen kurz angeführt worden, wie dieselbe durch Lontin durch Einfügung einer Stromverzweigung (Nebenschließung) für getheiltes Licht anwendbar gemacht wurde.

Bei näherer Betrachtung der Fig. 146, in welcher der Bewegungsmechanismus des von Lontin verbesserten Serrin'schen Regulators dargestellt ist, und mit Hilfe der den Stromlauf in der Lampe illustrirenden Fig. 147 wird die den Nebenschlußlampen eigenthümliche Art, wie die

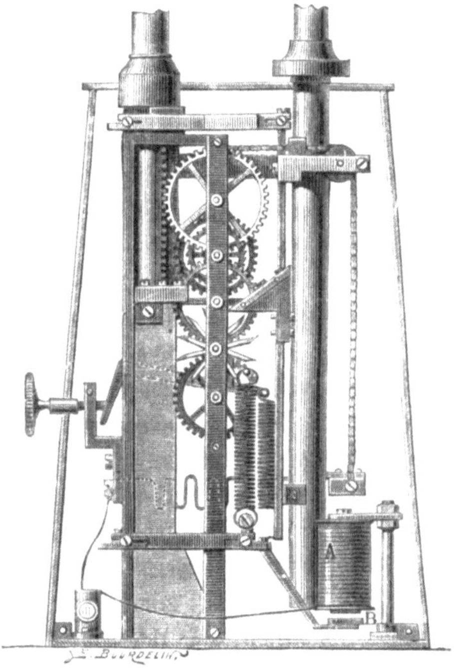

Fig. 146. Elektrische Lampe von Serrin-Lontin.

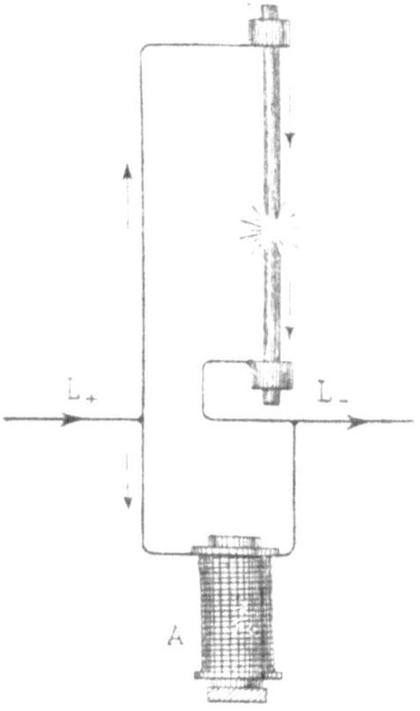

Fig. 147. Schema des Stromlaufs in den Nebenschlußlampen.

beiden Zweigströme jeder Lampe zur Regulirung des Lichtbogens benutzt sind, hinreichend klar werden. Der von links in die Lampe eintretende Strom theilt sich hier in zwei Zweige, von denen der eine durch die beiden Kohlen und dann zur Austrittsklemme geht, während der andere sich nach dem Elektromagnet A und nach der Austrittsklemme verzweigt. Beim Anfang der Circulation eines elektrischen Stromes durch die Lampe, wenn die Kohlen sich noch nicht berühren, geht der ganze Strom durch den Elektromagnet A und bewirkt so die Anziehung des mit dem Gelenkviereck und dem dreieckigen Sperrzahn verbundenen Ankers B, welche eine Hebung des Sperrzahnes und damit die Freilassung des Sternrades bewirkt. Das Räderwerk kommt infolge dessen in Bewegung und der obere Kohlenhalter sinkt herab, bis die Spitzen der Kohlen zur Berührung kommen; alsdann geht der größte Theil des Stromes durch die Kohlen, während nur ein so kleiner Theil desselben noch den Elektromagnet passirt, daß der letztere den Anker losläßt und derart das Gelenkviereck und der Sperrzahn zugleich mit dem unteren Kohlenhalter um soviel herabsinken, als zur Bildung des Lichtbogens erforderlich ist. Gleichzeitig wird auch durch den herabgezogenen Sperrzahn das Räderwerk so lange arretirt, bis durch das Abbrennen der Kohlen im Lichtbogen ein zu großer Widerstand entsteht. Hierauf wird ein größerer Theil des Stromes seinen Weg durch die Windungen des Elektromagnets nehmen, sodaß der Anker B von neuem angezogen und das Laufwerk ausgelöst wird, wodurch die Kohlen wieder langsam einander genähert werden.

Gegenüber dem gewöhnlichen Serrin'schen Apparate erwies sich die Empfindlichkeit des Serrin-Lontin'schen Regulators als bedeutend größer. Derselbe gestattet eine ziemlich weitgehende Theilung des elektrischen Lichtes, sodaß schon auf der Pariser Weltausstellung von 1878, bei welcher Gelegenheit diese Regulatoren zuerst bekannt wurden, zwölf derartige Lampen in den Stromkreis einer Wechselstrommaschine eingeschaltet werden konnten und dabei befriedigend arbeiteten.

In der gleichen Weise, wie Lontin den Serrin'schen Regulator zur Nebenschlußlampe gestaltete, hat Crompton seinen früher beschriebenen Regulator vervollkommnet. Derselbe ersetzte zu diesem Zwecke die Feder f (s. Fig. 116) durch einen kleinen Elektrogmagnet mit sehr feinem Drahte und somit hohem Widerstande. Die Enden dieses Drahtes sind dort, wo sie in die Lampe eintreten und anderseits dieselbe verlassen, mit den Hauptleitungsdrähten verbunden, sodaß ein Bruchtheil des Stromes stets den kleinen Elektromagnet passirt. Mit dem Bogenwiderstande ändert sich jedoch auch das Verhältniß der Stromstärken im Bogen und in der Nebenschließung und infolge dessen das Verhältniß der auf das Stück h wirkenden Anziehung beider Elektromagnete. Ein hoher Bogenwiderstand hat zur Folge, daß die Anziehung des oberen, kleinen Elektromagnets überwiegt, das Stück h gehoben wird und die obere Kohle herabsinkt. Umgekehrt wird ein geringer Widerstand im Lichtbogen den großen Elektromagnet veranlassen, das Stück h unten festzuhalten und den Kohlenhalter zu arretiren. Der Nachschub der Kohlen wird somit nicht mehr direct von der Stromstärke abhängen — vorausgesetzt, daß diese nicht unter das Maaß herabsinkt, welches ausreicht, um die Spannung der großen Feder zu überwinden und den großen Anker g unten festzuhalten; er wird vielmehr abhängen von dem Verhältniß der Stromstärken in den Kohlenstiften und der Nebenschließung. Durch geringes Heben oder Senken des kleinen Elektromagnets kann nun die Lampe so adjustirt werden, daß dieses Verhältniß in einer bestimmten Größe erhalten wird und die Lampe innerhalb weiter Grenzen der Stromstärke brennt.

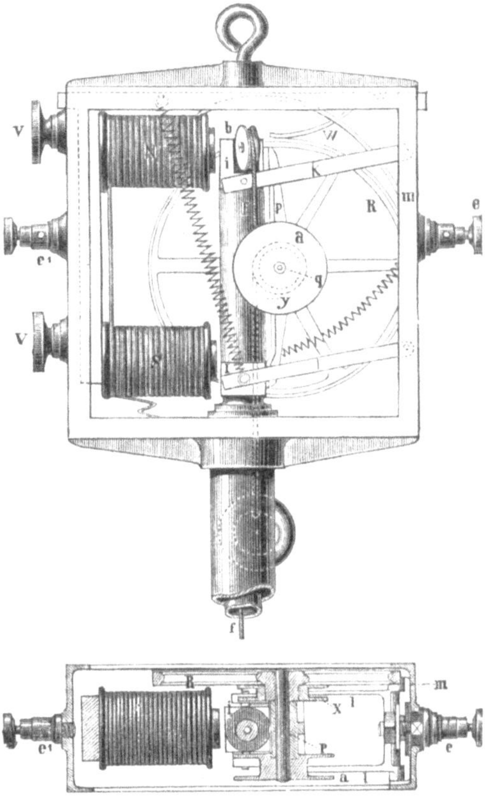

Fig. 148 u. 149. Regulirungsmechanismus der Bürgin'schen Lampe.

Die zahlreichen Installationen, welche Crompton bisher mit seinen Lampen in Verbindung mit den Bürgin'schen Maschinen ausgeführt hat, haben gezeigt, daß dieselben sehr gut arbeiten. Die Anwendung von Elektromagneten bewirkt zwar im allgemeinen keine so ruhige und schöne Regulirung wie die durch Solenoide erreichte; da jedoch Crompton den Ankerhub auf ein Minimum reducirte und die Lampe durch das geringe Gewicht des Stückes h von den unbedeutenden Aenderungen der Stromstärke, wie sie beim Betriebe vorkommen, unabhängig machte, ist dieselbe für getheiltes Licht sehr wohl anwendbar und ergiebt eine gute Regulirung des Lichtbogens.

Bürgin wendet bei seinen Lampen gleichfalls die Nebenschließung an, um mehrere derselben hintereinander in einen Stromkreis schalten zu können. In den Fig. 148 und 149 ist der Mechanismus der bereits früher eingehend besprochenen Bürgin'schen Lampe nochmals abgebildet.

Die für die Einführung des Nebenschlusses nothwendige Aenderung desselben besteht nur darin, daß der Anker i mit sehr feinem Drahte umwickelt wird, dessen Widerstand bedeutend größer als der des Volta'schen Bogens ist und dessen Enden mit den Polklemmen e und e_1 verbunden sind, durch welche die Zu- und Ableitung des Stromes bei der Lampe stattfindet.

Der Strom theilt sich demgemäß in zwei Theile, von denen der eine durch den Elektromagnet NS, der andere blos durch den Anker i läuft, wobei jedoch die Wickelung des Drahtes so geführt ist, daß der Strom in dem Anker gleichnamige Pole mit den gegenüberliegenden Magnetpolen erzeugt. Die Wirkungsweise der Lampe ist hiernach folgende: Berühren sich im Ruhezustande der Lampe die beiden Kohlen, so befindet sich der Anker i in seiner tiefsten Stellung; ein die Lampe durchfließender Strom wird durch die Kohlen und den Elektromagnet NS gehen und diesen derart erregen, daß er den Anker i in die Höhe zieht und so die Kohlen voneinander trennt. Eine Vergrößerung des Lichtbogens über sein normales Maaß wird indeß bald den Magnet NS schwächen und einen stärkeren Strom den Anker i umkreisen lassen, sodaß die Enden desselben zu kräftigeren Polen werden und daher von den gegenüberliegenden gleichnamigen Polen des Elektromagnets eine Abstoßung erfahren. So sinkt die Armatur und mit ihr das Rad R, welch letzteres dadurch außer Berührung mit der Bremsfeder w kommt und ein Herabsinken des oberen Kohlenhalters gestattet. Die Stromstärke im Hauptzweige nimmt nunmehr wieder zu und diejenige im Nebenzweige nimmt ab, der Anker geht wieder in die Höhe und R wird gebremst. In dieser Weise functionirt die Lampe weiter und ergiebt, auch wenn mehrere Lampen in denselben Stromkreis geschaltet sind, eine exacte Regulirung des Lichtbogens. Namentlich in England, in der Schweiz und in Italien finden die Bürgin'schen Lampen gegenwärtig ausgedehnte Verwendung.

Die Lampe von Fontaine, von welcher Fig. 150 eine Durchschnittszeichnung giebt, ist von ihrem Erfinder speciell für industrielle Zwecke bestimmt und eignet sich, da sie keinen feststehenden Brennpunkt hat, außer zum Gebrauch in größeren Fabrikräumen, am besten für die Beleuchtung öffentlicher Plätze, Hallen 2c. Der Regulirungsmechanismus besteht zunächst aus drei Elektromagneten a, b und c, von denen der erstere in einen Zweigstrom eingeschaltet ist, der nicht durch den Lichtbogen geht. Der Elektromagnet b befindet sich in einem zweiten Zweige, (punktirt gezeichnet), der den Lichtbogen passirt, während der gleichfalls durch den Lichtbogen gehende Hauptzweig den Elektromagnet c enthält; der Eintritt des Stromes erfolgt bei der rechtseitigen Polklemme p. Der zu c gehörige Anker h ist mit dem unteren Kohlenhalter fest verbunden, welch letzteren eine Schraubenfeder g im Ruhezustande von c entfernt hält.

Ein zweiter Anker d schwingt zwischen den Polen der Elektromagnete a und b um die Achse o. Derselbe trägt an seinem einen Ende einen kleinen Sperrzahn f, der auf ein Sternrädchen e wirkt; letzteres ist in Verbindung mit einem Räderwerk, welches durch das Uebergewicht des oberen Kohlenhalters in Bewegung gesetzt wird. Durchfließt nun ein Strom die Lampe und berühren sich die Kohlen nicht, so geht der Hauptstrom durch den Elektromagnet a infolge des größeren Widerstandes von b; a zieht daher den Anker d an und der Sperrzahn f giebt das Sternrad frei, worauf die Kohlenspitzen zusammenlaufen. In dem Augenblicke jedoch, wo die Berührung derselben stattfindet, theilt sich der Strom zwischen c, a und b; der Strom in a nimmt ab und b kommt zur Wirkung, indem der Anker d herabgezogen wird und so eine Hemmung des Räderwerkes veranlaßt. Gleichzeitig wird aber auch der Anker h des Elektromagnets c angezogen, sodaß der untere Kohlenträger um einige Millimeter heruntersinkt und der Lichtbogen sich bilden kann.

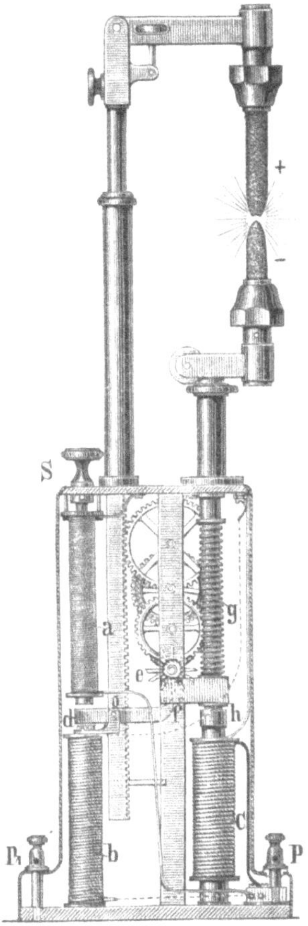

Fig. 150. Elektrische Lampe von Fontaine.

Indem beim Abbrennen der Kohlen die Stromstärke in b abnimmt, bis die sich allmählich verstärkende Anziehungskraft des Elektromagnets a das Uebergewicht erhält, zieht der letztere den Anker d wieder zurück und die Kohlen können sich um das erforderliche Maaß einander nähern, wonach das gleiche Spiel sich wiederholt.

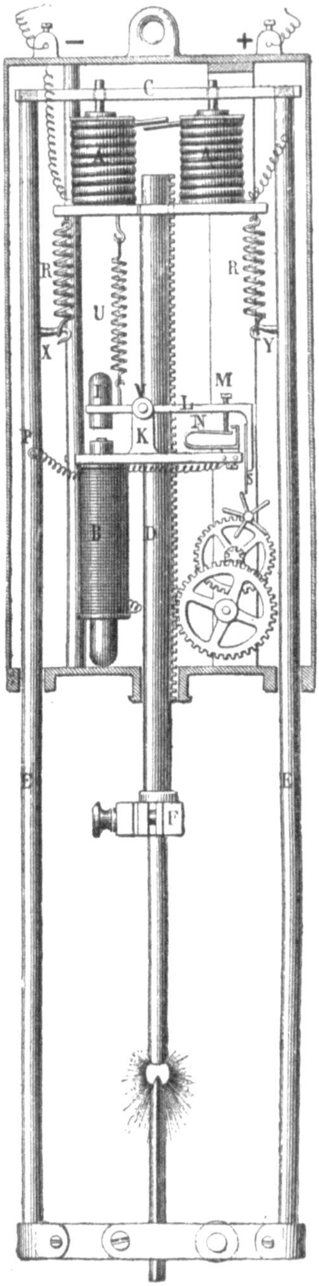

Fig. 151. Elektrische Lampe von Gramme.

Die beschriebene Fontaine'sche Lampe hat mit den Lampen von Jaspar, Lontin und Crompton den Vortheil gemein, daß dieselbe die Möglichkeit bietet, die Stromstärke innerhalb gewisser Grenzen variiren zu lassen, ohne daß dadurch das regelmäßige Arbeiten des Regulators beeinflußt wird. Die Regulirung erfolgt dadurch, daß mittels einer auf dem Deckel des Gehäuses sichtbaren Schraube s der Elektromagnet mehr oder weniger dem zwischen a und b schwebenden Anker genähert wird.

Auch Gramme hat in neuerer Zeit eine elektrische Lampe für getheiltes Licht construirt, welche einige interessante Details aufweist; Fig. 151 zeigt einen Durchschnitt dieser Lampe. In dem den Regulirmechanismus einschließenden cylindrischen Gehäuse ist ein Elektromagnet AA auf einer Platte befestigt; der zugehörige Anker C verbindet die beiden oberen Enden der Stangen E, deren untere Enden durch den unteren Kohlenträger verbunden sind. Das ganze System ist mittels der beiden Federn RR, welche den Anker von dem Elektromagnet zu entfernen streben, aufgehängt. Der obere Kohlenträger D bewegt sich in passenden Führungen und trägt eine Verzahnung, welche mit einem kleinen Räderwerk im Eingriff steht, das durch ein an dem Hebel L befestigtes Stück S arretirt wird. Der bezeichnete Hebel trägt linksseitig von seinem Drehpunkt V den Anker I, welcher der Einwirkung eines dünndrähtigen, im Nebenschluß befindlichen Elektromagnets B und der diesem Elektromagnet entgegenwirkenden Feder U unterliegt.

Der Hauptstrom geht von der positiven Polklemme zu dem oberen Kohlenhalter, durch die Kohlen, zum Elektromagnet A und dann zur negativen Klemme zurück; die Nebenschließung verläuft über V und L durch die Schraube M, eine Feder N und den Elektromagnet B. Sobald nun die Lampe mit einer Stromquelle verbunden wird, fließt ein Strom durch den Elektromagnet B, da der Hauptstromkreis durch die Entfernung der beiden Kohlenspitzen in der Regel unterbrochen ist. Der Anker I wird kräftig angezogen; S löst das Werk aus, bis die Schraube M die Feder N losläßt und letztere sich gegen einen kleinen Haken legt. Hierdurch ist der Contact MN aufgehoben und es wird deshalb der Anker I sogleich wieder frei, sodaß S alsbald wieder nach abwärts geführt wird. Demgemäß beginnt der Hebel L zu oscilliren und infolge dessen läßt S immer nur einen Flügel des Windfangs passiren, sodaß die Kohlenstäbe langsam, aber stetig sich einander nähern. Nach erfolgter Berührung derselben geht ein kräftiger Strom durch A, während B infolge seines großen Widerstandes fast ganz stromlos wird und den Anker I losläßt; das Werk wird somit arretirt und zugleich der Anker C von dem Elektromagnet A um die zur Bildung des Lichtbogens erforderliche Länge herabgezogen.

Wenn nach einiger Zeit der Widerstand des Lichtbogens größer wird, erfährt I eine Anziehung durch B, und S läßt einen Flügel des Hemmrades passiren. Diese Regulirung findet continuirlich statt und ermöglicht eine sehr genaue Einstellung der Kohlenstäbe. Trotzdem und trotz der Nebenschließung gaben diese Lampen in der ersten Zeit ihrer Anwendung, so noch auf der Pariser Elektricitäts-Ausstellung, zu mehreren in einen Stromkreis geschaltet, ein sehr unruhiges Licht; nach neueren Erfahrungen sollen jedoch die mit mehrfachen Installationen in der Praxis erzielten Ergebnisse zufriedenstellende sein.

Gramme giebt der oberen, positiven Kohle eine cylindrische, der unteren, negativen eine viereckige Form, um eine freiere Ausstrahlung des Lichtes nach unten zu erzielen. Die Construction der Lampe gestattet jedoch nicht die Anwendung so langer Kohlenstäbe, als es für manche Fälle wünschenswerth wäre. Die Lichtstärken der Gramme'schen Lampen sind ziemlich bedeutende (1000—1200 N. K.), sodaß dieselben in größerer Höhe aufgehängt werden müssen, wobei man die Anzahl der Kohlenwechsel auf das geringste Maaß herabzuziehen bestrebt ist, da ein öfteres Einsetzen neuer Kohlen zu vielen Unbequemlichkeiten führt.

Im Gegensatz hierzu gewährt eine Lampenconstruction von Mersanne den großen Vortheil, daß dieselbe die Verwendung beliebig langer Kohlenstäbe gestattet. Dieselbe unterscheidet sich daher von den anderen Lampen hauptsächlich in der Führung der Kohlenstäbe, welche nicht in besonderen Kohlenhaltern befestigt sind, sondern durch zwei Gleitbüchsen geführt werden, in denen sie zwischen Frictionsrollen frei hindurchgehen. Fig. 152 zeigt den Regulator der Mersanne'schen Hängelampe, bei welcher die Kohlenstäbe horizontal gegeneinander geführt werden; die innere Einrichtung der Gleitbüchsen wird durch Fig. 153 verdeutlicht.

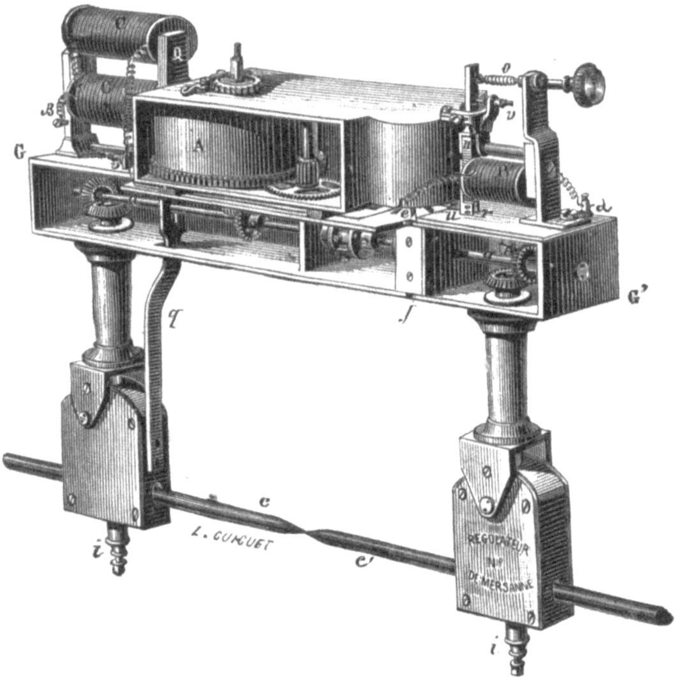

Fig. 152. Elektrische Lampe von Mersanne.

Mit A ist ein Federhaus bezeichnet, dessen Drehbewegung durch Kegelräder einer langen, horizontalen Welle a a mitgetheilt wird. An den Enden der letzteren befinden sich gleichfalls Kegelräder, die mit einem am Ende der Welle b (Fig. 152) befindlichen Kegelrade im Eingriff stehen; diese Welle setzt alsdann mittels des Getriebes d e die Walzen g g in Bewegung. Die Tragwalzen h h werden durch die Feder i nach oben gedrückt, sodaß die Kohlenstäbe c c¹ die Bewegung der Walzen mitmachen müssen und sich einander nähern, sobald das Uhrwerk in Thätigkeit ist.

Beim Einleiten eines Stromes in die Lampe kommt zunächst der im Hauptstromkreise befindliche Elektromagnet CC mit dickem Drahte in Function, der durch die Einwirkung seines Ankers Q auf den Hebel q die zur Bildung des Lichtbogens erforderliche Trennung der Kohlenstäbe bewirkt, während nunmehr der im Nebenschluß befindliche Elektromagnet B die Arretirung des Uhrwerks controlirt. Das letztere arbeitet, sobald B seinen Anker n anzieht; die Feder o wirkt dem entgegen. Ist also infolge des Abbrennens der Kohlen der durch dieselben gehende Strom in dem Grade geschwächt, daß der in der Nebenschließung befindliche Elektromagnet zur Wirkung kommt und seinen Anker anzieht, so nähern sich die Kohlenstäbe einander wieder, bis die normale Lichtbogenlänge wieder hergestellt ist. Das dieselben bewegende Uhrwerk braucht 36 Stunden, um während des langsamen Entgegenrückens der Kohlen abzulaufen.

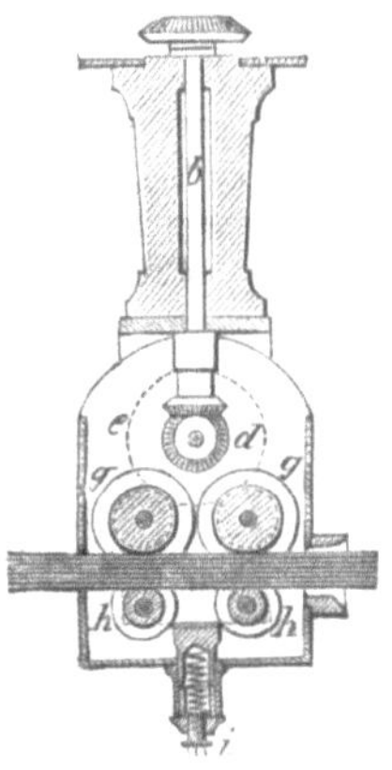

Fig. 153. Gleitbüchse der Lampe von Mersanne.

Die Mersanne'sche Standlampe mit verticalen Kohlen zeigt nur eine andere Disposition der einzelnen Mechanismen; die Wirkungsweise derselben ist die gleiche wie bei der Hängelampe. Nach den mehrfach wiederholten Beobachtungen, wie sie auch gelegentlich der Pariser Elektricitäts-Ausstellung vorgenommen wurden, sollen diese Lampen nicht so ruhig functioniren, als dies für Innenbeleuchtungen wünschenswerth ist, weshalb sich dieselben mehr für den Gebrauch in Außenräumen eignen dürften, für welche sie, mit einer Art Zonenreflector ausgerüstet, befriedigende Resultate ergeben haben.

Wie Mersanne, hat auch Siemens eine elektrische Lampe mit horizontalen Kohlenstäben construirt, die in Fig. 154 abgebildet ist. Die Kohlen kk_1 sind bei derselben in oben offenen Rinnen rr_1 geführt und erhalten ihre Bewegung durch die Drehung zweier dicht vor den Kohlenspitzen gelagerten Rollen, auf deren Achsen sich außen die Scheiben ss_1 befinden. Damit die Bewegung der Kohlen durch die bezeichneten Rollen stets sicher erfolge, drücken oberhalb derselben noch zwei Rollen ww_1 durch ihr Gewicht auf die Stäbe. S ist ein schwach konisch bewickeltes und in einen Nebenschluß geschaltetes Solenoid, in welchem der cylindrische Eisenkern e beweglich ist. Derselbe hängt an einer Stange, die an ihrem oberen Ende eine kleine Schale s_2 zur Aufnahme von Bleischrot trägt, mittels dessen die Anziehung des Solenoids auf den Eisencylinder regulirt werden kann; an seinem unteren Ende ist der letztere drehbar mit den Stangen dd_1 verbunden, welche sich in Schlittenführungen bewegen und bei ihrem Heben und Senken drehend auf die Scheiben ss_1 einwirken, zu welchem Zwecke beide Theile mit feinen Riffelungen versehen sind.

Ist die Lampe stromlos, so sinkt der Kern e herab, bewegt mittels einer mit ihm verbundenen Platte den Hebel h und mit diesem die Stange d_2 aufwärts, durch welche eine Drehung der Scheibe s_1 nach rechts und eine mit derselben gleichgerichtete Bewegung der Kohle k_1 bewirkt wird. Beim Beginn des Betriebes kommt die Kraft des Solenoids zur vollen Geltung und der Kern e wird gehoben. Durch die damit verbundene Aufwärtsbewegung der Stangen dd_1 werden die Scheiben s und s_1 derart gedreht, daß eine Annäherung der Kohlen gegeneinander bis zu ihrer Berührung erfolgt.

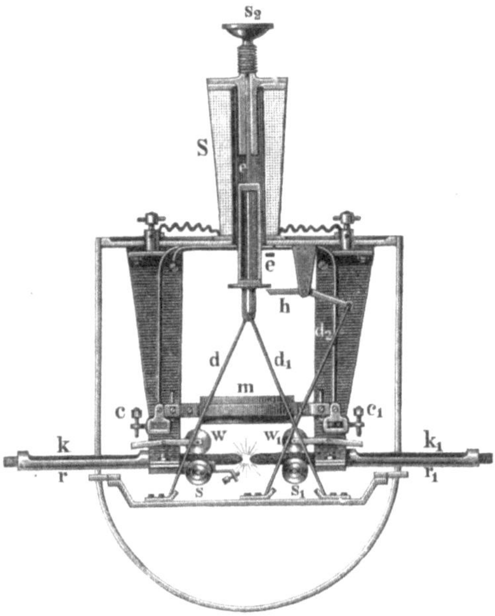

Fig. 154. Elektrische Horizontallampe von Siemens.

Alsbald geht aber der Haupttheil des Stromes durch die Kohlenspitzen: der Eisenkern sinkt und mit ihm die Stangen dd_1, welche die Scheiben ss_1 entgegengesetzt drehen und eine Entfernung der Kohlen veranlassen, sodaß der Lichtbogen sich bilden kann. Bei Vergrößerung des Widerstandes in diesem wächst der Strom des Solenoids wieder, der Eisenkern geht mit den Stangen dd_1 in die Höhe und die Kohlen werden mittels der Scheiben ss_1 wieder einander genähert. Nach dem vollständigen Abbrennen der Kohlen sinken die Führungsrollen ww_1 herab und stellen bei c und c_1 Contacte her, durch welche der Lichtstromkreis kurz geschlossen wird. Mit m ist eine Scheibe aus Marmor, Kreide 2c.

bezeichnet, die als Reflector dient; das Ganze ist von einer Glasglocke umgeben, welche genügenden Schutz gegen Luftzug gewährt.

Die durch die Anwendung horizontaler Kohlenstäbe gebotenen Vortheile haben Franz Million in Lyon veranlaßt, eine Lampe mit sehr dünnen und langen Kohlenstäben herzustellen, wobei er die Anwendung der letzteren folgendermaaßen motivirt: „Wenn das Licht eine mit der Temperatur wachsende Leuchtkraft entwickelt, so muß bei einem und demselben Strome der Schließungsbogen möglichst reducirt werden und es müssen zu diesem Zwecke die Kohlenstifte von so kleinem Durchmesser genommen werden, wie es überhaupt für den Durchgang des elektrischen Stromes zulässig ist. Bei Kohlenstiften von kleinerem Durchmesser spart man die für die Erhitzung dicker Kohlen nöthige Elektricität und verkleinert außerdem die Schattenkegel; doch ist hierbei die Verbrennung eine viel schnellere. Da die Brennzeit aber eine größere sein soll, so sind die Kohlenstifte auf 1 Meter bis 1,50 Meter verlängert worden."

Bei dieser Lampe sind die Kohlen mit ihren Enden auf kleinen Schlitten befestigt, die sich in entsprechenden Führungen bewegen, während die Kohlenspitzen aus Führungsdüsen austreten, innerhalb welcher denselben gleichzeitig durch Platinröllchen der Strom zugeführt wird. Die Schlitten sind nach innen zu durch über Rollen laufende Schnüre mit einem Gegengewicht verbunden, das eine Annäherung der Kohlen herbeizuführen bestrebt ist; die Entfernung der letzteren wird durch in entgegengesetzter Richtung wirkende Schnüre erreicht, die über Rollen wieder zurück nach dem Gehäuse der Lampe und über eine kleine Trommel führen. Auf der gleichen Achse mit dieser befindet sich ein Sperrad, in welches ein Zahn eingreift, der der Einwirkung zweier im Nebenschluß befindlichen Solenoide in der Art unterworfen ist, daß im Ruhezustande der Lampe, wenn der Eisenkern des Solenoids nicht angezogen ist, ein Hebelgewicht den Eingriff des Zahnes in das Sperrad veranlaßt, dasselbe und mit ihm die genannte Trommel etwas dreht und so eine Entfernung der Kohlen bewirkt. Durch Vermittelung eines eigenartigen Quecksilbercontactes durchläuft ein nunmehr in die Lampe eintretender Strom die Solenoide; die Kerne derselben erfahren eine entsprechende Anziehung und der Zahn läßt das Sperrad frei. Somit gelangt das Gegengewicht zur Wirkung auf die Kohlen und veranlaßt die Annäherung derselben bis zur Berührung. Der alsdann nur in verschwindendem Maaße die Spulen durchfließende Strom läßt das Hebelgewicht mit dem Zahne wieder auf das Sperrad und die Trommel wirken und die Kohlen trennen sich zur Bildung des Lichtbogens. Jede Widerstandsvergrößerung in der Lichtstromleitung wird wieder eine verstärkte Anziehung der Solenoidkerne und somit die Auslösung des Sperrrades und eine entsprechende Annäherung der Kohlen zur Folge haben. Ein Windfang verhindert alle zu heftigen Bewegungen der einzelnen Theile und es geht demgemäß die Regulirung langsam und stetig vor sich.

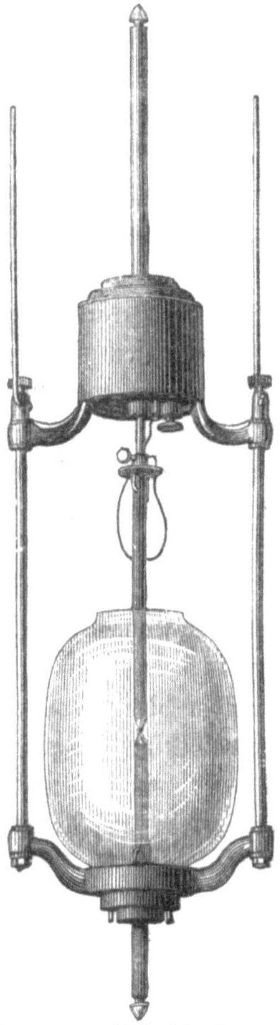

Fig. 155. Elektrische Lampe von Weston.

Schließlich sei noch bemerkt, daß das Hebelgewicht verstellbar angeordnet ist. Jenachdem man dieses näher oder entfernter dem Hebeldrehpunkt schiebt, muß auch die von dem Solenoid erforderte Kraft eine größere oder kleinere sein; im ersteren Falle ist der Lichtbogen größer, im zweiten Falle kleiner. Man ist also imstande, durch Verstellen des Gegengewichtes eine bestimmte Länge des Lichtbogens herzustellen.

In ebenso einfacher als origineller Weise regulirt Solignac in seiner Lampe mit gleichfalls horizontalen Kohlenstäben den Lichtbogen, und zwar ohne Anwendung von Elektromagneten oder Solenoiden, mit Hilfe der durch den Lichtbogen erzeugten Wärme. Die Kohlenstäbe sind hier wieder auf kleinen Führungsrollen gegeneinander beweglich und werden durch Anspannen einer an ihrem Ende befestigten Schnur, deren anderes Ende um das sich drehende Gehäuse einer Spiralfeder geschlungen ist, einander genähert. Damit sich jedoch der für den Lichtbogen nöthige Abstand der Kohlenspitzen erhalte, ist mit jeder Kohle ein ihrer ganzen Länge nach sich erstreckendes paralleles Glasstäbchen befestigt, welches beiderseits den Kohlen nur so weit sich zu nähern gestattet, als es sich, durch die Hitze des Lichtbogens erweicht und gegen einen festen, unverbrennlichen Stützpunkt stoßend, seitlich abbiegt. Bei einer derartigen Lampe muß selbstverständlich zur Bildung des Lichtbogens die Entzündung von Hand geschehen, indem man für kurze Zeit die

Kohlenspitzen durch einen leitenden Körper verbindet. Abgesehen hiervon werden jedoch von du Moncel die Resultate der durch ihn mit dieser Lampe angestellten Versuche, bei welchen fünf solcher Lampen mit einer Wechselstrommaschine von de Méritens betrieben wurden, als sehr zufriedenstellende bezeichnet.

Weston hat in Verbindung mit seiner Maschine auch eine Lampe construirt, die sich durch die Verwendung eines eigenartigen Differential-Elektromagnets und durch große Einfachheit auszeichnet. Von derselben giebt Fig. 155 eine Abbildung, welche oberhalb des Lampengestells ein cylindrisches Gehäuse zeigt, in dessen Innerem der durch Fig. 156 veranschaulichte Regulirungsmechanismus untergebracht ist.

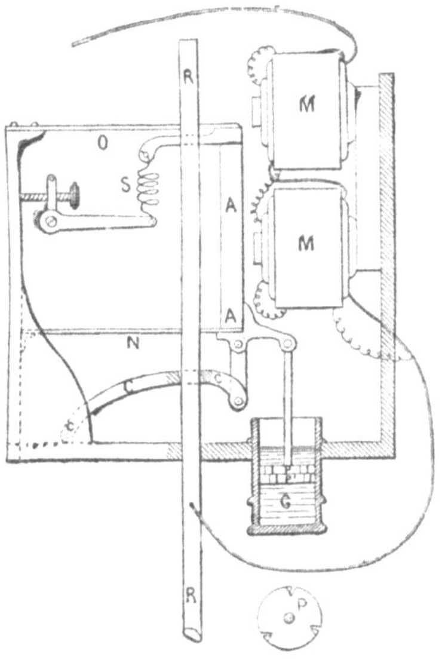

Fig. 156. Regulirungsmechanismus der elektrischen Lampe von Weston.

Der obere Kohlenhalter RR führt durch eine mit abgeschrägten Kanten versehene Oeffnung des drehbaren Hebels C und kann im Zustande der Ruhe in dieser Oeffnung gleiten, sodaß die obere Kohle auf der unteren aufliegt. Mit AA ist der Anker eines Elektromagnets MM bezeichnet. Derselbe wird von zwei parallelen, flachen Stahlfedern N und O gehalten, die mit dem Gestell fest verbunden sind. Durchfließt ein Strom den Elektromagnet, so bewegt sich der Anker vertical aufwärts; hierdurch wird zugleich der Hebel C gehoben und derselbe zieht vermöge seiner Form bei einer bestimmten Lage den oberen Kohlenhalter mit in die Höhe, indem er so zur Bildung des Lichtbogens Anlaß giebt; der Anziehung des Elektromagnets entgegen wirkt die regulirbare Feder S. Die Bewegung des Ankers wird also einerseits durch den nach oben gerichteten Zug des Elektromagnets, anderseits durch die nach unten gerichtete Spannkraft der Feder bewirkt. Um jedoch zu heftige Bewegungen in dem einen oder anderen Sinne zu vermeiden, ist das untere Ende des Ankers mit der Kolbenstange eines kleinen, durchbrochenen Kolbens p in Verbindung gesetzt, der sich, und zwar mit regulirbarem Widerstande, in einem mit Glycerin gefüllten Cylinder G bewegt.

Der interessanteste Theil der Lampe ist der Differential-Elektromagnet **MM**. Jeder Schenkel desselben ist, wie Fig. 157 als Durchschnitt eines solchen zeigt, von nicht weniger als drei Spulen umgeben, welche zwei von dem Strome in entgegengesetzter Richtung durchflossene Leitungen bilden, sodaß nur die Differenz der Ströme magnetisirend auf die Eisenkerne wirkt und die Richtung und Intensität der Polarität davon abhängt, welcher von beiden Strömen der stärkere ist. Der Kern a ist zunächst von einer Spule feinen Drahtes umgeben; darüber ist eine Spule aus dickem Drahte gewunden und über dieser befindet sich eine zweite Lage feinen Drahtes. Die dickdrähtigen Spulen beider Schenkel sind miteinander verbunden und bilden einen Theil der Hauptleitung, in welcher der Lichtbogen liegt, während die vier Spulen feinen Drahtes, wie die Figur zeigt, untereinander verbunden sind und sich in einer Nebenschließung befinden, und zwar derart, daß der Strom der Nebenleitung den Kern in entgegengesetztem Sinne als wie der Hauptstrom umkreist.

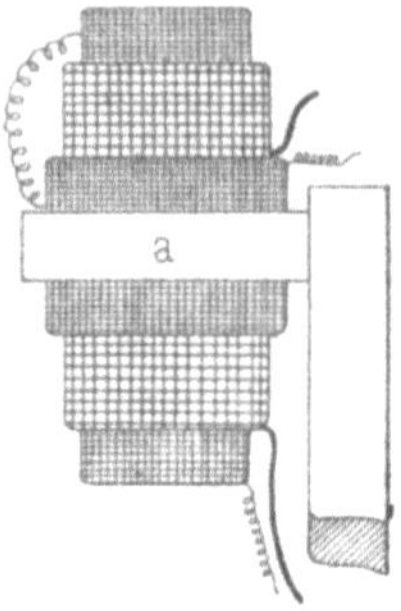

Fig. 157. Differential-Elektromagnet der elektrischen Lampe von Weston.

Der in die Lampe eintretende Strom theilt sich nun in zwei Theile, von denen der eine über die linksseitige Polklemme (s. Fig. 156) durch den dicken Draht des Elektromagnets und durch die Kohlen nach der rechtsseitigen, negativen Polklemme geht; dieser Strom macht **MM** magnetisch und beide Kohlen werden zur Bildung des Lichtbogens getrennt. Gleichzeitig fließt ein anderer Strom in entgegengesetzter Richtung durch den dünnen Draht des Elektromagnets, denselben etwas abschwächend, nach der negativen Polklemme. In dem Maaße, wie sich der Widerstand des Hauptkreises durch den Kohlenverbrauch vergrößert, verstärkt sich dieser Zweigstrom und wirkt der Kraft des Hauptstromes intensiver entgegen, worauf der Anker **A** so weit herabsinkt, daß der Hebel C die obere Kohle etwas sinken läßt. Alsbald gewinnt aber wiederum der Hauptstrom an Stärke und bewirkt eine solche Hebung des Ankers, daß ein weiteres Nachsinken der Kohle einstweilen verhindert ist. Dieses Spiel wiederholt sich fortwährend dem Abbrennen der Kohlen entsprechend, und zwar folgen die einzelnen Bewegungen mit großer Schnelligkeit und Leichtigkeit aufeinander, sodaß das mit der Weston'schen Lampe erzielte Licht ein sehr ruhiges und gleichmäßiges ist, weshalb diese Lampe eine weitere Verbreitung gefunden hat.

In neuester Zeit ist von Weston eine Bogenlampe erfunden worden, die im exacten Arbeiten die vorher beschriebene noch übertreffen soll. Bei derselben erfolgt die Regulirung des Lichtbogens durch ein mit dem oberen Kohlenhalter durch Schnurrolle oder Zahngetriebe in Verbindung stehendes Bremsrad. Auf die zugehörige Bremsklaue wirken mittels eigenthümlich angeordneter, oscillirender Hebel die an dem Hebelsystem mittels biegsamer Metallstreifen aufgehängten Kerne zweier Solenoide, von welchen das eine in den Hauptstrom geschaltet ist, während das andere sich in einem den Lichtbogen umgehenden Nebenschluß befindet. Die Bremsklaue wirkt auf das Bremsrad und somit auf die Bewegung des oberen Kohlenhalters, ähnlich wie in der Dornfeld'schen Lampe, doch mit dem Hauptunterschiede, daß dieselbe hier durch die Differentialwirkung zweier Solenoide beeinflußt wird.

Sitzen beim Einschalten der Lampe in den Stromkreis beide Kohlen aufeinander, so erhält das in den Hauptstrom geschaltete Solenoid das Uebergewicht; die Bremsklaue legt sich gegen das Bremsrad, die obere Kohle wird entsprechend gehoben und der Lichtbogen gebildet. Bei größer werdendem Lichtbogen erlangt die Nebenspule das Uebergewicht, die Bremsklaue kommt außer Eingriff und das nun freie Bremsrad läßt den oberen Kohlenhalter etwas herabsinken. Die geringste Verkleinerung des Lichtbogens setzt dann die Bremse sofort wieder in Thätigkeit. Die Größe des Bremsrades und die beträchtliche Länge des zur Anwendung kommenden Auslösungshebels bedingen ein sehr exactes Arbeiten des Mechanismus; unter normalen Verhältnissen soll der Kohlenvorschub so continuirlich erfolgen, daß eine Bewegung der einzelnen Theile kaum wahrnehmbar ist.

Eine derjenigen Lampen, welche in neuerer Zeit die meiste Beachtung gefunden haben, ist die von Brush. Das durch diese Lampe in Verbindung mit der Brush-Maschine begründete Beleuchtungssystem ist namentlich in Amerika zu großer Bedeutung gelangt. Charakteristisch für die Brush-Lampe ist die Art, in welcher der Regulirungsmechanismus auf die Kohlenhalter einwirkt. Es geschieht dies durch Vermittelung eines Ringes, der die Stange des oberen Kohlenhalters umgiebt, welch letzterer durch sein Gewicht gegen den unteren, feststehenden strebt. Wird dieser Ring seitlich angehoben, so legt er sich an die durch ihn leicht hindurchgehende Stange an, resp. klemmt diese ein und nimmt sie mit sich in die Höhe; wird umgekehrt der Ring gesenkt, so sinkt mit ihm die Stange. Kommt jedoch hierbei der Ring auf der Seite, welche der angehobenen gegenüber liegt, auf einen Anschlag, so wird er von da an wie eine Bremse auf die Stange wirken und diese langsam durch sich hindurch gleiten lassen.

Bevor indeß diejenige Lampe, welche gegenwärtig von Brush fast ausschließlich angewendet wird, hinsichtlich ihrer Construction und Wirkungsweise in's Auge gefaßt wird, erscheint es nothwendig, die ältere Construction der Brush-Lampe, welche für Einzellicht bestimmt ist, zu betrachten; denn obwohl die Beschreibung derselben ordnungsgemäß in den zweiten Abschnitt dieses Kapitels gehörte, welcher die elektrischen Lampen für Einzellicht behandelt, ist sie an dieser Stelle insofern berechtigt, als sie hier das Verständniß der neueren Construction wesentlich erleichtern wird.

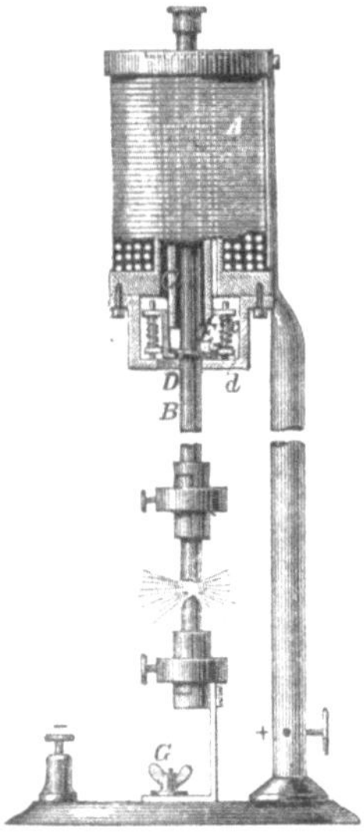

Fig. 158. Elektrische Lampe von Brush für Einzellicht.

Die Brush'sche Einzellichtlampe besitzt nicht wie die früher besprochenen Nebenschlußlampen Elektromagnete, sondern Solenoide oder richtiger gesagt eine Differentialspule und würde daher, wenn das Gewicht des Kohlenhalters irgendwie äquilibrirt wäre, zu den Differentiallampen zu zählen sein. Obschon letzteres nun nicht der Fall ist, arbeitet die Lampe trotz ihrer sehr einfachen Kuppelung in ganz zufriedenstellender Weise.

Fig. 158 giebt ein Bild der Brush-Lampe für Einzellicht im theilweisen Durchschnitt. Die untere Kohle steht fest, die obere ist mit einer von dem Klemmringe D umgebenen Stange B verbunden. Dieser Ring kann durch die Eisenhülse C, die in das Solenoid A hineinragt, zum Zweck der Regulirung des Lichtbogens gehoben und gesenkt werden. Sobald der Strom durch das Solenoid circulirt, wird die schmiedeeiserne Hülse angezogen und ein mit derselben verbundener Haken hebt den Ring D. Dieser hebt sich infolge seines Spielraumes etwas einseitig, zwängt die Stange B ein, hebt sie mit und entfernt so etwas die obere von der unteren Kohle. Alsbald wird der Strom etwas schwächer, die Hülse C sinkt herab, die Ringscheibe D kommt wieder zum Aufliegen und hält in dieser Lage entweder die Stange B fest, oder gestattet derselben ein langsames Herabgleiten, wenn der Lichtbogen seine normale Länge überschreitet. Die Hülse C wird zum Theil durch Federn entlastet, die durch Schrauben d regulirt werden können, um die Lampe stärkeren oder schwächeren Strömen anzupassen. Die Schraube E dient dem Klemmringe D als oberer Anschlag, wodurch die Kohlen nur bis auf eine bestimmte Entfernung auseinander gezogen werden können; die genaue Einstellung der unteren Kohle ist durch die Schraube G zu bewirken.

Später fügte Brush dieser Lampe eine dünndrähtige, in einer Nebenschließung befindliche Spule hinzu, die das Nachrücken der oberen Kohle besorgt, während eine andere dickdrähtige, vom Hauptstrome durchflossene Spule das Entzünden des Lichtbogens bewirkt.

Die jetzt von Brush für getheiltes Licht fast ausschließlich angewendete Lampe enthält Kernspulen, die mit dickem und gleichzeitig mit dünnem Drahte bewickelt sind. Der dicke Draht dieser Wickelung wird von dem Hauptstrome durchflossen, während der dünne Draht eine Nebenleitung bildet, die von einem Zweigstrome in umgekehrter Richtung durchflossen wird, sodaß auf den Eisenkern die Differenz der Stromstärke beider Wickelungen zur Wirkung kommt.

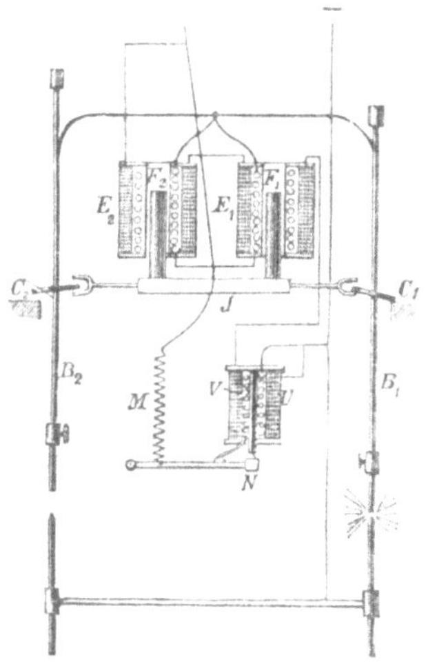

Fig. 159. Principielle Darstellung des Regulirungsmechanismus der elektrischen Lampe von Brush für zwei Kohlen.

Diese Lampen werden mit einem, zwei und mehr Kohlenpaaren ausgeführt, sodaß die Brenndauer derselben 8, 16 und mehr Stunden betragen kann. In allen Fällen ist hierbei der Regulirungsmechanismus derselbe; nur werden die einzelnen Klemmringe nicht gleichzeitig, sondern nacheinander gehoben, was zur Folge hat, daß zwischen denjenigen Kohlen zuerst der Lichtbogen entsteht, deren Ring zuletzt gehoben wird, weil diese Kohlen am längsten miteinander in Berührung bleiben. Da die Theilungslampe mit doppelten Kohlenpaaren hauptsächlich Anwendung findet, soll dieselbe im Folgenden näher beschrieben werden.

Fig. 159 giebt eine principielle Zeichnung der Construction des Regulirmechanismus und der Art, wie derselbe auf die beiderseitigen

Kohlenhalter wirkt; die letzteren sind mit B_1 und B_2 bezeichnet. Zur Regulirung dienen zunächst zwei nebeneinander stehende Kernspulen E_1 und E_2, welche die vorher beschriebene Differential-Bewickelung zeigen und in welche zwei unter sich verbundene, einem Hufeisenmagnet ähnliche Eisenkerne F_1, F_2 hineinragen. Die dicken, den Strom dem Lichtbogen zuführenden Drahtwindungen der Spulen sind zueinander parallel geschaltet und es sind die Widerstände und Windungszahlen dieser und der äußeren Nebenschlußspulen so bemessen, daß bei der normalen Länge des Lichtbogens (2 Millimeter) die Wirkung des Hauptstromes stärker

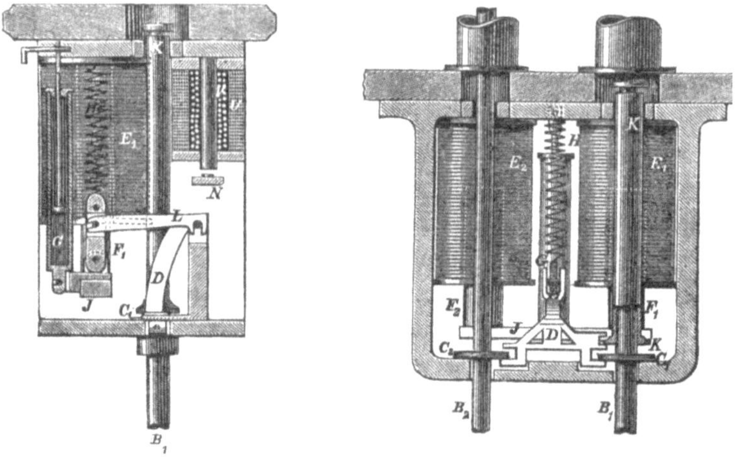

Fig. 160 u. 161. Regulirungsmechanismus der elektrischen Lampe für zwei Kohlenpaare von Brush.

als die des Zweigstromes ist, da derselbe einem Theile des Gewichtes der Kohlen und Kohlenhalter das Gleichgewicht zu halten hat.

Ist die Lampe stromlos, so berühren sich infolge der eigenen Schwere die Spitzen beider Kohlenpaare. Beim Eintritt eines Stromes in die Lampe ziehen die Spulen die Eisenkerne in sich hinein und die Kohlen werden mittels der Klemmringe voneinander entfernt, und zwar die linksseitigen etwas früher als die rechtsseitigen, welch letztere demnach etwas länger in Berührung bleiben und den Lichtbogen bilden. Durch die Zunahme der Bogenlänge und das hierdurch bedingte Wachsen des Widerstandes wird der Zweigstrom alsdann so stark, daß der Eisenkern nicht weiter gehoben wird und der Lichtbogen seine bestimmte Länge erreicht. Bei diesem Vorgang ist die Stromleitung derart, daß der Hauptstrom, nachdem er beide Spulen durchlaufen, auf den Lampenkörper gelangt, von da durch feindrähtige Metallpinsel auf die oberen Kohlenhalter, durch den Lichtbogen, zur unteren Kohle und von hier zur Ableitungsklemme geführt wird.

Die constructive Ausführung des Regulirmechanismus zeigen Fig. 160 und 161 in zwei Durchschnitten durch das denselben einschließende Gehäuse. Aus diesen Figuren ist ersichtlich, daß die beiden vereinigten Eisenkerne F_1 F_2 der Differentialspulen E_1 E_2 an einem einarmigen Hebel L wirken; derselbe trägt nahe seinem Drehpunkte einen kleinen Rahmen D, durch welchen die Klemmringe C_1 C_2 gehoben werden. Dadurch, daß der eine der die Klemmringe aufnehmenden Einschnitte dieses Rahmens etwas weiter als der andere ist, wird bewirkt, daß die eine Kohle früher als die andere gehoben wird, weil der engere Einschnitt den in ihm liegenden Ring früher erfaßt, als dies bei dem weiteren Einschnitt der Fall ist. Beim Abwärtsgehen des Rahmens wird die zuletzt erfaßte Kohle auch schon wieder freigemacht, während die andere noch festgeklemmt ist, und diese Kohle kann derart in der erforderlichen Weise nachsinken, was stets durch eine Vermehrung der Stromstärke in der Zweigleitung herbeigeführt wird. So wird zunächst nur die eine Kohle regulirt, bis sie so weit abgebrannt ist, daß sich ein an ihrer Führungsstange B_1 oberhalb befindlicher Knopf auf das sie umgebende und auf dem Rahmen D aufliegende Rohr K stützt und die obere Kohle nicht weiter nachrücken kann.

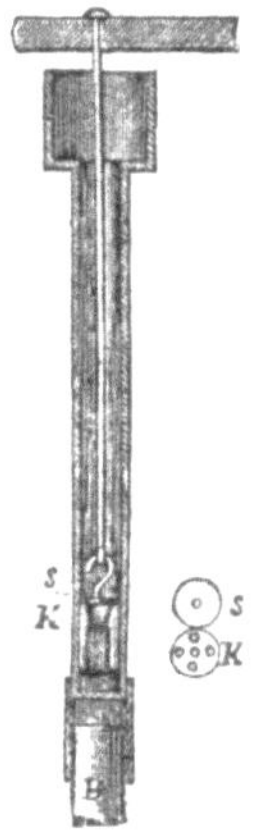

Fig. 162. Hemmung der Kohlenhalter der elektrischen Lampe von Brush.

Die Kohlen brennen nunmehr so weit ab, daß der Widerstand im Lichtbogen immer größer wird, dem zufolge auch die Spulen den Rahmen so weit sinken lassen, daß der zweite Kohlenhalter freigemacht wird und das zweite Kohlenpaar zu gegenseitiger Berührung kommt. So geht der Lichtbogen alsbald auf dieses über und die Regulirung der zweiten oberen Kohle nimmt den gleichen Verlauf wie vorher für die obere Kohle des ersten Kohlenpaares.

Um rasche Bewegungen der oberen Kohlen und damit die Gefahr des Abreißens des Lichtbogens zu vermeiden, ist der Hebel L an seinem Ende mit dem Cylinder G einer kleinen, mit Glycerin gefüllten Pumpe verbunden; zu dem gleichen Zwecke sind die oberen Enden der von den Klemmringen umgebenen Stangen als Cylinder ausgeführt, in welche

Glycerin gefüllt ist und in welche kleine Kolben, die am oberen Ende des Lampengehäuses befestigt sind, hineinragen, wie dies Fig. 162 deutlich macht. Die Kolben sind durchbohrt und mit Ventilklappen versehen, damit das Entfernen der Kohlen schneller, das Zusammengehen derselben langsamer erfolge.

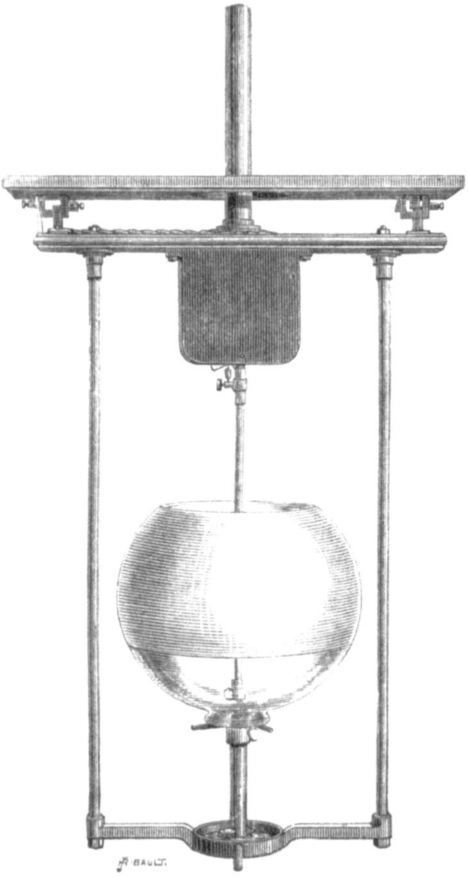

Fig. 163. Elektrische Lampe für ein Kohlenpaar von Brush.

Die noch am Hebel L angreifende Feder H dient zur theilweisen Ausgleichung des Gewichtes der Kohlen und Kohlenhalter. Wenn dieses Gewicht vollständig äquilibrirt wäre, würde die Brush-Lampe mit Differentialspulen zu den Differential-Lampen, die im nächsten Abschnitt ihren Platz finden, gezählt werden müssen; da dies jedoch nur theilweise der Fall ist, erscheint eine derartige Zusammenstellung trotz der sonst analogen Wirkungsweise nicht statthaft.

Wenn das letzte Kohlenpaar so weit abgebrannt ist, daß die obere Kohle nicht mehr weiter nachrücken kann, und der Lichtbogenwiderstand über sein gewöhnliches Maaß gewachsen ist, tritt eine Ausschaltevorrichtung in Thätigkeit, welche die Lampe kurz schließt. In der schematischen Fig. 159 ist diese Vorrichtung angegeben. Dieselbe besteht aus einem Elektromagnet, dessen Spulen von einigen Windungen V dicken Drahtes und zahlreichen Windungen U dünnen Drahtes gebildet werden (s. auch Fig. 160), welch letztere der bereits erwähnte Zweigstrom mit durchfließt. Der Anker N dieses Elektromagnets wird von demselben nur dann angezogen, wenn der Zweigstrom eine größere als die normale, dem ordnungsmäßigen Brennen der Lampe entsprechende Stärke erhält. Tritt dieser Fall ein, so wird dem Hauptstrom ein anderer, leichterer Weg als durch den Lichtbogen geöffnet und derselbe verläuft nunmehr von der positiven Polklemme über den Widerstand M durch den Ankerhebel N und die dicken Windungen V des Elektromagnets nach der anderen Polklemme der Lampe und weiter zu den anderen Lampen. Diese Windungen durchfließt der Strom in demselben Sinne, wie die dünnen Windungen von dem Zweigstrome durchlaufen werden; der Anker bleibt somit angezogen und die Lampe kurz geschlossen.

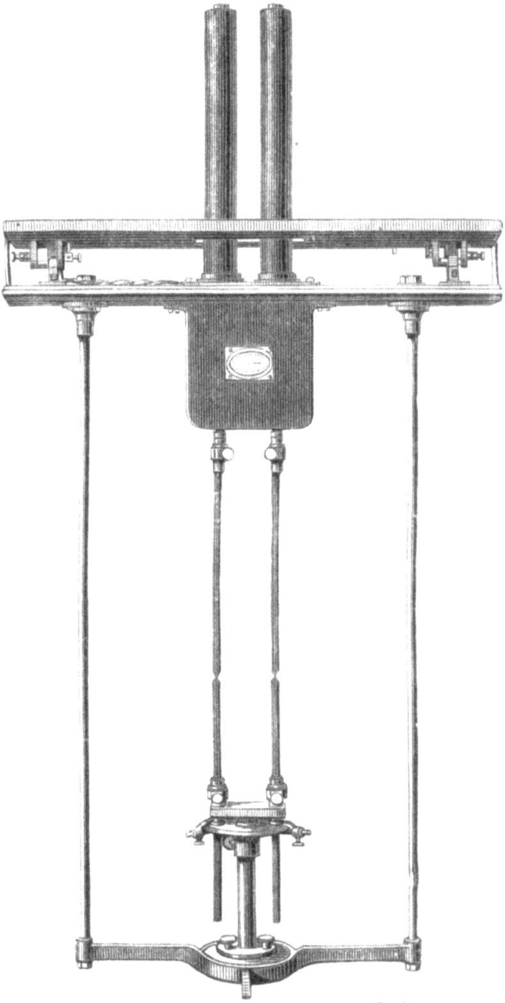

Fig. 164. Elektrische Lampe für zwei Kohlenpaare von Brush.

Befindet sich die Lampe noch in regelmäßiger Function und steigt durch irgend einen Einfluß der Widerstand des Lichtbogens so hoch, daß die Ausschaltevorrichtung in Thätigkeit tritt, so behalten die dünnen Windungen der Differentialspulen einen geringen Strom, den dicken Windungen aber wird der Strom ganz entzogen und der Lichtbogen erlischt. Die Klemmringe und Kohlenhalter werden somit nicht mehr festgehalten, sondern senken sich und die Kohlen kommen wieder zur Berührung. Es geht dann um so mehr Strom durch diese, je geringer ihr Widerstand gegenüber dem Widerstande der Windungen des Ausschalte-Elektromagnets und dem Widerstande M ist. Auf diese Weise wird der Strom im Elektromagnet in dem Maaße geschwächt, daß der Anker N abfällt und die Lampe in der vorher beschriebenen Weise wieder in regelmäßigen Betrieb kommt.

Fig. 163 und 164 zeigen die Anordnung je einer Brush-Lampe für ein und zwei Kohlenpaare. Bei denselben ist der Lichtbogen von einer Glaskugel umgeben, die von einem der Höhe nach verstellbaren Halter getragen wird. Die Säule, welche die unteren Kohlenhalter trägt und an welcher der Glockenhalter auf- und abwärts verstellt werden kann, läßt sich durch drei Stellschrauben derart bewegen, daß die Kohlenstäbe genau einander gegenüber eingestellt werden können; die unteren Kohlen werden in ihrer Mitte, die oberen an ihren Enden eingespannt. Die Endpole der Lampe sind hakenförmig gestaltet, sodaß dieselbe nur über zwei an der Decke befestigte und in Verbindung mit der Hauptleitung stehende Oesen gehängt zu werden braucht, um in den Stromkreis eingeschaltet zu sein.

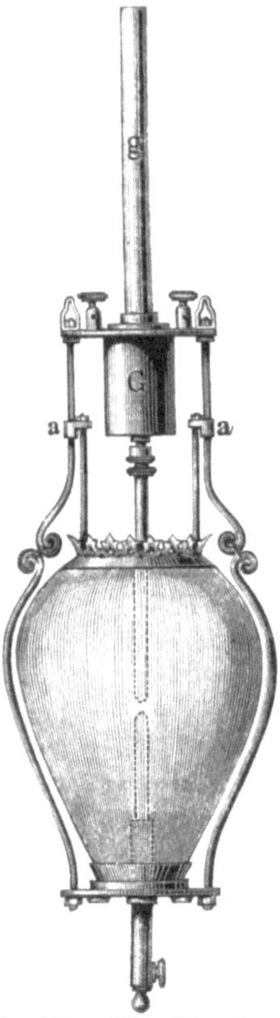

Fig. 165. Elektrische Lampe von Gebr. Naglo.

In mancher Hinsicht der Brush-Lampe ähnlich ist eine von Gebrüder Naglo in Berlin construirte Lampe, deren Beschreibung eben deswegen hier ihre Stelle finden soll, trotzdem sie keine Nebenschließung zeigt; allerdings kann dieselbe leicht zu einer Nebenschlußlampe umgewandelt werden. Fig. 165 zeigt eine Ansicht dieser Lampe, in welcher G den den Regulirmechanismus umschließenden Theil bezeichnet; oberhalb desselben setzt sich die Hülse g an, in welcher sich der obere Kohlenhalter bewegt. Eine besondere Art der Aufhängung bei a gestattet die leichte Entfernung der den Lichtbogen umschließenden Glasglocke.

Die innere Einrichtung des Regulirmechanismus wird durch Fig. 166 u. 167 erläutert. S ist ein feststehendes Solenoid, in dessen Innerem sich als Kern das eiserne Rohr r bewegt, das den hohlen und viereckigen oberen Kohlenhalter h frei beweglich umschließt; der letztere geht durch eine Platte p, die mit dem Kern r fest verbunden ist. Diese Platte wirkt mittels einer excentrisch und beweglich in ihr gelagerten Klaue c auf den Kohlenhalter h derart, daß sich dieselbe beim Anheben des Kernes r festklemmt, mithin der Kohlenhalter ihrer Bewegung folgen muß; die so hergestellte Kuppelung löst sich bei dem zunächst erfolgenden Senken des Eisenrohres r erst dann, wenn die Klaue c auf den Anschlag a stößt.

Ist die Lampe stromlos, so treffen beide Kohlenspitzen gegeneinander und es erfolgt das Heben des Eisenrohrs r wie des oberen Kohlenhalters und somit die Bildung des Lichtbogens unter dem Einfluß des die Spule S durchfließenden Stromes. Das Senken erfolgt nach Maaßgabe der durch den Kohlenverbrauch eintretenden Stromschwächung. Ist

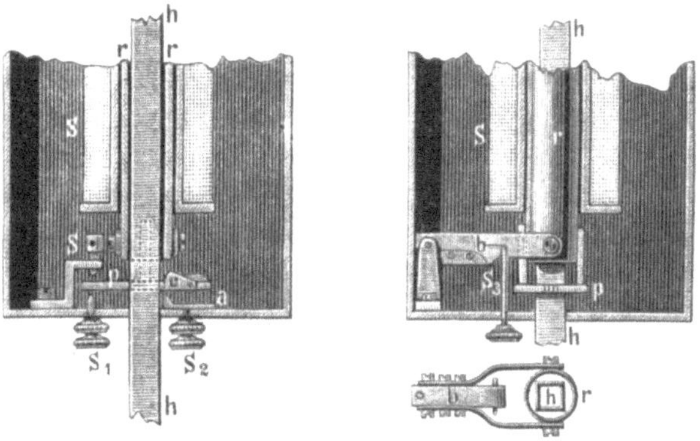

Fig. 166 u. 167. Regulirungsmechanismus der Naglo'schen Lampe.

dabei der Kern r in eine so tiefe Lage gekommen, daß die Klaue c den Anschlag a trifft, so löst sich die Kuppelung und der Kohlenhalter h gleitet herab, bis der hierdurch verstärkte Strom den Eisenkern wieder hebt und die Kuppelung unter c und h wieder herstellt. Die betreffenden Bewegungen erfolgen sämmtlich continuirlich, sodaß die normale Länge des Lichtbogens stets erhalten bleibt; die letztere wird durch Einstellung der Schrauben $ss_1 s_2$ begrenzt und außerdem durch eine einfache und selbstthätig wirkende Spannvorrichtung w constant erhalten. Diese Vorrichtung besteht aus einer, auf etwas gekrümmter Unterlage ruhenden Blattfeder b, die beim Anheben aus dieser Lage einen um so stärkeren Druck auf den Eisenkern r ausübt, je höher derselbe durch die Wirkung des Stromes gehoben wird.

Zum Betriebe dieser Lampen bedienen sich Gebrüder Naglo ihrer eigenen dynamo-elektrischen Maschinen, welche mit einem Flachringe arbeiten, der eine ähnliche Construction wie der Schuckert'sche Flachring zeigt. Derselbe wird von einem messingenen Speichenrade getragen, welches den durch Isolirstifte getheilten Eisenkern aufnimmt, dessen Bewickelungsgruppen durch eiserne Stifte voneinander getrennt sind. Durch diese Anordnung ist eine gute Ventilation sowohl des Kernes als der Drahtgruppe erreicht.

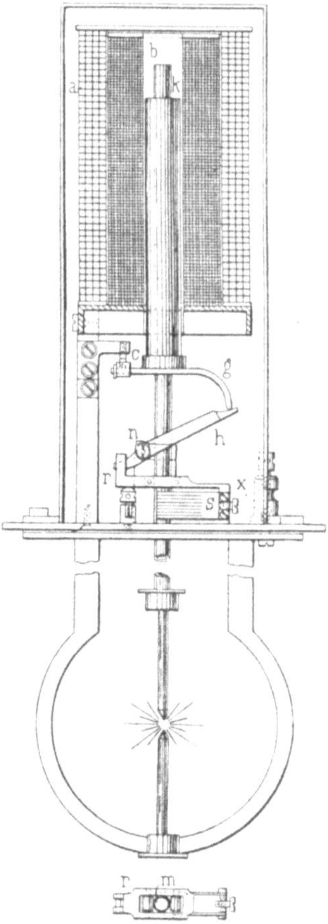

Fig. 168. Elektrische Lampe von Schulze.

Unter den mannigfachen, innerhalb der letzten Jahre bekannt gewordenen Constructionen elektrischer Lampen mit Nebenschluß ist eine neue, von dem Telegraphen-Controleur Otto Schulze in Straßburg i/E. construirte Lampe von besonderem Interesse. Die ältere Form derselben war schon auf der Pariser Elektricitäts-Ausstellung vertreten und wurde in der Folge mehrfach, so auch für die Ende des Jahres 1880 in Betrieb gesetzte Beleuchtungsanlage des Straßburger Bahnhofs, in Anwendung gebracht. Neuerdings hat der Erfinder seiner Lampe eine andere Form gegeben, in welcher sie jetzt von der Telegraphenbau-Anstalt von C. & E. Fein in Stuttgart ausgeführt und für die Installationen dieser Firma mit getheiltem Bogenlicht benutzt wird. Die Wirkungsweise der regulirenden Theile dieser Lampe wird durch die Durchschnittszeichnung Fig. 168 näher erläutert. Wie aus derselben zu ersehen, hat die Lampe nur eine Spule von doppelter Bewickelung, wobei die den inneren Theil der Spule bildende dünndrähtige Rolle b sich in einer Nebenschließung befindet. Die Höhlung derselben enthält einen losen, hohlen Eisenkern k, durch welchen sich eine die obere Kohle tragende Messingstange m frei bewegen kann. Die Arretirung dieser Stange geschieht durch eine Kuppelung, die sich von der von Brush angewendeten vortheilhaft durch die Anordnung von Rollen unterscheidet. Während nämlich bei jener ein Ring von wenig größerem Durchmesser, als der des Kohlenhalters beträgt, bei etwas schräger Stellung als Kuppelung wirkt, wird bei der Schulze'schen Lampe die Stange m durch einen kleinen, um x drehbaren Rahmen r geführt, in welchem sich zwei Röllchen befinden, die bei horizontaler Stellung des Rahmens der Stange freien Durchgang gewähren, in etwas schräger Lage desselben jedoch die Stange festhalten resp. bremsen. Die im untersten Theile der Figur gezeichnete obere Ansicht dieses kleinen Rahmens zeigt deutlich die Lage der Röllchen in Bezug auf die Stange.

Auf die beschriebene Kuppelung wirkt mittels des um n drehbaren Hebels h ein gebogener, mit dem Eisenkern k verbundener Arm g. In der Figur steht letzterer so hoch, daß der Rahmen r die horizontale Lage einnimmt und dem oberen Kohlenhalter freien Durchgang gewährt. Die Stromzuführung zu dem letzteren geschieht durch Schleifbürsten s; der untere Kohlenhalter ist fest und die Stromabführung findet durch das Gestell statt.

Da der Eisenkern k in der Spule frei beweglich ist, wird infolge seiner Schwere im Zustande der Stromlosigkeit der Lampe der Hebel h heruntergedrückt werden, in welchem Falle begreiflicherweise die Kohlenstäbe voneinander getrennt sind. Passirt jetzt ein Strom die Lampe, so kann derselbe demnach zunächst nur durch den dünnen Draht der Spule gehen. Hierdurch wird der Eisenkern hinaufgezogen, die Kuppelung wird ausgelöst und die Kohlenstäbe gehen zusammen. Der nunmehr durch die starke Bewickelung a der Spule laufende Strom schwächt die Wirkung des Solenoids; der Kern k sinkt herab und bewirkt die zur Bildung des Lichtbogens nothwendige Hebung des oberen Kohlenhalters. In dem Maaße, als darauf die Bogenlänge zunimmt, wächst auch der Strom in der Nebenschlußspule; der Eisenkern wird im gleichen Maaße gehoben und der Kuppelungsmechanismus sammt dem Kohlenträger geht herab. Dies dauert so lange fort, bis der kleine Rahmen r nahezu horizontal liegt, wobei die Auslösung der Stange m erfolgt.

Sind die Kohlenstäbe abgebrannt, so erlischt der Lichtbogen und die Nebenspule zieht immer mehr den Eisenkern in sich hinein. Hierdurch stellt sich der in der Figur bei c sichtbare Contact her und es wird so eine Schließung des Stromes durch die dickdrähtige, einen geringeren Widerstand bietende Spule bewirkt, worauf diese den Eisenkern fest in sich hineinzieht. Der obere Kohlenhalter ist alsdann vollständig frei und kann, ohne daß der Strom in der dickdrähtigen Spule unter=

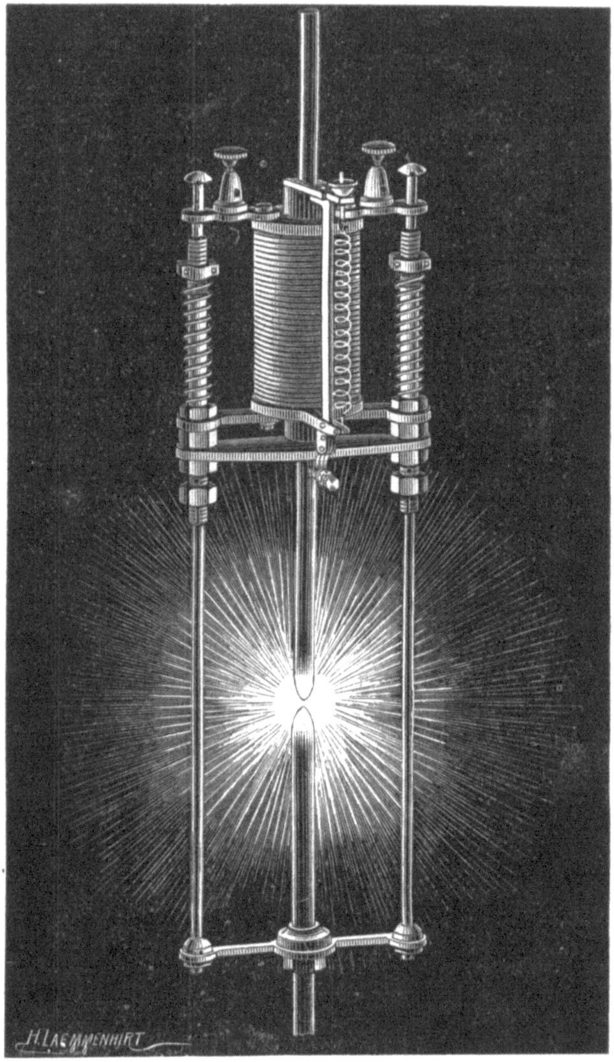

Fig. 169. Elektrische Lampe von Gérard.

brochen wird, leicht hinaufgeschoben werden, sodaß das Einsetzen neuer Kohlen keine Schwierigkeiten macht.

Die **Schulze**'sche Lampe hat den wichtigen praktischen Vorzug, daß sie keinen empfindlichen Mechanismus enthält und von großer

Einfachheit ist. Dieselbe wird für eine Brenndauer von 5—6 oder 8—10 Stunden hergestellt und zur Milderung der großen Lichtstärke mit einer matten Kugel von Opalglas resp. mit einer Laterne, welche mit derartigen Scheiben versehen ist, umgeben.

Fast noch einfacher als die vorbeschriebene Lampe erscheint die in Fig. 169 abgebildete Lampe von Gérard. In dem oberen Theile derselben befindet sich ein Elektromagnet, dessen Bewickelung in einer Nebenschließung liegt und dessen Kern passend durchbohrt ist, sodaß sich der obere Kohlenhalter frei hindurch bewegen kann. Dieser Elektromagnet besitzt oben und unten je einen Anker, von welchen der erstere durchbohrt ist, um den oberen Kohlenträger durchzulassen. Ist die Lampe stromlos, so wird der obere Anker durch die Wirkung einer seitlichen Schraubenfeder von dem Elektromagnet abgezogen; das Gleiche geschieht bezüglich des unteren Ankers unter dem Einflusse des unteren Kohlenhalters, mit welchem dieser in Verbindung steht. Der obere Anker wirkt indeß in gehobener Stellung gleichzeitig als Bremsring auf den oberen Kohlenhalter und die Kohlen sind somit im Ruhezustande der Lampe voneinander getrennt. Infolge dessen geht ein nunmehr in die Lampe eingeleiteter Strom durch die im Nebenschluß befindliche Elektromagnetspule; durch die Wirkung der letzteren wird alsdann der untere Anker in die Höhe gezogen und dadurch die untere Kohle gehoben; gleichzeitig erfährt aber auch der obere Anker eine entsprechende Anziehung, sodaß die Bremswirkung desselben auf den oberen Kohlenhalter aufhört und dieser niedersinkt, bis die Berührung zwischen beiden Kohlenspitzen stattfindet. Alsbald verläuft der Hauptstrom durch die Kohlen. Der Elektromagnet wird nahezu stromlos und infolge dessen lassen seine beiden Anker los, wodurch die untere Kohle sinkt, die obere dagegen gebremst und etwas gehoben, also der Lichtbogen gebildet wird. Beim Abbrennen der Kohlen wächst der Widerstand im Hauptstromkreise; der Magnet gewinnt mehr und mehr an Kraft, bis eine neue Anziehung beider Anker erfolgt und die Kohlen sich wieder gegeneinander bewegen.

Um für den Fall, daß eine der in den gleichen Stromkreis geschalteten Lampen erlischt, eine Störung in der Function der übrigen Lampen zu vermeiden, verwendet Gérard den in Fig. 170 abgebildeten, automatisch wirkenden Ausschalter. Die im oberen Theile desselben sichtbaren Klemmschrauben sind einerseits durch einen Nebenschluß mit dem Lampenstromkreise, anderseits mit einem dicht unter den Klemmen angeordneten Elektromagnet mit hohem Widerstande in Verbindung.

Derselbe wirkt nach unten auf einen Anker, welcher in rechtwinkeliger, abwärts gerichteter Abbiegung einen Haken trägt, der mittels eines entsprechenden Hakens und einer Traverse zwei an dieser befestigte Stifte über zwei zum Theil mit Quecksilber gefüllten Näpfen schwebend erhält. Letztere stehen mit den beiden unteren Klemmschrauben in leitender Verbindung. So lange die Lampe brennt, geht durch den Elektromagnet des Ausschalters nahezu kein Strom, da der Widerstand desselben ein zu hoher ist; erlischt jedoch die Lampe, so wird der Magnet kräftig, zieht seinen Anker an und dieser dreht sich infolge dessen derart, daß der Haken h außer Eingriff mit dem Querstück q kommt und dieses fallen läßt. Alsdann tauchen die beiden mit dem Querstück verbundenen Stäbe in das Quecksilber ein und der Strom verläuft, ohne die Lampe zu passiren, von der linksseitigen Klemme nach der unter dieser befindlichen Klemme in das linksseitige Quecksilbergefäß, von diesem über das Querstück in das andere Gefäß und über die zweite der unteren Klemmen nach der rechtsseitigen oberen Klemmschraube, um von

Fig 170. Automatischer Ausschalter für die elektrische Lampe von Gérard.

dieser ungeschwächt weiter zu den nächsten Lampen zu gehen. Jede der in einem Stromkreise befindlichen Lampen würde hiernach eines derartigen Apparates bedürfen.

c. Die Differential-Lampen.

Bei den bisher besprochenen Lampen wirkt der zur Regulirung des Lichtbogens benutzten Kraftäußerung des elektrischen Stromes stets eine Gewichts- oder Federkraft (Gewicht des oberen Kohlenhalters ꝛc.) entgegen. Denkt man sich nun an Stelle derselben die Anziehungskraft einer zweiten, von einem Zweigstrome durchlaufenen Drahtspule (Solenoid) oder eines Elektromagnets gesetzt und außerdem alle Theile des Regulirmechanismus derart äquilibrirt, daß außer der gegenseitigen Wirkung der beiden Spulen oder Elektromagnete keine andere Kraft auf die beweglichen Theile thätig ist, so erhält man eine richtige Vorstellung von dem Wesen der Differentiallampe, so genannt, weil die Regulirung des Lichtbogens lediglich durch die Differentialwirkung der beiden elektrischen Zweigströme in den beiden Spulen erfolgt.

Im Jahre 1878 wurde von dem Ingenieur v. Hefner-Alteneck eine derartige Lampe construirt und von Siemens & Halske ausgeführt, welche berufen war, durch ihr Auftreten eine neue Epoche in der Entwickelung der elektrischen Beleuchtung zu bezeichnen. Nachdem gelegentlich der Berliner Gewerbeausstellung im Jahre 1879 die mittels der v. Hefner-Alteneck'schen Differentiallampe ausgeführte Beleuchtung der Kaisergalerie — die erste Anlage mit getheiltem elektrischen Lampenlicht — sowohl bezüglich der Theilung des Lichtes als in der Ruhe und Gleichmäßigkeit desselben einen so glänzenden Erfolg erzielt hatte, wurde der Differentiallampe allgemein die höchste Bedeutung zuerkannt und fand dieselbe von da an bei den meisten Installationen für getheiltes Licht Anwendung.

Wenngleich die v. Hefner-Alteneck'sche oder Siemens'sche Lampe nicht eigentlich als die erste Differentiallampe zu bezeichnen ist, indem schon seit dem Jahre 1877 Tschikoleff, Vorstand der Beleuchtungsabtheilung der russischen Artillerie, eine Lampe in Gebrauch hatte, deren Princip auf der Differentialwirkung zweier elektrischen Zweigströme beruhte, so ist doch, da diese in der Folge zu beschreibende Construction keine weitere Verbreitung erlangte, die Einführung der Differentiallampe in die Praxis thatsächlich dem um die Ausbildung der Elektrotechnik hochverdienten v. Hefner-Alteneck zu danken.

Das der Differentiallampe nach v. Hefner-Alteneck's System zugrunde liegende Princip ist in der, den Stromlauf und die Stromverzweigung innerhalb derselben darstellenden schematischen Fig. 171 näher erläutert. Ein um den Punkt d drehbarer, zweiarmiger Hebel cc_1 trägt rechts den oberen Kohlenhalter a und links einen eisernen Cylinder ss, dessen Hälften sich frei im Inneren zweier Drahtspulen R und T bewegen. Die Spule R ist von dickerem Drahte gebildet, während T eine aus feinem Drahte und vielen Umwindungen bestehende ähnliche Spule von wesentlich größerem Widerstande ist. Tritt nun bei L der

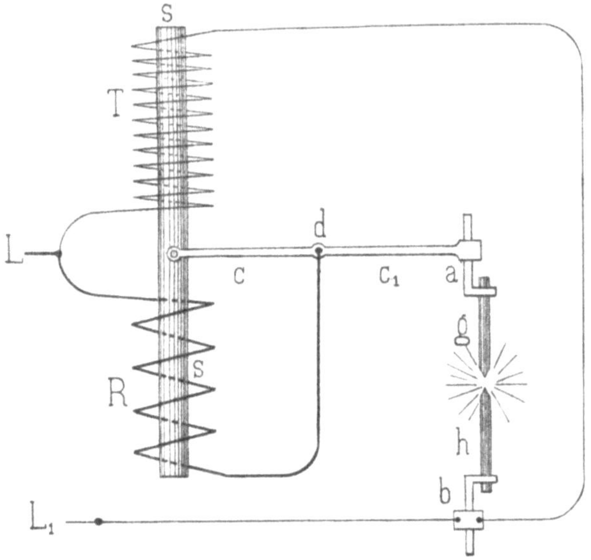

Fig. 171. Stromlauf in der Differentiallampe, System v. Hefner-Alteneck.

Strom ein, so verzweigt er sich durch die beiden Drahtwindungen R und T und geht von der oberen, einen großen Widerstand bietenden Spule direct durch einen Draht zu dem unteren Kohlenhalter b, während der andere Theil des Stromes durch die Spule R mit dem dickeren Drahte und durch die beiden den Lichtbogen bildenden Kohlen g und h verläuft, worauf beide Stromzweige sich beim Austreten aus der Lampe wieder zu einer gemeinsamen Leitung vereinigen.

Wie schon früher erläutert, ist die Stromstärke in den beiden Stromzweigen umgekehrt proportional den Widerständen der Zweige. Auf Grund dieses Gesetzes erfolgt die Regulirung des Lichtbogens allein durch die Wirkungen der beiden Spulen R und T, von denen die erstere den

Eisenstab s stets nach unten, die andere entgegengesetzt ihn stets nach oben zu ziehen strebt. Es erfolgt demnach die Regulirung der Lampe durch die Differentialwirkung der beiden Zweigströme in den Spulen R und T.

Angenommen jetzt, die beiden Kohlen g und h würden sich berühren, so wird der größere Theil des Stromes durch die Spule R und die beiden Kohlen nach b fließen. Da jedoch auf diese Weise die Stromstärke in R größer ist als in T, so wird der Eisenstab stärker in R hineingezogen; die Kohlen werden voneinander entfernt und es entsteht so der Lichtbogen. Ist die Entfernung der Kohlen zu groß, so wird der Eisencylinder in die Spule T stärker hineingezogen, sodaß die Kohlen wieder einander genähert werden.

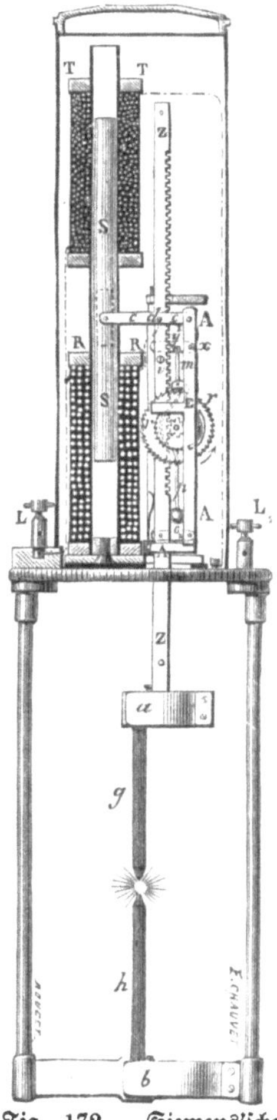

Fig. 172. Siemens'sche Differentiallampe, System v. Hefner-Alteneck.

Die sinnreiche Art, in welcher v. Hefner-Alteneck dieses Princip in seiner Differentiallampe zur Anwendung gebracht hat, zeigt Fig. 172, welche einen Durchschnitt derselben mit Weglassung der unwesentlichen Theile darstellt. In dieser Lampe sind a und b die beiden Kohlenhalter, g und h die Kohlenstäbe. Der Kohlenhalter a mit der ihn tragenden Zahnstange Z ist hier jedoch nicht, wie in der schematischen Fig. 171, unmittelbar an dem um den festen Punkt d drehbaren Hebel aufgehängt. Die Zahnstange hat vielmehr ihre Führung in einem vertical auf und ab schwingenden Parallelogramm A, welches an dem Hebelende c_1 aufgehängt und durch das Glied c_2 vervollständigt wird. Die genannte Zahnstange kann nur langsam abwärts gleiten, indem sie dabei das Steigrad r und einen oberhalb in dasselbe eingreifenden Hemmzahn in Bewegung bringen und dadurch ein Pendel p mit seinem nach oben gehenden Arm m in Schwingung versetzen muß, welche Theile sämmtlich an dem Gliede A gelagert sind und mit demselben auf- und abwärts gehen. In gehobener Lage des letzteren ist der Arm des Pendels durch eine Kerbe in einem kleinen Hebel y festgehalten und es wird dadurch der Hemmzahn arretirt und die Zahnstange mit dem Parallelogramm A verkuppelt. Nähert sich jedoch dieses und damit der Hebel y der untersten Stellung, so wird der letztere durch den am Gestell festsitzenden Stift v ausgehoben und die Hemmung sowie die Zahnstange frei.

An dem anderen Ende c des um d drehbaren Hebels befindet sich der bewegliche Eisenstab S S; R und T sind die beiden Spulen, durch deren eigenthümliche Differentialwirkung die selbstthätige Regulirung des Lichtbogens in folgender Weise bewirkt wird: Sind beim Eintritt des Stromes die Kohlenstäbe zu weit voneinander entfernt, so hat nur die dünndrähtige Spule T Strom, da die andere Zweigleitung an der Trennungsstelle der Kohlenspitzen unterbrochen ist. Die dünndrähtige Spule zieht daher den Eisenstab in sich hinein und bringt das rechte Hebelende in seine unterste Stellung, wodurch sich der obere Kohlenhalter von demselben auslöst und langsam herabfällt, bis sich die Spitzen der Kohlenstäbe berühren. In diesem Augenblicke wird die Zweigleitung, in welcher sich die dünndrähtige Spule befindet, fast stromlos, während der Strom in den starken Windungen der Spule R kräftig auftritt. Infolge dessen wird der Eisenstab nach unten gezogen und indem sich der rechte Hebelarm senkt, stellt sich die Verbindung zwischen ihm und dem oberen Kohlenhalter wieder her, die Kohlenstäbe gehen auseinander und es entsteht der Lichtbogen. Infolge des hierdurch im Stromkreis der Spule hinzutretenden Widerstandes, welcher mit der Länge des Bogens zunimmt, verstärkt sich wieder der Strom in der dünndrähtigen Spule, während er in den starken Windungen von R schwächer wird, bis bei einem bestimmten Widerstande des Lichtbogens die durch beide Spulen auf den Eisenstab ausgeübten Anziehungskräfte einander das Gleichgewicht halten. Während die Kohlenstäbe langsam abbrennen, stellt sich die normale Länge des Lichtbogens immer wieder her, indem die Gleichgewichtslage bei einer entsprechend höheren Stellung des Eisenstabes eintritt, bis der letztere nahezu in seiner höchsten, der Hebelarm dementsprechend nahezu in seiner niedrigsten Stellung nur noch um ein geringes auf- und abwärts spielt, so nämlich, daß in kurzen Zwischenräumen die obere Kohle um soviel nachfällt, als zum Ausgleich der Verbrennung nothwendig ist. Wird durch irgend einen Vorgang im Stromkreise außerhalb der Lampe die Stromstärke verändert, so bringt dies an sich in der Lampe keine Bewegung hervor, weil dabei die Ströme in beiden Zweigleitungen um den gleichen Betrag ab- oder zunehmen, mithin das Gleichgewicht ungestört bleibt.

Die zu erreichende Länge des Lichtbogens bestimmt man durch die Anzahl der Drahtwindungen der beiden Spulen, oder indem man den Eisenstab in eine derselben mehr oder weniger hineinragen läßt; zu diesem Zwecke kann die obere Spule in einer höheren oder tieferen Stellung angebracht werden.

Da die vorbeschriebene Construction der Siemens'schen Differentiallampe für allgemeine Beleuchtungszwecke bestimmt ist, wurde der Regulirungsmechanismus in dem oberen Theile der Lampe untergebracht, sodaß derselbe nach unten keinen Schatten werfen kann. Fig. 173 zeigt eine solche Lampe mit zugehöriger Laterne von der gebräuchlichen Form. Die zur Dämpfung des Lichtes dienende Kugel aus Alabaster-, Milch- oder Opalglas ist über zwei Röllchen an einem in der Krone verborgenen Gegengewicht aufgehängt und läßt sich zum Einlegen neuer Kohlenstäbe leicht herabziehen; eine etwas veränderte Form erhalten diejenigen Laternen, die für den Gebrauch im Freien bestimmt sind und daher vor Regen geschützt sein müssen.

Fig. 173. Differentiallampe von Siemens & Halske, System v. Hefner-Alteneck.

Die Lampe Fig. 173 zeigt keinen feststehenden Brennpunkt, da dies für allgemeine Beleuchtungszwecke gewöhnlich nicht nothwendig ist; erforderlichenfalls kann jedoch derselben durch eine einfache Vorrichtung ein constanter Focus gegeben werden. Die untere Kohle befindet sich alsdann in einer Hülse, in welcher eine Schraubenfeder derart angeordnet ist, daß sie die Kohle herauszutreiben strebt. Letztere stößt dabei an einen kupfernen Ring, dessen Durchmesser um ein weniges geringer ist als derjenige der Kohle, und somit geht nur der angebrannte, konische Theil der Kohle durch den Ring hindurch. Die Lage des letzteren ist eine solche, daß der Brennpunkt sich am Ende des Hubes der Zahnstange befindet, welche eine 40 Centimeter lange Kohle trägt; die untere Kohle in der Hülse hat die gleiche Länge und die Lampe somit eine achtstündige Brenndauer. Die Befürchtungen, daß der Kupferring unter der Einwirkung des elektrischen Lichtbogens schnell unbrauchbar werden würde, sind durch die Erfahrung widerlegt worden; übrigens würde derselbe erforderlichenfalls leicht mit einem anderen Ringe auszuwechseln sein. Ebenso wie man bei entsprechender Spannung der Stromquelle — mag dieselbe gleichgerichtete oder Wechselströme liefern — mehrere solcher Lampen gleichzeitig in den nämlichen Stromkreis einschalten kann, ist auch die Einschaltung mehrerer derselben in verschiedene von der gleichen Stromquelle ausgehende Zweigleitungen oder parallel zueinander gestattet. Durch die gleichzeitige Anwendung beider Methoden für dieselbe Stromquelle wird die Möglichkeit gewonnen, entsprechend den Stromstärken in den verschiedenen Theilen des Netzes Lichter von größerer oder geringerer Intensität zu erzeugen. So würden bei der durch Fig. 174 angedeuteten Schaltung die Lampen L_1 L_2 L_3 das hellste Licht, die Lampen L_4 L_5 ein schwächeres und die Lampen L_6 L_7 L_8 das schwächste Licht geben.

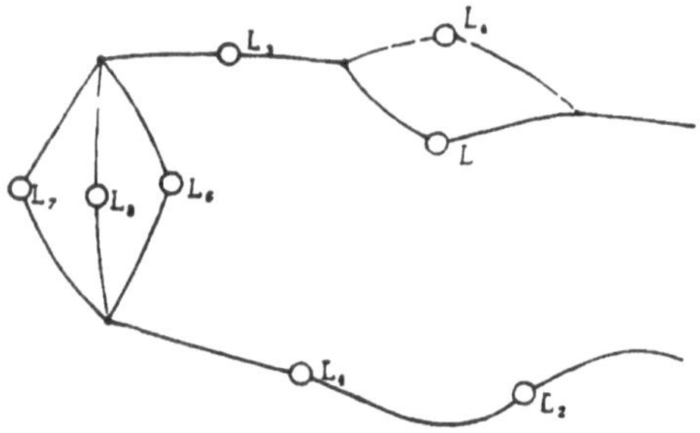

Fig. 174. Differentiallampenschaltung.

Sind beim Betrieb mehrerer Lampen in einem Stromkreis die Kohlenstäbe einer derselben abgebrannt, so bleibt zwar der Strom durch die dünndrähtige Spule der betreffenden Lampe geschlossen, doch würde er durch den Widerstand derselben eine solche Schwächung erfahren, daß die übrigen Lampen schlecht brennen würden; es ist deshalb ein Contact angebracht, um beim Verlöschen einer Lampe diese sofort selbstthätig aus dem Stromkreis auszuschließen.

Zum Betriebe ihrer Lampen verwendeten Siemens & Halske zuerst ihre ursprünglich für die Jablochkoff'sche Kerzenbeleuchtung construirte Wechselstrommaschine, hauptsächlich wegen deren großer Dauerhaftigkeit und Sicherheit im Betriebe. In neuerer Zeit und seitdem der Firma die Construction ebenso vorzüglich wirkender Gleichstrommaschinen gelungen ist, wird den letzteren für den Betrieb der Differentiallampen vielfach der Vorzug gegeben.

Die Anzahl der Lampen, welche in einen Stromkreis hintereinander eingeschaltet werden können, ist nur beschränkt durch die Spannung der

Maschine und die in einer mangelhaften Isolation derselben liegende Gefahr. Die Erfahrung hat jedoch gelehrt, daß zwanzig solcher Lampen ohne irgendwelche Störung in einem Stromkreise betrieben werden können und dabei ein sehr gutes, gleichmäßiges Licht geben.

In Fig. 175 ist die bereits kurz erwähnte Tschikoleff'sche Lampe abgebildet, welche eine von den bisher besprochenen Constructionen völlig abweichende Anordnung zeigt. E ist ein Elektromagnet mit kleinem, E_1 ein solcher mit großem Widerstande; die Eisenkerne beider laufen in halbringförmige Polplatten M M aus, zwischen welchen ein in der Art des Gramme'schen Ringes bewickelter Ring r r in wagerechter Lage drehbar ist. Die Bewegungen dieses Ringes werden mittels seiner als Schraube nach oben verlängerten Achse auf die beiden Kohlen übertragen. Diese Schraube zeigt in ihrer oberen Hälfte $s\,s_1$ und in ihrer unteren Hälfte $s_1\,s_2$ entgegengesetztes Gewinde, um bei ihrer Drehung nach rechts oder links jedesmal eine entgegengesetzte Bewegung der Kohlenhalter gegeneinander oder voneinander herbeizuführen; mittels der Schraube s_3 im Fuße der Lampe kann der Lichtbogen, etwa zur Einstellung in den Brennpunkt eines Hohlspiegels, gehoben und gesenkt werden. Mit $c\,c_1$ sind zwei Metallhalter zur Aufnahme der Metallbürsten des an den Gramme'schen Ring unten anschließenden Commutators bezeichnet.

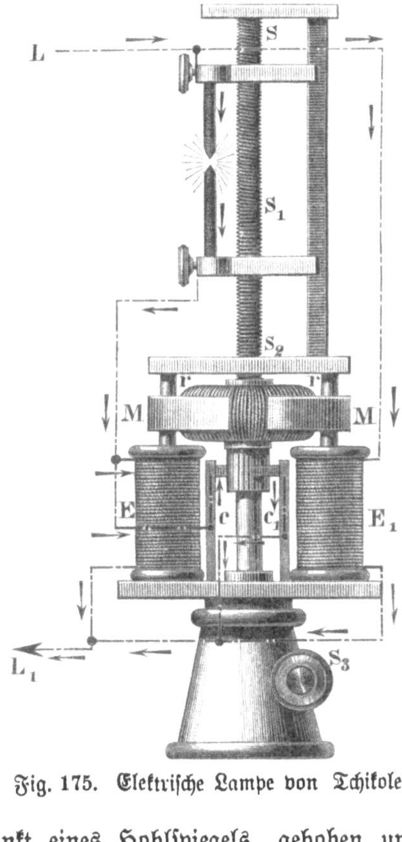

Fig. 175. Elektrische Lampe von Tschikoleff.

Bei der Berührung der Kohlenstäbe findet der bei L in die Lampe eintretende positive Strom zwei Wege — der eine durch die Kohlen und den Elektromagnet E, der andere durch die Windungen des Elektromagnets E_1, welch letzteren Weg in dem angenommenen Falle nur ein sehr geringer Theil des Stromes nehmen wird. Der nach E gelangende Strom erfährt hier noch eine weitere Verzweigung, indem nur ein Theil desselben die Elektromagnetwindungen durchläuft, während ein anderer über den Metallhalter c, durch den Commutator in die Windungen des Ringes r und über c_1 im Verein mit ersterem nach L_1 und dem negativen Pole des Stromerzeugers geht.

Durch die ersterwähnte Stromverzweigung sind beide Magnetpole M und M_1 magnetisirt und der vom Strome durchflossene Ring muß, nach Maaßgabe der Pollage, Richtung und Stärke des Stromes, in diesem Falle in solcher Richtung bewegt werden, daß sich die Kohlenspitzen voneinander entfernen und den Lichtbogen bilden. Wird dieser größer oder kleiner, als das normale Maaß beträgt, so ändert sich das Verhältniß der Stromstärken in allen Zweigen, mithin auch dasjenige der Magnetisirung der bogenförmigen Polschuhe, und der Ring bewegt sich zum Zweck der Regulirung des Lichtbogens in der einen oder in der anderen Richtung. Es ist also bei dieser Lampe, entsprechend dem für die Siemens'sche Differentiallampe aufgestellten Princip, nur die Differenz der Wirkungen zweier Zweigströme zur Regulirung des Lichtbogens benutzt. Wenngleich im übrigen die Construction Tchikoleff's als unvollkommen und den heutigen Anforderungen nicht genügend bezeichnet werden muß, so ist doch in der Vermeidung jeder Kuppelung ein nicht unwesentlicher Fortschritt zu erkennen, während einen gemeinsamen Zug der bisher beschriebenen elektrischen Lampen die lösbare Kuppelung bildet, bezüglich deren von der rohen Frictionskuppelung der Brush-Lampe bis zu den vorzüglichen Auslösungen der Siemens-Lampe alle Grade der Feinheit vertreten sind. So sinnreich die Siemens'sche Kuppelung zu nennen ist, so kann doch nicht geleugnet werden, daß diejenigen Lampen, welche jeder Kuppelung entbehren und dabei gleich gut functioniren, vom praktischen Gesichtspunkte den Vorzug verdienen würden.

Schon Marcus & Egger in Wien, sowie Horn in Berlin hatten bereits vor Jahren die Herstellung einer solchen Lampe versucht, doch mit nur geringem Erfolge, da bei den in dieser Art construirten Lampen die Empfindlichkeit der Regulirung in hohem Grade beeinträchtigt wurde. Von größerem Erfolge waren die Arbeiten Tchikoleff's begleitet, dessen Lampe sich beim Gebrauche in der russischen Artillerie bewährt haben soll, ohne aber weitere Verbreitung finden zu können. Das Gleiche gilt von einer Lampe von André, in welcher der Bewegungsmechanismus ebenfalls aus einer kleinen elektro-dynamischen Maschine besteht.

Dieselbe Idee wurde später (1880) von S. Schuckert in Nürnberg wieder aufgenommen und diesem gelang es, eine recht brauchbare und vielfach in Aufnahme gekommene Lampe herzustellen, die unter dem Namen Differential-Ringlampe bekannt wurde und bei welcher der Schuckert'sche Flachring-Inductor in sinnreicher Weise zur Anwendung gebracht ist.

Die Lampe ist im Princip wieder eine elektromagnetische Maschine, durch welche beim Brennen fortwährend zwei Ströme gehen, die den rotationsfähigen Inductor nach entgegengesetzter Richtung zu drehen bestimmt sind. Der eine dieser Ströme ist der Hauptstrom, der auch den Lichtbogen der Lampe bildet, während der andere als Zweigstrom geschaltet ist. Die Wickelungen und Widerstände der beiden Zweigschaltungen sind so angeordnet, daß bei einem bestimmten Widerstande des Lichtbogens die magnetischen Wirkungen beider sich das Gleichgewicht halten. Dieses Gleichgewicht wird gestört, wenn der Widerstand des Lichtbogens sich ändert. Wird derselbe größer, so überwiegt der Strom im Nebenschluß und sucht den Inductor in einer bestimmten Richtung zu drehen. Diese Drehung bewirkt eine Annäherung der Kohlenstäbe. Nähern sich die letzteren zu sehr, so wird der Hauptstrom stärker, überwiegt den Nebenschluß und sucht den Inductor in der entgegengesetzten Richtung zu drehen, was wiederum eine Entfernung der Kohlenstäbe bewirkt. Der Strom stellt auf diese Weise den Lichtbogen immer auf den bei der Construction vorgesehenen Widerstand ein, weshalb beliebig viele solcher Lampen in einem Stromkreise oder in mehreren nebeneinander brennen können, ohne einander schädlich zu beeinflussen.

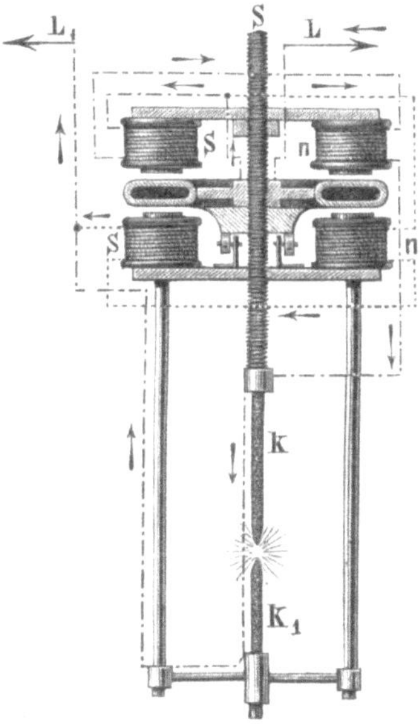

Fig. 176. Differential-Ringlampe von Schuckert.

Dieses Princip kann in verschiedenen Constructionen durchgeführt werden, deren eine durch die Figur 176 veranschaulicht wird. Der horizontale Flachring-Inductor befindet sich auf einer verticalen, die obere Kohle k tragenden Schraubenspindel S und steht unter dem Einfluß der zwei Elektromagnetenpaare ss und nn, welche mit gleichnamigen Polen einander gegenüberliegen. Der positive Strom tritt aus der Leitung L an den Commutator des Inductors, durchläuft die Windungen des letzteren und geht über den zweiten Metallpinsel durch die Windungen des linken, oberen Elektromagnets s zu dem rechten hinüber, durch die Kohlen kk_1 nach L_1, wie die Linie ----- andeutet. Die punktirte Linie bezeichnet den Lauf des Zweigstromes, der mit Umgehung des Lichtbogens die beiden unteren Elektromagnete durchläuft.

Um den Stromlauf und die Wirkungen der Elektromagnete auf den Inductorring noch deutlicher zu machen, sind die Verbindungen dieser Lampe nochmals schematisch in Fig. 177 gezeichnet. Durch die Feder (Bürste) a tritt der Strom in den Ring ein und durch a_1 aus demselben. Dann theilt sich der Strom; ein Zweig desselben durchfließt die Elektromagnete S und N und geht durch den Lichtbogen zur Maschine zurück, während der andere Zweig durch die Magnete N_1 S_1 direct zur Maschine zurückgeht. Der Ring sowohl als auch die Magnete S und N sind mit starkem Drahte umwickelt; der

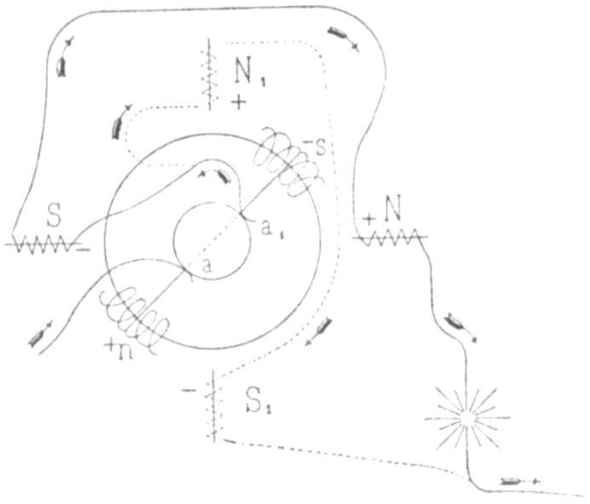

Fig. 177. Stromlauf in der Schuckert'schen Differential-Ringlampe.

Nebenschluß dagegen, in welchem nur die Magnete N_1 S_1 liegen, hat großen Widerstand, indem diese Magnete mit sehr vielen Windungen dünnen Drahtes bewickelt sind. Die Stellung der Federn ist so gewählt, daß sich die auf dem Ringe gebildeten zwei Pole s und n zwischen den Polen der Elektromagnete N_1 N und S S_1 befinden. Infolge dessen wird der Ring bei richtigem Widerstande des Lichtbogens von beiden Magnetsystemen gleichmäßig in entgegengesetzter Richtung angezogen, resp. abgestoßen und verharrt demnach in Ruhe. Wird jedoch der Widerstand bei Entfernung der Kohlen voneinander im Lichtbogen größer, so werden die in diesem Stromkreise liegenden Magnete S und N schwächer, die im Nebenschluß liegenden dagegen stärker; die Wirkung der letzteren auf den Ring überwiegt und bewegt denselben nach einer Richtung, wodurch die Kohlen sich einander nähern.

Das Umgekehrte ist der Fall, wenn der Widerstand im Lichtbogen kleiner wird.

Hauptsächlich kam durch Schuckert eine andere Anordnung der Differential-Ringlampe zur Ausführung, bei welcher der Inductorring sich in einer verticalen Ebene bewegt und mit zwei Gruppen verschieden dicker Drahtabtheilungen bewickelt ist. Dementsprechend ist hier der Ring auf beiden Seiten mit je einem Paar Schleiffedern versehen, während nur ein Elektromagnetenpaar auf ihn einwirkt. In ähnlicher Weise wie vorher werden in dem Ringe vier Pole gebildet, die zu den Elektromagnetenpolen eine solche Lage haben, daß durch die Wirkung derselben wiederum der Ring entweder in Ruhe gehalten, oder in dem einen oder anderen Sinne gedreht wird. Die Uebertragung der Drehung des Ringes zur Verschiebung der Kohlen kann bei dieser Anordnung leicht durch Zahnräder und Zahnstangen in der bekannten Weise erfolgen. Fig. 178 zeigt den Regulirungs-Mechanismus der Differential-Ringlampe in derjenigen Einrichtung, welche demselben von Schuckert für die praktische Anwendung gegeben worden ist. Der untere Kohlenhalter ist fest; der obere besteht aus einer verzahnten Stange, welche oben durch eine kleine Kette und Gegengewicht ausbalancirt ist. Für den Gebrauch wird der mittlere Theil des Regulators mit einem Schutzcylinder umgeben und die Kohlen werden in einer Milchglaskugel eingeschlossen, wie dies in Fig. 179 illustrirt ist.

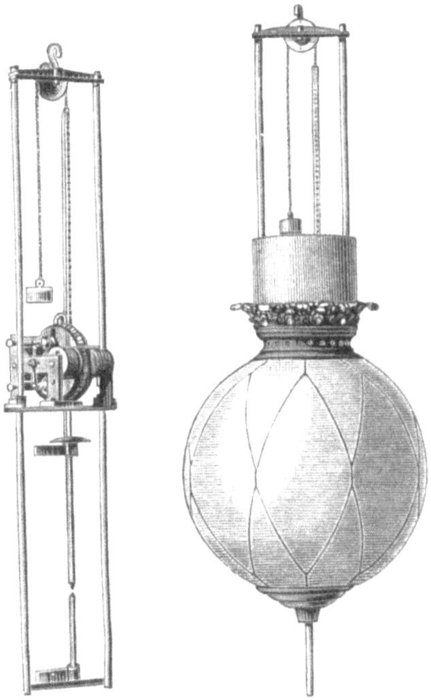
Fig. 178 u. 179. Differential-Ringlampe von Schuckert.

Die beschriebene Differential-Ringlampe ist trotz ihrer Einfachheit und Leistungsfähigkeit durch die der jüngsten Zeit angehörende Differentiallampe von Krizik und Piette in den Hintergrund gedrängt worden, deren constructive Durchbildung ein Verdienst Schuckert's ist, der seine Aufmerksamkeit alsbald dieser vielversprechenden Neuerung zuwendete und dieselbe auf eine so hohe Stufe der Vollkommenheit brachte, daß sie bei neuen Anlagen besonders häufig Anwendung findet und mit Recht zu den besten Differentiallampen gezählt wird. Das charakteristische Merkmal der erwähnten Lampe besteht, außer in der vollständigen Beseitigung der Kuppelung, in der Anwendung eines doppeltkonischen Eisenkerns in der Art, wie im Nachstehenden erläutert werden soll.

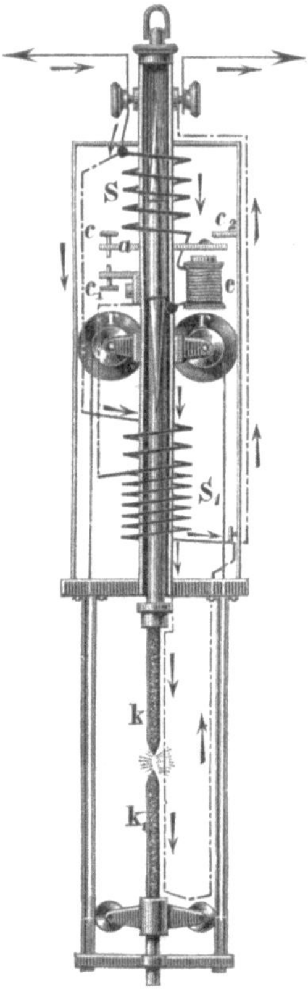

Fig. 180. Differentiallampe von Krizik & Piette.

Bekanntlich wird ein Eisenstab, den man einer von einem Strome durchflossenen Drahtspule (Solenoid) in axialer Richtung nähert, in dieselbe so weit hineingezogen, bis die Mitte der Spule mit der Mitte des Stabes in eine Ebene fällt. Die Kraft, mit welcher dieses Hineinziehen des Stabes in die Drahtspule erfolgt, erreicht ihr Maxium, wenn das eine Ende des Stabes mit der Mitte der Spule in eine Ebene fällt; dagegen nimmt diese Kraft stetig ab, je mehr die beiden Mitten sich einander nähern, und wird gleich Null, sobald die Mitten des Eisenstabes und der Spule zusammenfallen. Um eine derart ungleichmäßige Anziehung in eine gleichmäßige zu verwandeln, wendet Schuckert statt der cylindrischen Stäbe solche an, die nach beiden Enden konisch zugespitzt sind, auf welche daher die Kraftäußerung eines oder mehrerer Solenoide fast auf die halbe Länge des Stabes die gleiche bleibt; diese Wirkung wird dadurch erzielt, daß der Eisenstab, entsprechend der Anziehung an den verschiedenen Stellen, verschiedene Querschnitte besitzt.

In Fig. 180 ist die Krizik-Piette'sche Differentiallampe schematisch dargestellt. Der erwähnte, beiderseitig zugespitzte Eisenkern kann sich in einem verticalen Rohre frei bewegen und ist an seinem unteren Ende mit der oberen Kohle k fest verbunden. Auf diesen Kern wirken zwei Solenoide S und S_1 ein; die Spule S ist mit dem Lichtbogen in den Hauptstromkreis geschaltet und besteht aus starkem Kupferdraht mit geringem Widerstande und wenigen Windungen. Die Spule S_1, die aus einigen Windungen starken und einer größeren Anzahl Windungen schwächeren Drahtes besteht, hat einen großen Widerstand und ist als Nebenschluß geschaltet.

Von der Weite des Lichtbogens hängt nunmehr die Stromstärke in den beiden Spulen ab. Der Strom in der Spule S ist um so schwächer, je größer der Lichtbogen ist, und um so stärker ist der Strom in der Spule S_1. Die Wirkung der Spulen S und S_1 auf den Eisenkern kann somit nur dann gleich stark sein, wenn der Lichtbogen diejenige normale Weite hat, nach welcher bei der Construction der Lampe die Größe der Spulen, die Anzahl der Windungen, die Drahtdicke, sowie die Gestalt und Größe des doppeltkonischen Eisenkernes von vornherein einzurichten sind. Wird der Lichtbogen durch Verbrennung der Kohlen größer, so schwächt der dadurch vermehrte Widerstand in der Hauptleitung das magnetische Moment der Spule S, während die Wirkung der Spule S_1 wächst; dieselbe zieht dadurch den Eisenkern so weit in sich hinein, bis die Kohlen die richtige Entfernung haben.

Um nun eine gleichzeitige und entsprechende Hebung des Trägers der unteren Kohle k_1 zu erzielen, sind mit dem Eisenkern zwei Schnüre verbunden, welche über zwei an der verticalen Hülse befestigte Rollen r gleiten und mit dem in entsprechender Weise an zwei verticalen Stangen mittels Röllchen geführten unteren Kohlenhalter verbunden sind. Hierbei wird durch das Gewicht des letzteren der Eisenkern nebst dem oberen Kohlenhalter vollkommen ausbalancirt. Sobald also der Eisenkern und somit die obere Kohle sinkt, zieht der erstere die untere Kohle mittels der Schnüre nach oben, bis die Spulen wieder in gleicher Weise auf den Eisenkern einwirken, sodaß der Lichtbogen nicht nur die richtige Weite, sondern auch denselben Punkt im Raume beibehält.

Für den Fall, daß der Lichtbogen aus irgend einer Ursache erlischt, während der Strom circulirt, würde derselbe, so lange die Kohlenspitzen nicht in Berührung getreten sind, nur einen offenen Weg und zwar durch die Spule S_1, also großen Widerstand innerhalb der Lampe finden, deren Lichtstromkreis aus der Verbindung ausgeschieden ist, und somit das Brennen der übrigen Lampen des Stromkreises beeinträchtigen. Um dies zu verhindern, befindet sich im Hauptstromkreis ein Elektromagnet e mit drei Contacten c c_1 c_2 eingeschaltet, von denen c mit dem Anker a des Elektromagnets, c_1 mit der Spule S_1 und zwar an der Stelle verbunden ist, wo die Windungen des starken mit denen des schwachen Drahtes zusammentreffen, während c_3 an das Lampengehäuse anschließt. Bei richtiger Function der Lampe ist also der Anker a von dem Elektromagnet e angezogen und die Contacte stehen außer Berührung; wird jedoch der Strom in S und e durch Verlöschen des Lichtes unterbrochen, so geht der Anker in seine Ruhelage zurück, c und c_1 gelangen zur Berührung und gleichzeitig wird der Contact c_2 geschlossen. Dadurch tritt der aus starkem Drahte gewickelte Theil der Spule S_1 mit dem Anker a und durch denselben mit dem Lampengehäuse bei c_2, resp. dem negativen Pol des Stromerzeugers in kurze leitende Verbindung, sodaß der in die Spule S_1 eintretende, die Kohlen wieder vereinigende Strom hier einen besseren Weg zu der weiterführenden äußeren Leitung findet und durch das Verlöschen der Lampe ein nachtheiliger Einfluß auf den Betrieb der übrigen Lampen des Stromkreises nicht ausgeübt wird.

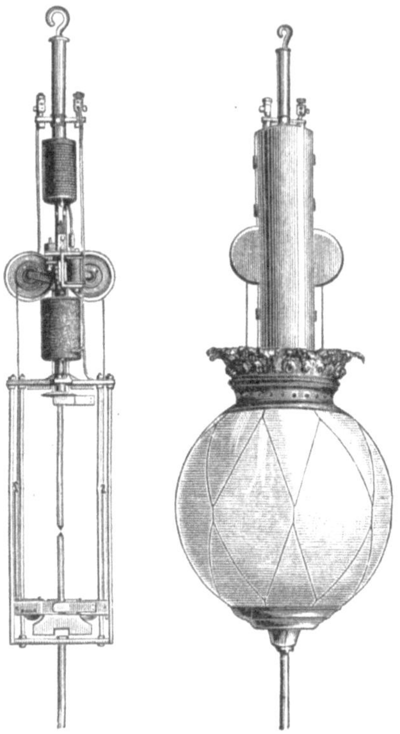

Fig. 181 u. 182. Differentiallampe, System Krizik & Piette.

Die Fig. 181 und 182 geben ein Bild der im Vorstehenden principiell erläuterten Lampe ohne und mit Armatur. Schuckert hat denselben bald eine zweckmäßigere Form gegeben, welche durch die Fig. 183 und 184 erläutert wird. Die beiden Spulen sind bei dieser Lampe, statt übereinander, nebeneinander angeordnet; der konische Eisenkern ist darum in zwei Theile getheilt, welche sich in den entsprechenden Messinghülsen befinden. Diese neue Construction hat gegen die frühere den Vortheil, daß sämmtliche Contacte in der Hülse der Lampe liegen und somit durch Staub rc. nicht außer Ordnung gebracht werden können; ebenso liegt auch die Schnur innerhalb der Hülse. Das große Modell dieser Lampe besitzt acht- bis zehnstündige Brenndauer. Die Alabasterglaskugel ist an zwei durch lange Rohre geführten Stangen aufgehängt und kann erforderlichenfalls leicht und sicher heruntergelassen werden. Die stehende Lampe dieser Gattung, welche ebenso wie die vorher beschriebenen einen unveränderlichen Brennpunkt hat, ist in Fig. 185 abgebildet. Bei derselben ist der Kohlenwechsel je nach der Lichtstärke und den Kohlenstäben in fünf bis acht Stunden erforderlich.

Die Stromführung in den Lampen mit nebeneinander liegenden Spulen ist eine ziemlich complicirte; zur Erläuterung derselben diene die schematische Fig. 186, welche die Verbindungen innerhalb der Lampe zur Anschauung bringt. k und k_1 sind die beiden konischen, zwischen verticalen Gleitschienen geführten Eisenkerne, welche sich in den Spulen H und N bewegen, von denen letztere, mit mehreren Windungen dicken und vielen Windungen dünnen Drahtes, sich im Nebenschluß befindet; s ist ein Contactmagnet, gleichfalls mit doppelten Windungen. Es sei

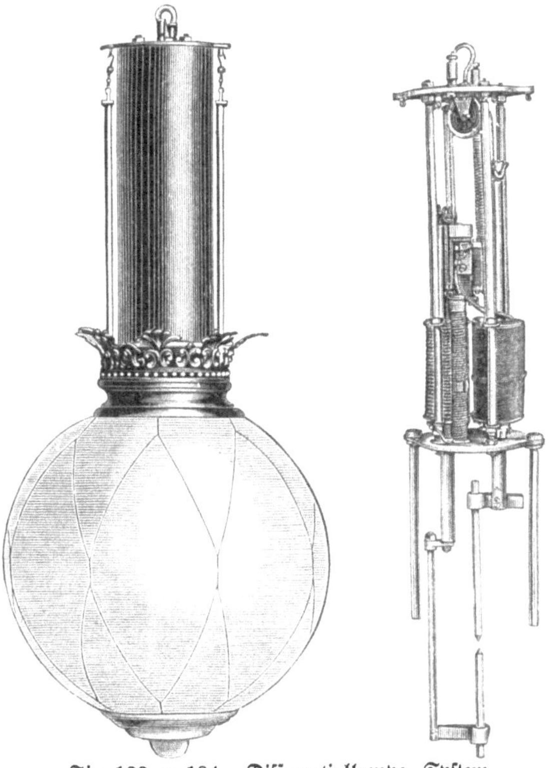

Fig. 183 u. 184. Differentiallampe, System Krizik & Piette.

zunächst angenommen, die Kohlenspitzen stehen voneinander ab und die Lampe soll in Thätigkeit gesetzt werden; es wird dann der an der positiven Polklemme eintretende Strom durch den Lampenkörper in die starken Windungen der Nebenspule N geführt. Von hier läuft derselbe über den Contact cd nach u und verläßt durch einen Neusilberwiderstand n und die vom Lampenkörper isolirte negative Polklemme die Lampe. Der Eisenkern k_1 wird alsdann in die Spule N hineingezogen und die mit demselben in Verbindung stehende obere Kohle K gesenkt, bis dieselbe mit der unteren K_1 in Berührung kommt. Der bei der positiven Kohle eintretende Strom findet nun zwei Wege: Entweder nimmt er den eben beschriebenen, oder er durchläuft den Lampenkörper,

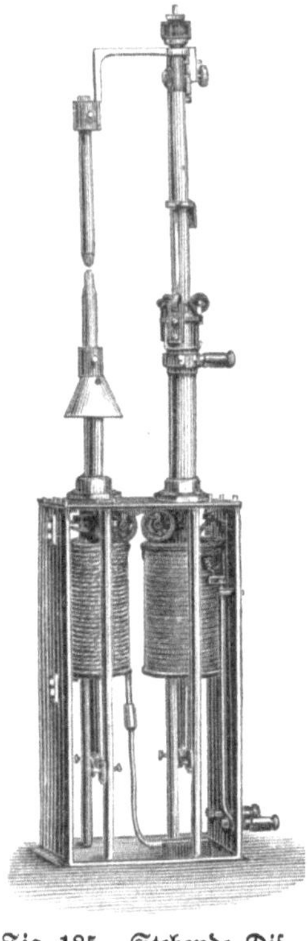

Fig. 185. Stehende Differentiallampe, System Křižik & Piette.

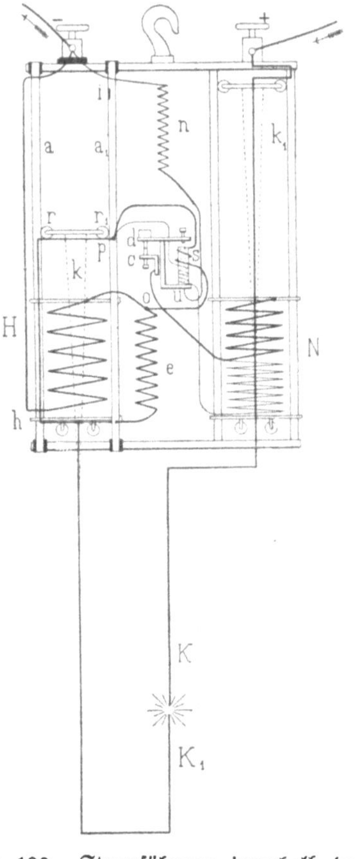

Fig. 186. Stromführung innerhalb der Differentiallampe mit nebeneinanderliegenden Spulen, System Křižik & Piette.

geht über die beiden Kohlen KK_1, wie in der Figur angegeben, von letzterer bei h in die linksseitige isolirte Gleitschiene und durch die Rollen rr_1 nach p, wonach er über die starken Windungen des Contactmagnets s nach o gelangt, die starken Windungen der Hauptspule H passirt und von da zur negativen Polklemme geht. Den letztbeschriebenen Weg wird der größere Theil des Stromes durchlaufen, da derselbe weniger

Widerstand als der erstgenannte bietet. Der Eisenkern k wird daher von der Hauptspule eingezogen und dadurch eine Entfernung der Kohlenspitzen bewirkt werden, sodaß der Lichtbogen sich bilden kann. Gleichzeitig ist aber auch der Contactmagnet s magnetisch geworden, wodurch der Anker desselben angezogen und der Contact bei d unterbrochen wird. Der Zweigstrom muß somit, nachdem er die starken Windungen der Nebenspule durchlaufen, auch ihre dünndrähtigen Windungen und sodann die dünne Wickelung des Contactmagnets passiren, um sich demnächst mit dem Hauptstrome bei d wieder zu vereinigen; die Differentialwirkung zwischen der Nebenschlußspule und der Hauptspule hat sodann in der bereits bekannten Weise die Regulirung des Lichtbogens zur Folge.

Nach dem Abbrennen der Kohlen trifft die Rolle r_1 auf eine, durch ein bei i eingelassenes Elfenbeinstück gebildete isolirte Stelle der entsprechenden Gleitschiene, sodaß der Hauptstrom über den Eisenwiderstand e direct über die Hauptspule nach der negativen Polklemme geführt wird. Da somit der Contactmagnet kraftlos wird, stellt sich der Contact bei d wieder her und der Nebenstrom geht durch die dicken Windungen der Spule N und sodann über c, d, u und den Neusilberwiderstand n nach der negativen Polklemme. So findet der zu den nächsten Lampen weiterfließende Strom in der Lampe nur den Widerstand, welchen er durch den Lichtbogen gefunden haben würde, und es wird demnach das Brennen der anderen in demselben Stromkreise befindlichen Lampen in keiner Weise beeinflußt.

Während bei den nach dem System Krizik und Piette gebauten Lampen die auf den Eisenkern ausgeübte Anziehung der Solenoide direct die Regulirung des Lichtbogens bewirkt, ist die Regulirungsart einer gleichfalls der neuesten Zeit angehörenden, von Schwerd-Scharnweber construirten Lampe insofern einigermaaßen abweichend, als hier die Nachschiebung der Kohlen direct, unabhängig von der Kraftäußerung des Solenoids, geschieht; dieselbe wird durch letztere in passenden Zeitabschnitten nur eingeleitet und wieder zum Stillstande gebracht. Die einzelnen regulirenden Theile dieser Lampe sind in ihrer Anordnung zueinander schematisch in Fig. 187 dargestellt. S und S_1 sind die zwei Spulen, welche auf den Eisenkern E einwirken; S ist mit wenigen Windungen dicken Drahtes und S_1 mit vielen Windungen dünnen Drahtes, der von einem Zweigstrom durchlaufen wird, bewickelt. Beide Spulen befinden sich gleichzeitig auf einem Messingrohre, das mit Glycerin angefüllt und in welchem der am Hebel h aufgehängte Eisenkern beweglich ist. Dieser um die Achse a drehbare Hebel trägt anderseits eine von demselben isolirte Stange t, welche zu dem unteren Theile der Lampe führt und an einem um die Achse a_1 drehbaren Hebel h_1 angreift, an welchem bei i der untere Kohlenhalter aufgehängt ist.

Bei der durch das Abbrennen der Kohlen veranlaßten Abwärtsbewegung des Eisenkerns wird die Stange t nach oben gezogen, wodurch eine Hebung der unteren Kohle bewirkt wird und die richtige Lichtbogenlänge erhalten bleibt. Ist nunmehr die Stange t um eine bestimmte Strecke nach aufwärts gegangen, so wird durch das an derselben befestigte Stück b ein um a_2 drehbarer Hebel h_2 in Bewegung gesetzt und bei e das Laufwerk ausgelöst, worauf die Zahnstange, welche die obere Kohle trägt, zum Sinken kommt. Auf diese Weise erhält die in der Nebenschließung befindliche Spule S das Uebergewicht und zieht den Eisenkern nach oben, welche Bewegung sich mittels der Stange t der unteren Kohle in der Weise mittheilt, daß letztere im gleichen Maaße zurückweicht, wie die obere Kohle sinkt, bis in einer gewissen Stellung die Stange t wieder das Laufwerk arretirt. Das letztere besteht aus einer einfachen Ankerhemmung pR in Verbindung mit einem kleinen Schwungrade U, das auf die Achse von p lose aufgesetzt ist; in dem Schwungrad U sitzen bei c zwei Stifte, zwischen welchen eine an dem Stück p befestigte Feder f angebracht ist. Bei der hin- und hergehenden Bewegung der Hemmung p wird mittels der Feder f das Schwungrad mitgenommen, welches vermöge der ihm innewohnenden Trägheit in ähnlicher Weise wie die Unruhe einer Uhr wirkt.

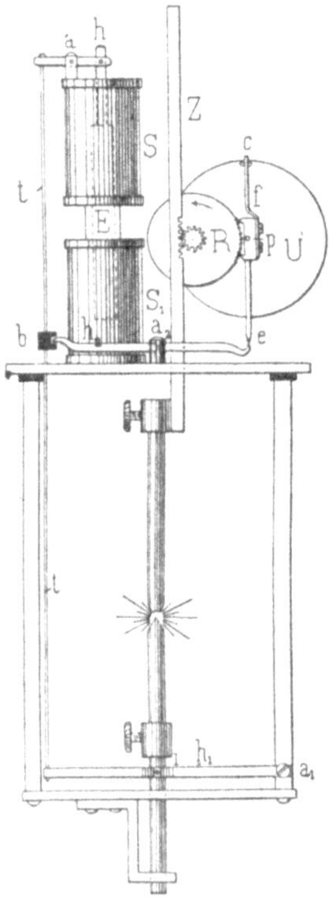

Fig. 187. Elektrische Lampe von Schwerd-Scharnweber.

d. Elektrische Lampen mit besonderen Schaltungsweisen.

Durch die Pariser Elektricitäts-Ausstellung wurde weiteren Kreisen eine bereits im Jahre 1879 patentirte elektrische Lampe bekannt, deren

Construction den bis dahin bestehenden Systemen gegenüber als völlig neu und originell zu bezeichnen ist, indem sie weder Nebenschluß noch Differentialspulen enthält und dennoch die Theilung des elektrischen Lichtes gestattet, sich also auch bei Anwendung einer nicht Partialströme liefernden Stromquelle zur Herstellung mehrerer Bogenlichter verwenden läßt, sobald nur die Lampen nicht hintereinander, sondern nebeneinander geschaltet werden. Es ist dies die Lampe von R. J. Gülcher in Bielitz-Biala, welche in Verbindung mit seiner eigenartig construirten, bereits in Fig. 69 abgebildeten dynamo-elektrischen Maschine und der besonderen Schaltungsweise der Lampen das Gülcher'sche Beleuchtungssystem darstellt. Wie schon an geeigneter Stelle erwähnt wurde, ist die genannte Maschine mit Rücksicht darauf gebaut, quantitativ starke Ströme von geringer Spannung zu erzeugen, welche ein gelbliches bis weißes Licht liefern und somit den violetten oder bläulichen Schein des Lichtes stark gespannter Ströme vermeiden. Die Anwendung der letzteren Art elektrischer Ströme gewährt zwar einen hohen Nutzeffect und gestattet die Hintereinanderschaltung einer großen Anzahl von Lampen, wie bei dem System Brush, doch sind die Leitungen solcher Ströme schwer zu isoliren und es ist die Berührung nackter Stellen derselben mit Gefahr verbunden.

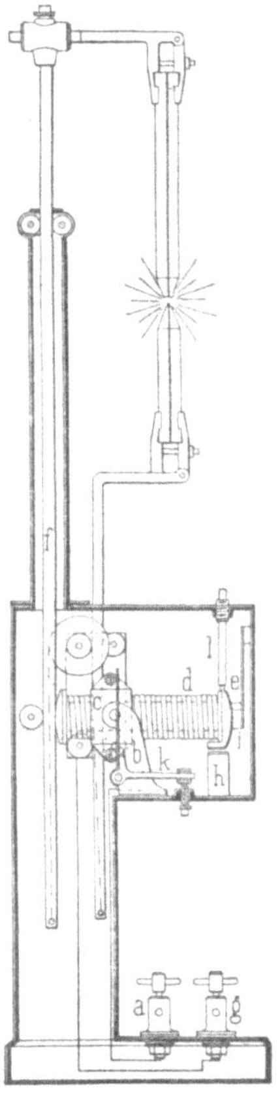

Fig. 188. Stehende elektrische Lampe von Gülcher.

Der bei dem System Gülcher erzeugte Strom von geringer Spannung kann auf eine innerhalb gewisser Grenzen beliebige Zahl nebeneinander geschalteter Lampen vertheilt werden. Die Gülcher'sche Lampe, welche als Stehlampe im Querschnitt in Fig. 188 zur Darstellung gebracht ist, zeichnet sich durch besondere Einfachheit aus. Bei derselben kommt als Regulirungsprincip dasjenige der magnetischen Bremsung zur Anwendung. Da die Lampe infolge dessen keinerlei Räderwerk noch Contacte für Nebenleitungen besitzt, ist ihre Anwendung auch in von Staub erfüllten Fabrikräumen statthaft. Bei derselben werden alle von einer guten elektrischen Lampe geforderten Functionen durch einen einzigen Elektromagnet direct, d. h. ohne irgendwelche Zwischenmechanismen verrichtet. Durch diese große Einfachheit kann die Lampe zu niedrigem Preise hergestellt werden; außerdem ist sie in keinem ihrer Theile der Abnutzung unterworfen und regulirt die Kohlenspitzen bei steter Sicherheit des selbstthätigen Entzündens mit großer Zuverlässigkeit. Die Einrichtung und Wirkungsweise der Lampe ist mit Bezug auf die angegebene Abbildung die folgende:

Der positive Strom der Lichtmaschine geht zu der isolirten Polklemme a und von dieser durch einen kurzen Draht zu dem gleichfalls isolirten Ständer b. In demselben ist ein Metallring c mittels Zapfen gelagert, der an dem Elektromagnet d befestigt ist und diesem eine drehende Bewegung um die erwähnten Zapfen gestattet. Der elektrische Strom fließt vom Ständer b in den Ring c, von hier durch die mittels ihres Endes mit dem Ringe c leitend verbundene Drahtumwickelung des Elektromagnets d in den Kern desselben und von diesem theils durch die an dem letzteren mittels eines Eisenkörpers i anliegende und mit dem Metallgehäuse der Lampe leitend verbundene Feder e, theils direct zu dem das andere Ende des Magnetkerns berührenden Halter f der oberen Kohle. So gelangt der Strom durch die Kohlenspitzen in den Halter der unteren Kohle und wird durch eine entsprechende Leitung der zweiten, negativen Klemmschraube g zugeführt. Wichtige Theile im Inneren der Lampe sind außer den genannten ein am Gehäuse befestigtes kleines Eisenprisma h und ein Winkelhebel k, dessen einer Schenkel als Blattfeder ausgeführt ist, welche gegen einen mit dem Ringe c verbundenen Stift drückt und so bewirkt, daß der Elektromagnet sich an einen verstellbaren, durch eine einfache Schraube l gebildeten Anschlag anlegt, so lange kein Strom durch die Lampe fließt. Die beiden Polschuhe des Elektromagnets sind nach Kreisbogen geformt, deren gemeinsamer Mittelpunkt im Drehpunkte des Ringes c liegt; diese Polschule und die sie berührenden Eisentheile f und i sind mit einem dünnen Messingüberzug versehen, damit ein leichtes Gleiten zwischen beiden Theilen stattfinde und die richtige Functionirung der Lampe nicht durch Rosten 2c. gestört werde.

Im Ruhezustande der Lampen werden die beiden Kohlenspitzen einander berühren. Werden nun die beiden Polklemmen mit den Polen der Stromquelle in der bereits angegebenen Weise verbunden, so zieht der Elektromagnet den oberen Kohlenhalter f fest an den ihn berührenden

Polschuh an. Gleichzeitig findet zwischen dem zweiten Polschuh und dem Eisenprisma h eine Anziehung statt, welche sich darin äußern muß, daß der Polschuh sich dem Prisma nähert und so den Elektromagnet um die Zapfen des Ringes c dreht. Hierdurch wird (indem sich der am Kohlenhalter f fest haftende Polschuh auf diesem in gleicher Weise abwickelt wie ein in eine Zahnstange greifendes Zahnradsegment von unendlich feiner Theilung) die obere Kohle gehoben und der Lichtbogen kommt zur Erscheinung. Es wird nun mit der Entfernung der Kohlenspitzen die Stromstärke und damit die Stärke des Elektromagnets geringer und zwar in dem Maaße, wie die Entfernung der Kohlenspitzen durch das Abbrennen derselben größer wird; infolge dessen entfernt sich der Magnet allmählich wieder von dem Eisenkörper h, nähert dadurch die Kohlenspitzen einander um soviel, als sie sich durch die Verbrennung verkürzen, und setzt seine rückwärts gehende Drehung so lange fort, bis dieselbe durch den Anschlag der Schraube l begrenzt wird.

Der Magnet bleibt von diesem Moment an vollständig in Ruhe und die Kohlenspitzen erhalten bald durch weiteres Abbrennen jene Entfernung, welche den größten der Stromstärke entsprechenden Lichteffect giebt. Sobald aber diese erreicht ist, wird bei weiterem Abbrennen der Kohlenspitzen die Anziehungskraft des Magnets so gering, daß der obere Kohlenhalter f von seinem Polschuh nicht mehr genügend festgehalten wird und infolge dessen an diesem herabzugleiten beginnt. Dieses Herabgleiten des Kohlenhalters kann aber nur in ganz kleinen Wegtheilen geschehen, da durch das geringste Nähern der Kohlenspitzen der Magnetismus sofort wieder stärker wird, den Kohlenhalter durch den Polschuh festhält und an zu weitem Sinken hindert. Würde der Kohlenhalter zu tief sinken, so würde der Magnetismus so stark werden, daß die Anziehungskraft des Eisenstabes h wieder, wie oben beschrieben, in Wirksamkeit treten würde, um das Spiel nach einiger Zeit von neuem zu beginnen. Der Magnet bleibt aber, wie die Versuche mit der neuen Lampe gezeigt haben, von dem obenerwähnten Moment an fortwährend in Ruhe, so lange keine zu großen Stromschwankungen vorkommen, was schon einen Beweis dafür liefert, daß der Kohlenhalter nie zu tief sinken könnte, falls er losgelassen würde. Der beste Beweis hierfür ist aber das Licht selbst, bei welchem keinerlei merkbare Schwankungen auftreten.

Das obenerwähnte an der Feder e befestigte kleine Eisenprisma i bildet gewissermaaßen eine magnetische Bremse, welche dazu dient, die im Anfange stattfindenden Bewegungen des Elektromagnets zu dämpfen. In der That brennt die Lampe bei Anwendung dieser magnetischen Bremse von Anfang an so ruhig wie später, wo der Magnet in Ruhe verbleibt.

Um den Brennpunkt der Lampe in constanter Höhe zu erhalten, sind die Kohlenhalter in bekannter Weise derart miteinander verbunden, daß die Bewegung des oberen Kohlenhalters eine entsprechende des unteren Halters nach sich zieht. Durch diese Anordnung kann man leicht den unteren Kohlenhalter zum theilweisen Ausbalanciren des oberen benutzen, wenn dieser so schwer ausfällt, daß er vom Elektromagnet entweder nicht sicher genug oder gar nicht mehr getragen wird. Für diesen Zweck erwies sich die Anwendung von Zahnstangen und Zahnrädern nicht als nothwendig, es genügt, wenn die Kohlenhalter durch seidene Schnüre an geeigneten Trommeln von entsprechendem Durchmesser befestigt werden, wie aus der Figur hervorgeht. Für industrielle Verwendung hat Gülcher seine Lampe als Hängelampe construirt und demgemäß, wie aus Fig. 189 u. 190 ersichtlich, den ganzen Mechanismus oberhalb der Kohlen angeordnet; in dieser Form ist die Lampe besonders für den Zweck der Stromtheilung mit sehr gutem Erfolge zur Anwendung gekommen.

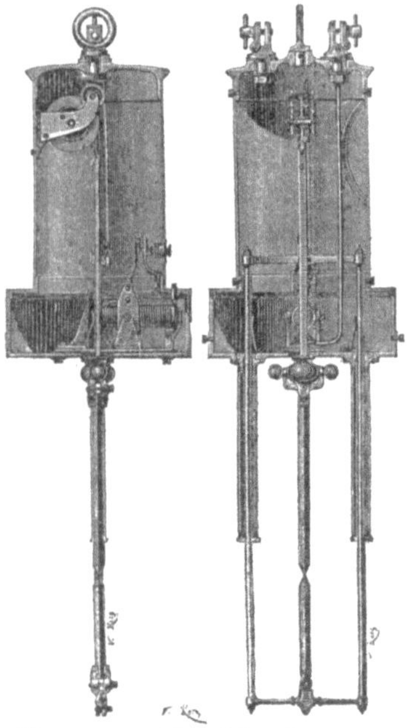

Fig. 189 u. 190. Hängelampe von Gülcher.

Als das Bemerkenswertheste bei dem Gülcher'schen Beleuchtungssystem muß jedenfalls die Art bezeichnet werden, wie Gülcher mehrere seiner ohne Nebenschluß oder Differentialspulen functionirenden Lampen zum Zweck der Theilung des elektrischen Lichtes in einen Stromkreis schaltet; durch Fig. 191 ist diese Schaltungsweise für zwei Lampen A und B deutlich gemacht. Angenommen nun, daß zuerst Lampe A in Function getreten sei, so wird, sobald die zweite Leitung der Lampe B geschlossen wird, der die letztere durchfließende Theilstrom stärker als der der Lampe A sein, weil sich bei B die Kohlenspitzen berühren und demgemäß der Widerstand in dieser Leitung ein geringerer als in der ersteren ist. Die Folge hiervon wird sein, daß die Lampe B sofort durch die energische Wirkung des Elektromagnets, der die Kohlenspitzen voneinander entfernt, zum Functioniren gebracht wird und bei Lampe A, der Abnahme des zugehörigen Theilstromes entsprechend, die Kohlenspitzen ein wenig genähert werden. Wenn nun bei Lampe B die Entfernung der Kohlenspitzen größer als bei A wird, so muß die Stromstärke in A wieder zunehmen und bewirken, daß die Kohlenspitzen in B sich nähern; dasselbe muß umgekehrt auch für die Lampe A eintreten, wenn bei derselben die Entfernung der Kohlenspitzen eine zu große geworden ist. Es geht hieraus hervor, daß sich die beiden parallel geschalteten Lampen in ihrer gegenseitigen Wirkung ganz ähnlich verhalten wie die Spulen von verschiedenem Widerstande in den Differentiallampen: die eine Lampe regulirt

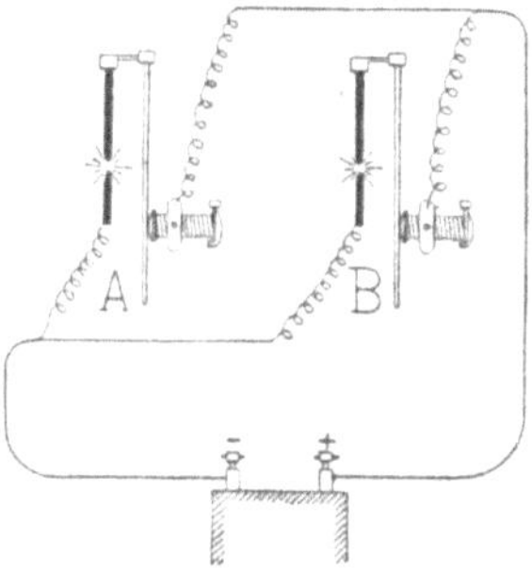

Fig. 191.
Nebeneinanderschaltung zweier elektrischen Lampen von Gülcher.

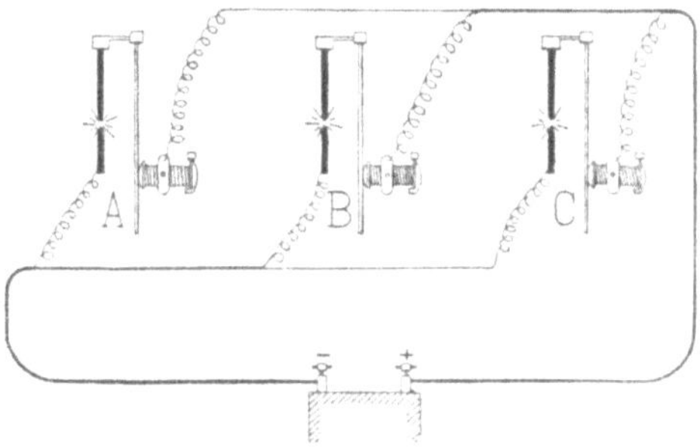

Fig. 192.
Nebeneinanderschaltung von drei Gülcher'schen Lampen.

die andere und durch diese sich selbst, sodaß binnen kürzester Zeit zwischen den beiden Lampen und ihren zugehörigen Theilströmen das Gleichgewicht hergestellt sein muß. Sobald dies aber geschehen ist, kann nach Fig. 192 eine dritte Lampe C zwischen den Polen desselben Stromerzeugers parallel eingeschaltet werden. Die beiden ersten Lampen, welche sich bereits gegenseitig regulirt haben, sind nunmehr als ein Ganzes anzusehen, indem das in ihnen erzeugte Licht infolge der Schließung des zur dritten Lampe gehörenden Theilstromes durch diese letztere eine genaue Richtigstellung erfährt, während umgekehrt die Lampe C durch die ersteren beiden Lampen regulirt wird, sodaß jede der drei Lampen auf die beiden anderen regulirend einwirkt. Die Anwendung dieses Regulirungsprincips kann bis zu einer innerhalb gewisser Grenzen beliebigen Anzahl von Lampen ausgedehnt werden. In welcher Weise alsdann die Schaltung zur Ausführung kommt und welche allgemeinen Verhältnisse dabei stattfinden, davon wird in einem der nächstfolgenden Abschnitte ausführlicher die Rede sein.

Gleichfalls durch eigenartige Lampenconstruction, sowie durch eine besondere Schaltungsweise der Lampen ausgezeichnet ist das Beleuchtungssystem von J. Brockie in Brixton (England), bei welchem die Regulirung des Lichtbogens nicht durch die Stromstärke, sondern ohne Rücksicht auf dieselbe dadurch erreicht wird, daß die Kohlen durch die Wirkung eines Elektromagnets in regelmäßigen Zeiträumen — etwa einmal in jeder Minute oder noch öfter — miteinander in Berührung und sodann in die richtige Entfernung voneinander gebracht werden.

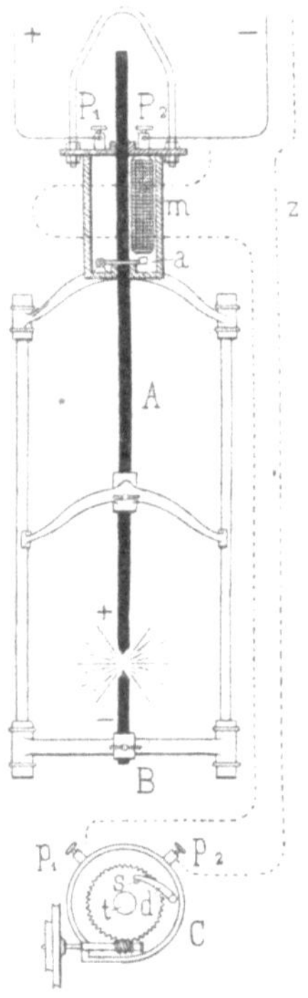

Fig. 193. Elektrische Lampe von Brockie.

In dieser Lampe, von welcher Fig. 193 ein schematisches Bild giebt, wird der röhrenförmige obere, positive Kohlenhalter A zwischen den Stangen des Lampengestells geführt, während die untere, negative Kohle in dem letzteren fest liegt. Der Strom tritt bei P_1 in die Lampe, durchläuft die Kohlen und geht bei P_2 weiter. Innerhalb der Lampe befindet sich ein Elektromagnet m, der in einen besonderen Zweigstromkreis z eingeschaltet ist und beim Anziehen seines Ankers a mittels einer an diesem angebrachten Klaue den oberen Kohlenhalter festklemmt und ihn so hoch hebt, daß die Kohlen in die richtige Entfernung voneinander kommen. Hierauf wird der Zweigleitung, in welcher sich der Elektromagnet befindet, mittels eines in Umdrehung erhaltenen Commutators C der Strom in Unterbrechungen zugeführt; bei jeder Stromunterbrechung läßt daher der Elektromagnet die obere Kohle auf die untere herabgehen und gleich darauf bringt der wieder auftretende Strom die Kohlen in die richtige Entfernung voneinander. Der unterhalb der Lampe gezeichnete Commutator zeigt zwei Polklemmen p_1 und p_2, zu welchen die Polenden der Zweigleitung führen; p_1 steht mit einem Zahnrade in leitender Verbindung, das durch Schneckenrad und Schnurscheibe in Umdrehung erhalten wird, während eine Klinke d mit der

Polklemme p_2 leitend verbunden ist. Das Zahnrad trägt noch eine Scheibe t und einen Stift s. So lange die Klinke d auf der Scheibe t aufruht, ist der Nebenstromkreis geschlossen; bei jeder Umdrehung der Scheibe wird jedoch die Klinke d durch den Stift s gehoben und somit der Nebenstrom unterbrochen, wodurch der obere Kohlenhalter herabfällt. Da indeß der Strom in der Zweigleitung alsbald durch Wiederherstellung des Contactes zwischen d und t von neuem geschlossen ist, geht die obere Kohle sofort wieder durch die auf's neue hervorgerufene Wirkung des Elektromagnets in die Höhe und die normale Distanz der Kohlenspitzen stellt sich wieder her.

Wie leicht erklärlich, geben infolge der in regelmäßigen Intervallen sich wiederholenden Annäherung und Wiederentfernung der Kohlen die Brockie-Lampen ein eigenthümlich blinkendes Licht; jedoch soll dasselbe

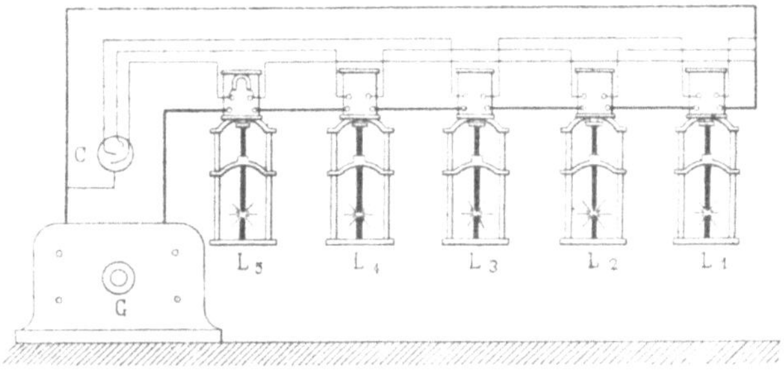

Fig. 194. Schaltungsweise von fünf Brockie'schen Lampen.

nicht auffallender als das durch Unreinheit der Kohlen auch bei anderen elektrischen Lampen entstehende Blinken sein. Bei Einschaltung mehrerer Lampen in einen Stromkreis bedarf man vermöge der eigenthümlichen Schaltungsweise der Brockie'schen Lampen nur eines Commutators für dieselben. Fig. 194 zeigt die Verbindung von fünf Lampen L_1 bis L_5 mit der Lichtmaschine G und dem Commutator C, aus welcher die Anordnung und die Stromführung leicht ersichtlich sind. Die Lampen sind hintereinander in den Stromkreis eingeschaltet, während ein sehr dünner Nebendraht die Elektromagnete der Lampen und den Commutator verbindet. Von letzterem gehen drei Leitungen aus, von welchen die erste denselben mit dem Elektromagnet von L_5, die zweite mit dem der Lampen L_4 und L_2 und die dritte mit den Lampen L_3 und I_1 verbindet, wobei allen drei Drähten der Leitungsdraht des Hauptstromkreises als gemeinschaftliche Rückleitung dient.

Durch die abwechselnde Schaltung der Elektromagnete erfolgt die Regulirung nicht in allen Lampen gleichzeitig, sodaß das Blinken des Lichtes, wenn sich die Lampen sämmtlich in einem Raume befinden, weniger auffällig wird. Da nach dem Vorstehenden die Regulirung sämmtlicher Lampen gewissermaaßen nur von einer Stelle aus geschieht, erscheint das ganze Beleuchtungssystem bedeutend vereinfacht, doch liegen über den praktischen Werth dieser Schaltungsweise noch keine entscheidenden Urtheile vor.

4. Die elektrischen Kerzen.

Das Eigenthümliche der elektrischen Kerzen, den elektrischen Bogenlampen gegenüber, besteht zunächst in der Anordnung der den Lichtbogen bildenden Kohlenspitzen, indem dieselben nicht, wie in den Bogenlampen, einander derart gegenüberstehen, daß die eine sich in der verlängerten Achse der andern befindet, sondern parallel nebeneinander gestellt sind, wobei die normale Länge des Lichtbogens durch die gegenseitige Stellung der Achsen der Kohlenstäbe bestimmt ist. Als Hauptmerkmal derselben hinsichtlich der Construction und Wirkungsweise muß jedoch der Umstand gelten, daß hier der Lichtbogen ohne Anwendung irgend eines Regulirmechanismus die normale Länge behält.

Im Jahre 1846 kamen die englischen Physiker Edwards und Staite zuerst auf den Gedanken, die zur Lichterzeugung bestimmten Elektroden, statt übereinander, nebeneinander zu legen. Eine ihrer mehrfachen Constructionen bestand darin, daß sie zwei Kohlenstäbe, unter einem spitzen Winkel in Form eines V gegeneinander geneigt, auf eine Säule aus nicht leitendem und der Einwirkung hoher Temperaturen widerstehendem Material auftreffen ließen. Die Kohlen befanden sich in Hülsen und es erfolgte der Vorschub derselben ihrem Abbrennen entsprechend durch in den Hülsen angebrachte Federn. Auf solche Weise blieben die Kohlen immer unter demselben Winkel gegeneinander geneigt und somit wurde auch die Länge des Lichtbogens zwischen beiden constant erhalten. Diese Anordnung ist als der Typus der in der Folge in verschiedener Construction aufgetretenen elektrischen Lampen mit gegeneinander geneigten Kohlen zu betrachten.

Der Erste, der die Kohlen parallel zueinander legte und den Volta'schen Bogen an den Enden derselben derart übergehen ließ, daß beim Abbrennen der Kohlen stets die constante Länge des Bogens durch den Abstand der Kohlenstäbe bedingt wurde, war Werdermann im Jahre 1874. Allerdings benutzte derselbe nicht die Leuchtkraft des Bogens, sondern die in demselben concentrirte, hochgradige Wärme, und zwar für den Zweck der Gesteinsbohrung, indem er durch entsprechende Luftzuführung eine Art Löthrohrflamme von so hoher Temperatur erzeugte, daß in ihr der härteste Granit in wenigen Secunden zum Schmelzen kam.

Die hierin gegebene Idee fiel jedoch auf einen fruchtbaren Boden. Der Russe Paul Jablochkoff verwerthete dieselbe zur Construction einer elektrischen Kerze, die er im October des Jahres 1876 zuerst der Pariser Akademie vorlegte und die sich als eine um so werthvollere Errungenschaft erwies, als sie eine weitgehende Theilung des elektrischen Lichtes gestattete. Wie Fig. 196 zeigt, besteht diese Kerze aus zwei parallelen, mit ihren unteren Enden in Messinghülsen befestigten Kohlenstäbchen, die nur einen geringen Abstand voneinander haben; der Zwischenraum beider wird durch eine nicht leitende Substanz ausgefüllt, welche zugleich eine feste Verbindung derselben mit Hilfe eines über den Hülsen angeordneten Asbestbandes herstellt; für die Kohlen wird am besten Gips, für die Hülsen Porcellanthon (Kaolin) als isolirendes Material benutzt. Die Spitzen der Kohlenstäbe werden untereinander durch ein schmales Kohlen- oder Graphitplättchen leitend verbunden, das durch eine schräg über dieselben geklebte Papierschlinge in seiner Lage festgehalten wird. Ursprünglich hatte Jablochkoff die Kohlenstäbe ganz mit dem isolirenden Material umhüllt, wie dies in Fig. 195 gezeigt ist; bald überzeugte er sich jedoch, daß eine

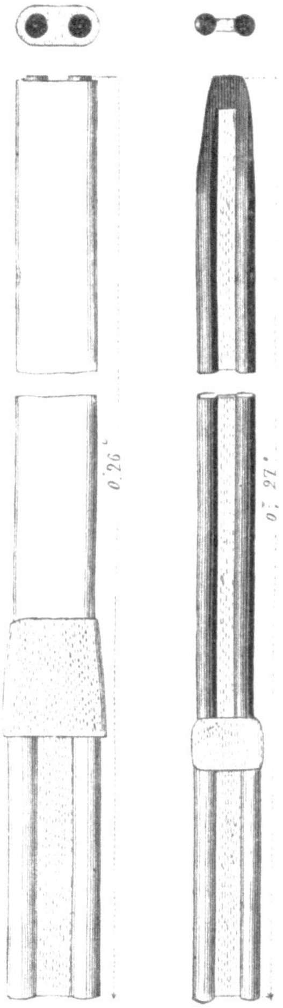

Fig. 195 u. 196.
Jablochkoff'sche Kerzen.

derartige Hülle nur lästig ist, und gab der Kerze (1878) die durch Fig. 196 veranschaulichte Form.

Indem der elektrische Strom in einen der Kohlenstäbe eintritt und durch den anderen wieder austritt, wird zuerst das Kohlenplättchen, welches die leitende Verbindung beider Stäbe herstellt, glühend und verbrennt; alsbald entsteht zwischen den oberen Kohlenenden der Lichtbogen. Die Kohlenspitzen verbrennen hierauf langsam; die nicht leitende Substanz schmilzt in der Hitze des kleinen Lichtbogens und verdampft allmählich, die Kohlenstäbchen nach und nach freigebend, die in dem gleichen Maaße zur Verbrennung gelangen. Es geschieht dies ruhig und stetig wie das Abbrennen einer Wachskerze, doch ist an dem ausgestrahlten, sehr intensiven, meist matt rosa oder violett gefärbten Lichte, welches durch die glühenden Dämpfe der schmelzenden Isolirmasse noch bedeutend verstärkt wird, ein schwaches Flackern und Zucken, bisweilen auch ein Schwanken der Lichtstärke, bemerkbar. Da indeß die isolirende Masse im glühenden Zustande leitend wird, also gleichsam einen Nebenschluß zu dem eigentlichen Lichtbogen bildet, können alle Veränderungen in der Stromstärke weniger auf den Bogen einwirken, als wenn derselbe in freier Luft überginge.

Beim Gebrauche steckt man die Kerze mit ihren Messinghülsen zwischen zwei federnde Metallklemmen, durch welche die Zuleitung des Stromes erfolgt. Fig. 197 zeigt die Einrichtung einer auf einem Candelaber angebrachten Laterne, die zur Aufnahme einer oder mehrerer solcher Kerzen dient und an welcher die Art, wie die Kerze zwischen die Metallklemmen gestellt wird, deutlich ersichtlich ist. Bei der Hintereinanderschaltung mehrerer derartigen Kerzen an verschiedenen Punkten eines und desselben Stromkreises ist die Summe der Lichtstärken der einzelnen im Stromkreise befindlichen Lampen noch etwas größer als die Lichtstärke einer einzelnen Kerze, welche durch denselben Strom gespeist würde, und zwar infolge der unter Mitwirkung des Sauerstoffs der Luft vermehrten chemischen Thätigkeit bei der Verbrennung der Kohlenstäbchen und des Isolirmaterials.

Die Länge der Kerze ist, von dem dieselbe umschließenden Asbestband an gerechnet, ca. 220 Millimeter, wobei der Durchmesser der Kohlenstäbchen 4 Millimeter beträgt; die mittlere Brenndauer einer solchen Kerze bei Anwendung von Gips als Zwischenschicht (von 3 Millimeter Breite und 2 Millimeter Dicke) ist $1^1/_2$—2 Stunden.

Ist die Dicke der Kohlenstäbchen, wie bisher angenommen wurde, für beide die gleiche, so müssen zum Betriebe der elektrischen Kerzen Wechselströme benutzt werden, um ein gleichmäßiges Abbrennen zu erzielen. Es ist dies auch bisher das am meisten übliche Verfahren gewesen und namentlich hierdurch wurden die Elektriker in den letzten Jahren veranlaßt, sich um die constructive Ausbildung der Wechselstrommaschinen eifrig zu bemühen. Bei der Anwendung gleichgerichteter Ströme, wie sie die dynamo-elektrischen Maschinen von Gramme, Siemens, Schuckert u. A. liefern, muß die mit dem positiven Pole der Maschine in Verbindung stehende Kohle einen doppelt so großen Querschnitt als die andere Kohle erhalten und dennoch ist hierbei ein so gleichmäßiges Abbrennen wie bei der Anwendung von Wechselströmen nicht zu erzielen, weil die Abnutzung der positiven Kohle nicht genau doppelt so groß als die der negativen ist. Um einen mehrstündigen, gleichmäßigen Betrieb der Kerzenbeleuchtung zu ermöglichen, hat man in einer Lampe mehrere derselben in der Art vereinigt, daß sie nacheinander zum Abbrennen gelangen. Anfangs, so beispielsweise bei der Beleuchtung der Avenue de l'Opéra in Paris, welche durch Taf. IV veranschaulicht wird, begnügte man sich damit, jede Lampe mit vier Kerzen zu versehen und diese mit einem im Fuße des die Lampe tragen-

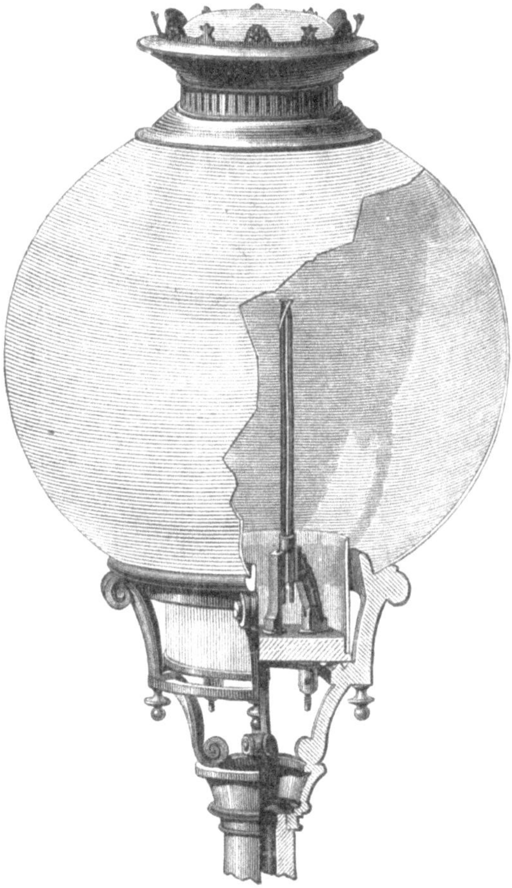

Fig. 197. Elektrische Lampe mit Jablochkoff'schen Kerzen.

den Candelabers angebrachten Stromwechsler so zu verbinden, daß durch entsprechende Drehung des letzteren eine Kerze nach der anderen in den Stromkreis eingeschaltet werden konnte. Fig. 198 zeigt den unteren Theil einer solchen Lampe bei abgehobener Glaskugel in Verbindung mit dem erwähnten Commutator.

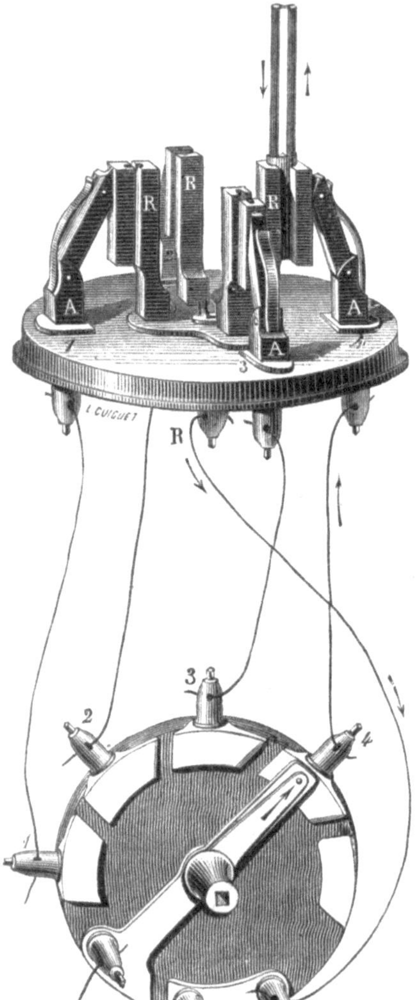

Fig. 198. Jablochkoff'scher Kerzenhalter mit Stromwechsler.

Die Kerzen werden zwischen zwei kleine Backen geklemmt, die auf einer Grundplatte von etwas durchscheinendem Material befestigt sind. Diese Backen, von denen die äußeren A durch Gelenkstücke geführt sind, werden mittels Federn gegeneinander gepreßt, um einen guten metallischen Contact mit den Hülsen der Kerzen zu sichern. Ein solcher Kerzenhalter trägt außer den vier Kerzen fünf Klemmen zur Befestigung der Leitungsdrähte. Die mittlere derselben steht mit den vier inneren Hälften R der Klemmbacken in leitender Verbindung und durch einen Draht und die Klemmen R′ R″ mit dem einen Pol des Elektricitätserzeugers; jede der anderen Klemmen des Kerzenhalters communicirt mit einem der äußeren Backen A und durch je einen Draht mit den Klemmen 1, 2, 3, 4 des Stromwechslers, der mit dem zweiten Pole der Elektricitätsquelle in Verbindung steht, so daß durch Verstellen des Stromwechslers mit der Hand alle vier Kerzen nacheinander mit der Maschine in Verbindung gesetzt werden. In der Figur ist eine in den

Klemmbacken 4 eingesetzte Kerze in Verbindung mit der Maschine gedacht, wobei der Stromlauf durch Pfeile angedeutet ist.

Begreiflicherweise besteht bei dieser Einrichtung die Nothwendigkeit, daß nach je zwei Stunden ein Lampenwärter von Lampe zu Lampe geht, um den Stromwechsler zu drehen, ein Uebelstand, welchem später die Société Générale d'Electricité, die Inhaberin des Jablochkoff'schen Patentes, durch die Construction mechanischer Stromumschalter zu begegnen suchte. Weder diese, noch die vorbeschriebene Vorrichtung vermochte jedoch den ernstlichsten Nachtheil, welcher mit dem Betriebe der Jablochkoff'schen Kerzen verbunden ist, zu beseitigen. Derselbe besteht darin, daß, falls eine der Kerzen vor ihrem vollständigen Abbrennen aus irgend einem Grunde erlischt, nicht allein diese Kerze nicht wieder zum Brennen gebracht werden kann, sondern auch ihr Verlöschen das aller anderen in demselben Stromkreise befindlichen Lampen nach sich zieht.

Mannigfache Versuche sind bisher gemacht worden, um entweder das zufällige Verlöschen der Kerzen zu verhindern, oder doch die einmal erloschene Kerze selbstthätig wieder zum Brennen zu bringen, und namentlich hat die Société Générale d'Electricité keine Mühe gescheut, um durch verbesserte Construction der Kerzen den bezeichneten Mängeln abzuhelfen und so diese Beleuchtungsart zu befähigen, mit der Beleuchtung mittels Regulatoren, durch welche sie mehr und mehr in den Hintergrund gedrängt wird, erfolgreich zu concurriren. So wurde die Herstellung von Kerzen versucht, bei welchen ein leitendes Metallpulver der isolirenden Zwischenschicht beigemengt wurde, um dem Strome den Uebergang von der einen Kohle zur anderen zum Zweck der Neubildung des Lichtbogens zu erleichtern. Auch wurden die Kohlenstäbe durch zwei Metalldrähte ersetzt, die durch eine anthracitartige Masse voneinander isolirt waren und bei denen infolge ihrer vollkommenen Homogenität jede Veranlassung zum Erlöschen der Flamme oder zu einer Veränderung der Lichtstärke wegfallen sollte. Allein bis heute sind in dieser Beziehung noch keine Resultate erzielt worden, die nach jeder Richtung hin befriedigen könnten.

Ein anderer Weg, um das selbstthätige Wiederanzünden der erloschenen Kerze zu erreichen, ist mit besserem Erfolge von Wilde eingeschlagen worden. Bei der Wilde'schen Kerze sind die beiden parallel nebeneinander stehenden Kohlenstäbe nicht durch eine isolirende, feste Zwischenschicht verbunden, sondern es ist zwischen beiden Kohlen ein ca. 3 Millimeter breiter Raum gelassen. Der eine Kohlenstab ist fest, der andere beweglich und dieser lehnt sich, wenn die Lampe stromlos ist, mit seiner Spitze gegen die Spitze der anderen Kohle. Sobald aber ein Strom die Lampe passirt, wird die bewegliche Kohle durch die Kraft eines Elektromagnets von der festen entfernt und der Lichtbogen bildet sich zwischen den nunmehr parallelen Kohlenstäben. Sobald der Lichtbogen durch irgend einen Zufall erlischt, kommen die Kohlen wieder zur Berührung, um sich nachher infolge der wiederholten Stromwirkung zu trennen; diese Kerze hat demnach vor der Jabloch-koff'schen den Vortheil, daß sie zur Entstehung des Lichtbogens keines Zünders bedarf und beim zufälligen Erlöschen sich selbst wieder entzündet.

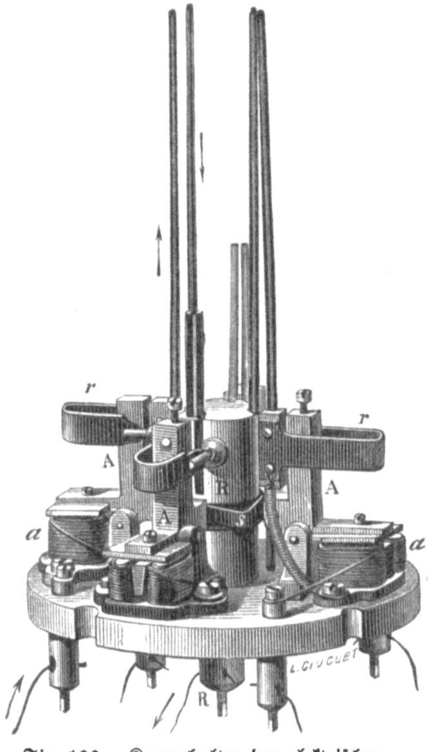

Fig. 199. Kerzenhalter der elektrischen Lampe von Wilde.

Fig. 199 zeigt den unteren Theil einer Lampe mit vier derartigen Kerzen, welche die constructive Ausführung des einfachen Bewegungsmechanismus der beweglichen Kohlen verdeutlicht; der Stromlauf ist im übrigen der gleiche wie bei dem in Fig. 198 abgebildeten Kerzenhalter.

Die äußeren, beweglichen Kohlenstäbe, welchen auch hier ein Durchmesser von 4 Millimeter gegeben ist, sind mittels Federn r an Winkelhebeln A befestigt. Die anderen Schenkel dieser Winkelhebel bilden die Anker von vier Elektromagneten a, die der elektrische Strom vor dem Eintritt in die Kerzen zu durchlaufen hat. Im stromlosen Zustande ist der Anker abgehoben und die äußeren Kohlen lehnen sich gegen die festen inneren Kohlen; die letzteren sind an einem mittleren Zapfen R mittels der Federn S befestigt und stehen in leitender Verbindung mit der den Strom abführenden unteren Polklemme R. Durchfließt nun ein Strom die Lampe, so wird derselbe an den Spitzen der betreffenden, in die Leitung eingeschalteten Kerzen leicht übergehen können. Gleichzeitig kommt jedoch der Elektromagnet in Thätigkeit, zieht seinen Anker an und bewirkt so die Entfernung der Kohlenspitzen und die Bildung des Lichtbogens. Die Kohlen stehen nunmehr parallel, wie dies bei dem linksseitigen, vom Strome in der Pfeilrichtung durchflossenen Kohlenpaar der Figur der Fall ist, und dasselbe kann nunmehr gleichmäßig abbrennen.

Wird jedoch der Lichtbogen unterbrochen, so kann der Strom nicht mehr circuliren; der Elektromagnet wird kraftlos, läßt seinen Anker los und die Spitzen der Kohlenstäbe lehnen sich gegeneinander, sodaß der Stromkreis wieder geschlossen ist und der Lichtbogen sich durch die neue Kräftigung des Elektromagnets bilden kann.

Die Wilde'sche Kerze datirt vom Jahre 1878. Im Jahre 1880 wurde eine neue Kerze bekannt, welche mehr Aufsehen erregte und von Jamin, Professor an der Sorbonne und Mitglied der französischen Akademie, construirt worden war. Dieselbe beruht gleichfalls auf der Verwendung zweier parallel nebeneinander gestellten Kohlenstäbe ohne besondere isolirende Zwischenschicht. Jamin nöthigt außerdem durch eine geschickte Benutzung der Ampère'schen Gesetze den Lichtbogen, stets an der Spitze der Kohlenstäbe überzugehen. Der Volta'sche Bogen verhält sich nämlich gegenüber einem Magnet oder einer in bestimmtem Sinne von einem elektrischen Strome durchflossenen Drahtspirale gerade so wie ein leicht beweglicher, von einem elektrischen Strome durchflossener Draht. Unter der Einwirkung eines solchen und bei bestimmtem Stromlauf in beiden Leitungen kann bewirkt werden, daß der Lichtbogen an einer bestimmten Stelle, z. B. an beiden Spitzen der Kohlen, festgehalten wird. Diese Thatsachen benutzte Jamin zur Construction seiner in den Fig. 200 und 201 abgebildeten Kerze in der nachstehend angegebenen Weise.

AA ist eine Schieferplatte, welche nach unten eine kupferne, zur Vermeidung der Schattenbildung abgeflachte Hülse BB trägt. In dieser Hülse befinden sich 15 bis 20 voneinander isolirte Drahtwindungen, die beim Brennen der Kerze gleichfalls vom Strome durchlaufen werden und in ihrem oberen Theile von einer Hülse C aus weichem Eisen umschlossen werden. Letzterer gegenüber befindet sich eine Eisenplatte D, welche linksseitig durch ein kleines verticales Zwischenglied mit einer Querstange verbunden ist. An dieser hängen die drei linksseitigen Kohlen aaa, die mit ihr in der Ebene von BB beweglich sind; die rechtsseitigen Kohlen bbb werden für gewöhnlich in verticaler Stellung erhalten. In der gezeichneten Lage werden die erstgenannten Kohlen durch das Gewicht der Platte D gegen die Kohlen bbb angedrückt, wobei das längste Kohlenpaar mit seinen Spitzen zum Contact kommt.

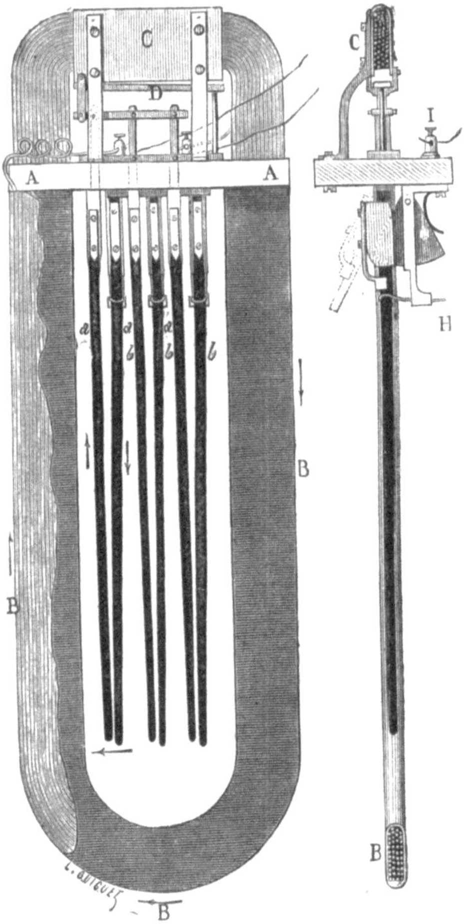

Fig. 200 u. 201. Jamin'sche Kerze.

Der in die Lampe eingeführte Strom durchfließt nunmehr zuerst die in BB enthaltene Richtungsspirale und hierauf dasjenige Kohlenpaar, dessen Spitzen sich berühren; alsbald wird C magnetisch, zieht die Platte D an und entfernt die Kohlenstäbe voneinander, wobei zwei Paare derselben kalt bleiben, während bei dem dritten, schon erwähnten Kohlenpaare der Lichtbogen sich bildet. Das letztere Kohlenpaar brennt sodann langsam ab, indem durch die Einwirkung der Richtungsspirale der Lichtbogen stets an den Kohlenspitzen festgehalten wird. Hierbei soll der die Kerzen umkreisende Strom die Flamme erweitern und dieselbe mehr zu der Form der Gasflammen ausbilden, wie auch dadurch eine größere Lichtabgabe nach unten und ein ruhiges Brennen erzielt werden soll.

Erleidet der Strom aus irgend einer Ursache eine Unterbrechung, so fällt die Platte D von C ab und stellt wieder den Contact zwischen den beiden längsten Kohlen her, die hierauf ebenso zu brennen beginnen wie das frühere Paar. Brennt jedoch die erste der Kerzen ruhig ab, so wird eine zweite automatisch in den Stromkreis eingeschaltet. Zu diesem

Zwecke haben die bis dahin unbeweglich gebliebenen Träger der rechtsseitigen Kohlen bbb an ihren oberen Enden Gelenke, die denselben eine Bewegung in einer Ebene gestatten, welche senkrecht zu der Ebene von BB liegt. Die betreffende Bewegung wird hervorgerufen durch den Druck der rechtsseitig in Fig. 201 sichtbaren Blattfeder, deren Impuls der Kohlenhalter jedoch vor dem Abbrennen der Kohle nicht folgen kann, da die letztere durch eine kleine, in der Figur deutlich sichtbare Zinkdrahtschlinge gehalten wird. Ist jedoch der Lichtbogen bis zu jenem Punkte vorgeschritten, so verbrennt der Zinkdraht, die genannte Feder kommt zur Wirkung und die beiden Kohlen werden soweit von einander getrennt, daß der Lichtbogen in dieser Kerze erlischt, um sich alsbald wieder in einer zweiten Kerze zu bilden.

Der Betrieb der Jamin'schen Kerze erfordert ebenso wie der der Jablochkoff'schen und Wilde'schen die Anwendung von Wechselströmen. Der Erfinder, welcher weitgehende Unterstützung durch Duvrien, Präsident der Société du Crédit industriel et commerciel, fand, verwendete viel Zeit und Mühe auf die Versuche, seine Kerze in ökonomischer Weise und mit günstigem Lichteffect zum gleichmäßigen Brennen zu bringen; doch hat er bis jetzt dieses Ziel noch nicht erreicht und es hat daher seine Kerze eine ausgedehntere praktische Verwendung nicht finden können.

In neuester Zeit vereinfachte Jamin die beschriebene Kerze in folgender Weise: An dem äußeren Rande der die Drahtwindungen enthaltenden und durch dieselben polarisirten Hülse ist eine federnde Platte angebracht, welche mit einem Stift in Verbindung steht, der in hakenförmiger Abbiegung die bewegliche Kohle umfaßt und sie, wenn die Platte durch die Hülse angezogen wird, von der feststehenden Kohle so weit entfernt, als zur Bildung des Lichtbogens nothwendig ist. Nach Maaßgabe des Verbrauchs werden beide Kohlen durch ein einfaches Räderwerk gesenkt, wobei die bewegliche Kohle durch den Haken des mit der federnden Platte verbundenen Stiftes frei hindurch gleitet. Sobald das Licht durch irgend eine Veranlassung erlischt, wird der Strom unterbrochen, die federnde Platte tritt zurück und beide Kohlen kommen wieder in Berührung, wonach das Licht durch den gleichen Vorgang von neuem hergestellt wird.

Andere Constructionen elektrischer Kerzen mit parallelen Kohlen sind mehrfach versucht worden, haben aber bis heute eine größere Bedeutung nicht erlangen können. So construirte im Jahre 1880 der Franzose

Debrun den Wilde'schen ähnliche Kerzen, die sogar eine noch längere Brenndauer als jene hatten. Die Andrew'sche Kerze, welche ein ruhiges Licht erzeugt und eine Brenndauer von 70 Stunden hat, besteht aus drei trapezförmigen, mit ihren Seitenflächen parallel zueinander stehenden Kohlenplatten, die von einer mittleren an den unteren Kanten durch Schieferplatten getrennt sind. Alle drei Kohlenplatten werden sammt den Schieferplatten durch zwei Federn fest zusammengehalten, die zugleich den Strom zu den beiden äußeren, nach innen zugeschärften Platten führen. Ein diese letzteren im Ruhezustande unten verbindendes Kohlenstückchen dient beim Eintritt des Stromes in dieselben zur Bildung des Lichtbogens, indem es durch die Wirkung eines unterhalb der Platten befestigten Elektromagnets, der, vom Strome durchflossen, seinen Anker anzieht, von den Platten entfernt wird, wonach der Lichtbogen sich langsam an letzteren nach den oberen Kanten derselben hinbewegt. Hierbei verzehren sich die äußeren Platten und mit ihnen die bedeutend schwächere mittlere Platte; durch das Abbrennen der mittleren wird verhindert, daß der Lichtbogen die Kanten der äußeren Platten verläßt.

---

5. Lampen mit gegeneinander geneigten oder bogenförmigen Kohlen.

Die Idee, zwei gegeneinander unter einem bestimmten Winkel geneigte Kohlen zur Erzeugung einer elektrischen Lichtwirkung zu benutzen, datirt, wie bereits erwähnt, aus dem Jahre 1846, in welchem von den Engländern Edwards und Staite eine Lampe construirt wurde, bei welcher die Elektroden in Gestalt eines V zueinander standen und an ihrem Vereinigungspunkte die Lichtbildung zeigten; im Jahre 1875 construirte Reynier eine ähnliche Lampe, die derselbe jedoch bald wieder aufgab, um sich eingehenden Versuchen auf dem Gebiete der Incandescenzbeleuchtung zu widmen. Die erste bemerkenswerthe Construction mit schräg gegeneinander liegenden Kohlen lieferte im Jahre 1878 der Russe Rapieff. Fig. 202, welche die innere Einrichtung dieser Lampe verdeutlicht, zeigt zunächst zwei Paare gegeneinander geneigter Kohlenstäbe $a a^1$ und $b b^1$, welche mit ihren Spitzen einander gegenübergestellt sind und deren Ebenen aufeinander senkrecht stehen. Die Kohlenstäbe werden in ihrer Lage durch kupferne Gleitrollen gehalten. Von einer Grundplatte

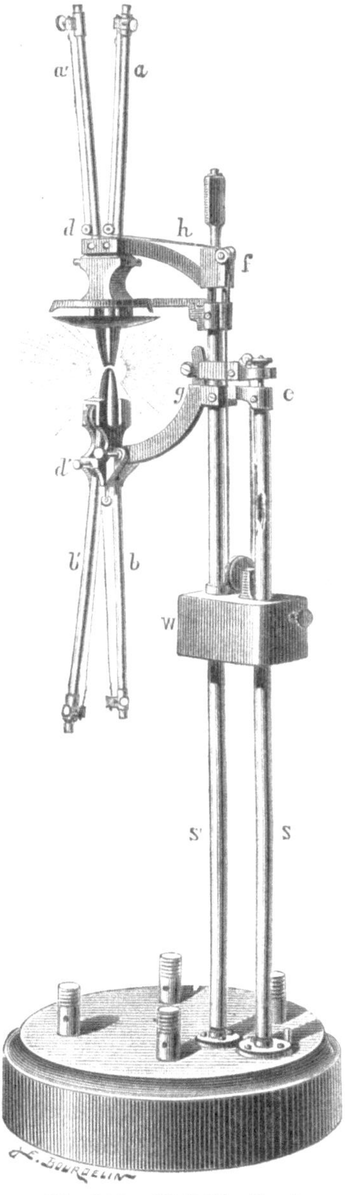

Fig. 202. Elektrische Lampe von Rapieff.

erheben sich zwei Säulen s und s¹, welche je einen der die Kohlenpaare aufnehmenden Halter d und d¹ tragen. Die äußeren Schenkelenden der Kohlenstäbe tragen entsprechende Fassungen, von welchen Schnüre ausgehen, die zu einem Gegengewichte w führen, durch dessen Wirkung die Spitzen der beiden Kohlenpaare im Ruhezustande sich berühren müssen. Der Kohlenträger d und die Säule s¹ stehen in fester Verbindung miteinander und sind von den übrigen Lampentheilen isolirt, während der untere Kohlenträger um ein Gelenk g drehbar ist und an seinem anderen Ende an einer kleinen Stange angreift, welche durch die hohl ausgeführte Säule s zu dem Anker eines im Sockel der Lampe befindlichen Elektromagnets führt. Durchfließt nun ein Strom die Lampe, so tritt der Elektromagnet in Thätigkeit und bewirkt durch Anziehung seines Ankers die Entfernung der Spitzen beider Kohlenpaare um die zur Bildung des Lichtbogens erforderliche Größe, nachdem vorher der Stromkreis durch die sich berührenden Spitzen geschlossen war. Indem hierauf die Kohlen der einzelnen Kohlenpaare abbrennen, werden sie in dem entsprechenden Verhältniß nachsinken, müssen sich jedoch räumlich stets wieder in demselben Punkte treffen, da vermöge der Gleitrollen ihre gegenseitige Neigung unverändert bleibt, die Entfernung der beiden Kohlenspitzen also stets die gleiche, mithin auch die Bogenlänge constant ist. Da hierbei begreiflicherweise das eine Kohlenpaar schneller abbrennen kann als das andere, indem die Raumlage der

Spitzen beider Kohlenpaare auf Grund einer einfachen mathematischen Beziehung stets dieselbe bleiben muß, unbeschadet der Geschwindigkeit des Vorrückens der einzelnen Kohlen je eines Paares, kann die Rapieff'sche Lampe auch für gleichgerichtete Ströme verwendet werden.

Derartige Lampen, bei welchen die Constanterhaltung des Lichtbogens durch die Anwendung einfacher mathematischer Beziehungen, in welche die Kohlenstäbe zueinander gebracht werden, erreicht ist, sind noch mehrere construirt worden. So wendete Gérard in seiner Lampe gleichfalls zwei Paare schräg gegeneinander geneigter Kohlen an, doch stellte er dieselben nicht in verticalen Ebenen untereinander, sondern nebeneinander derart auf, daß die einzelnen Kohlenstäbe die Kanten einer vierseitigen Pyramide bilden, deren Spitze nach unten gerichtet ist; Fig. 203 und 204 stellen die Gérard'sche Lampe in einer projectivischen und einer perspectivischen Ansicht dar. Die Kohlenpaare B B[1] befinden sich in je einem Paare gegeneinander geneigter Röhren A und A[1], an deren unteren Enden sie frei heraustreten, um sich in einer Spitze zu vereinigen; hierbei wird den Kohlen der Strom durch Contactröllchen M M zugeführt. Das in den Figuren linksseitig befindliche Röhrenpaar ist mit einer viereckigen Platte D fest verbunden, während das rechtsseitige um die gegenüberliegende Kante von D drehbar ist. Außerdem steht das letztere unter der Einwirkung einer durch die Schraube H regulirbaren Feder G, sodaß im Ruhezustande der Lampe die Spitzen der Kohlenpaare einen geringen Abstand voneinander haben.

Unterhalb der Platte D ist ein Elektromagnet I sichtbar, der sich in einem Nebenschlusse befindet und dessen Anker R mit den Führungsröhren des rechtsseitigen Kohlenpaares verbunden ist. Durchfließt nunmehr ein Strom die Lampe, so geht derselbe zunächst durch die Windungen dieses Elektromagnets und bewirkt eine Anziehung des Ankers R derart, daß die Spitzen der Kohlen untereinander zur Berührung kommen. Alsdann geht fast der gesammte Strom durch die Kohlen; der Elektromagnet I wird nahezu stromlos, sodaß er seinen Anker R losläßt und so der Feder G gestattet, die Kohlen auf die zur Bildung des Lichtbogens erforderliche Länge auseinander zu ziehen. Um den so entstandenen Lichtbogen stets an der Spitze der Kohlen zu erhalten, ist in den Hauptstrom ein zweiter Elektromagnet C C[1] eingeschaltet, dessen Eisenkerne in ihrer Verlängerung gekrümmt und gegen den Lichtbogen gerichtet sind (Fig. 204). Dem Abbrennen der Kohlen entsprechend sinken die letzteren in ihren Führungen continuirlich nach, doch immer nur bis zur Berührung je zweier zusammengehörigen Kohlen, wodurch der Lichtbogen bei der stets gleichbleibenden, durch die Führungsröhren vorgeschriebenen Richtung sämmtlicher Kohlen gegeneinander bis zum vollständigen Verbrauch der-

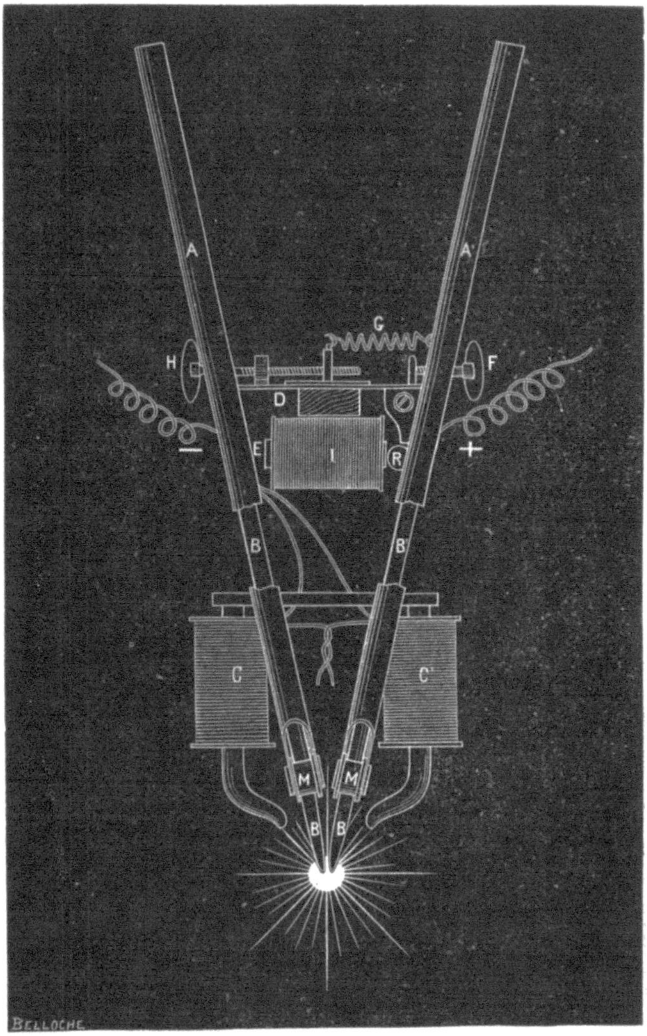

Fig. 203. Elektrische Lampe von Gérard.

selben die gleiche Länge behalten muß. Die Anwendung gleichgerichteter Ströme zum Betriebe der Gérard'schen Lampe macht durchaus keine Schwierigkeiten, da in diesem Falle nur für dasjenige Kohlenpaar, welches die positive Elektrode bildet, doppelt so lange Kohlenstäbe als für das zweite Paar zur Verwendung kommen. Die Länge der anzuwendenden Kohlenstäbe ist, wie aus der Construction leicht ersichtlich, nicht beschränkt,

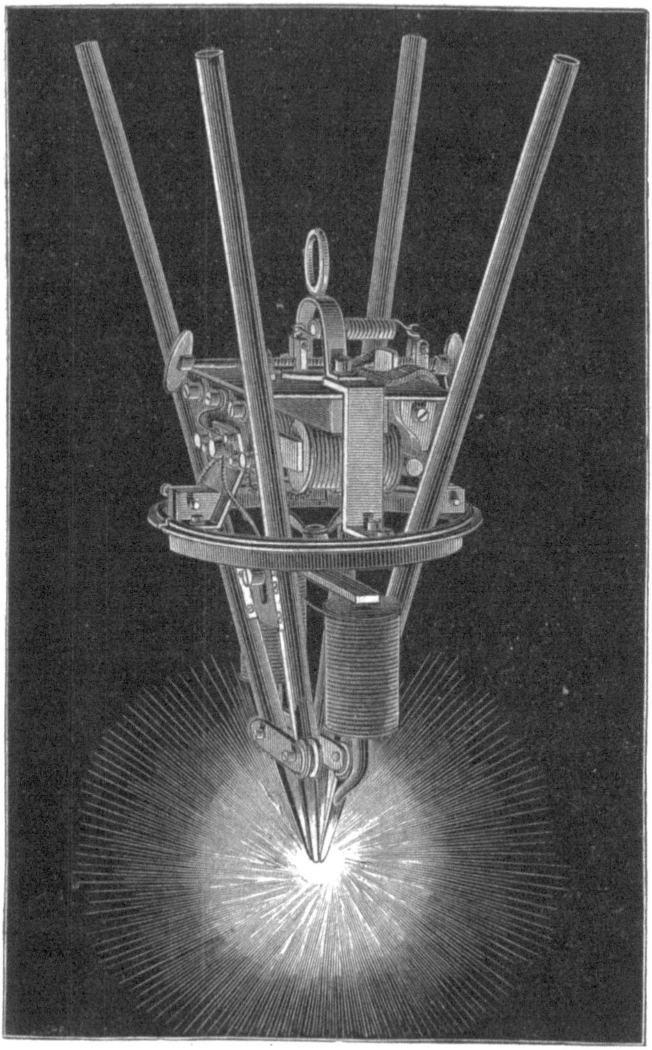

Fig. 204. Elektrische Lampe von Gérard.

sodaß mit der vorstehend beschriebenen Lampe eine Brenndauer bis zu zwölf Stunden erzielt werden kann. Der Erfinder betrieb seine Lampe zuerst mit Wechselströmen; wegen des nicht unerheblichen Geräusches jedoch, welches sich bei der Bildung des Lichtbogens mit discontinuirlichen Strömen bemerkbar macht, hatte er anfänglich das Princip dieser Lampe wieder verlassen, um seine bereits in einem früheren Abschnitt beschriebenen Regulatoren zu construiren.

Schließlich sei noch bemerkt, daß eine durch irgendwelche Veranlassung eintretende, momentane Stromunterbrechung insofern auf das Brennen dieser Lampe nur von geringem Einfluß ist, als dieselbe sich nach einem etwaigen Erlöschen alsbald selbstthätig wieder entzündet, indem bei Unterbrechung des Lichtbogens durch die Wirksamkeit des Elektromagnets I die Kohlenspitzen von neuem zur Berührung gebracht werden und sodann auf die bereits beschriebene Weise der Lichtbogen wieder zur Erscheinung kommt.

Im Princip den Lampen von Rapieff und Gérard gleich ist eine von Heinrichs construirte Lampe, in welcher ebenfalls zwei Kohlenpaare zur Verwendung kommen und die constante Lichtbogenlänge dadurch erhalten wird, daß die einzelnen Kohlen selbstthätig stets so weit nachsinken, als es mit Rücksicht auf das Abbrennen derselben erforderlich ist, die Berührungspunkte der Kohlenpaare aber durch das unter immer gleichen Bedingungen erfolgende Aufeinandertreffen je zweier Kohlen eines Paares dieselbe Lage im Raume behalten.

Die neuere Construction der Heinrichs'schen Lampe ist in Fig. 205 und 206 abgebildet; ganz neu und sofort in die Augen fallend ist bei derselben die Anwendung bogenförmiger Kohlenstäbe zur Erreichung des oben genannten Zweckes. Die Verwendung gleichgerichteter Ströme vorausgesetzt (Heinrichs betrieb seine Lampen mit seiner bereits früher beschriebenen dynamo-elektrischen Maschine), bilden das positive und das negative Kohlenpaar zwei Kreise von größerem und geringerem Durchmesser, welche in senkrecht zueinander stehenden Ebenen sich befinden; im Ruhezustande der Lampe sind beide Kohlenpaare an den Punkten, wo ihre Kohlen zusammenstoßen, in Berührung.

Das obere positive Kohlenpaar wird durch die Arme h h gehalten, welch letztere um die Punkte x x drehbar sind; ebenso werden die Kohlen k_1 k_1 von den Armen h_1 h_1 gehalten, welche sich um die Achse x_1 x_1 bewegen können. Um ein stets gleichmäßiges Sinken der Kohlen jedes Kohlenpaares zu veranlassen, tragen die Achsen x x und x_1 x_1 Zahnräderpaare, durch deren Ineinandergreifen die Berührungsstelle der Kohlen stets an demselben Punkte erhalten wird. Eine Schiene s trägt das Getriebe des oberen Kohlenpaares sowie dieses selbst; anderseits steht dieselbe mit dem im oberen Theile der Lampe befindlichen Regulirungsmechanismus in Verbindung. Beim Eintritt eines Stromes in die Lampe durchläuft derselbe einen zum Regulirungsmechanismus gehörigen Elektromagnet E und geht über die sich berührenden Kohlenpaare zur negativen Polklemme. Alsbald wird jedoch der Elektromagnet E seinen Anker a anziehen, welcher an dem kürzeren Arme eines Hebels a_1 befestigt ist. Anderseits steht der letztere mit der bereits erwähnten Schiene s in Ver-

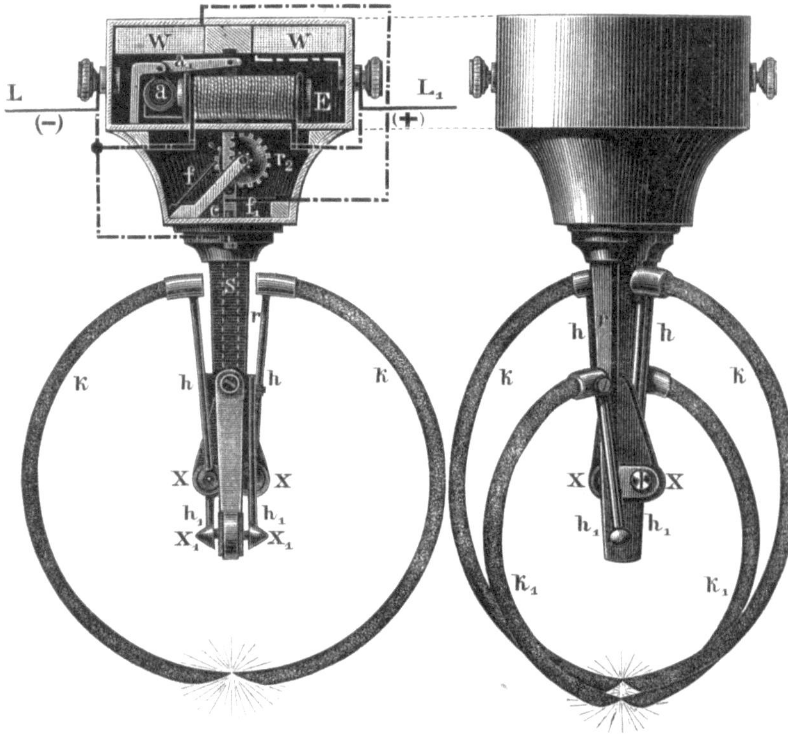

Fig. 205 u. 206. Elektrische Lampe von Heinrichs.

bindung, sodaß eine Hebung derselben und damit die Entfernung der Spitzen der Kohlenpaare voneinander erfolgen muß und der Lichtbogen entsteht. Heftige Bewegungen dieser Stange s werden dadurch vermieden, daß dieselbe mit einigen Zähnen versehen ist und mit diesen in ein Getriebe des Rades r_2 eingreift, während eine Feder f gegen den Umfang des Rades drückt. Infolge der beschriebenen Anordnung bleibt die Entfernung der Kohlenpaare constant und es erfolgt das Nachsinken der Kohlen beider Kohlenpaare ihrem Abbrennen gemäß unter dem Einfluß ihrer eigenen Schwere. Sollte durch irgend einen Zufall die Lampe erlöschen, so läßt der Magnet E seinen Anker los, die Stange s und mit ihr das obere Kohlenpaar sinkt herab bis zur Berührung mit dem unteren Paare und der Lichtbogen bildet sich von neuem. Bei jeder Stromunterbrechung oder nach dem Verbrauch der Kohlen wird die Lampe automatisch aus dem Stromkreise ausgeschaltet, ohne die anderen in demselben befindlichen schädlich zu beeinflussen. Für diesen Zweck ist über dem Elektromagnet E eine Drahtrolle W W angeordnet, deren Leitungswiderstand etwa dem Widerstande des Lichtbogens entspricht und sich in den Stromkreis einschaltet, sobald der Lichtbogen erloschen ist. Es wird dies durch einen kleinen Stift vermittelt, den die Schiene s dicht unterhalb des Rades r_3 trägt und der beim Senken derselben gegen die Feder f_1 drückt, die letztere dabei gegen die Contactschraube c führend. Hierdurch wird, wie an der mit punktirten Linien angedeuteten Stromführung leicht zu verfolgen ist, der elektrische Strom von L_1 durch W W über f_1 c direct nach L geleitet.

Die bogenförmige Gestalt der Kohlenstäbe hat den Vortheil, daß man verhältnißmäßig lange Kohlen (die Brenndauer der Heinrichs'schen Lampen beträgt 20 Stunden und darüber) auf kleinem Raume unterbringen kann und demgemäß die Lampe eine nur geringe Länge erhält; der untere Theil derselben wird durch eine nach unten halbkugelförmig gebildete Glasglocke eingeschlossen.

Wie schon gelegentlich der Besprechung der Jablochkoff'schen Kerze erwähnt ist, wird bei derselben die Lichtwirkung nicht unwesentlich durch die Incandescenz der glühenden Isolirmasse zwischen den beiden Kohlenspitzen bestimmt. In noch höherem Grade ist dies der Fall bei einer Lampe, welche die Anwendung schräg gegeneinander gerichteter Kohlenstäbe und im übrigen eine Einrichtung zeigt, welche dieselbe als eine Combination des Bogenlichts mit dem Glühlichte darstellt. Es ist dies die sogen. Lampe-Soleil, welche von Clerc, der als Ingenieur der Compagnie Jablochkoff hinreichend Gelegenheit hatte, die Jablochkoff'sche Kerze, ihre Vorzüge und Nachtheile gründlich zu studiren, erfunden wurde, indem derselbe die bereits 1848 von Staite angegebene Anordnung mit mehr Glück wieder aufnahm und sich dabei die Ergebnisse der Untersuchungen von Leroux zu Nutzen machte. Ohne auf den Entwickelungsgang der Clerc'schen Versuche näher einzugehen, sei durch die Fig. 207 und 208 die Einrichtung und äußere Form seiner Lampe wiedergegeben, wie dieselbe zu Anfang des Jahres 1880 ausgebildet war und im wesentlichen noch heute beibehalten ist.

Zwei halbcylinderförmige Kohlenstäbe C C werden in den Höhlungen eines aus mehreren Theilen gebildeten und durch den Rahmen A gehaltenen Steinblocks B schräg gegeneinander geführt, ohne sich jedoch zu berühren. Das Material des Steinblocks war ursprünglich Marmor; später verwendete Clerc an Stelle des Marmors Kreide, der nur im unteren Theile, zwischen beiden Kohlenstäben, eine Platte aus Marmor eingefügt ist. Die Stromzuleitung geschieht an den Enden der Kohlen, deren Spitzen in ähnlicher Weise wie bei der Jablochkoff'schen Kerze, um die Bildung des Lichtbogens einzuleiten, durch ein Kohlenplättchen D verbunden sind. Dasselbe wird glühend, brennt ab und es entsteht der Lichtbogen zwischen den beiden Kohlenspitzen. Durch die mit dem Auftreten desselben verbundene Wärmeentwickelung ist gleichzeitig der zwischen beiden Spitzen befindliche Theil des Marmorblocks glühend geworden und verstärkt nunmehr das Bogenlicht durch Incandescenz; je nach der größeren oder geringeren Entfernung der Kohlenspitzen voneinander wirkt dann die Lampe mehr als Glühlicht- oder als Bogenlampe. Die Kohlenstäbe gleiten nach Maßgabe ihres Verbrauchs in ihren Führungen unter dem Einfluß ihrer eigenen Schwere nach, wobei der Kohlenverbrauch infolge der gegenseitigen Unterstützung der Glühlicht- und Lichtbogenbildung ein sehr geringer sein soll, und zwar um so geringer, je mehr man die Glühlichtbildung überwiegen läßt, welchem Vortheil jedoch wiederum der größere Aufwand elektrischer Energie gegenübersteht, der heute noch als der wesentlichste Uebelstand der Glühlichtbeleuchtung empfunden wird.

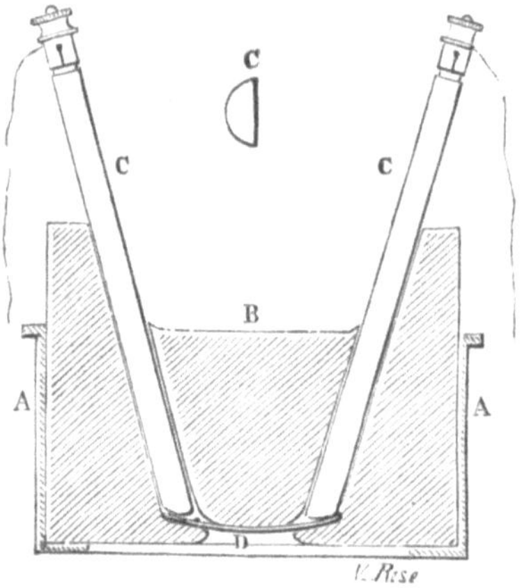

Fig. 207. Einrichtung der Lampe-Soleil von Clerc.

Der Marmorblock nimmt also an der Lichterzeugung theil und wird daher nach einer gewissen Zeit verbraucht, weshalb derselbe in obenerwähnter Weise leicht auswechselbar angeordnet ist. Die Lampe-Soleil erzeugt ein Licht von etwas gelblicher Färbung, welch letztere der Glühwirkung der mineralischen Substanzen zuzuschreiben ist. Das Licht wird durch den an der unteren Seite des Marmorblockes zwischen den Kohlenspitzen sich bildenden glühenden Krater nur nach unten geworfen, wodurch die Lichtquelle möglichst ausgenutzt wird, und zeichnet sich besonders durch seine Ruhe und Gleichmäßigkeit aus, der zufolge selbst starke Schwankungen der Stromstärke noch kein Erlöschen des Lichtbogens bewirken. Einerseits ist der glühende Marmor ein verhältnißmäßig guter Leiter für den elektrischen Strom und anderseits hält die Glühwirkung desselben immer noch eine gewisse Zeit an, nachdem der Strom eine Unterbrechung erfahren hat, und dieser muß schon längere Zeit bedeutend geschwächt oder vollständig unterbrochen sein, ehe die Abkühlung so weit fortschreitet, daß die Lampe ganz versagt.

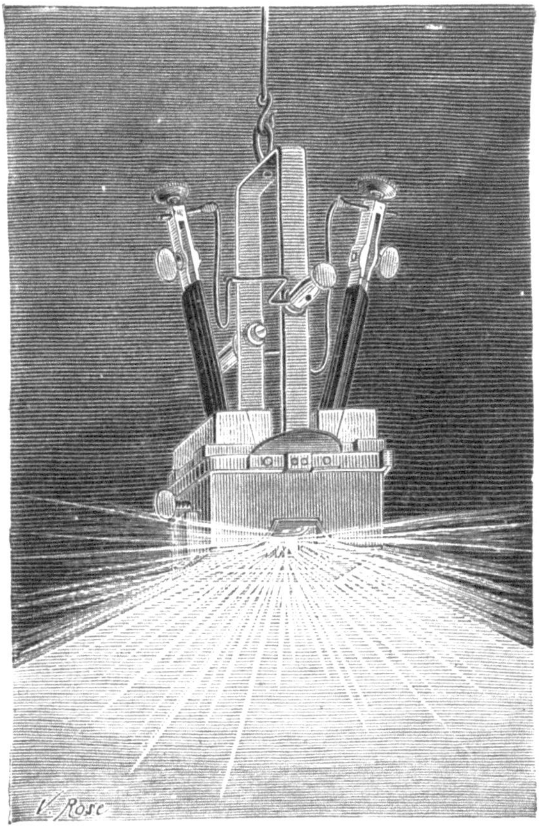

Fig. 208. Ansicht der Lampe-Soleil von Clerc.

Um gegen ein zufälliges Erlöschen der Lampe noch größere Sicherheit zu bieten, haben Clerc und Bureau in neuerer Zeit einen kleinen, mit Solenoid arbeitenden Regulator mit der Lampe in Verbindung gebracht, welcher ein automatisches Wiederanzünden derselben im Fall ihres Erlöschens bewirkt. Durch denselben wird bei Einleitung eines Stromes in die Lampe ein dünner, horizontal unter beiden Kohlen gelagerter und diese im Ruhezustande berührender Kohlenstab derart zur Seite bewegt, daß sich derselbe langsam von der einen Kohle entfernt und so zunächst zur Bildung des Lichtbogens zwischen dieser Kohle und dem Kohlenstäbchen Veranlassung giebt, bis der Lichtbogen zur anderen Kohle übergeleitet ist. Bei jeder größeren Stromschwächung oder beim Aufhören des Stromes wird sogleich durch das Kohlenstäbchen selbstthätig die Verbindung zwischen beiden Kohlen wieder hergestellt.

Ein wichtiger Vorzug der Lampe-Soleil ist auch ihre Einfachheit und ihre dadurch bedingte Wohlfeilheit, sowie ihre geringe Empfindlichkeit, indem kein complicirter Regulirungsapparat vorhanden ist. Diese Lampe bildete eine der interessantesten Erscheinungen der Pariser Elektricitäts-Ausstellung von 1881 und die mit derselben ausgeführten Beleuchtungsversuche für öffentliche Zwecke, z. B. die Beleuchtung des Eingangs der Passage Jouffroy in Paris (Taf. IX), haben recht befriedigende Resultate ergeben.

---

6. Die Herstellung der Kohlen für Bogenlichtlampen.

Eine der wesentlichsten Bedingungen zur Erzeugung eines gleichmäßig und ruhig brennenden Bogenlichtes ist die Verwendung guter Kohlen, deren Herstellung noch längere Zeit, nachdem man angefangen hatte, dieses Beleuchtungsmittel vom praktischen Standpunkte ins Auge zu fassen, bedeutende Schwierigkeiten machte.

Zuerst verwendete man Holzkohlenstäbe, die in Wasser oder Quecksilber gelöscht waren; dieselben verbrannten zwar sehr regelmäßig, nutzten sich aber so rasch ab, daß ihre Verwendung auf wissenschaftliche Experimente beschränkt bleiben mußte. Foucault schlug später vor, die in den Leuchtgasretorten sich ansetzende graphit- oder coaksartige Masse zu benutzen, welches Verfahren vielfach Eingang fand. Diese sog. Retortenkohle hält nun zwar viel länger an, da sie vermöge ihrer Dichtigkeit dem elektrischen Strome einen größeren Widerstand entgegensetzt, brennt aber nicht so regelmäßig als die Holzkohle, weil sie durch Beimengungen fremder Körper, namentlich Silicium und alkalische Salze, verunreinigt ist, welche mehr oder weniger leicht schmelzen oder sich verflüchtigen. Infolge dessen zeigen die Stäbe aus Retortenkohle häufig sehr bedeutende Schwankungen in der Lichtstärke; auch zersplittern und bersten dieselben leicht während des Brennens der Lampe. Durch die bezeichneten Mißstände wurde naturgemäß der Gedanke hervorgerufen, künstliche Kohlen zu fabriciren, welche die Dichtigkeit und Dauer der Retortenkohle ohne ihre Nachtheile besitzen sollten. Die Composition und Herstellungsweise der diesen Forderungen entsprechenden Kohlen ist eine sehr verschiedene und wird theilweise von den einzelnen Fabriken geheim gehalten. In Deutschland ist es hauptsächlich die Firma Gebrüder Siemens in Charlottenburg, welche solche Kohlen fabricirt und mit denselben nicht nur Deutschland, sondern auch das Ausland versorgt. Die Herstellung der rohen Kohlenstäbe selbst ist nicht bekannt; die Kohlen werden später nach einem der Firma patentirten Verfahren getränkt, das in Folgendem besteht: Der Stab wird mit einem der Länge nach durchgehenden Loche versehen und dieses an dem einen Ende fest verschlossen, worauf die Lösung der betreffenden Stoffe, in welcher zugleich ein feines Pulver von dem Material des Stabes schwebt, mittels einer Druckpumpe oder auf andere Weise unter hohem Drucke eingeführt wird. Durch die Lösung werden die sonst schwer zu entfernenden Gase verdrängt und aus der Kohle getrieben; das Loch wird von dem miteingeführten Kohlenstaube allmählich versetzt, sodaß schließlich ein vollkommen massiver, gut getränkter Stab gewonnen ist.

Bekannt ist die Zusammensetzung der von Carré und der von Gaudoin fabricirten Kohlen, welche beide zu den besten Erzeugnissen dieser Art gehören. Die Kohlen von Carré bestehen aus 15 Theilen sehr reinen Coaks in feinster Pulverform, 5 Theilen calcinirten Ofenruß und 7—8 Theilen Syrup (30 Theile Rohrzucker auf 10 Theile Gummi). Das Ganze wird gehörig zerrieben, mit etwas Wasser zu Teig angemacht und in Stäbe zerschnitten, welche mehrmals bei hoher Temperatur geglüht werden. Nach dem ersten Glühen tränkt man sie mit einem concentrirten Syrup von Zucker oder Caramel, zu welchem Zwecke man sie einige Zeit in der siedenden Flüssigkeit liegen läßt. Die Stäbe sind cylindrisch, von 9—10,4 Millimeter Durchmesser. Fig. 209 zeigt die hydraulische Presse, deren sich Carré zur Herstellung seiner Kohlenstäbe bedient. Einer der Hauptvorzüge der Carré'schen Kohle besteht in ihrer außerordentlichen Zähigkeit; man kann von derselben Stücke bis zu einem halben Meter Länge benutzen, ohne ein Abbrechen befürchten zu müssen.

Die Vorzüge der Carré'schen Kohlen sind in nicht geringerem Maaße den Kohlen von Gaudoin eigen, welche fast ausschließlich aus reinem Kohlenstoff bestehen. Zum Zweck der Herstellung destillirt Gaudoin in geschlossenen Graphittiegeln Theer, Bitumen, Pech, Oele und andere organische Substanzen, welche nahezu reinen Kohlenstoff zurücklassen. Diese Destillationsrückstände werden zu Pulver zerrieben und aus dem letzteren wird eine teigartige Masse gebildet, aus welcher alsdann unter starkem Drucke in einer Presse cylindrische Stäbe geformt werden. Nach Versuchen von Fontaine betrug der stündliche Consum bei einem Paar derartiger Kohlen von 11,25 Millimeter Dicke 8 Centimeter.

In Frankreich werden hauptsächlich von Napoli noch Kohlen fabricirt, die namentlich in den später zu beschreibenden Lampen System Reynier-Werdermann Anwendung finden. Fig. 210 zeigt die Presse, welche Napoli zur Herstellung seiner Kohlen benutzt. Wie ersichtlich, befindet sich bei derselben die Austrittsöffnung für die sich bildenden Kohlenstäbe seitlich und es soll durch die Krümmung des unteren Preßcylindertheiles eine stärkere Pressung und infolge dessen größere Gleichmäßigkeit der Kohlen bewirkt werden. Tafel XIII zeigt das Innere der Napoli'schen Fabrik zur Herstellung dieser Kohlen.

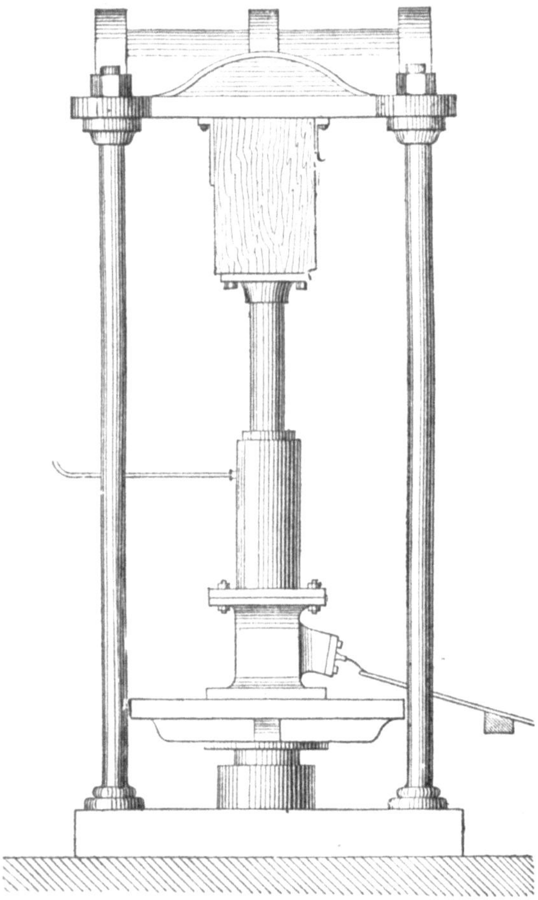

Fig. 209. Presse zur Herstellung der Carré'schen Kohlen.

Außer den beschriebenen sind Kohlenstäbe aus sibirischem Graphit in Gebrauch. Dieses Material erhält nach einer Mittheilung Jaquelain's an die französische Akademie durch Reinigung die doppelte Leuchtkraft, die es im natürlichen Zustande besitzt, eine Leuchtkraft, welche um $^1/_6$ größer als die der reinen künstlichen Kohle ist. Die drei Methoden, welche Jaquelain zur Reinigung und Härtung angiebt, sind folgende: 1) Die hellroth glühende Kohle wird einem Strome von trockenem Chlorgas ausgesetzt; 2) man läßt kaustische Soda oder geschmolzene Pottasche auf die Kohle einwirken, oder 3) man setzt die fertigen Kohlenstäbe in der Kälte der Einwirkung von Fluorwasserstoffsäure aus. Die drei genannten Verfahrungsarten bezwecken die Herstellung einer Kohle, die, wenn auch nicht ganz frei von Wasserstoff, wenigstens keine mineralischen Bestandtheile mehr enthält. Für zerkleinerte Kohle ist die Anwendung von Chlor vollständig ausreichend. Dasselbe ist mit bestem Erfolge bei der Herstellung der Kohle angewendet worden, welche Dumas zur Bestimmung des Aequivalents des Kohlenstoffs benutzt hat. Infolge des vereinten Einflusses des Chlors und einer hohen Temperatur werden Kieselsäure, Thonerde, Magnesia, Alkalien und die metallischen Oxyde reducirt und in flüchtige Chloride übergeführt. Der in der Kohle vorhandene Wasserstoff setzt sich in Chlorwasserstoffsäure um, welche sich mit den übrigen Chlorverbindungen verflüchtigt. Zur Ausführung des Verfahrens wird die Retortenkohle im Gewicht von einigen Kilogramm zunächst in prismatische Stäbe zerschnitten, die man sodann mindestens 30 Stunden lang bei Hellrothglühhitze der Einwirkung eines Stroms von trockenem Chlor aussetzt, wodurch die Kohle porös wird. Die so entstandenen Poren müssen nachher soviel als möglich wieder ausgefüllt werden, um der Kohle ihre ursprüngliche Dichtigkeit, Leitungsfähigkeit und geringe Verbrennlichkeit wiederzugeben. Man erreicht dies durch die kohlende Wirkung von Kohlenwasserstoff, den man 5—6 Stunden lang über die zur Hellrothglut erhitzten Kohlenstäbe leitet. Der Vorgang gelingt nur dann, wenn er sich bei sehr hoher Temperatur und

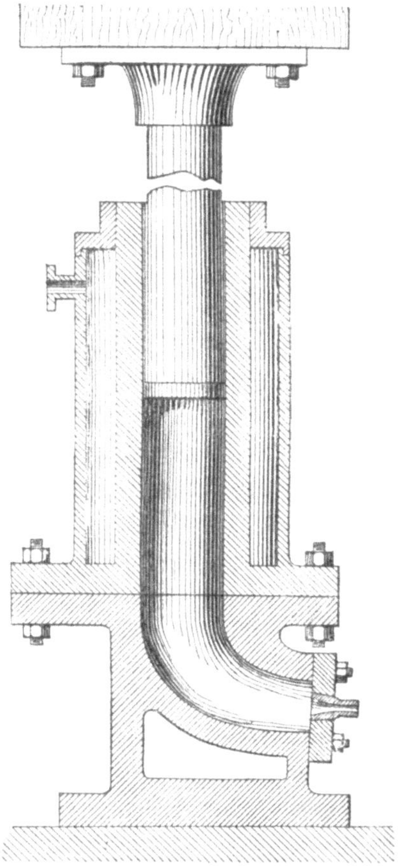
Fig. 210. Presse zur Herstellung der Kohlenstäbe von Napoli.

sehr langsam vollzieht, sodaß die einzelnen ausgeschiedenen Kohlentheilchen gehörig in die Poren eindringen können. Werden diese Bedingungen nicht erfüllt, so wird sich eine Lage fester Kohle auf den Kohlenstäbchen ausscheiden und diese werden schließlich zusammenbacken.

Schneller als das beschriebene Verfahren geht die Reinigung mit Natron von statten. Zu diesem Zwecke wird die Kohle in einem Behälter aus Eisenblech oder Gußeisen mit kaustischem Natron mit drei Aequivalenten Wasser behandelt, wobei die Kieselsäure und die Thonerde in alkalische Silicate und Aluminate übergeführt werden. Durch warmes destillirtes Wasser zieht man letztere Stoffe, sowie das überschüssige Alkali aus der Kohle aus; durch weitere Waschungen mit warmem, schwach salzsäurehaltigem Wasser wird mit den Erdbasen alles Eisenoxyd entfernt. Die überschüssige Salzsäure wird schließlich mittels warmen, destillirten Wassers ausgezogen.

Am einfachsten ist die Reinigung mit Fluorwasserstoff. Hierbei werden die geschnittenen Kohlenstäbe in einem mit Deckel versehenen Bleibehätter mit der mit zwei Theilen Wasser verdünnten Fluorwasserstoffsäure 24 bis 48 Stunden bei einer Temperatur von 15 bis 25 Grad Celsius behandelt, worauf sie sorgfältig mit Wasser abgewaschen, getrocknet und einer 3—4 Stunden andauernden Kohlung unterworfen werden.

Jaquelain hat zur Herstellung von Kohlen für die elektrische Beleuchtung sowohl Retortenkohle als russischen Graphit angewendet; ebenso hat sich derselbe mit der unmittelbaren Darstellung reiner, graphitähnlicher Kohle beschäftigt. Zu letzterem Zwecke verwendet er verschiedene Kohlenwasserstoffe, welche in der Hitze Kohlenstoff ausscheiden.

7. Die Glühlichtlampen.

Im Verlauf der vorhergehenden Erläuterungen und Schilderungen ist schon mehrfach die Nothwendigkeit aufgetreten, des Glühlichtes zu erwähnen, und es ist dasselbe dahin definirt worden, daß hier das Licht durch das Glühendwerden eines von einem elektrischen Strome durchflossenen Leiters erzeugt wird, welcher dem Durchgange des Stromes einen bedeutenden Widerstand entgegensetzt und dadurch die Umsetzung eines größeren Theiles der Elektricität in Wärme bewirkt. Wenn nunmehr die Lampen zur Behandlung kommen, welche derartige Glüherscheinungen für die Zwecke der Lichterzeugung verwerthen, so muß alsbald eine Theilung dieser Lampen vorgenommen werden, und zwar in zwei Gruppen, deren Glieder nicht unwesentliche Verschiedenheiten voneinander zeigen.

Bei den Lampen der einen Gruppe wird dem Strome an der Berührungsstelle zweier Elektroden, denen bestimmte Formen gegeben sind, durch den unvollkommenen Contact derselben ein großer Widerstand entgegengesetzt, durch welchen die Lichtbildung hervorgerufen wird; die letztere setzt sich hierbei zusammen aus dem Glühen der einen Elektrode und aus sehr kleinen Volta-Bogen, die zwischen den Unebenheiten der beiden sich berührenden Elektroden auftreten. Diese Lampen sind demnach keine reinen Incandescenzlampen, da bei denselben die Leuchtwirkung nicht ausschließlich durch das Glühen der Lichtträger hervorgebracht wird; dies ist jedoch der Fall bei der zweiten, heute ungleich wichtigeren Gruppe, welche alle jene Lampen umfaßt, bei denen in einem unterbrochenen Stromkreise ein schlechter Leiter sich bis zum Glühen erhitzt und dadurch allein das Licht erzeugt. Man kann also die letztere Gruppe als diejenige bezeichnen, welche die Lampen mit unvollständiger Leitungsfähigkeit des Lichtträgers begreift, während man die Lampen der anderen Gruppe als solche mit unvollständigem Contact bezeichnen kann.

a. Glühlichtlampen mit unvollständiger Leitungsfähigkeit.

Die Versuche zur Erzeugung des elektrischen Lichtes durch Glühwirkungen reichen sehr weit zurück. Man bediente sich hierzu anfangs schwer schmelzbarer Metalle, namentlich des Platins, in Form von feinen, spiralförmig gewundenen Drähten, in welchen der Strom genügend großen Widerstand fand, um dieselben zum Glühen und Leuchten zu bringen. Schon im Jahre 1841 wurde dem Engländer Moleyns aus Cheltenham ein Patent auf eine derartige Lampe ertheilt, bei welcher die Leuchtkraft der glühenden Spirale noch dadurch erhöht wurde, daß feines Kohlenpulver auf diese fiel und gleichzeitig zur Verbrennung gelangte.

Acht Jahre später ersetzte ein anderer Engländer, Petrie, das Platin durch das noch schwerer schmelzbare Iridium, das er sowohl rein als in Legirung anwendete; auch wurde diesem Erfinder ein Patent auf derartig hergestellte Drähte für Leuchtzwecke ertheilt. Während die ersten

Versuche fast unbemerkt blieben, machte im Jahre 1858 de Changy's Erfindung der Erzeugung elektrischen Glühlichtes mit Hilfe von Platinspiralen, anfangs wenigstens, größeres Aufsehen. De Changy suchte in seiner Lampe die Uebelstände zu vermeiden, welche sich ergaben, wenn der Widerstand, den der elektrische Strom in der Spirale fand, so groß war, daß die damit verbundene Wärmeentwickelung ein Abschmelzen des Drahtes und somit die Unterbrechung des Lichtstromkreises veranlaßte. De Changy benutzte für diesen Zweck mit Erfolg die Nebenschließung; bei der praktischen Anwendung der Erfindung machten sich jedoch bald soviele Mängel bemerkbar, daß dieselbe in dieser Form keine Bedeutung erlangen konnte.

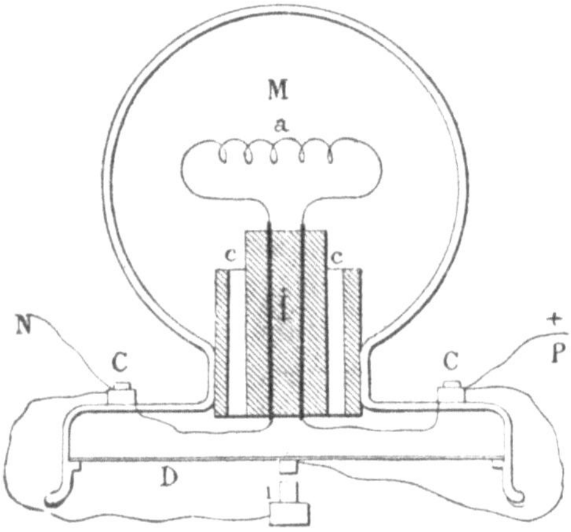

Fig. 211. Aelteste Form der Edison-Lampe.

Die Experimente über die Lichterzeugung durch Weißglühen von Platindrähten wurden auch nach dieser Zeit, obwohl ohne besseren Erfolg, fortgesetzt. Bevor Edison seine Glühlichtlampe mit Kohlenbügel erfunden hatte, welche die Basis des heutigen Edison'schen Beleuchtungssystems geworden ist, beschäftigte auch er sich mit mehrfachen derartigen Versuchen, und es gelang ihm, auf diesem Wege um einen Schritt vorwärts zu kommen. Die Lampe, welche das erste Resultat seiner Bemühungen war, hatte die in Fig. 211 dargestellte Form. Edison bildete von sehr feinem Draht aus Platin oder einem der dem Platin verwandten, zum Theil sehr seltenen Metalle (Iridium, Osmium) die Spirale a, welche in der kugelförmigen Glasglocke M eingeschlossen wurde. Letztere erhielt ihren Abschluß nach unten durch den Gipskörper I, welcher von den zwei Stromzuführungsdrähten für die Platinspirale durchdrungen wurde. Der innere Raum der Lampe wurde sodann luftleer gemacht, und zwar einerseits um Wärmeverluste und damit Verlust an Elektricität zu verhindern, welche durch das Vorhandensein leitender Luft im Inneren der Lampe befördert werden, anderseits um eine Oxydation des Platins zu vermeiden, welche durch die hohe Temperatur desselben sehr begünstigt werden mußte.

Diese Lampe konnte noch nicht den an sie gestellten praktischen Anforderungen genügen. Da rief im Jahre 1879 die Nachricht von einer neuen Lampe Edison's, mit welcher derselbe alsbald ein ganzes Viertel New-Yorks zu beleuchten beabsichtige, eine wahre Panik unter allen Besitzern von Gas-Actien hervor. Die Aufregung legte sich jedoch, nachdem auch diese Lampe sich als für allgemeine Beleuchtungszwecke nicht ausreichend erwiesen hatte, obwohl sie als die beste Platin-Incandescenz-Lampe bezeichnet werden mußte. Im Folgenden sind mit Hilfe der Fig. 212 die wesentlichsten Punkte der bezüglichen Edison'schen Patentbeschreibung wiedergegeben.

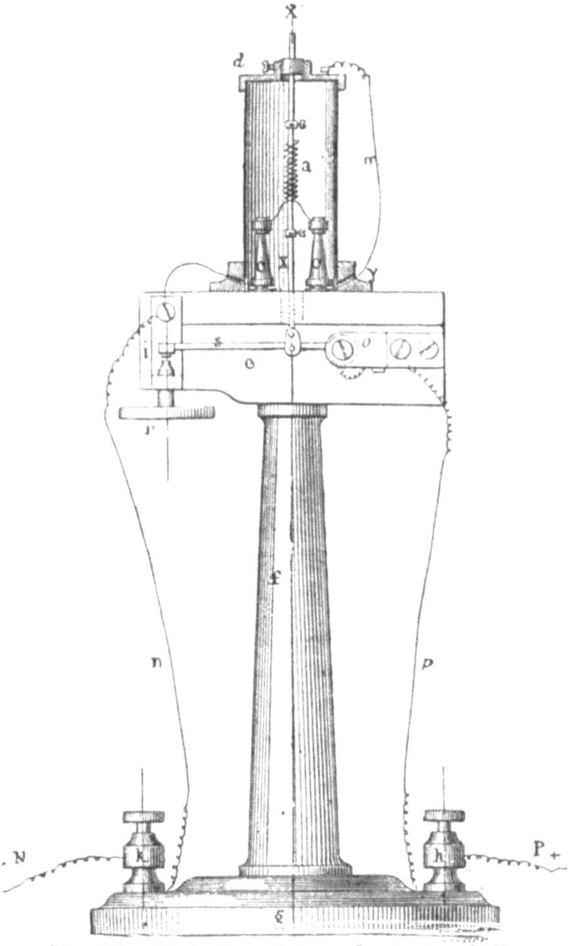

Fig. 212. Platin-Incandescenz-Lampe von Edison.

Das Platin und andere Körper, welche erst bei hoher Temperatur schmelzen, sind schon früher in elektrischen Lampen verwendet worden, doch wurden dieselben durch die energische Wirkung des Stromes bald unbrauchbar. Der erste Theil der Erfindung bezieht sich nun auf die Regulirung des elektrischen Stromes, um, während die genannten Körper bei einer Temperatur erhalten werden, welche sie leuchtend macht, das Schmelzen derselben zu verhindern. Die Regulirung erfolgt hier selbstthätig durch die Wärme der Stromleiter. Zu diesem Zwecke ist der mit den Klemmen CC^1 verbundene leuchtende Körper a in Form einer doppelten Spirale angeordnet und befindet sich innerhalb eines Glascylinders, der oben durch den Deckel d verschlossen ist und mit dem Theile y auf dem Sockel e ruht; das Ganze wird durch den Fuß g und die Säule f getragen. Der Cylinder b (Edison empfiehlt statt dessen auch, das Licht in eine Kugel einzuschließen) kann dabei entweder in Verbindung mit der Atmosphäre gelassen, oder luftleer gemacht werden.

Der elektrische Strom tritt durch den Draht P, die Klemme b, den Draht p und durch einen vom Lampenkörper isolirten Hebel S in eine Stange XX^1, welche axial durch die Doppelspirale a hindurchführt; von dieser Stange aus wird der Strom durch den Draht m und die Klemme C^1 über die Spirale a und über C, n und k dem negativen Pole der Elektricitätsquelle zugeführt. Da die doppelte Spirale a derjenige Theil des Schließungskreises ist, der dem Strome den größten Leitungswiderstand entgegensetzt, kommt dieselbe zum Glühen und infolge dessen zur Lichtentwickelung; hierbei dehnt sich die Stange XX^1 besonders unter dem Einflusse der von der Spirale ausstrahlenden Wärme mehr oder weniger aus. Nimmt die Temperatur in gefahrdrohender Weise zu, so bewegt sich infolge der Ausdehnung von XX^1 der Hebel S um seinen Drehpunkt O und stellt bei i einen Contact her, der einen kurzen Schluß der Stromleitung nach der Klemme k und so eine momentane Schwächung des Stromes in der Spirale bewirkt, deren Temperatur sich demgemäß bald erniedrigt, bis unter dem Einflusse dieser Temperaturerniedrigung der Stab XX^1 sich wieder verkürzt und den Contact wieder aufhebt; durch das abwechselnde Oeffnen und Schließen des Contactes i soll dem Lichte eine gleichmäßige Intensität ertheilt werden.

Weiter enthält das Patent noch eine Reihe von Anordnungen, welche darauf berechnet sind, die Theilung des elektrischen Lichtes und dabei ein gleichmäßiges Brennen der in einen Stromkreis geschalteten Lampen zu ermöglichen. Wenn Edison's Bestrebungen besonders in letzterer Beziehung späterhin festere Gestalt gewannen, so waren doch zu jener Zeit die fraglichen Einrichtungen noch zu unfertig, um einerseits die hochfliegenden Pläne des Erfinders, anderseits die Bestürzung der Gas-Actionäre zu rechtfertigen. Edison sah auch bald ein, daß er mit der Platin-Incandescenz-Lampe nicht das Ziel erreichen werde, das er sich gesteckt hatte, da er den Uebelstand nicht zu überwinden vermochte, daß die Drähte bei zu starker Spannung des Stromes entweder schmolzen, oder doch sich derart auflockerten, daß sie nach kurzer Zeit den Dienst

Straße in New-York, durch Brush-Lampen erleuchtet.

XI.

Versuche mit elektrischem Reflector (Brush) auf der Themse in London.

XII.

Atelier von Napoli für Erzeugung elektrischer Kohlen.

XIII.

Thomas Alva Edison.

XIV.

versagten. Er verließ daher die Anwendung des Platins und der diesem verwandten Metalle, wie schon Andere vor ihm, um seine Aufmerksamkeit der Kohle zuzuwenden, welche ohne Schaden beträchtlich höhere Temperaturen aushalten kann, und bemühte sich, unter den zahlreichen Formen, in welchen dieselbe in der Natur vorkommt oder künstlich hergestellt wird, die für den betreffenden Zweck geeignetste zu finden.

Der erste Vorschlag, durch den elektrischen Strom glühend gemachte Kohle im luftleeren Raume zur Lichterzeugung zu benutzen, wird Jobart (1838), einem Lehrer de Changy's, zugeschrieben. Praktisch ausgeführt wurden derartige Lampen sieben Jahre später von J. W. Starr, einem amerikanischen Philosophen, der sich mit vielfachen Versuchen in dieser Richtung beschäftigte und, selbst unbemittelt, die Unterstützung des großen Philanthropen Peabody genoß. Da Amerika damals noch nicht der Boden war, in welchem eine Erfindung auf wissenschaftlichem Gebiete sich gedeihlich entwickeln konnte, schiffte sich Starr, von einem Geschäftsführer namens King begleitet, nach England ein, um dort, und zwar in London, seine Erfindung öffentlich zu demonstriren. Er installirte einen großen Candelaber von 26 Lichtern (welch letztere die damals existirenden 26 Vereinigten Staaten Nord-Amerikas symbolisiren sollten) wobei den Leuchtkörper ein zwischen zwei Polklemmen in einem geschlossenen Glasgefäß eingespanntes Kohlenstäbchen bildete.

Der große Physiker Faraday wohnte seinen Experimenten bei und ermunterte ihn durch seine Anerkennung. Nach Beendigung dieser Versuche schifften sich Starr und King wieder nach den Vereinigten Staaten ein, um Peabody den günstigen Erfolg zu melden und von ihm die Mittel zu erlangen, die Erfindung im Großen auszubeuten und in die Industrie einzuführen; am Tage nach der Abreise wurde jedoch Starr todt in seinem Bette gefunden.

King nahm alsbald auf seinen eigenen Namen ein Patent, in welchem er erklärte, daß besonders die Retortenkohle sich für den bezeichneten Zweck eigne, daß das Glühen im luftleeren Raume erfolgen müsse, um die Aufzehrung der Kohle zu verhindern, und daß man auch mehrere derartige Beleuchtungsapparate in einem Stromkreise betreiben könne.

Ein Jahr später, im Jahre 1846, nahmen zwei Engländer, Greener und Staite, welche vielleicht von Starr's Londoner Experimenten Kenntniß erhalten hatten, ein Patent auf eine gleichartige Incandescenz-Lampe mit glühenden Kohlenstäbchen, verbesserten letztere jedoch noch insofern, als sie dieselben durch Behandlung mit Königswasser von einem Theile ihrer Unreinigkeiten befreiten. Trotz der zuerst vielversprechenden Erfolge, welche mit den genannten Lampen erzielt wurden, kam jedoch die ganze Angelegenheit später wieder längere Zeit in Vergessenheit, da auch Peabody die Unterstützung, welche er früher Starr angedeihen ließ, dem als Nachfolger desselben auftretenden King nicht gewähren wollte.

Fast dreißig Jahre später, im Jahre 1873, lebte die Erfindung des Incandescenz-Kohlenlichts wieder auf, und zwar durch den russischen Physiker Lodyguine, welcher Kohlenstäbe in hermetisch geschlossenen (nicht luftleer gemachten) Gefäßen anwendete und ersteren an der Stelle, wo sie glühen sollten, einen verringerten Querschnitt gab. Es zeigte sich bei diesen Lampen jedoch, daß die dünnen Kohlentheile bald der Zerstörung unterlagen und die Lampe nur eine verhältnißmäßig kurze Brenndauer hatte, trotzdem Lodyguine in derselben zwei derartige Stäbe in Verbindung mit einem Stromwechsler anbrachte, sodaß nach Abnutzung der ersten Kohle der Strom in den zweiten Stab geleitet werden konnte.

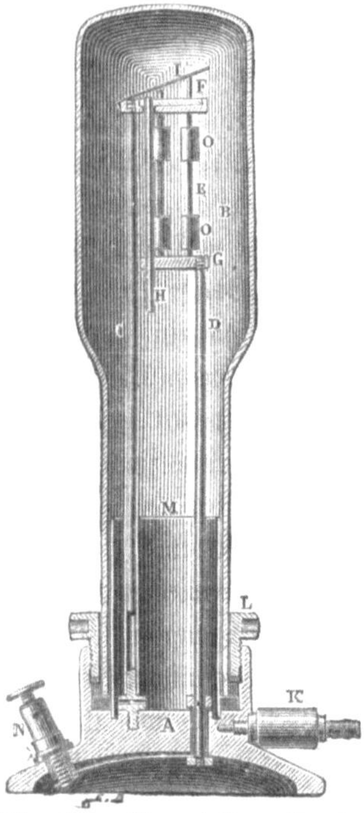

Fig. 213. Incandescenz-Lampe von Konn.

Ein Jahr später construirte Konn aus St. Petersburg eine Lampe, welche auf ähnlichen Principien beruhte und in Fig. 213 zur Darstellung gekommen ist, wie sie zuerst in Frankreich in den Werkstätten von Duboscq angefertigt wurde. Dieselbe besteht aus einem kupfernen Sockel A, auf welchem zwei Klemmschrauben N zur Befestigung der Leitungsdrähte, zwei Kupferröhren CD und ein kleines, nur nach außen sich öffnendes Ventil K angebracht sind. Auf diesem Sockel ruht eine Glasglocke B, welche mit demselben durch eine Kautschukdichtung mittels der Schraube L verbunden ist und luftleer gemacht wird, indem das Ventil K mit einer Luftpumpe in Verbindung gebracht wird.

Die eine der verticalen Röhren D ist vom Sockel isolirt und steht mit der einen, gleichfalls isolirten Klemmschraube N in leitender Verbindung. Die zweite Röhre C besteht aus einem festen, mit dem Sockel verbundenen Rohre, in welchem sich ein Kupferstab mit einiger Reibung verschieben läßt. Fünf oberhalb ungleich lange Stäbchen aus Retortenkohle befinden sich zwischen zwei Scheibchen F und G, welche die Enden der Theile C und D bilden. An C ist dann noch eine federnde Platte I angebracht, die auf dem längsten der hervorstehenden Enden der Kohlenstäbe ruht. Durchfließt ein Strom die Lampe, so geht derselbe von N durch D, den längsten Kohlenstab E, durch I und C und die zweite Klemmschraube N zum negativen Pole der Stromquelle. Das Stäbchen E wird hierdurch erst roth-, dann weißglühend und giebt so ein weißes, ruhiges und constantes Licht. Infolge der Verbrennung nimmt allmählich der Querschnitt der Kohle ab, der Stab bricht und das Licht verschwindet; alsbald fällt aber die Platte I auf ein anderes Stäbchen, dessen Länge etwas geringer als die des vorhergehenden ist; dasselbe beginnt zu glühen und die Beleuchtung ist fast augenblicklich wieder hergestellt. Nachdem alle Kohlen verbrannt sind, kommt I auf einen Kupferstab H zu ruhen und der Strom bleibt geschlossen; sind mehrere Lampen in denselben Schließungsbogen eingeschaltet, so brennen demzufolge, wenn eine Lampe des Stromkreises erloschen ist, die übrigen ruhig fort.

Im Anschluß hieran ist noch eine von dem russischen Officier Boliguine im Jahre 1876 construirte Lampe zu erwähnen. Derselbe bediente sich gleichfalls der Kohlenstäbe im Vacuum, suchte jedoch bei jeder Lampe mit nur einer Kohle durch selbstthätigen Nachschub der letztern das gleiche Resultat wie Konn zu erreichen. Keine der letztgenannten Lampen konnte indeß praktische Erfolge aufweisen, weil ihnen allen ein Hauptfehler gemeinsam war: Das den Lichtträger bildende dünne Kohlenstückchen wurde unter dem Einflusse des elektrischen Stromes in längerer oder kürzerer Zeit zerstört. Es galt nunmehr, ein Material ausfindig zu machen, welches größere Haltbarkeit besaß und zugleich die guten Eigenschaften des Platins mit denen der Kohle vereinigte. In den Jahren 1877—1880 gelang es endlich mehreren mit oft langwierigen Versuche dieser Art beschäftigten Elektrikern, Swan, Edison, Maxim und Lane Fox, mit Anwendung eines feinen Kohlenbügels im Vacuum brauchbare Resultate zu erhalten. Im Nachstehenden sollen zunächst Edison's bezügliche Arbeiten näher betrachtet werden.

Durch einen Zufall wurde Edison darauf geführt, verkohlte Papierstreifen auf ihre Brauchbarkeit als Lichtträger für elektrische Glühlichtlampen zu prüfen. Bei vielfachen Versuchen erwies sich das Bristolpapier als hierfür am besten geeignet und thatsächlich bildete Edison aus solchem Material den Bügel einer in Fig. 214 dargestellten Glühlichtlampe. Dieselbe setzt sich zusammen aus dem birnförmigen, luftleer gemachten Glasgefäß A, das auf einem Holzfuße B befestigt ist; die Stromzuleitung geschieht durch die beiden Klemmen DD, von welchen Drähte nach dem Inneren des Glasgefäßes durch einen konischen, isolirenden Theil EE hindurch bis zu zwei in Form einer 8 gebogenen elastischen Platinstreifen GG führen. Unter sich sind die letzteren durch den hufeisenförmigen, aus verkohltem Bristolpapier hergestellten Bügel verbunden.

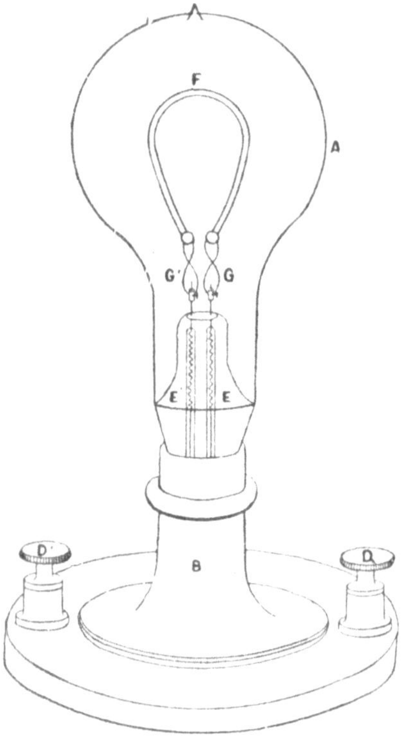

Fig. 214. Glühlichtlampe von Edison mit Papierbügel.

Obwohl dieser Kohlenbügel fast absolut frei von Aschentheilen und durchaus homogen erschien, war ein zufriedenstellendes, regelmäßiges Functioniren der Lampe mit demselben nicht zu erreichen. Edison forschte dem Grunde der mangelhaften Wirkung nach und ist wohl demselben sehr nahe gekommen, wenn er annahm, daß die einzelnen Papierfasern in ihrer filzartig durcheinandergreifenden Schichtung dem Strome keinen continuirlichen Weg darbieten, sondern denselben zwingen, unter vielfacher, ob auch äußerst geringer Funkenbildung seinen Weg zu durchlaufen, wodurch die baldige Zerstörung des Kohlenbügels herbeigeführt wurde. Edison sah sich infolge dessen veranlaßt, nach einem Material zu suchen, das, dem Pflanzenreiche angehörend, durch seine Structur dem Strome fortlaufende Fasern darbiete, welchen derselbe continuirlich zu folgen vermöchte. Diese Erkenntniß war von hoher Wichtigkeit und in der That ergab dieselbe praktische Resultate, indem Edison nach zahlreichen Versuchen mit verschiedenartigen, in allen Weltgegenden aufgesuchten Pflanzenfasern in der Bambusfaser diejenige fand, welche den obengenannten Bedingungen genügen konnte. Besonders war es die hohe Gleichmäßigkeit, Festigkeit und dabei leichte Theilbarkeit, welche diese Faser für die Glühlichterzeugung am geeignetsten erscheinen ließ. Zuerst stellte Edison die Faser von quadratischem Querschnitte her und bildete daraus einen spiralförmig gewundenen Kohlenfaden, analog den früher angewendeten Platindrähten, wie dies in Fig. 215 veranschaulicht ist. Bald gab er jedoch dem Kohlenfaden eine mehr abgeflachte Form und brachte denselben in Gestalt eines etwas langgestreckten, umgekehrten U an, wie ihn die gegenwärtig gebräuchliche, in Fig. 216 abgebildete Edison-Lampe zeigt. In dieser Form ließen sich auch mehrere Kohlenbügel in einer Lampe vereinigen, um größere Lichtstärken zu erzielen; so zeigt Fig. 217 a eine Lampe mit zweifachen, sich kreuzenden Kohlenbügeln. Während die Lampe mit einfachem Bügel gewöhnlich eine Leuchtkraft von 8 Normalkerzen hat, besitzt eine solche Lampe eine Leuchtkraft von 16 Kerzen; hierbei können die Kohlenbügel auch parallel zueinander angebracht (Fig. 217 b), oder es kann die Anzahl derselben noch vermehrt werden, wie dies bei der in Fig. 217 c dargestellten Lampe der Fall ist, welche eine Lichtstärke von 32 Kerzen entwickelt.

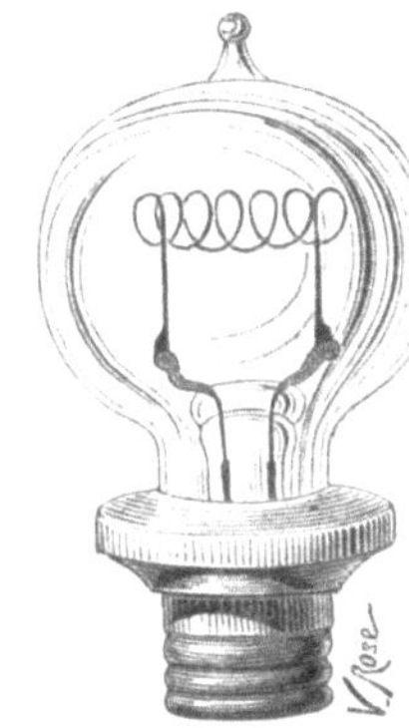

Fig. 215. Glühlichtlampe von Edison mit spiralförmig gewundenem Kohlenfaden.

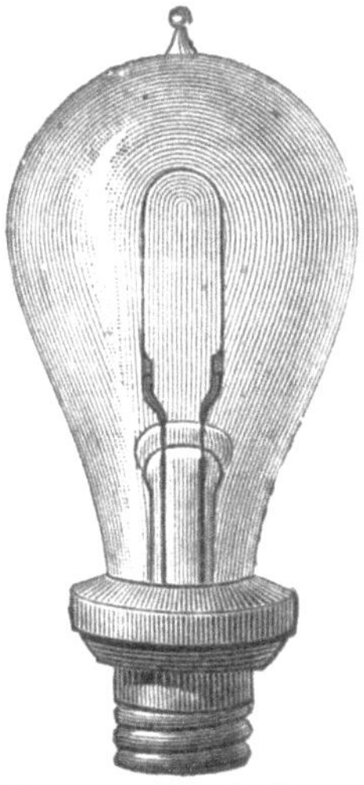

Fig. 216. Neueste Form der Edison-Lampe.

Zur Herstellung der Kohlenbügel wird zunächst das Bambusrohr durch besondere Maschinen entschält, in Fasern getheilt und diesen gleichfalls mittels Maschinen die entsprechende Form mit bewunderungswürdiger Regelmäßigkeit gegeben; sie sind hiernach einige Zehntel Millimeter dick, etwa 1 Millimeter breit und 120 Millimeter lang. Die gebogenen Bambusstreifchen werden in Eisenformen von entsprechender Gestalt sorgfältig eingeschlossen und zu tausenden in einen Ofen eingesetzt. Die Verkohlung geht alsdann rasch vor sich und es findet sich beim Oeffnen der wieder erkalteten Formen an Stelle der Bambusfaser ein Faden vegetabilischer Kohle von großer Feinheit, Härte und Festigkeit.

Der so hergestellte Kohlenbügel wird hierauf an Platindrähten befestigt und diese werden sorgfältig in ein Glasgefäß von der Form und etwa von der Größe einer Birne eingeschmolzen, wie solches in Fig. 216 gezeigt ist. Zum Auspumpen der Luft aus der Birne benutzte Edison anfangs Quecksilberluftpumpen nach Geißler oder Sprengel; dieselben erwiesen sich jedoch für ein fabrikmäßiges Arbeiten als nicht ausreichend und wurden überdies durch die sich entwickelnden Quecksilberdämpfe un-

Fig. 217 a—c. Glühlichtlampen von Edison.

bequem. Edison combinirte und modificirte dieselben daher in der Art, daß er eine größere Leistungsfähigkeit erzielte, und heute wird in Menlo-Park (New-Jersey), dem Schauplatz seiner Thätigkeit, durch eine große Anzahl derartiger Apparate das Auspumpen der Glasgefäße besorgt. Während dieses Auspumpens wird, um den Kohlenbügeln die erforderliche Festigkeit zu geben, ein elektrischer Strom durch die letzteren geleitet, der den Zweck hat, durch Erwärmen der Kohlen die von denselben absorbirten Gase auszutreiben. Der Lampenhals wird dann durch einen in ihn hineinragenden und mit ihm zusammengeschmolzenen Glasstöpsel gegen die atmosphärische Luft hermetisch abgedichtet, und zwar bildet derselbe ein Rohr, welches an dem oberen Ende durch einen Glasboden geschlossen, an dem unteren Ende hingegen zu einem Wulst ausgebaucht ist. Mit diesem ist die cylindrische Lampenöffnung verschmolzen. Die Einfügung der beiden Metalldrähte in die noch flüssige Glasmasse des Stöpselbodens gehört zu den schwierigsten Processen der Fabrikation, da es wesentlich darauf ankommt, daß Temperaturveränderungen die Drähte nicht lockern und dadurch Undichtheiten herbeiführen. Aus diesem Grunde benutzt Edison hierzu Platin, dessen Ausdehnungscoefficient dem des Glases nahekommt.

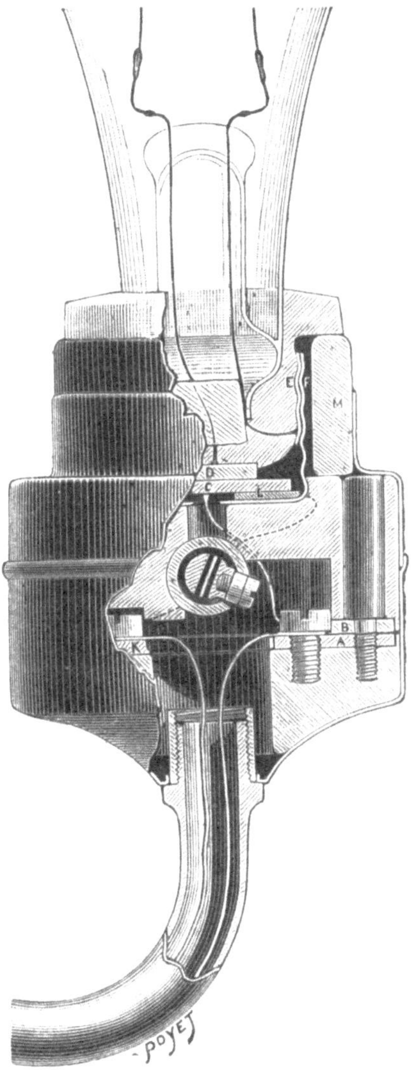

Fig. 218. Durchschnittszeichnung der Glühlichtlampe von Edison.

Damit zu hohe Temperaturen die mit den Platindrähten durch galvanische Verkupferung verbundenen Kohlenfasern an den Verbindungsstellen nicht abschmelzen, werden die letzteren an ihren Enden in solchem Maaße verstärkt, daß der Widerstand des Stromes an diesen Stellen nur gering ist. Fig. 218 zeigt einen Schnitt durch den Sockel der Lampe in größerem Maaßstabe in Verbindung mit der Fassung derselben; aus dieser Figur ist zu ersehen, daß die freien Enden der Platindrähte mit Kupfergarnituren D und E verbunden werden, welche durch Gipsfüllung voneinander isolirt sind. Der Mantel E ist hierbei in Form eines Schraubengewindes hergestellt und läßt sich somit die Lampe mit ihrem Sockel leicht in den das Muttergewinde bildenden Theil F der Fassung einschrauben, wonach sowohl das Herausschrauben unbrauchbar gewordener Lampen aus ihren Fassungen als das Einsetzen neuer Lampen eine einfache, von jedermann leicht vorzunehmende Manipulation ist.

In eingeschraubtem Zustande (Fig. 218) wird der Contact der Lampe mit der Fassung einerseits durch die Platte D vermittelt, welche mit der Metallplatte C in Berührung kommt, während anderseits E und F den nothwendigen Contact bilden. C und F sind mit Leitungsdrähten versehen und durch eine Scheibe L voneinander getrennt, deren Aufgabe, wie die des Holzringes M, darin besteht, die benachbarten Metallflächen zu isoliren. Der untere Theil der Fassung besteht im wesentlichen aus mit Messingblech bekleidetem Holze. Fig. 219 zeigt noch einen Horizontalschnitt durch denselben. Innerhalb dieser zweitheiligen Holzfassung wird die Leitung durch Berührung zweier aufeinander geschraubten Plattenpaare B, I und AK hergestellt. An erstere sind die von den Garnituren C und F ausgehenden Drähte gelöthet; bei letzteren werden die Leitungsdrähte mittels Schrauben gegen die Platten A und K gepreßt. Die Befestigung der Fassungen an Wandarmen und Kronleuchtern, in deren Röhren man die Leitungsdrähte legt, geschieht, wie aus der Zeichnung ersichtlich, durch Einschrauben des mit einem Gasgewinde versehenen Rohrendes.

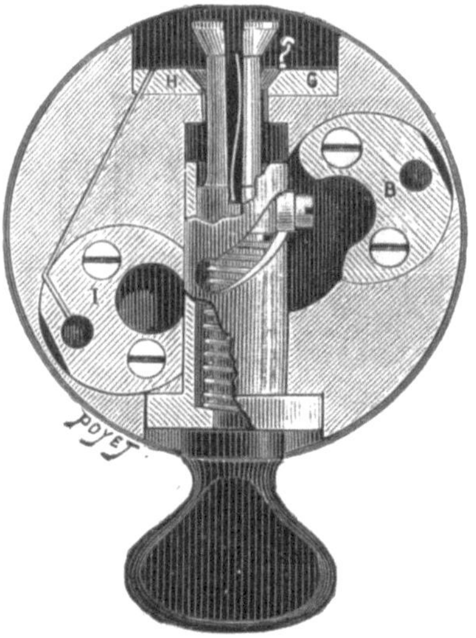

Fig. 219. Horizontalschnitt durch die Fassung der Glühlichtlampe von Edison.

Die Fig. 218 und 219 stellen zugleich die sinnreiche Vorrichtung zum Anzünden und Auslöschen der Lampen durch die bei Gasbeleuchtung übliche Hahndrehung dar, zu welchem Zwecke der von der Garnitur F ausgehende Draht nicht direct zur Platte I geführt, sondern in der Mitte unterbrochen wird, sodaß eine Hälfte von F mit G, die andere von H mit I communicirt. Da beide Plattenhälften G und H voneinander isolirt sind, muß beim Anzünden der Lampe ein Contact zwischen ihnen hergestellt werden, der dem Strome den Uebergang gestattet und durch dessen Unterbrechung das Licht wiederum erlischt. Um dies zu ermöglichen, sind die Löcher der Platten G und H innen versenkt, sodaß ein in der Achse dieser Höhlung beweglicher, geschlitzter und in einem Konus endigender Zapfen der trichterförmigen Oeffnung sich genau anschmiegen kann, in welchem Bestreben er durch die in dem

Schlitze angebrachte Druckfeder zur erhöhten Sicherheit des Contactes unterstützt wird. Um durch die Drehung des Hahnes nach beiden Richtungen eine axiale Bewegung zu erhalten, ist an dem Zapfen ein Zahn befestigt, dessen Kopf in einer schraubenförmig gewundenen Coulisse geführt wird.

Fig. 220. Kronleuchter mit Edison-Lampen.

Durch Drehung des Hahnes von links nach rechts wird der Zapfenkonus an die Platten G und H gedrückt, die um denselben liegende Spiralfeder gespannt und der Zahn in seiner Rinne nach innen bewegt; um den Strom zu unterbrechen, giebt man dem Hahne eine schwache Drehung in entgegengesetzter Richtung, wodurch die Schraube aus dem Anschlag tritt, die Feder sich ausdehnt und der Konus aus seinem Sitze herausgeschnellt wird. Nach den angegebenen Auseinandersetzungen ist es leicht, dem Laufe des Stromes zu folgen. Derselbe tritt (Fig. 218) durch einen der beiden Leiter in die Scheibe A, von dieser durch B zur Bodenplatte C der Fassung, hierauf durch den Contact mit der Scheibe D in die Lampe, in welcher er nacheinander den von letzterer ausgehenden Platindraht

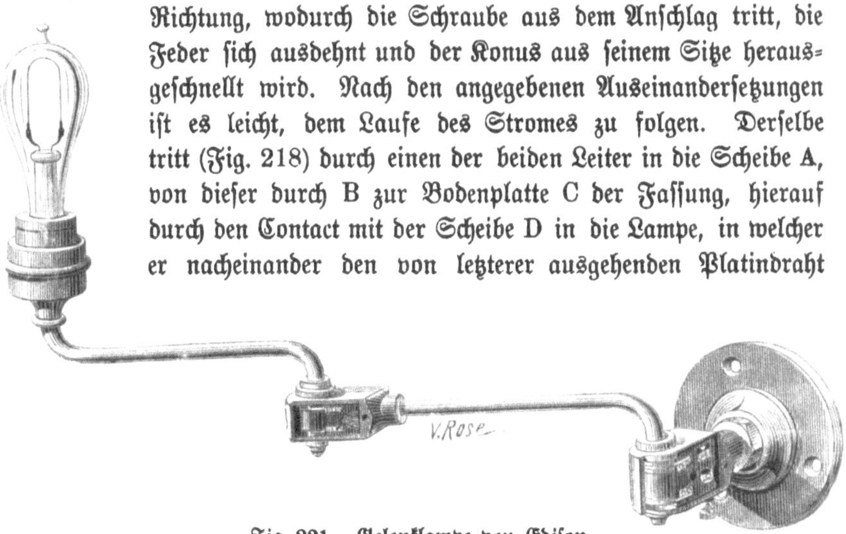

Fig. 221. Gelenklampe von Edison.

und die Kohlenfaser durchfließt, um durch den anderen Platindraht zur Garnitur E zurückzukehren, deren Schraubengewinde ihm den Wiedereintritt in die Fassung durch die Mutter gestattet. Mittels des an letztere gelötheten Drahtes gelangt der Strom nunmehr zur Scheibenhälfte G, und — vorausgesetzt, daß der Umschalter zurückgedreht ist — über denselben zur anderen Hälfte, die er, durch Draht HI und Platte K in die Rückleitung tretend, verläßt.

Die bequeme Anbringung der Lampen gestattet die Verwendung derselben nicht nur in allen Formen, wie sie für Gaslampen gebräuchlich sind, sondern ermöglicht auch eine Fülle neuer, zweckmäßiger, insbesondere stilvoller und den Forderungen ornamentaler Ausstattung entsprechender Constructionen schon deshalb, weil die Glühlampe in jeder beliebigen Stellung brennt. Infolge dieser werthvollen Eigenschaft kommt das Licht derselben, welches durch Reflectoren auf jeden gewünschten Punkt gerichtet werden kann, namentlich bei Arbeiten zur Geltung, wie sie mannigfaltig in Fabriken und Werkstätten verlangt werden. Auch für die Beleuchtung von Sälen empfiehlt sich die Aufhängung der Lampen in Kronleuchtern mit nach unten gerichteten Köpfen, wenn das Licht, ohne Schatten zu werfen, den Boden erreichen soll.

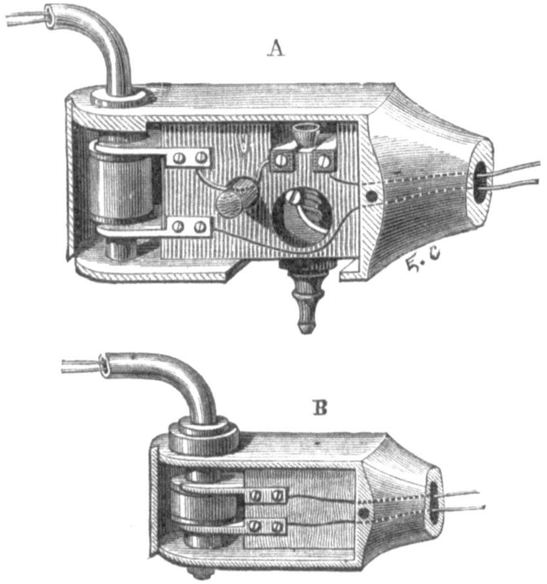

Fig. 222 u. 223. Details der Gelenke an Edison's Gelenklampen.

Fig. 220 zeigt die Aufhängung dreier Edison-Lampen in Form eines kleinen Kronleuchters. Die Einrichtung größerer Lüster überhaupt mit einer großen Anzahl von Glühlampen macht durchaus keine Schwierigkeiten und es zeigten die letzten Ausstellungen gerade in dieser Beziehung eine außerordentliche Mannigfaltigkeit und die brillantesten Effecte. Beispielsweise lieferte Edison, resp. die Edison Electric Light Company auf der Ausstellung elektrotechnischer Erzeugnisse im Krystallpalast von Sydenham den Beweis, daß das elektrische Licht auch in decorativer Hinsicht die Leistungen des Gaslichts übertrifft. Es befand sich hier eine Krone von etwa 4,5 Meter Höhe und 2,75 Meter Durchmesser aus gehämmertem Messing, gebildet aus hunderten von Blumen verschiedener Art, deren Stiele die Stromleitung vermittelten und deren Kelche die Edison'schen Glocken enthielten und mit überraschendem Gesammteffect das Licht ausstrahlten.

In der einfacheren, durch letztgenannte Figur dargestellten Form, sowie in Form von Wandlampen ꝛc., beginnt das elektrische Glühlicht bereits, und besonders in Amerika, in Privatkreisen Eingang zu finden. Das Bild eines derartig beleuchteten Salons in New-York ist auf Tafel XV gegeben; allerdings kann dasselbe nur eine schwache Vorstellung von dem hier erreichten Beleuchtungseffect verschaffen.

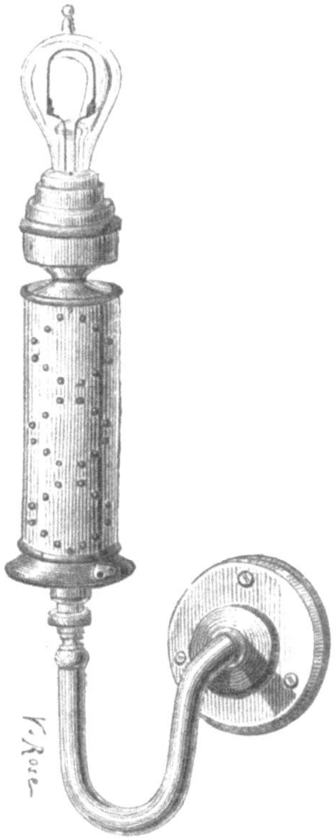

Fig. 224. Glühlichtlampe, System Edison, in Verbindung mit einem Intensitäts-Regulator.

Für den Gebrauch in Bureaux, Werkstätten und überall, wo das Licht an keinen feststehenden Punkt gebunden sein, überhaupt sich verschiedenen Anforderungen der Arbeit anpassen soll, erscheint der in Fig. 221 abgebildete Gelenkwandarm zweckmäßig. In einfachster Weise hat auch hier Edison die vorliegende Aufgabe gelöst, indem er in den einzelnen Gelenken, von welchen zwei, das untere Hauptgelenk mit Abschlußhahn und eins der anderen in beliebiger Anzahl anzuordnenden Gelenke, durch Fig. 222 und 223 dargestellt sind, je einen um seine Achse drehbaren Cylinder von harter Isolirmasse einfügte, auf dessen Endflächen Kupferringe befestigt sind. Mit letzteren stehen innen die Drähte des beweglichen Armes in Verbindung, während auf ihrem äußeren Umfange Kupferzungen schleifen, welche als Enden des feststehenden Armes ihnen den Strom zuleiten. Die sonstigen Details gehen zur Genüge aus den letztgenannten Figuren hervor und zeigt auch der Hahn die gleiche Einrichtung wie bei der bereits in den Fig. 218 und 219 abgebildeten Lampe.

Nicht zufrieden mit diesen praktischen Anwendungen seiner Lampe, ging Edison noch weiter. Damit das elektrische Licht in keiner Hinsicht dem Gaslicht nachstehe und das System namentlich auch allen Forderungen genüge, wie sie für Theater und ähnliche Locale, die von der elektrischen Beleuchtung ausgiebigen Gebrauch zu machen berufen sind, gestellt werden müssen, war der Erfinder auf Mittel bedacht, die Intensität des Lichtes innerhalb weiter Grenzen nach Bedarf schwächen und verstärken zu können. Die Lösung dieser Aufgabe gelang ihm durch Benutzung von Rheostaten in Verbindung mit Umschaltern — eine Einrichtung, die im wesentlichen mit dem später zu beschreibenden Regulator identisch ist — so vollkommen, daß man heute die verschiedenartigsten Bühneneffecte mit derselben Leichtigkeit wie mit der Gasbeleuchtung hervorbringen kann. An dieser Stelle möge es genügen, einen Kohlen-Rheostat, wie Edison denselben für transportable Lampen, Wandarme 2c. anbringt, etwas näher zu betrachten. Ein Wandarm für eine Lampe in Verbindung mit einem derartigen Rheostat ist in Fig. 224 dargestellt; die Querschnittszeichnung Fig. 225 verdeutlicht die innere Einrichtung des Regulators. Derselbe ist zusammengesetzt aus einer Anzahl gleich langer Kohlenstifte von verschiedenem Durchmesser, deren Widerstand demgemäß gegenüber einem dieselben passirenden Strome verschieden groß sein muß. Durch Einschalten des einen oder anderen der Kohlenstifte in den Stromkreis erhält man die gewünschte größere oder geringere Intensität des von der Lampe ausgestrahlten Lichtes, indem dasselbe bei Einschaltung eines Stabes von großem Widerstande schwächer und röther, im anderen Falle stärker und weißer sein wird. Die Regulirung erfolgt einfach durch Drehen einer Scheibe (unterhalb der Fig. 225 separat gezeichnet), wodurch der Contact mit dem einen oder anderen Kohlenstifte hergestellt wird; hierbei zeigt der Index an der Scheibe in Verbindung mit einer Scala am unteren Rande des Cylinders den Grad der Intensität der Lampe für die Einschaltung jedes Kohlenstiftes an. Um die Erwärmung, welche durch den eingeschalteten Widerstand im Inneren des Rheostats eintritt, auf einem unschädlichen Maaße zu erhalten, ist der Cylinder, welcher den Apparat einschließt, wie Fig. 224 deutlich zeigt, mit Oeffnungen für die Luftcirculation versehen.

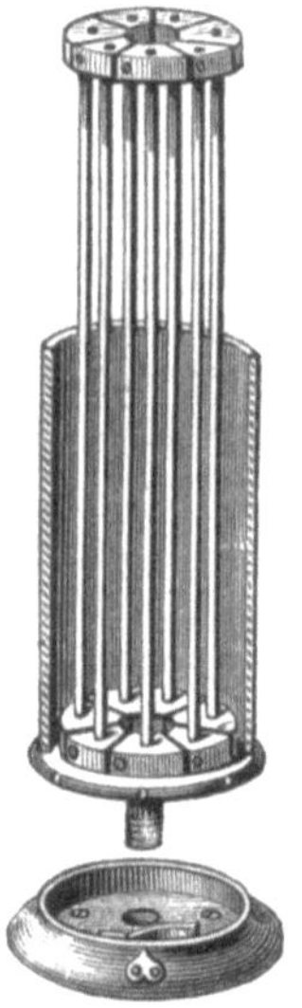

Fig. 225. Innere Ansicht des Kohlen-Rheostats.

Wie Edison, sobald er die im Vorstehenden der Hauptsache nach geschilderten Constructionsdetails seiner Lampe festgestellt hatte, an die praktische Verwerthung seines Systems zur Beleuchtung der Häuser und schließlich ganzer Stadtviertel ging, das zu schildern, sei einem späteren Abschnitt vorbehalten, nachdem auch über die von ihm zur Anwendung gebrachten, die Leitung und Regulirung betreffenden Constructionen das Wichtigste erläutert sein wird. Es mögen nunmehr die Incandescenzlampen derjenigen Constructeure, welche neben Edison an der Ausbildung des Glühlichtes arbeiteten und noch arbeiten, die ihnen gebührende Würdigung finden.

Unter diesen ist zunächst der Engländer J. W. Swan in Newcastle-on-Tyne zu nennen, dessen Beleuchtungssystem heute gleichfalls von großer praktischer Bedeutung ist. Schon längere Zeit, bevor Edison der Frage der elektrischen Beleuchtung näher trat, beschäftigte sich Swan mit derartigen Untersuchungen. Auch er hatte bereits früher versucht, eine Incandescenzlampe zu construiren, indem er eine zwischen zwei Kohlenstückchen eingespannte kleine Spirale aus verkohltem Carton in einem Glasrohr einschloß, dasselbe sodann mit den damals zu Gebote stehenden Mitteln luftleer machte und einen elektrischen Strom durch die Spirale leitete. Der erzielte Erfolg konnte jedoch nicht genügen, und zwar besonders deshalb nicht, weil die Evacuirung des Glasrohres infolge der Unvollkommenheit der benutzten Apparate nur eine unvollkommene war. Nachdem jedoch Crookes im Jahre 1877 gezeigt hatte, daß sich mit der Quecksilber-Luftpumpe von Sprengel bedeutend bessere Ergebnisse erreichen lassen, nahm Swan seine Versuche wieder auf — also etwa zu derselben Zeit, als Edison in Amerika sich um die Lösung des gleichen Problems bemühte. Wenn nun auch, Dank der besseren Wirkung der Sprengel-Pumpe, die erzielten Resultate günstigere waren, so konnten dieselben doch noch keineswegs befriedigen, da die Kohle sich immer noch in längerer oder kürzerer Zeit verzehrte. Da machte Swan die Entdeckung, daß ein möglichst vollkommenes Entfernen der Luft aus dem Glasgefäße nur dann gelingt, wenn während des Auspumpens der Kohlenbügel zum Glühen erhitzt und somit gezwungen wird, die von ihm absorbirten Gase abzugeben, welche demgemäß mit entfernt werden, während früher diese Gase innerhalb des zum Gebrauche fertig evacuirten Gefäßes frei wurden und zu einer schädlichen Lockerung des Kohlengefüges Anlaß gaben. Auf solche Weise gelang es Swan mit der Zeit, sehr feste und dauerhafte Kohlen zu erzielen, sodaß er schon 1880 der Société Philosophique et Littéraire in Newcastle Lampen vorzeigen konnte, welche Kohlenbügel von der gewünschten Härte und Festigkeit enthielten und sich daher für längeren Betrieb als ausreichend erwiesen. Die Kohlenbügel bestanden hier aus sehr dünnen, carbonisirten Baumwollenfasern, welche einer ziemlich umständlichen Behandlungsweise unterlagen, bevor sie zum Einbringen in die Lampe fertig waren; im übrigen hatte Swan denselben eine eigenartige Form gegeben, indem er den Bügel an seinem Scheitel in Gestalt einer einfachen kreisförmigen Schlinge führte, um derart die Gesammtlänge desselben ohne Anwendung einer größeren Glaskugel vermehren, resp. kleineren Glaskugeln zur Anwendung bringen zu können. Die Herstellungsart der Swan'schen Kohlenbügel ist heute die folgende: Das zu denselben verwendete Baumwollengarn von hoher Feinheit (ca. 0,25 Millimeter stark) wird in verdünnte Schwefelsäure (zwei Theile auf einen Theil Wasser) getaucht und einige Zeit in dieser hängen gelassen. Dadurch erleidet die Faser eine Veränderung, wie sie das Papier bei gleicher Behandlung erfährt; sie nimmt eine pergamentartige Beschaffenheit an. Der Faden, welcher also große Zähigkeit und Consistenz erhalten hat, wird in der Form, welche der Kohlenbügel später haben soll, in einen Schmelztiegel gebracht, der mit feinem Kohlenstaub gefüllt ist, worauf das Ganze bei hermetischem Verschlusse des Tiegels längere Zeit bis zur Weißglut erhitzt wird.

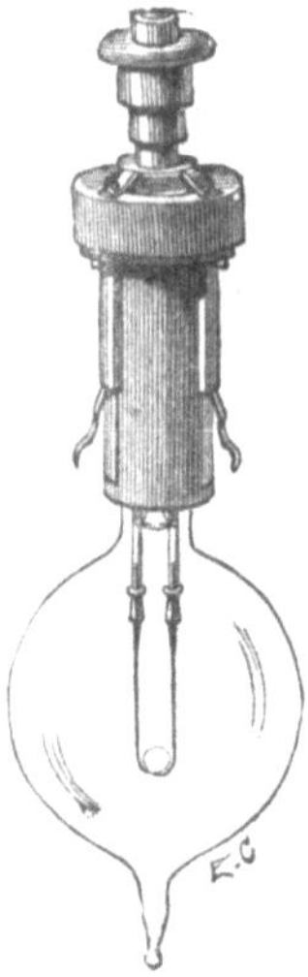
Fig. 226. Glühlichtlampe von Swan.

Das ursprüngliche Modell der Swan'schen Lampe (Fig. 226), wie es noch auf der Pariser Elektricitätsausstellung von 1881 zu sehen war, zeigte eine ziemlich complicirte Befestigungsart des Kohlenbügels und der Drähte, sowie unpraktische äußere Anschlußtheile. In den beiden hohlen, fingerartigen Ausläufen des Einsatzstückes im Inneren der Glaskugel sind zwei Metallkappen eingeschmolzen, durch welche die Leitungsdrähte hindurchgehen oder an welche sie angelöthet sind. Diese werden durch den elektrischen Strom nur wenig erwärmt, sodaß eine solidere Verbindung mit dem Glase hergestellt wird, als wenn man den Draht einfach in das Glas einschmelzen würde.

Im allgemeinen ist es einer der schwierigsten Punkte bei der Herstellung der elektrischen Glühlampen, die zu den Kohlenfäden gehenden

Leitungsdrähte luftdicht durch die Glaswand hindurchzuführen. Die Lampen, bei welchen diese Drähte einfach eingeschmolzen sind, zeigen bald den Fehler, daß die letzteren, durch den elektrischen Strom erhitzt, sich ausdehnen, um sich nach dem Abstellen der Lampe wieder auf den früheren Durchmesser zusammenzuziehen; hierdurch wird die Verbindung zwischen Glas und Draht sehr leicht undicht, der Kohlenstreifen zerfällt und die Lampe wird unbrauchbar. Da auch die neuesten Lampenconstructionen diesen Einfluß der wechselnden Ausdehnung des Metalls noch nicht vollständig beseitigen konnten und denselben deshalb nur eine bestimmte Brenndauer (bis 800 Stunden) ertheilt werden kann, hat man sich in letzter Zeit vielfach bemüht, Lampen zu construiren, bei welchen man die Glastheile wieder benutzen kann, falls der Kohlenbügel zerstört ist. Man schmolz diese Theile zu dem genannten Zwecke nicht mehr zusammen, sondern versuchte, sie ineinander zu schleifen, sodaß, wenn ein Theil zerstört sein sollte, ein anderer eingesetzt und die Glocke von neuem evacuirt werden kann. Viele der neueren auf Glüh=

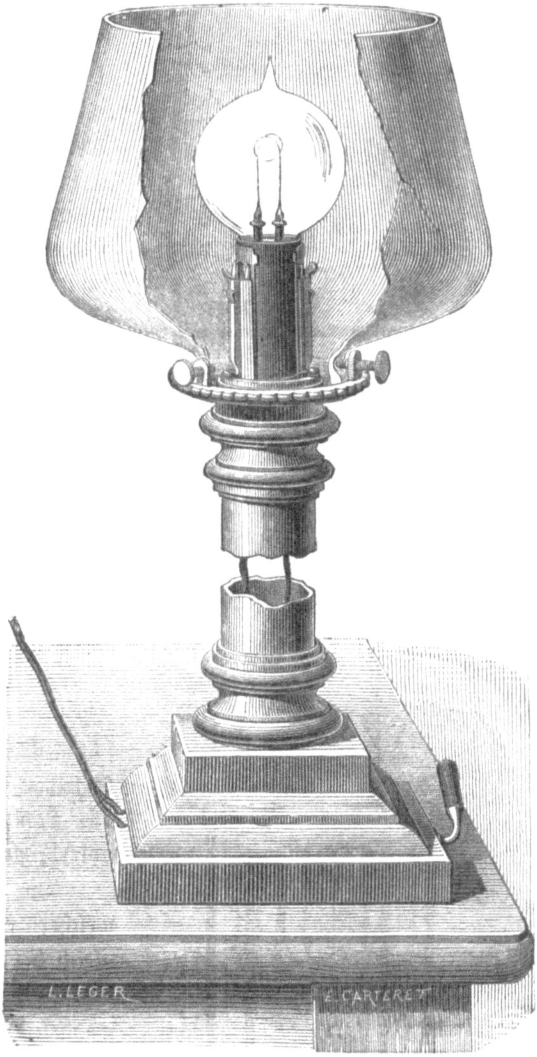

Fig. 227. Tischlampe von Swan.

lichtlampen ertheilten Patente beziehen sich auf diese Punkte, weshalb später auf dieselben näher eingegangen werden wird.

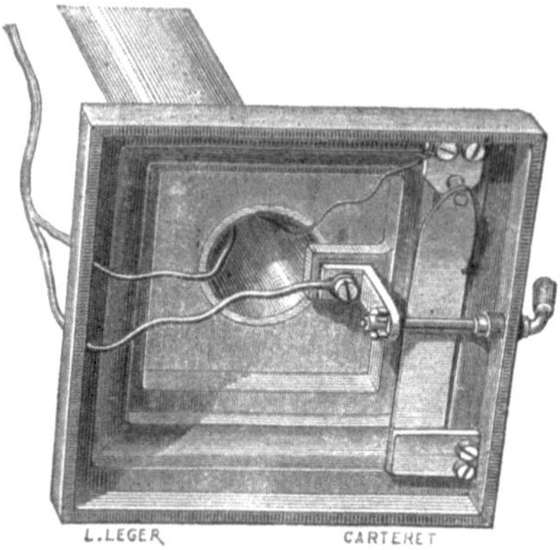

Fig. 228. Untere Ansicht des Fußes mit der Ausschaltevorrichtung der Tischlampe.

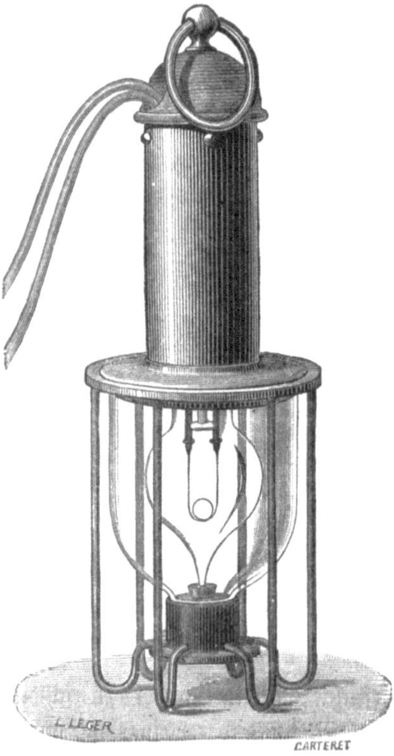

Fig. 229. Grubenlampe, System Swan.

Auf den erwähnten Metallkappen der älteren Swan'schen Lampe sind oben die Platinklemmen angebracht, in welche die Enden der Kohlenstreifen eingesetzt sind. Die complete Lampe mit ihrer Fassung kann so in beliebiger Weise in Candelabern, Kronen, Hauslampen ꝛc. untergebracht werden. Eine Lampe der letztgedachten Art ist in Fig 227 gezeigt. Der den Kohlenbügel einschließende Glaskörper wird durch Druckfedern mit dem Lampengestell resp. mit den durch den Fuß des letzteren geführten Zu- und Ableitungsdrähten verbunden, sodaß das Auswechseln der Lampe leicht erfolgen kann, während eine durch das Lampengestell geführte Kurbel (s. Fig. 228, welche den unteren Theil der umgelegten Lampe veranschaulicht) durch einfache Drehung derselben den elektrischen Strom in die Lampe einzuleiten und zu unterbrechen gestattet.

Die Verschiedenartigkeit, in welcher sich die Swan-Lampe gleich der Edison-Lampe für den Salon, für das Theater ꝛc. verwenden läßt, ist durch die Installationen der Pariser Ausstellung von 1881, sowie der späteren Elektricitäts-Ausstellungen zur allgemeinen Anschauung gebracht worden. Ein anderes Gebiet, auf welchem das elektrische Glühlicht mehr und mehr Boden gewinnt, ist die Beleuchtung der Bergwerke, bei welcher es darauf ankommt, nicht nur eine ausreichende Helligkeit zu erzielen, sondern auch zu verhindern, daß sich das Grubengas durch die Wirkung des Leuchtkörpers entzünde. Für solche Zwecke muß die Glühlichtbeleuchtung am geeignetsten erscheinen, wenn nur dafür Sorge getragen wird, daß durch entsprechende Sicherung der Leitungen, resp. deren Verbindungen jede Funkenbildung unmöglich gemacht wird. Fig. 229 zeigt, wie Crompton die Swan'sche Lampe als Grubenlampe ausgebildet hat. Er schloß dieselbe in eine zweite Glocke aus starkem Glase vollständig ein und umgab das Ganze mit zweckmäßig gebogenen Schutzdrähten, während Edison seine für Bergwerkszwecke bestimmte Lampe in ein mit Wasser gefülltes Glasgefäß einschließt.

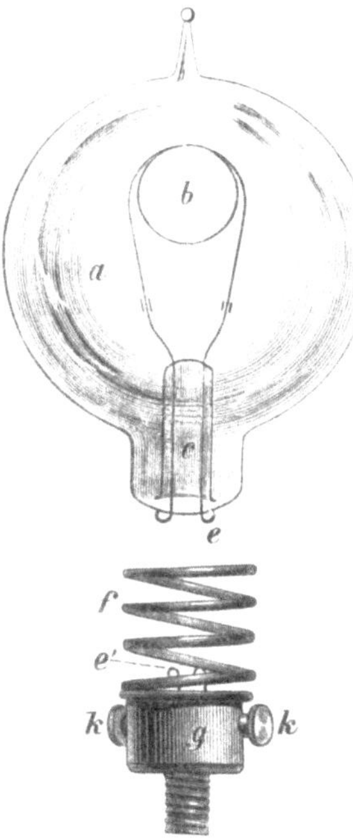

Fig. 230. Neuere Glühlichtlampe, System Swan.

Bei dem gegenwärtig gebräuchlichen Modell der Swan'schen Lampe ist die Verbindung der Enden des Kohlenbügels dadurch bewirkt, daß man den Kohlenbügel mit den Platindrähten zusammenlegt und an den Berührungsstellen durch Ueberwickeln mit Baumwollenfäden befestigt, welch letztere alsdann den ganzen bereits früher geschilderten Proceß der Carbonisirung mit durchmachen. Die plumpen, unansehnlichen Anschlußtheile der alten Lampe sind hier gänzlich beseitigt und überhaupt zeigt die heutige Anordnung wesentliche Vereinfachungen; Fig. 230 giebt eine Abbildung der Haupttheile dieser Lampe. Die als Träger für die Kohle b dienenden Platindrähte sind, voneinander isolirt, in ein mit dem unteren Ende des Glasgefäßes a verschmolzenes Glassäulchen c mit großer Sorgfalt eingeschmolzen und endigen nach außen in zwei Platinschlingen e. Der Anschlußtheil g, zum Befestigen der Lampe an dem Beleuchtungskörper, besteht aus einem Stück Hartgummi, welches unten ein Gasgewinde trägt, sodaß es in jeden Gasarm nach dem Herausnehmen des Brenners eingeschraubt werden kann. In der oberen Fläche dieses Verbindungsstückes sind zwei mit den erstgenannten corre=

spondirende Platinhäkchen e[1] angebracht, die mit je einer der seitlichen Klemmschrauben k k, zu welchen die stromzuleitenden Drähte geführt werden, in leitender Verbindung stehen. Beim Einhängen der Lampe in die Häkchen des unteren Theiles ist durch eine Schraubenfeder f für den guten Contact mit den Platinschlingen gesorgt, indem dieselbe die Schlingen e und die Häkchen e[1] stets fest aneinander preßt.

Die Swan-Lampen haben besonders in England große Verbreitung gefunden und beginnen auch in Deutschland in größerem Maaßstabe Verwendung zu finden. Dem Edison'schen System gegenüber könnte es als ein Vorzug der Swan-Lampe bezeichnet werden, daß bei derselben durch Anwendung der kleineren Glaskugel und des geschlungenen Kohlenbügels der letztere in glühendem Zustande mehr den Eindruck einer vollen Flamme macht, während die Form des Edison'schen Kohlenbügels dem Auge stets sichtbar bleibt.

Mehrfaches Interesse bietet eine zweite, aus England stammende Vacuum-Glühlichtlampe, die von Lane-Fox construirt wurde und die sich von anderen derartigen Lampen einestheils durch das für den Kohlenbügel verwendete Material, anderentheils durch die Befestigungsart des ersteren unterscheidet; Lane-Fox verwendet zur Anfertigung des Kohlenbügels die Reiswurzel. Dieselbe wird zunächst in ein Bad von verdünnter Schwefelsäure gelegt, damit man die Rinde leicht abschaben kann, worauf die zurückbleibende Faser in passender Stärke auf einen Kohlenblock aufgewickelt wird, dessen Umfang der Form entspricht, welche die Kohlenbügel erhalten sollen. Der mit den Fasern bewickelte Kohlenblock wird alsdann innerhalb eines Tiegels, mit gepulvertem Graphit bedeckt, in einem Verkohlungsofen 20—30 Minuten lang der Weißglühhitze ausgesetzt. Nach langsamer Abkühlung werden die Fasern derart aufgeschnitten, daß dieselben in einzelne entsprechend gebogene und gleich lange Kohlenbügel zerfallen. Zur Verbindung des Kohlenbügels mit den Leitungsdrähten werden letztere (wie gewöhnlich zwei kurze Platindrähte) in zwei fingerförmig in die Glaskugel hineinragende Ausläufer derselben derart eingeschmolzen (s. Fig. 231), daß sie nach der Mitte des Glasgefäßes, also hier nach unten, hervorragen. An diesen Enden werden zwei röhrenartige Verbindungsstücke mittels eines mit feinster chinesischer Tusche angemachten Cementes befestigt, welch letzterer sich für den betreffenden Zweck vorzüglich geeignet erweist, da er einen genügenden Grad von Leitungsfähigkeit besitzt und, nachdem er durch den elektrischen Strom erhitzt worden ist, an den rauh gemachten

Enden der Platindrähte sicher haftet. Mit dem gleichen Cement wird in den anderseitigen Oeffnungen dieser Verbindungsstücke der eigentliche Kohlenbügel, dessen Form der des Edison'schen nahe kommt, befestigt, sodaß eine gute Verbindung von größerem Querschnitt zwischen ihm und den Platindrähten hergestellt ist. Das andere Ende der letzteren ragt in kugelförmige Erweiterungen der fingerförmigen Glaseinsätze hinein, die mit Quecksilber gefüllt sind, in welches die äußeren Leitungsdrähte eintauchen. Um dem Quecksilber Raum zur Ausdehnung zu geben, ist auf dasselbe zunächst etwas Watte gebracht und das Gefäß dann mit Gips verschlossen. Die Kohlenbügel werden hierauf in einer Atmosphäre von Leuchtgas, Benzol- oder anderen geeigneten Dämpfen glühend gemacht, damit sich in den Poren derselben feine Kohlentheilchen ablagern, welche ihre Consistenz erhöhen; sodann werden die Kugeln evacuirt und verschmolzen.

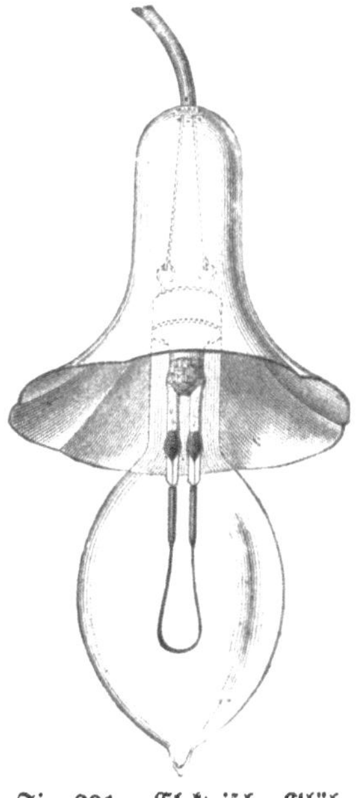

Fig. 231. Elektrische Glühlichtlampe von Lane-Fox.

Die Glühlichtlampe von Lane-Fox ist im allgemeinen solid gebaut und zeigt in ihrer sonstigen Anordnung und in den Größenverhältnissen viel Aehnlichkeit mit der Swan-Lampe; doch steht die Anwendung derselben gegen die der bereits besprochenen Systeme ziemlich zurück. Wie Swan, hat sich Lane-Fox damit begnügt, an der Ausbildung der elektrischen Glühlampen zu arbeiten, ohne, wie Edison, für die Construction geeigneter Stromerzeuger neue Maschinenformen aufzustellen, welche sich dem speciellen Erforderniß seiner Lampe am besten anpassen.

Hiram Maxim, ein gleichfalls um die Ausbildung der Glühlichtbeleuchtung sehr verdienter Amerikaner, speist seine Lampen, wie Edison, durch eigene dynamo-elektrische Maschinen, welche im vorigen Kapitel zugleich mit der von Maxim angewendeten Regulirvorrichtung beschrieben worden sind. Die Wirkung der letzteren sei an dieser Stelle nochmals kurz erwähnt. Je nachdem eine größere oder geringere Anzahl von Lampen in den Stromkreis geschaltet oder gelöscht wird und demnach ein größerer oder geringerer Stromverbrauch stattfindet, werden die Bürsten der Maschine, welche den Strom von den Commutatoren derselben abnehmen, derart durch die Regulirvorrichtung verschoben, daß ein entsprechend mehr oder weniger starker Strom durch die Leitung geschickt wird. Ohne eine solche Regulirung könnte es leicht geschehen, daß beim Löschen einer größeren Anzahl von Lampen der ganze Strom durch die noch brennenden hindurchginge und die Kohlenbügel derselben zerstörte.

Die Maxim'sche Lampe ist, als Wandleuchter ausgeführt, in Fig. 232 abgebildet. Auffallend ist hier die Form des Kohlenbügels, welcher ungefähr die Gestalt eines M zeigt. Das Material zu demselben ist Bristolpapier, aus welchem das Mförmige Stück etwas größer, als der Kohlenbügel werden soll, ausgeschnitten wird; dasselbe wird hierauf schwach verkohlt und in diesem Zustande an den Platindrähten innerhalb der Glasbirne auf folgende Weise befestigt: Die aus dem unteren Glaskörper hervorragenden Platindrähte zeigen an ihren Enden plattenförmige Verbreiterungen, wie sie den Kohlenbügeln an ihren beiden Enden gleichfalls gegeben worden sind. Auf jedes der erstgenannten Plättchen kommt nun zunächst ein Scheibchen aus weicher Kohle, dann das Ende des Kohlenbügels und auf dieses ein zweites, gleich dem ersten durchbohrtes Platinblättchen, worauf durch eine feine Schraube das Ganze zusammengehalten wird. Die weichen Kohlenscheibchen haben den Zweck, einerseits einen guten Contact herzustellen, anderseits eine feste Verbindung der genannten Theile zu ermöglichen; denn wollte man den Kohlenbügel direct an die Platinblättchen anschrauben, so würde bei schwachem Anziehen der Schraube ein nur mangelhafter Contact her-

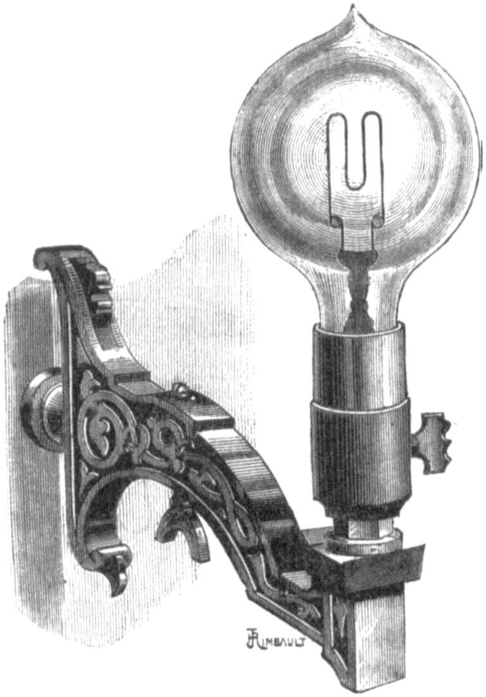

Fig. 232. Elektrische Glühlichtlampe von Maxim.

gestellt und dadurch ein großer Widerstand hervorgerufen, während ein festes Anziehen der Schraube alsbald einen Bruch des spröden Kohlenbügels herbeiführen würde.

An der Glasbirne befindet sich ein röhrenförmiger Ansatz, durch welchen aus ihrem Inneren die Luft mittels einer Quecksilberluftpumpe entfernt werden kann. Ist dies geschehen, so werden Kohlenwasserstoffdämpfe in die Glaskugel eingeführt und es wird die letztere wieder so weit ausgepumpt, daß die Dämpfe sich in stark verdünntem Zustande befinden, worauf der halbverkohlte Bügel in einen Stromkreis eingeschaltet wird. Der Kohlenwasserstoff erfährt nunmehr durch die Wirkung des elektrischen Stromes eine Zerlegung, wobei äußerst fein vertheilter Kohlenstoff in den Poren des Kohlenbügels abgeschieden wird. Von Wichtigkeit ist hierbei ein starkes Glühen des letzteren und die erwähnte Verdünnung der Kohlenwasserstoffdämpfe; ersteres bewirkt ein leichteres Abscheiden des Kohlenstoffs auf dem Bügel, durch letzteres wird die allmähliche Ablagerung der äußerst feinen Kohlentheilchen in den Poren desselben ermöglicht, während ohne diese Verdünnung eine rasche Abscheidung der Kohle, und zwar nur auf der Oberfläche des Bügels, eintreten würde.

Nachdem hierauf die Glasbirne so stark als möglich ausgepumpt ist, wird das Ansatzrohr, durch welches sie mit der Pumpe in Verbindung stand, abgeschmolzen und der untere Theil der Birne für den Gebrauch zunächst in eine Metallfassung mit Gips eingekittet. Zur Erzielung einer dichten Einschmelzung der durch den Glaskörper führenden Platindrähte formte Maxim die Röhrchen, in welchen diese Drähte eingeschmolzen werden, schwach konisch, sodaß der später eingeführte Gips sich auch in die auf die angegebene Weise entstandenen capillaren Räume hineinzieht und hierdurch zur Vervollkommnung des Lampenverschlusses beiträgt.

Ein mit der Lampenfassung communicirender kleiner Hahn verbindet in bestimmter Lage die bis an die Kohlenenden geführten beiden Zuleitungsdrähte aus Platin direct oder durch den Kohlenbügel, sodaß durch Drehen desselben das Licht jederzeit verlöscht und wieder hergestellt werden kann, während im übrigen dafür gesorgt ist, daß die in demselben Stromkreise brennenden Lampen durch den Vorgang nicht gestört werden.

Schon früher ist der Bestrebungen Erwähnung gethan worden, welche dahin zielen, dem Glaskörper der Lampe solche Formen zu geben, daß beim Schadhaftwerden eines Theiles nicht sofort die ganze Lampe unbrauchbar wird. In diesem Sinne hat auch Maxim in jüngster Zeit mehrere Constructionen ausgeführt. Bei einer derselben wird die Glasbirne durch einen in ihren Hals eingeschliffenen Glasstöpsel verschlossen. Letzterer ist hohl und endigt nach unten in zwei Röhren, in welchen die Zuleitungsdrähte sich befinden. Maxim hatte durch Versuche festgestellt, daß die Differenz der Ausdehnung zwischen Platin und Glas, welche bei Erwärmung des ersteren in dem den Platindraht umschließenden Glase häufig feine Risse hervorruft, weniger schädlich ist, wenn der eingeschmolzene Draht sehr dünn ist. Bei der genannten Lampe sind daher die Zuleitungsdrähte an der Stelle, wo sie die Glaswand durchdringen, in mehrere feine Drähte zerspalten und so mit den Enden des Glasstöpsels verschmolzen; hinter der Einschmelzungsstelle vereinigen sie sich wieder zu je einem Drahte, an welche alsdann die Kohlenbügel in der bereits besprochenen Art befestigt werden. Die Dichtung zwischen den beiden Glaskörpern und im Inneren des Glasstöpsels wird durch eingegossenes Wachs oder Kopalharz hergestellt, resp. unterstützt.

Maxim ist noch mehr von der ursprünglichen Form seiner Lampe abgewichen, indem er statt des M förmig gebogenen Kohlenbügels gerade Kohlenstreifen zur Anwendung brachte. Hierbei verschließt er zunächst die Glaskugel mit einem eingeschliffenen konischen Stöpsel, welcher aus einem Glasblocke besteht, der ebenso oft durchbohrt ist, als Leitungen hindurchgehen sollen. Die Oeffnungen werden auf einer Maschine nachträglich noch konisch ausgebohrt und es werden in dieselben konisch ausgezogene Drähte mit einem Dichtungsmaterial eingesetzt. Bei Evacuirung der Lampe werden sodann der konische Stöpsel und die die gleiche Form zeigenden Drähte durch den Druck der Atmosphäre fest in ihre Sitze hineingepreßt. Von den geraden Kohlenstreifen, welche Maxim in seinen neueren Lampen benutzt, werden mehrere zusammengesetzt. Zu diesem Zwecke sind dieselben an beiden Enden mit entsprechenden Verbreiterungen versehen, welche einerseits an den in den Stöpsel eingefügten Drahtenden angesetzt, anderseits durch einen kleinen Block von Kohle oder Metall verbunden sind, sodaß die Streifen eine continuirliche Leitung darstellen. Auch bei einer derartigen Lampe können, falls dieselbe schadhaft wird, alle Theile ersetzt werden. Ob und inwieweit jedoch diese Lampen dem praktischen Bedürfniß mehr als die anderen zur Zeit dominirenden Lampenconstructionen entsprechen, ist heute, der relativen Neuheit der Erfindung wegen, noch nicht festzustellen.

Von der gleichen Absicht ausgehend (den Glaskörper noch gebrauchsfähig zu erhalten, wenn die Kohle zerstört ist), hat auch Böhm eine Glühlichtlampe construirt, die sich durch große Einfachheit auszeichnet und von der die Querschnittsfigur 233 ein Bild giebt. Mit gg ist bei dieser Lampe das äußere Glasgefäß bezeichnet, welches an seinem in der Zeichnung nach unten gerichteten Halse ein Röhrchen r trägt, das zum Ansetzen an die Luftpumpe dient. In dem genannten Halse ist ein Glasstöpsel sorgfältig eingeschliffen, in dessen röhrenförmiger Verlängerung ss die zur Stromzuführung bestimmten Platindrähte eingeschmolzen sind, welch letztere mit ihren freien Enden mit einem wellenförmig gebogenen Kohlenbügel in Verbindung stehen. Außerdem besitzt der geschliffene Stöpsel einen kleinen seitlichen Canal c, der bei einer bestimmten Stellung des Stöpsels mit der Röhre r communicirt und so das Innere des Glasballons gg mit der Luftpumpe in Verbindung zu setzen gestattet. Ist alsdann das Glasgefäß ausgepumpt, so genügt eine schwache Drehung des Glasstöpsels, die Verbindung mit der Luftpumpe sowie mit der äußeren Luft aufzuheben. Zum Einsetzen eines neuen Kohlenbügels braucht nur der Glasstöpsel herausgenommen und der Kohlenbügel mit den Platindrähten entsprechend verbunden zu werden, worauf das Glasgefäß von neuem evacuirt und dadurch in gebrauchsfähigen Zustand versetzt wird.

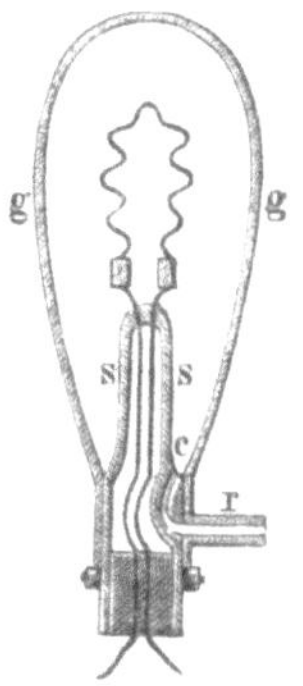

Fig. 233. Elektrische Glühlichtlampe von Böhm.

Gebr. Siemens & Co. verfertigen in letzter Zeit gleichfalls Vacuum-Glühlichtlampen, deren glühende Theile aus gepreßten Kohlen- oder Graphitstäbchen bestehen. Es soll hierdurch, da der Leitungswiderstand gleich langer Kohlenstäbchen stets derselbe ist, ein gleich helles Glühen der einzelnen Lampen erzielt werden, ohne daß diese einer besonderen Regulirung bedürfen. Die Enden der Kohle sind durch eine theerartige Masse in Spiralwindungen je eines am Ende flach geklopften Kupferdrahtes eingekittet, welch letztere an Platindrähte angelöthet sind, die in den Hals eines der Edison'schen Glasbirne ähnlichen Gefäßes eingeschmolzen sind. Die Luft wird sodann durch ein an der Spitze der Glasbirne angesetztes Glasrohr sorgfältig ausgepumpt und die Ansatzstelle nachher verschmolzen. Derartige Lampen werden von der genannten Firma zur Zeit in 4 Größen zu 16, 20, 25 und 30 Kerzenstärken hergestellt.

C. H. R. Müller in Hamburg ging bei der Construction seiner Lampe von dem Gedanken aus, daß eine in einer Ebene liegende Kohle, wie eine solche bei allen bis jetzt besprochenen Glühlichtlampen angewendet wird, das Licht unmöglich nach allen Seiten hin gleichmäßig ausstrahlen könne; er hat deshalb in seinen Lampen einen schraubenförmig gewundenen Kohlenfaden angebracht und scheint damit ganz gute Resultate erzielt zu haben.

Unter den zahlreichen Constructeuren, welche sich in jüngster Zeit bemühen, neue, verbesserte Vacuum-Incandescenzlampen zu schaffen, scheint die Firma Greiner & Friedrichs in Stützerbach in Thüringen mit Erfolg zu arbeiten. Es sei hier vor allem die eigenartige Methode in's Auge gefaßt, nach welcher von dieser Firma die Herstellung der Kohlenbügel vorgenommen wird. Dieselben setzen sich aus drei Bestandtheilen — Theer, Ruß und Graphit — zusammen. Der Theer wird zunächst sorgfältig gereinigt und die wässerigen Theile desselben werden mittels Schwefelsäure entfernt; die Schwefelsäure selbst wird sodann durch Neutralisation unschädlich gemacht und die gewonnene, teigartige Masse bis zu schleimig-flüssiger Consistenz erwärmt. Hierauf wird der Masse ein Gemisch von Ruß und Graphit zugesetzt, und zwar mehr von dem ersteren oder letzteren Stoffe, je nachdem der herzustellende Kohlenfaden einen geringeren oder größeren Widerstand besitzen soll.

Der noch warme Teig wird mittels einer besonderen Presse durch eine feine, runde oder schlitzartige Oeffnung gedrückt und die gewonnenen Fäden werden auf Holzgestelle gehängt und langsam getrocknet. Später wird der geformte Faden in einer hermetisch verschlossenen Muffel einige Zeit gebrannt, worauf er zum Gebrauch fertig ist. Mit einer ähnlichen Masse wie die, aus welcher er gebildet ist, wird der Kohlenfaden an die inneren Platindrähte des Glasballons geklebt, worauf man die Verbindungsstelle mittels einer Stichflamme erwärmt, um die flüchtigen Bestandtheile aus dem Klebestoff entweichen zu lassen. Es muß dies mit großer Sorgfalt geschehen, da sonst die Glasbirne beim Gebrauch der Lampe durch nachträgliches Entweichen solcher Bestandtheile den Ansatzstellen gegenüber schwärzlich anläuft.

Ueber ein entsprechendes Glasgestell, in welches die den Kohlenbügel haltenden Platindrähte, durch Gips voneinander isolirt, schon vorher eingeschmolzen sind, wird nunmehr eine Glaskugel geschmolzen, worauf aus der letzteren die Luft ausgepumpt wird. Drei verschiedene Formen derartiger Lampen sind in Fig. 234—237 gezeigt. Die große Lampe,

Fig. 234 und 235, hat einen Kohlenbügel von der Form einer Schleife, welche dadurch gebildet ist, daß die Schenkel des Bügels sich vor ihrer Vereinigung kreuzen und dann erst im Kreisbogen zusammenlaufen. Dieselben Figuren zeigen den der genannten Firma patentirten Universal-Contact-Halter, der in Verbindung mit der Lampe als Querschnitt und einzeln in der äußeren Ansicht gezeichnet ist. Der untere Hals des Glaskörpers wird von einer Hartgummihülse umschlossen, welche oberhalb einen Messingring a trägt und unten mit einer Messingschraube b in Verbindung steht. Die Mutter für die letztere, die von einer isolirenden Holzfassung c umschlossen wird und auf einer solchen mittels passender Verbreiterung aufruht, steht in leitender Verbindung mit dem einen Pol der Stromquelle und giebt den Strom an die Schraube b ab, die mittels des einen Platindrahtes den Strom dem betreffenden Schenkel des Kohlenbügels zuführt; der zweite Platindraht steht mit dem Ringe a in leitender Verbindung.

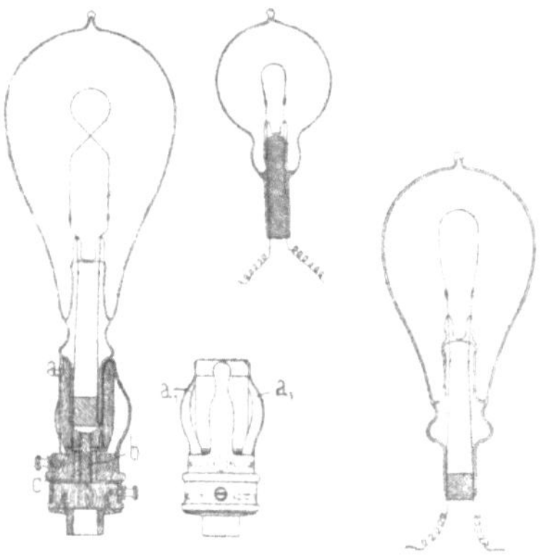

Fig. 234—237. Elektrische Glühlichtlampen von Greiner & Friedrichs.

Die Holzfassung c wird von einem zweiten Messingring umschlossen, zu welchem der von dem anderen Pol der Stromquelle ausgehende Draht geführt ist und von welchem drei Messingfedern a_1 ausgehen, welche im Ruhezustande der Lampe an dem Umfang der Hartgummihülse anliegen, wobei die Schraube b gegenüber der gezeichneten Stellung etwas herausgeschraubt erscheint. Durch Drehung des oberen Theiles der Lampe kann die Hartgummihülse leicht in die gezeichnete Lage gebracht werden, in welcher alsbald der Contact zwischen a und a^1 hergestellt, der Stromkreis geschlossen ist und der Kohlenbügel zum Glühen kommt. In dieser Weise erfolgt die Inbetriebsetzung, sowie die Außerbetriebsetzung jeder einzelnen Lampe durch einfaches Drehen derselben in der einen oder anderen Richtung, weshalb ein Abstellhahn ꝛc. entbehrlich ist.

Bei genauen Messungen hat sich der Stromverbrauch der Lampen von Greiner & Friedrichs als verhältnißmäßig gering erwiesen, sodaß der Nutzeffect dieser Lampen ein sehr befriedigender genannt werden kann; verhältnißmäßig weniger bedeutend ist derselbe bei den kleinsten Lampen, welche für Schulzwecke bestimmt sind und mit acht Bunsen'schen Elementen ein gutes Licht geben. Bezüglich der Haltbarkeit der von der genannten Firma angewendeten Kohlenbügel ist zu erwähnen, daß auch diese im allgemeinen eine befriedigende ist, indem ein Durchbrennen der Bügel fast nie vorkommt; dagegen ist allerdings, da die Kohle etwas spröde ist, ein Abplatzen derselben nicht ausgeschlossen, und zwar in dem Falle, wenn die Spannung des sie durchfließenden Stromes eine zu hohe ist.

Als eine interessante Glühlampenconstruction möge noch diejenige von Diehl Erwähnung finden. Die Nothwendigkeit, die stromzuleitenden Platindrähte luftdicht in den Glaskörper einzuschmelzen, ist hier in folgender Weise umgangen: Das Glasgefäß der Lampe besteht aus einem kleineren, oben geschlossenen Glasrohr, über welches ein solches von etwa dem doppelten Durchmesser und der doppelten Länge gestülpt ist; das letztere ist oben wie das erste halbkugelförmig geschlossen und unten mit dem ersteren verschmolzen. Das innere Glasrohr ist an seiner Außenseite mit einer großen Anzahl feiner, voneinander isolirter Drahtwindungen umgeben, deren freie Enden zu einem Kohlenbügel führen, der sich im oberen Theile des äußeren Glascylinders befindet. In dem inneren Hohlraume des kleinen Cylinders befindet sich ein mit wenigen Windungen starken Drahtes bewickelter Eisenkern, von welchem die Drahtenden zu zwei am Gestell der Lampe befindlichen Polklemmen führen. Zum Betriebe dieser Lampe werden die rasch aufeinander folgenden Ströme einer Wechselstrommaschine durch den starken Draht geleitet, wodurch in den dünnen, im Inneren der Lampe befindlichen Drahtwindungen fortwährend wechselnde Inductionsströme erzeugt werden, welche den Kohlenbügel zum Glühen und Leuchten bringen.

Wenn auch auf solche Weise undichte Stellen bei dieser Lampe vermieden sind, so wird dagegen durch die indirecte Anwendung der Maschinenströme in Form der durch dieselben inducirten Ströme ein Kraftverlust herbeigeführt, abgesehen davon, daß der Betrieb mit Wechselströmen an sich schon nicht vortheilhaft ist; immerhin ist die Diehl'sche Lampe eine mit Rücksicht auf die Entwickelung der Glühlichtbeleuchtung beachtenswerthe Erscheinung.

Werfen wir schließlich noch vom ökonomischen Standpunkt einen Blick auf die Resultate der vielfachen vergleichenden Messungen, welche mit dem Glühlicht gegenüber dem Bogenlicht angestellt worden sind, so müssen wir erkennen, daß es gewichtige praktische Gründe sein müssen, welche dem Glühlicht die weite Verbreitung, die es in der letzten Zeit gefunden hat, verschafft haben. Der ökonomische Nutzeffect der Glühlichtlampen ist thatsächlich ein sehr geringer, da dieselben unter allen Arten elektrischer Lampen die kleinsten Lichtmengen geben und im allgemeinen die Lichtproduction durch den elektrischen Strom bei gleichem Kraftaufwand um so geringer wird, je kleiner die an einem Punkte erzeugten Lichtmengen sind. Das Verhältniß, in Zahlen ausgedrückt, wird einigermaaßen durch folgendes Bild illustrirt: Setzt man die Lichtmenge, welche mit einer Pferdekraft erzeugt werden kann, bei den lichtstarken Bogenlampen gleich 100 Lichteinheiten, so erhält man mit kleineren Bogenlampen nur etwa 50, während die Jablochkoff'sche Kerze dann etwa 40 Lichteinheiten geben würde. Die Vacuum-Incandescenzlampen, wie die von Edison, Swan 2c., liefern aber unter gewöhnlichen Verhältnissen pro Pferdekraft nur etwa 8 bis 10 derartiger Lichteinheiten. Es ist also im wesentlichen die Qualität und das hohe Anpassungsvermögen des Glühlichts, auf Grund deren dieses Licht eine so ausgedehnte Verwendung finden konnte. Hierbei sei erwähnt, daß durch das Experimental-Comité der Pariser Elektricitäts-Ausstellung (G. F. Barker, W. Crookes, A. Kundt, E. Hagenbach und E. Mascart) festgestellt worden ist, daß die Maximal-Leistungsfähigkeit der Glühlampen mit unvollkommener Leitungsfähigkeit unter gegenwärtigen Verhältnissen etwa bis 300 Normalkerzen pro Pferdekraft beträgt.

b. Glühlichtlampen mit unvollkommenem Contact.

Die Glühlichtlampen mit unvollständigem Contact, bei welchen die Lichtentwickelung nach der bereits zu Anfang dieses Kapitels gegebenen Begriffserklärung an der Berührungsstelle zweier verschiedenartig gestalteten Leiter stattfindet, datiren erst aus der jüngsten Zeit, indem regelmäßig functionirende Lampen dieser Art erst seit wenigen Jahren bekannt sind.

Reynier war es, der zuerst eine brauchbare Lampe der betreffenden Art construirte. Derselbe hatte eine Reihe von Experimenten mit den verschiedenartigen, weiter oben besprochenen russischen Lampen mit eingespannten Kohlenstäben angestellt und dabei die Beobachtung gemacht, daß der zwischen zwei Klemmen eingespannte Kohlenstift sich hauptsächlich in der Mitte abnutzte und daß beim Verlöschen die Reste einen namhaften Theil des ursprünglich verwendeten Stäbchens ausmachten und so ein nicht unbeträchtlicher Materialverlust verursacht wurde. Außerdem hatte er bemerkt, daß beim Glühen der Kohle in der freien Luft infolge der hierbei auftretenden Verbrennung derselben das Licht viel intensiver als beim Glühen im luftleeren Raume war.

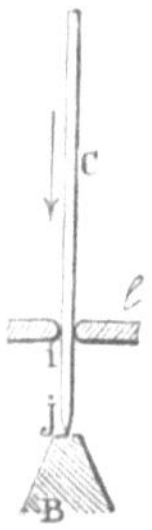

Fig. 238. Princip der Incandescenz in freier Luft.

Diese Wahrnehmungen veranlaßten Reynier zu mehrfachen Versuchen, die Kohlen in freier Luft zu verbrennen und so eine vollständige Ausnutzung derselben zu erzielen. Das so gewonnene Resultat, das Princip einer neuen, von Reynier erfundenen Incandescenzlampe, wurde in einer Mittheilung von du Moncel an die französische Akademie der Wissenschaften am 13. Mai 1878 folgendermaaßen charakterisirt:

Wenn ein dünnes Kohlenstäbchen c (Fig. 238), auf welches seitlich ein elastischer Contact l wirkt und welches in seiner Achsenrichtung gegen einen festen Contact B gedrückt wird, zwischen diesen beiden Contacten von einem genügend starken elektrischen Strome durchflossen wird, kommt dieser Theil ij des Kohlenstäbchens zum Weißglühen, während sich das gegen den festen Contact geführte Ende zuspitzt. In dem Maaße, in welchem die Abnutzung dieses Endes stattfindet, wird durch einen beständig auf dasselbe wirkenden, durch ein Gewicht 2c. hervorgebrachten Druck das Kohlenstäbchen weiter vorgeschoben, indem es durch den elastischen Contact l gleitet und dabei immer auf dem festen Contact aufruht. Die Wirkung des elektrischen Stromes in dem unteren Theile des Kohlenstäbchens wird durch die gleichzeitige Verbrennung des Kohlenstoffs wesentlich erhöht.

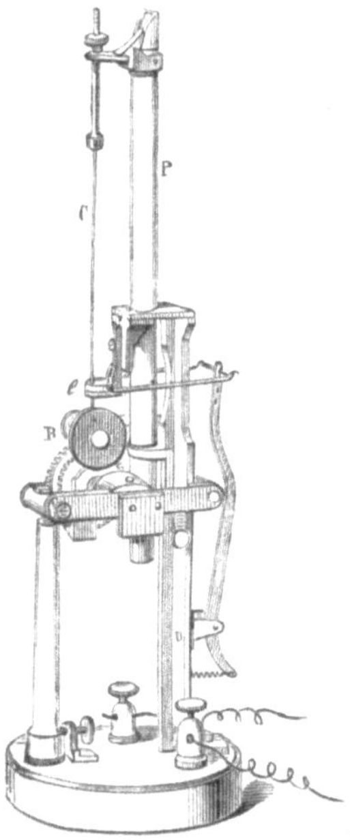

Fig. 239. Erste Disposition der Incandescenzlampe mit rotirender Elektrode von Reynier.

Die ersten praktischen Ausführungen der neuen Lampe, welche von Reynier in der Weise vorgenommen wurden, daß er ein Kohlenstäbchen auf einen festen Kohlenkörper stellte und ersteres mit einem seitlichen Contacte versah, zeigten den Uebelstand, daß die Unreinigkeiten (mineralischen Bestandtheile) des Kohlenstäbchens sich als Asche auf dem den negativen Pol bildenden unteren Kohlenkörper ansammelten und so den guten Contact beeinträchtigten. Reynier ersetzte deshalb den festen Kohlenkörper durch eine kleine, drehbare Kohlenscheibe B, Fig. 239, auf welche das dünne Kohlenstäbchen c auftraf und die durch das Gewicht des oberen Kohlenhalters P mittels eines Räderwerks in langsame Umdrehung versetzt wurde, sodaß immer neue Stellen der Scheibe mit dem sich allmählich verzehrenden oberen Kohlenstäbchen in Berührung kamen. Die Stromzuführung geschah wieder durch den Contact bei l, wobei das Kohlenstäbchen den positiven Pol bildete.

Seitdem arbeitete Reynier beharrlich an der Vervollkommnung seiner Lampe fort. Die nächste Verbesserung derselben bestand darin, daß er die Lampe die Umdrehung der Kohlenscheibe selbstthätig dadurch besorgen ließ, daß er das Kohlenstäbchen seitlich von der Umdrehungsachse der ersteren auftreffen ließ, wobei der seitliche Druck, welchen der Kohlenstab im Verein mit seinem Träger auf den Umfang der Kohlenscheibe ausübt, letztere in langsame Umdrehung versetzt. In welcher Art hierbei die Lichterscheinung auftritt und die Verbrennung des zwischen dem oberen, den Strom zuführenden Contact und der Kohlenscheibe befindlichen Theiles des Kohlenstäbchens vor sich geht, zeigt deutlich Fig. 240. Offenbar rührt die Lichterscheinung theilweise von einem sehr kleinen, an der Berührungsstelle beider Elektroden auftretenden Voltabogen, zum größeren Theile jedoch von der glühenden Spitze der oberen Elektrode her, während die untere fast gar keine Erwärmung erfährt und so an der Leuchtwirkung nicht theilnimmt. Die stärkste Wärmeentwickelung findet augenscheinlich an der Spitze der positiven Elektrode statt, wodurch die letztere sich an dieser am schnellsten verzehrt und ein gleichmäßiges Nachsinken des Kohlenstäbchens veranlaßt wird.

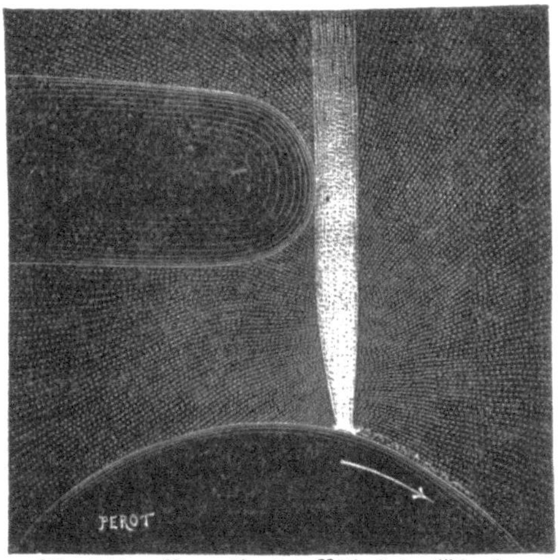

Fig. 240. Vergrößertes Bild des glühenden Theiles des Kohlenstäbchens einer Incandescenzlampe von Reynier.

Nachdem Reynier seine Lampe auch durch wesentliche Vereinfachung ihrer einzelnen Theile vervollkommnet hatte, erwies sich die Functionirung derselben beispielsweise bei Versuchen, welche mit zehn solcher Lampen bei Sautter & Lemonnier angestellt wurden, als recht zufriedenstellend. Den Strom lieferte eine Gramme'sche Maschine, welche 920—930 Umdrehungen pro Minute machte. Die verwendeten künstlichen Kohlen von 2 Millimeter Durchmesser, wie sie Carré seit einiger Zeit in vorzüglicher Qualität herstellte, waren 300 Millimeter lang und brannten zwei Stunden, wobei die Länge des leuchtenden Theiles 5 bis 6 Millimeter betrug. Die erzielte Lichtstärke war je nach der Zahl der in den Stromkreis eingeschalteten Lampen verschieden. Dieselbe betrug beispielsweise pro Lampe 15 Carcel-Brenner bei fünf hintereinander geschalteten Lampen; es betrug also die totale ausgegebene Lichtmenge 75 Carcel-Brenner. Bei Einschaltung noch mehrerer Lampen ging der Lichteffect jedoch wesentlich herab, was mit den bereits früher erörterten Verhältnissen zusammenhängt. Zur Vergleichung sei hier noch angeführt, daß ein Serrin'scher Regulator unter gleichen Verhältnissen eine Lichtstärke von 320 Carcel-Brennern ergab. Da jedoch das mit der Reynier-Lampe erzeugte Licht ruhig und gleichmäßig war und die erzielte Lichtmenge wesentlich höher ist, als sich solche unter gleichen Verhältnissen mit elektrischem Vacuum-Glühlicht herstellen läßt, konnten derartige Resultate immerhin befriedigen.

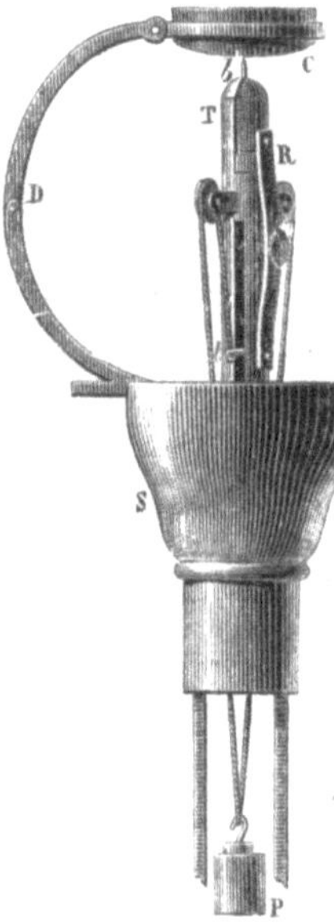

Fig. 241. Elektrische Lampe von Werdermann.

Eine von Marcus in Wien construirte und seinerzeit viel besprochene Lampe zeigt im wesentlichen die gleiche Construction wie die beschriebene Reynier'sche Lampe und unterscheidet sich von dieser hauptsächlich dadurch, daß sie an Stelle der Kohlenscheibe einen Cylinder besitzt, der mit seiner Umdrehung gleichzeitig eine Verschiebung in der Richtung der Rotationsaxe erfährt, was bei langem Brennen der Lampe vortheilhaft erscheint.

Um die Zeit, als Reynier in Frankreich an der Vervollkommnung seiner Lampe arbeitete, hatte Richard Werdermann in London auf Grund selbständiger Untersuchungen eine ähnliche Lampe construirt.

Derselbe hatte festgestellt, daß, wenn man, von der gewöhnlichen Bogenlichtlampe ausgehend, den Querschnitt der positiven Kohle verkleinert und den der negativen vergrößert, die letztere immer schwächer glüht, während die erstere durch die Ungleichheit der Querschnitte zu immer stärkerer Glut gelangt. Bei einem beiläufigen Verhältniß von 1 : 64 des Querschnitts der positiven zum Querschnitt der negativen Kohle erhitzt sich diese fast gar nicht, erleidet daher auch keine Abnahme, während die

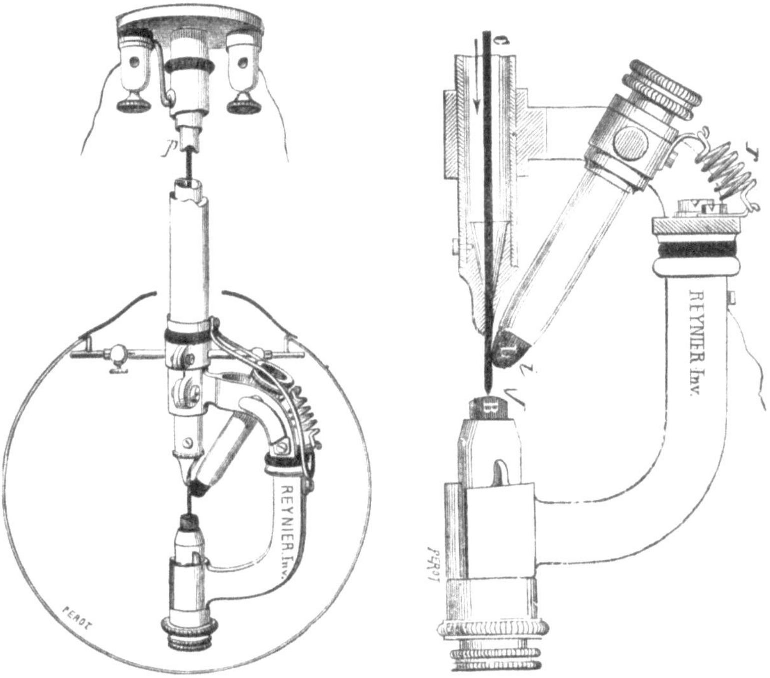

Fig. 242 u. 243. Neuere elektrische Glühlichtlampe von Reynier.

positive Kohle unter Entwickelung eines schönen, ruhigen Lichtes stetig abbrennt.

Die von Werdermann für seine Lampe gewählte Disposition ist in Fig. 241 dargestellt. Um die Schattenwirkung der negativen Elektrode zu vermeiden, hatte er die Anordnung umgekehrt. Er verwendete als negative Elektrode eine durch den Arm D getragene Platte C aus Retortenkohle, welche er nach oben verlegte, und führte das positive Kohlenstäbchen b von unten durch die Wirkung eines über Rollen geführten Gegengewichtes P gegen diese Platte. Das Rohr T, an dessen Spitze die Stromzuleitung stattfindet, dient hier als Führung des Kohlenstäbchens, wobei die Wirkung des Gegengewichts auf dieses durch die Feder R regulirt werden kann.

Auch Werdermann vervollkommnete später seine Lampe noch wesentlich, sodaß dieselbe eine weitgehende Theilung des Lichtes gestattet und sehr gute Lichteffecte giebt.

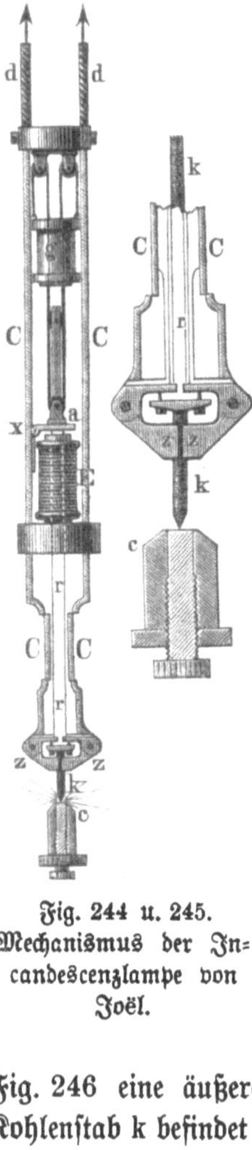

Fig. 244 u. 245. Mechanismus der Incandescenzlampe von Joël.

Reynier's Lampe erhielt in neuester Zeit die durch die Fig. 242 und 243 veranschaulichte Form. C ist das durch ein Cylindergewicht p beschwerte Kohlenstäbchen, B ein Graphitblock, welcher die negative Elektrode bildet. Die Stromzuführung in das obere Kohlenstäbchen geschieht durch einen gleichfalls aus Graphit hergestellten und in einer Kupferhülse befindlichen Contactkörper L, welcher durch die Wirkung der Feder r stets leicht an das obere Kohlenstäbchen angedrückt wird; i j ist dann der glühende und leuchtende Theil desselben. Die gegenwärtig gebräuchlichen Kohlenstäbchen haben 2,5 Millimeter Durchmesser bei 1 Meter Länge, sodaß die Brenndauer der Lampe ca. 6 Stunden beträgt, wobei, wenn dieselbe mit Strömen einer elektrischen Maschine betrieben wird, die pro Pferdekraft erzeugte Lichtstärke gleich 30—40 Carcel-Brennern ist. Das Einsetzen eines neuen Kohlenstabes erfolgt derart, daß der Bajonnetverschluß des negativen Kohlenträgers gelöst wird, worauf durch die alsdann leere untere Fassung der neue Stab von unten her eingeschoben werden kann.

Der Lampe des Amerikaners Joël liegt dasselbe Princip wie den Lampen von Reynier und Werdermann zugrunde, doch weist sie wesentliche constructive Verschiedenheiten auf; Fig. 244 und 245 zeigen die inneren Theile derselben und Fig. 246 eine äußere Ansicht der fertig montirten Lampe. Der obere Kohlenstab k befindet sich in einem röhrenförmigen Kohlenhalter r, welcher mit dem um x drehbaren Anker a eines in einem Nebenschluß befindlichen Elektromagnets E in Verbindung steht, durch das Gewicht g ausbalancirt ist und in einer mit dem Gehäuse C verbundenen Zange z z endigt, deren Backen in der Gleichgewichtslage zwischen r und g den Kohlenstab festhalten. Gleichzeitig führen sie demselben den durch die Aufhängung dd ein- und austretenden Strom zu, der über einem Kupfercylinder c, mit welchem der Kohlenstab anfänglich in Berührung gebracht worden ist, die Lampe wieder verläßt. Durch das Verbrennen der festgeklemmten Kohlenspitze geht das Glühlicht in einen Lichtbogen über; sobald sich derselbe aber bildet, bewirkt die hierbei eintretende Widerstandsvergrößerung in dem Hauptkreise eine Stromverstärkung in der den Elektromagnet E umkreisenden Zweigleitung, wobei der Anker a derart bewegt wird, daß die Backen z z sich öffnen und der Kohlenstab frei herabsinken kann. Bei dem Verschwinden des Lichtbogens, resp. dem Wiedereintritt des Glühlichtes geht der Anker a in seine Ruhelage zurück und die Kohle wird wieder eingeklemmt. Diese regulirenden Bewegungen geschehen in so kurzen Intervallen und sind so klein, daß dieselben auf das gleichmäßige Brennen der Lampe ohne wesentlichen Einfluß sein sollen.

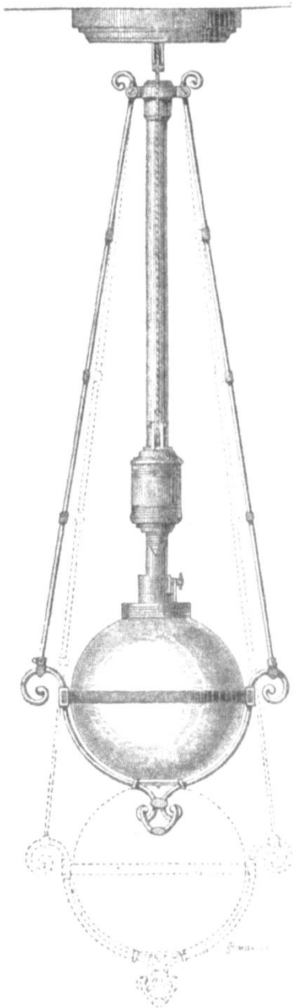

Fig. 246. Ansicht der Incandescenzlampe von Joël.

Wenn auch die im Vorstehenden beschriebenen Lampen als die wichtigsten unter den Lampen mit unvollkommenem Contact bezeichnet werden müssen, so besitzen wir doch noch eine Anzahl von Constructionen, welche interessante Lösungen der vorliegenden Aufgabe darstellen. Unter diesen sei die Lampe von Ducretet erwähnt, die vermöge ihrer Einfachheit für die Anwendung in Laboratorien und physikalischen Cabinetten geeignet erscheint und in Fig. 247 und 248 in einer äußeren Ansicht und einem Querschnitt dargestellt ist. Bei derselben ist T der Kohlenstab, der sich in einer mit Quecksilber nahezu gefüllten Röhre befindet und durch den Auftrieb, welchen er in dem Quecksilber erfährt, stets gegen eine Kohlenscheibe H gedrückt wird. Letztere ist verstellbar an dem Träger S befestigt, der seinerseits an der Röhre isolirt befestigt ist. Das obere Ende dieser Röhre ist durch eine isolirt aufgesetzte Metallkapsel geschlossen, durch welche der Kohlenstab hindurch geführt ist und die durch den Leitungsdraht t mit einer am Fuße der Lampe angebrachten Klemme in Verbindung steht. Der zweite Pol der Lampe ist als Schlüssel MV gestaltet, mittels dessen ein leichtes Oeffnen und Schließen des Stromes bewerkstelligt werden kann, indem derselbe durch den Draht t' mit dem metallischen Träger ss der Kohlenscheibe in leitender Verbindung steht.

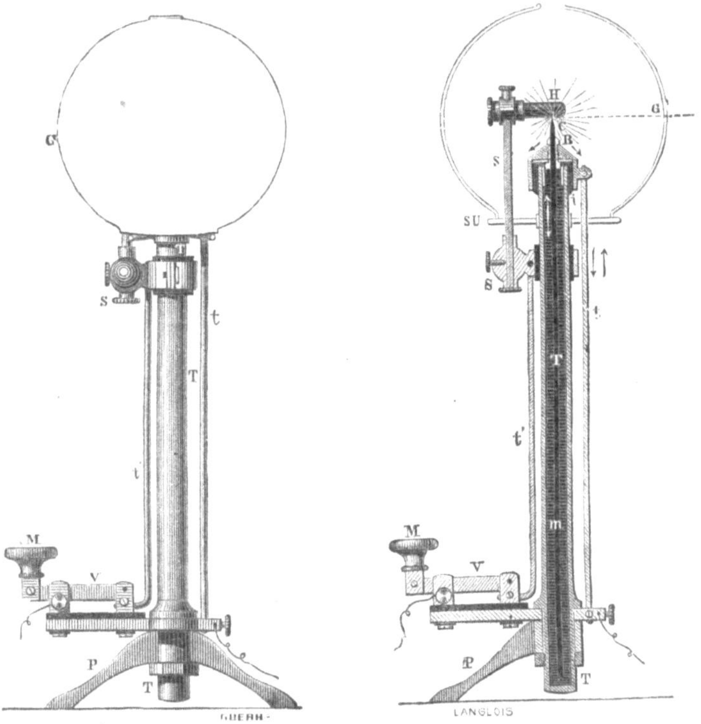

Fig. 247 u. 248. Incandescenzlampe von Ducretet.

Durchfließt ein Strom die Lampe, so verbrennt ein Kohlenstab nach und nach, wobei er durch den stetig wirkenden Auftrieb des Quecksilbers um soviel nachgeschoben wird, daß der Contact mit der Kohlenplatte erhalten bleibt. Die bei längerem Brennen der Lampe naturgemäß sich der oberen Kapsel mittheilende Hitze findet zum weitaus größten Theile eine Ableitung durch den starken Draht t in den Fuß der Lampe, wo hinreichend große Flächen zur Ausstrahlung vorhanden sind, und es wird so die Bildung lästiger und gesundheitsschädlicher Quecksilberdämpfe vermieden.

Eine von Hauck construirte, gleichfalls den Auftrieb einer Flüssigkeit benutzende Lampe zeigt die Verwendung von Glycerin an Stelle des Quecksilbers, wodurch die Bildung schädlicher Dämpfe von vornherein ausgeschlossen ist. In diesem Falle erwies es sich als nothwendig, das in die Flüssigkeit tauchende Ende des Kohlenstäbchens mit einem Schwimmer zu versehen, um das erforderliche Maaß des Auftriebs zu erhalten. Im übrigen ist die Lampe noch mit einer Regulirungsvorrichtung ausgestattet, die ähnlich wie bei der Joël'schen Lampe durch einen kleinen Elektromagnet wirkt und einestheils ein zu starkes Andrücken des glühenden Kohlenstabes an die negative Elektrode, mithin die Gefahr des Abbrechens der leuchtenden Spitze vermeidet, anderentheils einen gleichmäßigen Vorschub des Kohlenstabes bewirkt.

Wie aus der Beschreibung der Glühlichtlampen mit unvollkommenem Contact hervorgeht, ist hier bei der Lichtwirkung immer noch ein kleiner Voltabogen mit thätig, ja ein solcher wird beispielsweise bei der Joël'schen und der Hauck'schen Lampe durch die Wirkungsweise der regulirenden Theile direct hervorgerufen. Es würden die Lampen dieser Gruppe daher richtiger noch als Halb-Incandescenzlampen zu bezeichnen sein, welche Benennung auch mehrfach in Gebrauch gekommen ist.

Bezüglich des Nutzeffectes, welchen derartige Lampen liefern, ist bereits erwähnt worden, daß derselbe sich nicht unbeträchtlich höher stellt als der der Vacuum-Glühlichtbeleuchtung. Um das Verhältniß zwischen der Leuchtkraft beider Gattungen von Glühlampen mit Zuhilfenahme des früher schon benutzten vergleichenden Bildes an dieser Stelle nochmals zu illustriren, sei erwähnt, daß mit dem gleichen Kraftaufwand, welcher erforderlich war, um mittels einer Vacuum-Glühlichtlampe 8—10 Lichteinheiten zu erzeugen, beispielsweise mit einer Reynier-Werdermann-Lampe etwa 30 bis 35 Lichteinheiten erzielt werden können. Dieses Verhältniß läßt erkennen, daß, wenn die Zukunft noch vollkommenere Constructionen von Halb-Incandescenzlampen bringen sollte, dieselben eine größere praktische Anwendung finden dürften, als dies bisher der Fall ist.

Viertes Kapitel.

Das Messen der Elektricität und des Lichtes.

Mit der sich immer weiter ausbreitenden Anwendung der Elektricität zu industriellen Zwecken gewinnt auch die elektrische Meßkunde immer größere Bedeutung, sodaß es heute für den Elektrotechniker zur absoluten Nothwendigkeit geworden ist, sich mit den elektrischen Messungen vertraut zu machen, um mit der stetig fortschreitenden Entwickelung in Wissenschaft und Praxis Schritt halten zu können. Allein nicht nur für den Fachmann, sondern auch für das gebildete Publicum im allgemeinen erscheint in gewissem Grade die Kenntniß der Meßkunde nothwendig, um das Wesen der heutigen Elektrotechnik voll und ganz zu verstehen.

Ehe wir auf die elektrischen Messungen selbst eingehen, ist es erforderlich, die denselben zu Grunde liegenden Einheiten und das heute giltige Maaßsystem näher zu betrachten. Das Bedürfniß nach einem internationalen Maaßsystem machte sich schon längere Zeit geltend, da die herrschenden Systeme im Laufe der Zeit immer complicirter und speciell in Deutschland so wenig präcis geworden waren, daß man wesentlich Verschiedenes mit einem und demselben Namen bezeichnete. Neben den vielen rein empirischen, oder auch ganz willkürlich angenommenen Maaßeinheiten existirten in der Hauptsache zwei absolute Maaßsysteme, von denen das eine von Gauß und Weber, das andere von der British Association aufgestellt worden war. Während bei dem ersteren Milligramm, Millimeter und Secunde als fundamentale Einheiten dienten, war das andere auf der Grundlage der drei Größen Gramm, Centimeter und Secunde errichtet. Die von Gauß nnd Weber gewählten Einheiten siud so klein, daß die Anwendung des betreffenden Systems hauptsächlich auf das Laboratorium beschränkt blieb, während das System der British Association auch in der Praxis bald Eingang fand. Durch das Auftreten beider Systeme nebeneinander wurden jedoch leicht

Mißverständnisse hervorgerufen, da bei beiden die Stromeinheit Weber genannt wird, die englische Einheit jedoch den zehnfachen Werth der deutschen besitzt. So war es in der That hohe Zeit, daß dieser Verwirrung ein Ende gemacht und ein allgemein giltiges Maaßsystem geschaffen wurde. Die Feststellung desselben bildete eine der Hauptaufgaben, welche sich der bei Gelegenheit der ersten internationalen Elektricitäts-Ausstellung in Paris im Jahre 1881 tagende, aus den hervorragendsten Elektrikern aller Länder zusammengesetzte Congreß gestellt hatte. In der dritten Plenarsitzung des Congresses vom 21. September 1881 wurden folgende Beschlüsse gefaßt:

1) Man adoptirt für die elektrischen Maaße die Fundamentaleinheiten: Centimeter, Gramm-Masse, Secunde.

2) Die praktischen Einheiten behalten ihre gegenwärtige Definition bei: 10^9 für das Ohm und 10^8 für das Volt.

3) Die Widerstandseinheit (Ohm) wird dargestellt durch eine Quecksilbersäule von einem Quadratmillimeter Querschnitt bei der Temperatur 0° Celsius.

4) Eine internationale Commission wird beauftragt, durch neue Experimente für die Praxis die Länge der Quecksilbersäule von einem Quadratmillimeter Querschnitt bei 0° C. zu bestimmen, deren Widerstand den Werth des Ohm darstellt.

5) Man nennt Ampère den Strom, welchen ein Volt in einem Ohm hervorbringt.

6) Man nennt Coulomb die Quantität der Elektricität, welche durch die Bedingung definirt ist, daß ein Ampère pro Secunde ein Coulomb giebt.

7) Man nennt Farad die Capacität, welche durch die Bedingung definirt ist, daß ein Coulomb in einem Farad ein Volt giebt.

Um auch denjenigen unserer Leser ein volles Verständniß zu ermöglichen, welche die Elektrotechnik nicht zu ihrem speciellen Berufszweige gewählt haben, sollen in Nachstehendem in kurzgefaßter Weise alle elektrischen Einheiten aus den drei Fundamentaleinheiten, Centimeter, Gramm-Masse, Secunde, abgeleitet werden.

Der Begriff des Messens im allgemeinen besteht bekanntlich darin, daß man die zu messende Größe mit einer anderen Größe — der Einheit — vergleicht. Man kann nur gleichartige Größen miteinander vergleichen, woraus folgt, daß man ebensoviele verschiedene Einheiten als Größen haben muß. Bei einem rationellen Maaßsystem haben nun diese verschiedenen Einheiten gewisse Beziehungen untereinander, die am besten aus den möglichst einfachen Verhältnissen bestehen. Man unterscheidet bei dem absoluten Maaßsystem fundamentale und abgeleitete Einheiten, von denen die ersten willkürlich angenommen sind.

Die fundamentalen Einheiten bestehen aus der Längeneinheit, der Masseneinheit und der Zeiteinheit. Die jetzt am meisten verbreitete Längeneinheit ist das Meter, dessen abgeleitete Einheit, das Centimeter, von dem Congreß als elektrische Längeneinheit gewählt wurde, deren Symbol C ist.

Die Masseneinheit des metrischen Systems ist die Masse eines Kubikcentimeters destillirten Wassers im Zustande seiner größten Dichtigkeit, also bei einer Temperatur von 4° Celsius. Der Congreß verwarf den Ausdruck Gramm für diese Einheit, da man mit demselben die Idee einer Kraft verbindet, nannte dieselbe Gramm-Masse und gab ihr das Symbol G.

Als Zeiteinheit gilt überall die Secunde und das Symbol derselben ist S.

Die aus den drei fundamentalen Einheiten abgeleiteten absoluten Einheiten sind: die Einheit der Geschwindigkeit, die der Beschleunigung, die der Kraft, die der Arbeit und die des Effectes. Zur Erklärung diene noch Folgendes: Den Weg, welchen ein in gleichförmiger Bewegung befindlicher Körper in der Zeiteinheit durchläuft, nennt man Geschwindigkeit.

Die Vermehrung der Geschwindigkeit, welche ein Körper durch die Einwirkung einer Kraft in einer Secunde erfährt, nennt man Beschleunigung.

Die unbekannte Ursache der Beschleunigung ist die Kraft. Die Arbeit ist das Product aus der Kraft und der in der Kraftrichtung zurückgelegten Weglänge.

Die von einer Kraft in der Zeiteinheit verrichtete Arbeit endlich nennt man Effect.

Entsprechend dieser Ableitung sind die Bezeichnungen für die abgeleiteten absoluten mechanischen Einheiten:

Einheit der Geschwindigkeit = $C\,S^{-1}$
„ „ Beschleunigung = $C\,S^{-2}$
„ „ Kraft . . . = $C\,G\,S^{-2}$
„ „ Arbeit . . . = $C^2\,G\,S^{-2}$
„ des Effectes . . . = $C^2\,G\,S^{-3}$

Die hiernach geschaffenen, in der Technik und im gewöhnlichen Leben gebräuchlichen Einheiten sind folgende:

Einheit der Länge	. . . =	Meter	=	100 C
„ „ Masse	. . . =	$\frac{\text{Kilogramm}}{9,81}$ . .	=	101,94 G
„ „ Zeit	. . . . =	Secunde. . . .	=	1 S
„ „ Geschwindigkeit	=	Meter pro Sec. .	=	100 C S^{-1}
„ „ Beschleunigung	=	„ „ „ .	=	100 C S^{-2}
„ „ Kraft	. . . =	Kilogramm . . .	=	981000 C G S^{-2}
„ „ Arbeit	. . . =	Meterkilogramm .	=	98100000 C^2 G S^{-2}
„ des Effectes	. . =	Secundenmeterklgr.	=	98100000 C^2 G S^{-3}

Die Ableitung der absoluten elektrischen Einheiten ist jedoch keine so einfache wie die vorbeschriebene der mechanischen, denn während man bei den letzteren jede auftretende Naturerscheinung als eine Bewegung betrachten und demnach die dieselbe charakterisirenden Größen, wie Geschwindigkeit, Beschleunigung, Masse, Kraft, Arbeit und Effect, messen konnte, ist das eigentliche Wesen der Elektricität für uns heute noch ein ungelöstes Problem. Wir wissen weder, welches die Masse ist, welche die Bewegung vollführt, noch welcher Art diese Bewegung ist, ob oscillirend, rotirend, fortschreitend ꝛc.

Nach Vorstehendem ist es klar, daß es nicht wie bei der Feststellung der mechanischen Masseneinheit G gelingen wird, die Masseneinheit der Elektricität durch ihre räumliche Ausdehnung zu bestimmen, da uns hierzu alle Vorbegriffe fehlen; es erscheint überhaupt eine empirische Bestimmung dieser Einheit unmöglich und dieselbe muß daher in anderer Weise festgestellt werden. Die Zurückführung der Masseneinheit auf die Fundamentaleinheiten C, G, S gelingt dadurch, daß man die verschiedenen Wirkungen der Elektricität zu Grunde legt. Je nach den zu Grunde gelegten Wirkungen erhält man auf diese Weise die absoluten elektrostatischen, elektro-dynamischen, elektro-magnetischen, elektro-mechanischen, elektro-thermischen und elektro-chemischen Einheiten. Für unseren Zweck genügt eine Besprechung der beiden ersteren, als derjenigen, welche eine überwiegende Bedeutung erlangt haben.

Bei dem elektro-statischen System bedient man sich zur Ableitung der Masseneinheit des Coulomb'schen Gesetzes, wonach die Anziehung oder Abstoßung zwischen den voneinander entfernten Elektricitätsmengen gleich ist dem durch das Quadrat der Entfernung dividirten Product beider.

Bei der Berechnung derselben erhält man für die Masseneinheit $Q = C^{1/2} G^{3/2} S^{-1}$ und es ergiebt sich hierbei, daß die elektro-statische Einheit der Elektricitätsmenge diejenige ist, welche auf eine gleich große, in der Einheitsentfernung befindliche eine Kraft ausübt, die der Krafteinheit gleich ist.

Aus der so erhaltenen Masseneinheit läßt sich die Stromeinheit direct ableiten und ergiebt sich die Stromeinheit $I = C^{\frac{3}{2}} G^{\frac{1}{2}} S^{-2}$ oder in Worten ausgedrückt: Die elektro-statische Einheit der Stromstärke besitzt derjenige Strom, bei welchem in der Zeiteinheit die Masseneinheit durch jeden Querschnitt des Leiters hindurch befördert wird.

Diejenige Kraft, welche die Potentiale zweier durch einen Leiter verbundenen Punkte stets constant erhält, nennt man die elektro-motorische Kraft. Dieselbe hat das Bestreben, in den beiden Punkten stets eine gleiche Potentialdifferenz zu erhalten; die Potentialdifferenz ist somit das Resultat der elektro-motorischen Kraft. Beide Größen — elektro-motorische Kraft und Potentialdifferenz — sind gleicher Natur und können mit derselben Maaßeinheit gemessen werden, unterscheiden sich aber dadurch, daß man die Potentialdifferenz zweier Punkte unter allen Umständen direct messen kann, wohingegen man die Größe der elektro-motorischen Kraft, welche in einem Stromkreise thätig ist, in der Regel erst berechnen muß. Die zum Messen beider Größen dienende Einheit ist die Einheit der elektro-motorischen Kraft. Dieselbe ist $E = C^{\frac{1}{2}} G^{\frac{1}{2}} S^{-1}$ oder in Worten definirt:

Zwischen zwei Punkten wirkt eine elektro-motorische Kraft (oder besteht eine Potentialdifferenz) vom Werthe Eins, wenn man die Einheit der Arbeit aufwenden muß, um die Einheit der Elektricitätsmenge von dem einen zu dem anderen Punkte zu transportiren. Oder: die Einheit der elektro-motorischen Kraft ist eine Potentialdifferenz zweier Punkte, welche, wenn man sie constant erhält, bewirkt, daß die Einheit der Elektricitätsmenge die Arbeitseinheit leistet, wenn sie den Weg zwischen jenen zwei Punkten durchläuft.

Die elektro-statische Widerstandseinheit läßt sich aus den bereits festgestellten Einheiten leicht ableiten, da sie die Reciproke einer Geschwindigkeit ist; sie wird ausgedrückt durch $R = C^{1} S$.

Das zweite der erwähnten Maaßsysteme, das elektro-magnetische, beruht auf den magnetischen Erscheinungen des elektrischen Stromes. Dieses System wurde zuerst von W i l h e l m W e b e r in Göttingen aufgestellt, und zwar wählte derselbe, wie schon im Eingang dieses Kapitels erwähnt, als Fundamentaleinheiten die Größen Millimeter, Milligramm, Secunde, welche sich für rein wissenschaftliche Zwecke vorzüglich eignen, dagegen ihrer Kleinheit wegen für die Praxis unbrauchbar sind, da man bei Ermittelung praktischer Werthe stets zu große Zahlen erhält. Der Elektriker-Congreß wählte deshalb das Maaßsystem der-

British Association, welches auf den Größen Centimeter, Gramm und Secunde basirt.

Zur Feststellung der elektro-magnetischen Einheit dient folgender Umstand: Den Raum, welcher durch das Vorhandensein von freiem Magnetismus verändert wird, nennt man ein magnetisches Feld; ein solches magnetisches Feld wird auch durch einen elektrischen Strom erzeugt. Denkt man sich nun einen Draht von der Länge Eins, dessen sämmtliche Punkte von einem außerhalb des Drahtes liegenden Punkte um die Länge Eins entfernt sind, der also nach einem Kreisbogen gekrümmt ist, dessen Länge sowohl als dessen Radius = 1 Centimeter ist, so nennt man diejenige Stromstärke die elektro-magnetische Einheit, welche in dem Krümmungsmittelpunkte des Drahtes die Einheit des magnetischen Feldes erzeugt. Die übrigen elektro-magnetischen Einheiten lassen sich aus dieser einen leicht ableiten. Die gewonnenen Resultate sind:

Einheit der Stromstärke . . . . . $= C^{\frac{1}{2}} G^{\frac{1}{2}} S^{-1}$
" " Elektricitätsmenge . . . $= C^{\frac{1}{2}} G^{\frac{1}{2}}$
" " elektro-motorischen Kraft . $= C^{\frac{3}{2}} G^{\frac{1}{2}} S^{-1}$
" des Widerstandes . . . . $= C S^{-1}$
" der elektrischen Capacität . . $= C^{-1} S^{2}$

Nach den Beschlüssen der Pariser Conferenz haben die von der British Association aufgestellten Werthe folgende Veränderung erfahren:

Zu messende Größe.	Name.	Verhältniß zur absoluten Einheit. C. G. S.
Elektricitätsmenge	Megacoulomb	10^{-5}
	Coulomb	10^{-1}
	Mikrocoulomb	10^{-7}
Stromstärke	Megampère	10^{-5}
	Ampère	10^{-1}
	Mikroampère	10^{-7}
Widerstand	Megohm	10^{15}
	Ohm	10^{9}
	Mikrohm	10^{3}
Elektro-motorische Kraft	Megavolt	10^{14}
	Volt	10^{8}
	Mikrovolt	10^{2}
Elektrische Capacität	Megafarad	10^{-3}
	Farad	10^{-9}
	Mikrofarad	10^{-15}

Außerdem bezeichnet 1 „Weber“ die Einheit der magnetischen Quantität und ist = 10^8 C G S Einheiten. Es mag noch bemerkt werden, daß 1 „Ohm“ = 1,0493 „Siemens-Einheiten“ und etwa gleich dem Widerstande eines reinen Kupferdrahtes von 48,5 Meter Länge und 1 Millimeter Durchmesser bei einer Temperatur von 0° Celsius ist.

1 „Volt“ ist 5—10% weniger als die elektro-motorische Kraft eines Daniell'schen Elementes. Der Strom, welcher durch die elektro-motorische Krafteinheit im stande ist, die Widerstandseinheit in einer Secunde zu durchfließen, ist = 1 „Ampère“. „Coulomb“ heißt diejenige Elektricitätsmenge, welche in der Secunde 1 Ampère giebt.

Außer den in der Tabelle gegebenen Einheiten ist von William Siemens in London vorgeschlagen, die Einheit der Kraft mit „Watt“ zu bezeichnen, also: Krafteinheit = Watt = 10,7 G S C Einheiten. Es ist 1 Watt = Ampère × Volt und 1 englische oder deutsche Pferdekraft $= \frac{\text{Ampère} \times \text{Volt}}{746}$; 1 französische Pferdekraft $= \frac{\text{Ampère} \times \text{Volt}}{735}$.

1. Das Messen der Elektricität.

Vor der Beschreibung der Meßmethoden und der Messungen erscheint es angezeigt, eine Uebersicht der gebräuchlichen Meßinstrumente zu geben, wobei die älteren Apparate dieser Art unberücksichtigt gelassen und nur die neueren Constructionen, welche für die Praxis von Bedeutung sind, besprochen werden sollen.

Alle elektrischen Meßinstrumente zerfallen in zwei große Gruppen: solche, welche auf Wirkungen der Elektricität beruhen und daher direct zur Messung des elektrischen Zustandes dienen, und solche, welche Körper enthalten, die, wenn sie der Einwirkung der Elektricität ausgesetzt werden, in Bezug auf Maaßgrößen der Elektricität einfache Verhältnisse darbieten. Die Instrumente der ersten Gruppe werden zum Messen der Spannungen und Stromstärken, die der zweiten Gruppe zur Vornahme der Widerstands- und Capacitätsmessungen benutzt.

Die Instrumente zum Messen des Stromes theilen sich, der dreifachen Wirkung des Stromes entsprechend, in drei Gruppen: 1) die Galvanometer, welche auf der mechanischen Wirkung eines vom Strome durchflossenen Leiters auf einen oder mehrere Magnete beruhen; 2) die Dynamometer, welche auf der mechanischen Wirkung eines vom Strome durchflossenen Leiters auf einen anderen vom Strome durchflossenen Leiter beruhen; 3) die Voltameter, welche auf der chemischen Zersetzung einer vom Strome durchflossenen Flüssigkeit beruhen. Ihrer praktischen Bedeutung nach unterscheiden sich diese Gruppen folgendermaaßen: Galvanometer werden sowohl für die kräftigsten als für die schwächsten Ströme, jedoch fast nur für gleichgerichtete Ströme verwendet. Dynamometer sind sowohl für gleichgerichtete als für Wechselströme verwendbar; ihre Empfindlichkeit für schwache Ströme erreicht jedoch bei weitem nicht diejenige der Galvanometer. Voltameter benutzt man meist nur da, wo die chemische Wirkung des Stromes untersucht werden soll.

Das bei weitem wichtigste Instrument des Elektrikers ist das Galvanometer, da diese Art der Strommessung am häufigsten vorkommt; auch ist das Galvanometer das einfachste und bequemste aller elektrischen Meßinstrumente, sodaß man selbst bei Messungen, welche mit anderen Instrumenten auszuführen wären, dieselben so einrichtet, daß man Galvanometer anwenden kann. Dem Galvanometer ähnlich ist das Galvanoskop, welches dazu dient, das Vorhandensein von Strömen zu constatiren, mit welchem man jedoch keine Messung der Stromstärke vornehmen kann; jedes Galvanometer ist zugleich ein Galvanoskop von größerer oder geringerer Empfindlichkeit. Im wesentlichen stimmen alle Galvanometer in ihrer Construction überein, da sie sämmtlich aus einer Anzahl feststehender Drahtwindungen bestehen, die, wenn sie vom Strome durchflossen werden, auf einen oder zwei um eine senkrechte Achse drehbare Magnete wirken. Die Verschiedenartigkeit der Constructionen wird einerseits durch den gewünschten Grad der Empfindlichkeit, anderseits durch die Art der vorzunehmenden Messung bedingt. Daher kommt es, daß jedes einzelne Galvanometer sich nur für einen gewissen Bereich der Stromstärke eignet und es somit für eine Reihe von Messungen einer Reihe Galvanometer verschiedener Construction bedarf. Die mit diesem Instrumente vorzunehmenden Messungen sind beinahe sämmtlich der Art, daß die Wirkung der Drahtwindungen auf den Magnet nach einem einfachen Gesetze erfolgt. Je größer die Anzahl der Windungen, desto größer ist die Empfindlichkeit des Galvanometers. Ebenso hängt die letztere davon ab, daß der Wickelungsraum möglichst eng die Nadel umschließt und die äußere magnetische Richtkraft möglichst gering ist. Im Folgenden seien zunächst die Arten der Messungen und die magnetischen Combinationen, welche zur Erhöhung der Empfindlichkeit angewendet werden, in Betracht gezogen.

Untersucht man die Einwirkung einer vom Strome durchflossenen Drahtwindung auf eine drehbare Magnetnadel, so findet man drei Fälle, in welchen diese Wirkung ein einfaches Gesetz befolgt. Es ist dies 1) das Tangentengesetz, 2) das Sinusgesetz und 3) die Proportionalität. Das Tangentengesetz gilt dann, wenn die Entfernungen der Windungen von der Nadel im Verhältniß zu den Dimensionen der letzteren Größe stehen. Das Sinusgesetz gilt, wenn die relative Lage der Nadel zu den Windungen bei der Wirkung des Stromes dieselbe wie ohne Strom ist, wobei die Formen der Windungen, sowie die Entfernungen derselben von der Nadel beliebige sein können. Die Proportionalität tritt ein, wenn die Ablenkungen der Nadel klein sind; wie bei dem Sinusgesetz können auch hier die Formen und Entfernungen der Windungen beliebige sein.

Endlich kann man auch Galvanometer, deren Construction die Anwendung keiner der drei erwähnten Messungsarten gestattet, als Meßinstrumente verwerthen, wenn man dieselben graduirt. Das hierbei zur Anwendung kommende Verfahren ist ein rein empirisches, da man durch Combination verschiedener Batterieen und Widerstände künstlich eine Reihe von Strömen von bekannter Stärke erzeugt und die Ausschläge, welche dieselben am Galvanometer hervorbringen, mißt. Durch graphische Aufzeichnungen oder mathematische Interpolation läßt sich alsdann die Curve ermitteln, welche die Abhängigkeit der Stromstärken vom Ausschlage darstellt, und so eine Tabelle berechnen, die für jeden Grad der Theilung die entsprechende Stromstärke angiebt. Diese Methode empfiehlt sich jedoch nicht, wegen der Umständlichkeit, mit welcher die Ausführung derselben verknüpft ist, und ist daher nur im Nothfall anzuwenden. Bei dem empfindlichen Magnetsystem muß auch die Empfindlichkeit der Galvanometer erhöht werden: namentlich ist dies bei den später zu beschreibenden Spiegel-Galvanometern der Fall. Man erreicht diesen Zweck theils dadurch, daß man die auf die Nadel wirkende Richtkraft schwächt, theils indem man die Wirkung des Stromes auf die Nadel erhöht, und zwar durch Anwendung von astatischen Nadeln und Richtmagneten. Bei der Besprechung der einzelnen Formen der Galvanometer bieten sich zuerst die Galvanometer mit Theilkreis dar — diejenigen Apparate, bei denen größere Ablenkungen beachtet werden sollen. Die einfachste Form der Theilkreis-Galvanometer zeigt der Batterieprüfer in der Construction, wie er von Siemens & Halske gebaut wird. Derselbe besteht aus zwei Windungen von 1—2 Millimeter dickem Kupferdraht, welche ziemlich dicht um eine auf der Spitze schwingende Magnetnadel geführt sind und deren Widerstand äußerst gering ist. Zwischen der in den Windungen herrschenden Stromstärke und dem Ausschlag der Nadel besteht in diesem Falle nicht das Tangentengesetz, überhaupt kein Gesetz einfacher Natur. Man benutzt den Batterieprüfer auch nur in der Weise, daß man sich bei guten Exemplaren der verschiedenen Arten von Elementen den bezüglichen Ausschlag ungefähr merkt und danach die Güte der zu prüfenden Elemente beurtheilt. Bei allen sonstigen Vorzügen des Batterieprüfers, die hauptsächlich durch seine einfache Construction bedingt sind, hat derselbe den Nachtheil, daß er bei der Prüfung von Batterieen nur dann schlechte Elemente anzeigt, wenn der Widerstand bereits ein sehr hoher ist. Größere Batterieen theilt man daher in Gruppen von 5 bis 10 Elementen ein und mißt so die letzteren einzeln ab. Das sowohl bei diesem als bei den übrigen gleichartigen Meßinstrumenten herrschende Gesetz läßt sich in folgenden Worten ausdrücken: Die Intensität eines Kreisstromes, welcher im magnetischen Meridian steht und auf eine in seiner Achse aufgehängte Magnetnadel wirkt, ist proportional der Tangente des Ablenkungswinkels. Auf diesem Gesetze beruht auch die Construction eines vielfach angewendeten Meßinstruments zur Bestimmung und Vergleichung von Stromstärken, nämlich der Tangentenboussole, welche ein Galvanometer mit Theilkreis ist. Dieselbe wurde von Gaugain & Helmholtz zuerst construirt und wird von Siemens & Halske ausgeführt. Grundbedingung ist hierbei ein weiter Abstand der Windungen von der Nadel und es eignet sich deshalb die Tangentenboussole nur zum Messen stärkerer Ströme. Dadurch, daß man den Windungen die Kreisform giebt, ist eine theoretisch genaue Berechnung der Wirkung der Windungen auf die Magnetnadel ermöglicht und läßt sich auf diese Weise zum voraus feststellen, wie stark ein Strom sein muß, um eine bestimmte Ablenkung der Nadel hervorzubringen. Die Tangentenboussole ist das einzige Galvanometer, bei welchem unmittelbar durch die Construction ein absolutes Strommaaß gegeben ist. Das hier zur Anwendung kommende Tangentengesetz ist nur dann giltig, wenn die Dimensionen des Magnets im Verhältniß zu denen des Stromkreises so klein sind, daß die Wirkungen des letzteren für alle Punkte des Magnets als gleichmäßig angesehen werden können. Man kann theoretisch nachweisen, daß die Abweichungen schon bedeutend kleiner werden, wenn man die Windungen seitwärts von der Nadel in der Weise anbringt, daß der Durchmesser jeder Windung gleich der vierfachen Entfernung derselben vom Mittelpunkt der Nadel ist. Bei der Siemens & Halske'schen Construction ist dies in folgender Weise erreicht: Außer den auf einem Messingring angebrachten fünf Windungen wird dieser Ring selbst auch noch als Stromleiter benutzt, falls die Ströme so stark sind, daß der Ausschlag bei Anwendung der Windungen zu groß sein würde. Zu dem Messingring führen zwei Klemmen, ebenso zu den Drahtwindungen. Um mit der Tangentenboussole eine Messung ausführen zu können, hat man zunächst die Ebene des Theilkreises mit Hilfe der Stellschrauben so zu stellen, daß ein an der Nadel befestigter Aluminiumzeiger über allen Punkten des Theilkreises in gleicher Entfernung schwingt. Hierauf wird der Theilkreis derart gedreht, daß die Nadel über Null zu stehen kommt; mittels einer Schraube stellt man alsdann den Theilkreis fest. Da die vorhin erwähnte Gleichmäßigkeit der Wirkung des Stromkreises für alle Punkte des Magnets in der Praxis niemals ganz erreicht wird, werden in der Proportionalität zwischen Stromstärke und Tangente der Ableitungswinkel Abweichungen entstehen, die mit den Ablenkungswinkeln selbst wachsen, und sind daher diese Instrumente bei größeren Ablenkungen unzuverlässig.

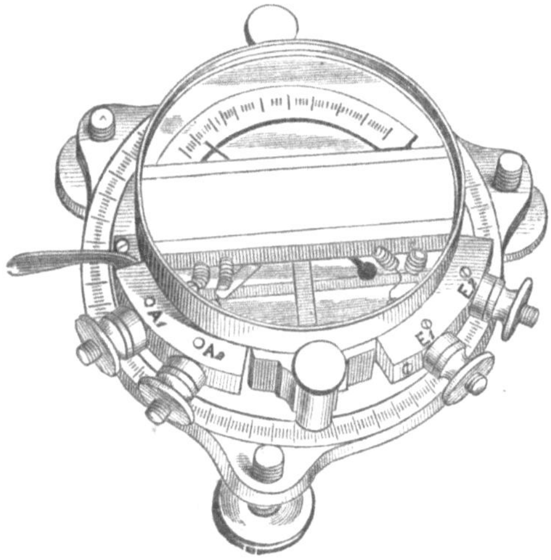

Fig. 249.
Sinusboussole von Siemens & Halske.

Um die bezeichneten Mängel der Tangentenboussole zu vermeiden, construirte Pouillet und nach ihm Bobendorf ein anderes Meßinstrument, die Sinusboussole, welche zur Classe derjenigen Meßinstrumente gehört, bei denen die Magnetnadel durch eine Gegenkraft in die Ruhelage zurückgeführt und die Gegenkraft gemessen wird, welche zu dieser Zurückführung nöthig ist. Eine Sinusboussole, von Siemens & Halske construirt und ausgeführt, zeigt Fig. 249. Es ist dies ein Galvanometer mit engen Windungen, da, wie schon vorhin betont wurde, die Weite der Windungen bei Anwendung des Sinusgesetzes eine beliebige ist. Der Galvanometerrahmen, in welchem die Spitze, auf der die Nadel schwingt, und die Arretirungsvorrichtung angebracht sind, ist in einem besonderen, um seine Achse drehbaren Gehäuse befestigt. An dem Gehäuse sitzt noch der Theilkreis, über welchem der auf der Nadel senkrecht zu derselben befestigte Zeiger spielt, und die Klemmen für die Zuleitungsdrähte. Auf einem zweiten festen Theilkreis, innerhalb dessen sich das ganze Gehäuse dreht, wird der Grad der Drehung des letzteren abgelesen. Wie bei der Tangentenboussole, wird, bevor man zur Messung schreitet, durch Drehung des Gehäuses der Zeiger über Null eingestellt und die Stellung des Gehäuses in dem äußeren Theilkreis abgelesen. Alsdann wird der Strom geschlossen und das Gehäuse der abgelenkten Nadel nachgedreht, bis der Zeiger wieder über Null steht. Wenn man nun die Stellung des Gehäuses auf dem Theilkreis wieder abliest und von dem jetzt abgelesenen Winkel den der früheren Stellung entsprechenden Winkel abzieht, so erhält man den Winkel der Drehung, dessen Sinus der Stromstärke proportional ist. Dadurch, daß das beschriebene Galvanometer zwei getrennte gleiche Drahtwickelungen besitzt, die sich derart schalten lassen, daß auf die Nadel nur die Differenz der die Windungen durchlaufenden beiden Ströme wirkt, wird die Sinusboussole zugleich zum Differentialgalvanometer.

Die Bedingungen, durch welche ein Galvanometer zum Differentialgalvanometer wird, sind folgende: Beide Windungen müssen gleichen Widerstand und außerdem gleiche Wirkung auf die Nadel besitzen. Diese beiden Bedingungen gleichzeitig zu erfüllen, ist ohne besondere Regulirvorrichtung sehr schwierig; man sieht deshalb meist davon ab und erfüllt nur die eine Bedingung, nämlich diejenige der gleichen Wirkung auf die Nadel, und zwar aus dem Grunde, weil sich die durch Nichterfüllung der anderen Bedingung entstehende Differenz der Widerstände durch Messungen leicht berechnen läßt. Bei dem vorhin beschriebenen Instrumente sind jedoch beide Bedingungen erfüllt.

Ein Instrument, welches sowohl als Sinus- wie als Tangentenboussole gebraucht werden kann, ist die sogenannte Sinus-Tangentenboussole (Fig. 250) von Siemens & Halske. Dieselbe läßt sich, wie schon der Name sagt, sowohl für Messungen nach dem Sinus- als für solche nach dem Tangentengesetz benutzen. Die Drahtwindungen befinden sich hier auf einem hölzernen, vertical gestellten Ringe, dessen mittlere Ebene durch den Mittelpunkt der Nadel geht und wieder weit genug von der Nadel entfernt ist, um die Anwendung des Tangentengesetzes zu gestatten.

Die Windungen bestehen aus zwei Theilen, deren jeder besondere Klemmen besitzt, und zwar aus einem dickeren Drahte von sechzehn Windungen und ungefähr 0,09 Siemens-Einheiten (SE) Widerstand und aus einem dünneren Drahte, der ungefähr 1000 Windungen und 140—150 SE Widerstand besitzt. Beigegeben werden dem Instrumente zwei Magnetnadeln, eine kurze mit Aluminiumspitzen und eine lange. Will man das Tangentengesetz zur Anwendung bringen, so setzt man die kurze Nadel in die Boussole ein und leitet den Strom durch die stärkeren Drahtwindungen,

Fig. 250. Sinus-Tangentenboussole von Siemens & Halske.

wobei man selbstverständlich vorher den Windungskreis in den magnetischen Meridian einzustellen hat. Um das Instrument als Sinusboussole benutzen zu können, muß man die lange Magnetnadel einsetzen; der zu messende Strom wird durch die dünne Drahtpartie geleitet und lenkt alsdann die Magnetnadel ab. Dadurch, daß man den Ring, welcher Boussole und Windungsring trägt, in demselben Sinne dreht, in welchem die Ablenkung erfolgt, wird die Magnetnadel noch weiter abgelenkt. Ist nun der zu messende Strom nicht allzu stark, so kommt man dahin, daß die Nadel wieder mit demselben Theilstrich auf der Boussole zusammenfällt, auf dem sie bei der Ruhelage stand. Es hängt daher die Ablenkung vom Meridian nur von der Intensität des Stromes, welcher sie proportional ist, und von dem Erdmagnetismus ab. Bei Messungen nach dem Sinusgesetz kann man den Bereich der meßbaren Stromstärke noch dadurch erweitern, daß man einen Nebenschluß zu den Windungen mit dünnerem Drahte einschaltet.

Die bis jetzt beschriebenen Instrumente sind zur Vornahme feinerer Messungen immerhin noch nicht genau genug. Erst Gauß und seinem Mitarbeiter Weber verdanken wir ein Instrument zur Messung der Intensität des Stroms, welches sowohl an Empfindlichkeit als an Schärfe der Messung alle anderen weit übertrifft und derartig feine Messungen zuläßt, daß hierdurch selbst die bis dahin der Wissenschaft als die genauesten geltenden Messungen, nämlich die der Astronomen, in den Schatten gestellt werden. Diese Genauigkeit ist durch eine Hilfsvorrichtung ermöglicht, welche eine beliebige Vergrößerung der Ablenkung gestattet. Es ist dies die Ablesung mittels eines Spiegels, wonach das Instrument auch den Namen Spiegel-Galvanometer führt. Bei diesem Instrumente ist die Bewegung der Galvanometernadel stets eine Drehung.

An der Nadel ist ein Spiegel befestigt, auf welchen ein von einem festen Punkte ausgehender Lichtstrahl fällt. Der vom Spiegel reflectirte Strahl macht die Bewegung der Nadel mit, und zwar ist stets nach dem Gesetze der Reflexion die Drehung des reflectirten Strahles doppelt so groß als die des Spiegels. Je größer die Entfernung vom Spiegel ist, in welcher man den Strahl auffängt, um so größer ist natürlicherweise auch der Weg, welchen jener Strahl bei der Drehung beschreibt. Die Vergrößerung dieser Entfernung dient daher dazu, die Bewegung der Nadel in beliebigem Maaße zu vergrößern.

Die Drehung des Lichtstrahls kann man entweder mittels eines Fernrohrs beobachten, oder auch objectiv darstellen, wonach man von einer Spiegelablesung mit Fernrohr und einer solchen mit objectiver Darstellung spricht. Beide Arten der Beobachtung sollen nachstehend eingehender erläutert werden.

Bei der Spiegelablesung mit Fernrohr (Fig. 251) ist eine Scala etwa senkrecht zu der Verbindungslinie zwischen der Mitte eines Spiegels s und der Mitte der Scala aufgestellt; dieselbe wird gut beleuchtet, entweder durch auffallendes Licht, im Falle die Scala undurchsichtig ist, oder durch durchscheinendes, wenn sie transparent ist. Ein Fernrohr f wird derart auf den Spiegel gerichtet, daß man in demselben die Scala sieht. Bei Drehung des Spiegels gelangen nacheinander immer andere von der Scala ausgehende Lichtstrahlen in das Fernrohr, sodaß man in demselben die Scala in dem vorderen Kreise vorbeiziehen sieht. Gleichgiltig ist die Entfernung des Fernrohres vom Spiegel für die Größe der Ablenkung, da sich diese nur nach der Entfernung der Scala vom Spiegel richtet. Ebenso kann man das Fernrohr, wie in der Skizze angedeutet, seitwärts von der Scala, oder auch, wie solches meistens geschieht, genau über oder unter der Scalenmitte aufstellen.

Die Spiegelablesung mit objectiver Darstellung ist durch Fig. 252 näher erläutert. Es ist hier p die Flamme einer flachbrennenden Lampe, m ein Spalt, l eine Linse, s der Spiegel und c die Scala. Man verstellt die Linse so lange, bis auf der Scala ein scharfes Bild des Spaltes m erscheint. Bei Drehung des Spiegels bewegt sich das Bild auf der Scala; gewöhnlich wird der Spalt unter der Scala, die Linse vor und die Lampe hinter derselben angebracht. Ein Vortheil der Spiegelablesung mit objectiver Darstellung ist der, daß mehrere Personen zugleich beobachten können und die Beobachtung selbst das Auge weniger anstrengt als die mit dem Fernrohr; dagegen sind die erhaltenen Resultate nicht so genau wie bei dieser Methode.

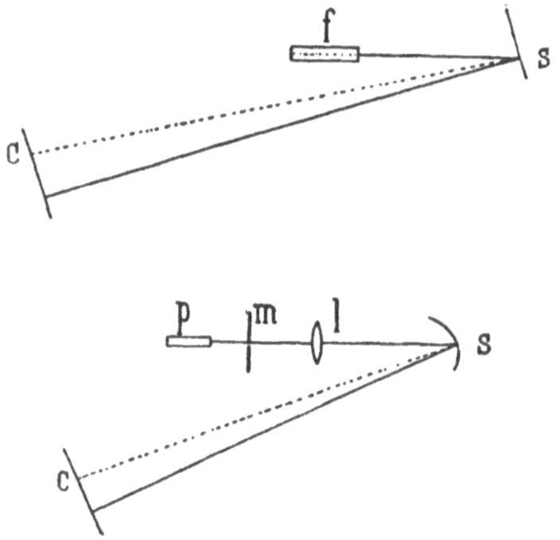

Fig. 251 u. 252. Principielle Darstellung der Spiegelablesung.

Bei den Spiegelgalvanometern kommt oft noch eine Einrichtung vor, mittels welcher der Bereich der Anwendbarkeit des Galvanometers sich beinahe beliebig erweitern läßt. Es ist dies der sogenannte Nebenschluß. Derselbe besteht aus einer Anzahl von Widerständen, welche in einem gewissen Verhältniß zu dem Widerstande des Galvanometers stehen. Die Anwendung derselben ermöglicht es, von jedem zu messenden Strome nur einen bestimmten Theil durch das Galvanometer zu schicken.

Das einfachste Spiegelgalvanometer ist das ebenfalls von Siemens & Halske gebaute transportable Spiegelgalvanometer nach Thomson.

Dasselbe besteht aus einer einzigen vertical gestellten Drahtrolle, in deren Mitte ein Kupferstück an einem Ende einzuschieben ist, welches horizontal den Magnet und die Aufhängung enthält. Der Magnet — hier zugleich Spiegel — ist möglichst leicht und hohl und hängt oben sowohl als unten an ganz kurzen Fäden; die Schwingungsdauer ist sehr gering. Die Ablesung ist eine objective, und zwar befinden sich Laterne und Galvanometer auf demselben Bret. Die Laterne ist stabil angebracht und vor derselben ist ein Prisma befestigt, durch welches der Lichtstrahl auf den Spiegel geworfen wird. Das Instrument läßt sich in jeder beliebigen Ebene aufstellen, da der Richtmagnet kräftig genug ist, um dem Magnet jede gewünschte Richtung zu ertheilen. Bei mittlerem Stande des Richtmagnets und einer Bewickelung mit dem dünnsten Kupferdraht giebt das Instrument noch einen Ausschlag von 1 Millimeter für einen Strom von 1 Daniell in 7 Millionen SE bei 1 Meter Entfernung der Scala.

Während dieses Instrument für weniger genaue Strommessungen, wie für die sogen. Brückenmessungen, bestimmt ist, dient das aperiodische Spiegelgalvanometer mehr für genaue Messungen. Dasselbe enthält, wie das vorige, nur eine Nadel und eignet sich für objective Darstellungen von Stromerscheinungen vor einem größeren Publicum, überhaupt für Spiegelablesung mit weiterer Entfernung der Scala. Dieses Spiegelgalvanometer besteht aus zwei Drahtrollen und enthält einen Magnet in Glockenform nach Dr. Werner Siemens, welcher in einer Kupferkugel schwingt. Die Bewegung ist aperiodisch, d. h. ohne Schwingungen und ohne Anwendung eines Richtmagnets; der Spiegel und das Gehäuse sind nach allen Seiten drehbar. Die Aufstellung des Instruments erfolgt in der Weise, daß man zuerst die Rollen abnimmt und an den Fußschrauben des Dreifußes das Instrument so einstellt, daß der Magnet frei schwingt. Alsdann werden die Rollen wieder angeschraubt und die Windungsebene derselben wird ungefähr in den magnetischen Meridian gestellt. Um die Einstellung der Spiegelablesung zu erleichtern, ist an der Fassung des Spiegels eine Stellschraube angebracht, durch welche dessen Richtung verändert werden kann. Bei einer Drahtbewickelung beider Rollen von 2000 SE mit einem Scalenabstand von 1 Meter giebt das Instrument einen Ausschlag von etwa 1 Millimeter bei einer Stromstärke von 1 Daniell und 35 Millionen SE Widerstand.

Diejenige Form des Spiegelgalvanometers, welche die höchste Empfindlichkeit besitzt, zeigt das astatische Spiegelgalvanometer (Fig. 253), welches ebenfalls von Siemens & Halske gebaut wird, wie denn überhaupt die genannte Firma sich um die Construction und Herstellung der zu elektrischen Messungen dienenden Präcisionsapparate so außerordent-

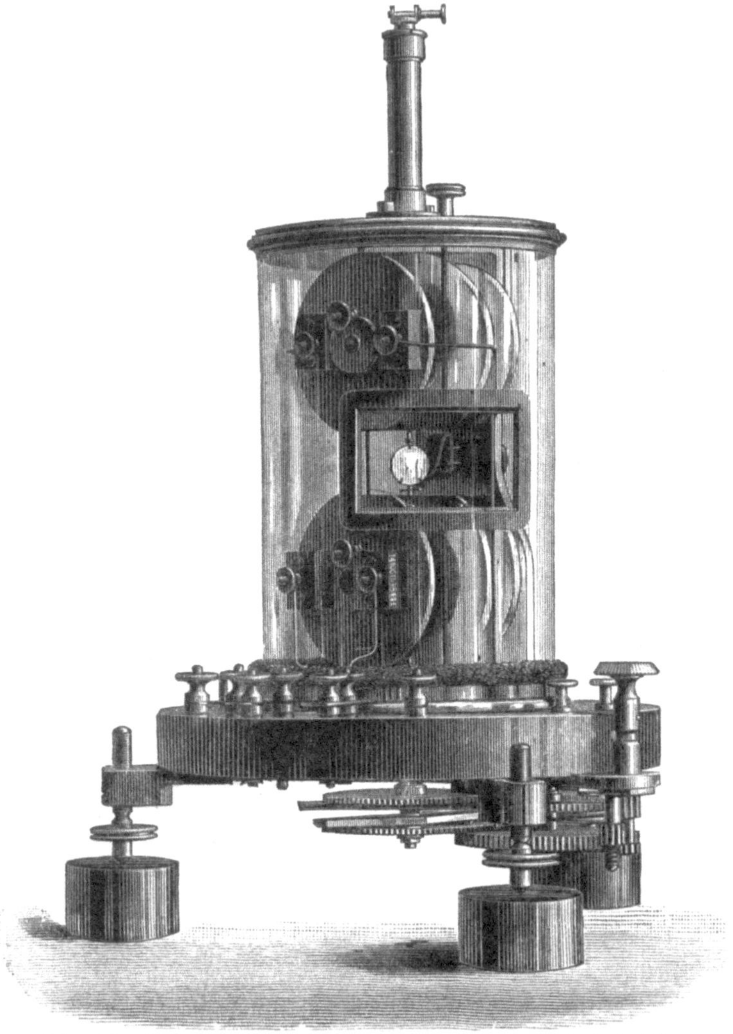

Fig. 253. Astatisches Spiegelgalvanometer von Siemens & Halske.

lich verdient gemacht hat, daß sie in gewisser Beziehung einzig dasteht, weshalb wir fast nur Abbildungen von Constructionen dieser Firma bringen. Bei dem eben erwähnten Galvanometer ist das Magnetsystem astatisch. Jeder der beiden Magnete schwingt zwischen den Windungen zweier Drahtrollen; auf einem Fußbret von Hartgummi steht eine verticale Messingplatte, an welcher die vier Rollen angeschraubt sind. Oben sitzt auf der Messingplatte ein beliebig drehbares und mittels Schrauben festzustellendes Spiegelgehäuse, welches aus einer halb abgeschnittenen Röhre besteht, die zu oberst die Aufhängung trägt. Der ganze Rollenkörper wird von einem geräumigen Glascylinder umschlossen, auf welchen ein das Spiegelgehäuse umschließendes drehbares Gehäuse mit Planglas aufgesetzt ist. Das Fußbret trägt die Richtmagnetvorrichtung, an seiner unteren Seite vorn die Klemmen, an welche die Enden der auf die einzelnen Rollen gewickelten Drähte geführt sind. Rechts an der verticalen Messingplatte ist noch ein Thermometer angebracht. Zur Verringerung der Schwingungen der Magnete lassen sich in die Hohlräume der vorderen Rollen mit Leder besetzte Messinghülsen oder Kupferkerne einführen, welche an ihren Enden ausgehöhlt sind, um die Magnete überdecken und, wie man dies nennt, dämpfen zu können. Die Richtmagnetvorrichtung wird durch zwei übereinanderliegende Magnete dargestellt, welche man durch eine Zahnradvorrichtung in beliebiger Weise drehen kann, und zwar, wenn man ohne Druck an dem geränderten Kopfe dreht, beide Magnete zusammen, während sich dieselben auseinander oder gegeneinander drehen, wenn man den Kopf niederdrückt und alsdann dreht. Durch die erstere Bewegung läßt sich im wesentlichen die Lage des Magnetsystems, durch die letztere die Empfindlichkeit desselben verändern, sodaß beide beinahe vollständig unabhängig voneinander sich variiren lassen.

Beim Gebrauch ist das Instrument so einzustellen, daß die Windungsebenen der Rollen in den magnetischen Meridian zu liegen kommen. Alsdann bringt man durch Hebung und Senkung des Fadens, sowie Einstellung der Fußschrauben die Magnete zum Freischweben. Das Magnetsystem wird hierauf in der Ruhelage mittels zweier Messinghülsen festgeschraubt und dem Spiegel durch Drehung diejenige Lage ertheilt, welche er je nach der Aufstellung der Spiegelablesung einnehmen soll. Schließlich stülpt man den Glascylinder über das Galvanometer und dreht das obere Gehäuse so, daß das Planglas parallel dem Spiegel steht. Mit feinstem Kupferdraht bewickelt, giebt dieses Galvanometer einen Gesammtwiderstand von 2000 SE bei 6000 Windungen und zeigt bei 1 Meter Entfernung der Scala vom Spiegel ohne Richtmagnete noch einen Ausschlag von ungefähr 1 Millimeter bei einem Strome von 1 Daniell in 3000 Millionen SE.

Zur Messung von Spannungen, namentlich bei dynamo-elektrischen Maschinen und ihren Stromkreisen, dient das Siemens & Halske'sche Torsions-Galvanometer (Fig. 254). Wie bei der Sinusboussole wird bei demselben der Magnet durch eine Gegenkraft in seiner Lage zu den Windungen gehalten. Der Unterschied besteht darin, daß während bei der Sinusboussole der Erdmagnetismus als Richtkraft dient, welch letztere mit dem Sinus des Ablenkungswinkels wächst, hier zu diesem Zwecke die Torsion benutzt wird, deren Kraft proportional dem Torsionswinkel zunimmt. Es wird also stets die drehende Kraft, welche die Windungen auf den Magnet ausüben, proportional dem Winkel sein, in welchem der Torsionsdraht oder die Torsionsfeder der Richtung der Ablenkung entgegengedreht werden muß, um den Magnet wieder in seine ursprüngliche Lage zurückzubringen. Zwischen zwei die Drahtwindungen tragenden verticalen Rahmen schwebt der Glockenmagnet, der mit der Torsionsfeder verbunden ist und dessen Verlängerung nach oben einen dicht unter der Glasdecke des Instrumentes spielenden Zeiger bildet. Das andere Ende der Feder ist mit einer ebenfalls einen Zeiger tragenden Büchse verbunden, welche um den Mittelpunkt der mit Kreistheilung versehenen Deckplatte drehbar ist.

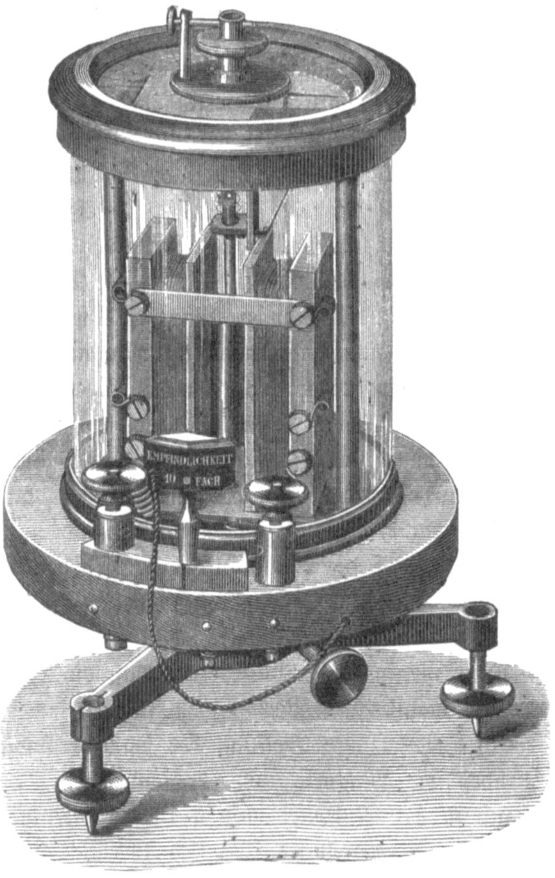

Fig. 254. Torsionsgalvanometer von Siemens & Halske.

Die Torsionskraft der Feder ist so justirt, daß eine Spannung von 1 Volt an den Klemmschrauben des Galvanometers einer Torsion von 100° oder 1000° entspricht, wobei jeder Grad der Torsion $^1/_{100}$ oder $^1/_{1000}$ Volt bedeutet. Um noch größere Spannungen mit dem Instrumente zu messen, ist in der Grundplatte ein Zusatzwiderstand angebracht, welcher gleich dem Neunfachen des Widerstandes der Drahtrollen ist; derselbe ist durch einen Stöpsel auszuschalten. Bei Einschaltung des Widerstandes hat jeder Torsionsgrad den zehnfachen Werth, also $^1/_{10}$ oder $^1/_{100}$ Volt.

In der Praxis hat sich das Bedürfniß nach einem Instrumente herausgestellt, welches Wechselströme von beliebig schneller Aufeinanderfolge anzeigt, um die zu Beleuchtungs- und anderen Zwecken gebräuchlichen Wechselstrommaschinen einer Messung unterwerfen zu können. Bei langsam aufeinanderfolgenden Wechselströmen lassen sich dieselben zwar am Galvanometer beobachten, doch ist eine eigentliche Messung dann sehr schwierig, da die Eigenbewegung der Galvanometernadel zu sehr dabei in Betracht kommt. Folgen aber die Ströme rasch aufeinander, so wird der Ausschlag der Nadel immer geringer und wird bei sehr schnellem Wechseln der Stromrichtung zuletzt so klein, daß er für das Auge ganz unmerklich ist. Man mißt Wechselströme am besten mit dem eigens für diesen Zweck construirten Dynamometer von Wilhelm Weber. Dasselbe ist ebenfalls ein Galvanometer, bei welchem der Magnet durch eine vom Strome durchflossene Rolle ersetzt ist. Eine Eigenthümlichkeit dieses Elektro-Dynamometers ist die, daß man mit demselben sowohl gleichgerichtete als Wechselströme nachweisen kann, da die Richtung des Ausschlags von der Stromrichtung unabhängig ist.

Die einfache Form des Weber'schen Elektro-Dynamometers ist von Siemens & Halske in ihrem Dynamometer für schwache Ströme (Fig. 255) verbessert worden. Während beim Weber'schen Elektro-Dynamometer die Achse der inneren Rolle senkrecht zu derjenigen der äußeren gestellt werden muß, ist hier den Rollen cylindrische Form gegeben und mußte infolge dessen die innere Rolle so klein gemacht werden, daß sie sich in dem Hohlraume der äußeren vollständig umdrehen kann, wodurch der Abstand der inneren Windungen von den äußeren ein verhältnißmäßig großer wird. Um denselben nicht allzu groß werden zu lassen und die inneren Windungen möglichst an die äußeren anschließend zu machen, ist dem Hohlraum der äußeren und der ganzen inneren Rolle die Form einer Kugel gegeben. Die innere Rolle hängt, um eine möglichst große Empfindlichkeit hervorzurufen, an einem einzigen Drahte, durch welchen der Strom eintritt; der Austritt desselben wird durch eine von dieser Rolle nach unten geführte Spiralfeder bewirkt. Zu dieser

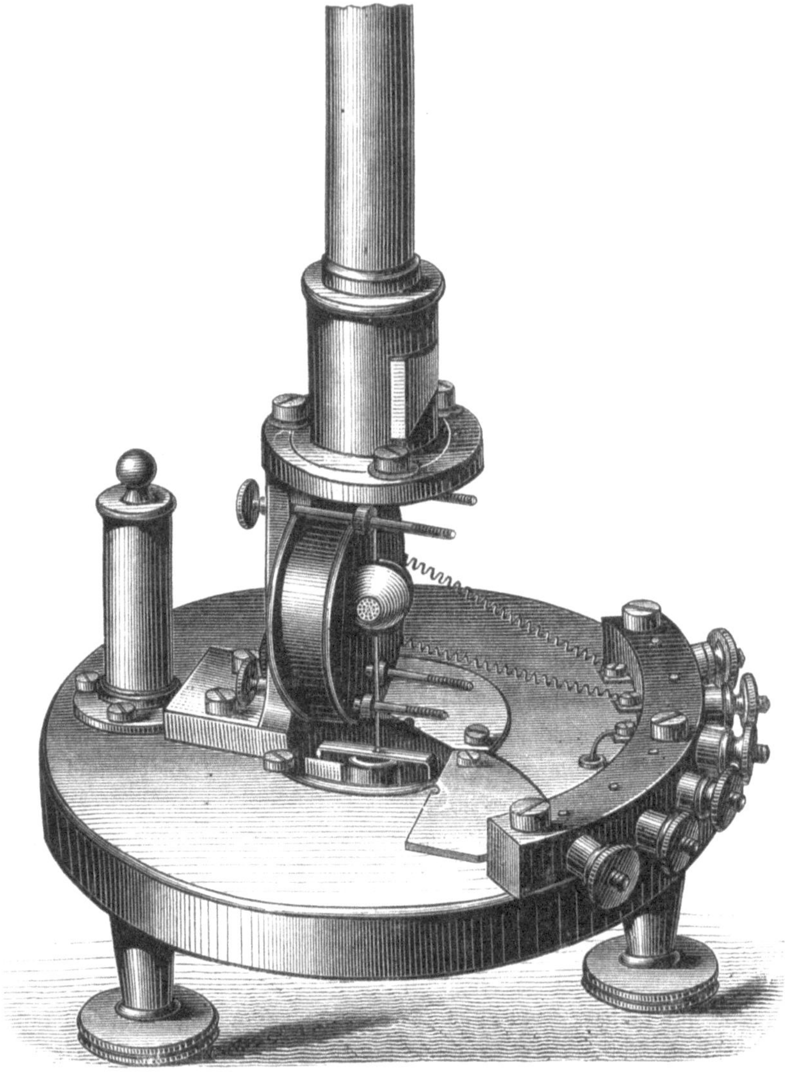

Fig. 255. Elektro-Dynamometer für schwache Ströme von Siemens & Halske.

letzteren wie zu dem Aufhängedraht wird Platindraht von 0,04 Millimeter Durchmesser verwendet. Der Draht, an welchem die Rolle hängt, ist zu einem kleinen Torsionskreise geführt, durch welchen demselben beliebige Torsion ertheilt werden kann. Die eine der beiden Rollen ist leicht abnehmbar, um die innere Rolle einstellen, oder das Einsetzen resp. Herausnehmen des Eisenkerns bewirken zu können, wodurch die Empfindlichkeit des Instrumentes erhöht resp. vermindert werden kann. Die Ablesung erfolgt mittels eines beliebig drehbaren Spiegels, welcher gewöhnlich so groß gehalten wird, daß sich mittels desselben leicht eine objective Darstellung für ein größeres Publicum bewirken läßt. Bei einer Scalenentfernung von 2 Meter und gewöhnlicher Bewickelung giebt ein Element in 20000 SE einen Ausschlag von 1 Millimeter.

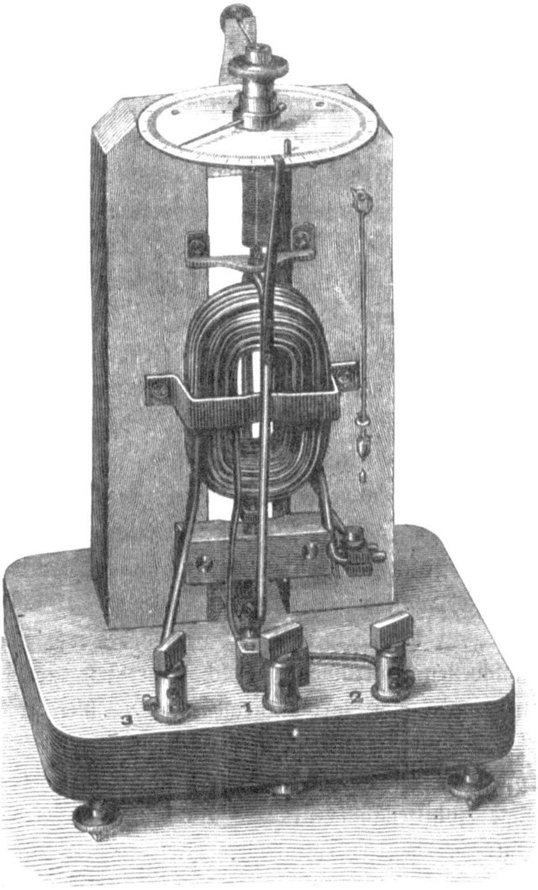

Fig. 256. Elektro-Dynamometer für starke Ströme von Siemens & Halske.

Bei allen Elektro-Dynamometern kommt das Princip zur Anwendung, daß das auf die schwingende Rolle ausgeübte Drehungsmoment proportional dem Quadrat der Stromstärke ist. Es ist dies insofern von Bedeutung, als auch das Arbeitsäquivalent des elektrischen Stromes dem Quadrat seiner Stromstärke proportional ist, oder mit anderen Worten ausgedrückt: Es können zwei Arbeitsquantitäten Ströme erzeugen, deren Stromstärke sich wie die Wurzeln der Arbeitsquantitäten, oder auch umgekehrt können zwei Ströme Arbeiten erzeugen, deren Größen sich wie die Quadrate der Stromstärken verhalten. Daher geben Elektro-Dynamometer für zwei Ströme mit dem Verhältniß der Drehungsmomente sofort auch das Verhältniß der von den Strömen geleisteten Arbeit an.

Zur Messung starker Ströme ist von Siemens & Halske das in Fig. 256 dargestellte Elektro-Dynamometer construirt worden, bei welchem gleichfalls zur Messung des Drehungsmomentes das Torsionsprincip, und zwar in wesentlich gleicher Weise wie bei dem früher beschriebenen Torsions-Galvanometer, angewendet ist. An dem vertical gestellten, oben einen getheilten Kreis tragenden Ständer ist die bewegliche, aus einer einzigen Windung bestehende Rolle an einem Seidenfaden aufgehängt, wodurch das Instrument beinahe unabhängig vom Erdmagnetismus ist. Der Torsionswinkel ist proportional dem Quadrat der Stromstärke. Alle bei Maschinen für elektrisches Licht überhaupt vorkommenden Stromstärken lassen sich mit diesem Elektro-Dynamometer messen, beziehungsweise feststellen.

Eine weitere Gruppe der elektrischen Meßinstrumente bilden die Elektrometer; man nennt so jedes Instrument, welches zur Messung der elektrischen Dichte dient. Dieselben beruhen sämmtlich darauf, daß sich gleichnamige Elektricitäten abstoßen, ungleichnamige anziehen, und enthalten daher entweder zwei Leiter, die, wenn sie mit den zu messenden Elektricitäten geladen werden, sich voneinander entfernen können, oder einen zwischen zwei festen Körpern, die geladen werden, beweglichen Leiter. Um die Construction von Elektrometern hat sich Sir William Thomson ganz besondere Verdienste erworben und sollen deshalb die von ihm erfundenen Instrumente, welche einer sehr großen Anzahl anderer Constructionen zum Vorbild gedient haben, hier zunächst beschrieben werden.

Thomson theilt seine Elektrometer ein in idiostatische und heterostatische. Unter ersteren versteht man diejenigen Instrumente, welche ohne Zuhilfenahme anderer als der zu messenden Kräfte arbeiten, wogegen bei den heterostatischen Elektrometern noch besondere, von den zu messenden unabhängige Kräfte ins Spiel kommen. Zuerst ist das Thomson'sche absolute Elektrometer (Fig. 257) zu erwähnen. Dasselbe besteht im wesentlichen aus zwei horizontalen und kreisrunden Mittelplatten A und B, von denen die untere B auf einer isolirten Stange befestigt ist, deren unteres Ende als Mikrometerschraube construirt ist. Eine bei weitem kleinere zweite Scheibe c paßt mit ganz geringem Spielraum in die obere große Scheibe A, welche parallel zu B befestigt ist. Die zweite Scheibe c wird von Stahlfedern s getragen, die am unteren Ende einer Mikrometerschraube mit getheiltem Kopfe befestigt sind; beweglich ist nur der kleine mittlere Theil der Scheibe A, auf welcher man die Dichte als constant ansehen kann.

Um das Instrument zu benutzen, wird zunächst die bewegliche Platte c mit einem Gewichte belastet, sodaß sie gerade in dem Schutzring A

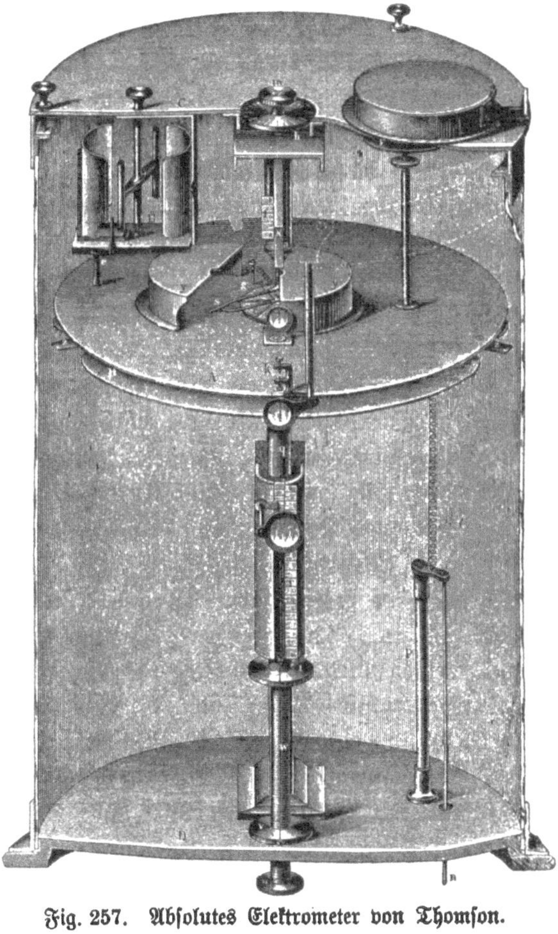

Fig. 257. Absolutes Elektrometer von Thomson.

liegt; dann werden die Gewichte entfernt, die Platte B wird mit einer Elektricitätsquelle verbunden und mittels einer Schraube u so lange verschoben, bis die bewegliche Platte einspielt. Der Glascylinder ist aus vorzüglich schlecht leitendem Glase angefertigt und bis zur Höhe des Schutzringes A sowohl außen als innen mit Stanniol bekleidet, sodaß derselbe gewissermaaßen als Leydener Flasche dient. Der Schutzring A steht mittels der Stützen z mit dem inneren Belag in leitender Verbindung; er ist in der Mitte mit einem kreisförmigen Loche von etwa 47,5 Millimeter Durchmesser versehen, in welcher Oeffnung mittels dreier Stahlfedern s die bewegliche Platte c aus Aluminiumblech aufgehängt ist. Dieselbe ist durch einen Rand und einige Rippen verstärkt; ihr Durchmesser beträgt 46 Millimeter, sodaß zwischen ihr und dem Schutzringe ein Spielraum von 0,75 Millimeter bleibt. Die Federn sind an einer Glasstange x befestigt, welche wiederum in einer Messingröhre steckt, die mittels eines Schlittens durch die Mikrometerschraube auf und ab bewegt werden kann; die Schlittenstellung wird durch den Nonius f und den Theilkreis h abgelesen. An dem Messingdeckel C ist außerdem noch ein Prüf-Elektrometer und ein Restitutor befestigt, von welchen das erstere dazu dient, das Potential der messenden Scheibe c, des Schutzringes und des inneren Belags der Flasche überhaupt zu controliren.

Das vorstehend beschriebene absolute Elektrometer wirkt nicht selbstthätig, sondern bedarf der Beihilfe des Experimentators, wogegen das Thomson'sche Quadranten-Elektrometer die Meßresultate selbstthätig registrirt. Dasselbe ist folgendermaaßen eingerichtet: Die Flasche ist durch eine bis zur Hälfte außen und innen mit Stanniolstreifen belegte Glasglocke dargestellt, die oben mit einer Messingfassung versehen ist, welche von drei gegeneinander verstrebten Messingfüßen getragen wird. Der Deckel ist in dem oberen Ende der Füße mittels dreier Schrauben befestigt und trägt innerhalb an drei lackirten Glasstäben drei Quadranten; ein vierter Quadrant ist mittels einer Mikrometerschraube beweglich angeordnet, während die drei ersterwähnten unbeweglich sind. Die Herstellung erfolgt, indem eine hohle, 20 Millimeter hohe und 65 Millimeter im Durchmesser haltende Büchse von Messingblech durch zwei um 90° gegeneinander geneigte verticale Schnitte in vier Theile zerschnitten wird. Die Nadel ist ein Aluminiumblech von 0,7 Gramm Gewicht, das von einem 80 Millimeter langen Platindraht getragen wird, der wieder an einem Coconfaden aufgehängt ist; dieselbe ist dadurch von dem Deckel isolirt, daß das Messingblech, an welchem die Aufhängung bewirkt ist, indirect von einer Glassäule getragen wird. Die ganze Aufhängung ist von einem Gehäuse umgeben, welches vorn ein Glasfenster hat und die Laterne genannt wird. Der Platindraht trägt dicht unter seinem oberen Ende einen kleinen Hohlspiegel von etwa 60 Milligramm Gewicht, welcher das Bild des beleuchteten Spaltes auf die Scala wirft. Sowohl die Aufstellung als auch die Behandlung des Quadranten-Elektrometers ist weit schwieriger als die des Spiegelgalvanometers. Wie schon erwähnt, ist die Nadel mit dem inneren Flaschenbelag verbunden und demnach stets mit einer constanten Ladung versehen.

Um die Dichte einer Elektricitätsquelle zu bestimmen, legt man die letztere an zwei der Quadranten an, mißt den Ausschlag, legt statt der Elektricitätsquelle von unbekannter Dichte eine solche von bekannter Dichte an und kann nun, wenn man den jetzt entstehenden Ausschlag mißt, das Verhältniß der Dichten bestimmen, da dasselbe gleich dem Verhältniß der Ausschläge ist. Handelt es sich um die Messung von Elektricitätsquellen, welche Pole von zwar gleicher, aber entgegengesetzter Dichte besitzen, so legt man einen Pol an zwei Quadranten und den anderen an die beiden anderen Quadranten. Hat man die Differenz zweier Dichten zu bestimmen, so ladet man zwei Quadranten mit der einen und zwei mit der anderen Dichte; es ist alsdann der Ausschlag derselbe, als wenn ein Quadrantenpaar mit der Differenz der beiden Dichten, das andere dagegen gar nicht geladen wird.

In Deutschland ist das Quadranten-Elektrometer bisher noch wenig in Gebrauch, obschon ein stichhaltiger Grund hierfür nicht ersichtlich ist, denn wenngleich eine Reihe von Messungen mit dem Elektrometer und dem Spiegelgalvanometer beinahe gleich vortheilhaft ausgeführt werden können, sobald sich die zu messende Größe sowohl aus einer Strommessung als aus einer Dichtenmessung ableiten läßt, so giebt es doch auch anderseits wieder eine Reihe von Fällen, in welchen gar kein elektrischer Strom auftritt, oder wenn derselbe auch vorhanden, sich doch nicht direct durch ein Galvanometer leiten läßt und zugleich durch so großen Widerstand läuft, daß die Anbringung einer das Galvanometer enthaltenden Zweigleitung die Erscheinung wesentlich verändern würde; in diesen Fällen ist die Anwendung des Elektrometers von großem Vortheil.

Alle die bis jetzt beschriebenen Instrumente beruhen auf dem Princip, daß die Stromstärke nach dem Drehungsmomente gemessen wird; es ist dies nicht unbedingt erforderlich, da nicht nur die mechanische Kraft in anderer Weise als durch das Moment meßbar ist, sondern auch überhaupt andere Wirkungen des Stromes den Messungen zu Grunde gelegt werden können. So kann man z. B. statt des Momentes der Kraft die Arbeit derselben messen, indem man die Kraft zur Wirkung kommen läßt. Die Arbeit eines Stromes ist dem Quadrat der Stromstärke und der Zeitdauer der Wirkung proportional, es ist also das Verhältniß der Arbeit zur Zeit dem Quadrat der Stromstärke gleichfalls proportional;

ebenso ist das Product aus der Zeit und dem Quadrat der Stromstärke proportional dem durch den Strom erzielten Quantum Licht und Wärme.

Fig. 258. Einheit von Siemens & Halske.

Dieser Umstand ist insofern von großer Wichtigkeit für die Zukunft der Elektrotechnik, als es durch denselben ermöglicht ist, den Consum von Kraft zu messen, welche beispielsweise von einer Centralquelle aus an die einzelnen Abnehmer gelangt; ein derartiger Apparat würde bei der elektrischen Beleuchtung von einer Centralstelle aus die Stelle der Gasuhr vertreten.

Wesentlich verschieden von den Messungen der Stromstärke sind die Widerstandsmessungen, da man bei Messungen der Stromstärke sich auf keine Einheit beziehen kann, sondern vielmehr sich eine solche aus den Wirkungen irgend einer Intensitätseinheit künstlich construiren muß; es thut dies allerdings dem anderen Zwecke der Messung keinen Abbruch, da ja die Intensitätsbestimmungen überhaupt nur stattfinden, um eine Bestimmung ihrer Wirkung zu haben. Anders liegt die Sache dagegen bei den Widerstandsmessungen, da man hier eine Grundeinheit festsetzen kann, nach deren Maaßstab andere Widerstände gemessen werden können. Eine Widerstandseinheit wurde zuerst von Jacobi angegeben, und zwar bestand dessen Vorschlag darin, den Widerstand eines willkürlich gewählten Kupferdrahtes als Einheit anzunehmen, denselben in größerer Anzahl zu copiren und durch möglichst ausgedehnte Verbreitung diese Einheit allgemein einzuführen. Da jedoch hier von einer absoluten Maaßeinheit nicht im entferntesten die Rede sein konnte, weil eine getreue Copie der einzelnen Stäbe schwierig, wenn nicht ganz unmöglich war, und außerdem die einzelnen Einheiten durch äußere Einflüsse verändert wurden, kam man bald von diesem Gedanken wieder ab.

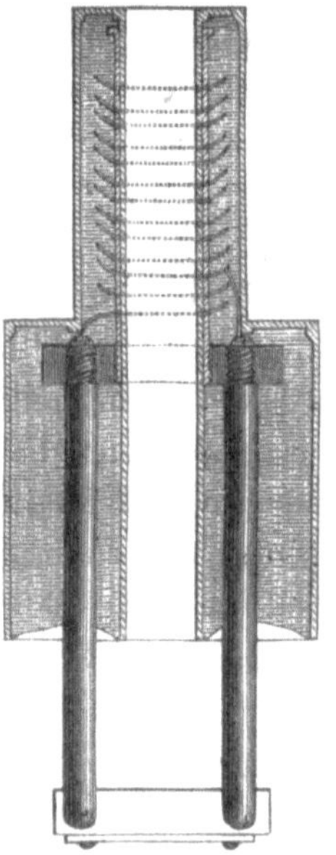

Fig. 259. Etalon der British Association.

In neuester Zeit sind es hauptsächlich zwei Einheiten, die einander gegenüberstehen, und zwar erstens die schon mehrfach erwähnte Siemens'sche Quecksilbereinheit (SE) und zweitens die sogenannte Ohmad (oder kurz Ohm), die von der British Association festgestellt und vom Pariser internationalen Elektriker-Congreß als Norm angenommen wurde. Die Einführung der Ohmad wird erschwert durch die Schwierigkeit ihrer Bestimmung; dieselbe hat dagegen den Vortheil, daß man sie auf die Einheiten der Länge und Kraft zurückführen kann, wogegen die Siemens'sche Quecksibereinheit eine willkürlich gewählte ist; zufälligerweise stimmen beide ziemlich überein, da eine Siemens'sche Einheit gleich 0,9705 Ohmad ist. Für die Praxis wird auch wohl fernerhin die

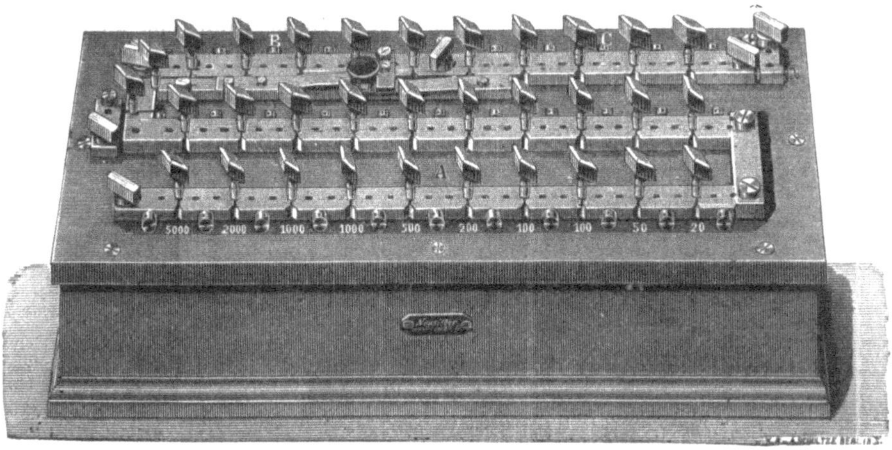

Fig. 260. Widerstandsscala von Siemens & Halske.

Quecksilbereinheit der Ohmad vorgezogen werden, da man dieselbe absolut sicher darstellen kann.

Eine der Formen der von Siemens & Halske angefertigten Einheiten zeigt Fig. 258; dieselbe besteht aus Neusilberdraht. Fig. 259 zeigt den Etalon der British Association. Zur Bestimmung von Widerständen bedarf man vor allem einer guten Widerstandsscala, wie sie jetzt mit großer Genauigkeit namentlich in Deutschland und England angefertigt werden. Zur Herstellung derselben benutzt man Neusilberdraht, weil derselbe bei geringem Materialaufwand großen Widerstand besitzt und weil sein Widerstand von der Temperatur nur wenig beeinflußt wird.

Eine Widerstandsscala von Siemens & Halske von 0,1—5000 SE und 10000 SE zeigt Fig. 260. Auf der Deckplatte von Horngummi sind eine Reihe von Messingklötzchen aufgesetzt, welche durch Messingstöpsel untereinander leitend verbunden werden können; zur Befestigung der Drähte sind an den Enden der hufeisenförmigen Reihe von Klötzchen Klemmschrauben angebracht. Von jeder einen bestimmten Widerstand darstellenden Rolle von Neusilberdraht sind die Drahtenden mit je zwei aufeinanderfolgenden Klötzchen in der Weise verbunden, daß die erste Rolle zwischen 1 und 2, die zweite zwischen 2 und 3 u. s. w. liegt; die erste und die letzte Rolle werden mit ihren noch freien Enden an die Klemmschrauben angeschlossen, sodaß der eingeführte Strom sämmtliche Widerstände passiren muß. Um sämmtliche Rollen hintereinander zu schalten, werden alle Stöpsel ausgezogen. Das Kurzschließen einer Rolle wird durch Einstecken des betreffenden Stöpsels bewirkt; es geht alsdann der Strom durch den Stöpsel von einem Klotz zum anderen und ist die betreffende Rolle somit ausgeschaltet.

Erwähnenswerth sind außer den jetzt ziemlich allgemein gebräuchlichen Widerstandsscalen mit einer Reihe von Rollen und mit Stöpselvorrichtung noch die Wheatstone'schen Rheostaten, welche zwar nur noch wenig in Gebrauch sind, aber dennoch in allen Fällen, wo es auf allmähliche Abstufung ohne genaue Justirung ankommt, sehr bequem sind.

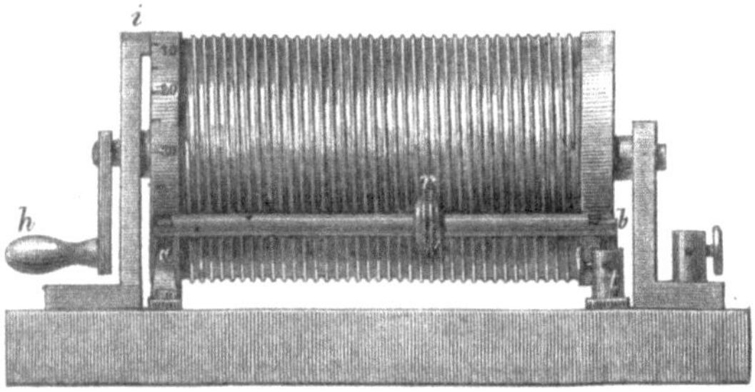

Fig. 261. Rheostat von Wheatstone.

Ein Rheostat besteht meist aus einem drehbaren Cylinder von Serpentin, Porcellan oder ähnlichem Material, welcher spiralförmig mit einem blanken Neusilberdraht umwickelt ist, außerdem aus einem Laufcontact, d. h. einem Metallröllchen r, welches bei Drehung des Cylinders den Draht b entlang gleitet und auf diese Weise jede beliebige Stelle des Drahtes, dessen eines Ende isolirt ist, während das andere mit einer Klemmschraube in Verbindung steht, mit einer zweiten festen Klemme in Verbindung bringt; durch die Drehung kann man daher ein beliebiges Stück des aufgewickelten Drahtes zwischen zwei festen Klemmen einschalten.

Eine andere Art Widerstandscalen sind die aus Graphit angefertigten, welche entweder aus eingestampftem, fein gepulvertem Graphit in Glasröhrchen oder dadurch hergestellt werden, daß man die in einem

Horngummistück angebrachten Nuthen mit Graphit einreibt. Die Widerstandsscalen nach der ersteren Methode geben 1000—10000 SE, die nach der letzteren Methode hohe Widerstände von 100000 SE an. Diese Widerstandsscalen haben zwar den Vorzug der Wohlfeilheit, sind jedoch nicht constant.

Die Voltameter endlich sind Apparate zur Messung der Stromstärke durch ihre elektrolytische Wirkung. Man unterscheidet Volum-Voltameter und Gewichts-Voltameter. Das bekannteste Instrument dieser Art ist das der ersteren Gruppe angehörende, in Fig. 262 dargestellte Wasser-Voltameter, bei welchem man die elektrolytische Wirkung entweder aus dem Volumen des in einer beide Elektroden bedeckenden Glocke auf-

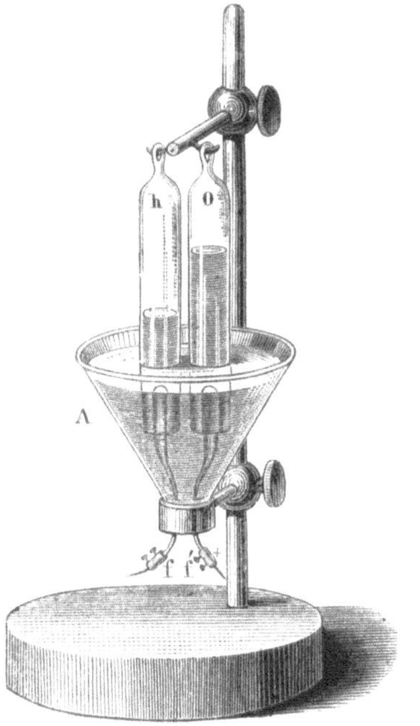

Fig. 262. Wasser-Voltameter.

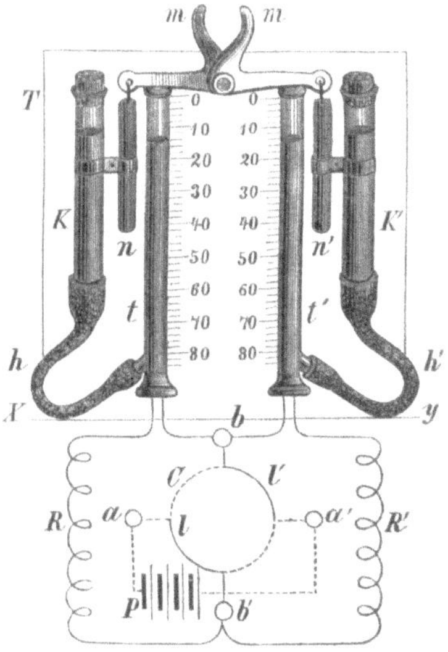

Fig. 263. Differential-Voltameter von Werner Siemens.

gefangenen Knallgases, oder aus dem Volumen des an der negativen Elektrode separat aufgefangenen Wasserstoffes bestimmt. Als Elektrolyt wird gewöhnlich stark verdünnte Schwefelsäure angewendet; zuweilen fügt man auch dem Wasser nur $^1/_9$ seines Volumens an Schwefelsäure bei. Als Elektroden dienen Platindrähte oder Platinplatten; bei genauen Messungen muß man sich dünner, bis beinahe ans Ende von einer isolirenden Hülle umgebener Drähte bedienen, die z. B. in kleinen Glasröhren stecken.

Das vorstehend beschriebene Voltameter dient zur Messung der

Stromstärke, während das in Fig. 263 dargestellte Differential-Voltameter von Siemens für Widerstandsmessungen construirt ist. Dieses Instrument, ein Bestandtheil des Siemens'schen elektrischen Pyrometers, eignet sich sehr gut zur Vergleichung der Widerstände zweier Stromkreise. Dieselben bilden zwei Abzweigungen R, R^1 von einem Elektromotor P aus, dessen Pole durch die Klemmen a und a^1 mit den beiden Contacten l l' eines cylindrischen Commutators C verbunden sind. Der Contact l steht mit der Klemme b^1 in Verbindung, von welcher die zu untersuchenden Stromkreise ausgehen; an dem Ende der letzteren sind zwei von den Platindrähten des Voltameters angesetzt, während ein vom anderen Contact l^1 ausgehender Draht, der sich bei b theilt, zu den anderen beiden Platindrähten des Voltameters führt. Das Instrument besteht aus zwei Glasröhren t t' von 2,5 Millimeter lichter Weite, welche in verticaler Stellung auf einem Bret T befestigt sind; nach unten erweitern sie sich auf 6 Millimeter und sind hier mit einem in Paraffin getauchten Holzpflock luftdicht verschlossen, durch welchen zwei Platindrähte auf 25 Millimeter ins Innere dringen. Die obere Oeffnung der Röhren ist für gewöhnlich durch kleine Kautschukpolster verschlossen, welche an horizontalen Armen zweier Winkelhebel mit gemeinschaftlicher Drehungsachse sitzen. Die Gewichte n n' ziehen die Winkelhebel für gewöhnlich abwärts und drücken dadurch die Kautschukpolster fest; um den Verschluß zu lüften, braucht man nur die verticalen Arme m m^1 der Winkelhebel gegeneinander zu drücken. Neben den Voltameterröhren stehen zwei weitere Glasrohre K K^1, welche mit leicht abnehmbaren Korkstöpseln versehen sind und mit dem unteren Theile der Voltameterröhren durch Kautschukschläuche h h' communiciren. Endlich sind noch längs der Voltameterröhren zwei nach gleichen Volumtheilen der letzteren getheilte Scalen aus Holz angebracht. Der Nullpunkt der Scala entspricht dem höchsten Punkte der Röhren. Beim Gebrauche des Instrumentes befestigt man zuerst alle Drähte in den betreffenden Klemmen, stellt den Commutator so, daß der Strom unterbrochen ist, und gießt dann, nachdem die oberen Stöpsel herausgezogen wurden, verdünnte Schwefelsäure in die Röhren K K', bis der Flüssigkeitsspiegel in den Voltameterröhren den Nullpunkt erreicht. Dann werden die Röhren wieder zugestöpselt und der Commutator wird so gedreht, daß der Strom circuliren kann. Während der Elektrolyse dreht man alle zehn Secunden den Commutator um 180°, damit durch das periodische Umkehren der Stromrichtung in den beiden Voltameterröhren die Wirkungen der Polarisation eliminirt werden. Die Zersetzung läßt man so lange fortgehen, bis sich in beiden Röhren genügende Mengen von Knallgas angesammelt haben. Die Volumina v v[1] derselben sind der Stärke der beiden Zweigströme, zu deren Stromkreis die Röhren t t' gehören, direct, also den entsprechenden Widerständen umgekehrt proportional.

Es muß hier noch der Widerstandsmesser von Siemens erwähnt werden. Der in Fig. 264 schematisch dargestellte Apparat wurde zu dem Zwecke construirt, Widerstände innerhalb ziemlich weiter Grenzen nur mit Hilfe eines unveränderlichen Widerstandes zu messen und die Größe des gesuchten Widerstandes direct auf einer Scala ablesen zu

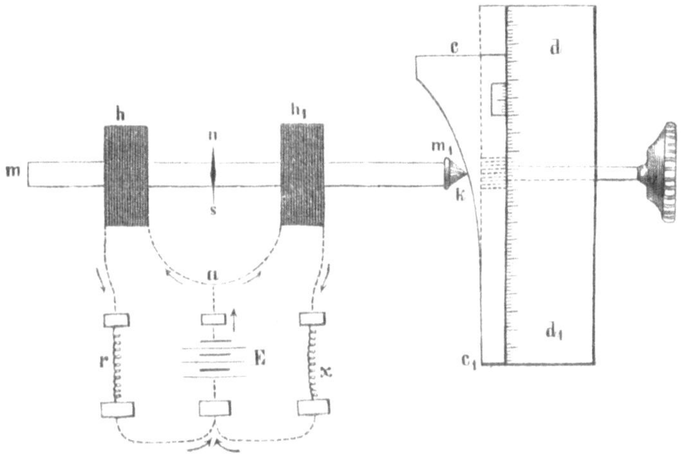

Fig. 264. Widerstandsmesser von Werner Siemens.

können. Mit $h\,h_1$ sind zwei gleich große Drahtrollen bezeichnet, die beide parallel zum magnetischen Meridian auf einer Achse montirt sind, welche in ihren Lagern verschiebbar ist. Dieselbe drückt mit einem Achatknopf k gegen eine schräge, gerade oder kreisförmig gelegene Schiene $c\,c_1$ aus Metall, die durch ein Getriebe mit Zahnstange in einer Führung längs der Theilung $d\,d_1$ verschoben werden kann. Die Schiene $c\,c_1$ trägt eine Marke und einen Nonius, der noch Zehntel von der kleinsten Unterabtheilung der Scala abzulesen gestattet. Wie aus der Abbildung ersichtlich, theilt sich der Strom des Elektromotors E in zwei Zweige, von denen der eine die Rolle h und den constanten Widerstand r, der zweite die Rolle h_1 und den zu messenden Widerstand x enthält. Die Magnetnadel n s liegt zwischen den beiden Rollen, und zwar auf einem von der Rollenachse unabhängigen Gestell. Durch Drehen eines Rädchens kann man die Achse verschieben und so die Distanz zwischen der Nadel und jeder der beiden Rollen bis auf den Abstand der letzteren variiren, wodurch die magnetische Wirkung jeder Rolle auf die Nadel verändert wird. Sind daher die Widerstände beider Abtheilungen von verschiedener Größe, so hat man nur diejenige Rolle, in welcher der stärkere Strom circulirt, von der Nadel zu entfernen und ihr die andere zu nähern, um die Nadel leicht in den magnetischen Meridian zu bringen. Man erhält alsdann den Widerstand x durch Ablesen der Markenstellung auf der Scala. Der ganze Apparat ist auf einem durch drei Stellschrauben horizontal zu stellenden Tische montirt und die Rollen stehen mit der Nadel und der Kreisscheibe, von welcher ihre Stellung abgelesen werden kann, unter einem Glaskasten, der auf vier Messingsäulchen ruht. Zur Herstellung der Verbindungen mit der Batterie sind eine entsprechende Anzahl Klemmen vorhanden; außerdem gestattet ein Interruptor oder Taster, den Strom nur gerade im Moment des Messens circuliren zu lassen. Die Enden der beiden Widerstände r und x werden auf zwei starken Messingplatten befestigt, zwischen welche sich ein Stöpsel einstecken läßt, um gegebenen Falles den einen oder anderen Widerstand rasch ausschalten zu können.

Die für die Bedürfnisse der Technik maaßgebenden elektrischen Meßmethoden sind einzutheilen in Messungen des Stromes, der Dichte, der elektro-motorischen Kraft, des Widerstandes und der Ladung, zu welchen dann noch die Fehlerbestimmungen hinzutreten.

Die directe Strommessung läßt sich mit Hilfe der Galvanometer, Dynamometer und Voltameter vornehmen. Hat man dagegen keine zuverlässigen Instrumente dieser Art und verfügt nur über ein Instrument, welches den Strom zwar anzeigt, aber doch nicht zu genauen Messungen zu gebrauchen ist, so muß man die Methode des ungleichen Ausschlages anwenden, welche darin besteht, daß man den durch das Instrument gehenden Strom durch Veränderung des Widerstandes im Stromkreise stets auf derselben Stärke erhält; man kann alsdann aus dem Verhältniß der Widerstände auf das Verhältniß der Stromstärken schließen. Galvanoskop und Widerstand werden in einen Nebenschluß geschaltet, weil alsdann die Rückwirkung, welche die Veränderung des Widerstandes auf den Hauptstrom ausübt, nach Möglichkeit abgeschwächt wird. Will man die Strommessung durch Bestimmung der Dichtendifferenz ausführen, so mißt man namentlich bei sehr starken Strömen, welche sich nicht direct messen lassen, an zwei Punkten des Stromkreises die Differenz der Dichte, wonach man aus dem Widerstande zwischen jenen Punkten die Stromstärke bestimmen kann.

Wie die Stromstärke, kann man auch die Dichte eines elektrischen Stromes durch directe Messung mit dem Elektrometer bestimmen; man mißt alsdann eigentlich nie die Dichte selbst, sondern die Dichtendifferenz, welche zwischen den beiden Quadrantenpaaren herrscht. Ist die Dichte auf einem dieser Paare gleich 0, so ist die Dichtendifferenz gleich der Dichte auf dem anderen Paare. Da sich die Empfindlichkeit des Elektrometers nur in verhältnißmäßig kleinen Zwischenräumen verändern läßt, kann man bei hoher Dichte die Messungen nicht mehr mit demselben direct ausführen; man schaltet alsdann zwischen den beiden Punkten, an welchen die Dichtendifferenz gemessen werden soll, einen großen Widerstand ein, in welchem ein schwacher Strom entsteht, der die Dichten nur wenig verändert. Statt der Dichtendifferenz zwischen den beiden Endpunkten mißt man alsdann die Differenz zwischen dem einen Punkte und dem Widerstande und ebenso zwischen dem anderen Punkte und dem Widerstande; man kann auf diese Weise eine beliebig große Dichtendifferenz in eine beliebig kleine gleichsam verwandeln. Da das Elektrometer nicht leicht zu behandeln ist, ist seine Anwendung nicht sehr verbreitet und sucht man gewöhnlich die Dichte mittels des Galvanometers zu bestimmen; auch hier wird stets die Dichte an zwei Punkten gemessen.

Eine sehr verbreitete Methode der Dichtenmessung mittels des Galvanometers ist die durch Gegenschaltung; es wird bei dieser Methode die zu messende Dichtendifferenz an den beiden Punkten der Leitung auf künstliche Weise durch eine Combination von Batterie und Widerständen hervorgebracht. Nicht wohl anwendbar ist die Methode der Gegenschaltung, wenn es bei der Messung erforderlich ist, daß die zu diesem Zwecke an den Endpunkten angelegte Schaltung keine oder nur eine sehr geringe Leitung zwischen denselben herstellt; in diesem Falle wendet man die Condensatormethode an. Es wird alsdann ein Condensator mittels einer seiner Klemmen durch Taster oder Stöpsel mit dem einen der zu messenden Endpunkte oder mit der Klemme des Galvanometers verbunden, während die andere Klemme des Condensators, wie auch die zweite Galvanometerklemme an der Erde liegen. Wenn man die Dichtendifferenz zwischen den beiden Punkten bestimmen will, so schaltet man das Galvanometer vor die Condensatorklemme, ladet letztere durch Anlegen an den einen Punkt, wobei man das Galvanometer kurz schließt, nimmt alsdann den Condensator, öffnet den kurzen Schluß des

Galvanometers und beobachtet nun den Ausschlag, welcher beim Anlegen an den zweiten Punkt entsteht. Im Interesse der Genauigkeit der Messung ist es meist erforderlich, bei der Dichtenmessung mittels Condensators ein Spiegelgalvanometer anzubringen.

Bei der Dichtenmessung mittels Strommessung wird in gleicher Weise wie bei der Strommessung mittels gleichen Ausschlags die Schaltung durch Nebenschluß bewirkt, und zwar verbindet man die beiden Punkte der Leitung, deren Dichtendifferenz man bestimmen will, durch einen Nebenschluß, während man einen großen constanten Widerstand in das Galvanometer einschaltet, wobei noch zu beachten ist, daß der Widerstand so groß sein muß, daß der durch das Anlegen dieses Zweiges in demselben entstehende Strom die Dichten in den beiden zu messenden Punkten nicht wesentlich ändert. Der Strom, welchen das Galvanometer anzeigt, ist der Dichtendifferenz der beiden Endpunkte proportional. Als Widerstand eignen sich namentlich die früher beschriebenen Graphitwiderstände und es ist auch hier rathsam, Spiegelgalvanometer anzuwenden. Handelt es sich nur um die Bestimmung der Dichte in einem Punkte, so muß man das andere Ende an die Erde statt an den zweiten Punkt der Leitung legen. Um die elektro-motorische Kraft zu bestimmen, muß man wissen, ob durch das zu untersuchende Element Strom geht oder nicht, da im ersteren Falle sich nur constante oder beinahe constante Elemente verwenden lassen, während im letzteren Falle auch nicht constante Elemente zu gebrauchen sind.

Unter den Methoden, bei welchen in dem zu untersuchenden Elemente Strom vorhanden ist, ist zuerst die Methode mit einfachem Strome zu erwähnen, bei welcher man das Element, einen Widerstand und ein Galvanometer in einen Stromkreis schaltet. Ist der innere Widerstand des Elementes kleiner im Verhältniß zum äußeren Widerstande und wird der letztere stets gleich groß genommen, so ist der Strom direct ein Maaß für die elektro-motorische Kraft; es ist daher, wenn man ein zweites Element mit dem äußeren Widerstande zusammenschaltet und den Strom mißt, das Verhältniß der elektro-motorischen Kraft der beiden Elemente gleich dem der beiden Ströme. Steht nur ein Galvanoskop zur Verfügung, mit dem sich der Strom nicht genau messen läßt, so muß man mit gleichem Ausschlag arbeiten, d. h. man schaltet das eine Element mit einem äußeren Widerstande zusammen, welcher so groß ist, daß der innere Widerstand des Elementes dagegen verschwindet; alsdann stellt man den Ausschlag der Nadel fest, setzt das zweite Element an

Stelle des ersteren und kann dann, wenn man den äußeren Widerstand so lange verändert, bis der Ausschlag derselbe wie der vorhin beobachtete geworden ist, aus diesem Verhältniß die elektro-motorische Kraft berechnen.

Eine Methode, welche sich auch dann anwenden läßt, wenn der innere Widerstand des Elementes im Verhältniß zum äußeren Widerstande ein großer ist, ist die von Wheatstone. Man bedarf hierzu nur eines Galvanoskops und ist die Methode mithin eine einfache. Man hat ein Element mit einem Widerstande und dem Galvanoskop zusammen zu schalten und den Ausschlag des letzteren zu beobachten; alsdann verändert man den Widerstand, indem man denselben vergrößert, und stellt den jetzigen Ausschlag des Galvanoskops fest. Wenn man nun das erste Element durch ein zweites ersetzt und durch Verändern des Widerstandes dieselben beiden Ausschläge hervorbringt, welche beobachtet wurden, als das erste Element eingeschaltet war, so kann man aus dem Widerstande, den man zu dem anfänglichen Widerstande hinzufügen mußte, um den ersten Ausschlag in den zweiten zu verwandeln, die elektro-motorische Kraft berechnen. Hat das zu untersuchende Element keinen Strom, so ist die an den beiden Polen desselben herrschende Dichtendifferenz gleich der elektro-motorischen Kraft und deshalb die Bestimmung der letzteren in derselben Weise auszuführen wie die Dichtenmessungen, da es sich ja eigentlich hier um nichts Anderes handelt. Am gebräuchlichsten ist die Methode der Gegenschaltung, welche allerdings für diesen Zweck mit einigen Modificationen angewendet wird.

Die in der Praxis am häufigsten vorkommenden Messungen sind die Widerstandsmessungen, und zwar handelt es sich um die Messung von Drahtwiderständen, von hohen Widerständen und von Flüssigkeitswiderständen. Bei den Drahtwiderstandsmessungen ist wieder die einfachste die Messung im einfachen Stromkreis, da hier der zu messende Widerstand mit einem Galvanometer und einer Batterie in einen Stromkreis vereinigt wird und sich alsdann die Größe des Widerstandes sowohl durch Strommessung als auch durch Anwendung der Methode des gleichen Ausschlags feststellen läßt. Im ersteren Falle wendet man ein Galvanometer an, im zweiten ein Galvanoskop; hat man ein Differential-Galvanometer zur Verfügung, so schaltet man die beiden Windungen in zwei verschiedene Stromzweige in der Art, daß die beiden Ströme in entgegengesetztem Sinne auf die Nadeln wirken.

Die am häufigsten benutzte Methode zur Messung von Widerständen ist die mittels der Wheatstone'schen Brücke, wobei der Satz zur Geltung kommt, daß, wenn der im Galvanometerzweige herrschende Strom gleich 0 ist, die Widerstände in einfacher Proportion zueinander stehen; man kann daher den unbekannten Widerstand mittels der Proportion aus den Werthen der drei anderen bestimmen.

Die feineren Widerstandsmessungen sind weniger für die Praxis als für das Laboratorium von Werth, haben also einen vorwiegend wissenschaftlichen Charakter, weshalb die Beschreibung derselben an dieser

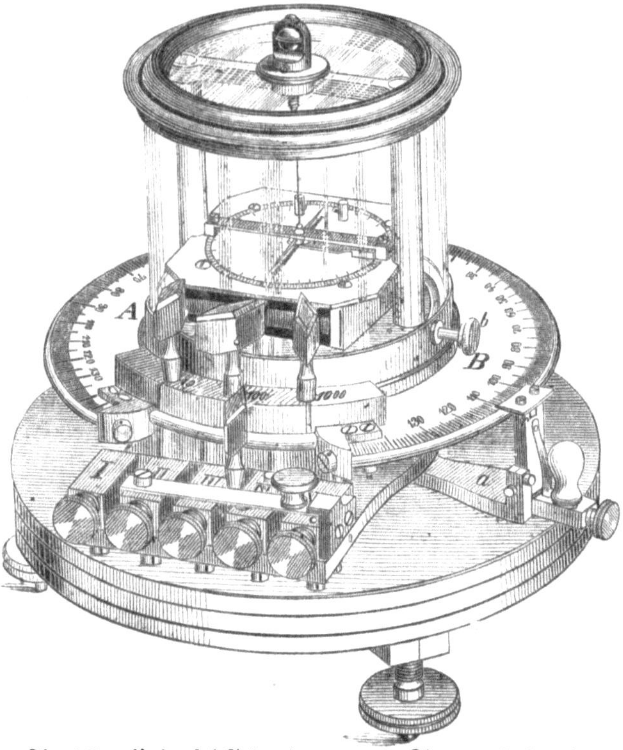

Fig. 265. Universal-Galvanometer von Siemens & Halske.

Stelle übergangen werden kann. Dagegen soll das Instrument, mit welchem dieselben ausgeführt werden, einer näheren Betrachtung unterzogen werden. Es ist dies das Universal-Galvanometer von Siemens & Halske, welches im wesentlichen eine transportable Drahtbrücke mit Galvanometer darstellt. Wie die Abbildung Fig. 265 zeigt, befindet sich in einem Cylinderglasgehäuse mit abschraubbarem Deckel ein astatisches Nadelgalvanometer mit Theilkreis, dessen obere Nadel zugleich als Zeiger dient. Das Nadelpaar ist an einem Coconfaden aufgehängt, welcher durch eine in der Mitte des Glasdeckels befindliche Schraube gehoben und gesenkt werden kann; mittels der seitlich angebrachten Schraube b kann man die Arretirvorrichtung in Bewegung setzen. Die Wickelung des Galvanometers hat bei 1600 Umwindungen ungefähr 100 SE Widerstand. Unterhalb des Glasgehäuses befindet sich eine kreisförmige Schieferplatte mit ebensolcher Scala; um den Rand derselben zieht sich eine Nuth hin, in welche der Neusilberbrückendraht eingefügt ist. Derselbe ist so kalibrirt, daß er bei gleicher Länge an allen Stellen gleichen Widerstand besitzt. Dieser Draht ist in 300° eingetheilt; der Nullpunkt befindet sich in der Mitte und es bezeichnet A die linke, B die rechte Hälfte desselben. Längs des Drahtes läßt sich ein Arm a verschieben, welcher um die Achse des Instrumentes drehbar ist und einen Laufcontact in Form einer auf den Draht drückenden beweglichen Platinrolle r trägt; unterhalb der Schieferplatte befindet sich der Vergleichs-Widerstand, welcher aus Neusilberdrähten zusammengesetzt wird, deren Enden in der bei Widerstandsscalen gebräuchlichen Weise an Klemmen mit Stöpseleinrichtung geführt sind. Ferner ist unter der Schieferplatte ein Gestell angebracht, welches die Klemmen I bis V mit einem kleinen Taster zwischen II und V und einen Stöpsel zwischen III und IV trägt.

Widerstände von über 1 Million SE rechnet man zu den hohen Widerständen und es sind hierher namentlich die Isolations-Widerstände von Kabeln zu rechnen; natürlicherweise müssen zur Bestimmung derselben die empfindlichsten Instrumente, Spiegelgalvanometer und Elektrometer, angewendet werden. Um die Isolationsmessung durch Strommessung zu bewirken, hat man die Empfindlichkeit eines Galvanometers zu bestimmen, d. h. den Ausschlag festzustellen, den ein bekannter Widerstand mit derselben Batterie giebt. Wenn man alsdann die Stärke eines Stromes durch den zu messenden Widerstand desselben im Spiegelgalvanometer feststellt, so kann man aus der Differenz der Ausschläge das gewünschte Resultat berechnen; auch hier ist die Anwendung des Nebenschlusses Bedingung.

Ein gutes Mittel, um den Isolationswiderstand zu messen, ist das Sinken der Dichte, da, wenn ein Kabel geladen und an beiden Enden isolirt ist, die in demselben enthaltene Elektricität durch die Kabelhülle allmählich ausströmt; je schlechter das Kabel isolirt ist, um so schneller wird die Dichte sinken. Dieses Sinken läßt sich sowohl mit dem Galvanometer als mit dem Elektrometer messen.

Ein näheres Eingehen auf die übrigen bekannten Messungsmethoden, sowie auf die bei allen Methoden gebräuchlichen Fehlerbestimmungen würde hier zu weit führen und hat dasselbe auch nur für den Elektrotechniker Bedeutung. Mehr Interesse haben hingegen die bei Gelegenheit der Münchener Internationalen Elektricitätsausstellung veranstalteten Messungen, welche unter dem Vorsitz des Präsidenten der Ausstellung, Professor Dr. W. v. Beetz, von hervorragenden Gelehrten und Fachmännern vorgenommen wurden und daher Anspruch auf Genauigkeit und Zuverlässigkeit machen können. Bei den damaligen Arbeitsmessungen resp. Messungen des Arbeitsverbrauchs der Dynamomaschinen wurden Dynamometer in derselben Weise, wie man Wassermesser in Rohrleitungen einschaltet, zwischen Motor und Transmission eingeschaltet. Man verwendete Dynamometer, System v. Hefner-Alteneck, wie solche von

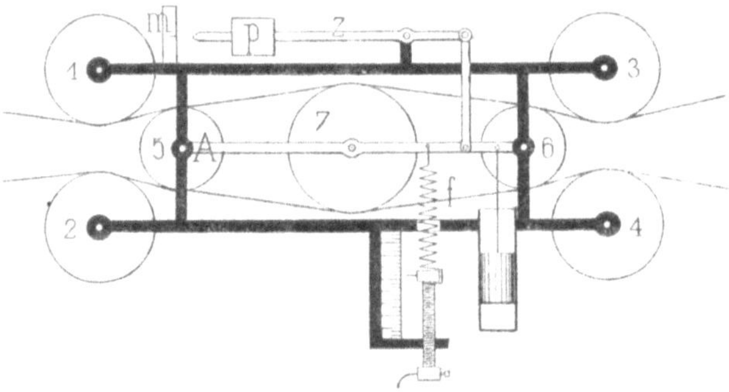

Fig. 266. Dynamometer von v. Hefner-Alteneck.

Siemens & Halske in Berlin gebaut werden, und außerdem solche Schuckert'scher Construction, wie sie von der Firma Beck in Nürnberg angefertigt werden. Das v. Hefner-Alteneck'sche Dynamometer zeigt Fig. 266 in principieller Darstellung. Der Grundgedanke desselben besteht darin, die Differenz der Riemenspannung im führenden und geführten Trum, resp. eine derselben proportionale Kraft zu messen, indem das Gleichgewicht durch eine Feder gehalten wird, deren auf einer Scala abzulesende Ausdehnung auf die Größe der wirkenden Kraft schließen läßt. Es ist zu diesem Zwecke der Riemen durch ein System von sechs festen Rollen 1, 2, 3, 4, 5 und 6 in der Weise hindurchgeführt, wie die Abbildung zeigt. In der Mitte befindet sich eine siebente bewegliche Rolle 7. Diese letzte Rolle ist auf einem Hebel gelagert, der unter Punkt A drehbar ist; zur Abbalancirung des Gewichtes von Rolle und Hebel ist der Zeiger z mit einem verschiebbaren Gegengewicht p versehen.

Wenn in beiden Riemenhälften gleiche Spannung herrscht, spielt der Zeiger z auf die Marke m ein; der mit der Feder verbundene Index steht über dem Nullpunkt der Scala. Bei Uebertragung von Arbeit tritt eine Vergrößerung der Spannung in der Führung, eine Verminderung im geführten Trum ein, es wird alsdann die bewegliche Rolle 7 mit einer der Differenz der Spannung proportionalen Kraft zur Seite gedrückt und kann dieser letzteren durch Anspannen der Feder das Gleichgewicht gehalten werden. Daß dieses eingetreten ist, zeigt sich daran, daß der Zeiger z wieder auf die Marke einspielt; die der Stellung des Index entsprechende Federspannung giebt alsdann, im Verhältniß der

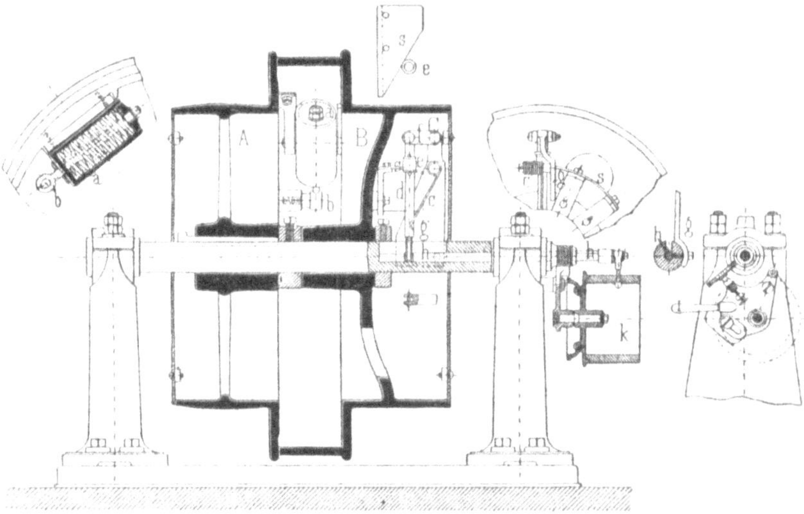

Fig. 267. Registrirendes Dynamometer von Schuckert.

Hebelarme verändert, direct die Kraft an, mit welcher die Rolle abgelenkt wird. Um den Werth der Scaleneinheit zu bestimmen, braucht man nur das Instrument genau vertical zu stellen, zwei oberhalb desselben irgendwie befestigte Riemenstücke hindurchzuziehen und verschiedene Gewichte daran zu hängen; die Differenz derselben muß von dem Index angezeigt werden, wenn der Zeiger auf die Marke m einspielt.

Das zweite zu den betreffenden Messungen verwendete registrirende Dynamometer von Schuckert ist in Fig. 267 gezeigt; dasselbe wird zwischen Motor und Dynamomaschine so aufgestellt, daß die auf der Achse festgekeilte Riemenscheibe A mit ersterem, die lose auf der Achse sitzende Riemenscheibe B dagegen mit letzterer verbunden wird. Die

Kuppelung der beiden Scheiben wird durch eine Dynamometerfeder a bewerkstelligt, welche ein Mitnehmen der Losscheibe erst dann eintreten läßt, wenn die Feder so weit zusammengedrückt ist, als dies der durch den Widerstand hervorgerufenen Umfangskraft entspricht. Aeußerst originell ist die Construction der Registrirvorrichtung. Denkt man sich nämlich den Apparat in der Ruhelage, so nehmen beide Scheiben eine gewisse relative Stellung zueinander ein, die sich, sobald mit eintretender Bewegung Arbeit übertragen wird, ändert. Es bleibt alsdann nämlich die Losscheibe um einen dem Zusammendrücken der Feder entsprechenden Winkel relativ zurück, welcher durch Verschieben eines kurzen Stückes einer Schraubenfläche s in der aus der Abbildung ersichtlichen Weise auf einen mit der Achse concentrirenden Stab h übertragen wird, an dessen Ende ein Schreibstift auf einer mit Papier bespannten Trommel die Variationen der Umfangskraft aufträgt.

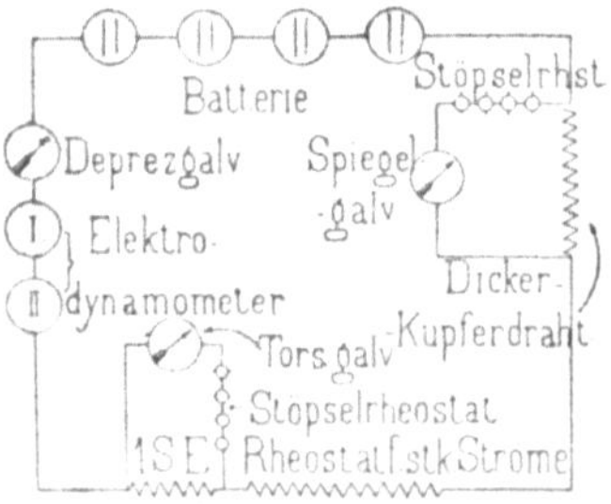

Fig. 268. Graduirung der Meßinstrumente.

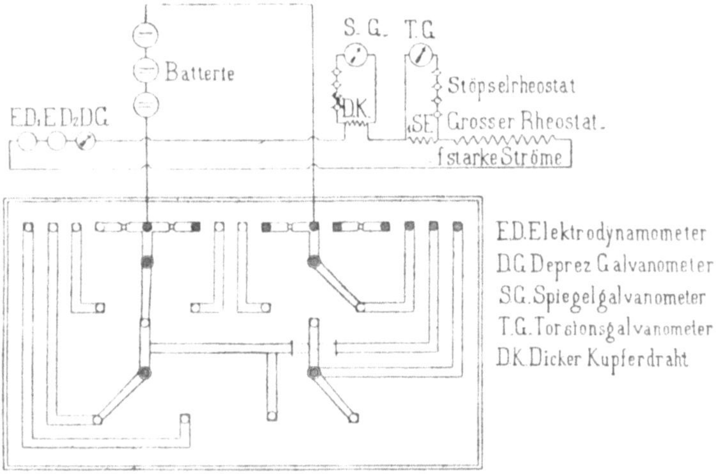

Fig. 269. Graduirung der Meßinstrumente.

Wie schon vorher erwähnt, ist eine Grundbedingung zur Vornahme genauer Messungen die genaue Graduirung der Meßinstrumente; Fig. 268 und 269 zeigen die Schaltungen, welche zur Graduirung der Instrumente angewendet wurden. Aus den beigeschriebenen Bezeichnungen geht das Arrangement der einzelnen Instrumente und die Verbindung derselben untereinander und mit dem Hauptumschalter klar hervor.

Die Messungen von Widerständen wurden mit Hilfe einer großen Siemens'schen Meßbrücke vorgenommen, deren Schema für die Widerstandsmessung einer Dynamomaschine Fig. 270 zeigt. Der Widerstand des Ankers, des Elektrometers und der ganzen Maschine wurde zuerst im kalten Zustande gemessen, im warmen Zustande wenigstens die letztere Größe. Die Widerstandsmessungen starker Dynamomaschinen bieten ziemlich bedeutende Schwierigkeiten, da beim Schließen

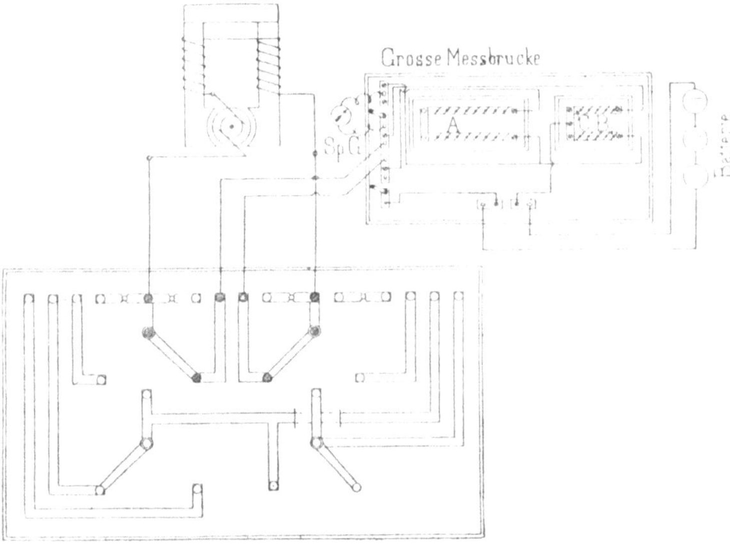

Fig. 270. Widerstandsmessung an einer Dynamomaschine.

der Batterie stets ein heftiger Inductionsstoß erfolgt, weshalb das Galvanometer zunächst kurz zu schließen ist, um den Magnet nicht in zu starke Schwankungen zu versetzen. Der Contact zwischen Bürsten und Stromabgeber ist bei ruhender Maschine leicht unsicher und es kann vorkommen, daß die Bürsten einmal mit einer größeren Zahl isolirter Stücke des Stromabgebers in Berührung sind als bei einer anderen Stellung des Ankers, wodurch dann die correspondirenden Windungen bald fortfallen, bald mitgemessen werden. Die bei der Untersuchung von Dynamomaschinen angewendete Schaltungsweise ist aus der Fig. 271 ersichtlich und bietet jedenfalls dem Elektrotechniker für vorzunehmende Messungen ein Beispiel, das sich als gut bewährt hat.

Bei den Prüfungen von Bogenlampen wurde in München, da das gleichzeitige Vorhandensein mehrerer Bogenlampen in einem Stromkreise

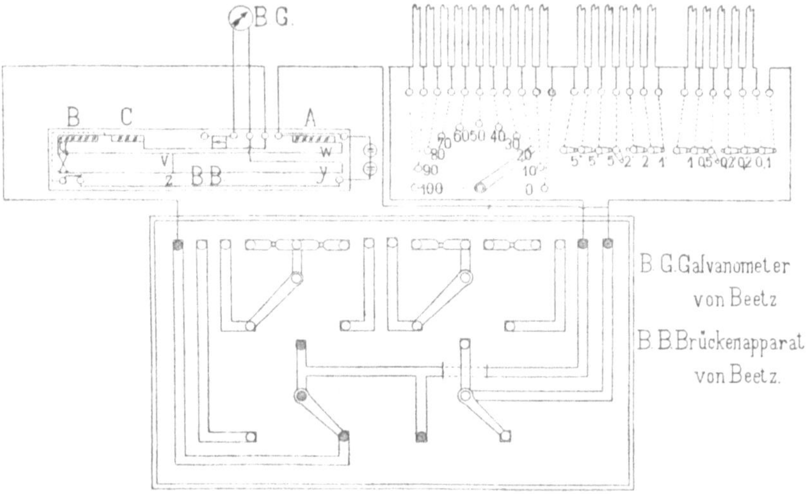

Fig. 271. Schaltung bei Messungen an Dynamomaschinen.

die Messungen durch die starken Stromschwankungen beeinträchtigte, die zu prüfende Bogenlampe in den Photometerraum gebracht, während alle übrigen durch soviele Rheostaten ersetzt wurden, als für die Zurückführung der Stromstärke auf die vorher ermittelten Betriebsverhältnisse erforderlich war. Es wird hierbei, wie aus Fig. 272 und 273 ersichtlich, außer der Stromstärke die Potentialdifferenz an den Klemmen der Lampen gemessen, aus welcher sich alsdann der Arbeitsverbrauch der Lampe und der dieselbe ersetzende Widerstand ergiebt.

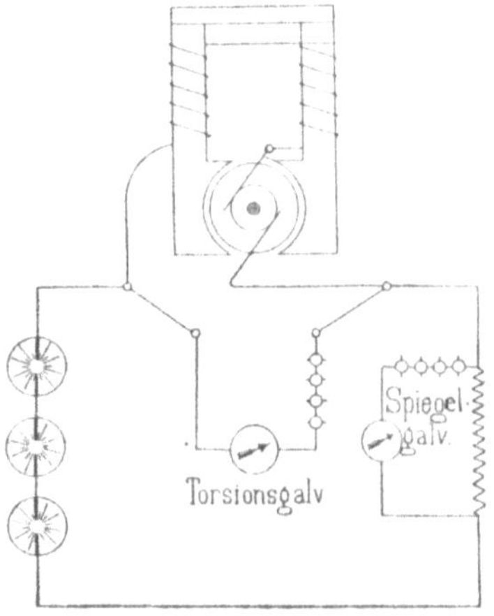

Fig. 272. Prüfung einer Bogenlampe.

Bei der Prüfung von Glühlampen wurde der Widerstand der zu prüfenden Lampe zunächst im kalten Zustande mit Hilfe einer großen Meßbrücke ermittelt; die Messung der die Lampe charakterisirenden elektrischen Größe erfolgte nach demselben Princip wie bei den Bogenlampen, d. h. durch directe Ermittelung von Stromstärke und Potentialdifferenz.

Um den Strom variiren zu können, waren hier jedoch andere Anordnungen erforderlich. Wie aus der schematischen Fig. 274 hervorgeht,

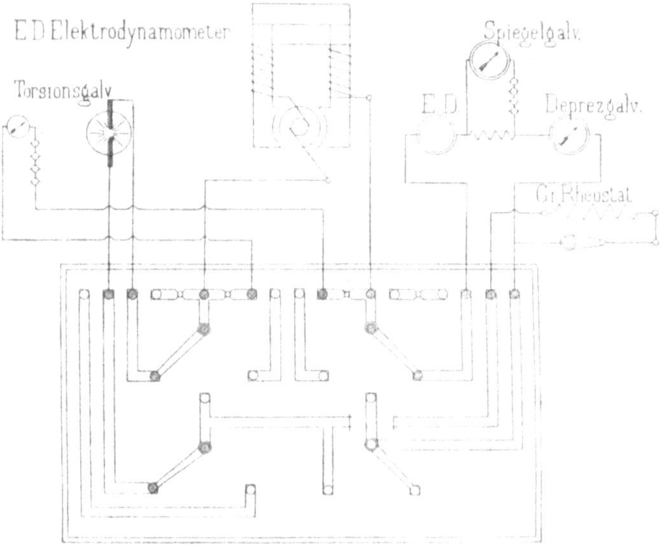

Fig. 273. Prüfung einer Bogenlampe.

verzweigte sich der Strom einer Dynamomaschine zwischen einem äußeren Schließungsbogen und einem anderen Stromzweige, der die Glühlampe, den großen Rheostat und den dicken Kupferdraht (mit Wiedemann's Galvanometer) enthielt. Die Klemmen der Lampen standen direct oder durch Vermittelung des Hauptumschalters mit dem Torsionsgalvanometer in Verbindung. Die Stromstärke kann bei dieser Anordnung durch Einschaltung von Widerständen im großen Rheostat verändert und mit Hilfe des Spiegelgalvanometers genau gemessen werden, da die Empfindlichkeit des letzteren durch den Stöpselrheostat regulirbar ist.

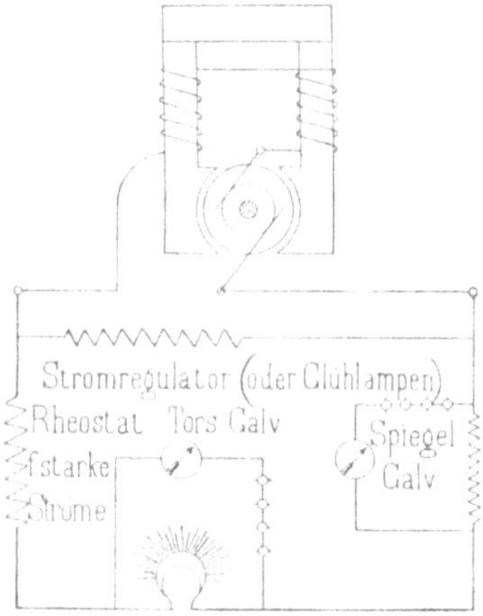

Fig. 274. Prüfung einer Glühlampe.

Von ganz besonderer Wichtigkeit ist natürlich die Messung der Elektricität bei den von Edison ausgeführten Beleuchtungsanlagen, die von einer Centralquelle aus mit Elektricität gespeist werden, da ja, wie bei der Gasbeleuchtung, der zu zahlende Preis sich nothwendigerweise nach der entnommenen Elektricitätsmenge richten muß; es werden also hier, analog den bei der Gasbeleuchtung angewendeten Gasmessern, Elektricitätsmesser aufzustellen sein.

Bevor wir zur Beschreibung der Meßapparate übergehen, welche im Hause der Consumenten den Verbrauch elektrischer Energie registriren, möge über das Princip ihrer Wirkung einiges vorausgeschickt werden. Wenn ein durchflossener Leiter irgendwo durchschnitten wird, an seinen Enden Kupferplatten angebracht und diese in eine Lösung von schwefelsaurem Kupferoxyd getaucht werden, so löst ein Theil des Metalles sich von der positiven Platte ab, während eine genau ebenso große Menge Metall an der negativen Platte niedergeschlagen wird. Da diese Metallmengen der Stromstärke und folglich auch der Elektricitätsmenge, welche die Leitung durchströmt, proportional sind, so bieten dieselben ein bequemes Mittel, um auf einfache Weise den Consum resp. den Procentsatz, welchen der betreffende Consument von der gesammten auf der Centralstation erzeugten Elektricitätsmenge erhalten hat, festzustellen. Die Abbildung Fig. 275 bringt einen solchen Elektricitätsmeßapparat zur Anschauung. Derselbe besteht, wie ersichtlich, aus zwei mit einer Auflösung von schwefelsaurem Kupferoxyd gefüllten Flaschen, in welche die erwähnten Kupferplatten von bekanntem Gewichte eintauchen. Das Wägen derselben nach Ablauf einer gewissen Zeit genügt, um nach der eingetretenen Gewichtsveränderung die Elektricitätsmenge festzustellen, welche dem Consumenten während einer gewissen Periode geliefert ist. Da die elektro-motorische Kraft mit Hilfe eines Regulators constant erhalten wird, ergiebt die Messung zugleich den Verbrauch der Energie, welche ein Product von beiden ist.

Ein bekanntes Beispiel möge dazu dienen, dies klar zu machen: Wenn ein Wasserfall die zum Betriebe eines Motors nöthige Kraft liefert, so zahlen die Consumenten nicht für den Verbrauch an Wasser, sondern für die Zahl von Kilogrammetern, d. h. die Menge der durch den Fall gelieferten Arbeit oder Energie. Da aber letztere der Wassermenge und dem Gefälle proportional ist, so könnte man bei constanter Druckhöhe solche ebensowohl durch den Verbrauch des Wassers allein bestimmen. Von den beiden Flaschen des Zähl- oder Meßapparates dient die eine zur Feststellung des monatlich entnommenen Quantums an Elektricität, die andere zur Controle seitens des Lieferanten nach Ablauf eines längeren Zeitraumes, nach welchem alsdann die letzte

Angabe sich mit der Summe der monatlichen Einzelwägungen decken muß. Durch die in demselben Schranke angebrachte Lampe ist in hinreichender Weise das Gefrieren der Flüssigkeit im Winter verhindert.

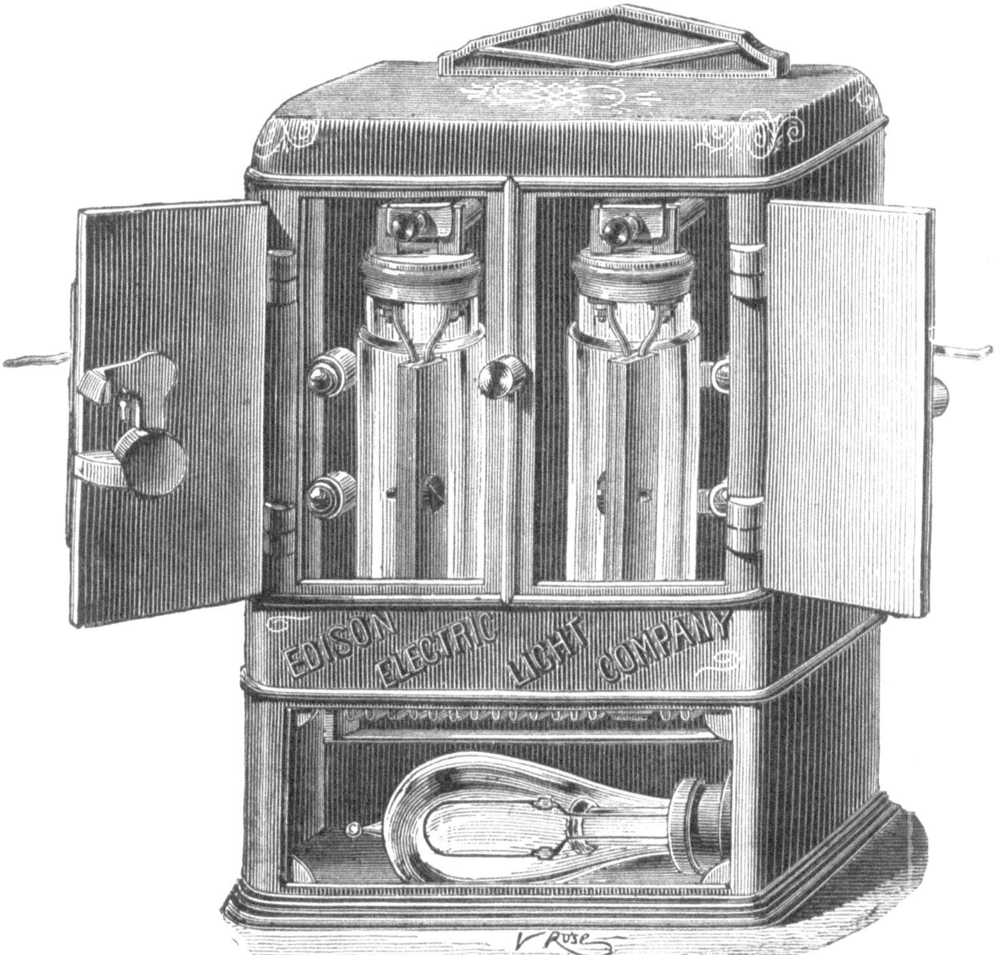

Fig. 275. Elektricitätsmeßapparat von Edison.

Dieselbe brennt für gewöhnlich nicht, schaltet sich aber, sobald die Temperatur unter eine gewisse Grenze sinkt, selbstthätig in den Stromkreis ein und beginnt zu glühen. Zu diesem Zwecke sind zwei in der Wärme sich verschiedenartig ausdehnende Metalle in Form einer Feder dergestalt übereinandergelegt, daß sie infolge ungleicher Ausdehnung oder Zu=

sammenziehung durch Temperaturveränderung sich krümmen und in dem Augenblicke, in welchem das Thermometer unter einen gewissen Punkt sinkt, durch Berührung des am Lampensockel befestigten Anschlages den Contact mit demselben herstellen; dadurch entzündet sich die Lampe und infolge ihrer Wärmeausstrahlung nimmt die in den Flaschen enthaltene Flüssigkeit eine höhere Temperatur an. Mit dem Wiedereintritt derselben

Fig. 276. Elektricitätsmeßapparat von Edison.

hört der Contact auf, indem die Feder ihre frühere Gestalt wiedergewinnt und das Licht verlöscht. Neuerdings angestellte Versuche haben ergeben, daß Zinkplatten in einer Auflösung von schwefelsaurem Zinkoxyd bessere Resultate ergeben als die erwähnten Kupferplatten und es werden daher bei den Edison'schen Meßapparaten jetzt stets Zinkplatten verwendet.

Bei den neuesten Constructionen der Edison'schen Meßapparate ist das lästige Wägen der Zinkcylinder vermieden. Die Einrichtung, welche Fig. 276 zeigt, ist insofern jetzt eine automatisch wirkende, als die

Cylinder an einem Waagebalken innerhalb weiter, feststehender Cylinder aus Zink angehängt werden; die Stromzuführung ist derart eingerichtet, daß sich das Zink an der einen Seite an dem beweglichen, an der anderen an dem festen Cylinder befindet. Die durch den Zinkniederschlag schwerer werdende bewegliche Platte zieht natürlicherweise den Waagebalken herunter und die Senkung des letzteren wird durch die Verrückung eines Zeigers von einem Uhrwerk gemessen. Hat die Zinkplatte ein gewisses Gewicht erreicht, so wird durch eine selbstthätige Vorrichtung der Strom in der Zersetzungszelle umgekehrt, sodaß nun die andere Zinkplatte schwerer wird, wogegen sich der Uhrzeiger in demselben Drehungssinne weiter bewegt. Die Menge der verbrauchten Elektricität ist in einer gewissen Einheit ausgedrückt gleich dem Gewichte des niedergeschlagenen Zinkes und also auch gleich der Verrückung des Uhrzeigers seit der letzten Besichtigung.

---

2. Das Messen des Lichtes.

Von ebenso großer Wichtigkeit wie die Messungen der Elektricität sind für die Praxis die Messungen der Lichtstärken, da ihre Resultate gestatten, die Verwerthbarkeit des elektrischen Lichtes mit derjenigen anderer Beleuchtungsmethoden, sowie auch die einzelnen Beleuchtungssysteme untereinander zu vergleichen. Lange Zeit hindurch betrachtete man die Messung des Lichtes als etwas sehr leicht Ausführbares und erst in unserer Zeit, wo es sich um die Messung sehr bedeutender Lichtquellen, wie sich diese in den elektrischen-Bogenlichtern darstellen, handelt, ist man zu der Ueberzeugung gekommen, daß elektrische Lichtmessungen, wenn sie Anspruch auf Zuverlässigkeit haben sollen, keineswegs so einfacher Natur sind.

Früher und vielfach auch noch jetzt war und ist man der irrigen Ansicht, daß die chemische Intensität der Lichtquellen gleich der optischen Intensität sei. Von dieser Anschauung ausgehend, ist vielfach versucht worden, bei Helligkeitsmessungen die physiologische Wirkung auf die Netzhaut des menschlichen Auges durch eine chemische Wirkung zu ersetzen. Daß die betreffende Ansicht falsch ist, geht daraus hervor, daß wir ja unter leuchtender Wirkung des Lichtes allein diejenige Wirkung der Lichtstrahlen auf unser Auge verstehen können, welche zur Ursache einer Gesichtsempfindung für uns wird. Es ist deshalb bei Helligkeitsmessungen das Auge schlechterdings nicht zu entbehren und müssen alle Apparate, bei denen das menschliche Auge durch ein chemisches Präparat ersetzt wird, mehr oder minder zu Trugschlüssen führen. Derartige Apparate können nur dann genaue Resultate ergeben, wenn die spectrale Zusammensetzung der Lichtquellen und des als Einheit geltenden Lichtes ganz gleicher Natur sind.

Da die Bestimmung der Helligkeit einer Lichtquelle mittels eines Photometers keine absolute, sondern stets eine relative ist, die sich auf eine andere Lichteinheit bezieht, ist es von Wichtigkeit, die meist gewählte Einheit festzustellen; dieselbe ist in den einzelnen Ländern eine verschiedene. In Frankreich gilt als solche die Carcel-Lampe, eine Moderateurlampe von 30 Millimeter Dochtweite, in welcher reines Colzaöl mit einer Flammenhöhe von 40 Millimeter verbrannt wird; in England und Deutschland benutzt man als Lichteinheit sogenannte Normalkerzen, und zwar in England die Walrath- oder Spermacetikerze, während in Deutschland von dem Vereine der Gas- und Wasserfachmänner als Normalkerze eine Paraffinkerze von 20 Millimeter Durchmesser und 50 Millimeter Flammenhöhe gewählt worden ist.

Fig. 277. Photometer von Bunsen.

In neuerer Zeit ist vorgeschlagen worden, als Maaßeinheit die Wärmewirkung eines constanten Stromes, der einen Leiter von gegebenen Maaßen und bestimmter Form durchfließt, zu benutzen. Die von Louis Schwendler in Calcutta zu diesem Zwecke verwendeten Leiter bestehen aus 0,017 Millimeter dickem Platinblech, welches in hufeisenähnlicher Form geschnitten ist. Der genannte Experimentator hat nachgewiesen, daß bei constanter Stromstärke die Helligkeit, mit der ein solches Platinblech glimmt, eine äußerst constante ist. Wesentlich ist bei den Messungen des elektrischen Lichtes der Umstand, daß die Lichtstärke je nach der Richtung, in welcher das Licht auf den Meßapparat fällt, eine verschiedene ist; es ist deshalb darauf zu achten, das Licht stets so anzubringen, daß die Strahlen desselben unter einem bestimmten Winkel auf die zu beleuchtende Fläche fallen.

Das am häufigsten benutzte, weil einfachste, Meßinstrument ist das Bunsen'sche Photometer. Dasselbe besteht, wie Fig. 277 zeigt, aus einem Blatt Papier, in dessen Mitte ein geölter und deshalb durchscheinender Kreis m zu sehen ist. Das Papier befindet sich zwischen zwei Spiegeln M N und M¹ N¹, die beide gleiche Winkel mit demselben bilden, sodaß man das Bild des Oelflecks zu gleicher Zeit in beiden Spiegeln sehen kann. Stellt man nun auf beiden Seiten des Photometers Lichtquellen auf, so erscheint das Bild, der verschiedenen Stärke

Fig. 278. Arrangement des Bunsen'schen Photometers.

dieser Lichtquellen entsprechend, in dem einen Spiegel heller, in dem anderen dunkler, wobei das von der stärkeren Lichtquelle hervorgerufene Bild das helle, das von der schwächeren das dunkle ist. Man hat nun das Photometer so lange auf einer zwischen den beiden Lichtquellen befindlichen Bank zu verschieben, bis beide Bilder gleich hell erscheinen; es wird alsdann das Photometer von beiden Lichtquellen gleich hell beleuchtet und verhält sich in diesem Falle die Lichtstärke der beiden

Lichtquellen direct wie die Quadrate ihrer Abstände vom Photometer. Die Bank, auf welcher das Photometer verschiebbar angebracht wird, ist mit einer Scala versehen, sodaß man die Verhältnißzahlen gleich ablesen kann. Diese photometrischen Messungen müssen natürlich in einem vollständig verdunkelten Zimmer vorgenommen werden, sodaß außer den beiden zu vergleichenden Lichtquellen kein anderes Licht auf das Photometer wirken kann. Fig. 278 zeigt eine Einrichtung, bei welcher das Bunsen'sche Photometer auf einem kleinen Wagen angeordnet ist, der auf der graduirten Bank verschiebbar ist.

Ein Photometer, welches auf der vorhin erwähnten chemischen Einwirkung des Lichtes beruht und daher eigentlich nur zur Vergleichung

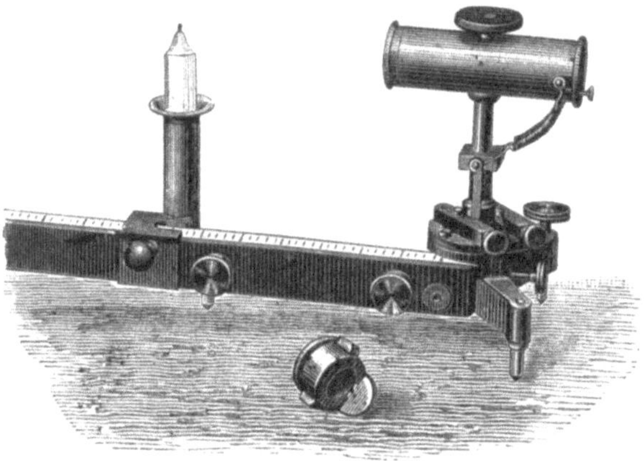

Fig. 279. Siemens'sches Selen-Photometer.

von Lichtquellen dienen kann, deren spectrale Zusammensetzung die gleiche, ist das Siemens'sche Selen-Photometer (Fig. 279). Es wird hier ein in eine Röhre gefaßtes Selenpräparat abwechselnd so lange dem Normallicht und der zu messenden Lichtquelle ausgesetzt und die Normalkerze auf einer mit dem Apparat verbundenen Normalscala so lange verschoben, bis auf einem ebenfalls zu diesem Instrumente gehörigen Galvanometer gleiche Ausschläge erzielt sind. Aus der Entfernung der Normallichtquelle von dem Selenpräparat, welche man auf der Scala ablesen kann, ergiebt sich alsdann das Verhältniß der Normalkerze zu der zu messenden Lichtquelle.

Zu erwähnen sind hier auch die Dispersions-Photometer von Ayrton und Perry. Bei denselben wird zwischen elektrische Lampe und Photometerschirm eine negative Linse eingeschaltet, welche die Reaction der von der Lichtquelle kommenden Strahlen vergrößert und somit die Intensität des den Photometerschirm erleuchtenden Strahlenbüschels ergiebt. Der Vortheil dieser Anordnung besteht darin, daß man die elektrische Lampe von großer Lichtstärke nicht in so weite Entfernung vom Photometerschirm bringen muß, als wenn man sich als Mittel zur Gleichmachung der Beleuchtungsintensität nur der Veränderung der Entfernung bedient.

Denselben Vortheil, die geringe Entfernung der elektrischen Lampe zu gestatten, hat das Photometer von A. Cornu. Bei demselben ist in den Weg der von beiden zu vergleichenden Lichtquellen kommenden Strahlen je ein achromatisches Objectiv eingeschaltet und durch eine Mikrometervorrichtung die wirksame Oeffnung desselben und damit auch die auf den Photometerschirm fallende Lichtmenge veränderbar.

Bei Gelegenheit der Pariser Elektricitäts-Ausstellung wurde die Lichtstärke verschiedener Lampen gemessen und berieth der in Paris tagende Elektriker-Congreß auch die Frage der Photometrie des elektrischen Lichtes. Leider hatte derselbe jedoch keinen praktischen Erfolg in dieser Richtung aufzuweisen, da sich die Mitglieder, obschon zur Bearbeitung der Frage der Lichteinheit und der Construction des Photometers eine besondere internationale Commission eingesetzt wurde, über diesen Punkt nicht einigen konnten.

Bei den in München vorgenommenen Helligkeitsmessungen wurde als Lichteinheit die englische Walrathkerze angenommen; als Photometer diente das Bunsen'sche mit der von Rüdorf vorgeschlagenen Abänderung, daß der Papierschirm in der Winkelhalbirungslinie zweier in einem Winkel von 140° zueinander geneigten Spiegel angebracht war.

Fünftes Kapitel.

Die elektrische Beleuchtung.

1. Die verschiedenen Beleuchtungssysteme.

Im allgemeinen faßt man, wenn man von verschiedenen Beleuchtungssystemen spricht, stets nur die beiden principiell verschiedenen Hauptgruppen — Bogenlicht und Glühlicht — ins Auge, zwischen welchen dann noch die Lampen mit unvollkommenem Contact einzuschalten wären. In Wirklichkeit giebt es aber innerhalb dieser beiden größeren Gruppen, und namentlich innerhalb der ersteren, eine ganze Reihe von Systemen, deren Verschiedenheit durch die Art der verwendeten Maschinen und Lampen, durch die Schaltung und auch durch den Betrieb bedingt wird. Innerhalb der zweiten Gruppe, der Glühlichtlampen, ist die Anzahl der Systeme keine sehr große und man kann eigentlich nur in Bezug auf die Construction der zur Verwendung kommenden Lampen von verschiedenen Systemen sprechen.

Ueberall da, wo es sich um die Beleuchtung freier Plätze, Bahnhofshallen, größerer Fabrikgebäude, überhaupt großer offener oder bedeckter Räume mittels starker Lichtquellen handelt, wird man das Bogenlicht vorziehen, während zur Zimmerbeleuchtung, Beleuchtung von Schiffen, Krankensälen, sowie in manchen anderen Fällen dem Glühlicht der Vorzug gegeben werden muß. Es können also beide Beleuchtungsarten sehr wohl nebeneinander bestehen und es ist eine vollständig irrige Anschauung, wenn man meint, daß dieselben einander Concurrenz machen müssen; es wird vielmehr in jedem einzelnen Falle zu untersuchen sein, welche der beiden Beleuchtungsarten dem speciellen Bedürfniß entspricht.

Beim näheren Eingehen auf die Bogenlichtbeleuchtung unterscheidet man zunächst die Beleuchtung mittels Einzellichter und die mittels getheilter Lichter, bei welch letzterer, je nach dem angewendeten System, die Zahl der in einen Stromkreis geschalteten Lampen entweder eine beschränkte ist, wie bei der von Siemens & Halske gewählten Beleuchtung mit Differentiallampen, oder aber eine sehr große sein kann, wie dies bei dem Brush-System der Fall ist.

Der Vorzug der Einzellichter für viele Zwecke ist vor allem durch den nachstehend angeführten Umstand begründet: Mit der Anzahl der in einen Stromkreis geschalteten Lampen wechselt die Lichtstärke einer jeden Lampe, wenn die Lichtmaschine dasselbe Quantum Strom wie zuvor erzeugt, und es wird hierbei beobachtet, daß die Summe der Lichtintensität mehrerer von demselben Strome gespeisten Lampen nicht die Intensität einer einzelnen in denselben Stromkreis geschalteten Lampe, also eines Einzellichtes erreicht. Dies erklärt sich dadurch, daß jede Lampe, gleichviel von welcher Construction, einen bestimmten, durch ihre Einrichtung bedingten inneren Widerstand hat, der sich zu dem Widerstande des Lichtbogens addirt und mit diesem vereint eine elektro-motorische Kraft entwickelt, welche der elektro-motorischen Kraft der Lichtmaschine entgegenwirkt und deshalb von dieser verloren geht. Je größer daher die Anzahl der in einen Stromkreis geschalteten Lampen ist, desto größer muß der durch die Lampenwiderstände bedingte Verlust an elektromotorischer Kraft sein.

Um die Stärke des getheilten Lichtes gleich der des Einzellichtes zu machen, muß der ursprünglich vorhandene Strom verstärkt werden, und zwar müssen 4, 9, 16 u. s. w. Lampen durch einen 2, 3, 4 u. s. w. mal stärkeren Strom gespeist werden, wenn ihre gesammte Lichtwirkung gleich derjenigen des durch den ursprünglichen Strom gespeisten Einzellichtes sein soll.

So günstig dieser Umstand für das Einzellicht ist, so kann derselbe doch in den meisten Fällen nicht bei der Wahl des Beleuchtungssystems entscheiden, da häufig eine bequeme Befestigung der Lampen, sowie eine bestimmte Vertheilung des Lichtes und somit die gleichmäßige Beleuchtung des ganzen Raumes von wesentlicher Bedeutung ist. Je größer nämlich der durch ein Einzellicht zu beleuchtende Raum resp. die zu beleuchtende Bodenfläche ist, desto höher muß dieses Einzellicht angebracht werden, wenn eine Gleichmäßigkeit der Bedeutung erzielt werden soll. Daher sind Einzellichter in jedem Falle für große freie Plätze zu empfehlen, wo die Lichtquelle auf einem hohen Mastbaume angebracht werden kann, während es in Fabrikräumen, Concertsälen 2c. meist an der erforderlichen Höhe des Raumes fehlt.

Ein weiterer Vortheil der Einzellichter besteht darin, daß dieselben von gering gespannten Strömen gespeist werden. Es hat dies nicht nur den Vortheil, daß der Betrieb ein durchaus gefahrloser wird, sondern es wird auch die Farbe des Lichtes hierdurch in günstiger Weise beeinflußt, da dieselbe eine bedeutend weißere, dem Sonnenlicht ähnlichere ist, wogegen bei Verwendung hochgespannter Ströme das Licht eine bläuliche, mondscheinähnliche Färbung hat. Crompton sagt daher mit Recht: „Die Einzellichter, welche von Strömen geringer Spannung gespeist werden, sind sehr schön und rein in der Farbe, entweder ganz weiß oder schwach gelblich wie Sonnenlicht. Das Licht ist kräftig und mild und durchdringt leicht den Nebel und eine dichte Atmosphäre; die Farben erscheinen bei diesem Lichte ganz wie beim Sonnenlichte. In der That wird der größte Theil des Lichtes von der glühenden sonnenähnlichen Oberfläche der oberen concaven Kohle und nur wenig von dem Bogen ausgehen. In dem Maaße, als man die Spannung vermehrt und die Quantität vermindert, gewinnt der Strom die Fähigkeit, mehrere Lichter zu speisen; allein die Farbe des Lichtes ist hierbei nicht dieselbe wie vorher. Es wird weniger Licht von den glühenden Kohlenspitzen als von dem Bogen ausgehen, welch letzterer häufig unangenehme violette, blaue oder grüne Farbentöne erscheinen läßt. Sodann bleibt der Bogen nicht immer an den beiden nächsten Punkten der Kohlen, sondern er geht von entfernten Punkten der kegelförmigen Oberfläche der Kohlen aus. Es ist deshalb die Lichtintensität auf verschiedenen Seiten häufig ungleich; auch ist dies der Grund des Zuckens und der Unbeständigkeit des Lichtes, welche Mängel mit zunehmender Spannung wachsen. Wo große Räume zu beleuchten sind, in welchen man die Lampe hoch aufhängen kann, und wo ein ruhiges Licht von schöner Färbung gebraucht wird, sollte man stets niedrig gespannte Ströme und Einzellichter anwenden.

Ganz besondere Vortheile bietet die Verwendung der Einzellichter auf Leuchtthürmen, Kriegsschiffen, bei Recognoscirungs- und Belagerungsarbeiten, da es sich in allen diesen Fällen darum handelt, eine möglichst starke Lichtquelle zu besitzen, deren Strahlen nach einer bestimmten Richtung hin gelenkt werden müssen und so einen begrenzten Theil des Raumes unter einem Winkel von weniger als 180° zu beleuchten haben.

Für Militärzwecke hat man neuerdings combinirte Beleuchtungsapparate geschaffen, bei denen die Lichtmaschine sowohl in der Siemens & Halske'schen als in der Gramme'schen Construction mit der Antriebswelle einer Locomobile zusammengebaut und somit die ganze Einrichtung transportabel gemacht ist. Zur Erzeugung kleinerer Lichtquellen, wie sie für militärische Signalzwecke erforderlich sind, gelangt eine kleine Maschine zur Anwendung, welche durch vier Mann in Bewegung gesetzt wird und ein Licht von ungefähr 50 Carcel=Brennern erzeugt. Transportable Beleuchtungseinrichtungen haben in der Industrie und Landwirthschaft schon jetzt ausgedehnte Verbreitung gefunden. In dem Kapitel, welches die Anwendung des elektrischen Lichtes behandelt, wird auf dieselben näher eingegangen werden; hier sei nur bemerkt, daß in allen diesen Fällen fast nur Einzellicht zur Verwendung gelangt.

Die Benutzung getheilter Lichter hat ihrerseits den Vorzug, daß erstens eine günstigere Vertheilung des Lichtes in niedrigen Räumen erzielt werden kann und zweitens die Kosten des getheilten Lichtes in vielen Fällen infolge der bedeutenden Ersparniß an Leitungsdrähten sich niedriger als diejenigen der Einzellichter stellen, weshalb für die gewöhnlichen Beleuchtungszwecke meist die Anwendung getheilter Lichter vorzuziehen ist.

Eins der bekanntesten Systeme der Beleuchtung mittels getheilten Lichtes ist das von Siemens & Halske mit Anwendung der v. Hefner=Alteneck'schen Differentiallampe, bei welchem größtentheils mittelstarke Lichter von 350—1200 Kerzenstärken benutzt werden. Während bei demselben bis vor zwei Jahren hauptsächlich Wechselstrommaschinen verwendet wurden, ist die genannte Firma seit dieser Zeit hiervon abgegangen und es werden von ihr jetzt nur noch Gleichstrommaschinen verwendet. In Deutschland hat das Siemens & Halske'sche System zur Beleuchtung von Bahnhöfen, industriellen Etablissements und in neuerer Zeit auch für Zwecke der Straßenbeleuchtung Verbreitung gefunden. In England wird dieses System durch die Firma Siemens Brothers & Co. in London exploitirt und dient unter anderem auch vielfach zur Beleuchtung von Schiffen.

Ueber die nach Siemens & Halske'schem System ausgeführte Beleuchtungsanlage des Centralbahnhofs in München, welche sechs Maschinenpaare und 25 Differentiallampen umfaßt, spricht sich Oberingenieur Graff in München folgendermaaßen aus: „Das elektrische Licht des Münchener Centralbahnhofs ist seit sieben Monaten ununterbrochen in Anwendung gebracht und hat sich die ganze Einrichtung vorzüglich bewährt. Bei aller Unbill der Witterung im letzten Winter, an welchen die Gasingenieure mit einigem Grausen zurückdenken werden, bei Regen, Schnee, Nebel, Wind und Sturm und den stärksten Tem=

peraturveränderungen sind keinerlei Störungen vorgekommen. Während in den Straßen Münchens ein Theil der Gaslaternen durch völlige Dunkelheit, andere durch sehr unzulängliches Licht sich bemerkbar machten, während man in einer beträchtlichen Anzahl von öffentlichen und Privatgebäuden wegen völligen Versagens der Gasbeleuchtung wieder zu den Kerzen und Petroleumlampen zurückkehren und mehrere Wochen das Gaslicht entbehren mußte, während hunderte von Arbeitern damit beschäftigt waren, in allen Stadttheilen die eingefrorenen Gasröhren aufzuthauen, während dieser Zeit erglänzte allabendlich das elektrische Licht der Bahnhofshalle in völliger Reinheit und Stärke."

Ebenso erfolgreich wie bei der Beleuchtung von Bahnhöfen, Straßen und Plätzen hat sich das Siemens & Halske'sche System für die Zwecke der Schiffsbeleuchtung bewiesen, wie speciell aus einem von den Passagieren der „City of Berlin" verfaßten Berichte hervorgeht. Der große Salon und das Zwischendeck dieses Oceandampfers war von Siemens Brothers in London mittels Maschinen und Lampen der Berliner Firma beleuchtet. Das Licht brannte trotz Sturm und Wellen bei der winterlichen Ueberfahrt von Liverpool nach New-York während der langen Nächte und im Zwischendeck auch bei Tage vorzüglich, ermöglichte alle Arbeiten und trug sehr zur Erheiterung und zum Wohlbefinden der Passagiere bei.

Nächst dem von Siemens & Halske vertretenen System der Bogenlichtbeleuchtung ist das von Siegmund Schuckert in Nürnberg, nach welchem etwa 350 Beleuchtungsanlagen im In- und Auslande ausgeführt sind, in Deutschland am meisten verbreitet; derselbe verwendet verbesserte Krizik & Piette'sche Differentiallampen und Gleichstrommaschinen eigener Construction. Auch das Schuckert'sche System ist schon vielfach für Bahnhofs- und Straßenbeleuchtung und namentlich in industriellen Etablissements zur Anwendung gekommen. Wie bei Siemens & Halske, ist auch bei Schuckert die Anzahl der in einen Stromkreis geschalteten Lampen eine beschränkte, obwohl Schuckert hierin weiter als Siemens & Halske geht, die in der Regel nicht mehr als sechs Lampen in einem Stromkreis anbringen. Ein wesentlicher Vorzug dieser Beschränkung ist darin zu suchen, daß das hierbei erzeugte Licht keiner sehr hochgespannten Ströme bedarf und seine Anwendung deshalb, wie schon bei Besprechung des Einzellichtes hervorgehoben wurde, gefahrlos ist, während auch die Farbe des Lichtes eine bei weitem angenehmere als beispielsweise in den Brush-Lampen ist.

Charakteristisch für das Brush-System ist, daß hier sehr hoch gespannte Ströme zur Anwendung gebracht und sehr viele Lampen (16—40) in denselben Stromkreis geschaltet werden. Es ist dies, ganz abgesehen von der hierdurch bedingten bläulichen Färbung des Lichtes, schon deshalb äußerst bedenklich, weil eine zufällige Berührung der Leitungsdrähte in der Nähe der Maschine sofort den Tod zur Folge haben würde. Außerdem ist die Isolation der Leitungen eine äußerst schwierige und ist es daher jedenfalls sicherer, Ströme von geringerer Spannung resp. die hierdurch bedingten Systeme zu verwenden, wenn auch dadurch die Zahl der Lampen eine geringere wird und mehr Leitungsdraht erforderlich sein sollte. In Amerika, wo man ja über derartige Bedenken leichter als bei uns hinwegzugehen pflegt, ist die Anwendung des Brush-Systemes sehr verbreitet, während dasselbe in Deutschland trotz des weitgehenden Entgegenkommens der Brush-Company, welche Installationen versuchsweise auf eigene Rechnung ausführt, nicht recht Fuß zu fassen vermocht hat.

Für getheiltes Licht wird ferner das System von Gülcher benutzt, welches sich durch die Verwendung der Gülcher'schen Maschinen und Lampen und der auf Seite 257 beschriebenen Schaltungsweise charakterisirt, sowie das von Crompton, welches gleichfalls in der Verwendung der früher beschriebenen Maschinen und Lampen des genannten Elektrotechnikers besteht. Hervorzuheben ist noch das System Weston-Möhring, bezüglich dessen ebenfalls auf das bei der Besprechung der elektrischen Maschinen und Lampen Gesagte zurückgewiesen werden kann. Alle übrigen durch die Verwendung anderer Maschinen resp. Lampen dargestellten Beleuchtungssysteme haben nur eine beschränkte Verbreitung gefunden und es kann eine Besprechung derselben an dieser Stelle um so mehr übergangen werden, als die bei diesen Systemen verwendeten Maschinen und Lampen schon früher eingehend behandelt worden sind.

Erwähnenswerth sind hier noch die Jablochkoff'schen Kerzen, welche namentlich in Frankreich ausgedehnte Verwendung gefunden haben. Eine Beschreibung derselben ist in dem betreffenden Abschnitt gegeben worden. Wie bereits bekannt, setzt man in neuerer Zeit eine größere Anzahl (4 bis 6) Kerzen auf einen Halter und es entzündet dann der Strom, welcher in alle Kerzen gleichzeitig eintritt, nur diejenige, welche den geringsten Widerstand bietet. Erlischt eine Kerze infolge ihres Abbrennens oder eines anderen Umstandes, so entzündet sich diejenige, welche nunmehr den geringsten Widerstand besitzt, und so fort. Durch

Anwendung dieser Methode ist allerdings das Auslöschen aller Lampen unmöglich gemacht, doch entsteht ein beträchtlicher Stromverlust, wie auch die Zunahme des äußeren Widerstandes in hohem Grade nachtheilig auf die Maschinen einwirkt, da dieselben hierdurch mehr, als sie eigentlich sollten, angestrengt werden.

Eine andere Methode besteht darin, daß man jede Serie Kerzen in eine besondere Leitung legt und diese Leitungen vom Maschinenhause aus durch einen Umschalter einzeln mit der Maschine verbinden kann. Sobald nun ein in der Hauptleitung eingeschalteter Signalapparat das Aufhören des Stromes anzeigt, welches beim Erlöschen einer Kerze eintritt, wird durch Drehen des Umschalters eine zweite Serie von Kerzen eingeschaltet. Durch diese Disposition wird freilich die permanente Anwesenheit des Maschinisten bedingt; außerdem ist mit ihr ein bedeutender Kohlenaufwand und eine noch bedeutendere Verschwendung von Leitungsmaterial verbunden, wodurch das System bei größeren Distancen bedeutend vertheuert wird.

Die zuletzt dargestellte, in London mehrfach zur Anwendung gelangte Methode ist in neuerer Zeit in folgender Weise modificirt worden: Man hat zwei gesonderte Leitungen durch die Lampen geführt, dagegen im Fuße der Candelaber Stöpselumschalter angebracht, welche die beiden anderen Leitungen ersetzen. Am Maschinenhause befindet sich dementsprechend ein Umschalter mit zwei Contacten; in die Hauptleitung ist ein Elektromagnet eingeschaltet, während der Stromdruck den Stromkreis einer gewöhnlichen Alarmglocke öffnet. Tritt nun während der Dauer der Beleuchtung eine Stromunterbrechung ein, so wird der Stromkreis der Glocke geschlossen und hierdurch der Maschinist alarmirt. Derselbe hat alsdann sofort die Kurbel des Umschalters zu drehen und die zweite Serie von Kerzen einzuschalten, worauf ein Arbeiter nach den Candelabern zu gehen und die Stöpselung derart zu verändern hat, daß bei eventuellem Zurückdrehen der Umschaltekurbel die dritte Serie Kerzen zum Brennen gelangt. Demnächst wird wieder eine Umstöpselung vorgenommen und es ist alsdann die vierte Serie vorbereitet, um zum Brennen zu gelangen, sobald die Kurbel wieder umgedreht wird.

Obschon diese Anordnung bedeutend günstiger als die vorbeschriebene ist und bei geringerem Verbrauch an Leitungsmaterial fast dasselbe leistet, genügt sie den zu stellenden Anforderungen nicht und man hat deshalb neuerdings eine automatische Einschaltung der Kerzen vorgenommen, die bereits auf Seite 264 beschrieben wurde.

Marcel Deprez, der hauptsächlich durch seine Arbeiten auf dem Gebiete der Stromtheilung und Kraftübertragung bekannt ist, hat auch im Verein mit Gravier ein Beleuchtungssystem geschaffen. Derselbe Fachgelehrte äußerte auf dem Pariser Elektriker-Congreß, daß das Problem der Theilung des Stromes darauf hinauskomme, das Arbeiten jedes den Strom benutzenden Apparates von der In- und Außerbetriebsetzung der anderen Apparate unabhängig zu machen, was mit der Dynamo-Maschine dadurch zu erreichen ist, daß man die inducirenden Elektromagnete mit zwei Spiralen umgiebt, von denen die eine den constanten Strom einer fremden Elektricitätsquelle, die andere einen Arbeitsstrom voll oder als Zweigstrom empfängt, je nach der Art, wie die Lampen im Stromkreis hintereinander geschaltet sind. Bei Anwendung eines derartigen Systems ist die Benutzung besonderer Regulatoren für die Stromstärke überflüssig geworden.

Ein eigenthümliches Verfahren zur Theilung des elektrischen Stromes und somit ein specielles Beleuchtungssystem ist das von Avenarius. Derselbe bedient sich der Wechselströme aus einer dynamo-elektrischen oder einer Wechselstrommaschine bei paralleler Schaltung der Lampen mit nur je einer Flamme für die Parallelzweige. Er giebt dann drei Wege an, das gleichzeitige Brennen der Lampen zu unterhalten resp. eine gleichmäßige oder beliebige Theilung des Stromes zu erreichen, und zwar:

1) das Einschalten passender Widerstände in die Parallelzweige. Da aber die Widerstände der Lichtbogen sehr starken Schwankungen unterworfen sind, müßten die einzuschaltenden künstlichen Widerstände sehr groß sein, um diese Schwankungen unmerklich zu machen, was wiederum mit starkem Stromverlust verknüpft sein würde.

2) das Einschalten von Condensatoren in die Parallelzweige. Durch die Condensatoren führt kein Strom; sie laden sich aber bei jeder Stromrichtung mit einer der elektro-motorischen Kraft der Elektricitätsquelle proportionalen Elektricitätsmenge, welche sich beim Auftreten des entgegengesetzten Stromes entladet, wodurch unter gewissen Verhältnissen der Lichtbogen unterhalten wird, wenn die Capacität der Condensatoren, d. h. die Elektricitätsmenge aus der Ladung durch eine Elektricitätsquelle der Einheit der elektro-motorischen Kraft constant und sehr groß ist, was nur durch bedeutenden Kostenaufwand zu erreichen ist.

3) das Einschalten von Voltametern mit starker Polarisation in die Parallelzweige. Avenarius wählt die letztere Methode für den praktischen Gebrauch, wobei er zur Bildung des Voltameters zwei kleine

Platten in wässeriger Lösung von Natron in ähnlicher Anordnung wie bei galvanischen Elementen einander gegenüberstellt. Um die Polarisation zu verstärken, schaltet er mehrere solcher Voltameter hintereinander. Es genügen nach seiner Erfahrung acht derselben für jeden Parallelzweig; eine Verdoppelung dieser Zahl soll nur dann nöthig sein, wenn eine Flüssigkeit mit besserem Leitungsvermögen, wie schwach angesäuertes Wasser, zur Anwendung kommt. Der durch die Voltameter in bestimmter Richtung gehende Strom polarisirt dieselben; es entsteht dadurch ein Strom von entgegengesetzter Richtung, welcher den ersteren schwächt. Wenn die Polarisation stark genug ist, läßt sich bei schneller aufeinander folgenden Wechselströmen aus der während der kurzen Unterbrechung fortgesetzten Gegenströmung der Lichtbogen unterhalten; dabei ist der Widerstand desselben den Schwankungen wenig unterworfen, weshalb es auch für die Voltameter keiner großen Widerstände bedarf.

Jedenfalls wird die Beleuchtung durch Anwendung der letzten Methode, falls diese sich in der Praxis bewährt, vertheuert. Avenarius räumt selbst ein, daß für eine umfangreiche Vertheilung des Stromes nach dieser Methode noch verschiedene Forderungen zu erfüllen sind, welche er folgendermaaßen präcisirt: Er verlangt, daß die Einzellampe nicht durch das Brennen der übrigen beeinflußt und der für jeden Zweck verbrauchte Strom gemessen wird. Das Erstere glaubt er dadurch zu erreichen, daß er einen Parallelzweig mit Regulatoren versieht, deren selbstthätige Wirkung durch Ein- und Ausschalten künstlicher Widerstände die Stromstärke constant erhält, womit sich die Stromstärken auch in allen übrigen Zweigen reguliren sollen, vorausgesetzt, daß die Widerstandsveränderung der Lichtbogen gegenüber dem Widerstande der betreffenden Parallelzweige eine verschwindend kleine ist. Der zweitgenannten Forderung sucht Avenarius dadurch zu entsprechen, daß eins der Voltameter jedes Parallelzweiges in einer Form zur Anwendung gelangt, welche die Bestimmung der Elektricitätsmenge gestattet.

Eins der neueren elektrischen Beleuchtungssysteme ist dasjenige, welches von der Société Solignac & Co. in Paris angewendet wird. Bei demselben wird eine Lampe gebraucht, in welcher die Kohlen nach Maaßgabe ihrer Abnutzung durch das Schmelzen oder Weichwerden einer Röhre oder eines Stäbchens aus Glas resp. einem anderen schmelzbaren oder erweichbaren Material nachrücken. Die Anordnung gestattet, den Abstand beider Kohlen voneinander durch die zwischen der Länge des Voltabogens und seiner Temperatur bestehende Beziehung in sehr

Salon in New-York, durch Edison-Lampen erleuchtet.

XV.

Straße in Newcastle, durch Swan-Lampen erleuchtet.

XVI.

Swan's elektrochemisches Atelier mit seinen Lampen erleuchtet.

XVII.

Erleuchtung des Boulevard des Italiens durch die Lampe Million.

XVIII.

einfacher Weise zu reguliren, und zwar ist diese Regulirung ebensowohl für Bogenlicht- als für Glühlichtlampen ausführbar. Man kann die betreffende Lampe durch jede passende Elektricitätsquelle — dynamo- oder magnet-elektrische Maschinen, Batterieen 2c. — speisen; von den Erfindern wird zu diesem Zwecke eine dynamo-elektrische Maschine benutzt. Es kann die Regulirung mittels einer schmelzbaren Substanz sowohl für beide Kohlenstäbchen als nur für eins erfolgen, wobei das andere entweder fest angeordnet sein kann, oder durch ein Solenoid, einen Elektromagnet oder einen anderen magnetischen Theil, welcher direct oder durch einen passenden Zwischenmechanismus wirkt, regulirt wird. Die zur Verwendung kommende Maschine besteht aus einer mobilen Armatur und einem Inducirrahmen; ein fester Collector vertheilt den Strom auf zwei Bürsten, die mit der Armatur vereinigt sind; letztere wird von zwei halbcylindrischen Elektromagneten gebildet, welche durch ihre Vereinigung einen vollständigen Cylinder darstellen. Hierbei ist die Gruppirung derart, daß die beiden Elektroden sich mit ihren ungleichnamigen Polen gegenüberstehen und der magnetische Cylinder sich in der Mitte der Spule um sich selbst dreht. Der Inducirrahmen besteht aus zwei Kronen von Bronze, welche durch eine Reihe sehr schmaler, parallel zur Achse angeordneter Spulen verbunden sind. Die Seitenwände der Armatur beeinflussen, indem sie beiderseits an den Enden des Inducirrahmens emporragen, die Pole der Inducirspulen. Der Collector trägt soviele Zahlen, als Spulen vorhanden sind, und jede der Zahlen communicirt mit dem Ausgang einer Spule an dem Eintritt der anderen.

Wie bereits erwähnt, kann man bei der Glühlichtbeleuchtung nicht eigentlich von verschiedenen Systemen sprechen und wenn man hier Edison-, Swan-, Maxim-, Lane Fox- und andere Beleuchtung unterscheidet, so bezieht sich dies hauptsächlich auf die etwas veränderte Form des Kohlenbügels in den einzelnen Lampen. Edison, dessen System immerhin das am häufigsten zur Anwendung gelangte und wohl auch das am meisten durchdachte ist, verwendet die in dem betreffenden Kapitel beschriebenen Maschinen und Lampen eigener Construction, wie er auch die in dem folgenden Abschnitt eingehend besprochenen Leitungen und Schaltungsweisen nach eigenem System ausführt.

---

2. Installation, Leitung, Anbringung der Lampen.

Eine sehr wesentliche Bedingung für die gute Functionirung der elektrischen Beleuchtung ist die richtig ausgeführte Installation der Anlage, da selbst, wenn die zur Verwendung kommenden Maschinen, Lampen und Leitungsmaterialien von vorzüglichster Construction resp. in bester Ordnung sind, der Erfolg leicht dadurch in Frage gestellt wird, daß bei der Installation gewisse Punkte übersehen worden sind, die später in störender Weise den Betrieb beeinflussen. Ein Hauptaugenmerk ist hierbei auf die Verbindung der Maschinen zu richten. Dieselben können sowohl hinter- als nebeneinander zu einem gemeinschaftlichen Stromkreise verbunden werden und man wird entweder die eine oder die andere Art der Schaltung wählen, je nachdem man Intensitäts- oder Quantitätsströme schaffen will. Bei einer Verbindung der Maschinen auf Spannung treten durchaus keine Schwierigkeiten auf; anders aber liegt die Sache, wenn die Maschinen auf Quantität geschaltet werden sollen, da hierbei höchst nachtheilige Einflüsse zur Wirkung kommen. Erzeugen nämlich die Maschinen ungleiche elektro-motorische Kräfte, so kann der Strom der stärkeren Maschine theilweise in die andere Maschine übergehen, sodaß nicht nur keine Verstärkung des Stromes, sondern im Gegentheil eine Schwächung des einen stärkeren Stromes eintritt. Während bei den magnet-elektrischen Maschinen dieser Stromverlust der einzige Nachtheil ist, kommt bei den heute fast allgemein gebräuchlichen dynamo-elektrischen Maschinen der störende Umstand hinzu, daß durch die Schwächung des einen Theilstromes auch die Elektromagnete schwächer erregt werden und dadurch die Einzelströme selbst schwächer ausfallen, als wenn die Maschinen nicht verbunden sind.

Als interessantes Beispiel sei an dieser Stelle ein Ereigniß berichtet, welches Edison bei seiner New-Yorker Beleuchtungsanlage begegnet ist. Edison selbst schildert den Vorgang in folgender Weise:

„Als zwei der großen Dynamo-Maschinen zum ersten Mal gleichzeitig den Strom in die Hauptleitung (für etwa 2000 Lampen) schicken sollten, zeigte es sich, daß es unmöglich war, einen gleichmäßigen Gang zu erhalten, denn sobald die eine Maschine weniger Umdrehungen als die andere machte, ging der Strom in die langsamer rotirende und diese wurde gewissermaaßen zum Elektromotor. Beim ersten Versuch wirkte diese Erscheinung geradezu verblüffend und hätte leicht zu Unheil führen können. Als die zweite Maschine in Action gesetzt wurde, gab zuerst die eine, dann die andere blitzartige Funken und es wurde abwechselnd die eine durch die andere getrieben. Einer der anwesenden Ingenieure sperrte den Dampf zu dem einen Motor ab und trotzdem lief die Maschine mit derselben Geschwindigkeit wie vorher. Kreidebleich kam er zu mir geeilt und fragte, was zu thun sei. In der nächsten Minute waren etwa 8 Pfund Kupfer durch den Strom abgeschmolzen und theilweise zu Dampf verflüchtigt. Wären die sechs projectirten Maschinen in Betrieb gewesen, ich weiß nicht, was geschehen wäre. Allein ich erkannte bald, was die Ursache war — die ungleiche Geschwindigkeit, mit der die Maschinen rotirten. Es mußten daher die Regulatoren aller Maschinen so miteinander verbunden werden, daß sie vollständig gleiche Umdrehungszahlen besaßen. Diese Abänderung erforderte indeß zu ihrer Ausführung einen Monat, und da viele unserer Abonnenten kein Gas mehr brannten, mußten wir, so gut es eben ging, weiter arbeiten. Die provisorische Einrichtung ist jedoch beendet und die Vorkehrungen functioniren zur vollen Zufriedenheit; die Schwierigkeiten sind jetzt überwunden."

Aus Vorstehendem ist ersichtlich, wie verderblich unter Umständen eine mit ungenügender Sachkenntniß ausgeführte Installation der Maschinen werden kann. Um den erwähnten Umstand, das Uebertreten von Strom aus der stärkeren Maschine in die schwächere, genau zu prüfen, hat Burstyn höchst interessante Versuche angestellt, welche in der Zeitschrift für angewandte Elektricitätslehre, Jahrgang 1881, Seite 339 veröffentlicht wurden und deren Resultate hier in Kürze mitgetheilt werden sollen. Derselbe schaltete zwei Gramme'sche Dynamo-Maschinen auf Quantität, sodaß durch die Lampe ein Strom floß, welcher der elektro-motorischen Kraft einer Maschine, d. h. dem Widerstande entsprach, der in der Kabelleitung sammt Lampe und in den zu einer parallel geschalteten Leitung vereinigten Drahtwindungen beider Maschinen vorhanden war.

Sind die elektro-motorischen Kräfte beider Maschinen gleich groß, so wird immer, so groß auch der Widerstand in der Lampe werden mag, der Strom beider Maschinen ganz durch den gemeinschaftlichen Weg (die Lampe) fließen, ohne daß ein Theil desselben in der einen oder anderen Richtung übertritt und eine der beiden Maschinen in einer Richtung durchfließt, die derjenigen entgegengesetzt ist, welche die in ihr thätige elektro-motorische Kraft fordert. Bei gänzlicher Unterbrechung der Leitung wird — gleich große motorische Kraft vorausgesetzt — der

25*

Schließungskreis der Maschinen auch bei fortgesetztem Betrieb derselben stromlos sein. Sind jedoch die elektro-motorischen Kräfte beider Maschinen nicht gleich große, so wird, wenn der Widerstand in der Lampe über eine gewisse Grenze hinaus zugenommen hat, der Strom der stärkeren Maschine zum Theil in die schwächere Maschine übertreten und ihre Leitung im entgegengesetzten Sinne durchfließen; es findet dies in erhöhtem Grade dann statt, wenn die Leitung durch Erlöschen der Lampe unterbrochen wird, die Maschinen aber weiter betrieben werden. In diesem Falle wird diejenige Maschine, welche die größere elektro-motorische Kraft besitzt, von einem entgegengesetzt gerichteten Strome durchflossen werden, welcher der Differenz der elektro-motorischen Kräfte und dem Widerstande im gesammten Stromkreise entspricht. Ist dieser Differenzstrom einigermaaßen kräftig, so werden die Elektromagnete der betreffenden schwächeren Maschine umpolarisirt; dadurch wird aber der in ihr erzeugte Strom entgegengesetzt, d. h. so gerichtet werden, wie es der Strom der anderen Maschine ist, und durch die Leitung wird nun ein Strom fließen, welcher der Summe der elektro-motorischen Kräfte beider Maschinen entspricht. Die Maschinen sind jetzt eben hintereinander geschaltet, da die Pole der schwächeren Maschine umgekehrt wurden; werden die Maschinen noch weiter in Betrieb erhalten, so ist, da sie jetzt als kurz geschlossen zu betrachten sind, eine Erhitzung derselben zu befürchten und wächst auch die Stromstärke in den eigenen Leitungen der Maschinen zu enormer Größe an, welche nach einer ungefähren, mit Zugrundelegung mittlerer Zahlen für die Widerstände ausgeführten Rechnung $^{15}/_{8}$ der Stärke jenes Stromes beträgt, welcher die Maschinen bei regelrechter Schaltung derselben durchfließt.

Die Lampe repräsentirt alsdann eine Zweigschaltung und es wird durch dieselbe, wenn sie geschlossen wird, derjenige Theil des gesammten Stromes fließen, welcher sich nach den Gesetzen der Stromtheilung aus dem Verhältniß der Widerstände in den beiden Stromzweigen ergiebt. In der Regel ist dieser Stromtheil sehr gering und man wird nur ein schwaches oder gar kein Licht erhalten. Zur Erreichung der normalen Lichtstärke würde man die Kabel an der umpolarisirten Maschine im Sinne der geänderten Polarität verkehrt anlegen müssen.

Wo die Verhältnisse es gestatten und also hauptsächlich da, wo die elektrische Beleuchtung vereinzelt zur Anwendung kommt, ist es von Vortheil, die Installation derart auszuführen, daß nicht nur die Lichtmaschinen und die dieselben betreibenden Motoren einander möglichst nahe stehen, sondern daß auch, wenn möglich, die Lampen nicht zu weit von den Lichtmaschinen entfernt sind. Je größer nämlich der Stromkreis, desto größer ist auch der Widerstand, den derselbe dem Strome entgegensetzt; je kleiner der Stromkreis, desto geringer ist der Widerstand und desto geringer auch der Stromverlust, der durch Umsetzung in Wärme an anderen als an den Benutzungsstellen (Lichtbogen) entsteht.

Ebenso ist die Wahl des Materials für die Leitungsdrähte von großem Einfluß. Das geeignetste Material hierfür ist Kupfer, und zwar berechnet sich die Stärke des zu wählenden Kupferdrahtes nach der Stärke des ihn durchfließenden elektro-motorischen Stromes. Je größer die Spannung des Stromes, desto größeren Querschnitt sollte folgerichtig auch der Leitungsdraht haben, wenn nicht eine zu bedeutende Spannung in demselben auftreten soll.

Bei der Wahl des Querschnittes der Leitungsdrähte ist außer der Stromstärke auch die Länge der Leitung in Betracht zu ziehen und wird der Widerstand für beliebige Längen und Durchmesser der Drähte nach der Formel $\frac{L\,S}{r\,2\,T}$ berechnet, in welcher L die Länge des Drahtes, S dessen specifisches Leitungsvermögen (welches, wenn man für das bestleitende Metall Silber 100 annimmt, für Kupfer 77,3 beträgt) und r den Halbmesser des Querschnittes bezeichnet. Da jedoch das zur Verwendung kommende Metall nie in dem Grade homogen ist, wie es bei der Richtigkeit der vorstehenden Formel vorausgesetzt werden muß, so ist in der Praxis, wo man stets mit ungleichförmigem Material zu thun hat, durch Messungen der genaue Werth zu ermitteln. In sehr vielen Fällen wird man lieber einen Theil des Stromes durch größeren Widerstand in der Leitung verlieren, als die höheren Kosten für einen Draht von größerem Querschnitt bestreiten, und kommt es hierbei ganz auf die örtlichen und besonderen Verhältnisse an, zu welchem Auskunftsmittel man in jedem einzelnen Falle schreiten soll.

In der Zeitschrift für angewandte Elektricitätslehre, Band 4, S. 88 ist von Sir William Thomson eine ausführliche Berechnung der Drahtstärken veröffentlicht worden, welche die entsprechenden örtlichen Verhältnisse berücksichtigt und in welcher die vortheilhaftesten Dimensionen der Leitungsdrähte dadurch bestimmt werden, daß man die Zinsen des in Kupferdraht angelegten Capitals mit den jährlich durch Erwärmung der Drähte erwachsenen Kosten vergleicht. Nachstehend soll, der

Wichtigkeit dieses Gegenstandes für die Praxis entsprechend, ein Auszug der Thomson'schen Veröffentlichung gegeben werden.

„Wenn man den thatsächlichen Werth einer Arbeitsmenge, welche gleich ist einem ein Jahr langen continuirlich geleisteten Effect von einer Pferdekraft, auf 10 schätzt und die Möglichkeit zugesteht, daß dieser Preis sich je nach Umständen erheblich größer oder kleiner stellen kann, so kann man leicht genau die Metallmenge bestimmen, welche für eine Leitung aufzuwenden ist, um einen Strom von beliebiger Intensität zu leiten, beispielsweise für einen starken Volta'schen Bogen oder einen 10 mal so starken Strom (240 Ampère), der, wie ich mir denke, ausreicht, um von den Niagarafällen 2100 Pferdekräfte 300 (englische) Meilen weit fortzuleiten.

Ganz im Gegensatz zu einer weitverbreiteten Idee hängt der Querschnitt, den man einem Leiter geben muß, nicht von seiner Länge ab. Man kann denselben jedoch ableiten unter der Voraussetzung, daß der Preis der Arbeit, sowie der Preis des Metalles bekannt sind.

Bezeichne A den Querschnitt des Leiters,

s den specifischen Widerstand, bezogen auf das Volumen,

c die Stromstärke.

Alsdann ist die in Wärme verwandelte und also verloren gegangene Energiemenge pro Secunde und pro Centimeter $= \frac{s c^2}{A}$ Erg.

Sei p die Zeit, während welcher in einem Jahre der Strom durch die Leitung geht. Da es jährlich 31,5 Millionen Secunden giebt, so beträgt der jährliche Energieverlust:

$$\frac{31.5 \cdot 10^6 p s c^2}{A} \text{ Erg.} \quad (1)$$

Dieser Verlust kostet, wenn E der Preis des Erg. ist:

$$\frac{31{,}5 \cdot 10^6 p s c^2 E}{A} \quad (2)$$

Wenn V der Preis des Metalles pro Kubikcentimeter ist, so betragen die Zinsen des Werthes der Leitung mit 5% berechnet pro Centimeter

$$\frac{V A}{20} \quad (3)$$

folglich beträgt der Gesammtpreis jährlich unter Berücksichtigung der Zinsen des Metallwerthes und der Kosten des Verlustes

$$\frac{1}{20} V A + \frac{31{,}5 \cdot 10^6 p s c^2 E}{A} \quad (4)$$

Der Werth von A, für welchen dieser Ausdruck ein Minimum wird, ein Werth, der demjenigen gleich ist, für welchen beide Werthelemente gleich sind, ist der folgende:

$$A = \sqrt{\frac{31{,}5 \cdot 10^6 \, p \, s \, c^2 \, E}{\frac{V}{20}}}$$

oder

$$A = c \sqrt{\frac{63 \cdot 10^7 \, p \, s \, E}{V}} \qquad (5)$$

Rechnet man die Tonne guten Kupfers zu 70 £, so kostet ein Gramm 0,00007 £. Multiplicirt man diese Ziffer mit 8,9 (Dichtigkeit des Kupfers), so erhält man den Preis für das Kubikcentimeter zu

$$V = 0{,}00062 \text{ £}. \qquad (6)$$

Anderseits findet man aus dem vorhin angenommenen Preise von 10 £ einer 365 Tage ununterbrochen geleisteten Pferdekraft den Werth eines Erg. zu

$$\frac{10 \text{ £}}{31{,}5 \cdot 10^6 \cdot 74 \cdot 10^8} = \frac{1}{23 \cdot 10^{14}} \text{ £} \qquad (7)$$

Nennen wir den Curs e pro P. S. und pro Jahr, so haben wir die Gleichung

$$E = \frac{e}{23 \cdot 10^{14}} \text{ £}. \qquad (8)$$

Schließlich haben wir für den specifischen Widerstand des Kupfers

$$s = 1640 \text{ (CGS)} \qquad (9)$$

Aus den Gleichungen (8), (9) und (5) leitet sich ab:

$$A = c \sqrt{\frac{63 \cdot 107 \cdot 1640 \cdot p \cdot l}{23 \cdot 10^{15} \cdot 0{,}00062}} = c \sqrt{\frac{p \cdot l}{13{,}8}} \qquad (10)$$

Setzen wir nun z. B. $p = 0{,}5$ (dies entspricht einer elektrischen Arbeit in der Leitung von 12 Stunden täglich das ganze Jahr hindurch) und $l = 1$. Diese Bedingungen entsprechen der Versorgung von Städten mit Elektricität recht gut. Alsdann ist:

$$A = c \sqrt{\frac{1}{27{,}6}} = \frac{c}{5{,}25} = 0{,}19 \ c,$$

d. h. daß der Querschnitt der Leitung in Quadratcentimetern ungefähr den fünften Theil der in Ampère ausgedrückten Stromstärke betragen muß. Man braucht daher für einen Lichtstrom von 21 Ampère eine Leitung von 0,4 Quadratcentimeter Querschnitt oder bei rundem Draht von 7,1 Millimeter Durchmesser.

Wenn man $e = \frac{1}{27{,}6}$ setzt, was 1900 £ pro Jahr entspricht, als dem Preise von 5250 P. S., und wenn man anderseits $p = 1$ setzt, d. h.

wenn man annimmt, daß die Leitung Tag und Nacht zur Uebertragung von Arbeit benutzt wird, so ist

$$A = \frac{c}{\sqrt{381}} = \frac{c}{19,5},$$

unter der Annahme, daß $c = 240$, $A = 1,24$, was einen Durchmesser von 1,26 Quadratcentimeter ergiebt".

Von gleicher Wichtigkeit wie die zweckmäßige Herstellung der Leitungen ist die sorgfältige Isolation derselben, eine gute Verbindung der einzelnen Theile und die geschützte Unterbringung der Leitungen. Die Isolation des Leitungsdrahtes erfolgt am besten mittels Guttapercha, mit welcher derselbe recht fest umwickelt werden muß. Die Anwendung isolirender Gewebe ist selbst dann, wenn dieselben zur Abhaltung der Feuchtigkeit mit öligen oder harzigen Stoffen getränkt sind, nicht zu empfehlen, wenn nicht außerdem noch etwa Guttapercha benutzt wird. Eine derartige Anwendung beider Isolationsmaterialien ist mitunter nöthig, um nachtheilige Einflüsse abzuwehren, welche aus äußeren Einwirkungen oder Erwärmungen des Leitungsdrahtes durch den elektrischen Strom resultiren. Man wählt gewöhnlich für Isolationsdrähte die Litzenform, indem man die eigentlichen Drähte aus mehreren zu einer Litze zusammengedrehten, mehr oder weniger feinen Drähten bildet, welche Form zugleich eine größere Sicherheit gegen den Eintritt von Drahtbrüchen gewährt, wie sie bei Kupfer nicht selten an spröden Stellen vorkommen; zum mindesten wird bei Anwendung der Litzenform immer nur ein Draht brechen und somit der Strom nicht unterbrochen werden.

Wenn man die Leitungsdrähte an guten Isolatoren befestigt, kann man für hochgeführte und vor der Berührung geschützte Leitungen im Freien blanke Kupferdrähte anwenden, doch ist es sehr zu empfehlen, alsdann den Draht etwa 0,6 Meter zu beiden Seiten des Isolators mit Isolationsmaterial zu bekleiden, damit bei einer etwa auszuführenden Arbeit an der Leitung einer Berührung der blanken Drähte von Seiten der Arbeiter vorgebeugt wird und so Unglücksfälle, welche bei stark gespannten Strömen leicht eintreten können, vermieden werden.

Bei Beleuchtungen von nicht zu großem Umfange, beispielsweise für industrielle Etablissements, wo also Lichtmaschinen und Lampen verhältnißmäßig nahe zusammenliegen, wird man sich meist eines Leitungsdrahtes in der für die Lampenverbindung geeigneten Beweglichkeit für die ganze Anlage bedienen und werden hierbei auch die Rückleitungen am häufigsten in derselben Weise ausgeführt. Sobald es sich dagegen um größere Anlagen, wie die Beleuchtung großer Bahnhöfe, Straßenbeleuchtung 2c., handelt, wo also meist das Maschinenhaus von der übrigen Anlage getrennt liegt und in der Regel mehrere Stromkreise sich aus demselben verzweigen, wird man die Drahtstärken und überhaupt die Art der Leitung in verschiedenen Abtheilungen ausführen müssen, wobei man gewöhnlich die Verbindungen innerhalb des Maschinenhauses, die Zuführungen nach dem Beleuchtungsraume, die Verbindung unter den Lampen selbst und die gemeinschaftliche Rückleitung nach den Lichtmaschinen durch besondere Ausführung unterscheidet.

Innerhalb des Maschinenhauses und für die Verbindung der Lampen untereinander wählt man meist isolirte Drähte von genügender Flexibilität; für die eigentliche Außenleitung wird dagegen immer in erster Linie eine möglichst hohe Leitungsfähigkeit anzustreben sein, und zwar wird dies um so mehr zur Bedingung, je länger die Verbindungsleitung wird. Die Regel ist wohl die, daß man mehrere Isolationsdrähte zu einem Kabel vereinigt und dieselben entweder an geeigneten, mit vorhandenen Baulichkeiten verbundenen oder selbständigen Stützpunkten, oder auch innerhalb der Erde resp. durch Wasser führt. Es ist jedoch hierbei zu berücksichtigen, daß man sich, wegen der Stärke des die Leitungen durchfließenden Stromes, stets in gewisser Entfernung von etwa vorhandenen Telegraphen- oder Telephonleitungen zu halten hat, da der Betrieb der letzteren durch die Einwirkungen dieses stärkeren Stromes sehr leicht gestört werden kann.

Die Leitung des Stromes zu den Lichtmaschinen kann, wenn die Kabel mit Eisenhüllen bekleidet sind, durch diese erfolgen, ohne daß dieselben einer besonderen Isolirung bedürfen. Ebenso wird es in den meisten Fällen von den Behörden gestattet, Gas- oder Wasserleitungsrohre zu diesem Zwecke zu benutzen, wenn die zur Verwendung gelangenden Ströme nicht eine zu hohe elektro-motorische Spannung besitzen. Unter Umständen kann man sogar die Erde als Rückleitung benutzen, doch wird dieses Hilfsmittel in den meisten Fällen nicht zu empfehlen sein. Will man die Rückleitung unter Wasser oder in die Erde führen, so wählt man meist für die einzelnen Drähte die Kabelform und hat dieselben mit Eisendrähten als Schutz gegen etwaige, bei Erdarbeiten auftretende Beschädigungen zu versehen. Guttapercha schützt man durch Hanfbekleidung und genügend tiefe Lage in der Erde (etwa 1 Meter) gegen die Einflüsse der Luft, welche sonst eine langsame Zerstörung des Materials herbeiführen würden. Bei Anwendung der Guttaperchakabel zu freien Leitungen kann die Eisenhülle fortbleiben, da in diesem Falle die vorhin erwähnten Beschädigungen nicht zu befürchten sind; dagegen ist es hierbei rathsam, das ganze Kabel mit schlechten Wärmeleitern zu umhüllen, um die Guttapercha vor der Wärme der äußeren Luft zu schützen.

Jedenfalls gehört es zu den wichtigsten Erfordernissen bei der Herstellung aller derartigen Leitungen, daß dieselben übersichtlich und leicht zugänglich geführt werden, um bei etwa eintretenden Beschädigungen eine Reparatur zu ermöglichen, sowie daß die Drähte hinreichend sicher angebracht sind, um eine zufällige Berührung derselben vollständig ausgeschlossen erscheinen zu lassen.

Edison hat für seine Leitungen ein ganz eigenthümliches System herausgebildet. Derselbe benutzt zur Uebertragung der Elektricität auch kupferne Leiter, und zwar wendet er zur Beförderung geringer Strommengen Kupferdrähte an, bei der Beleuchtung ganzer Städte oder Stadttheile hingegen zur Fortleitung der gewaltigen Elektricitätsmengen, welche die Maschinen der Centralstation erzeugen, Leitungen von mitunter bedeutendem Querschnitt, von denen ein Zweig — weil der elektrische Strom nur in geschlossenen Leitern auftreten kann — als Leitung von der Maschine, ein anderer als Rückleitung zu derselben dient. Die hierbei von Edison benutzten Stäbe, deren Querschnitte Kreissegmente bilden, liegen mit einander zugewendeten Flächen innerhalb schmiedeeiserner Röhren, welche im Inneren mit Isolationsmasse gefüllt und außen zum Schutz gegen Rost mit getheerten Bändern umwickelt sind. Da es von hoher Wichtigkeit für die Herstellung einer guten Leitung ist, daß jede gegenseitige Berührung der Kupferstäbe vermieden und die gleiche Entfernung derselben voneinander auf der ganzen Länge gewahrt wird, schiebt Edison gestanzte, mit Isolationsmasse getränkte Pappscheiben, welche durch Schnüre in gewissen Entferungen untereinander verbunden sind, über die Leitungen, die hierauf in das Rohr eingesetzt und mit Isolationsmasse von eigenartiger Composition umgeben werden. Die so hergestellten Röhren können, wie die für Gasleitungen benutzten, in der Erde vergraben, oder, wie Wasserröhren und Telegraphenkabel, in unterirdische Canäle gelegt werden. Edison hat die von ihm verwendeten unterirdischen Leitungen in zehn verschiedene Größen getheilt, bei denen der Querschnitt jedes Kupferstabes von 16 bis 8300 Quadratmillimeter und der äußere Durchmesser des Rohres zwischen 28 und 82 Millimeter variirt. Wenn man berücksichtigt, daß keine der zur Anwendung kommenden Größen den Durchmesser von 8 Centimeter wesentlich überschreitet, so ist leicht einzusehen, daß die Leitung elektrischer Ströme gegenüber den Gasleitungen den Vortheil bedeutender Einfachheit hat, da bei den letzteren die gewaltigen Dimensionen der Röhren nicht nur die Herstellung tiefer Gräben erfordern und die Kosten der Verlegung beträchtlich steigern, sondern auch noch zahlreiche andere Unbequemlichkeiten herbei-

Fig. 280. Verbindungskasten einer Haupt- und Hausleitung der Edison'schen Beleuchtungsanlagen.

führen. Mit der Entfernung von den Centralstationen und der Verringerung der zu speisenden Lampenzahl nimmt der Querschnitt dieser Leiter ab. Innerhalb der Gebäude verwendet Edison, sobald keine größeren Querschnitte erforderlich sind, einfache Kupferdrähte mit isolirter, unverbrennbarer Umhüllung. Zur Verbindung der Hauptröhren dienen aus Rothguß gefertigte Bogen mit halbcylindrischen, dem Querschnitt der Leiter entsprechenden Oeffnungen, in welchen dieselben durch Schrauben befestigt und gegen die Flächen gedrückt werden, sodaß die vollkommene Continuität der Leitung auch an diesen Stellen gesichert bleibt.

Fig. 280 stellt den Verbindungskasten einer Haupt- und Hausleitung dar. Die Hauptleitung durchdringt diesen Kasten von beiden Seiten, um innerhalb desselben die nackten Leiter auf die beschriebene Weise mit den Bogen paarweise zu vereinigen, an deren Sporen beide Pole der Hausleitung befestigt werden, und zwar ist hier ein Arrangement zum Anschluß rechtwinkeliger Abzweigungen dargestellt, bei denen die Bogen in die Form eines Quadrates übergehen.

Fig. 281. Verbindungskasten einer Haus- und Zimmerleitung der Edison'schen Beleuchtungsanlagen.

Aus Fig. 281 ist zu ersehen, wie von der Hausleitung wieder die Zimmerleitungen abgezweigt werden. Principiell erfolgt diese Abzweigung in derselben Weise wie bei der Abzweigung der Haus- von der Straßenleitung. Die hierbei zur Anwendung kommenden gußeisernen Kasten sind jedoch nicht mit Isolirmasse gefüllt, sondern nur hermetisch verschlossen und mit einer Art isolirten Putzes bedeckt; sie sind sämmtlich mit sogenannten Bleieinschaltungen versehen, deren Zweck aus Folgendem erhellt:

Die Bleieinschaltungen sind kurze Bleidrähte von bestimmter Stärke, welche hier und da in den Stromkreis eingefügt werden, um die Möglichkeit einer durch Erhitzung der Leitungen eintretenden Feuersgefahr auszuschließen. Nimmt man an, daß aus irgendeiner Ursache der directe Contact, also ein kurzer Schluß zwischen Hin- und Rückleitung an einer Stelle entstände, so würde durch diese kurze Schaltung der dem Strome entgegengesetzte Widerstand viel geringer als vorher werden, wo er den Widerstand der jetzt plötzlich ausgeschalteten, jenseits der Contactstellen liegenden Lampen zu überwinden hatte, und würde daher seine Intensität vielleicht bis zur gefahrdrohenden Stärke anwachsen. Da nun aber der Schmelzpunkt des Bleies längst überschritten sein würde, bevor die Temperatur der Kupferdrähte die isolirte Umhüllung entzünden könnte, gewährt die Bleieinschaltung einen absoluten Schutz; denn die unmittelbare Folge des Schmelzens derselben ist die Ausschaltung des Stromkreises, mit welcher jede Gefahr sofort beseitigt ist.

Edison wendet die erwähnten Bleieinschaltungen in jeder Stromabzweigung und in jedem Hausverbindungskasten an, sodaß bei diesem System der Glühlichtbeleuchtung die Feuergefährlichkeit, welche die Gegner des elektrischen Lichtes diesem so gern vorwerfen, absolut ausgeschlossen ist. Die Einschaltungen sind derart angebracht, daß keiner Lampe Strom zugeführt werden kann, ohne daß derselbe vorher eine der Bleieinschaltungen durchfließt, welche alsdann sofort schmilzt, wenn durch außergewöhnliche Umstände eine momentane Erhitzung der Leitung eintritt. Es ist allerdings eine directe Folge dieser Stromunterbrechung, daß die in der betreffenden Abzweigung befindlichen Lampen sämmtlich erlöschen; der gesammte übrige Theil der Anlage bleibt dagegen vollkommen intact und es ist daher in solchen Fällen leicht, die Ursache der localen Störung zu ermitteln und, nachdem der Fehler ausgebessert ist, durch Einschrauben eines neuen Bleistöpsels diesen Theil der Anlage wieder in Betrieb zu setzen.

Da sich die Anwendung des elektrischen Lichtes immer weiter verbreitet und mit jedem Tage neues Terrain gewinnt, haben sich bereits verschiedene Behörden veranlaßt gefunden, Vorschriften zu erlassen, zum Schutz gegen Feuersgefahr und zur Sicherung von Menschenleben. In Deutschland erregten namentlich die offenbar infolge schlechter Information aufgestellten Bedingungen einer größeren Feuerversicherungs-Gesellschaft in Fachkreisen allgemeines Erstaunen, da dieselbe Maaßregeln vorschrieb, welche einestheils in der Praxis überhaupt nicht ausführbar und anderentheils geradezu lächerlich sind. Wenn in der betreffenden Verfügung beispielsweise gesagt ist, daß Dynamomaschinen zum Schutz gegen abspringende Funken mit einem eisernen Mantel von 1 Meter Höhe versehen werden müßten, so beruht dies auf einer vollständigen Verkennung der Umstände und hat Uppenborn ganz Recht, wenn er in seinem Centralblatt für Elektrotechnik sagt, daß man mit demselben oder noch viel größerem Rechte verlangen könnte, daß jede Petroleumlampe mit einem derartigen 1 Meter hohen Schutzmantel umgeben werde.

Weit zweckmäßiger sind die in Philadelphia von einer besonders hierzu eingesetzten Commission festgestellten Sicherheitsmaaßregeln, welche, da sie bei der Herstellung elektrischer Leitungen sehr wohl als Norm dienen können, nachstehend im Auszug folgen:

„1) Die Zu- und Ableitungsdrähte des elektrischen Stromes, welche in ein Gebäude führen, müssen auf ihrer ganzen Länge hinreichend isolirt sein, ebenso die Leitungsdrähte, welche von einer stromerzeugenden Maschine kommen, oder zu derselben zurückführen.

2) In bestimmten Zeiträumen können Inspectionen angeordnet werden, durch welche festgestellt wird, ob die Isolation noch vollkommen intact ist; die Isolation kann durch folgende Ursachen verletzt werden:

a. dadurch, daß die Haken für die Befestigung der Drähte dieselben durchschneiden,

b. daß an gewissen Stellen die Isolation abgeschabt wird, und

c. durch scharfe Biegungen der Drähte.

3) Die Zusammensetzung der Leitungsdrähte aus zahlreichen kleinen Stücken muß soviel als möglich vermieden werden und wo dies nicht zu umgehen ist, soll die Verbindung durch Bewickelung möglichst geschützt werden, damit nicht die Enden der Drähte sich trennen und an der Unterbrechungsstelle kleine Bogen oder Funken bilden.

4) Die Drähte dürfen nicht in leitender Verbindung mit dem Erdboden sein, sondern es muß sowohl die Hin- als Rückleitung des Stromes durch Draht geschehen. Um diese Bedingung zu erfüllen, dürfen die Drähte nicht in die Nähe von metallischen Körpern, namentlich nicht von Gas- oder Wasserleitungen, kommen, weil durch einen zufälligen Contact des Leiters mit denselben eine Ableitung zur Erde stattfindet. Wenn es nöthig ist, daß die Drähte derartige metallische Leitungen kreuzen, muß die Isolation mit besonderer Sorgfalt ausgeführt werden.

5) Die Möglichkeit eines kurzen Stromschlusses soll vermieden werden, und zwar dadurch, daß die Leitungsdrähte von verschiedenen Maschinen oder von verschiedenen Stromkreisen derselben Maschine so

weit als möglich voneinander entfernt gehalten und nie einander unnöthigerweise näher gebracht werden als die Entfernung zwischen den beiden Verbindungsstangen an einer elektrischen Lampe im Stromkreise. Die Leitungsdrähte, welche den Strom von der Maschine in einen elektrisch zu beleuchtenden Raum führen, sollen daher den Raum möglichst weit von der Eintrittsstelle wieder verlassen; ferner sollen die Drähte in der Regel gut befestigt werden und dürfen nur in dem Falle in Bogen herunterhängen, wenn dies für das Herablassen oder Aufziehen der Lampen erforderlich ist. Es soll ferner eine sorgfältige Auswahl getroffen werden unter den verschiedenen Theilen eines Gebäudes, in welchen die Leitungsdrähte angelegt werden. Soviel als möglich soll man sich von der Abwesenheit von Feuchtigkeit überzeugen. Es ist vorzuziehen, die Leitung an Decken statt an Zwischenwänden oder am Fußboden entlang zu führen; das Letztere ist völlig zu verwerfen, wenn die Drähte nicht unter die Dielen gelegt werden. Wie früher bemerkt, müssen metallische Ableitungen soviel als möglich aus den für die elektrischen Drähte gewählten Räumen entfernt werden und muß man auch darauf sehen, daß die Stelle, an welcher die Leitungsdrähte liegen, nicht durch zufälliges Feuchtwerden theilweise leitend für Elektricität wird.

6) Die Dimensionen der Leitungsdrähte sind so groß zu wählen, daß der stärkste vorkommende Strom ohne gefährliche Erhitzung in denselben fortgeleitet werden kann.

7) Um Gefahr für das Leben von Menschen durch zufällige Entladung des Stromes zu vermeiden, müssen die Leitungsdrähte so gelegt werden, daß sie für directe Berührung unzugänglich sind, entweder durch die Wahl der Localität oder durch passende Bedeckung. Bei größeren Beleuchtungsanlagen, z. B. für ganze Stadttheile, sollen übersichtliche und ausführliche Pläne sämmtlicher Leitungen vorliegen."

Wenn auch die vorgenannten Bedingungen nicht für alle Verhältnisse zutreffend sein mögen und in Einzelheiten Abweichungen vorkommen werden, so wird im wesentlichen doch der Kern der Sache getroffen und ist daher die Beachtung dieser Vorschriften bei der Anlage elektrischer Leitungen sehr zu empfehlen.

Kommen mehrere Lichtmaschinen zur Verwendung und verzweigen sich von denselben mehrere Stromkreise, so bedient man sich zweckmäßig eines sogenannten Umschalters, welcher in der Nähe der Lichtmaschinen aufgestellt ist und sämmtliche Drahtverbindungen aufnimmt. Man kann mittels desselben durch Einsetzen von Metallstöpseln oder durch Kurbeldrehung die verschiedenen Zweige nach Bedarf ein- oder ausschalten, oder mit den Lichtmaschinen beliebig verbinden. Je größer die Anzahl der Lichtmaschinen und der daraus abgezweigten Stromkreise ist, desto complicirter können die Leitungsanlagen im allgemeinen werden und eine desto größere Vorsicht und Sachkenntniß erfordern dieselben alsdann; vor allem aber ist eine genaue Bekanntschaft mit den Isolationsverhältnissen und dem Verhalten der Leitungen im Stromkreise, sowie mit den verschiedenen äußeren und inneren Einflüssen nothwendig. Zweigen sich aus der Lichtmaschine mehrere Stromkreise ab, in denen mehrere Flammen zu unterhalten sind, so wird die Leitungsverbindung in der Regel derart angeordnet, daß derselbe Stromkreis sich über die Lampen verschiedener zu beleuchtender Räume oder Raumabschnitte vertheilt, und bietet diese Anordnung den Vortheil, daß bei etwaigem Verlöschen der Lampen eines Stromkreises nicht ein Raum vollständig verdunkelt wird, wie dies der Fall sein würde, wenn die Lampen eines Raumes alle in dem unterbrochenen Stromkreise liegen: es werden vielmehr in diesem Falle die in demselben Raume befindlichen Lampen der übrigen Stromkreise ruhig weiter brennen. Hat man z. B. drei Räume mit je drei Lampen zu erleuchten, so empfiehlt es sich, die Stromkreise derart zu führen, daß in jedem dieser drei Räume eine Lampe zu demselben Stromkreise gehört. Trotz des großen Aufwandes an Leitungsmaterial, den diese Anordnung bedingt, ist der Nutzen derselben ein so großer, daß ihre Befolgung stets zu empfehlen ist.

Weit geringer ist der Aufwand an Leitungen bei der Bildung eines Stromkreises aus der Lichtmaschine, wo also sämmtliche Lampen hintereinander geschaltet werden. Sobald es sich um die Beleuchtung verhältnißmäßig kleiner Räume in der Nähe der Lichtmaschinen handelt, ist der Aufwand an Leitungsmaterial selten ein so großer, daß derselbe von wesentlichem Einfluß auf die Art der Anlage ist. Handelt es sich jedoch bei ausgedehnteren Anlagen um größere Entfernungen des Maschinenhauses vom Beleuchtungsraum, so spielt die Frage des Aufwandes an Leitungen eine hervorragende Rolle für die Oekonomie der ganzen Anlage. Interessant ist eine Abhandlung des Ingenieurs v. Hefner-Alteneck in der Elektrotechnischen Zeitschrift 1880, in welcher derselbe einen Vergleich unter den erwähnten zwei Fällen aufstellt. Er geht dabei von dem Umstande aus, daß die aufgewendete Arbeit bei gleichbleibender Stromstärke dem Leitungswiderstande proportional ist, und weist alsdann nach, daß der Widerstand der aus der

Lichtmaschine sich verzweigenden einzelnen Leitungen bedeutend geringer sein muß als der des einen Drahtes bei Hintereinanderschaltung der Lampen, um den gleichen Procentsatz an Arbeitskraft oder in Summa die gleiche Menge als Verlust durch die Leitung zuzugeben.

Wie schon vorhin mehrfach erwähnt, muß der Leitungsdraht einen um so größeren Querschnitt haben, je geringer der Widerstand sein soll, welchen er dem ihn durchfließenden Strome entgegensetzt. Es kommt daher zu der größeren Länge der Leitung auch noch die Verstärkung des Querschnittes der einzelnen Drähte und ergiebt sich hieraus, daß das aufzuwendende Leitungsmaterial in dem Falle, wo die Entfernung

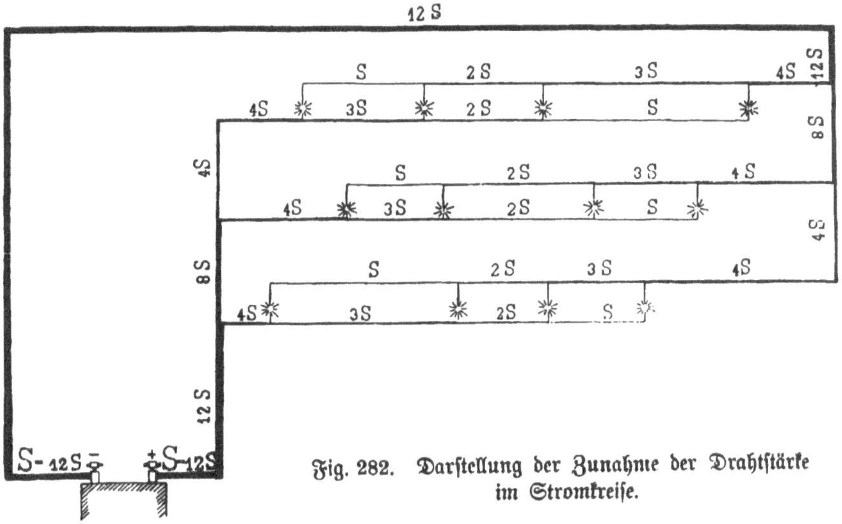

Fig. 282. Darstellung der Zunahme der Drahtstärke im Stromkreise.

der Lampen von der Stromquelle den größeren Theil der Leitungslänge erfordert, ungefähr im Quadrat der Flammenzahl wächst, wenn die Lichter in getrennten Stromkreisen, statt getheilter Lichter eines Kreises, erzeugt werden sollen und der durch die Leitungswiderstände verursachte Verlust an Betriebskraft der gleiche bleiben soll. Wie diese Zunahme der Drahtstärke steigt, geht aus der Abbildung Fig. 282 deutlich hervor.

Im allgemeinen ist mit der Theilung des elektrischen Lichtes ein Kraftverlust verbunden und ist dies auch ein Hauptgrund, weshalb die Hintereinanderschaltung der Lichter der Parallelschaltung überlegen ist. Es stehen sich daher auf einer Seite die Theilung des Lichtes (Hintereinanderschaltung mehrerer Lampen in demselben Stromkreise) und auf der anderen Seite die Bildung mehrerer Stromkreise aus einer Maschine gegenüber. In diesem letzteren Falle kommt die Lichttheilung nur dann in Betracht, wenn zwei oder mehrere Lampen im einzelnen Stromkreise brennen, in welchem Falle sich hieran ebenfalls die Nachtheile der Lichttheilung knüpfen. Außerdem geht aus den v. Hefner-Alteneck'schen Betrachtungen hervor, daß außer dem durch die Lichttheilung bedingten Kraftverlust in der Bildung mehrerer Kreise aus der Maschine weitere Verluste an Betriebskraft entstehen. Die Arbeitskraft, welche durch den Leitungswiderstand an der Lichtwirkung eingebüßt wird, läßt sich durch Vergrößerung des Querschnittes der Verbindungsdrähte überall ersetzen, sofern mehr oder weniger beträchtliche Längen diesem Verfahren zu Hilfe kommen. Um bei Hintereinanderschaltung der Lampen auch einzelne Lichter beliebig auslöschen zu können, bedient man sich einer ziemlich einfachen Vorrichtung. Man kann diesen Zweck sehr leicht erreichen, wenn

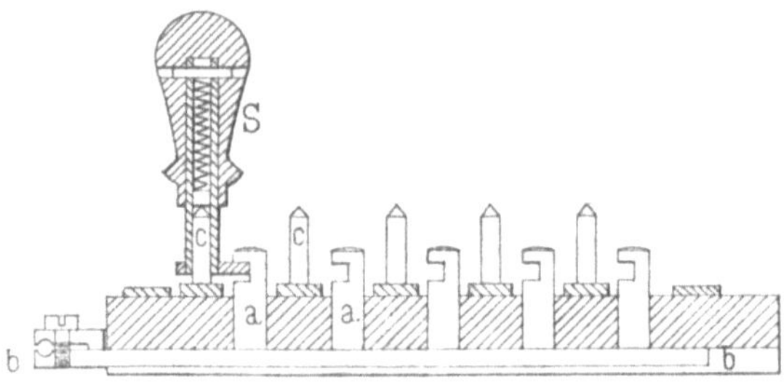

Fig. 283. Generalumschalter von Siemens & Halske.

man die in den Stromkreis eingeschlossenen beiden Drähte jeder Lampe unter Einschaltung eines dem Leitungswiderstande der Lampen entsprechenden künstlichen Widerstandes direct verbindet. Man bringt die Vorrichtung meist in unmittelbarer Nähe der Lampe an und dieselbe muß derart eingerichtet sein, daß durch eine leichte Manipulation die directe Verbindung nach Bedarf hergestellt und wieder aufgehoben werden kann.

Bequemer ist die Anbringung eines sogenannten Generalumschalters, mit welchem man für ganze Stromkreise direct vom Maschinenhause aus jede Einzellampe ein- und ausschalten kann. Der Generalumschalter, wie ihn Siemens & Halske bei ihren Beleuchtungsanlagen zur Anwendung bringen, ist in Fig. 283 im Längenschnitt dargestellt. Der mit einem isolirten Griffe versehene Schlüssel S wird auf einen der über den Kreuzungspunkten in den Querschienen steckenden Stifte c durch kräftigen Ruck aufgesetzt und so weit rechts herumgedreht, daß er unter den Einschnitt einer der Säulen a faßt, welche auf den Längenschienen befestigt sind; die im Schlüssel vorhandene Spiralfeder übt dabei einen starken Druck auf die Contactflächen aus.

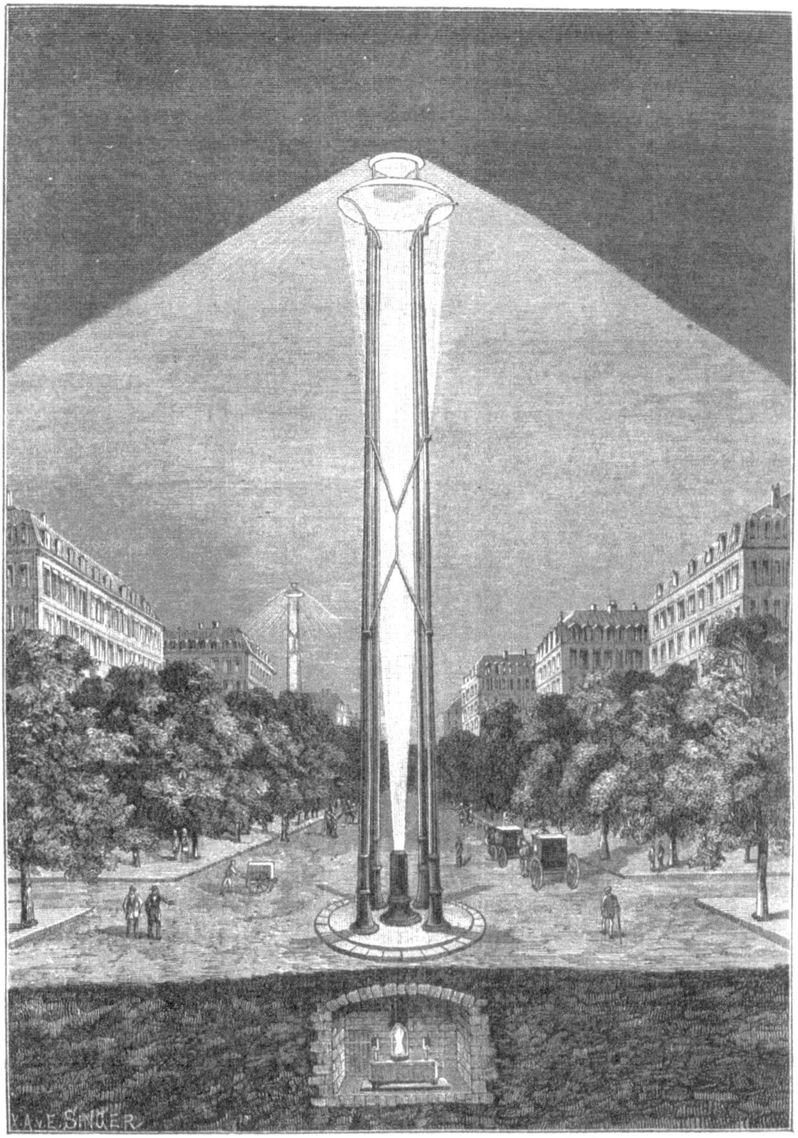

Fig. 284. Elektrische Beleuchtung durch Reflexion.

Die Anbringung der Bogenlichtlampen ist je nach den Umständen der Verbindung und der Lichtstärke derselben eine sehr verschiedene. Wie aus der Natur der Sache hervorgeht, müssen sehr starke Lichter entsprechend hoch angebracht werden, während schwächere tiefer arrangirt werden, um eine richtige Ausnutzung der Lichtquelle zu erzielen. In vielen Fällen, wo die Räume beschränkt, resp. zur Anbringung der Lampen in der Höhe ungeeignet sind, hilft man sich dadurch, daß man die Lichtquelle irgendwo am Boden anordnet und die Lichtstrahlen mittels Hohlspiegels auf einen an der Decke angebrachten Reflector wirft,

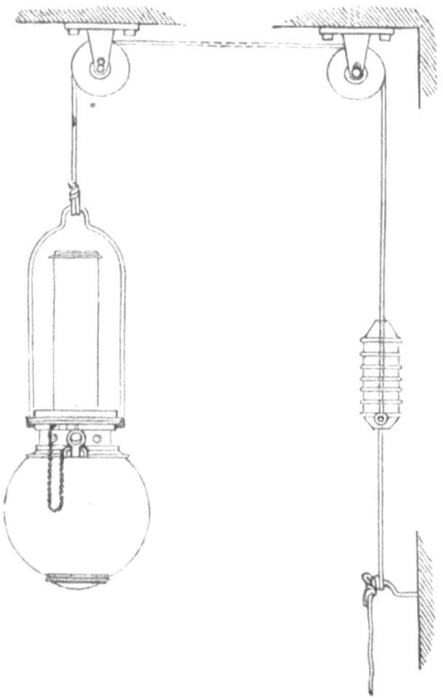

Fig. 285. Aufziehvorrichtung für Fabriklaternen.

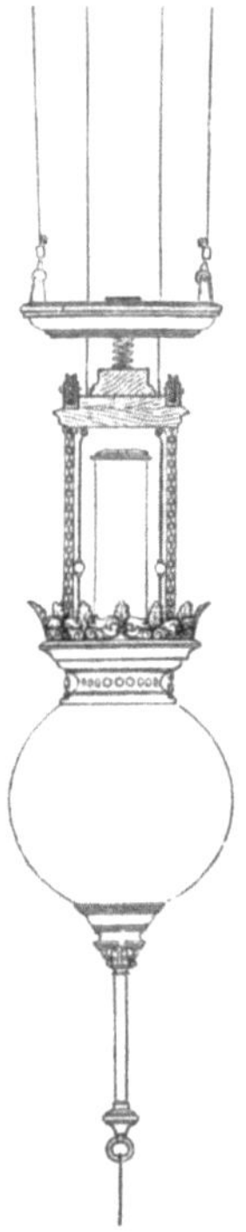

Fig. 286. Aufziehvorrichtung für Salonlaternen.

welcher alsdann die Vertheilung des Lichtes übernimmt. Eine andere Art der Anwendung der Lichtvertheilung mittels Reflectors zeigt Fig. 284. Wie ersichtlich, ist hier die Lampe in einem unter dem Niveau der Straße ausgemauerten Raume angebracht und auf einem hohen, aus Eisenstangen construirten Gerüste der zur Lichtvertheilung dienende Reflector befestigt. Es hat diese Art der Anbringung den Vorzug einer leichten Zugänglichkeit der Lampen; allerdings geht immerhin ein Theil der Leuchtkraft durch die Reflexion verloren.

Die Art und Weise, wie bei den Siemens & Halske'schen Installationen die Anbringung ihrer Bogenlampen bewirkt wird, ist in Fig. 285 bis 287 dargestellt. Fig. 285 zeigt eine Aufziehvorrichtung für Fabriklaternen. Hier ist durch ein an der Wand auf- und abwärts bewegliches Gewicht, welches an einem über Rollen geführten und die Lampe tragenden Stricke befestigt ist, das Gewicht der Lampe äquilibrirt und kann deshalb ein Auf- und Abziehen der letzteren sehr leicht bewerkstelligt werden. Eine Aufziehvorrichtung für Salonlaternen ist in Fig. 286 dargestellt. Bei derselben hängt das die Laterne balancirende Gegengewicht über der Laterne; diese selbst ist an Kupferseilen aufgehängt, die gleichzeitig zur Leitung des Stromes dienen. Ebenfalls eine Aufziehvorrichtung für Salonlaternen mit verkürztem Wege für das Gegengewicht ist durch Fig. 287 veranschaulicht. Diese Anordnung bewirkt, daß die Vorrichtung auch für niedrige Räume verwendbar wird.

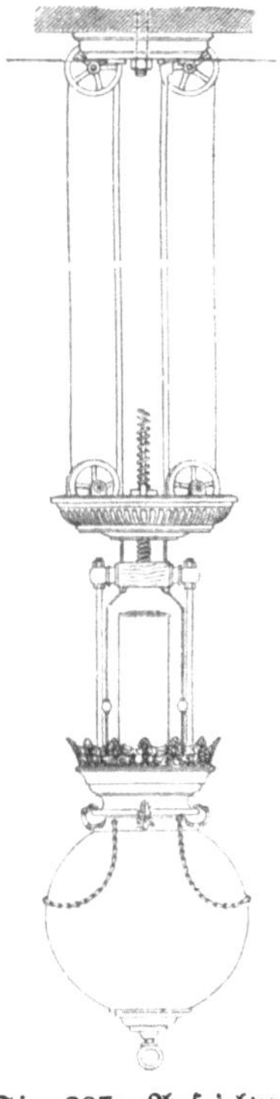

Fig. 287. Aufziehvorrichtung für Salonlaternen in niedrigen Räumen.

Eine ganz andere Art der Anbringung als die vorstehend geschilderte, für geschlossene Räume bestimmte muß natürlich gewählt werden, wenn es sich um die Beleuchtung freier Plätze und Straßen handelt. Auch hier ist die Anbringung der großen starken Bogenlichtlampen und diejenige der kleinen schwachen Glühlichtlampen von nicht mehr Kerzenstärken, als unsere Straßenflammen haben, naturgemäß verschieden. Während man die letzteren in der Höhe der jetzt bestehenden Gaslaternen anbringen kann, müssen die ersteren je nach ihrer Leuchtkraft auf hohen Masten angebracht werden. Bei der Straßenbeleuchtung Berlins mittels Glühlichtlampen, welche seinerzeit von Siemens & Halske eingerichtet wurde, waren die Glühlichtlampen oberhalb der Gaslaternen angebracht, sodaß beide Beleuchtungsarten direct verglichen und unabhängig voneinander betrieben werden konnten. Bei der Straßenbeleuchtung New-Yorks mittels Brush-Lampen wurden Candelaber in der Form verwendet, wie solche Fig. 288 und Tafel 11 zeigen.

Viel schwieriger als die Anbringung in geringer Höhe ist die auf hohen Mastbäumen, da einerseits hier mit der zunehmenden Höhe auch die Kosten sich wesentlich steigern und anderseits den Forderungen der Aesthetik Rechnung zu tragen ist, falls diese Masten nicht unsere Straßen und Plätze verunzieren sollen. Wenn schon die nur eine geringe Höhe erreichenden Gascandelaber ziemlich hohe Kosten verursachen, so gilt dies um so mehr bei den bedeutend höheren Masten der elektrischen Beleuchtung, allerdings ist hierbei der Umstand in Rechnung zu ziehen, daß ein einziger derartiger Mastbaum mit seinem starken elektrischen Lichte eine ganze Reihe von Gascandelabern ersetzt.

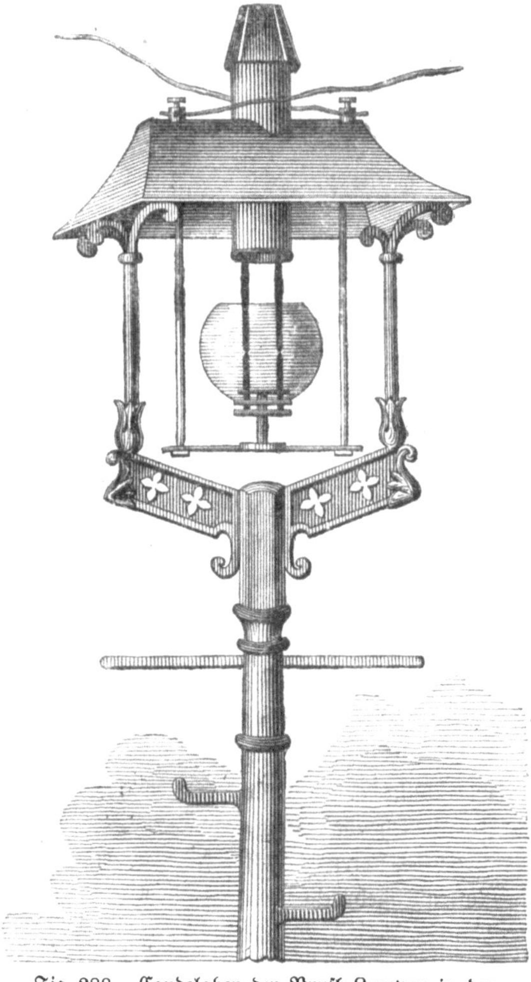

Fig. 288. Candelaber der Brush-Lampen in den Straßen New-Yorks.

In Fig. 290 ist ein Candelaber für Schuckert'sche Bogenlampen dargestellt, wie solche von Schuckert bei seinen Installationen schon vielfach angewendet wurden.

Um ein bequemes Einsetzen der Kohlen und leichtes Arbeiten an den Lampen zu ermöglichen, ist die Säule aus zwei Theilen gefertigt; der obere längere Theil ist, wie aus der schematischen Zeichnung Fig. 289 zu ersehen, um einen Punkt in dem unteren, festen, kürzeren Theile drehbar und kann somit herabgelassen werden. Damit dies ohne besonderen Kraftaufwand geschehen kann, trägt der im unteren Theile befindliche kürzere Hebelarm des oberen Säulentheils ein entsprechendes Gegengewicht, welches das Gewicht des die Lampe tragenden längeren Hebelarmes ausbalancirt. Soll die Lampe herabgelassen werden, so dreht man mit einem Schlüssel an einer in den unteren Theil eingelassenen Schraube, worauf sich der obere Theil mit der Lampe langsam herabsenkt; außerdem ist im unteren Theile eine Ausschaltevorrichtung angebracht, mittels welcher die betreffende Lampe aus dem Stromkreise ausgeschaltet werden kann. Wie aus der Abbildung ersichtlich, ist die Ausstattung der Säule eine recht geschmackvolle, sodaß dieselbe jedem öffentlichen Etablissement resp. freien Platze zur Zierde gereicht.

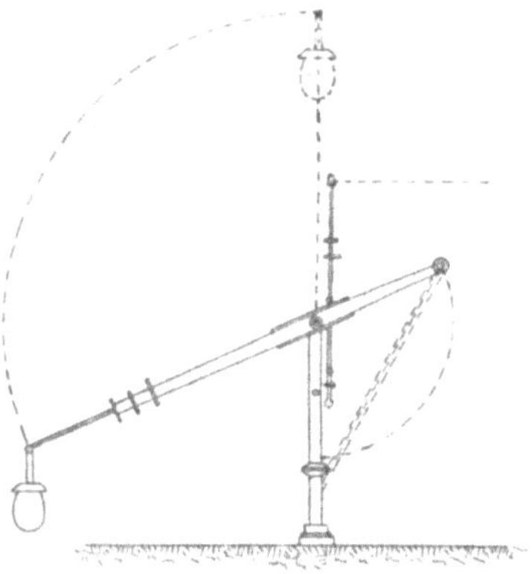

Fig. 289. Schematische Darstellung der Kippvorrichtung an Candelabern.

Für Fabriken, wo es nicht so sehr auf die äußere Ausstattung alt auf die Wohlfeilheit der Anbringungsweise ankommt, hat Schuckers und haben mit ihm auch Andere derartige Säulen aus Schmiedeeisen construirt; dieselben werden entweder in der Form eines Gitterträgers, wie solchen Fig. 291 zeigt, oder in der einfacheren Form der Fig. 292 hergestellt. Bei sehr hohen Mastbäumen, wie sie für starke Einzellichter zur Verwendung kommen müssen, ist das Herablassen der Lampe unthunlich und müssen dieselben daher in der Weise ausgeführt werden, daß man auf andere Art zu den Lampen kommen kann. Man verwendet

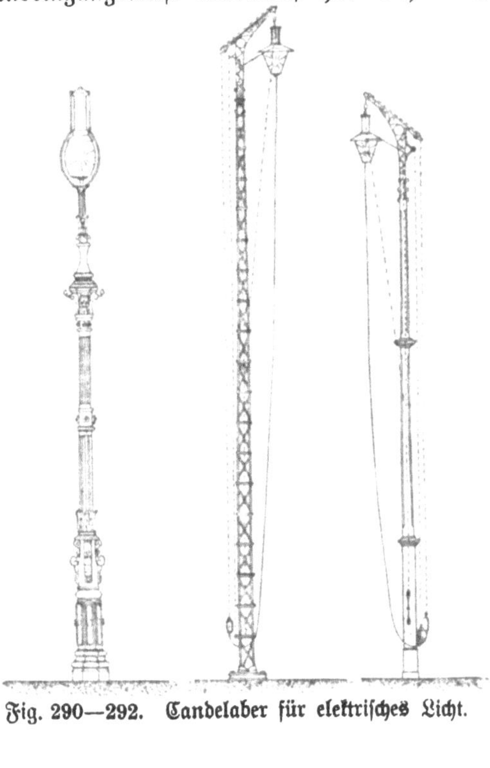

Fig. 290—292. Candelaber für elektrisches Licht.

dazu oft einfache Holzmasten, welche mit Sprossen zum Besteigen derselben versehen sind. Allerdings sind diese Lampenträger wenig geschmackvoll und werden sich in unserer Zeit, wo man, mindestens in größeren Städten, gewohnt ist, bei den Beleuchtungsanlagen auch auf elegante Ausführung zu sehen, schwerlich einbürgern. Bei einigen derartigen Masten ist auch ein Herablassen der Lampen mittels Kurbelwerks eingerichtet.

Sehr störend ist bei der Anwendung der Holzmasten die bedeutende Stärke, welche dieselben mit Rücksicht auf die Natur des Materials erhalten müssen. So muß man für Holzmasten von 20 Meter Höhe Stärken von 14 Centimeter am Zopf- und 38 Centimeter am Stammende wählen und doch beabsichtigt man, die Lampen in Höhen von 50 Meter und darüber anzubringen. Es ist leicht verständlich, daß man bei diesen Höhen mit Holzmasten nicht mehr ausreichen würde, da hierbei so bedeutende Dimensionen erforderlich wären, wie sie bei unseren Bäumen gar nicht vorkommen. Für solche Höhen wird die Eisenconstruction jedenfalls das einzige Auskunftsmittel sein, da sie gestattet, nicht nur der Stabilität, sondern auch dem Schönheitsgefühl Rechnung zu tragen. In den Vereinigten Staaten, wo man sehr starke Einzellichter zur Beleuchtung von öffentlichen Plätzen, Häfen &c. zur Anwendung bringt, versucht man jetzt, die Stützen für starke elektrische Lichter aus Eisen in Form von Röhren zu construiren, und zwar sollen diese Röhren einen solchen Durchmesser erhalten, daß im Inneren derselben genügend freier Raum bleibt, daß ein Mensch mittels einer Druckvorrichtung in die Höhe befördert werden kann, um die Bedienung der Lampen zu besorgen. Da der Betrieb der Einzellichter in ökonomischer Beziehung der vortheilhafteste ist, erscheint es nicht ausgeschlossen, daß man in Zukunft ganze Stadttheile oder Häfen durch ein in sehr großer Höhe, etwa auf einem Thurme, angebrachtes elektrisches Licht beleuchten wird; es müßte dann allerdings zur Vermeidung der starken Schatten eine Vertheilung des Lichtes mittels Reflectoren bewirkt werden.

Bedeutend besser als das Bogenlicht eignet sich das Glühlicht zur Anbringung namentlich in bewohnten Räumen, da man mit demselben sogar schönere decorative Wirkungen als mit dem Gaslicht erzielen kann. Es beruht dies hauptsächlich auf dem Umstande, daß die Glühlichtlampen in jeder Lage und Richtung brennen. Die zur Anwendung des Glühlichtes ausgeführten Wandarme und Kronleuchter zeigen denn auch schon jetzt eine hohe künstlerische Vollkommenheit. Mit Verweisung auf die im Kapitel „Elektrische Lampen" bereits zur Anschauung gebrachten Wandarme rc. ist in Fig. 293 noch ein Kronleuchter mit Edison'schen

Fig. 293. Kronleuchter für Edison=Lampen.

Glühlichtern dargestellt. Ganz besondere Fortschritte zeigte in dieser Beziehung die Münchener Ausstellung. So war hier in der Capelle ein geschmiedeter Rosenkranz angebracht, welcher in den Blüten je eine Glühlichtlampe trug und einen sehr schönen Eindruck machte. Daß das Glühlicht sich für die transportablen Lampen ebenso gut und noch besser als das Gaslicht eignet, zeigt auch die auf Seite 303 Fig. 227 abgebildete Tischlampe. Neuerdings hat man versucht, derartige Tischlampen zu construiren, welche ihren Strom aus unterhalb derselben angebrachten Accumulatoren oder secundären Elementen erhalten; es fallen also die den Strom von außen zuführenden Drähte weg. Weitere Beispiele für die Anbringung sowohl von Bogenlicht- als von Glühlichtlampen sind in dem Kapitel „Ausgeführte Anlagen“ enthalten.

---

3. Motoren, Betriebs- und Regulirapparate.

Ein Hauptfactor bei jeder Anlage für elektrische Beleuchtung ist die Wahl des die Dynamomaschine treibenden Motors, da selbst die bestconstruirte und sonst durchaus rationell eingerichtete Beleuchtungsanlage schlecht functioniren wird, wenn der zur Verwendung kommende Motor den an ihn zu stellenden Bedingungen nicht genügt. Die wichtigste dieser Bedingungen ist ein möglichst regelmäßiger Gang bei verhältnißmäßig hoher Tourenzahl. Sofern diese Bedingung erfüllt wird, ist es ganz gleichgiltig, ob der Motor eine Dampfmaschine, Gaskraftmaschine, Heißluftmaschine, Turbine oder ein Wasserrad ist.

Gaskraftmaschinen werden sehr häufig benutzt und ihre Anwendung ist auch in vielen Fällen aus wirthschaftlichen Gründen zu empfehlen, da ja durch die Einführung der elektrischen Beleuchtung die Gasbeleuchtung großentheils verdrängt wird und durch Anwendung von Gaskraftmaschinen zum Betriebe der betreffenden Anlagen eine anderweitige Verwerthung des zu Beleuchtungszwecken nicht mehr gebrauchten Gases gefunden ist. Hierdurch wird dann auch die brennende Frage der Concurrenz zwischen der elektrischen Beleuchtung und der Gasbeleuchtung sich wesentlich anders gestalten, da ja ein Hauptgrund der von vielen Seiten der elektrischen Beleuchtung gemachten Opposition darin zu suchen ist, daß die Opponenten direct oder indirect bei Gasgesellschaften betheiligt sind. Werden daher dem Leuchtgase gerade durch die Einführung des elektrischen Lichtes andere Gebiete der Verwendung eröffnet, so wird die speciell von dieser Seite mit besonderer Schärfe und Voreingenommenheit erfolgende Bekämpfung der elektrischen Beleuchtung viel von ihrer Animosität verlieren.

Wenn nun auch aus den vorstehend angegebenen Gründen eine möglichst ausgedehnte Einführung der Gaskraftmaschinen zum Betriebe der Dynamomaschinen wünschenswerth erscheint, so stehen doch anderseits der Verwendung derselben auch wieder einzelne Bedenken entgegen, die allerdings nicht gerade schwerwiegende sind, in manchen Fällen aber, wo ein möglichst ungestörter Betrieb der Beleuchtungsanlage von besonderer Wichtigkeit ist, genügen, um es rathsam erscheinen zu lassen, von der Anwendung solcher Motoren abzusehen. Die beste der gegenwärtig existirenden Gaskraftmaschinen — Otto's neuer Motor — bietet immer noch keine vollständig ausreichende Garantie für die Sicherheit des Betriebes, da das zufällige Verlöschen des zur Entzündung des Gasgemisches dienenden Flämmchens den Stillstand des Motors und somit das Versagen der Beleuchtung zur Folge haben würde. Auch wird durch die den Betrieb bewirkenden Gasexplosionen, wenn auch nur in geringer, so doch in bemerkbarer Weise der Gang der Maschine beeinflußt, indem jede Explosion ein entsprechendes, allerdings unbedeutendes Zucken der Flammen zur Folge hat. Trotz dieser kleinen Uebelstände arbeiten die Otto'schen Motoren und namentlich die nach dem Otto'schen System gebauten Zwillingsmaschinen infolge ihrer eigenartigen Regulirung bei weitem zuverlässiger als kleinere Dampfmaschinen, da diese meist eine für den betreffenden Zweck viel zu ungenaue resp. zu langsam wirkende Regulirungsvorrichtung haben.

Wie wichtig eine genaue und präcis wirkende Regulirung ist, geht aus dem Umstande hervor, daß die Maschine durchaus die gleiche Umdrehungszahl beibehalten muß, wenn beispielsweise eine Reihe elektrischer Lampen in dem von der Dynamomaschine gespeisten Stromkreise plötzlich ein- oder ausgeschaltet wird. Es muß verlangt werden, daß für solche Fälle die übrigen Lampen jene Veränderung des Betriebes nicht durch Zucken oder Flackern zum Ausdruck bringen, sondern nach wie vor ruhig fortbrennen. Bei den Dampfmaschinen mit den bis jetzt gebräuchlichen Regulirungsvorrichtungen ist es nothwendig, dem Maschinisten das Anzünden oder Abstellen einer Anzahl von Lampen vorher mitzutheilen, damit er seine Dampfmaschine entsprechend verstellen kann, um allzu große Umlaufsdifferenzen und ihren üblen Einfluß auf die Lampen zu vermeiden. Es ist daher erforderlich, für solche Dampfmaschinen Regulatoren zu construiren, welche in möglichst kurzer Zeit jede Geschwindigkeitsänderung ausgleichen können, also eine Verstellung des Dampfeinlaßventils bewirken, bevor die Geschwindigkeitsänderung eine wesentliche Größe erreicht hat. Bei Regulatoren, bei welchen die Centrifugalkraft von Schwungkugeln und derselben entgegenwirkender Feder- oder Gewichtsdruck durch Zugstangen und Hebel mit Gelenken übertragen wird, muß die Geschwindigkeitsänderung eine gewisse Größe erreichen, bevor die ihr entsprechende Aenderung der Centrifugalkraft der Regulatorgewichte die Reibung in den Gelenken überwinden und auf die Drosselklappe ꝛc. einwirken kann. Gerade bei den theoretisch besseren Regulatoren mit großer Energie, bei denen die zur Wirkung kommenden Centrifugal- und Gegenkräfte möglichst groß gemacht werden, tritt infolge des dementsprechend größeren Druckes in den Gelenken diese Reibung um so störender auf. Regulatoren, welche diese Uebelstände vermeiden und den gestellten Anforderungen entsprechen, sind unter anderen auch von Siemens & Halske construirt worden.

Da schon die Unebenheiten (Verbindungsstellen) des die Kraft vom Motor auf die Dynamos übertragenden Treibriemens Veränderungen in der Intensität des Lichtes hervorrufen, werden vielfach Motoren direct mit den Dynamomaschinen gekuppelt, oder derart ausgeführt, daß die verlängerte Welle der Dynamomaschine zugleich als Kurbelwelle des Motors dient. Siemens & Halske verwenden zum Beispiel die vom Fürsten Dolgorucki construirte rotirende Dampfmaschine in dieser Weise. Sehr vortheilhaft namentlich da, wo es sich um größere Kraftäußerungen handelt, sind die nach dem Compound-System gebauten Dampfmaschinen, welche, mit einer gut wirkenden Regulirungsvorrichtung versehen, allen anderen Motoren vorzuziehen sind. Vielfach ist auch die Brotherhood'sche Dreicylinderdampfmaschine in Gebrauch.

Calorische (Heißluft-) Maschinen zum Betriebe der Dynamomaschinen anzuwenden, ist, wenigstens bei dem jetzigen Stande der Construction dieser Maschinen, kaum empfehlenswerth; dagegen ist die Verwendung von Wasserkräften, wenn die vorhandenen Wassermengen stets gleiche und ausreichende sind, nicht nur in ökonomischer Beziehung sehr oft vortheilhaft, sondern gewährleistet auch meist einen gleichmäßigen Gang der Dynamos und somit ein gleichmäßiges Brennen der Lampen.

Aus dem Gesagten geht hervor, daß man speciell bei der Einrichtung der elektrischen Beleuchtung in Fabriken wohl thun wird, nicht ohne weiteres vorhandene überschüssige Betriebskraft für die Beleuchtungsanlage zu verwenden, sondern eine eingehende Prüfung der Verhältnisse vorhergehen zu lassen. Ueberall da, wo die Betriebsmaschine schwere Arbeitsmaschinen zu treiben hat, die in unbestimmten Zwischenräumen ausgerückt, oder bald mehr, bald weniger beansprucht werden, also überall, wo die Kraftentnahme und somit der Gang der Maschine ein unregelmäßiger ist, muß von einer Verwendung der letzteren zu Beleuchtungszwecken von vornherein abgesehen werden. Wo dagegen schon der Betrieb der Fabrik eine möglichst hohe Gleichmäßigkeit des Ganges der Betriebsmaschine voraussetzt, kann man dieselbe zum Antriebe der Dynamos benutzen, obwohl auch dann nicht dazu gerathen werden kann. Die hierfür sprechenden Gründe sind sehr zahlreich. So kann und wird es z. B. auch bei dem bestgeleiteten Betriebe vorkommen, daß man eines abgeschlagenen Riemens, eines eingetretenen Unglücksfalles oder dergl. wegen die Betriebsmaschine zum Stillstand bringen muß; in diesem Falle würden natürlich auch sofort sämmtliche Lichter erlöschen, die ihren Strom aus den von der Betriebsmaschine bewegten Dynamos erhalten. Abgesehen von diesem Umstande würde es bei nicht continuirlichem Fabrikbetriebe sehr störend wirken, wenn nach Schluß der Arbeit mit dem Abstellen der Maschine auch sofort die Beleuchtung vollständig erlöschen und das Innere der Fabrik in Nacht gehüllt würde. Man könnte allerdings, um diesem Uebelstande entgegenzutreten, die Betriebsmaschine etwas länger laufen lassen, bis das Personal Zeit gehabt hätte, sich zu entfernen, es wäre dies jedoch ein unnöthiger Dampfverbrauch und deshalb unökonomisch. Es ist daher in weitaus den meisten Fällen rathsam, einen oder mehrere Motoren speciell zum Betriebe der Dynamomaschinen aufzustellen, und nach den gemachten Erfahrungen ist es jedenfalls am richtigsten, wenn für jede Dynamomaschine ein besonderer Motor angeordnet wird.

Sind die an den Motor zu stellenden Bedingungen alle erfüllt und auch sonst Lichtmaschine, Lampe und Leitung im besten Stande, so können dennoch Umstände eintreten, die eine unangenehme Störung veranlassen und deren Beseitigung daher dringend erforderlich ist. Es kann ohne jede äußere Veranlassung, z. B. lediglich durch Unreinheit der Kohlen ein plötzliches Verlöschen des Lichtbogens und eine damit verbundene Unterbrechung des Stromes eintreten. Da in einem solchen Falle der Kraftverbrauch der Maschine ganz bedeutend, bei Einzellicht fast auf Null, sinken müßte, würde der Inductor der Maschine in eine äußerst schnelle, unter Umständen gefährliche Rotation versetzt werden, wenn die Betriebsmaschine mit derselben Kraft wie vorher fortarbeitete, ohne daß ihr ein entsprechender Widerstand entgegengesetzt würde. Zur Vermeidung dieser Gefahr ist von Siemens & Halske ein selbstthätiger Umschalter construirt worden, den dieselben mit ihrer Trommel-Maschine verbinden. Der Umschalter bewirkt, daß in dem Augenblicke, in welchem aus irgend einem Grunde der Strom in der Lampe unterbrochen wird, ein künstlicher Widerstand automatisch in die Leitung eingeschaltet wird. Vortheilhaft ist die Einschaltung derartiger Widerstände indeß nicht, da hierdurch nicht allein Strom, also Arbeit, verloren geht, sondern auch auf die elektro-motorische Gegenkraft des Lichtbogens keine Rücksicht genommen ist.

In sinnreicher Weise wird die Stromregulirung gleichzeitig mit der Stromtheilung durch Marcel Deprez bewirkt. Derselbe faßt die Stromtheilung derart auf, daß er bei der Einschaltung mehrerer gleicher oder verschiedener Apparate in einen Stromkreis eine solche Theilung des Stromes fordert, daß 1) jeder Apparat den ihm nothwendigen Theil empfängt und unabhängig von den anderen Apparaten (oder Lampen) functionirt, daß 2) die zur Erreichung dieses Zweckes nothwendige Regulirung selbstthätig und unmittelbar nur durch die Maschine, ohne Zuhilfenahme irgendwelcher Ueberwachungs- oder Regulirungsmittel erfolge, und 3) die Regulirung derart sei, daß die Maschine nie mehr, sondern immer nur soviel Strom producirt, als für den Betrieb der in den Stromkreis jeweilig eingeschalteten Apparate nöthig ist. Es muß hiernach die Totalmenge der zu erzeugenden elektrischen Energie stets veränderlich sein.

Deprez hat sein Ziel in folgender Weise erreicht: Er versieht die Elektromagnete der Lichtmaschine mit zwei getrennten Stromkreisen in parallel nebeneinander laufenden Windungen, die so geschaltet sind, daß die Ströme in beiden Windungen dieselbe Richtung haben, sich also in ihren magnetisirenden Wirkungen addiren. Der eine Stromkreis wird von einem constanten Strome durchflossen, welchen eine von der Lichtmaschine unabhängige Elektricitätsquelle, also vielleicht eine kleine Erregermaschine, liefert; im zweiten Stromkreise fließt der ganze Strom, den die Lichtmaschine selbst producirt und der im Lampenkreise benutzt wird, wenn man die Lampen parallel schaltet, während nur ein Zweigstrom hindurchfließt, wenn die Lampen hintereinander geschaltet werden.

Es soll hier zunächst die Wirkungsweise dieser Anordnung für die

Parallelschaltung betrachtet werden. In der Lichtmaschine wirken stets zwei elektro-motorische Kräfte — eine unveränderliche, welche von der selbständigen Erregermaschine erzeugt wird und dem gleichfalls unveränderlichen inneren Widerstande der Lichtmaschine entspricht, und eine veränderliche, von der Lichtmaschine selbst erzeugte Kraft. Ist eine bestimmte Anzahl von Lampen in den Stromkreis geschaltet, so wird in diesem ein bestimmter, der Lampenzahl entsprechender Widerstand und eine dementsprechende Stromstärke herrschen. Beim Verlöschen einer Lampe hat der Strom nur noch n — 1 Weg, parallel nebeneinander für seinen Durchgang und findet daher einen größeren Gesammtwiderstand. Da nun aber die Stromstärke umgekehrt proportional dem Widerstande ist, muß die Stromstärke auch dementsprechend abnehmen. Genau das Entgegengesetzte findet statt, wenn man zu den n Lampen noch eine hinzufügt; der Strom hat alsdann n + 1 Weg offen und findet daher weniger Widerstand, weshalb er stärker werden wird.

Bei Hintereinanderschaltung der n Lampen fließt durch den einen Stromkreis der Elektromagnete wieder der Strom von constanter Stärke, wie ihn die Erregermaschine liefert; durch den zweiten Stromkreis, der einen Nebenschluß zum Stromkreis der Lichtmaschine und der Lampen bildet, fließt ein Zweigstrom in einer Stärke, die dem Widerstande in diesem Zweigstrome umgekehrt proportional ist. Wenn man bei dieser Schaltung zu den n Lampen noch eine hinzufügt, so nimmt der Widerstand im Lampenstromkreise zu, weil der Strom dann n + 1 Lampen nacheinander zu durchlaufen hat. Die Zunahme des Widerstandes im Hauptstromkreise bedingt aber eine Zunahme der Stromstärke in der Nebenschließung (der zweiten Elektromagnetbewickelung), da der Widerstand derselben unverändert geblieben ist; hierdurch werden auch die Elektromagnete kräftiger und mithin wird der Strom der Lichtmaschine verstärkt. In ähnlicher Weise nimmt die Stromstärke in dem Lampenkreise ab, in welchem die Zahl der Lampen vermindert wird.

Wie aus dem Vorstehenden ersichtlich, regulirt sich bei der Deprez'schen Einrichtung die Stromstärke durch die Lichtmaschine selbst und ohne Zuhilfenahme irgendwelcher mechanischer Vorrichtungen. Die Art der von Deprez getroffenen Anordnung der Maschinen ist aus Fig. 294 zu ersehen.

Eine andere, mehr verbreitete Methode zur Regulirung der Stromstärke ist diejenige mit Hilfe besonderer Regulirungsvorrichtungen, die, abgesehen von den Regulatoren, welche direct auf den Gang des die

Lichtmaschine treibenden Motors einwirken, in der Maschine sowohl als außerhalb derselben angebracht werden können.

Hiram Maxim zeigte bei seinem Stromregulator, daß, wenn das Magnetfeld der Lichtmaschine durch eine besondere Dynamomaschine erregt wird, die elektro-motorische Kraft abgeändert, die Stromstärke der zu leistenden Arbeit angepaßt werden kann. Je nachdem die Magnete der Lichtmaschine unter sonst gleichen Verhältnissen stark oder schwach erregt werden, wird dieselbe einen stärkeren oder schwächeren Strom er-

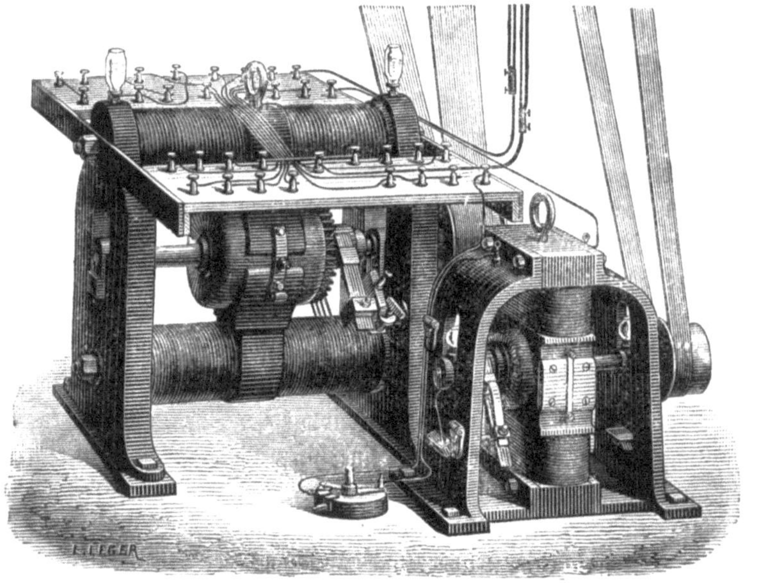

Fig. 294. Anordnung der dynamo-elektrischen Maschinen zur Stromvertheilung von Marcel Deprez.

zeugen. Es hängt somit der Grad der Erregung von der Stromstärke der Hilfsmaschine ab und sind, um von derselben verschieden starke Ströme ableiten zu können, ihre Collectorbürsten an einem Träger befestigt, mit welchem sie sich concentrisch zu dem Collector-Cylinder bewegen können. Die Bürsten liefern in der einen Grenzlage gar keinen Strom, in der anderen einen Strom von größter Stärke und in den Zwischenlagen einen Strom, dessen Stärke innerhalb dieser Grenzen liegt.

Es beeinflußt also die Stromstärke die Lichtmaschine, welche alsdann wieder auf den in Fig. 295 dargestellten Stromregulator wirkt, da der Strom durch den Elektromagnet fließt und denselben je nach seiner

Stärke bald schwach, bald stark erregt. Der Stromregulator wird durch den aus der großen Maschine kommenden Strom beeinflußt und con-

Fig. 295. Maschine mit Stromregulator von Hiram Maxim.

trolirt den Mechanismus, welcher die Sammelbürste an der kleinen Maschine in Bewegung setzt, indem er auf diese Weise die Erregung der Magnete an der großen Maschine regulirt und infolge dessen den Strom im äußeren Schließungsbogen controlirt. Ueber dem Magnet der erregenden Maschine ist eine Platte mit einem Räderwerke angebracht, welches aus zwei Zahnrädern besteht, die an mit Stirnrädern versehenen Achsen befestigt sind, wodurch eine Verbindung mit den Sammelbürsten vermittelt wird. Die Zahnräder stehen etwas voneinander ab und zwischen denselben befindet sich ein doppelter Sperrkegel, den man sowohl mit einem dieser Zahnräder als mit beiden in Eingriff bringen kann; derselbe ist ebenfalls so zu stellen, daß er in keins derselben eingreift. Von einer am Ende des Magnets oscillirenden Stange wird der Sperrkegel hin und her bewegt; diese Stange wird ihrerseits wieder von einer kleinen Kurbel geführt, die an einer Achse über der Armatur und zwischen den Windungen des Magnets angebracht ist. Die Kurbel erhält durch die Achse der Armatur eine verhältnißmäßig langsam rotirende Bewegung. Ueber dem Räderwerk sitzt, auf Säulen befestigt, ein Bret, das an der einen Seite einen Elektromagnet von großem Widerstande trägt, welch letzterer mit den Drähten des Schließungsbogens verbunden ist und durch den Strom beeinflußt wird. Der Anker des Elektromagnets ist an dem einen Ende eines leichtbeweglichen zweiarmigen Hebels befestigt, an dessen anderem Ende eine justirbare Gegenfeder angebracht ist; die Größe der Bewegung dieses Hebels ist durch Stellschrauben begrenzt, welche an einer seitwärts stehenden Säule befestigt sind. Das rechte Ende des Hebels ist über den Anker hinaus verlängert und trägt einen Draht, der abwärts zu dem zwischen den Zahnrädern befindlichen Sperrkegel führt. Um ein sicheres Eingreifen des Sperrkegels in die Zähne der Räder zu bewirken, ist in den Draht ein kurzes Stück einer Spiralfeder eingeschaltet. Nimmt nun die Stromstärke beim Entfernen einiger Lampen aus dem Schließungsbogen zu, so wird der Anker des Elektromagnets im Regulator abwärts gezogen; hierdurch wird der Sperrkegel in das untere Zahnrad eingelegt und die Sammelbürste derart verdreht, daß der erregende Strom geschwächt wird und infolge dessen auch der Strom im Schließungsbogen der Lampen abnimmt. Soll dagegen die Stromstärke unter ihren normalen Werth vermindert werden, so wird der Anker stark angezogen, die Gegenfeder zieht den Hebel in die Höhe, es greift dann der Sperrkegel in das obere Rad ein und der Erfolg ist der dem oben beschriebenen gerade entgegengesetzte. Auf der Pariser Elektricitäts-Ausstellung von 1881 war der Maxim'sche Regulator ausgestellt und bewährte sich in glänzender Weise.

Ein zweiter von Maxim construirter Regulator wird von Uppenborn in der Zeitschrift für angewandte Elektricitätslehre in folgender Weise beschrieben: Der Regulator besteht aus einem großen drehbaren Rheostat mit 60 Widerstandsrollen, welcher sehr einem Gramme'schen Ringe gleicht. Derselbe ist auf einer Achse befestigt, durch welche der Strom hineingeführt wird; die Stromabführung erfolgt durch einen Stromabgeber nebst Bürste. Je mehr man daher den Regulator dreht, desto mehr Spulen sind in den Stromkreis eingeschaltet. Der Stromregulator liegt übrigens nicht im Hauptstromkreis, sondern vielmehr im Stromkreis des Magneterregers und ist zunächst für Incandescenzlampen bestimmt. Der Magnet ist mit dickem Drahte bewickelt und dient zur Controlirung der Potentialdifferenz der beiden Hauptdrähte des Lampensystems. Ueber dem Elektromagnet ist ein Anker äquilibrirt aufgehängt; vor dem letzteren ist ein Stahlblech mit zwei Löchern befestigt, durch welche zwei Stifte hindurchgehen, die durch einen besonderen Mechanismus mittels eines Excenters hin und her bewegt werden; die Welle des Excenters wird durch einen Schnurlauf angetrieben. Ist der Anker oben, so wird das eine, ist er unten, so wird das andere Loch verschlossen; hierdurch wird ein konischer Eingriff entweder nach der einen oder nach der anderen Seite verschoben und der Rheostat in der einen oder anderen Richtung umgedreht. Die die Bewegung vermittelnde Schraube ohne Ende kann auch mit der Hand gedreht werden. Das Spiel des Apparates ist hierdurch leicht zu verstehen. Nimmt die Potentialdifferenz der beiden Hauptdrähte über ein bestimmtes Maaß zu, so wird der Anker nach unten gezogen und der Rheostat auf höheren Widerstand gedreht, der Erregerstrom nimmt alsdann ab und die Potentialdifferenz sinkt wieder auf den normalen Werth. Dann läßt der Elektromagnet den Anker los und die Bewegung des Rheostats hört auf. Nimmt die Potentialdifferenz ab, so findet das Umgekehrte statt. Dieser automatische Stromregulator läßt sich auch für andere Schaltungen und Zwecke nutzbar machen. Wird der Elektromagnet mit dickem Drahte umwickelt und in den Hauptstrom eingeschaltet, so kann man mit demselben auf constante Stromstärken reguliren, worauf es z. B. bei hintereinandergeschalteten Lampen besonders ankommt.

Stromregulatoren sind ferner von Lane Fox, Wilhelm Siemens und Westinghouse construirt worden. Edison bewirkt die Regulirung der Stromstärke in folgender Weise: In einem hölzernen Kasten (Fig. 296) befinden sich Widerstandsrollen aus Neusilberdraht derart eingeschaltet, daß das eine Ende mit einer der beiden auf dem Deckel sichtbaren Klemmschrauben in Verbindung steht, während das andere Ende an einem der Contactstücke befestigt ist, welche ähnlich wie bei Manipulationen von Zeigertelegraphen in einem Kreise angebracht sind. Von verschiedenen Stellen der erwähnten Widerstandsrollen führen ebensoviele Drähte, als Contacte vorhanden sind, zu diesen; die Kurbelachse steht mit der anderen Klemmschraube in leitender Verbindung. Zwischen beiden Klemmschrauben sind die Elektromagnete derart eingeschaltet, daß der bei einer Klemm-

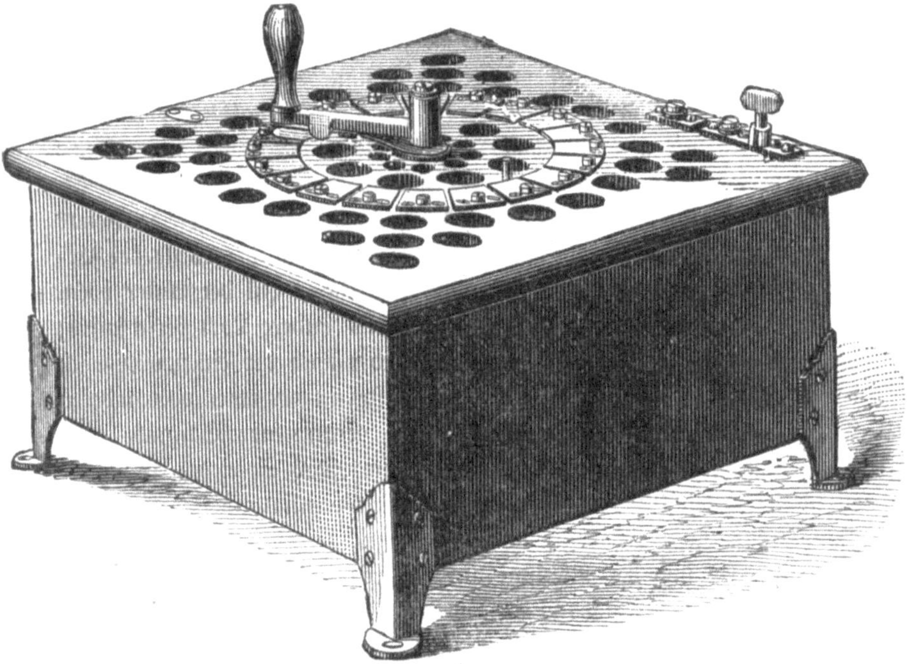

Fig. 296. Gewöhnlicher Edison'scher Regulator.

schraube ankommende Strom seinen Weg über die Kurbel und den durch die zeitweilige Stellung derselben bedingten Theil der Widerstandsrollen nehmen muß, um zur anderen zu gelangen; es kann sonach durch Verstellung der Kurbel der Widerstand des Stromkreises beliebig verändert werden. Der Strom der Hauptleitung durchläuft die Lampen nicht der Reihe nach, sondern vertheilt sich in soviele Zweigleitungen, als vorhanden sind. Diese Anordnung verringert den Widerstand in demselben Maaße, als die Stromdurchgänge sich geöffneten Weg bahnen; umgekehrt steigt bei plötzlichem Verlöschen einer Anzahl Lampen der Widerstand dadurch, daß dem Strome die Ausflußcanäle theilweise verschlossen werden. Die Elektricitätsmenge, welche früher durch die ausgelöschten Lampen floß, würde sich in den Rest derselben ergießen und sie durch wachsende Intensität zerstören, wenn nicht eine Reduction der in der Maschine auf-

Fig. 297. Edison'scher Stations-Regulator mit Hilfs-Apparaten.

tretenden Spannung die jeder Lampe zugeführte Elektricitätsmenge auf den gewünschten Grad herabzumindern im stande wäre.

In Fig. 297 ist ein Tisch mit sämmtlichen auf Centralstationen zur Controle und Regulirung des Stromes benutzten Apparaten veranschaulicht. Vor allem gehören zu diesen das Thomson'sche Galvanometer, der

Widerstandskasten, das Photometer und einige andere Hilfsapparate. Zur Seite derselben befindet sich der Regulator. Ein Beamter wacht darüber, daß die Stromstärke einer im Photometer brennenden, aus dem übrigen Stromkreise abgezweigten Normallampe constant bleibt; er vergleicht von Zeit zu Zeit die elektro-motorische Kraft des Stromes unter Zuhilfenahme des Spiegelgalvanometers und einer Normalbatterie. Den Angaben Edison's zufolge gewinnt jedoch der Beamte sehr bald eine solche Geschicklichkeit in der Beurtheilung des Lichtes, daß er die Ströme lediglich nach der Leuchtstärke der Normallampe mit fast absoluter Genauigkeit reguliren kann.

Nach dem von Uppenborn veröffentlichten Berichte eines bei der Edison'schen Beleuchtungsanlage in New-York angestellten Ingenieurs ist indeß die Regulirung nicht ganz so einfach; derselbe schildert den Betrieb folgendermaaßen: Zur Regulirung wird die Dampfmaschine selbst benutzt und kommt mithin alles auf eine exacte Bedienung derselben an. Man bestimmt durch Indicatordiagramme die Arbeit, welche die Dampfmaschine leisten muß, wenn 50, 100, 150 bis zu 1000 Glühlichter in den Stromkreis der Dynamomaschine eingeschaltet sind; diese Diagramme benutzt man zur Feststellung der Zahl der eingeschalteten Glühlichter. Wenn nämlich bei der auch über Tag betriebenen Dampfmaschine die Drosselklappe ganz offen und eine Tourenzahl von 350 nahezu erreicht ist, nimmt der durch ein Läutewerk avisirte Ingenieur ein Diagramm der Dampfmaschine, um die augenblicklich geleistete Arbeit zu bestimmen; beim Vergleich dieses Diagramms mit dem vorbezeichneten Versuchsdiagramm findet er leicht die ungefähre Zahl der im Beleuchtungsdistrict in den Stromkreis eingeschalteten Glühlichter. Inzwischen ist seit etwa einer halben Stunde die zweite Dampfmaschine langsam in Gang gesetzt und kann bei plötzlich eintretendem Bedarf schnell die nöthige Geschwindigkeit erhalten. Vor dem vollen Betrieb der zweiten Dampfmaschine wird auf der Centralstation die durch den Ingenieur in der angegebenen Art ermittelte Anzahl von Glühlampen in den zweiten Stromkreis der zweiten Dynamomaschine eingeschaltet; diese Lampen sind auf der Centralstation in Reihen von je 50 auf einem Bret befestigt. Die Lampen glühen natürlich immer stärker, bis die Dampfmaschine ihre volle Geschwindigkeit erreicht hat. Es werden nun mittels eines nach Art einer Weiche construirten Apparates diese unnöthig brennenden Glühlichter in die Straßenleitung eingeschlossen, um nachher wieder ausgeschaltet zu werden. Zu diesem Zwecke ist zunächst zu bestimmen, ob den im District brennenden Lampen ein zu starker oder zu schwacher Strom zugeführt wird, und dient hierzu ein sehr einfacher Apparat. Es wird nämlich von der Hauptleitung mittels eines sehr dünnen und langen Drahtes der Strom in einen Elektromagnet geleitet, dessen durch eine Feder zurückgehaltener Anker so justirt ist, daß er bei normaler Stromstärke in der Gleichgewichtslage verharrt; bei zunehmender Stromstärke wird der Anker vom Magnet angezogen und damit zugleich der Stromkreis eines zweiten Elektromagnets geschlossen, der nun seinerseits einen Anker anzieht und durch den Stromschluß einer secundären Leitung eine in rothes Glas eingeschlossene Glühlampe entzündet und zugleich eine Signalglocke anschlägt. Wird anderseits der Strom zu schwach, so erhält die Feder an dem Anker des ersten Elektromagnets die Oberhand, wodurch in gleicher Weise wie vorher die Kohlenfaser einer in blaues Glas eingeschlossenen Glühlampe zum Glühen gebracht wird. Sobald nun der Maschinenwärter die rothe Lampe brennen sieht, der Strom mithin zu stark für die eingeschalteten Lampen ist, schließt er die Drosselklappen sämmtlicher in Betrieb befindlichen Dampfmaschinen. Die Drosselklappen sämmtlicher Dampfmaschinen sind nämlich durch Transmission und Hebel miteinander verbunden, ebenso die Regulatoren, sodaß, wenn eine Maschine aus irgendeinem Grunde zu schnell läuft, diese Unregelmäßigkeit sich durch die Verbindung der Regulatoren auf alle Maschinen vertheilt und denselben einen gleichmäßigen Gang verleiht. Erscheint das blaue Licht, so hat der Maschinenwärter umgekehrt die Drosselklappen der Dampfmaschinen zu öffnen. Die Stromstärke wird also hier durch den Gang der Dampfmaschinen und nicht durch die Einschaltung von Widerständen regulirt. Bei der Wiederausschaltung der oben erwähnten, auf der Centralstation unnöthig brennenden Glühlichter sind fortwährend die beiden farbigen Glühlichter zu beobachten. Werden zunächst z. B. 50 Lampen ausgeschaltet, so wird der Strom für die übrig bleibenden Lampen (die während des Tages im District brennenden Lampen und die durch Diagramme bestimmte Anzahl) etwas zu stark, was sich sofort durch Glühen der rothen Lampe anzeigt. Die Drosselklappe der Dampfmaschine wird hierauf so weit geschlossen, bis das Glühen der blauen Lampe angiebt, daß jetzt zu wenig Strom durch sämmtliche Lampen geht; sofort werden weitere 50 Lampen ausgeschaltet, die rothe Lampe glüht, die Drosselklappe wird weiter geschlossen, bis die blaue Lampe brennt, und so geht es fort, bis alle auf der Centralstation unnöthig eingeschalteten Lampen wieder ausgeschaltet sind. Die im Beleuchtungsdistrict brennenden Glühlampen werden also jetzt von zwei Dampfmaschinen resp. Dynamomaschinen gespeist, vorausgesetzt, daß während der Inbetriebsetzung der zwei Dampfmaschinen keine größere Anzahl neuer Lampen im District mehr hinzukommt. Werden jetzt im Laufe des Abends mehr und mehr Lampen eingeschaltet, so brennen die Controllampen blau, die Drosselklappe wird geöffnet, bis sich rothes Licht zeigt, und nun wird in gleicher Weise fortgefahren, bis beinahe soviele Lichter im District brennen, um die zweite Maschine vollständig beschäftigen zu können; alsdann werden auf gleiche Weise die dritte und die folgenden Maschinen eingeschaltet. Nach den gemachten Angaben erfordert die Procedur des Einschaltens der zweiten Dampfmaschine etwa 15 Minuten, also verhältnißmäßig sehr viel Zeit, wie auch die ganze Art und Weise der Regulirung immerhin eine ziemlich complicirte und jedenfalls sehr große Aufmerksamkeit erfordernde Arbeit ist.

Neuerdings ist fast gleichzeitig von Siemens & Halske, von Crompton und von Schuckert eine Compound-Dynamomaschine construirt worden, bei welcher durch eine doppelte Bewickelung des Magnets mit dickem und dünnem Drahte erreicht worden ist, daß beliebig viele Lampen ein- und ausgeschaltet werden können, ohne daß eine Verringerung oder Vermehrung der Stromstärke durch Einschaltung von Widerständen oder Veränderung der Tourenzahl der Dampfmaschine erforderlich wäre, da diese Regulirung vollständig automatisch erfolgt. Versuche, welche Uppenborn mit einer derartigen Schuckert'schen Maschine vorgenommen hat, haben folgendes Resultat ergeben: Es wurden von einer Maschine, welche für 50 Edison A Lampen bestimmt war, ca. 30 A Lampen, zwei hintereinander geschaltete Bogenlampen und eine Kraftübertragung gespeist, wobei alle Lampen ꝛc. zu einem einzigen parallelen Stromkreise vereinigt waren. Beim Ausschalten von Lampen oder der Kraftübertragnng war durchaus keine, auch nur momentane Aenderung der Leuchtkraft der Glühlampen zu bemerken; es ist daher jedenfalls durch die Construction der Compound-Dynamomaschinen auf dem Felde der Glühlichtbeleuchtung ein wesentlicher Fortschritt gemacht worden.

4. Vorzüge, Gefährlichkeit und Kosten des elektrischen Lichtes. Anwendung in Privathäusern.

Unter den zahlreichen Vorzügen, die das elektrische Licht allen anderen Beleuchtungsarten gegenüber hat, sind besonders hervorzuheben: der bedeutende Fortschritt, welcher durch die mit demselben in Zusammenhang stehende Erhaltung der guten Luft in hygienischer Beziehung erreicht ist, die reinere Farbe des Lichtes, die namentlich für viele industrielle Zwecke von der höchsten Wichtigkeit ist, die Verminderung der Feuersgefahr und theilweise auch die größere Wohlfeilheit. Wenn man berücksichtigt, wieviele Stunden die meisten Menschen bei künstlicher Beleuchtung zubringen, so ist es jedenfalls wohl zu beachten, ob durch dieses Licht nicht die Gesundheit gefährdet wird.

Leider ist die Anwendung aller bisher bekannten Lichtquellen mehr oder minder von gesundheitlichen Nachtheilen begleitet, indem dieselben einestheils das Auge zu stark angreifen, anderentheils die Luft der zu beleuchtenden Räume verderben. So wird in der Gasflamme, welche doch die vollkommenste Beleuchtungsart nächst dem elektrischen Lichte darstellt, das Licht durch die chemische Verbindung erzeugt, welche die Bestandtheile des Leuchtgases mit dem Sauerstoff der umgebenden Luft eingehen; es wird hierdurch nicht nur der Luft, welche wir athmen, der zur Erhaltung des Lebens nothwendigste Bestandtheil in nicht geringem Maaße entzogen, sondern dieselbe wird auch durch die sich bildende gesundheitsschädliche Kohlensäure verunreinigt. Während ein erwachsener Mensch in einer Stunde 24 Liter Sauerstoff einathmet, verzehrt eine gewöhnliche Gasflamme in derselben Zeit 143 Liter. Dieser Nachtheil ist beim elektrischen Lichte nahezu vollständig ausgeschlossen. Bei den Bogenlampen wird sehr wenig Sauerstoff verbraucht und eine verschwindend kleine Menge Kohlensäure producirt, da die Kohlenspitzen selbst nur in geringem Maaße abbrennen; bei den Glühlampen kommt der glühende Kohlenfaden gar nicht mit der äußeren Luft in Berührung, da er luftdicht in das ihn umgebende Glasgefäß eingeschlossen ist.

Ein fernerer Nachtheil der Gasbeleuchtung ist die große Wärmeentwickelung derselben, eine Eigenschaft, die, während sie das Gas für Beleuchtungszwecke ungeeignet macht, demselben voraussichtlich eine andere jetzt noch wenig verbreitete Verwendung — diejenige als Heizmaterial — verschaffen wird. Dagegen ist bei den elektrischen Lampen die ausgestrahlte Wärme quantitativ so gering, daß sie sich schon in der nächsten Umgebung verliert. Eine Glühlampe von der Helligkeit einer Gasflamme kann man während des Brennens ohne Beschwerde in der Hand halten. In den Bogenlampen haben die weißglühenden Spitzen der Kohlen allerdings eine Temperatur von etwa 2000°; trotzdem ist ihr Wärmeausstrahlungsvermögen ein sehr geringes, hauptsächlich weil der heiße Theil der Kohlen nur sehr kleine Dimensionen hat.

Zunächst gehört hierher bei der kritischen Betrachtung der neuen Beleuchtungsart die Erwägung der Frage, wie sich das menschliche Auge zu der Helligkeit und Farbe des elektrischen Lichtes verhält. Vielfach ist die Annahme verbreitet (und es ist auch diese Ansicht öffentlich ausgesprochen worden), daß das Licht der großen Bogenlampen für das Auge schädlich sei, und zwar wird behauptet, es rühre dies von dem Reichthum des Lichtes an violetten Strahlen her. Nun ist aber, wie aus dem Spectrum des elektrischen Lichtes hervorgeht, dasselbe nicht reicher an violetten Strahlen als das Sonnenlicht selbst; vielmehr kommt seine Zusammensetzung der des Sonnenlichtes äußerst nahe. Allerdings ist es nicht rathsam, in das Licht einer Bogenlampe direct hineinzusehen, da dies für unser Auge nicht nur schmerzhaft, sondern auch schädlich ist. So wenig es aber jemand einfallen wird, das Sonnenlicht als schädlich hinzustellen, weil unser Auge es nicht erträgt, in die Sonne hineinzuschauen, kann auch dieser Grund, welcher für die Schädlichkeit des elektrischen Lichtes angeführt wird, Geltung haben. Was gegenwärtig die meisten Personen veranlaßt, in das elektrische Licht hineinzusehen, ist verzeihliche Neugier, welche mit der allgemeinen Einführung desselben schwinden wird. Außerdem ist ja jetzt fast allgemein die Einrichtung getroffen, die elektrischen Bogenlampen mit einer Glaskuppel zu versehen, welche bestimmt ist, das Licht zu dämpfen. Anderseits haben die angestellten Untersuchungen ergeben, daß das elektrische Licht nicht nur unschädlich, sondern im Verhältniß zu den anderen Beleuchtungsarten sogar vortheilhaft für das Auge ist, da die Sehschärfe, d. h. die Fähigkeit, kleine Gegenstände zu erkennen, bei elektrischer Beleuchtung bedeutend größer als bei Gasbeleuchtung und ebenso das Farbenunterscheidungsvermögen größer als bei jeder anderen Beleuchtungsmethode ist. Um diesen Beweis zu führen, sei hier eine kurze Abhandlung über die Zusammensetzung des elektrischen Lichtes eingefügt.

Es ist wohl ziemlich allgemein bekannt, daß sowohl das nach unseren Anschauungen weiße Licht der Sonne als auch jede andere Lichtquelle nicht einfach, sondern aus zahllosen verschiedenfarbigen Strahlen zusammengesetzt ist, die wir mit Hilfe eines Glasprismas voneinander trennen und zu einem vielfarbigen Bande, dem sogenannten Spectrum, ausbreiten können. Aus der Färbung einer Flamme, wie wir dieselbe mit bloßem Auge wahrnehmen, sind wir nicht im stande, ohne weiteres auf die Zusammensetzung ihres Lichtes zu schließen; dagegen zeigt uns das Spectrum der Flamme sofort, wie die Strahlenzusammensetzung ihres Lichtes ist. Sämmtliche bekannten Lichtquellen enthalten die Hauptspectralfarben: Roth, Orange, Gelb, Grün, Hellblau, Indigo, Violett und alle dazwischenliegenden Farbenabstufungen, aber jede dieser Farben ist in sehr verschiedenen Graden in denselben enthalten. Wir nennen das Licht der Sonne weiß und deshalb müssen uns auch alle diejenigen Lichtmischungen als weiß erscheinen, in denen die einzelfarbigen Strahlen in demselben oder doch dem ungefähren Verhältniß wie in dem Sonnenlicht vorkommen. Nun ist aber das Licht der Gas-, Oel- und Kerzenflammen bedeutend verschieden von dem Sonnenlicht. Das Licht dieser Flammen ist reich an rothen, orangefarbigen und gelben Strahlen, dagegen arm an grünen, noch ärmer an blauen Strahlen, während das Violett fast ganz darin fehlt; daraus resultirt auch die röthlich-gelbe Färbung des Lichtes. Das elektrische Licht ist weit vollständiger an Farben, und zwar enthält das von den glühenden Kohlen ausgestrahlte Licht die Farben genau in demselben Verhältniß wie das Sonnenlicht, während das Licht des Bogens zwischen den Kohlenspitzen arm an rothen, dagegen reich an blauen Strahlen ist und dem Sonnenlicht gegenüber einen merklichen Ueberschuß an violetten Strahlen besitzt.

Gefärbte Stoffe erscheinen unserem Auge nur dann in ihrer reinen Farbe, wenn sie von weißem Lichte beleuchtet werden; fehlen dagegen in dem zur Beleuchtung dienenden Lichte diejenigen Farben ganz oder theilweise, welche dem Reflexionsvermögen des gefärbten Stoffes entsprechen, so können wir denselben auch nicht in seiner natürlichen Farbe sehen. So wird ein blau gefärbter Stoff unter dem Lichte einer Gasflamme weniger blau reflectiren als unter der Einwirkung des Sonnenlichtes; seine Farbe wird alsdann nicht nur matt und stumpf, sondern erhält auch wegen des nunmehrigen Ueberwiegens von Gelb eine grünliche Färbung. Es ist daher, wenn wir die Farben bei künstlicher Beleuchtung in ihrer natürlichen Zusammensetzung sehen und beurtheilen sollen, von großer Wichtigkeit, eine Lichtquelle zu besitzen, welche ein weißes, dem Sonnenlichte gleiches oder ähnliches Licht giebt. Eine solche Lichtquelle besitzen wir in dem elektrischen Lichte und dieser Umstand verleiht der elektrischen Beleuchtung in sehr vielen Fällen einen ausschlaggebenden Vorzug vor allen anderen Beleuchtungsmethoden. Man denke nur an die großen Kleidermagazine, die alles aufbieten, um die Stoffe in dem vollen Glanze und in der Reinheit ihrer Farbe erscheinen zu lassen.

Wie wichtig namentlich das Glühlicht durch seine geringe Wärmeentwickelung für die Anwendung in Fabrikräumen, Druckereien &c. ist, wo sehr viele Lampen zu brennen haben, geht aus einem Artikel des „Guttenberg Journal“ hervor, welcher die Nachtheile des Gaslichtes speciell für die Typographie bespricht.

„Bis jetzt bewahrten die Druckereien nicht ohne Grund eine weise Zurückhaltung bezüglich der Einführung des elektrischen Lichtes und obwohl wiederholt Versuche mit kräftigen Lichtquellen, die ein weißes, blendendes Licht ausstrahlen und große Flächen beleuchten, angestellt wurden, konnte doch das für Straßen, Promenaden und öffentliche Gärten bis zu einem gewissen Grade geeignete System in den Werkstätten der Druckereien, wo das Licht den mannigfachen Ansprüchen der Arbeit sich fügen soll, Bürgerrecht nicht erlangen. Ungeachtet gefährlicher und zahlreicher Uebelstände fährt man fort, wegen der Bequemlichkeit, mit der jeder Arbeiter über seine Flamme disponirt, von dem Gas Gebrauch zu machen. Der Setzer stellt seine Lampe auf den Schriftkasten, der Metteur en page oder Corrector läßt sie über die Formen gleiten, der Drucker endlich giebt ihr über seiner Maschine alle möglichen geneigten Stellungen, um sich so mit Hilfe reflectirter Strahlen von der Qualität des Druckes zu überzeugen. Unseren Werkstätten vorzüglich werden Edison’sche Lampen willkommen sein, sowohl in Paris als namentlich auch in der Provinz. Besonders in Paris stellt man wegen der Kostspieligkeit von Grund und Boden die Maschinen dicht aneinander, rückt die Schriftkasten eng zusammen, streitet nicht nur fußweise um den Raum, sondern verwandelt sogar Locale in Druckereien, welche für diesen Zweck niemals geschaffen waren. Um so schlimmer, wenn Luft und Licht dann fehlen, man sich nothdürftig einrichten und sein Augenmerk einzig darauf richten muß, Transmissionen und Riemenscheiben unterzubringen. An diesen Stellen zündet man zuweilen bei der Morgendämmerung Gas an, um es am Abend erst wieder auszulöschen. Daher kommen die beständigen Gefahren für die Gesundheit der Arbeiter, Kopfschmerz und Körperschwäche; dort athmet der jugendliche Lehrling, welcher zur Seite der Maschine über den von ihm zugerichteten Lettern einschläft, verdorbene, verbrannte, seiner physischen und moralischen Entwickelung schädliche Luft. In nächtlichen Zeitungsdruckereien ist das Uebel noch beträchtlich schlimmer. Schon nach Verlauf einiger Minuten wird die durch Gas erzeugte Hitze so intensiv, daß die Setzer sich unbehaglich fühlen, der Schweiß ihnen aus Händen und Gesicht hervorbricht und sie nothgedrungen Fenster und

Thüren öffnen, lieber der Zugluft und den daraus entstehenden Folgen als der unerträglichen Hitze sich aussetzend. Die beständig über ihren Kasten flackernde Flamme ermüdet ihr Auge, die eingeathmete Kohlensäure regt sie auf und, unbekümmert um die Temperatur draußen, stürzen sie ins Freie, um auszuruhen und sich zu erfrischen. So erblickt man die Bedauernswerthen in Winternächten an den Ausgängen ihrer Werkstätten mitten in der Stadt, Hemd und Blouse offen, mit bloßem Hals und nackter Brust. Sollen wir hiernach noch von den Metteurs, den Correctoren sprechen, welche die Gaslampe fortwährend an ihrem Gesichte vorbeiführen? Sind dieselben nicht mit einer ausnahmsweise glücklichen Natur begabt, so haben sie diesem ungesunden Aufenthalte ihren Tribut, sei es in Form von Neuralgie, Migräne, sei es in der anderer schlimmer Leiden, sicher zu entrichten."

Wenn auch diese Schilderung etwas drastisch klingt, so ist sie darum nicht minder wahr und gilt nicht etwa nur für Paris, sondern auch für alle anderen großen Städte und nicht nur für die Druckereien, sondern auch für eine ganze Reihe anderer Industrieen.

Der am wenigsten gerechtfertigte Einwand, der noch von vielen Seiten gegen die Einführung des elektrischen Lichtes erhoben wird, beruht auf der Annahme, daß dasselbe in höherem Grade als andere Beleuchtungsarten feuergefährlich sei, während gerade ein wesentlicher Vorzug dieses Lichtes in seiner Sicherheit gegen Feuersgefahr besteht. Dieser Punkt ist vielfach zu Angriffen gegen die elektrische Beleuchtung benutzt worden, indem durch Mittheilungen der Presse derartige Befürchtungen von Zeit zu Zeit erregt wurden. Nimmt man jedoch dieser Angelegenheit gegenüber einen objectiven Standpunkt ein, so wird man sich sagen müssen, daß bis jetzt jeder einzelne Fall von Bränden, welche durch die elektrische Beleuchtung entstanden, in allen Zeitungen berichtet wurde, während anderseits von den Fällen, in welchen durch Gasexplosion oder durch Unvorsichtigkeit in der Behandlung von Petroleumlampen Schaden verursacht worden ist, eben der Häufigkeit solcher Vorkommnisse wegen, wenig Notiz genommen wird und die Veröffentlichung derselben, als nur von localem Interesse, eine sehr beschränkte ist. Außerdem ist zu berücksichtigen, daß die Elektrotechnik eine verhältnißmäßig sehr junge Wissenschaft ist und daher vielfach von Leuten, die nur ungenügende Sachkenntniß besaßen, Fehler in der Anlage von elektrischen Beleuchtungen gemacht worden sind, welche mit Leichtigkeit vermieden werden konnten, wenn man sich einem erfahrenen Elektrotechniker anvertraut hätte. Heute ist die Zahl der letzteren schon so bedeutend gewachsen, daß man hinsichtlich dessen kaum in Verlegenheit kommen wird.

Allerdings ist ja beim elektrischen Lichte, wie bei jeder anderen Beleuchtungsmethode, die Feuersgefahr nicht absolut ausgeschlossen; doch ist sehr leicht der Nachweis zu führen, daß hier — vorausgesetzt, daß die Anlage rationell ausgeführt ist — vollständiger als bei jeder anderen Beleuchtungsart die Feuersgefahr vermieden werden kann, und zwar kommen bei dieser Beweisführung einestheils die Leitungen, anderentheils die Lampen in Betracht. Bei den Leitungen ist darauf zu achten, daß dieselben die genügende Stärke besitzen, gut isolirt sind und durch Bleieinschaltungen allen Eventualitäten vorgebeugt wird. Bei den Lampen hat man zu berücksichtigen, daß die beiden Drähte, welche von der Maschine zur Lampe führen, nicht zu nahe aneinander liegen.

Am ungefährlichsten von allen elektrischen Lampen sind die Glühlampen, obwohl man neuerlich bei den Bogenlampen Einrichtungen getroffen hat, durch welche ein Herabfallen glühender Kohlentheilchen fast zur Unmöglichkeit wird, sodaß auch hier eine hohe Feuersicherheit gewährleistet ist. Von der geringen Wärmeausstrahlung der Glühlichtlampen ist bereits gesprochen worden. Umwickelt man eine Glühlichtlampe mit feuerfangenden Stoffen, wie Seidenpapier, Tüll 2c., und zertrümmert alsdann durch einen leichten Hammerschlag das Glasgefäß, so wird keine Entzündung der Umhüllung eintreten, da mit dem Einströmen der Luft in die Glaskugel sofort die Flamme erlischt. Es hat dies seinen Grund darin, daß durch den Zutritt der Luft der Kohlenfaden zerstört und somit die Leitung unterbrochen wird.

Ein praktischer Vortheil der elektrischen Lampen, sowohl der Bogen- als der Glühlichtlampen, ist es auch, daß das eigentliche Entzünden, wie wir es bei unseren jetzigen Lichtquellen kennen, vollständig wegfällt, indem ja die elektrischen Lampen einfach durch Schließung des Stromes in Thätigkeit gesetzt werden. Wenn man bedenkt, wieviele Brände durch das Entzünden von Gasflammen entstanden, wieviele Menschenleben bereits diesem Uebelstande zum Opfer gefallen sind, so muß man die Einführung des elektrischen Lichtes, namentlich in öffentlichen Gebäuden, Theatern 2c., mit Freuden begrüßen, wird doch erst diese dem Publicum das Gefühl der Sicherheit wiedergeben, welches seit den Theaterbränden der letzten Jahre in bedenklicher Weise abhanden gekommen ist.

Bei Gelegenheit der Münchener Elektricitäts-Ausstellung wurde auch die Verwendung des elektrischen Lichtes für die Theaterbeleuchtung einer eingehenden Prüfung unterzogen. Zu diesem Zwecke war ein eigenes Versuchstheater erbaut worden, dessen Zuschauerraum durch sechs große Bogenlampen beleuchtet wurde, welche über einer matten Glasbedachung aufgestellt waren, sodaß der ganze Raum von einem hellen, aber milden Lichte übergossen erschien. Die Balconbeleuchtung bildeten guirlandenartig aufgehängte Glühlampen; ebenso war die Bühne durch eine große Anzahl Glühlampen erhellt, welche in ähnlicher Weise, wie bei den Gasflammen üblich, angebracht waren. Gleich den Gasflammen konnten auch diese elektrischen Lichter durch geeignete Vorrichtungen von der geringsten Helligkeit auf ihre größte Leuchtkraft gebracht werden und es ließen sich mittels derselben alle beliebigen Beleuchtungseffecte erzielen. In dem Kapitel „Ausgeführte Anlagen“ wird auf die elektrische Theaterbeleuchtung, sowie auf die sonstigen Vorzüge des elektrischen Lichtes, welche dasselbe für die Anwendung auf Leuchtthürmen, in der Industrie, Landwirthschaft und zu militärischen Zwecken geeignet machen, näher eingegangen werden.

Es ist hier noch ein Umstand zu erörtern, den man von vielen Seiten dem elektrischen Lichte zum Vorwurf machen zu können glaubt — die viel besprochene Gefährlichkeit des elektrischen Lichtes durch die Wirkung des elektrischen Stromes. Es läßt sich ja nicht leugnen, daß direct durch elektrische Beleuchtungsanlagen verschiedene Male Gefährdungen und selbst Verluste von Menschenleben vorgekommen sind; doch ist auch diese Thatsache vielfach übertrieben dargestellt worden. So ist ein Vorfall, der sich am Bord der kaiserlich russischen Yacht Livadia zutrug und bei welchem ein Matrose dadurch getödtet wurde, daß er, als eine Jablochkoff'sche Lampe niedriger gehängt werden und er dieselbe einen Augenblick halten sollte, die Lampe unglücklicherweise so anfaßte, daß der Wechselstrom von der Kerze abgelenkt wurde und den Körper des Mannes passirte, in allen Blättern zu Ungunsten des elektrischen Lichtes ausgebeutet worden. Abgesehen davon, daß dieser Vorfall ziemlich vereinzelt dasteht, hätte sich derselbe bei nur einiger Sachkenntniß sehr wohl vermeiden lassen, und jedenfalls genügt, wenn auch die bezeichnete Gefahr in gewissem Maaße bei einigen Beleuchtungssystemen besteht, dieses Factum nicht, um daraus einen Schluß gegen die Einführung der elektrischen Beleuchtung zu ziehen. Sind doch Gefahren mit allen unseren Industrieen, insbesondere soweit dieselben mit Maschinen betrieben werden, meist in viel größerem Maaße verbunden und wird es doch deshalb gewiß niemand einfallen, beispielsweise die Eisenbahnen abzuschaffen, weil mitunter ein Mensch beim Betriebe derselben getödtet wird. Außerdem liegen, wie schon angedeutet, bei der elektrischen Beleuchtung die Umstände so, daß sich die besprochene Gefährlichkeit durch sorgfältige Ausführung der Anlagen, vor allem durch gute Isolation und zweckmäßige Anbringung der Leitungen, ganz vermeiden, oder doch auf ein Minimum reduciren läßt. Bei den in Deutschland am meisten zur Anwendung kommenden Beleuchtungssystemen von Siemens, Schuckert, Edison ꝛc. tritt überhaupt diese Gefährlichkeit so gut wie gar nicht auf; die größten Gefahren dieser Art sind bei denjenigen Beleuchtungssystemen zu besorgen, die mit sehr hohen elektro-motorischen Spannungen arbeiten, wie dies ganz besonders bei der Brush-Beleuchtung der Fall ist. Allein auch hier kann durch eine zweckentsprechende Installation die Gefährlichkeit auf ein geringes Maaß beschränkt werden und sind etwa noch vorkommende Unglücksfälle zum größten Theile auf sträflichen Leichtsinn zurückzuführen. Wir erwähnen als Beispiel in dieser Beziehung einen Vorfall im Maschinenraum der Brush Electric Light Company in New-York, wo ein junger Mann, trotz der ausdrücklichen Warnung des Maschinisten, die Hand auf die Leitungsdrähte legte, „um sich elektrisiren zu lassen", und dabei natürlich sofort seinen Tod fand.

Was die Kosten des elektrischen Lichtes anbelangt, so sind hierüber die Meinungen in manchen Kreisen noch getheilt. Gewiß ist, daß das Bogenlicht bei rationell ausgeführter Anlage bedeutend wohlfeiler als das Gaslicht ist und dabei gewöhnlich eine noch größere Lichtstärke als dieses aufzuweisen hat. Allerdings sind, gerade infolge der Rivalität der beiden Beleuchtungsarten, in neuerer Zeit Gasbrenner von bedeutender Leuchtkraft geschaffen worden (wir erinnern hier nur an die Friedrich Siemens'schen Regenerativ-Brenner), doch sind die Unterhaltungskosten dieser großen Gasbrenner jedenfalls wesentlich höher, als wenn man das gleiche Lichtquantum mit Bogenlicht herstellen wollte.

In der ersten Zeit der Anwendung des elektrischen Lichtes wurden die Angaben über den finanziellen Punkt, weil sie meist von ausführenden Firmen gemacht waren, vielfach in Zweifel gezogen, indem man behauptete, daß diese Ziffern viel zu niedrig gegriffen seien, sodaß in Wirklichkeit den Unternehmern, welche die Beleuchtungen in eigene Regie genommen hatten und nur eine Pauschalsumme dafür erhielten, dieselben viel höher zu stehen kämen, als angegeben wurde. Neuerdings liegen indeß Betriebsresultate ausgeführter Anlagen vor, bei denen die Kostenberechnungen nicht nur von den ausführenden Firmen, sondern auch von den Besitzern dieser Beleuchtungsanlagen gemacht worden sind und aus welchen die größere Wohlfeilheit des elektrischen Bogenlichtes dem Gaslicht gegenüber klar hervorgeht.

Anders als beim Bogenlicht gestaltet sich der Kostenpunkt bei der Glühlichtbeleuchtung, die allerdings etwas theurer, oder doch mindestens ebenso theuer wie die Gasbeleuchtung zu sein scheint. Es ist demnach der Nutzen bei der Einführung des elektrischen Glühlichtes in den sonstigen Vortheilen des letzteren zu suchen und in der That sind dieselben schwerwiegend genug, um trotz der etwas höheren Betriebskosten die Einführung des Glühlichtes zu rechtfertigen.

Die kostspieligste Art, Elektricität für Beleuchtungszwecke zu erzeugen, ist die mittels Batterieen. Man wird dieselbe (wie dies in einem großen Pariser Bankgeschäft geschehen ist) nur dann anwenden, wenn man entweder keinen Platz zur Aufstellung von Motoren hat, oder aus Gründen der größeren Feuersicherheit von der Aufstellung von Motoren absehen will. Die wohlfeilste und rationellste Art der Elektricitätserzeugung ist die mittels Dynamomaschinen und hier hängt wieder der Grad der Wohlfeilheit von der Wahl des Motors ab. Der theuerste Motor ist entschieden die Gaskraftmaschine, da namentlich in größeren Städten der Preis des Leuchtgases ein sehr hoher ist. Wenn man dennoch zur Wahl von Gasmotoren schreitet, so geschieht dies zunächst aus dem Grunde, weil man eine Gaskraftmaschine in allen Gebäuden und unter allen bewohnten Räumen aufstellen kann, während man zur Aufstellung einer Dampfmaschine in den meisten Fällen eines besonderen Gebäudes für Maschine und Kessel und außerdem noch einer behördlichen Concession bedarf. Auch hat eine Gaskraftmaschine für Anlagen, wo die Beleuchtung nur periodisch zu functioniren hat, den Vorzug, daß man sie jeden Augenblick ohne umständlichere Vorkehrung als das Anzünden einer kleinen Flamme in Betrieb setzen kann.

Nachstehend sind als zuverlässige Anhaltepunkte für ein sachgemäßes Urtheil einige der Praxis entnommene Kostenberechnungen ausgeführter Anlagen mitgetheilt, da dieselben, wenngleich sie nicht für alle Fälle maaßgebend sein können, doch gestatten, sich eine annähernd richtige Vorstellung von den Kosten derartiger Anlagen zu bilden.

Als erstes Beispiel möge die Beleuchtungsanlage einer Spinnerei dienen, welche von dem Leipziger Vertreter Schuckert's, Alexander Wacker, ausgeführt wurde.

Es handelte sich im vorliegenden Falle um die Beleuchtung eines

Sheds-Baues von 5 Meter Höhe bis zu den Unterzügen gerechnet. Für diesen Raum gelangten 4 Schuckert'sche Flachringmaschinen und 32 Krizik-Lampen von ca. 1200 Normalkerzen Lichtstärke zur Anwendung; es kamen mithin bei 8000 Quadratmetern zu beleuchtender Fläche 250 Quadratmeter auf jede Lampe. Einschließlich des Nachtbetriebs sind 3000 Brennstunden pro Jahr anzunehmen; die Betriebskraft lieferte eine vorhandene Dampfmaschine von ca. 300 Pferdekräften, von welcher Kraft nach angestellten Untersuchungen 30—32 Pferdekräfte durch den Betrieb der Lichtmaschine absorbirt wurden. Die Pferdekraft stellte sich bei dieser Maschine auf 2 Pfennige pro Stunde.

Die elektrische Einrichtung kostet complet . . .	M.	19 550. —.
Die Transmissionsanlage sammt Riemen . . .	„	2 100. —.
Kostenantheil an Kessel und Dampfmaschine . .	„	12 000. —.
Summa	M.	33 650. —.

Wenn man hiervon für Verzinsung und Amortisation 10% rechnet, so kommen zu den Betriebs- und Materialienkosten . M. 3 365. —.

Letztere Summe setzt sich zusammen aus:

Verbrauch an Kohlenstiften (pro Stunde und Lampe incl. des Abfalls von 6 Centimeter bei einem Preis pro Meter incl. Fracht und Verpackung von M. 1.25) = 3000 × 32 × 6 =	M.	5 760. —.
Dampfbetrieb 3000 × 32 × 2.	„	1 920. —.
mithin in 3000 Stunden für 32 Lampen . . .	M.	11 045. —.
in einer Stunde für 32 Lampen M. 3.45.		
in einer Stunde für 1 Lampe M. 0.18.		

Für die gleiche Anlage waren erforderlich:

524 Gasflammen mit einem stündlichen Consum von 120 Litern, also 524 × 120 × 300 = 188 640 000 Liter = 188 640 Kubikmeter.

Wenn man die Selbstkosten des Gases incl. Amortisation der Anlage nur zu 8 Pfennigen pro Kubikmeter annimmt, so würde dies eine jährliche Ausgabe von M. 15 091. —. ausmachen; mithin wären durch die elektrische Beleuchtung jährlich M. 4 046. —. oder 36% gespart.

Der zu 8 Pfennig pro Kubikmeter angenommene Preis wird indeß nur in sehr wenigen Fällen zutreffend sein, und zwar hauptsächlich wohl nur dann, wenn die betreffenden Etablissements eigene Gasanstalten besitzen; in allen den Fällen aber, wo man gezwungen ist, das Gas von communalen oder privilegirten Anstalten zu entnehmen, wird dafür gewiß das Doppelte dieses Preises und noch mehr bezahlt werden müssen.

Das ebenfalls in Rechnung zu ziehende Güteverhältniß beider Beleuchtungsarten berechnet sich, wie folgt:

32 Lampen à ca. 1200 Normalkerzen = . .	38 400 Normalkerzen
hiervon ab 40% durch Zerstreuung der Lichter mit gedämpften Glaskugeln (sogen. Alabasterglocken) = ...	13 360 "
bleibt	25 040 Normalkerzen.

Die Lichtfülle ist mithin eine viermal größere als bei der früheren Gasbeleuchtung und dennoch billiger. Ferner ist noch die Ersparniß an Versicherungsgebühren infolge der verminderten Feuersgefahr in Rechnung zu ziehen. Bedenkt man nun auch die großen Vortheile des elektrischen Lichtes, die sich nicht in concreten Zahlen ausdrücken lassen, daß nämlich während der Nachtschichten quantitativ und qualitativ ebensoviel geleistet werden kann wie am Tage, daß die Feuersgefahr auf ein Minimum reducirt ist, daß Farbe und Material wie bei Sonnenlicht unterschieden und geprüft werden können und daß keine Wärmeentwickelung und keine Luftverderbniß stattfindet, so kommt man gewiß zu dem Schlusse, daß in jedem Falle, wo eine Beleuchtung mittels Bogenlichtes zu ermöglichen ist, alle anderen Beleuchtungsarten als unrationell zu bezeichnen sind.

Interessant wird es sein, zu berechnen, wie sich die Kosten einer an demselben Platze und zu demselben Zwecke ausgeführten Beleuchtung mittels Glühlichtes stellen würden.

Angenommen, die 524 Gasflammen sollten durch ebensoviele Edison-B Lampen ersetzt und diese durch vier große Schuckert'sche Maschinen betrieben werden, so kommen für den elektro-technischen Theil der Anlage

auf ungefähr gleiche Kosten, also ca. . . .	M. 20 000. —.
Transmission und Riemen	" 2 500. —.
Antheil an Kessel- und Maschinenanlage für 40 Pferdekräfte	" 15 000. —.
	M. 37 500. —.
Hierzu:	
Verzinsung und Amortisation 10% excl. Lampen	M. 3 436. —.
Lampenverbrauch für 3000 Brennstunden (bei 1000 Stunden Brenndauer und einem Preise von M. 6 pro Lampe) 524 × 3 × 6 =	" 9 432. —.
Dampfverbrauch 3000 × 40 × 2 =	" 2 400. —.
mithin pro Jahr	M. 15 268. —.

Auf Grund dieser Berechnung würde das Incandescenzlicht immer noch etwas billiger als Gaslicht sein.

Sehr instructiv ist auch die folgende, vom Oberingenieur L. Bach in Hannover in der „Wochenschrift des Vereins deutscher Ingenieure" veröffentlichte Kostenberechnung der elektrischen Beleuchtung einer mechanischen Weberei in Linden vor Hannover. Es sind hier zunächst die Kosten einer Dampfmaschinenanlage von 20—25 indicirten Pferdekräften berechnet, welche zum Betriebe einer dynamo-elektrischen Maschine für 150 Glühlichter von je 16—20 Normalkerzen Lichtstärke dienen soll.

1.	Bauplatz etwa 100 Quadratmeter à M. 10. —	M.	1 000. —.
2.	Kesselhaus	„	900. —.
3.	Schornstein	„	1 800. —.
4.	Maschinenhaus für Dampfmaschine und Lichtmaschinen	„	1 800. —.
5.	Maschinenfundamente	„	500. —.
6.	Dampfkessel	„	2 000. —.
7.	Fundamente und Einmauerung des Kessels .	„	1 500. —.
8.	Gesammte Ausrüstung des Kessels, betriebsfähig	„	975. —.
9.	Zwei Speisevorrichtungen: Injector, Röhren und Montage	„	225. —.
10.	Rohrleitung für Wasser und Dampf, Ventile, Hähne, Deckplatten, Zubringer und Montage	„	650. —.
11.	Eine Hochdruckdampfmaschine von 20—25 *HP*, schnell laufend und ohne Condensator . . .	„	5 000. —.
12.	Transmission und Treibriemen	„	700. —.
13.	Beleuchtungsanlage für Kessel und Maschinenhaus	„	50. —.
14.	Für Gesammtleitung und Ueberwachung der Bauten und Montage, einschließlich der elektrischen Anlage	„	100. —.
15.	Für unvorhergesehene Fälle	„	300. —.
	Summa:	M.	17 500. —.

Unter günstigen Umständen kann eine Dampfmaschine vorhanden sein, welche stark genug ist, auch noch die Lichtmaschinen zu betreiben; es entfallen alsdann alle Posten bis auf den unter 12 aufgeführten mit M. 700. —. Man müßte aber auch selbst in einem solchen Ausfalle die allgemeinen Kosten auf die elektrische Betriebsanlage vertheilen.

Die Betriebskosten einer Dampfmaschinenanlage von 20—25 Pferdekraft berechnen sich, wie folgt:

5 % Zinsen des Anlagecapitals	M.	875. —.
2 % Amortisation von Posten 2—5	„	100. —.
5 % „ „ „ 6—13	„	510. —.
Für Reparatur von Posten 2—5 1 %	„	50. —.
„ „ „ „ 6—13 $1^1/_2$ % . . .	„	150. —.
„ Reinigung und Revision des Dampfkessels rund	„	60. —.
„ Schmier-, Putz-, Dichtungsmaterial, Utensilien und Werkzeuge	„	75. —.
„ den Kessel- und Maschinwärter 150 Tage à 3 M.	„	450. —.
mithin kommen auf 150 Tage	M.	2270. —.
also auf einen Tag zu vier Stunden Betriebszeit	M.	15. 10.

Wegen des unterbrochenen Betriebes am Morgen und Abend muß der Dampfkessel zweimal angeheizt werden und sind hierzu erforderlich etwa 200 Kilo westfälische Kohle zu M. 1. 30 pro 100 Kilo = M. 2. 60. Für die schnellgehende Hochdruckmaschine ohne Condensator kann man für jede Stunde und Pferdekraft 15 Kilo Dampfverbrauch rechnen, also bei $7^1/_2$ facher Verdampfung einen Verbrauch für eine Pferdekraft und Stunde von 2 Kilo westfälischer Kohle, mithin in 4 Stunden $20 \times 2 \times 4 =$ 160 Kilo westfälische Kohle im Preise von M. 2. 08. 20 Pferdekräfte kosten also während des vierstündigen Betriebes M. 19. 78, während einer Stunde demnach M. 4. 94. 20 indicirte Pferdekräfte geben annähernd 18 effective und diese reichen zum Betriebe einer Lichtmaschine für 150 Glühlichter von 16 bis 20 Kerzenstärke aus. Die Betriebskraft für diese Glühlichter stellt sich demnach stündlich auf M. 4. 94, mithin für ein Glühlicht stündlich 3,3 Pfennige. Die Kosten einer Beleuchtungsanlage von 150 Glühlichtern betragen etwa M. 10 000. —., die Dauer einer Glühlampe wird auf 400 bis 800 Stunden angegeben; Glühlampen von 10, 15, 20 und 25 Kerzen kosten je M. 4. —. bis 6. —. Bei einer mittleren Dauer von 600 Stunden würden die Lampen jährlich einmal zu ersetzen sein; eine Ersatzlampe kostet M. 3. —. Danach berechnen sich die Kosten eines Glühlichtes für eine Stunde folgendermaaßen:

5 % Zinsen von M. 10 000. —.	M.	500. —.
10 % für Unterhaltung und Amortisation . . .	„	1000. —.
150 Ersatzlampen zu je M. 3. —.	„	450. —.
mithin für 150 Lampen 150 Tage zu 4 Stunden	M.	1950. —.

1 Lampe pro Tag zu 1 Stunde = Pf. 2,16.

Bei längerer Brenndauer täglich und längerer Dauer der Lampen mag die Angabe der Betriebskosten einer solchen Lampe für eine Stunde mit 2 Pfennigen anzunehmen sein; es betragen demnach die Gesammtbetriebskosten für 1 Stunde 5,3 Pfennige.

Bei der nun folgenden Berechnung einer Gasbeleuchtungsanlage von 150 Flammen ergiebt sich, daß bei einem Gaspreis von 23 Pfennigen pro Kubikmeter sich die Kosten der Gasbeleuchtung und Glühlichtbeleuchtung gleich stellen würden; bei niedrigerem Gaspreis würde demnach die Gasbeleuchtung billiger sein.

Man sieht hieraus, zu wie verschiedenen Resultaten man durch verschiedene Berechnungen kommen kann; doch scheint es, daß die letzte Berechnung der Glühlichtbeleuchtung dem thatsächlichen Verhältniß ziemlich genau entspricht. Dieselbe rechtfertigt die eingangs aufgestellte Behauptung, daß das Glühlicht eher etwas theurer als billiger wie die Gasbeleuchtung sein würde; denn ein Gaspreis von 23 Pfennigen ist zwar in vielen Städten thatsächlich vorhanden und wird stellenweise auch noch überschritten; bei Selbstproduction des Gases reducirt sich der Preis jedoch ganz bedeutend und wäre demnach die Gasbeleuchtung die billigere.

Nachstehend folgen noch die Betriebsresultate einer Anzahl Beleuchtungsanlagen industrieller Etablissements:

Bei einer Kammgarnspinnerei in Elsaß-Lothringen ergaben sich folgende Zahlen: Ein Shed-Neubau, welcher elektrisch beleuchtet wurde, bedeckt ca. 7500 Quadratmeter. Gasflammen waren veranschlagt 572. Die Beleuchtung wurde mit 34 Schuckert'schen Bogenlampen hergestellt, deren durch Alabasterkugeln gedämpftes Licht mit 800 Normalkerzen zu berechnen ist. Die Brennstunden betragen 700 p. a.

Die Anlage kostete incl. Transmission und Riemen	M.	21 000. —.
Amortisation und Verzinsung 10 %	M.	2 100. —.
Für den Raum, in welchem die Dynamomaschinen untergebracht wurden, jährlicher Antheil incl. Bauantheils	"	400. —.
Kohlenstiftenverbrauch 700 × 34 × 6 = 1428 Meter à 1. 20.	"	1 713. —.
Schmiermaterial und sonstige kleine Ausgaben . .	"	175. —.
Bedienung der Anlage	"	800. —.
Transport	M.	5 188. —.

	Transport M.	5 188. —.
Kraftverbrauch		
30 HP × 700 × 2 = 42 000 Ko. p $^{0}/_{0000}$ 102. —.	"	428. 40.
Antheil an der motorischen Anlage, Verzinsung, Amortisation ca. 60 000 M. 15 $^{0}/_{0}$ 9000 M. : 10 = 900 M. : $^{1}/_{4}$	"	225. —.
700 Stunden 34 Lampen	M.	5 841. 40.

1 Stunde 34 Lampen M. 8. 34.
1 " 1 " " 0. 24,5.

Die in dem älteren Theile der Fabrik vorhandene Oelgasbeleuchtung stellt sich pro Flamme auf $1^{1}/_{2}$ Pfennig.

700 × 572 × $1^{1}/_{2}$ = M. 6006. —.

Für M. 6006 erhielt man demnach 8008 Normalkerzen Gas, für rund M. 5842 27 200 Normalkerzen elektrisches Licht.

Eine Kammgarnspinnerei in Sachsen erzielte folgende Resultate: Die vorhandene Oelgasbeleuchtung der Spinnsäle bestand aus ca. 250 Brennern à 14 Normalkerzen. Die elektrische Beleuchtung, welche zum Ersatz diente, umfaßte 16 Schuckert'sche Lampen à 1000 Normalkerzen und kostete incl. Transmission und Riemen rund M. 10 000. —. Die Brenndauer betrug 800 Stunden p. a. Der Betrieb wurde durch die Hauptbetriebsmaschine bewirkt.

Für Verzinsung und Amortisation 10 $^{0}/_{0}$	M.	1000. —.
Kohlenstifte 800 × 16 × 6 = 768 Meter à 1. 20 .	"	921. —.
Schmiermaterial	"	35. —.
Für Kraftverbrauch waren zu rechnen 2 Ko. × 800 × 14 HP = 22 400 Ko. p $^{0}/_{0000}$ M. 80. —.	"	179. —.
Theilbetrag für Amortisation, Verzinsung und Antheil an Löhnen M. 6500. —. : 10 = 650. —. (·/. $^{1}/_{4}$ der Zeit) ($^{1}/_{10}$ der Kraft)	"	162. 50.
800 Stunden für 16 Lampen jährliche Ausgabe .	M.	2297. 50.

1 Stunde für 16 Lampen stündlich M. 2. 87.
1 " " 1 " " 0. 18.

Die vorhandene Oelgasbeleuchtung calculirte sich auf 2 Pfennige pro Stunde und Brenner 250 × 2 × 800 = M. 4000. —.

Hier kamen demnach 12 800 Normalkerzen elektrisches Bogenlicht p. a. M. 2297. 50.
3500 Normalkerzen Oelgas p. a. " 4000. —.

Eine Streichgarnspinnerei, deren Arbeitssäle nahezu 12 000 □ Meter Fläche einnehmen, ist durch 44 Schuckert'sche Bogenlichter von ca. 1200 Normalkerzen erleuchtet. Es werden durch diese Bogenlichter ca. 750 Gasbrenner (Oelgas von ca. 12 Normalkerzen) ersetzt. Eine gleichfalls vorhandene Glühlicht-Anlage (ca. 50 Lampen à 16 Normalkerzen) lassen wir außer Rechnung.

Das Etablissement hat Nachtarbeit, mithin weit über 3000 Brennstunden p. a. Die Kosten des elektrischen Lichtes berechnen sich nun, wie folgt: Die elektrische Anlage stellt sich sammt Riemen-Transmission auf M. 21 000. —.

Verzinsung 5 %, Amortisation 10 % ergiebt . .	M.	3 150. —.
Verbrauch an Kohlenspitzen 3000 × 44 × 6 = 7920 Meter à 1. 20	„	9 504. —.
Schmiermaterial u. s. w.	„	66. —.
Eine besondere Dampfmaschine für den elektrischen Betrieb ist nicht vorhanden, vielmehr ist die Beleuchtungsanlage auf die beiden Betriebsmaschinen vertheilt. Die Besitzer berechnen sich die Pferdekraft incl. Amortisation auf $1^1/_3$ Pf.		
40 HP × 3000 × $1^1/_3$ Pf.	„	1 600. —.
3000 Stunden 40 Lampen (jährl. Ausg.) . .	M.	14 320. —.
1 „ 40 „ (stündl. Ausg.) . .	„	4. 77.
1 „ 1 „ pr. Lampenbrennstunde	„	0.11,9

Die früher vorhandene Oelgasbeleuchtung stellte sich incl. Verzinsung und Amortisation pro Brenner auf $1^1/_2$ Pf., sodaß die jährliche Ausgabe 750 × $1^1/_2$ × 3000 = M. 33 750. —.

In diesem Falle konnten sonach, wenn man das gedämpfte Bogenlicht zu 800 Normalkerzen annimmt, 35 200 Normalkerzen für M. 14 320. —. erzeugt werden, während die 9000 Normalkerzen Gaslicht M. 33 750. —. kosteten.

Diese drei Beispiele stehen in mehrfacher Hinsicht auf gleicher Grundlage. Für alle ist der Betrieb mit Oelgas Voraussetzung; auch ist für die elektrische Beleuchtung keine besondere Maschinen- oder Kesselanlage erforderlich, vielmehr überall überschüssige Betriebskraft vorhanden; es ist jedoch ein entsprechender Betrag für Betrieb, Amortisation u. s. w. eingesetzt. Hätte man statt dessen eine besondere Dampfmaschine aufgestellt, so würde die entsprechende Jahresquote nicht wesentlich höher gekommen sein. Das Gleiche würde der Fall sein, wenn man die Dynamomaschinen mit direct gekuppelten mehrcylindrigen Dampfmaschinen ausgestattet hätte, was in neuerer Zeit vielfach geschieht. Der Betrieb durch in eigenen Anstalten hergestelltes Oelgas ist in der Branche, aus der die Beispiele herausgegriffen sind, der gewöhnliche.

Aus diesen drei Beispielen geht hervor, daß bei ganz ähnlichen Voraussetzungen doch der Preis für die Lampenbrennstunde erheblich differiren kann, denn die Zahlen 24,5, 18 und 11,9 stehen im Verhältniß von nahezu 1 zu $1^1/_2$ zu 2. Es hat dies seinen Grund darin, daß die eigentlichen Betriebskosten, also die Kosten für Kohlenstifte, Dampf u. s. w., nicht von wesentlichem Einfluß auf das Gesammtresultat sind; ausschlaggebend ist vielmehr die Amortisationsquote, die natürlich bei einer geringen Brennstundenzahl sehr hoch ausfällt und in einem Falle 20 %, im anderen 35 % und im dritten gar 45 % der Gesammtkosten beträgt. Außerdem ist in der einen Berechnung noch Lohn für einen besonderen Wärter angesetzt, wogegen man bei den anderen beiden Anlagen die Ueberwachung der Lichtmaschine dem Dampfmaschinenwärter und das Instandhalten der Lampen den Meistern der betreffenden Abtheilung übertragen hat, sodaß hierfür keine besonderen Kosten zu berechnen sind. Bei der als Beispiel citirten Elsässer Spinnerei ist es noch von besonderem Interesse, daß zwei annähernd gleich große Abtheilungen unmittelbar nebeneinander liegen, von denen die eine elektrisch beleuchtet wird, während die andere noch mit Oelgasbeleuchtung versehen ist. Man kann hier sehr gut beobachten, wie weit das elektrische Licht der anderen Beleuchtung an Helligkeit überlegen ist. Hat man nämlich einige Zeit in den elektrisch beleuchteten Räumen zugebracht und kommt dann in die durch Gas beleuchteten, so dauert es geraume Zeit, bis man die Helligkeit zum Sehen genügend findet.

Um auch ausländische Resultate anzuführen, soll nachstehend eine Kostenberechnung nach Hippolyte Fontaine folgen und wählen wir zu diesem Zwecke die Beleuchtung in der Weberei von Manchon in Rouen, deren Kostenberechnung von dem Besitzer selbst aufgestellt wurde. Die Kosten der elektrischen Beleuchtung und die Installationskosten setzen sich aus folgenden Posten zusammen:

1. Plafond, Tischlerarbeit	Frs.	3 913. —.
2. Anstreicherarbeit	„	1 249. —.
3. Hilfsarbeiter	„	125. —.
4. Holzverbrauch für den Plafond	„	57. 50.
Transport	Frs.	5 344. 50.

	Transport	Frs.	5 344. 50.
5.	5 Vorhänge	"	140. —.
6.	Leinwand für dieselben	"	35. —.
7.	Verschläge für die Maschinen, Tischler- und Glaserarbeit	"	211. 90.
8.	Verschlag für die Maschinen, Zinkboden	"	15. 75.
9.	6 Gramme'sche Maschinen, Lampen und Leitungen	"	14 700. —.
10.	Vorgelege	"	1 446. 25.
11.	Riemen für die Maschinenvorgelege	"	737. 20.
12.	Gerüst für die Transmission	"	80. 20.
13.	Transport- und div. Kosten	"	100. —.
	Summa:	Frs.	22 810. 80.

Betriebskosten der elektrischen Beleuchtung, das Jahr zu 660 Beleuchtungsstunden, sind folgende:

Zinsen 6 %, Amortisation 6 %, zusammen 12 % von Frs. 22 810. 80. =	Frs.	2 737. 29.
Betriebskraft und Miethspreis	"	750. —.
Für Kohlenstäbe 0,686 Meter pro Stunde à Frs. 2. 25 pro Meter (incl. Abfälle)	"	1 018. 38.
Für Beaufsichtigung u. Instandhalten der Apparate.	"	330. —.
Für 30 Kilo Schmieröl à Frs. 140. —. pro 100 Kilo	"	42. —.
Summa:	Frs.	4 877. 67.

oder pro Stunde 7,387 Frs.

Die Installationskosten der Gasbeleuchtung mit 160 Brennern à Frs. 40. —. betragen Frs. 6400. —.; hiernach ergeben sich die Betriebskosten derselben, ebenfalls auf 660 Stunden pro Jahr berechnet, wie folgt:

12 % Zinsen und Amortisation von Frs. 6400. —.	Frs.	768. —.
Gasverbrauch bei einem Preise von Frs. 0,32 pro cbm.	"	5238. 42.
Lampen und Cylinder	"	100. —.
Reparatur und Instandhaltung	"	200. —.
mithin im ganzen	Frs.	6306. 42.

oder Frs. 9,55 pro Stunde.

Es geht hieraus hervor, daß durch die Einführung der elektrischen Beleuchtung eine Ersparniß erzielt wurde, welche pro Jahr Frs. 1428. 75., pro Leuchtstunde Frs. 2,16 oder, in Procenten ausgedrückt, 22,6 beträgt.

Sehr interessant sind die Ergebnisse der elektrischen Beleuchtung des Bahnhofes in Straßburg nach den Ermittelungen der Kaiserlichen Generaldirection der Reichseisenbahnen.

Auf dem sogenannten Innenbahnhof Straßburg ist seit dem 20. Juli 1880 versuchsweise elektrische Beleuchtung eingeführt, und zwar wurden zuerst auf dem Perron 6 in einen Stromkreis geschaltete mittelstarke Lichter, Differentiallampen von Siemens & Halske von je 350 Normalkerzen, innerhalb der Rangirgeleise 2 in einen Stromkreis vereinigte Lichter von je 1200 Normalkerzen verwendet. Erstere brennen von Beginn der Dämmerung bis Mitternacht als Ersatz für 54 Gasflammen, letztere von Mitternacht bis Tagesanbruch als Ersatz von 34 Gasflammen. Diese Anlage erfuhr 1881—82 eine zweimalige Ausdehnung, um für die in Aussicht genommene allgemeine Einführung der elektrischen Beleuchtung auf dem im Bau begriffenen neuen Bahnhofe in Straßburg weitere Erfahrungen zu bieten. Es wurden nämlich am 15. October 1881 zur Beleuchtung der Perrons, der Wartesäle, des Vestibüls, der Eilgut- und Güterschuppen 12 neue Siemens'sche Differentiallampen von je 150 Normalkerzen Stärke in Gebrauch genommen. Der die Differentiallampen speisende Strom wird durch zwei Siemens'sche Wechselstrommaschinen mit dynamo-elektrischem Stromabgeber erzeugt. Am 5. Januar 1882 wurde ferner eine von der Société Electrique Edison gelieferte Anlage für elektrische Beleuchtung mit Glühlichtlampen in Betrieb gesetzt. Die letztere Anlage besteht aus einer Dynamomaschine für gleichgerichtete Ströme nach dem System Edison, durch welche 45 Glühlichtlampen von 16 Normalkerzen und 36 ebensolche Lampen von 8 Normalkerzen gespeist werden. Mittels dieser Lampen, für welche die Gesellschaft eine Brenndauer von 800 Stunden gewährleistet, werden der Restaurationsraum 1. und 2. Classe, die Halle für Gepäckannahme, das Telegraphenbureau, die Zifferblätter der Stationsuhren, der Maschinenraum und 16 Geschäftszimmer der Generaldirection beleuchtet. Da die Beleuchtung in den letztgenannten Räumen nur für die Abendstunden erforderlich ist, so wurde die Einrichtung getroffen, daß der während der Nachtzeit dort entbehrlich werdende Strom noch in eine in der Perronhalle angebrachte Reihe von 25 Glühlichtern geleitet werden kann, während gleichzeitig der bis zu dieser Zeit zur Beleuchtung der Perronhalle und des Bahnhofsplatzes benutzte Strom durch Einschaltung nach den zwei Siemens'schen Differentiallampen verlegt wird, welche mit je 1200 Kerzenstärken den zwischen den Perronhallen und dem Walltunnel liegenden Bahnhofstheil beleuchten. Als Motor dient für die drei stromerzeugenden Maschinen gemeinschaftlich eine ältere Locomobile von 24 Pferdekräften, welche hierdurch allerdings ziemlich stark in Anspruch genommen ist. Die Kostenverhältnisse sind folgende:

Anlagekosten für das Bogenlicht	M. 25 746. —.
Anlagekosten für das Glühlicht	„ 11 223. —.
im ganzen:	M. 36 969. —.

Legt man der Angabe, die sich auf den Zeitraum vom 5. Januar bis 5. Juli des Jahres 1882 bezieht, in welchem eine vollständige Ausnutzung des Motors stattfand, die Beleuchtungskostenberechnung für die Lampenbrennstunde und Normalkerzenbrennstunde zu Grunde, so ergeben sich bei Berücksichtigung der Verzinsung und Amortisation des Anlagecapitals folgende Werthe:

Kosten für die Brennstunde und Normalkerzenstärke:

a)	einer Differentiallampe	zu 1200 N.-K.	: 64,64 Pf.	0,0539 Pf.
b)	„ „	„ 350 „	: 30,78 „	0,0879 „
c)	„ „	„ 150 „	: 18,44 „	0,1229 „
d)	„ Glühlichtlampe	„ 16 „	: 2,37 „	0,1481 „
e)	„ „	„ 8 „	: 1,19 „	0,1488 „
f)	„ Gasflamme	„ 12 „	: 2,13 „	0,1775 „

Entsprechend den am Orte herrschenden Verhältnissen ist bei Berechnung der Gasbeleuchtungskosten ein Verbrauch von 120 Liter pro Flamme und Stunde zum Preise von M. 0,16 für den Kubikmeter zu Grunde gelegt. Das Resumé der Generaldirection geht dahin, daß die elektrische Beleuchtung im allgemeinen mit der Gasbeleuchtung in wirksamen Wettkampf treten kann und daß besonders die Glühlichtbeleuchtung wegen ihrer Gefahrlosigkeit, wegen der geringen Wärmeentwickelung der Lampen, wegen der Ruhe, Gleichmäßigkeit und angenehmen Färbung des Lichtes, sowie schließlich wegen der bequemen Unterhaltung der Beleuchtungseinrichtungen in geschlossenen Räumen, Wartesälen und Bureaux den Vorzug vor jeder anderen Beleuchtung verdient.

Ueber die elektrische Straßenbeleuchtung Berlins läßt sich eine sichere Kostenberechnung aus dem Grunde nicht aufstellen, weil dieselbe vorläufig von der Firma Siemens & Halske in Berlin für eine Pauschalsumme übernommen worden ist, und wird man erst dann ein richtiges

Urtheil über diese Kosten gewinnen können, wenn die Stadt dieselbe in eigene Regie übernehmen wird, wozu gegründete Aussicht zu sein scheint.

Anders liegt die Sache in Nürnberg, wo die Straßenbeleuchtung für Rechnung der Stadt von Schuckert ausgeführt wurde. Nach Angaben des städtischen Ingenieurs Wagner, die wir Uppenborn's Centralblatt für Elektrotechnik entnehmen, betragen hier die Anlagekosten M. 6500. —. Diese Anlage verdankt sonderbarerweise ihre Entstehung nicht einem gefühlten Bedürfniß, da die Beleuchtungseinrichtung ebenso alterthümlich wie die Häuser der Stadt sein soll und man bisher anscheinend noch kein Verlangen nach mehr Licht getragen hat. Die Sache war nämlich die, daß die Stadt einen Bach, durch dessen Wasserkraft eine Mühle betrieben wurde, um zwei Meter tiefer legte; durch diese Tieferlegung wurde die vorhandene Wasserkraft zum Betrieb der Mühle zu gering und sah sich die städtische Verwaltung deshalb genöthigt, die Mühle anzukaufen. Das Gefälle des Wassers beträgt 4,5 Meter, die Wassermenge bei mittlerem Wasserstand 110 Secundenliter. Um die noch vorhandene Wasserkraft auszunutzen, beschloß man, eine elektrische Straßenbeleuchtung einzuführen und eine der Lichtmaschinen mittels der Wasserkraft zu betreiben. Der Motor, welchen man für diesen Zweck wählte, ist eine Haag'sche sogenannte amerikanische Turbine, deren Welle eine horizontale Riemenscheibe trägt, von der aus die Kraft mittels eines halbgeschränkten Riemens direct auf die Lichtmaschine übertragen wird. Die zur Verwendung gelangende Dynamomaschine ist eine Schuckert'sche Flachringmaschine; die Lampen sind Krizik & Piette'sche Stablampen in der Schuckert'schen Verbesserung. Trotz der verhältnißmäßig sehr geringen Anlagekosten würden sich diese noch bedeutend reducirt haben, wenn man den Leitungsdraht dünner gewählt hätte. Würde man beispielsweise einen Spannungsverlust von 15 Volt angenommen haben, welcher einem Verluste von ca. 10% entspricht, so hätte man dem Drahte einen Durchmesser von 2,4 Millimeter geben können, während er jetzt einen dreimal größeren Querschnitt hat. Die Dynamomaschine kostet M. 900. —. und, da dieselbe drei Lampen mit Strom versorgt, pro Lampe M. 300. —. Eine größere Maschine für 12 bis 14 Lampen kostet nur M. 2400. —., mithin pro Lampe nur M. 200. —., woraus zu erkennen ist, daß die Anlage durchaus keine sehr günstigen Verhältnisse bietet; dennoch ist sie billiger als das städtische Gas. Wird die Anlage mit 10% amortisirt, so kommen auf den Tag

178 Pfennige. Die Lampen sollen die ganze Nacht hindurch brennen, sodaß man im Mittel etwa 8 Brennstunden pro Tag rechnen darf. Es betragen demnach die Tageskosten für Amortisation . . . M. 1. 78.

24 Brennstunden Kohle, à 8 Pfennige	„ 1. 92.
und für Schmieröl circa	„ 0. 40.
	M. 4. 10.

Für Kraft und Bedienung ist nichts auszusetzen, weil erstere thatsächlich, als anderenfalls unbenutzbar, nichts kostet und die geringe Bedienung, welche erforderlich ist, von einem städtischen Beamten mit übernommen wird. Die Kosten für die frühere Gasbeleuchtung betrugen $27 \times 8 \times 3$ Pfennige = M. 6.48. Ingenieur Wagner ließ, nachdem die Beleuchtung einige Zeit im Betrieb war, Versuche bezüglich der Leistung der einzelnen Lampen anstellen. Hierbei ergab sich, daß der erste Candelaber auf dem Josefsplatze ungünstig placirt war, sodaß derselbe factisch nur drei Gasflammen ersetzte; löschte man ihn aus, so leuchtete die am Ende des Josefsplatzes nach der Kaiserstraße gelegene Lampe bis an das andere Ende des Josefsplatzes derart, daß man noch bei ihrem Lichte lesen konnte. Es bestand daher zur Zeit die Absicht (welche inzwischen auch ausgeführt wurde), diesen Candelaber noch weiter in die vordere Ledergasse hineinzulegen, sodaß die drei Lampen 35 Gaslampen nicht nur thatsächlich ersetzten, sondern sogar an Helligkeit bei weitem übertrafen. Da die Kosten der 35 Gasflammen pro Stunde M. 8.40 betragen, so kostet die neue elektrische Beleuchtung nur ca. 50% der früheren Gasbeleuchtung und ist hierbei noch der Vortheil eines besseren Lichtes gewonnen.

Nur vereinzelte Anwendung hat das elektrische Licht bis jetzt für die Zwecke des Bergbaues, der Hütten- und Maschinenindustrie gefunden, obschon gerade hier die Einführung desselben große Vortheile im Gefolge haben würde; daher liegen auch nur unzuverlässige Betriebsresultate vor. Einige Berechnungen aus diesem Gebiete seien an dieser Stelle eingefügt.

Die großen Werke Rheinlands und Westfalens, die in erster Linie in Betracht kommen, sind zum größten Theil mit Steinkohlengasbeleuchtung versehen. Zur Einführung des elektrischen Lichtes könnte hier einerseits die Thatsache Veranlassung geben, daß die jetzige Beleuchtungsart für manche Zwecke, namentlich für Arbeiten im Freien, nicht ausreichend erscheint, anderseits der Wunsch, directe Ersparnisse zu erzielen. Wenn man auf diesen Werken anfinge, große Terrains mit elektrischem Bogenlicht zu beleuchten, so würde man etwas vollständig Neues schaffen, denn die zu erzielende Lichtmenge steht gegen die vorhandene vielleicht wie 1:25:50 oder :100; von Billigkeit kann also nur im relativen Sinne die Rede sein. Bei Innenbeleuchtung dagegen ist ein größeres Lichtbedürfniß entschieden vorhanden und es ließen sich daher eher passende Vergleiche anstellen.

Eine sehr günstige Bedingung für die elektrische Beleuchtung in den genannten Etablissements ist zunächst die bedeutende Zahl von Lampenbrennstunden, da ja in allen diesen großen Werken meist Tag und Nacht gearbeitet wird, wodurch, weil die Anlage nur sehr wenig Zeit außer Betrieb ist, die Amortisationsquote pro Einheit auf einen sehr geringen Betrag reducirt wird; von fachmännischer Seite ist festgestellt worden, daß pro Lampenbrennstunde nicht mehr als 2—3 Pfennige zu rechnen sind. Ferner pflegt auf den betreffenden Werken in den meisten Fällen überschüssige Betriebskraft vorhanden zu sein, sodaß auch dieser Factor die Rechnung nicht wesentlich erhöht; wenn eine passende Betriebsmaschine nicht zur Verfügung steht, so ist doch wenigstens auf billigen Dampf zu rechnen, da eine besondere Kesselanlage in den seltensten Fällen erforderlich ist. Außerdem läßt sich die bedeutende Lichtmenge einer elektrischen Beleuchtungsanlage hier besser verwerthen als in den meisten anderen Industrieen, weil die gewöhnlich sehr hohen Räume eine rationelle Lichtvertheilung zulassen. Während z. B. in der Textilbranche die Entfernung von Lampe zu Lampe meist nicht über 15 Meter betragen darf und man bei sehr niedrigen Räumen noch wesentlich unter dieser Ziffer bleiben muß, kann man in Gießhallen, Hammerwerken, Walzwerksgebäuden, Montirräumen, Kesselschmieden ꝛc. oft bis zu 20 bis 25 und mehr Meter in der Entfernung der Lampen voneinander gehen. Es wird also hier eine große Zahl von Gasflammen durch je ein Bogenlicht ersetzt werden können und zwar im ersteren Falle etwa 15—18 Gasflammen pro Bogenlicht, in den letzteren 20—30.

Bei der Calculation des Bogenlichtes für eine Reihe solcher Verwendungen hat sich herausgestellt, daß, je nachdem die Kosten der Betriebskraft höher oder niedriger berechnet wurden, sich die Brennstunde einer Bogenlampe von etwa 1000 Normalkerzen zwischen 10 und 15 berechnet; die hierdurch ersetzte Gasbeleuchtung wird dagegen unter Annahme des gewiß äußerst niedrigen Gaspreises von 5 Pfennigen immerhin 20—30, also das Doppelte kosten, wobei der durch die langen und nicht immer sehr sorgfältig ausgeführten Leitungen auftretende, sehr bedeutende Gasverlust noch nicht einmal in Rechnung gezogen ist. Einzelne

Installationen, die von Alexander Wacker in Leipzig ausgeführt wurden, beweisen, daß sich die vorstehend angeführten Zahlen in der Praxis überall leicht erreichen lassen. So bestand z. B. in einer Locomotiv-Reparatur-Werkstatt von ca. 3600 Quadratmeter Bodenfläche die Beleuchtung aus 150 Gasbrennern von ca. 140 Liter Consum pro Stunde. Durch 6 Schuckert'sche Bogenlampen von 1200 Normalkerzen konnte diese Beleuchtung reichlich ersetzt werden. Die Dynamomaschine wurde in diesem Falle von einer gewöhnlichen Werkstätten-Dampfmaschine angetrieben, die hierfür genügenden Kraftüberschuß besaß; der Dampf wurde dem Kessel der Hauptmaschinenanlage entnommen und war in reichlichem Maaße vorhanden. Unter diesen allerdings günstigen Verhältnissen konnten 7 Pfennige für Kohlenstifte, 2 Pfennige für Amortisation und 3 Pfennige für Dampf und Betrieb pro Stunde als vollständig ausreichend gelten; die Lampenbrennstunde stellt sich daher auf 12 Pfennige für eine oder 72 Pfennige für alle 6 Lampen. Das Gas, welches von einer städtischen Anstalt geliefert wurde, kostete 14 Pfennige pro Kubikmeter; demnach stellte sich der Preis für eine Gasflamme, Verzinsung und Amortisation der Einrichtung vollständig unberücksichtigt gelassen, auf 2 Pfennige pro Lampenbrennstunde, für 150 Flammen demnach auf 300 Pfennige. Bei 800 Brennstunden kostet also die elektrische Beleuchtung M. 576.—., die Gasbeleuchtung dagegen M. 2400.—. — mithin reichlich das Vierfache.

Ein anderes Beispiel ist folgendes: Auf einem Hüttenwerke wurden außer verschiedenen freien Räumen auch eine Formerei und Putzerei mit elektrischer Beleuchtung versehen, die seither durch 96 Gasflammen erleuchtet waren. Die 96 Gasflammen verbrauchten, da der Leitungsverlust in diesem Falle besonders groß war, nahezu 200 Liter Gas. Bei der betreffenden Installation wurden zum Ersatz dieser Gasflammen vier Bogenlichter angewendet und waren die Brennstunden auf 1500 im Jahre berechnet. Die Amortisationskosten wurden ziemlich hoch angenommen, weil man für den Betrieb der Lichtmaschine eine besondere Dampfmaschine anschaffte, und es stellten sich die Kosten des elektrischen Lichtes pro Lampenbrennstunde auf 15 Pfennige; das Gas kostete in diesem Falle 4 Pfennige pro Kubikmeter, eine Gasflamme somit 4—5 Pfennige pro Stunde. Die vorhandene Beleuchtung war also hier noch billiger als eine Petroleumbeleuchtung; trotzdem stellte sich die jährliche Beleuchtung mit Gas auf M. 1152. —., mit elektrischem Lichte nur auf M. 900. —.

Aus den angeführten Beispielen geht zur Genüge hervor, daß Bogenlicht in den Fällen, wo ein großes Lichtbedürfniß vorhanden und es sich um die Beleuchtung größerer Räume handelt, selbst unter ungünstigen Betriebsverhältnissen immer noch billiger als Gaslicht sein wird, und dieser Umstand allein, abgesehen von den sonstigen Vorzügen der elektrischen Beleuchtung, wird hinreichend sein, um der neuen Beleuchtungsweise eine große Verbreitung zu sichern. Die Billigkeit ist ja am Ende auch nicht der einzige Grund, der die allgemeine Einführung des elektrischen Lichtes begünstigt; man wird vielmehr auch da, wo eigenartige Localverhältnisse eine Concurrenz schwieriger machen, mit der Einführung desselben nicht zaudern, wenn man erst die sonstigen mannigfachen Vorzüge dieser Beleuchtung erkannt hat.

Wenn man von Billigkeit oder Concurrenzfähigkeit einer Beleuchtung spricht, so denkt man sich darunter entweder, daß man für einen geringeren Preis dieselbe Helligkeit, oder daß man eine größere Helligkeit für einen geringeren resp. den gleichen Preis erzielen kann. Eine größere Helligkeit wird ja nun wohl stets mit der Bogenlichtbeleuchtung erreicht, da man in der Praxis die Lampen gar nicht so hoch anbringen kann, als es erforderlich wäre, um nur den gleichen Helligkeitsgrad zu erreichen wie der einer Gas- oder Oelbeleuchtung. Es giebt aber in der Industrie eine ganze Reihe von Verwendungen, wo eine bessere Beleuchtung sehr wünschenswerth ist und wo aus einer solchen sehr viele schwer ins Gewicht fallende Vortheile entspringen: erhöhte Arbeitsleistung, Ermöglichung von Arbeiten, die sonst nur bei Tage auszuführen sein würden ꝛc. In solchen Fällen dürfte es kaum ausschlaggebend sein, ob die zu beschaffende Beleuchtung etwas theurer kommt als die zeitherige, da die erkannten Vortheile die eventuellen Mehrkosten reichlich aufwiegen werden.

An dieser Stelle sei es gestattet, einige Worte über das Lichtbedürfniß im allgemeinen einzufügen. Man bezeichnet mit diesem Ausdruck denjenigen Grad von Helligkeit, der zu einer bestimmten Arbeit erforderlich ist. Die Grenze desselben liegt in der Möglichkeit der Erzeugung eines künstlichen Lichtes, das dem besten Lichte — dem Tageslichte — ganz nahe kommt. Von diesem Ziele sind wir aber noch immer viel weiter entfernt, als man allgemein anzunehmen gewohnt ist, und die beliebte Redewendung von taghell erleuchteten Räumen ist eine höchst unglücklich gewählte. Wir werden bei allen bekannten künstlichen Beleuchtungen gezwungen, unser Sehvermögen bei einem Helligkeitsgrad anzuwenden, der zum Tageslichte in einem so enormen Abstande steht, daß gegen denselben der Abstand, den das Grubenlicht des Bergmanns gegen eine gute Salonbeleuchtung bildet, minimal erscheint. Um dies recht deutlich zu empfinden, braucht man nur am hellen Tage in einen Raum zu treten, dessen Fenster verdunkelt sind und der etwa durch Gas erleuchtet ist; es wird alsdann dieselbe Beleuchtung, von der wir am Abend als taghell sprechen, uns so dunkel erscheinen, daß es erst nach einigem Verweilen in dem Raume möglich sein wird, alles klar zu sehen, da sich das Auge dem bedeutend geringeren Helligkeitsgrad anbequemen muß. Als die Gasbeleuchtung eingeführt wurde, pries alle Welt die Helligkeit der auf diese Weise beleuchteten Straßen und Räume und dieselben erschienen im Gegensatz zu der früheren Beleuchtung wie illuminirt. Ebenso geht es uns heute, wenn wir durch eine mit Regenerativbrennern Sugg'schen oder anderen Systems oder gar durch elektrisches Bogenlicht beleuchtete Straße gehen; es erscheinen uns die auf gewöhnliche Weise durch Gasflammen erleuchteten Straßen unglaublich düster. Es ist deshalb vorauszusehen, daß, wie seinerzeit durch die Gasbeleuchtung ein größeres Lichtbedürfniß hervorgerufen wurde, durch die Einführung des elektrischen Lichtes das Lichtbedürfniß sich bedeutend steigern wird, und hierin liegt wieder ein Grund dafür, daß der Gasconsum sich ebenfalls steigern wird. Daß dies in Wirklichkeit der Fall ist, hat die Praxis bereits bewiesen. So wurde auf einer deutschen Schiffswerft, wo etwa die Hälfte des Raumes mit elektrischem Lichte beleuchtet war, während in den anderen Räumen, wo sich Bogenlicht nicht gut zur Anwendung bringen ließ, die Gasbeleuchtung beibehalten wurde, schon nach kurzer Zeit der Abstand der Helligkeit derart empfunden, daß man sich genöthigt sah, bedeutend mehr Gasflammen resp. solche von größerer Leuchtkraft anzubringen.

Bisher ist fast nur von der Anwendung des elektrischen Lichtes zur Beleuchtung von Straßen, Plätzen, Bahnhöfen und industriellen Etablissements die Rede gewesen, da dies in Deutschland die verbreitetste Art der Anwendung ist. Die Benutzung des elektrischen Lichtes in Privathäusern ist dagegen bei uns eine noch sehr beschränkte, während z. B. in Amerika schon sehr viele Häuser und selbst ganze Stadttheile auf diese Weise beleuchtet werden. Aus den bereits mehrfach angeführten Gründen geht hervor, daß die starken Bogenlichter sich wenig für die Anwendung in Wohnhäusern eignen, und so ist man für diese Zwecke von vornherein auf die Benutzung des elektrischen Glühlichtes angewiesen. Aber auch der Anwendung des Glühlichtes stellen sich Schwierigkeiten entgegen, so lange es sich nur um die Beleuchtung eines oder einiger

Häuser handelt, da in all den Fällen, wo nicht etwa sehr große, gewissermaaßen ganze Straßen einnehmende Häuser mit entsprechendem Lichtverbrauch zu beleuchten sind, die Beleuchtung unverhältnißmäßig theuer kommen würde. Es wird deshalb die Anwendung des Glühlichtes in Privathäusern nur dann weitere Verbreitung finden können, wenn, wie dies von Edison in New-York zuerst ausgeführt wurde und jetzt in Deutschland angestrebt wird, die Sache von Gesellschaften oder Communen in die Hand genommen und von Centralstellen aus, an welchen sich die stromerzeugenden Maschinen und die Regulirvorrichtungen befinden, der zur Lichtbildung erforderliche Strom in die einzelnen Häuser vertheilt wird. Der Verbrauch an Strom würde bei jedem einzelnen Abonnenten mittels besonderer Apparate zu messen und, wie bei den Gasuhren, von Zeit zu Zeit festzustellen sein, wonach sich dann die Höhe des zu zahlenden Betrages normiren lassen würde. Immerhin wird der Zeitpunkt, wo das Glühlicht in Privathäusern allgemein eingeführt sein wird, noch ziemlich fern liegen und haben vorläufig die Gasgesellschaften noch nichts zu fürchten. Außerdem ist vorauszusehen, daß, ebensowenig wie die Gasbeleuchtung das Petroleum zu verdrängen vermocht hat, das elektrische Glühlicht dies mit Rücksicht auf das Gas zu bewirken im stande ist und daß trotz der großen Vorzüge, welche diese Beleuchtungsweise unbestreitbar hat, ihre Anwendung auf gewisse Kreise beschränkt bleiben wird, da schon die Kosten der Installation dieselbe für die Wohnungen der ärmeren Classe unmöglich machen, wie ja auch die Gasbeleuchtung bei weitem nicht in allen Privathäusern Eingang gefunden hat. Für Kaufläden, Saalbeleuchtungen, für Salons und vielleicht für die Wohnzimmer und Corridore in den besseren Häusern großer Städte wird man wohl auch bei uns mit der Zeit zur Glühlichtbeleuchtung schreiten; gegenwärtig wird jedoch die Zahl der in Deutschland zur Anwendung gelangten Glühlichtlampen von authentischer Seite auf nur ca. 10 000 geschätzt, wogegen die Anzahl der Bogenlichtbeleuchtungen und die durch dieselben repräsentirte Lichtfülle schon eine verhältnißmäßig sehr große ist. In ein neues Stadium wird vielleicht die Frage der elektrischen Glühlichtbeleuchtung in Privatwohnungen treten, wenn es gelungen sein wird, die elektrischen Accumulatoren auf eine solche Stufe der Vollendung zu bringen und zugleich die Kosten für dieselben in dem Grade zu reduciren, daß man seinen Bedarf an elektrischem Strome ähnlich wie heute das Petroleum, gewissermaaßen auf Flaschen gefüllt, in das Haus holen kann.

5. Ausgeführte Anlagen für elektrische Beleuchtung.

Von allen bis jetzt ausgeführten Anlagen für elektrische Beleuchtung nehmen die Straßenbeleuchtungen das Interesse des Publicums am meisten in Anspruch, da bei denselben das elektrische Licht nicht nur dem Winde und Wetter, sondern auch der allgemeinsten Kritik preisgegeben ist. Von besonderem Interesse sind jedenfalls die in den Straßen der Reichshauptstadt Berlin angestellten Beleuchtungsversuche und sollen dieselben hier auf Grund eines von dem Oberingenieur der Firma Siemens & Halske, v. Hefner-Alteneck, im Elektrotechnischen Verein in Berlin gehaltenen Vortrags zuerst geschildert werden.

Es war während der Berliner Gewerbeausstellung im Jahre 1879, als von der Firma Siemens & Halske die Beleuchtung der Kaisergalerie, die erste Anlage mit getheilten, d. h. zu mehreren in einen Stromkreis geschalteten Bogenlichtern mit Differentialregulirung, zur Ausführung gelangte. Der Erfolg dieser Anlage beruht nicht allein auf der mittels der Differentialregulirung erzielten Theilung des Lichtes, sondern auf den in der Differentiallampe vereinigten Verbesserungen des Mechanismus überhaupt, welche sie zu einem einfachen und sicher wirkenden Apparat machen. Außer der Anbringung eines Stabes mit zwei denselben differential in sich hineinziehenden Spulen sind als solche zu nennen: die ausschließliche Bewegung des oberen Kohlenstabes derart, daß der Contactübergang auf die Zahnstange mit starkem Drucke und starker Reibung stattfinden kann, ohne die zarten Regulirungsbewegungen des Kohlenstabes zu behindern; die richtige Dämpfung dieser Bewegungen durch ein Luftkissen; die für die praktische Verwendbarkeit geradezu entscheidende Herstellung eines Anschlußcontactes, welcher selbstthätig eine einmal ausgebrannte Lampe ausschaltet und alle Lampen des gleichen Stromkreises vor dem Verlöschen bewahrt; endlich der Fortfall jeder Regulirungsschraube, welche bei den älteren Lampen oft falsch gehandhabt oder wenigstens leicht verstellt wurde.

Ebenso brannten in der Kaisergalerie zum ersten Male die von Gebrüder Siemens & Co. in Charlottenburg hergestellten sogenannten Dochtkohlen, die heute fast allgemein zur Verwendung gelangen.

Das erste Project zur Beleuchtung öffentlicher Plätze in Berlin wurde am Schlusse des Jahres 1880 eingereicht, und zwar sollte der Platz am Zeug- und Opernhaus durch Differentiallampen erleuchtet werden. Da man jedoch vielfach der Ansicht war, daß die Unterbringung des Maschinenhauses große Schwierigkeiten verursachen würde, unterblieb die Ausführung.

Ein allerdings nur einige Stunden dauernder, aber dennoch recht interessanter Beleuchtungsversuch fand am 10. August 1880 auf dem Pariser Platze in Berlin statt. Es waren im Anschluß an den Grundplan des Platzes auf den beiden Rasenbeeten zu beiden Seiten der Springbrunnen im ganzen 4 je 11 Meter hohe Masten aufgestellt und mit je 1200 Normalkerzen Leuchtkraft besitzenden Differentiallampen armirt. Wenn durch diese durch die Verhältnisse bedingte Art der Aufstellung die elektrischen Flammen in Bezug auf den Mittelplatz in eine viel ungünstigere Lage kamen als die damals zum gleichen Abend fertig gestellte brillante Gasbeleuchtung, so erhellten sie dennoch die Mitte des Platzes etwas mehr als diese, sodaß man den Secundenzeiger einer Uhr sehr gut erkennen konnte; dagegen waren die umliegenden Paläste wegen der geringen Entfernung der Lampen von diesen bedeutend mehr erleuchtet.

Ferner fand vom 15. Mai bis 15. September 1882 durch die Firma Siemens & Halske eine Beleuchtung des zwischen der Friedrich- und Markgrafenstraße gelegenen Theiles der Kochstraße mittels elektrischer Glühlichter statt. Der Strom wurde durch eine in dem Fabrikgebäude der genannten Firma aufgestellte dynamo-elektrische Maschine erzeugt, welche direct, d. h. ohne Treibriemen mit einer Dampfmaschine nach dem System Dolgorucki gekuppelt wurde. Die Leitung war an den Häuserfronten entlang und dann von Laterne zu Laterne gespannt; zur Rückleitung wurde die Erde resp. das Gasrohrnetz benutzt. Da sich jedoch herausstellte, daß einzelne Laternen mit diesem schlechte Verbindung hatten, wurden alle Laternen nochmals oberirdisch verbunden. Die 20 Lämpchen waren alle parallel miteinander in den Stromkreis geschaltet und, um die genügende Höhe zur Leitungsführung, sowie die Möglichkeit, auch Gas zu brennen (was übrigens nach Mitternacht stets geschah), zu erhalten, oberhalb der Gaslaternen auf einem dieselben umgreifenden Bügel angebracht.

Die Beleuchtung, welche während der ganzen Dauer von vier Monaten niemals aussetzte, wurde von Siemens & Halske auf ihre eigenen Kosten installirt und unterhalten, hatte somit nur den Charakter eines Versuches und war hauptsächlich zur Erprobung der von der Firma angefertigten Glühlampen unternommen. Die in der Kochstraße angebrachten Glühlampen hatten 25 Normalkerzen Leuchtkraft und bei ihrer hohen Anbringung denselben Leuchteffect wie die 17 Normalkerzen besitzenden Gasflammen hervorzubringen.

Von dem Magistrat der Stadt Berlin wurde das eingangs erwähnte Project der Beleuchtung des Platzes am Zeug- und Opernhaus verworfen und statt dessen der Potsdamer Platz nebst einem Theile der Königgrätzerstraße in Aussicht genommen. Von Siemens & Halske wurde alsdann an Stelle der wenig belebten Königgrätzer Straße die Leipziger Straße bis zur Wilhelmstraße und, als man für diese kurze Strecke die projectirte Lichtmenge unnöthig groß, beziehungsweise die Kosten etwas hoch fand, die Verlängerung der Beleuchtung bis zur Friedrichstraße unter Beibehaltung der gleichen Laternenzahl vorgeschlagen. In dieser Weise ist die Anlage denn auch ausgeführt wor-

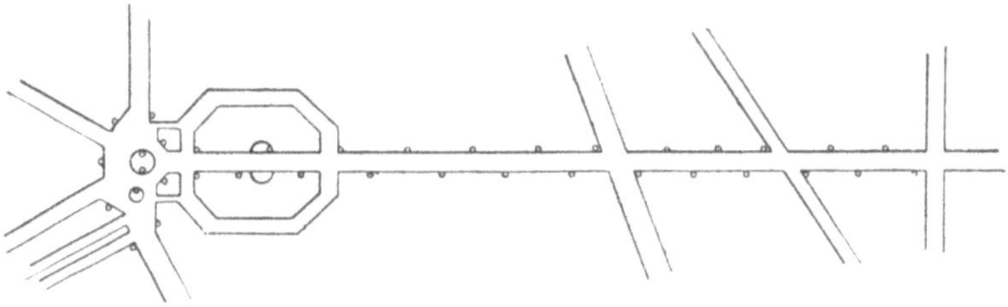

Fig. 298. Plan der elektrischen Straßenbeleuchtung Berlins.

den; Fig. 298 zeigt einen Plan derselben, aus welchem die Vertheilung der Lampen zu ersehen ist.

Der durch 25 Lampen erleuchtete Theil der Leipziger Straße hat eine Länge von 820 und eine Breite von 22 Metern; die Laternen stehen in jeder der beiden Reihen meist 75 Meter voneinander entfernt und sind, bis zur Laternenmitte gemessen, $5^1/_2$ Meter hoch. Der Potsdamer Platz wird von 11 Laternen erhellt. Das Maschinenhaus befindet sich in dem Durchbruch der Wilhelmstraße an der projectirten Verlängerung der Zimmerstraße und ist von der nächsten elektrischen Laterne 350 Meter entfernt. Es sind im Maschinenraum vier Otto'sche Gasmotoren von 12 Pferdekräften aufgestellt, welche ganz unabhängig voneinander je eine dynamo-elektrische Maschine betreiben; je eine Gaskraft- und eine elektrische Maschine stehen in Reserve, während die drei anderen Maschinen je 12 in einem Stromkreis geschaltete Differentiallampen speisen. Jedes Maschinensystem kann durch einen Generalumschalter an jeden Stromkreis gelegt oder in Reserve gestellt werden, sodaß das Reserve-Maschinensystem im Falle einer eintretenden Unregelmäßigkeit im Betriebe rasch an Stelle eines anderen eingeschaltet werden kann. Die elektrischen Leitungen sind in drei voneinander ganz unabhängigen Stromkreisen unterirdisch und im Inneren der Laternenständer in die Höhe geführt. In Anbetracht der hochgespannten Ströme wurde von einer gemeinsamen oder nicht isolirten Rückleitung oder Erdleitung abgesehen, sodaß z. B. in der Wilhelmstraße zwischen dem Maschinenhaus und der ersten Laterne sechs Kabel nebeneinander liegen. Das Legen der Kabel und Aufstellen der Laternen wurde innerhalb eines Zeitraums von nur 12 Arbeitstagen und ohne jede Verkehrsstörung ausgeführt; es waren dabei fünf Uebergänge von Straßen mit Asphaltpflaster nothwendig und wurde dasselbe durch Unterbohrung des Straßendammes und eingeschobene eiserne Röhren bewirkt. Die zur Verwendung kommenden Kabel haben eine eigenthümliche Construction. Die Seele besteht aus einem Kupferdraht von 3,4 Millimeter Durchmesser; derselbe ist mit Jute umsponnen, die nach dem der Firma Siemens & Halske patentirten Verfahren mit einer harzigen Masse getränkt und dann in einer Presse, deren Einzelheiten ebenfalls Eigenthum der genannten Firma sind, mit Blei umpreßt und schließlich nochmals mit getheerter Jute umsponnen sind.

Das Gewicht der dynamo-elektrischen Maschinen beträgt je 800 Kilo, der Gesammtleitungswiderstand ihrer Umwickelung 14,3 SE.; sie liefern einen Strom von 11 Ampère bei einer Klemmenspannungsdifferenz von ungefähr 650 Volt und einer elektro-motorischen Kraft von 800 Volt. Die Länge der drei Stromkreise beträgt 1974, 1887 und 1480 Meter, ihr Widerstand 2,25 SE für das Kilometer. Die Kohlenstäbe in den Lampen haben einen Durchmesser von 11 Millimeter; der Consum beträgt 53 Millimeter in der Stunde oder mit Anrechnung der Abfälle in Geld ausgedrückt 7 Pfennige. Die Brenndauer eines Kohlenpaares beträgt 9 Stunden, der Widerstand eines Lichtbogens ungefähr 4,5 Einheiten, die Leuchtkraft, durch die matten Glasscheiben, mit denen die Laternen versehen sind, hindurch und unter einem Neigungswinkel von 30° zur Horizontalen gemessen, 880 Normalkerzen. Jeder der drei Motoren (also auch je 12 Lampen) verbraucht stündlich einschließlich des Gasquantums zur Speisung der 7 zur Erleuchtung des Maschinenraumes dienenden Gasflammen 11,5 Kubikmeter Gas. Würde man dieses Gasquantum, statt auf dem Umwege durch Arbeitskraft und elektrischen Strom Licht zu erzeugen, direct in gewöhnlichen Straßenschnittbrennern zur

Verbrennung gelangen lassen, so würde man ungefähr den zehnten Theil der Lichtmenge erzielen, welche jetzt durch die elektrischen Lampen geliefert wird.

Eine sehr verbreitete Anwendung im öffentlichen Verkehrswesen hat die elektrische Beleuchtung auf den Bahnhöfen gefunden. Als ein Beispiel der ersten dieser Bahnhofsbeleuchtungen erwähnen wir die ebenfalls

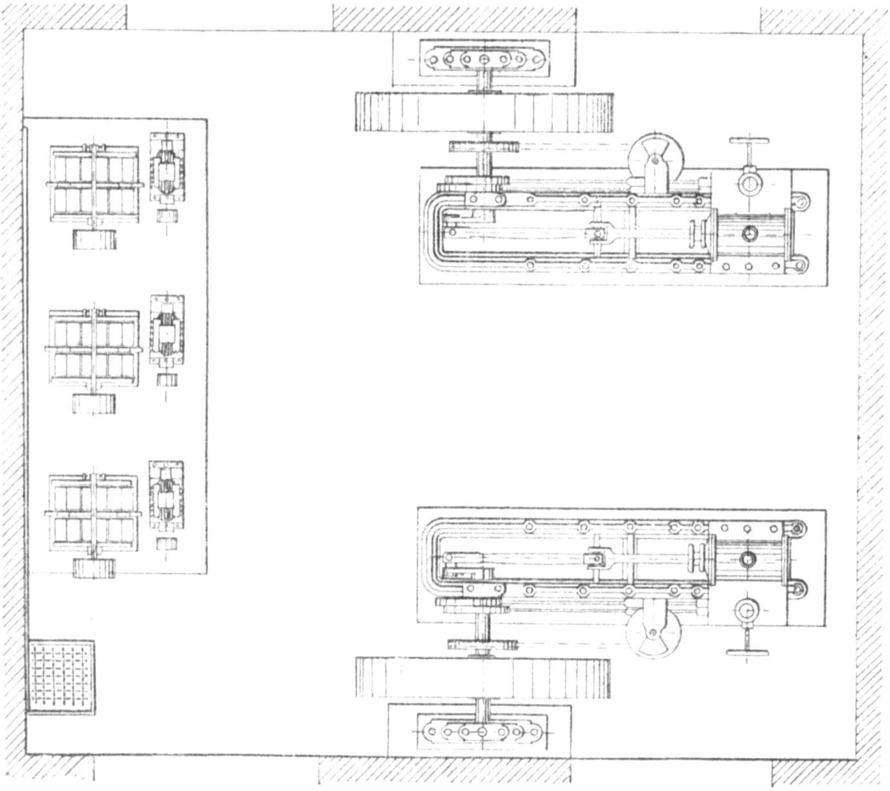

Fig. 299. Grundriß des Maschinenhauses zur elektrischen Beleuchtung des Anhalter Bahnhofes in Berlin.

von Siemens & Halske ausgeführte Anlage des Anhalter Bahnhofes in Berlin. Die Bahnhofshalle hat 150 Meter Länge, 62,5 Meter Breite und 29 Meter Höhe. Dieselbe enthält vier Perrons, deren jeder von vier in je einen Stromkreis geschalteten Differentiallampen erleuchtet ist; ebenso wird der Kopfperron durch vier in Trapezform angeordnete Lampen erhellt. Die Perronlampen sind 30 Meter voneinander entfernt und 6,5 Meter hoch in alternirender Anordnung aufgehängt. Die drei vorhandenen Wechselstrommaschinen, von denen jede mit einer magnetisirenden Hilfsmaschine verbunden ist, werden von zwei von A. Borsig ausgeführten liegenden Hochdruckdampfmaschinen von je 15 Pferdekräften angetrieben.

Fig. 299 und 300 zeigen die Anordnung der Maschinenanlage im Grundriß und im Querschnitt; die Anordnung der elektrischen Lampen und der Stromzuführung ist aus der schematischen Zeichnung Fig. 301 zu entnehmen. Jede der Lampengruppen kann sowohl einzeln als in

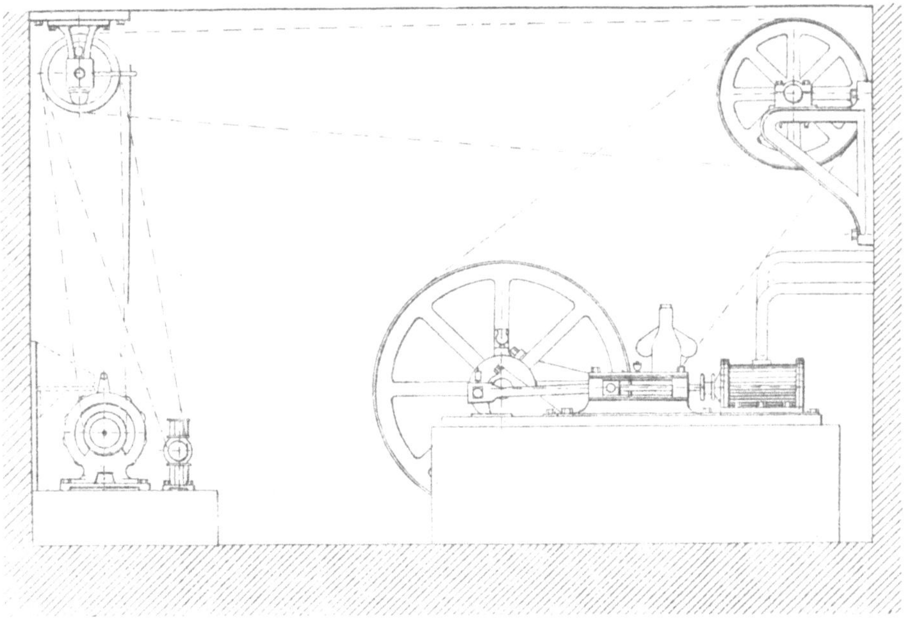

Fig. 300. Querschnitt des Maschinenhauses zur elektrischen Beleuchtung des Anhalter Bahnhofes in Berlin.

Verbindung mit den anderen in Thätigkeit gesetzt werden. Ueber dem vorderen Zugangsperron hängt die Gruppe A aus vier ein Trapez bildenden Lampen; sodann sind die Halle entlang vier parallele Gruppen B, C, D und E von je 5 Lampen angeordnet, welche die Abgangs- und Ankunftsperrons erleuchten. Während die erste Gruppe stets leuchtet, wird eine oder mehrere der letzteren vier nach Bedürfniß entzündet. Jede der zur Verwendung gelangenden Wechselstrommaschinen ist dazu eingerichtet, zwei getrennte Stromkreise, deren jeder fünf Lampen enthält, unabhängig voneinander zu speisen. Mittels des schon früher abgebildeten und beschriebenen Generalumschalters ist man im stande, die beliebige Verbindung zwischen jedem Stromkreise einer Maschine und jeder Lampengruppe herzustellen. Die Leitungen sind oberirdisch geführt und bestehen aus kräftigen Kupferdrähten, welche durch Porcellanglocken isolirt sind; zur Rückleitung ist eine gemeinsame Erdleitung, welche in einen vorhandenen unterirdischen Canal versenkt wurde, benutzt. Die Einrichtung im Maschinenhause ist derart getroffen, daß jedes der drei elektrischen Maschinenpaare von einer oder der anderen der Betriebsmaschinen in Thätigkeit gesetzt werden kann. Mittels Frictionsscheibenkuppelung kann jeder derselben mit einer Zwischentransmissionswelle verbunden werden, die ihrerseits drei Vorgelege treibt, an welche die Maschinenpaare angeschlossen sind und die einzeln ausgerückt werden können. Jedes

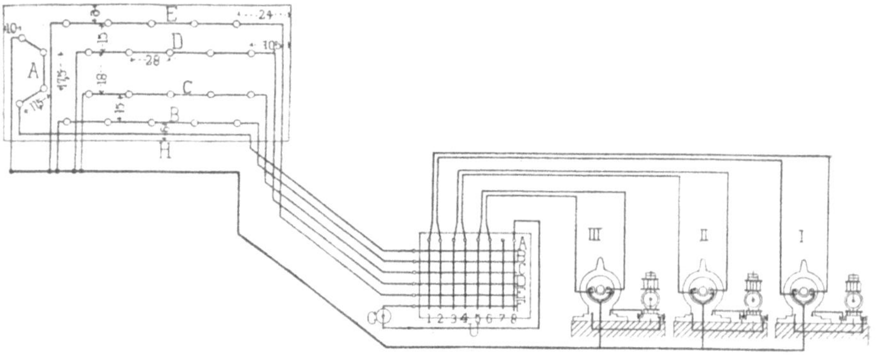

Fig. 301. Beleuchtungs-Schema des Anhalter Bahnhofes in Berlin.

Maschinenpaar wird von einer gemeinsamen Riemenscheibe, welche an einem dieser Vorgelege sitzt, mittels zweier auf derselben laufenden Riemen getrieben. Durch den vorhandenen, etwas beschränkten Raum war die beschriebene Aufstellung der Maschinen gewissermaaßen bedingt; bei den neuen Anlagen ziehen es Siemens & Halske vor, jedes Maschinenpaar durch eine besondere Dampfmaschine zu betreiben, wie dieselben ja auch neuerdings von der Anwendung der Wechselstrommaschinen zurückgekommen sind und, wie Schuckert, Gleichstrommaschinen verwenden.

Ebenfalls von Siemens & Halske wurde die elektrische Beleuchtung des Haupttelegraphenamtes in Berlin im Januar 1883 in Angriff genommen. Aus Fig. 302 ist die Vertheilung der Lampen rc. zu ersehen. In dem nach der Jägerstraße zu gelegenen Theile des Tele-

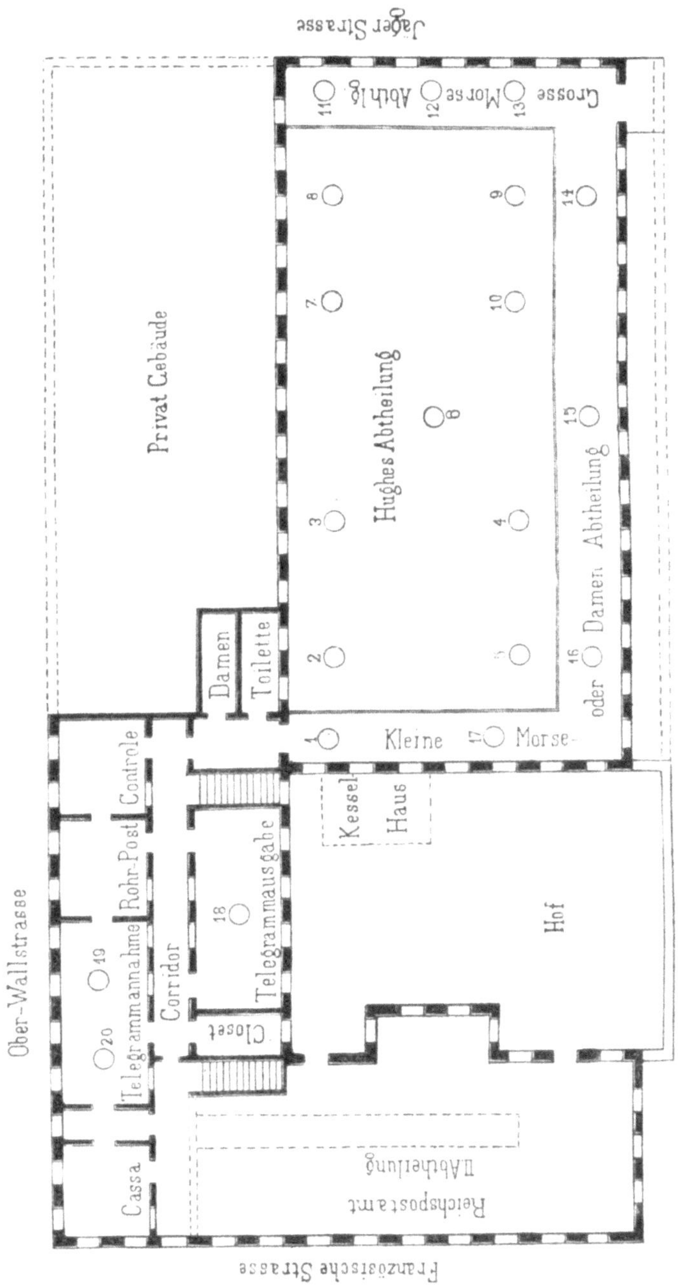

Fig. 302. Elektrische Beleuchtung im Haupt-Telegraphenamte in Berlin.

graphengebäudes wurde ein bisher zur Aufstellung der elektrischen Batterie dienender Raum, dessen Fenster nach der Nordseite des Hofes herausgehen, dazu benutzt, die Maschinenstation einzurichten. An diesen Raum wurde außerhalb des Gebäudes ein kleines, niedriges, mit Blechdach versehenes Kesselhaus für zwei Heyne'sche Patent-Dampfkessel aus der Fabrik von Borsig angebaut, von denen der eine mit einem gewöhnlichen Planrost, der andere mit einer rauchverzehrenden Feuerung (Patent Heiser) versehen ist.

Die an der Wand angebrachten Injectoren speisen die Kessel, von denen ein mit Absperrventil versehenes Hauptrohr den Dampf zu drei Dampfmaschinen führt, welche durch Zweigrohre mit dem Hauptrohr verbunden sind. Der abströmende Dampf wird durch eine gemeinschaftliche Rohrleitung von den drei Dampfmaschinen durch einen kleinen, auf dem Dache angebrachten Schornstein ins Freie geleitet. Die Schornsteinklappe steht mittels einer Schnur mit einem Gewichte in Verbindung, welches an der Wand in der Nähe der Kessel befestigt ist.

Die drei zur Anwendung gekommenen Dampfmaschinen (Bock- oder Hammermaschinen) sind von der Firma Brodnitz & Seidel geliefert und auf gemauertem Fundament aufgestellt; ihre Gesammthöhe beträgt 1570 Millimeter und ihre mit Dampfmantel versehenen Cylinder haben einen Durchmesser von 220 Millimeter bei einem Hub der Maschine von 180 Millimeter. Jede Dampfmaschine kann durch ein besonderes Absperrventil von der Hauptdampfleitung abgestellt werden. Die Riemenscheibe, welche den Betrieb übermittelt, hat einen Durchmesser von 1000 Millimeter und eine Breite von 300 Millimeter; bei 230 Umdrehungen pro Minute und einer Dampfspannung von 8 bis 10 Atmosphären produciren die Maschinen eine Kraftleistung von je 9 Pferdestärken. Die dynamo-elektrischen Maschinen sind 74 Centimeter hoch, 55 Centimeter lang und 35 Centimeter breit; die mit isolirtem Drahte von 1,2 Millimeter Durchmesser bewickelte Trommel ist mit dem Stromsammler 40 Centimeter lang und hat einen Durchmesser von 32 Centimeter. Die oberhalb und unterhalb des Ankers auf einem eisernen Gestell angebrachten elektrischen Magnete sind auf jedem Schenkel mit etwa 400 Umwindungen eines 2,5 Millimeter starken, mit Baumwolle umsponnenen und außerhalb lackirten Kupferdrahtes umwickelt. Die Construction dieser nach dem v. Hefner-Alteneck'schen System gebauten Maschinen ist hinreichend bekannt; je zwei derselben sind nebeneinander auf aus eisernen Schienen bestehenden Rosten aufgestellt, um eine bequeme Verbindung ihrer beiden Riemenscheiben mit der dazu gehörigen Dampfmaschine herzustellen. Die Lichtmaschinen machen bei der Leistung der Dampfmaschinen von je 9 Pferdekräften 1150 Touren in der Minute und es sind je fünf hintereinandergeschaltete Bogenlampen mit einer Lichtmaschine verbunden.

Die von den Klemmschrauben der Lichtmaschine zu den Bogenlampen führende Leitung besteht aus einer aus sieben litzenförmig zusammengedrehten Drähten gebildeten Kupferader von 1,2 Millimeter Stärke. Die Kupferader ist durch Guttapercha und darüber gewickelten Jutehanf isolirt und mit einer Klöppelung von Jute umgeben. Die Leitung führt von dem Maschinenraum längs der Wand in den darüber befindlichen Apparatensaal, welcher etwa 60 Meter lang und 30 Meter breit ist. Im Apparatensaal wird die Leitung unter den Dielen und an den Wänden resp. Säulen zu den an der Decke angebrachten Differentiallampen geführt und durch Klemmen mit denselben verbunden. Zu der sogenannten großen Morse-Abtheilung, welche nach der Jägerstraße zu gelegen ist, wird von dem Maschinenraum quer durch den Saal unter den Dielen eine besonders construirte, anfangs für die dort projectirten 22 Glühlampen bestimmte Kabelleitung hin- und zurückgeführt und mit der oben erwähnten Drahtleitung, sowie den drei zugehörigen Bogenlampen verbunden. Diese Kabelleitung besteht aus einer 4,5 Millimeter starken Kupferader, welche durch mit Vaselin getränkten Hanf isolirt und mit einer Bleiröhre umgeben ist. Die sogenannte kleine Morse- oder Damenabtheilung enthält die Hughes-Apparate und neun Bogenlampen; dieselbe ist mit einem Oberlicht gewährenden Glasdach überdeckt und es ist die Leitung von der Wand nach dem Glasdach und durch dasselbe zu den Bogenlampen geführt. Außerdem wird die Telegraphenannahme durch zwei, die Telegraphenausgabe durch eine Bogenlampe erhellt. Die in der Abbildung mit 1, 2, 3, 4, 5 bezeichneten Bogenlampen bilden mit der dazu gehörigen Lichtmaschine den ersten, 6, 7, 8, 9, 10 den zweiten, 11, 12, 13, 14, 15 den dritten, 16, 17, 18, 19, 20 den vierten Stromkreis. Jede Lichtmaschine kann mittels eines auf den oberen Elektromagneten aufgesetzten Kurbelumschalters durch einfache Kurbelumdrehung beliebig in den Stromkreis ein- und aus demselben ausgeschaltet werden. Später soll ein aus isolirten Längen- und Querschienen gebildeter, in einem Kasten befindlicher Generalumschalter im Maschinenraum aufgestellt und mit den sämmtlichen sechs Lichtmaschinen in der Weise verbunden werden, daß man jede derselben in einen beliebigen Stromkreis ein- und aus demselben ausschalten kann. Die Differentiallampen sind die nach der bekannten v. Hefner-Alteneck'schen Construction; die Brenndauer der Kohlen-

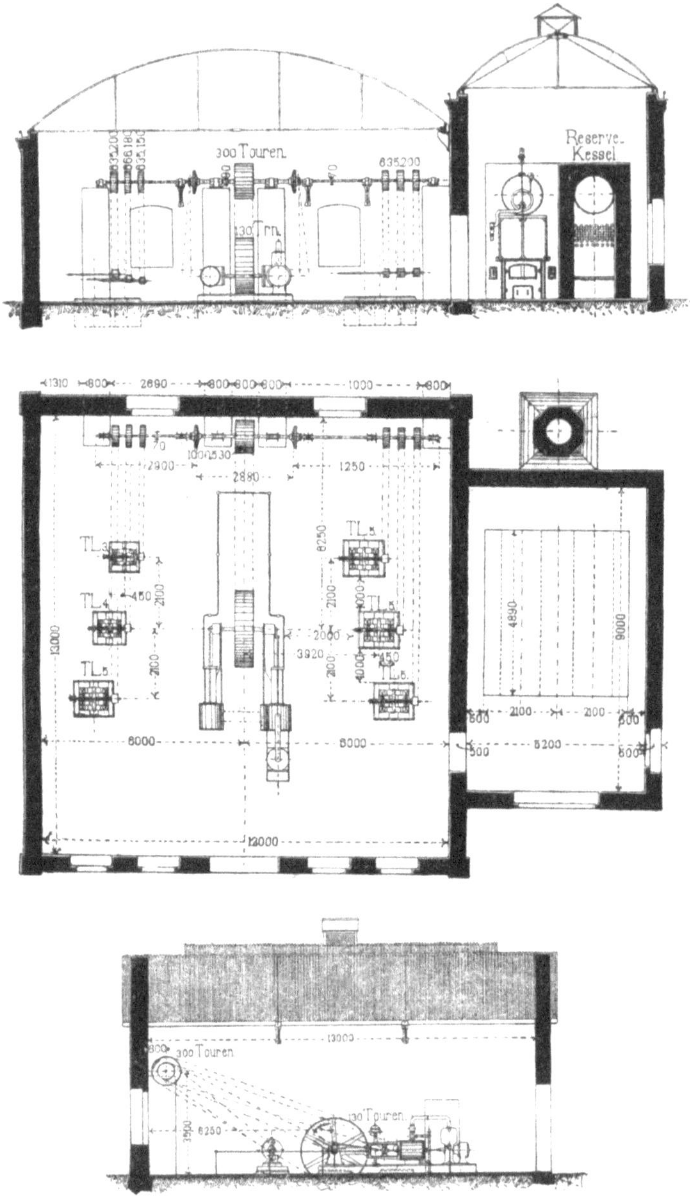

Fig. 303—305. Maschinenanlage einer elektrischen Beleuchtungseinrichtung.

stäbe beträgt 9 Stunden und es wird jede ausgebrannte Lampe durch eine besondere Vorrichtung automatisch aus dem Stromkreis ausgeschaltet. Die für die Hughes-Abtheilung bestimmten, von der Glasdecke herabhängenden, etwa 4,5 Meter vom Fußboden entfernten Bogenlampen sind mittels Holzscheiben an der Decke befestigt und können mittels eines

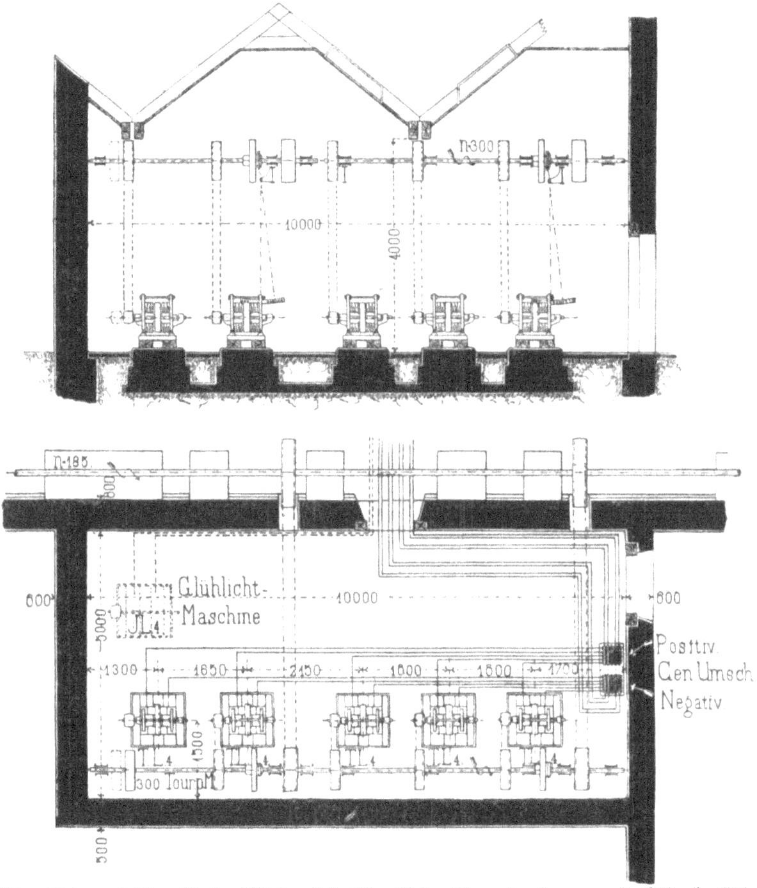

Fig. 306 u. 307. Ausgeführte elektrische Beleuchtungsanlagen mit Schuckert'schen Bogenlampen.

aus litzenförmigen Kupferdrähten gebildeten Flaschenzuges herabgelassen werden. Der Flaschenzug läuft über kleine isolirte Rollen, welche auf einer bronzirten Gußeisenscheibe befestigt sind. Der von den Lichtmaschinen kommende Strom geht von der Leitung über zwei der vier Drähte des Flaschenzuges und von da mittels Klemmen über die Kohlenstäbe der fünf Lampen zur Maschine zurück.

Die weiteren Versuche mit den 20 Bogenlampen werden erst ergeben, ob man dieses System beibehalten oder zu dem Glühlicht zurückkehren wird, welches sich für den Telegraphendienst sehr gut bewährte und von dem kaiserlichen Betriebs-Postamt hauptsächlich deshalb nicht eingeführt wurde, weil eine Anbringung der Glühlampen auf den eisernen

Fig. 308. Ausgeführte elektrische Beleuchtungsanlage mit Schuckert'schen Bogenlampen.

Gasrohrständern der Apparatentische mit Schwierigkeiten verknüpft ist und außerdem die Gasbeleuchtung zur Aushilfe beibehalten werden sollte.

Eine von Alexander Wacker in Leipzig projectirte und ausgeführte Maschinenanlage für eine elektrische Beleuchtungseinrichtung zeigen Fig. 303—305. Es sind hier sechs dynamo-elektrische Maschinen, und zwar vier größere und zwei verschiedene kleinere, in einem Raume aufgestellt und werden von einer Transmission aus angetrieben. Eine Receiver-Compound-Dampfmaschine liefert die erforderliche Betriebskraft; mittels Frictionsscheiben kann man je drei der rechts und links von der Betriebsmaschine aufgestellten Dynamomaschinen ein- und ausschalten. In einem Nebenraum ist der

Betriebsdampfkessel gelagert und außer diesem ist noch ein Reservekessel vorhanden, um bei etwa auftretenden Schäden an dem ersteren jeder Betriebsstörung vorbeugen zu können.

Von derselben Firma und ebenfalls mittels Schuckert'scher Maschinen und Lampen wurde die in Fig. 306—308 dargestellte elektrische Beleuchtung einer Kammgarnspinnerei ausgeführt. Fig. 306 zeigt einen Plan der Lampenvertheilung in dem großen Arbeitssaal. Wie ersichtlich, wird derselbe durch 31 Bogenlampen erleuchtet; ebenso wird der Dampfmaschinen- wie auch der Kesselraum durch Bogenlicht erleuchtet. Der Antrieb erfolgt in diesem Falle von der großen Betriebsdampfmaschine, welche genügende überschüssige Kraft besitzt, um die fünf Dynamomaschinen in Thätigkeit zu setzen. Auch hier sind zwei Frictionskuppelungen angebracht, welche gestatten, entweder sämmtliche oder nur einen Theil der Dynamomaschinen in Betrieb zu setzen, oder zum Stillstand zu bringen. Sämmtliche Lampen sind in vier Stromkreise untergebracht; ein Generalumschalter ermöglicht die Einschaltung jeder Maschine in jeden der Stromkreise. Außerdem ist für eine später vorgesehene Glühlichtbeleuchtung eine besondere Glühlichtmaschine projectirt, welche in der Abbildung punktirt gezeichnet ist.

Eine hervorragende Stellung wird die elektrische Beleuchtung jedenfalls schon in kurzer Zeit in dem Beleuchtungswesen der Theater einnehmen, da gerade hier die Vorzüge des elektrischen Lichtes in besonderem Maaße zur Geltung kommen. Die ersten Theater, welche mit der Einführung des elektrischen Lichtes vorgingen, sind das Savoy-Theater in London und das neue Stadttheater in Brünn. Die Pläne und Beschreibungen dieser beiden Theater wurden nach einem von Ingenieur Paul Jordan in Berlin im Berliner Bezirksverein deutscher Ingenieure gehaltenen Vortrag zuerst in dem Märzheft dieses Jahres der Zeitschrift des genannten Vereins und später im Aprilheft des „Engineering“ veröffentlicht; wir bringen mit Anlehnung an diesen Artikel in Fig. 309—314 die Abbildungen beider Beleuchtungseinrichtungen.

Das Savoy-Theater in London (Fig. 312), in welchem die Beleuchtung von Siemens Brothers & Co. in London installirt wurde, ist ein Theater mittlerer Größe. Das aus Wellblech hergestellte Maschinenhaus liegt etwa 80 Meter vom Theater entfernt. Die Anzahl der Glühlichtlampen, System Swan, beträgt ca. 1200; zur Erzeugung des für diese Lampen erforderlichen Stromes dienen sechs Siemens'sche Wechselstrom-

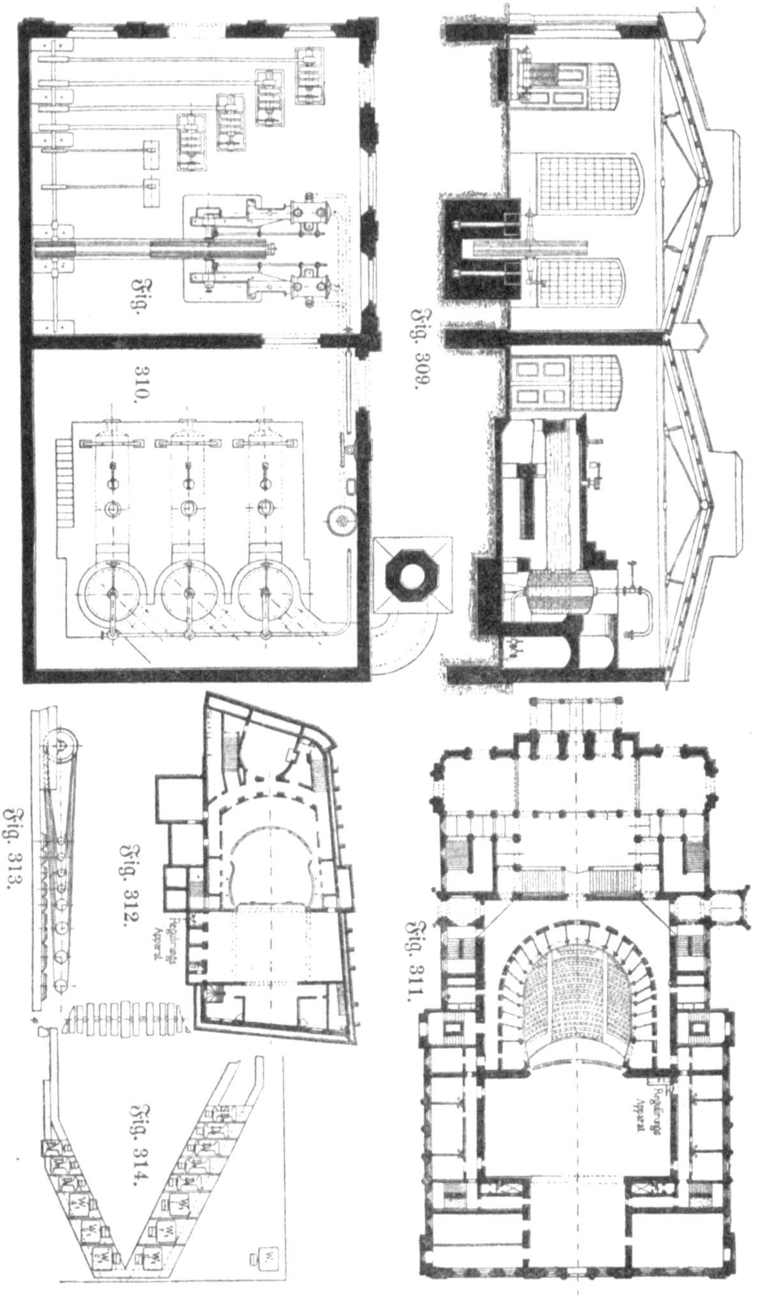

Fig. 309—314. Elektrische Beleuchtungseinrichtungen des Savoy-Theaters in London und des Stadttheaters in Brünn.

maschinen, deren Magnete durch sechs Dynamomaschinen erregt werden, eine siebente Wechselstrommaschine steht in Reserve. Die Wechselstrommaschinen machen 700, die Dynamomaschinen 1200 Umdrehungen in der Minute. Eine besondere Dynamomaschine dient zum Betriebe eines über dem Hauptportale angebrachten sehr starken Bogenlichtes und eine weitere Dynamomaschine zur Speisung einer Anzahl secundärer Batterieen. Als Betriebsmaschinen dienen eine Garret'sche transportable Dampfmaschine und eine ebensolche von Marshall, sowie eine halbtransportable Robey'sche von 120 bis 130 Pferdekräften.

Der von den sechs Wechselstrommaschinen erzeugte Strom wird in sechs getrennten Stromkreisen zum Theater geführt. Der von der Maschine $W_1^{(a)}$ (Fig. 314) erzeugte Strom speist 210 Lampen, welche zur Beleuchtung der Fluren, Restaurationszimmer, Ankleidezimmer und Bureaux dienen; eine Regulirungsvorrichtung für die Stromstärke ist hier nicht erforderlich, da die Lampen nicht den ganzen Abend mit derselben Lichtstärke brennen müssen. Die Regulirvorrichtungen für die übrigen fünf Stromkreise sind in einem kleinen Raume auf der linken Seite der Bühne angebracht. Durch den Strom der Maschine $W_1^{(b)}$ wird der Zuschauerraum mit 150 Flammen und der Maschinenraum mit 10 Flammen erleuchtet, durch $W_1^{(c)}$ die Rampen mit 100 Flammen und die erste Soffitte mit 100 Flammen, durch $W_1^{(d)}$ die zweite Soffitte mit 100 und die dritte Soffitte mit 100 Flammen, durch $W_1^{(e)}$ die vierte und fünfte Soffitte mit je 100 Flammen. Die Regulirung dieser vier Stromkreise wird dadurch bewirkt, daß in dem Erregungsstromkreise der betreffenden Maschine mittels eines Einschalters Widerstände in sechs verschiedenen Stärken eingeschaltet werden können. Diese Widerstände bestehen aus dünnen, spiralförmig aufgewundenen Eisendrähten, welche durch die sie allseitig umgebende Luft genügend gekühlt werden, um starke Erhitzung derselben zu vermeiden.

Der von der Maschine D_1 (f_1) gelieferte Strom verzweigt sich in zwei Stromkreise; der eine dient zur Beleuchtung einer siebenten kurzen Soffitte mit 58 Lampen und von vier Coulissen mit je 14 gleich 56 Lampen, der andere speist 82 Lampen, welche auf beweglichen Ständern, sogenannten Versatzstücken, angebracht sind. Es sind fünf Versatzstücke zu je 10 Lampen, zwei zu je 14 Lampen und eins zu vier Lampen vorhanden. Der Strom wird den Versatzstücken durch biegsame Leitungen zugeführt, welche nach Bedarf mit den am Boden der Bühne befindlichen und durch Kapseln geschützten Klemmen in Verbindung gebracht werden.

Da in dem vorliegenden Falle jeder der beiden Stromkreise, in welche der Gesammtstrom der Maschine W_1 (f_1) getheilt wird, für sich zu reguliren sein muß, kann der Widerstand nicht, wie bei den anderen Maschinen, in den Erregungsstromkreis, sondern muß in die beiden getrennten Lampenstromkreise eingeschaltet werden. Man bedient sich hierfür wieder eines sechsfachen Einschalters für jeden Stromkreis. Als Widerstände benutzt man zickzackförmiges Bandeisen, da der starke Lampenstrom vermindert werden soll.

Im Maschinenraum sind noch acht sogenannte Lootsenlichter vorhanden, welche mit einigen Lampen im Theater in demselben Stromkreise brennen und infolge dessen dem Maschinenwärter über die Lichtstärke der Lampen im Theater Aufschluß geben.

Die zur Beleuchtung des Zuschauerraums dienenden 150 Lampen sind zu je dreien an einem Träger angebracht. An der Brüstung des ersten Ranges befinden sich 12, an der des zweiten 22, an der des dritten 16 Träger. Sämmtliche Lampen sind in zwei Gruppen hintereinander geschaltet und jede dieser Gruppen besteht aus 15—20 unter sich parallel geschalteten Lampen. Diese Verbindung von Parallel- und Hintereinanderschaltung hat den Vortheil, daß, wenn z. B. eine von den 15—20 Lampen entzweigeht, nicht auch noch eine zweite erlischt, wie dies bei einfacher Hintereinanderschaltung der Fall sein würde.

Die elektrische Beleuchtungsanlage des Brünner Stadttheaters ist von der Commandit-Gesellschaft für angewandte Elektricität Brückner, Roß & Consorten in Wien und der Société Electrique Edison in Paris ausgeführt. Das Maschinenhaus ist ungefähr 300 Meter von dem Theater entfernt; dasselbe bedeckt 120 Quadratmeter Grundfläche, das Kesselhaus 129 Quadratmeter. Es sind drei nebeneinander eingemauerte Dupuis-Röhrenkessel vorhanden, von denen jeder im wesentlichen aus einem horizontalen Vorderkessel von 4 Meter Länge und 1,1 Meter Durchmesser und einem starken angeschlossenen Röhrenkessel von 2,06 Meter Höhe und 1,36 Meter Durchmesser besteht; in dem Röhrenkessel befinden sich vier Gruppen, zusammen 68 Röhren von je 76 Millimeter äußeren Durchmesser. Die Gesammtheizfläche jedes dieser Kessel ist 55 Quadratmeter und es genügen zwei Kessel für den Betrieb der Dampfmaschine, während der dritte Kessel als Reservekessel vorgesehen ist. Zum Betriebe dient eine Zwillings-Hochdruck-Dampfmaschine, System Collmann, von 110 Pferdekräften, 350 Millimeter Cylinderdurchmesser, 800 Millimeter Hub und 105 Touren pro Minute. Auf der gemeinsamen Schwungradwelle sitzt ein Seilschwungrad von 4 Meter Durchmesser, welches die Vorgelegewelle mit sieben Hanfseilen von je 40 Millimeter Durchmesser treibt. Durch die Hanfseile wird die gesammte Kraft der Dampfmaschine auf eine Seilscheibe von 1,4 Meter Durchmesser übertragen; die Seilscheibe und somit auch die Transmissionswelle machen demnach 300 Touren. Von der Transmission aus werden die im Maschinenraum aufgestellten vier Edison- und zwei Gramme'schen Dynamomaschinen betrieben. Von den letzteren dient die größere (von 5 Pferdekräften) zum Betriebe von vor den Theatern aufgestellten Bogenlichtern, die kleinere (von 2 Pferdekräften) zur Erzeugung von Effectbeleuchtungen, z. B. zur Nachahmung von Mondschein auf der Bühne durch elektrisches Bogenlicht. Es soll noch eine dritte Gramme'sche Maschine aufgestellt werden, welche den Strom für eine bereits auf dem Boden des Zuschauerraums aufgestellte, zum Betriebe eines Exhaustors dienende secundäre Dynamomaschine liefern soll.

Die vier Edison'schen Dynamomaschinen sind im stande, je 250 Edison A Lampen von je 16 Normalkerzen Lichtstärke zu speisen, und haben folgende Dimensionen: Der Widerstand des Ankers beträgt 0,0325 Ohm, der der Magnete 12,18 Ohm, die Stromstärke 183 Ampère, die Klemmenspannung 110 Volt. Es sind 64 Commutatorabtheilungen vorhanden. Jede Maschine wiegt 4000 Kilogramm und bedarf zu ihrem Betriebe 30 Pferdkräfte. Die Maschinen machen 300 Touren pro Minute und werden, da sie höchstens 900 Glühlichtlampen zu speisen haben, nicht auf ihre höchste Leistungsfähigkeit in Anspruch genommen; es ist daher auch keine Reservemaschine vorhanden. Falls eine der Maschinen versagen sollte, werden die anderen in entsprechend höherem Maaße beansprucht.

Das Arrangement der Maschinen ist aus der schematischen Zeichnung Fig. 314 zu erkennen. Die vier Maschinen sind parallel geschaltet und es werden ihre Elektromagnete durch vier ebenfalls parallel geschaltete Zweigströme erregt. Der in jeder Maschine erzeugte Strom durchläuft eine an der Wand des Maschinenhauses angebrachte Spaltvorrichtung, unterhalb welcher sich die Drähte zu einem gemeinsamen Strange vereinigen; eine gleiche Spaltvorrichtung ist für den Erregungsstromkreis vorhanden. Zur Regulirung der elektromotorischen Kraft werden Widerstände aus Neusilberdraht mittels eines Kurbeleinschalters in den Erregungsstromkreis eingeschaltet. Der Strom der vier Maschinen wird zu einem Stromkreise vereinigt nach dem Theater geführt. Das Hauptkabel mündet im Keller des Theaters und hier wird der Strom in zwei Stromkreise getheilt. Der eine derselben dient zur Speisung aller derjenigen Lampen, welche während ihrer Brenndauer keiner Aenderung der Lichtstärke bedürfen, also der Lampen in der Vorhalle, den Treppenräumen, Fluren u. s. w., im ganzen 397. Der zweite Stromkreis versorgt die im Bühnen- und Zuschauerraum angebrachten Lampen, welche im Laufe des Abends einer Regulirung bedürfen.

Bei den im Laufe des Tages abzuhaltenden Proben wird die Bühne durch 40 Edison B Lanpen von je 8 Normalkerzen Lichtstärke erleuchtet; dieselben werden durch eine im Keller des Theaters aufgestellte kleine Gramme'sche Maschine gespeist, zu deren Betrieb ein zur Bewegung des Ventilators bestimmter Otto'scher Gasmotor von 6 Pferdestärken dient. Der Kellerraum, in welchem der Gasmotor steht, wird durch eine Gasflamme erleuchtet; diese Gasflamme ist die einzige, welche im ganzen Theater vorhanden ist.

Die Theilung des Hauptstroms erfolgt mittels einer Spaltvorrichtung, Fig. 316. Die mit Bs bezeichneten Bleistreifen haben den Zweck, im Falle eines kurzen Schlusses zu vermeiden, daß dadurch Feuersgefahr verursacht werden könnte. Entsteht nämlich durch irgend einen Zufall ein kurzer Schluß, d. h. eine directe Verbindung der Hin- und Rückleitung, so muß, da plötzlich ein großer Widerstand ausgeschaltet wird, in den beiden Drähten eine starke Erhitzung stattfinden; dieselbe pflanzt sich bei der großen Wärmeleitungsfähigkeit des Kupfers sehr schnell fort und schmilzt den in die Leitung eingeschalteten Bleistreifen durch, wodurch der Strom unterbrochen wird, bevor eine feuergefährliche Erhitzung der Leitungen eintreten kann.

Die Hausleitung steigt senkrecht vom Keller bis zum Amphitheater empor. In jedem Range sind Abzweigungen angebracht, welche stets mit einer Bleisicherung Bs und mit einem Stöpseleinschalter A (wie in Fig. 315 dargestellt) versehen sind. Die Leitung für Bühne und Zuschauerraum geht direct vom Keller zum Regulirungsapparat. Vorher wird die Leitung für die 13 Lampen, die Lampen der Unterbühne und die zwei für den Souffleur, welche keiner Regulirung bedürfen, abgezweigt.

Bevor zur Beschreibung des Regulirapparates übergegangen wird, ist noch zu erwähnen, daß die Lampen einer jeden Soffitte, Rampe und Coulisse in drei Stromkreise geschaltet sind, und zwar ist jede zweite, bezw. dritte Lampe mit einer elastischen Gelatinehülle von rother resp.

grüner Farbe überzogen, um dadurch das zu den Beleuchtungseffecten erforderliche farbige Licht hervorbringen zu können. Da also von sämmtlichen Soffitten-, Rampen- und Coulissenlampen stets nur der dritte Theil zu gleicher Zeit brennt, sind immer nur ungefähr 900 Lampen in Betrieb.

Die Einrichtung des Regulirapparates besteht im wesentlichen darin,

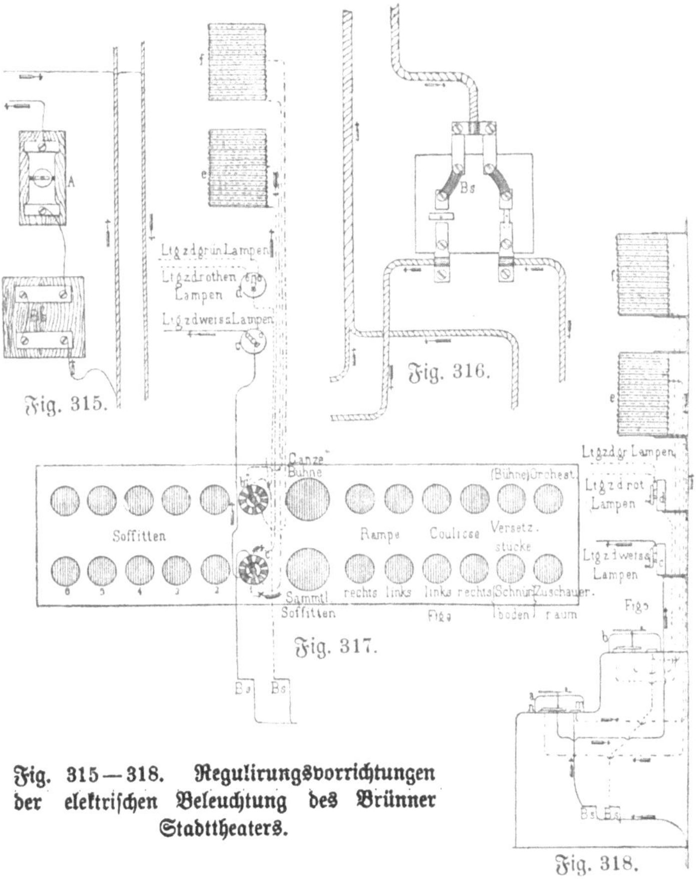

Fig. 315—318. Regulirungsvorrichtungen der elektrischen Beleuchtung des Brünner Stadttheaters.

daß der Hauptstrom in soviele Stromkreise getheilt wird, als aus bühnentechnischen Rücksichten erforderlich sind, und daß in dieselben mittels eines Kurbeleinschalters je nach der gewünschten Lichtstärke der Lampen Widerstände eingeschaltet werden. Der Regulirungsapparat ist rechts von der Bühne an der Wand, welche dieselbe von dem Auditorium trennt, ungefähr 2 Meter über dem Fußboden angebracht. Wie aus Fig. 317 ersichtlich, ist im vorliegenden Falle für die Lampen jeder einzelnen Soffitte, der sämmtlicher Soffitten auf einmal, jeder Rampenhälfte, jeder Coulisse, der ganzen Bühne auf einmal, der Versatzständer auf dem Schnürboden, endlich für die Lampen des Orchesters und die des Zuschauerraums eine besondere Regulirungsvorrichtung angebracht.

Um ein Bild von der Einrichtung des in Fig. 319 dargestellten Regulirungsapparates im einzelnen zu geben, ist der Stromlauf für die erste Soffitte ausführlich dargestellt. Die Kurbeleinschalter a und b, Fig. 318, sind auf einem Tische derart angebracht, daß sie leicht gehandhabt werden können; an der Rückwand sind die einfacheren Einschalter c und d und über denselben die Drahtwiderstände e und f befestigt. Der vom Hauptstromkreis abgezweigte Strom dient entweder, wenn der Stromkreis durch den Einschalter c geschlossen, dagegen der Stromkreis der

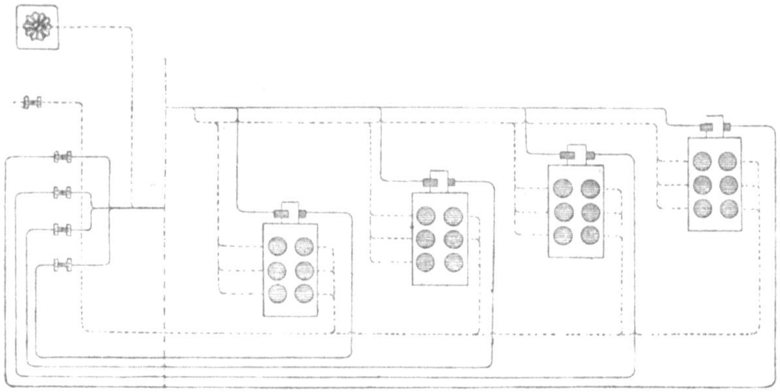

Fig. 319. Regulirungsapparat der elektrischen Beleuchtung des Brünner Stadttheaters.

rothen oder grünen Lampen geöffnet ist, zur Speisung der weißen, oder im entgegengesetzten Falle zur Speisung der farbigen Lampen.

Nimmt man an, der Stromkreis zu den weißen Lampen sei, wie es auch in Fig. 318 gezeichnet ist, geschlossen und zur Dämpfung der Lampen mittels des Kurbeleinschalters der halbe Drahtwiderstand e eingeschaltet, so wird der Strom, nachdem er die Bleisicherung Bs durchflossen hat, in den Kurbeleinschalter a eintreten, mittels dessen Widerstand er in 29 verschiedenen Abstufungen in den Lampenstromkreis eingeschaltet werden kann. Der Strom, welcher in das Contactstück m eintritt und durch die Achse der Schleifkurbel austreten muß, nimmt, da eine unmittelbare Verbindung zwischen letzterer und m fehlt, den Weg durch die Drähte des Widerstandrahmens e und tritt durch das Contactstück n in die Kurbel. Diese verläßt er durch ihre Achse und geht, nachdem er den Einschalter c durchflossen hat, in die weißen Lampen. Wird der Strom umgeschaltet, sodaß er durch die rothen und grünen Lampen geht, so durchfließt er entsprechend, wie oben beschrieben, die Bleisicherung Bs[1], den Kurbeleinschalter b und den Drahtwiderstand f.

Eine interessante Beleuchtungsanlage, wenngleich keine der neueren, ist die der Magasins du Louvre in Paris. Der Anfang derselben datirt aus dem Jahre 1877, als das elektrische Licht erst begann, für die Beleuchtung von Fabrikräumen ꝛc. in Frage zu kommen. Zu jener Zeit waren die beiden Eigenthümer Chauchard und Hériot im Begriff, die große Halle Marengo zu bauen und ihr Etablissement dabei bedeutend zu vergrößern. Zu derselben Zeit wurde auch die Jablochkoff'sche Kerze, welche erst seit einigen Monaten erfunden war, in weiteren Kreisen bekannt und gewann, da eine andere praktische Theilung des elektrischen Lichtes noch nicht zu irgendwelcher Bedeutung gelangt war, bald eine große Verbreitung. Die Eigenthümer der Magasins du Louvre acceptirten dieselbe daher auch für die Beleuchtung ihrer neuen Halle und so wurde diese während des Frühlings und Sommers 1877 durch sechs Jablochkoff'sche Kerzen erleuchtet, denen von zwei Alliancemaschinen der erforderliche Strom geliefert wurde. Am 15. September desselben Jahres wurde eine neue Anlage vollendet, bei welcher die Zahl der Lampen auf 9 erhöht war; dieselbe stieg bis zum 25. November auf 15. Im Frühjahr 1878, gerade vor der Eröffnung der Pariser Internationalen Ausstellung, waren bereits 22 Jablochkoff'sche Kerzen in Gebrauch, von denen 7 während des Tages in dunklen Räumen des Etablissements brannten und die übrigen 16 zur Nachtzeit 200 Gasflammen ersetzten. Sechs Monate später war die Zahl der Jablochkoff'schen Lampen bereits auf 80 gestiegen und betrug die Totalsumme der Kerzen, welche am Ende des Jahres verbraucht worden waren, 45000; am 31. December 1879 finden wir im Louvre 120 Jablochkoff'sche Lampen mit einem Jahresconsum von 75000 Kerzen. Seit dieser Zeit ist die Anlage nicht erheblich vergrößert worden, da es an Raum gebricht, um neue Maschinen aufstellen zu können, sodaß gegenwärtig die gesammte elektrische Beleuchtung des Louvre aus 4 Bogenlampen, 150 Jablochkoff'schen Kerzen und 58 Edison'schen Glühlampen besteht.

Die Initiative zur Errichtung der elektrischen Beleuchtung des Louvre gegeben zu haben, ist ein Verdienst des Ingenieurs Honoré, welchem die Verwaltung des ganzen technischen Betriebes dieses groß-

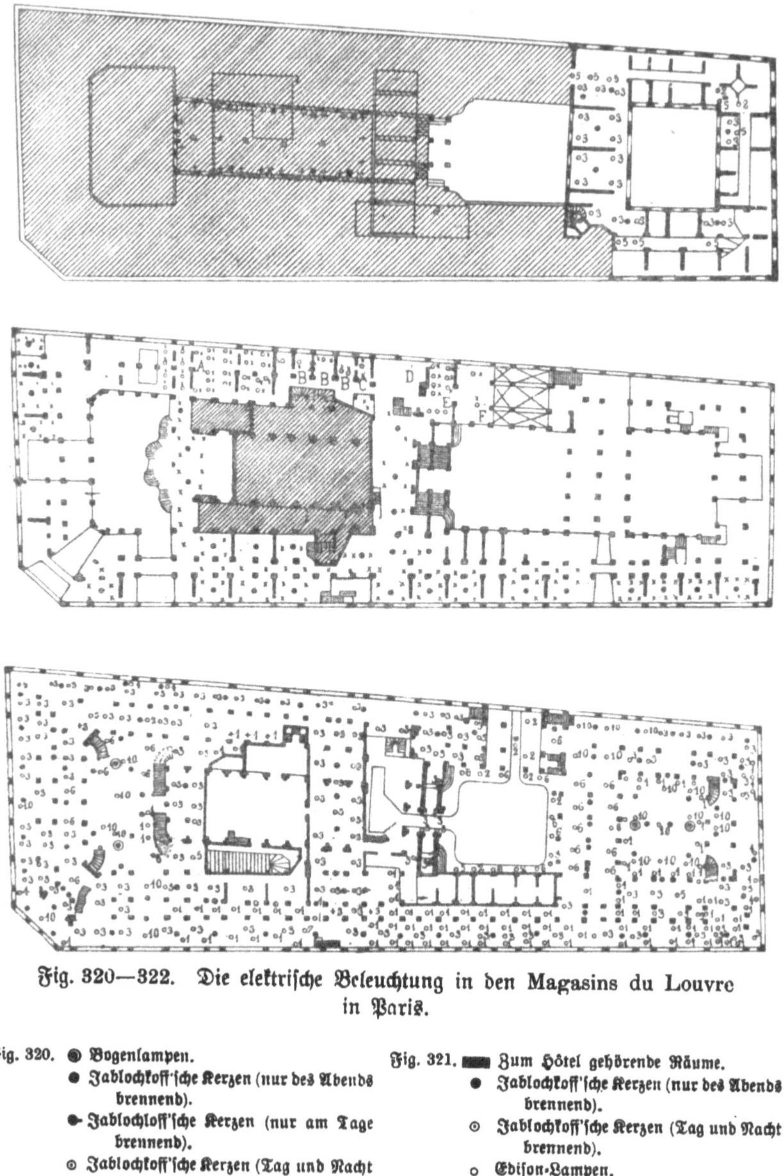

Fig. 320—322. Die elektrische Beleuchtung in den Magasins du Louvre in Paris.

Fig. 320. ◉ Bogenlampen.
- ● Jablochkoff'sche Kerzen (nur des Abends brennend).
- ●- Jablochkoff'sche Kerzen (nur am Tage brennend).
- ⊙ Jablochkoff'sche Kerzen (Tag und Nacht brennend).
- o n Gruppen von n Gas-Brennern, durch elektrisches Licht ersetzt.

Fig. 321. ▬ Zum Hôtel gehörende Räume.
- ● Jablochkoff'sche Kerzen (nur des Abends brennend).
- ⊙ Jablochkoff'sche Kerzen (Tag und Nacht brennend).
- o Edison-Lampen.
- × Gasbrenner, durch Edison-Lampen ersetzt.

Fig 322. ▬ Zum Hôtel gehörende Räume.
- ● Jablochkoff'sche Kerzen.
- o Gruppen von n Gasbrennern, durch elektrisches Licht ersetzt.
- + Gruppen von 19 Gasbrennern.
- ⊕ Candelaber von 72 Kerzenstärken.

artigen Etablissements unterstellt ist. Derselbe hat die Installation derart einzurichten gewußt, daß durchaus keine Störungen eintreten und die Einführung der elektrischen Beleuchtung fast unmerklich geschah. Dennoch ist die Beleuchtungsanlage eine so vorzügliche, daß sie von Anfang an bis jetzt zufriedenstellend gearbeitet hat. Die Magasins du Louvre waren das erste größere Etablissement in Paris, welches die elektrische Beleuchtung in seinen Räumen einführte; die meisten anderen größeren Geschäfte und industriellen Etablissements sind ihrem Beispiele erst gefolgt, als man sah, wie zufriedenstellend die Resultate dieser Beleuchtungsmethode waren.

Die Abbildungen Fig. 320 bis 322 zeigen die Pläne des Erdgeschosses, des Entresols und der ersten Etage, aus welchen die Aufstellung aller elektrischen Lampen, sowie die Zahl der Gasflammen, welche durch dieselben ersetzt wurden, genau zu ersehen ist. Die vollständigste elektrische Beleuchtung hat das Erdgeschoß, wo die Lampen in folgender Art vertheilt sind: Durch Berjot-Bogenlampen sind die Halle Palais-Royal und die Halle Marengo mit je zwei Lampen erleuchtet; 111 Jablochkoff'sche Kerzen sind in dem ganzen Raume vertheilt, von denen einige auf Candelabern, andere an von den Wänden herabhängenden Trägern angebracht sind. Von diesen 111 Kerzen brennen 96 nur bei Nacht, 10 bei Tag und Nacht und 5 nur während des Tages; dieselben ersetzen im ganzen 1013 Gasflammen, jede einzelne Kerze also 10,55 Gasflammen. Im Entresol sind nur 27 Jablochkoff'sche Kerzen angebracht, welche 149 Gasflammen ersetzen, sodaß hier auf je 5,51 der früher benutzten Gasflammen eine elektrische Kerze kommt. In den Bureaux sind 58 Edison-Lampen angebracht, welche dieselbe Anzahl früher angewendeter Gasflammen ersetzen. Ein großer Theil der ersten Etage (Fig. 322) wird von dem Hôtel du Louvre eingenommen; die Anzahl der hier verwendeten Kerzen beträgt nur 9. Vor der Einführung des elektrischen Lichtes war derselbe Raum von 107 Gasflammen beleuchtet, sodaß jede Kerze 11,88 Gasflammen ersetzt. Der Hofraum des Hôtels, welcher früher durch 88 Gasflammen beleuchtet wurde, ist gleichfalls durch 9 Kerzen erleuchtet; ebenso hat der Speisesaal 9 Jablochkoff'sche Kerzen statt 22 Gruppen von 19 Gasflammen und 4 Gaskronen von je 72 Gasflammen. Da die Zahl der früher verwendeten Gasflammen somit im ganzen 706 beträgt, ersetzt jede der Kerzen 78,44 Flammen und doch ist der Speisesaal, dessen Beleuchtung eine sehr glänzende ist, jetzt besser beleuchtet als früher.

Alle zu der Beleuchtungsanlage erforderlichen Maschinen und Kessel sind im Souterrain aufgestellt; das Arrangement derselben ist aus Fig 323 und aus den in größerem Maaßstab gezeichneten Fig. 324 bis 327 zu ersehen. Als Dampferzeuger sind zwei Belleville-Kessel aufgestellt, von denen der eine für 40, der andere für 50 Pferdestärken berechnet ist. Als Motoren dienen zwei Corliß-Dampfmaschinen von je 35 Pferdekräften, welche eine gemeinschaftliche Schwungradwelle haben und mit 170 Touren pro Minute arbeiten. Von den Riemenscheiben der Maschinen wird die Bewegung auf eine unterirdische Transmission übertragen, welche 277 Umdrehungen pro Minute macht und von welcher die Kraft wieder auf die oben zu beiden Seiten des Hauptganges aufgestellten elektrischen Maschinen übertragen wird. Von diesen sind folgende vorhanden: 1) eine magnet-elektrische Wechselstrommaschine A (System de Méritens), die 905 Touren pro Minute macht und 25 in fünf verschiedenen Stromkreisen eingeschaltete Kerzen speist, von denen sich 20 im Entresol und 5 im Erdgeschoß befinden; 2) eine Gramme'sche Maschine D, ebenfalls mit Wechselstrom und mit 995 Touren arbeitend, als deren Erreger eine Gramme'sche Gleichstrommaschine mit einer Geschwindigkeit von 600 Touren dient und welche 24 in acht Stromkreisen eingeschaltete Kerzen speist; 3) eine de Méritens'sche Maschine B von derselben Form wie die unter 1 angeführte, welche 5 Kerzen im Erdgeschoß und die 4 Berjot-Lampen speist; 4) ein Paar Gramme'scher Maschinen C, wie die unter 2 angeführte, welche 12 Kerzen im Erdgeschoß, 3 im Entresol und 9 in der ersten Etage speisen.

Die Stromkreise sämmtlicher Maschinen werden zu einem Rahmen geleitet, auf welchem 25 Zweiweg-Commutatoren befestigt sind; das Arrangement der letzteren ist aus Fig. 326 zu ersehen. Die Commutatoren 1—5 controliren die fünf Stromkreise der de Méritens-Maschine A, Nr. 6—10 die fünf Stromkreise der de Méritens-Maschine B, Nr. 11—18 die acht Stromkreise der Gramme'schen Maschinen C und Nr. 19—23 die der Gramme'schen Maschine D. Die beiden Stromkreise der Erreger werden durch die Commutatoren 24 und 25 geleitet. Ein besonderer Commutator ist mit den drei complementären Stromkreisen der D Maschine verbunden. Diese Ströme versorgen 9 Lampen, welche constant brennen und ihren Strom von einer der beiden Maschinen erhalten. Hierbei ist erforderlich, daß das Einschalten der einen oder anderen Maschine in den Lampenstromkreis ohne irgendwelche merkliche Veränderung des Lichtes vollzogen werden kann. Man erreicht dies durch eine Reihe aus der Abbildung ersichtlicher Commutatoren. Es bedeutet a stets die Gruppe der Drähte von den Kerzenhaltern, b die Drähte, welche den Strom für die bei Nacht brennenden Kerzen zuleiten; der Strom für die über Tag brennenden Kerzen wird durch Drähte zugeleitet, deren Enden mit jedem Commutator verbunden gezeichnet sind.

Der zweite Theil der Maschinenanlage umfaßt ebenfalls zwei Corliß-Maschinen von je 35 Pferdekräften, welche von einer Trans-

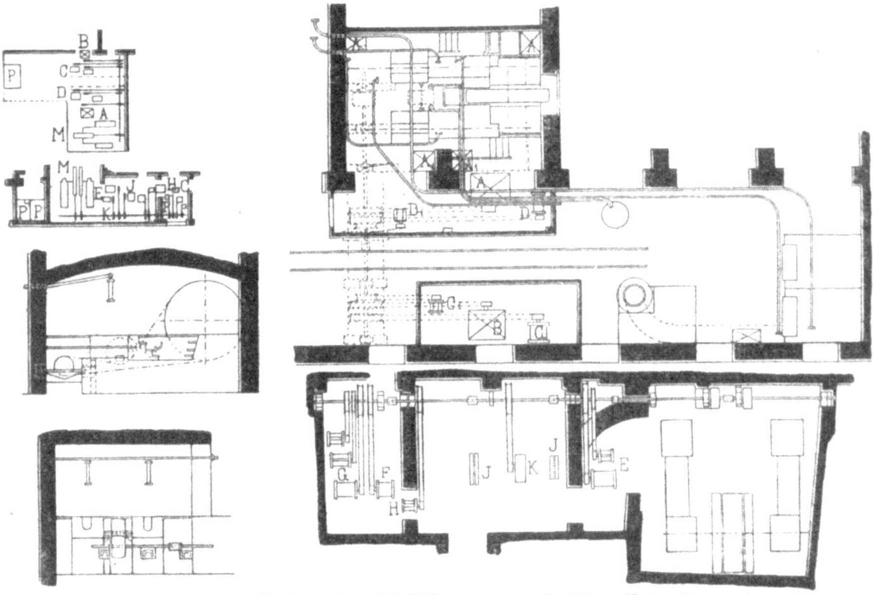

Fig. 323—327. Anlage der Maschinen zur elektrischen Beleuchtung der Magasins du Louvre in Paris.

mission aus folgende Maschinen treiben: 1) eine Gramme'sche Maschine E mit Erreger für 24 Lampen, die von 9 Uhr vormittags bis 10 Uhr 15 Min. abends beständig in Thätigkeit ist, während des Tages die im Magazin selbst angebrachten Lampen speist und bei Nacht noch dazu dient, die 9 Lampen im Hofraum des Hôtels, die 9 im Speisezimmer angebrachten und außerdem 6 Lampen des Erdgeschosses mit Strom zu versorgen mit 17 Commutatoren, von denen 8 für den Tagbetrieb, 8 für den Nachtbetrieb und einer für die erregende Maschine dienen; 2) eine Pumpe J; 3) eine Edison-Maschine zur Speisung der Glühlichtlampen; 4) eine Pumpe J'; 5) eine Gramme'sche Maschine, welche

1100 Umdrehungen macht und zur Kraftübertragung dient; 6) eine Gramme'sche Maschine G für 24 Jablochkoff'sche Lampen im Erdgeschoß, welche mit einem Satz von 9 Commutatoren für die acht Stromkreise und für den Erreger versehen ist; 7) ein Paar Gramme'scher Maschinen F für 24 Kerzen, welche von 9 Uhr vormittags bis zum Abend im Betrieb sind. Bei Tage werden nur 5 Kerzen von dieser Lampe mit Strom versorgt; erst bei eintretender Dunkelheit wächst die Zahl der Kerzen auf 24 an.

Von den mannigfachen Vorzügen des elektrischen Lichtes hat man gerade bei dieser Anlage sich auf das vollständigste überzeugen können. Während es früher in diesem Etablissement absolut unmöglich war, abends die Farben der Stoffe deutlich zu erkennen, ist es bei der neuen Beleuchtungsmethode vollständig gleichgiltig, ob man die Stoffe bei Tage oder abends besieht, da man bei der elektrischen Beleuchtung die zartesten Farbennuancen unterscheiden kann. Durch die Einführung der elektrischen Beleuchtung wurden in den Magasins du Louvre 1269 Schwalbenschwanzbrenner und 706 Kerzenbrenner verdrängt. Diese Anzahl Gasflammen verbrauchte stündlich ungefähr 235 Kubikmeter Gas und es wurden zur Verbrennung dieser Gasmenge etwa 618,4 Kubikmeter Luft verbraucht resp. verdorben. Bei elektrischer Beleuchtung kann, da die Jablochkoff'schen Kerzen 5 Gramm Kohle stündlich und die Bogenlampen 10 Gramm stündlich verbrennen, die Ansammlung schlechter Luft nicht mehr als 9,276 Kubikmeter betragen und ist somit der eminente Vortheil, den die neue Beleuchtungsweise auch in hygienischer Beziehung vor der früheren hat, zur Evidenz bewiesen.

Ein zweites der großen Pariser Etablissements, die Magasins de Printemps, welche infolge eines durch die Gasbeleuchtung hervorgerufenen Unfalls vollständig niederbrannten, heute aber bereits wieder hergestellt sind, besitzen gegenwärtig in ihrem Souterrain drei Dampfmaschinen von zusammen 70 Pferdekräften, welche drei Gramme'sche Wechselstrommaschinen zu je 20 Bogenlampen treiben, und zwei Gramme'sche Gleichstrommaschinen zur Speisung von je 56 Maxim'schen Incandescenzlampen.

Im Parterre sind 75, im Entresol 9, in der ersten Etage 16, in der zweiten Etage 4 Glühlampen und in den oberen Etagen im ganzen 50 Maxim'sche Glühlampen angeordnet; im Hofe ist eine Locomobile und eine Gramme'sche Maschine zur Speisung von 8 Bogenlampen aufgestellt, bei deren Lichte die dort beschäftigten Arbeiter den Mangel des Tageslichts kaum empfinden. Diese an sich schon große elektrische Beleuchtung wird noch bedeutend erweitert, sobald der Hauptsaal des Etablissements eröffnet sein wird, da man beabsichtigt, denselben mit 9 Bogenlampen und 400 Maxim'schen Glühlichtern zu beleuchten.

Das nächst größte der Pariser Etablissements dieser Art, Au Bon Marché, hat zur Beleuchtung das Edison-System gewählt, und zwar sind 480 Edison A Lampen vorhanden, welche ungefähr gleichmäßig in den Souterrains und in den Magazinen vertheilt sind. Diese 480 Lampen werden durch 2 Edison-Maschinen (Modell K) gespeist, welche 900 Touren in der Minute machen und von denen jede bei gewöhnlicher Umdrehungsgeschwindigkeit zur Speisung von 250 Lampen ausreicht. Eine der Maschinen ist stets auch am Tage in Betrieb, da die Souterrains auch bei Tage beleuchtet werden müssen; die Dynamomaschinen werden beide durch eine Compound-Dampfmaschine von 60 Pferdekräften betrieben, welche die Firma Weyher & Richmond geliefert hat. Nach Angaben der Zeitschrift „La Lumière Electrique“ ist die Beleuchtung in den Räumen, wo jede Gasflamme durch eine Edison-Lampe ersetzt ist, der Quantität nach allerdings genügend, doch soll sie in Bezug auf die Güte des Lichtes noch viel zu wünschen übrig lassen, da die Lampen fortwährend zucken. Man schreibt diese Ungleichmäßigkeit der Beleuchtung dem unregelmäßigen Gange der Betriebsdampfmaschine zu und ist auch dies wieder ein Beweis, wieviel auf die richtige Wahl und gute Ausführung der Betriebsdampfmaschinen für elektrische Beleuchtungszwecke ankommt.

Auch kleinere selbständige elektrische Beleuchtungsanlagen sind in Paris in Betrieb; wir erwähnen als eine der interessantesten die des Schuhlagers von Lamy in der Avenue de Clichy und das Magasin de Musique Gregh in der Rue de la Chaussé-d'Antin. Die erstere dieser Anlagen besteht aus einer Gasmaschine von 6 Pferdekräften, welche eine Gramme'sche sich selbst erregende Maschine für 6 Lampen treibt. Diese Maschinen sind im Keller des Magazins aufgestellt. Jeder der Leuchter trägt 4 Lampen, von denen jedoch während der durchschnittlichen Beleuchtungsdauer von 6 Stunden immer nur 3 brennen. Die Beleuchtung erscheint relativ sehr stetig und der Effect des Ganzen ist sehr befriedigend.

In der zweiterwähnten kleineren Anlage der Rue de la Chaussé d'Antin dienen zur Beleuchtung 5 Siemens'sche Differentiallampen und 4 Swan'sche Incandescenzlampen. Als Betriebsmaschine dient ein Gasmotor von 5 Pferdekräften, welcher im Souterain aufgestellt ist und eine Siemens'sche Dynamomaschine und deren Erreger treibt. Drei der Siemens'schen Lampen sind im Inneren des Hauses, zwei auf der Straße angebracht; mittels der vier Swan-Lampen werden die Bureaux erleuchtet. Eine der Siemens'schen Lampen ist zwischen zwei parallel gestellten Glasplatten mit Reflexionsschliff angebracht und erzeugt einen außerordentlichen Lichteffect.

Eine der interessantesten Installationen elektrischer Beleuchtung enthält das Hippodrom in Paris, in welchem sowohl eine Beleuchtung mit automatischen Regulatoren als mit Jablochkoff'schen Kerzen durchgeführt ist. Der auf Tafel V zur Darstellung gebrachte Saal ist von außerordentlicher Größe und sein Anblick ist bei voller Beleuchtung geradezu feenhaft. Der Raum hat die Form eines länglichen Rechtecks, dessen Enden durch zwei Halbkreise geschlossen sind. Vier gußeiserne Säulen, die 36 Meter in der einen und 17 Meter in der anderen Richtung voneinander entfernt sind, bilden die einzigen Stützpunkte der ganzen Dachconstruction. Die gesammte Länge des Saales ist 105 Meter, die Breite 70 Meter, die Höhe 25 Meter und die beleuchtete Fläche 6300 Quadratmeter. Die Galerieen enthalten Sitzplätze für ungefähr 8000 Personen. Die Rennbahn ist durch 20 Regulatoren mit kräftigen Reflectoren beleuchtet; zur Beleuchtung des Zuschauerraumes dienen 60 Jablochkoff'sche Kerzen, welche in zwei Reihen im Umfang, sowie um die vier mittleren Säulen angebracht sind. Zum Antrieb der stromerzeugenden magnet-elektrischen Maschinen dienen zwei Dampfmaschinen von je 100 Pferdekräften, doch werden diese disponiblen 200 Pferdekräfte für die gewöhnliche Beleuchtung nicht gebraucht, da mit Inbegriff der Transmissionen nur 140 Pferdekräfte zum Betrieb nöthig sind. Es wurde der Ueberschuß an Betriebskraft deshalb vorgesehen, um bei besonderen Festlichkeiten die Beleuchtung entsprechend erhöhen zu können. Der Maschinenraum enthält außer den Dampfmaschinen drei Gramme'sche Maschinen für Wechselströme, deren jede 20 elektrische Kerzen speist, die Erreger für diese Maschinen und 21 Gramme'sche Gleichstrommaschinen, von denen 20 zur Stromerzeugung für die Regulatoren der Rennbahn dienen, während eine zur Beleuchtung des Maschinenraums vorgesehen ist. Die Lichtstärke sämmtlicher Beleuchtungsapparate überschreitet 12000 Carcel-Brenner. Die Installation hat in runder Summe 200000 Francs (160000 Mark) gekostet und die Gesammt-Ausgaben pro Abend betragen 250 Francs (ca. 200 Mark).

Eigenthümliche Umstände machten es wünschenswerth, den Hafen

Locomobile mit Brotherhood'schem Motor und Gramme'scher Maschine.

XIX.

Elektrischer Leuchtthurm von Planier bei Marseille.

XX.

Elektrische Beleuchtung der Insel Tabarka durch die Fregatte »La Surveillante«.

XXI.

Yacht von Ménier mit elektrischem Reflector.

XXII.

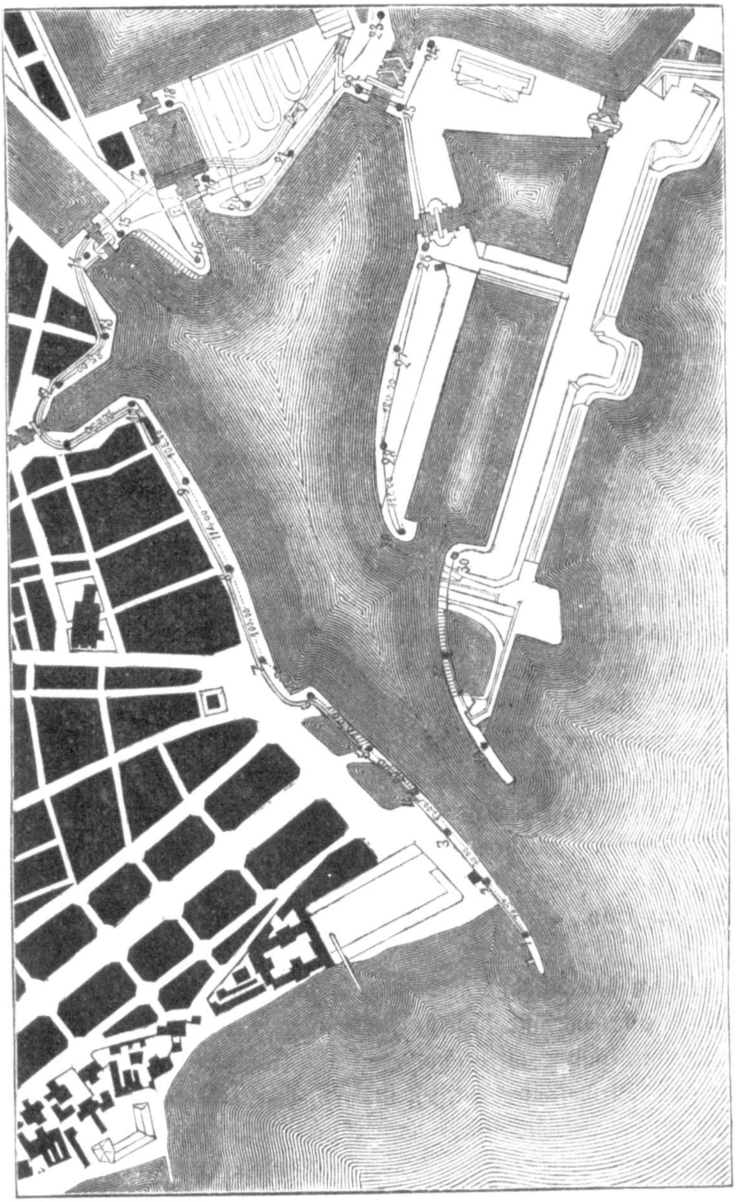

Fig. 328. Installationsplan der elektrischen Beleuchtung im Hafen von Havre.

von Havre während der Nacht zu beleuchten. Es liegen dort nämlich die Verhältnisse so, daß die Schiffe nur während der Zeit der Flut einlaufen können. Fällt nun von den zwei in 24 Stunden eintretenden Fluten eine in die Nachtzeit, so kann es vorkommen, daß ein Schiff, welches kurz nach der Tagesflut angekommen ist, bis zum Eintritt der nächsten Tagesflut nicht in den Hafen einlaufen kann, da die Dunkelheit das Einlaufen zu gefahrvoll macht; es müßte mithin dieses Schiff ca. 23 Stunden auf der äußeren Rhede liegen bleiben. Nun ist zwar die Rhede von Havre bei ruhigem Wetter zum Ankerwerfen vorzüglich geeignet; dagegen müssen die Schiffe, sobald sich der Wind erhebt, die Anker aus dem Grunde heben, da sie sonst leicht abtriften. Es ist dies der Grund, warum viele Capitäne den Hafen von Havre meiden und lieber den von Cherbourg aufsuchen.

Da durch diese Umstände dem Hafen von Havre wesentliche Nachtheile entstehen, entschloß man sich, denselben in seinen wichtigsten Theilen bei jedem nächtlichen Eintritt der Flut elektrisch zu beleuchten und somit den Schiffen das Einlaufen während der Nacht zu ermöglichen. Diese Beleuchtungsanlage, die seit dem Jahre 1881 thatsächlich ausgeführt ist, beginnt immer eine Stunde vor Eintritt der Flut zu functioniren und beleuchtet alsdann den Hafen bis eine Stunde nach Aufhören der Flut. Gegenwärtig sind 24 Lampen vorhanden, die in sechs Stromkreisen geschaltet sind. Zum Betriebe der vier sich selbst erregenden Gramme'schen Wechselstrommaschinen dienen zwei Dampfmaschinen von 35 Pferdekräften; eine vierte Gramme'sche Maschine arbeitet gewöhnlich im offenen Stromkreise und steht in Reserve. Die Vertheilung der Lampen ist aus Fig. 328 zu ersehen, während die Doppeltafel VI eine Abbildung des ganzen Hafens mit der elektrischen Beleuchtung giebt, nach welcher man sich umgefähr ein Bild von der Bedeutung der ganzen Anlage machen kann.

Von jeder der vorhandenen Lichtmaschinen gehen zwei Stromkreise aus, welche alle eine und dieselbe Anordnung haben; es genügt daher, einen derselben näher zu beschreiben. In Fig. 329 ist das Schema eines solchen Stromkreises dargestellt. M bezeichnet die Lichtmaschine mit ihren beiden Stromkreisen C und C'; R ist der in den Stromkreis der Elektromagnete eingeschaltete Widerstandskasten, welcher zum gleichzeitigen Reguliren der elektrischen Ströme in den beiden Stromkreisen dient. Dadurch, daß die Leitung C zu den Stöpseln P P' des Generators für sämmtliche Stromkreise geführt wurde, ist die Möglichkeit geboten, beim Untauglichwerden einer Maschine sofort die in Reserve stehende Maschine in den betreffenden Stromkreis einzuschalten. Die

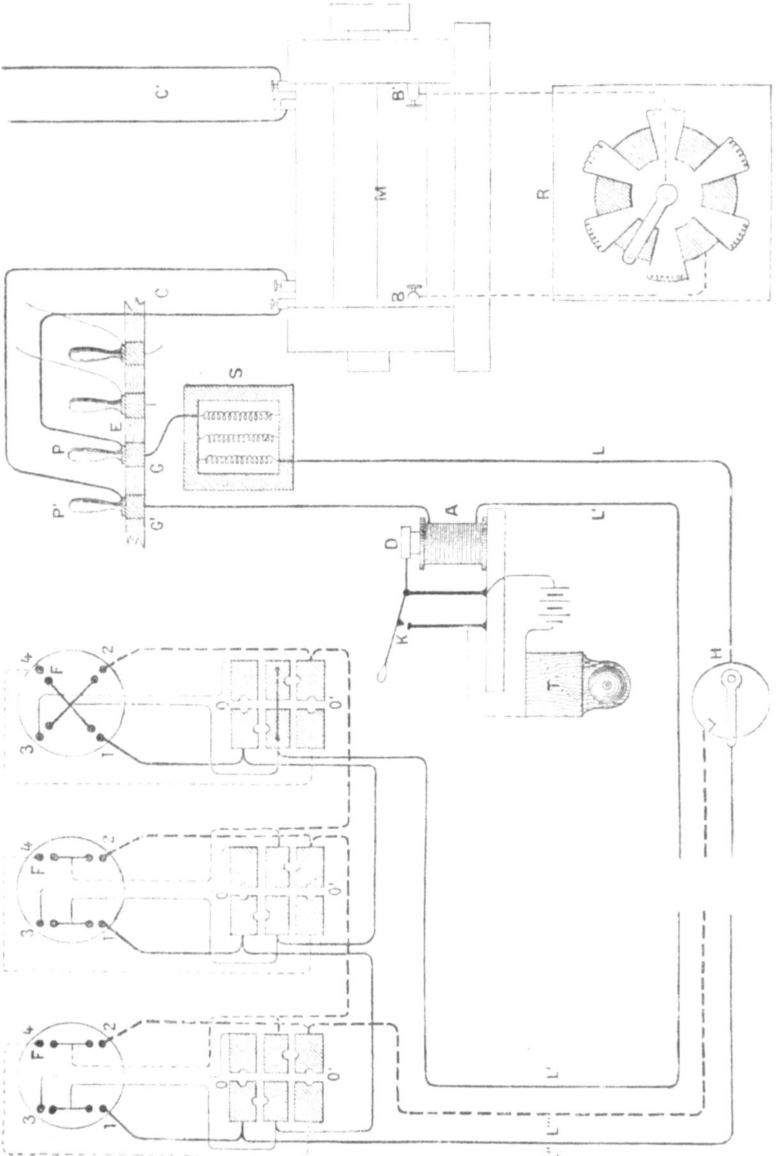

Fig. 329. Darstellung eines Stromkreises der elektrischen Beleuchtung im Hafen von Havre.

von E ausgehende Leitung wird zunächst durch den Widerstandsrahmen S geführt, der den Zweck hat, die Stromstärke beider Kreise einer

Maschine gleich zu machen; es ist dies nothwendig, da bei der ungleichen Länge beider Stromkreise jeder derselben eine andere elektromotorische Kraft erfordert. Der Leiter L führt dann zu dem mit zwei Contacten versehenen Commutator H, von welchem aus die punktirt gezeichnete Leitung L'' zu den Lampen F F F führt. Es sind hier der Einfachheit der Darstellung halber nur drei Lampen gezeichnet, während in Wirklichkeit sechs vorhanden sind.

Die Leitung L' dient zur Rückführung des Stromes. In dieselbe ist ein Elektromagnet A eingeschaltet, welcher bei normaler Function der Anlage den Anker D angezogen hält; sobald jedoch der Strom in der zu den Lampen führenden Leitung durch irgend eine Ursache, beispielsweise durch das Erlöschen einer Lampe, unterbrochen wird, fällt der Anker D ab und schließt bei H einen Contact, durch welchen bewirkt wird, daß das Klingelwerk T mit Hilfe einer kleinen Batterie in Bewegung gesetzt wird.

Jede der vorhandenen Lampen enthält vier Jablochkoff'sche Kerzen mit Kohlen von 6 Millimeter Durchmesser; die beiden ersten Lampen enthalten je zwei Träger zu je zwei Kerzen und sind daher auch mit zwei Rückleitungsdrähten versehen. Innerhalb des Fußes jedes Candelabers befindet sich ein Commutator O O' mit sechs Platten, welche der elektrische Strom passiren muß. Diese anscheinend complicirte Einrichtung hat einen doppelten Zweck. Erstens kann man durch dieselbe bei normalem Functioniren der Anlage vom Maschinenhause aus in jedem beliebigen Augenblicke den Strom mittels des Commutators H zu den Kerzen 1 und 2 führen; zweitens können, wenn dieser Wechsel vorgenommen ist, durch Umstöpselung in den Commutatoren O O' die Kerzen 3 für eine etwa durch einen Unfall nothwendig gewordene abermalige Umstellung des Commutators H mit der Leitung in Verbindung gesetzt werden. Bei Beginn der Beleuchtung geht der Strom durch die Leitung L, den Stromwechsler H, die Leitung L'' und, da im Commutator O O' durch Stöpselung keine Verbindung hergestellt ist, in die Kerze 1 der ersten Lampe, von dieser in die Kerze 1 der zweiten Lampe u. s. w. und fließt nun durch L'a und durch B' zur Maschine zurück. Sind die Kerzen 1 ausgebrannt oder aus einer anderen Ursache erloschen, so ist der Strom in den Leitungen L L, unterbrochen und die Alarmglocke T ertönt; es genügt jedoch eine einfache Drehung des Hebels am Commutator H auf den zweiten Contact, um sofort die Kerzen 2 an Stelle der Kerzen 1 zum Brennen zu bringen. Der Weg, welchen der Strom alsdann nimmt, ist folgender: Von L über H durch die punktirt gezeichnete Leitung in die Kerze 2 der ersten Lampe, von dieser in die Kerze 2 der zweiten Lampe u. s. w. und alsdann aus der letzten Lampe durch die Leitung L zur Maschine zurück.

Es geht dann ein Mann von Candelaber zu Candelaber, verbindet durch Stöpselung die beiden obersten Metallstücke der Commutatoren OO' und bereitet so die Einleitung des Stromes in die Kerzen 3 vor. Wenn alsdann die Kerzen 2 erlöschen sollen, so genügt abermals die Drehung des Hebels am Stromwechsler H durch den von der Alarmglocke aufmerksam gemachten Maschinenwärter, um nunmehr sofort die Kerzen 3 anzünden zu können. In diesem Falle nimmt der Strom folgenden Weg: Durch LL'' in das linksseitige obere Metallstück des ersten Commutators OO', durch den Stöpsel desselben in das rechtsseitige Metallstück, von diesem zur Kerze 3 der ersten Lampe, dann durch die beiden oberen Metallstücke des Commutators des nächsten Candelabers u. s. w. und endlich durch die Leitung L' zur Maschine zurück. Man kann demnach alle vier Kerzen, welche die Leuchter enthalten, in einer Nacht brennen lassen; unter normalen Verhältnissen und wenn keine Störung eintritt, bedarf man jedoch nur zwei derselben, da die Beleuchtung nur 3 Stunden dauert. Soll eine Lampe aus dem Stromkreise ausgeschaltet werden, so verbindet man das obere linksseitige Metallstück und das untere rechtsseitige mit den ihnen gegenüber liegenden Metallstücken des Commutators durch Schraubenbolzen.

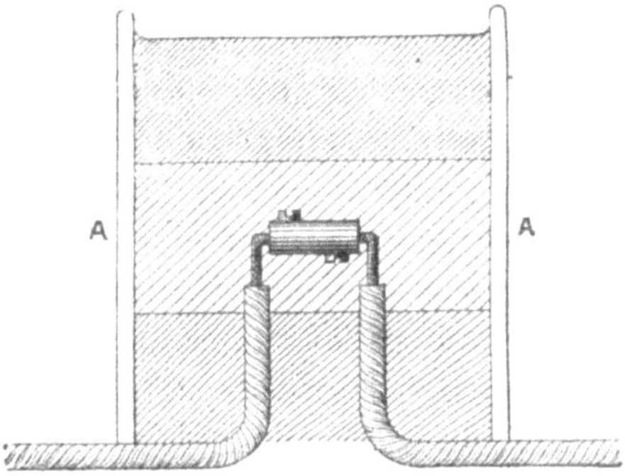

Fig. 330. Verbindung der Kabelenden bei der elektrischen Beleuchtung im Hafen von Havre.

Sämmtliche Leitungen gehen zum Generalumschalter E, der, wie auch die mit Ordnungsnummern versehenen Elektromagnete A und Stromwechsler H (alle nebeneinander) im Maschinenhause angebracht ist. Alle Stromleitungen gehen in einem Kabel gemeinschaftlich vom Maschinenraum aus und es erfolgt erst später ihre Verzweigung in einzelnen Kreisen. Aus Fig. 330 ist die Verbindung der Kabelenden ersichtlich. Dieselben werden in einen thönernen Cylinder gefüllt, dort rechtwinklig aufgebogen, ihre Enden durch eine Schraubzwinge verbunden und das untere wie auch das obere Drittel des Cylinders mit Cement ausgegossen, während die Mittelschicht, in welche die Enden der beiden Kabel hineinragen, aus Paraffin besteht.

Die Firma Sautter, Lemonnier & Co. in Paris, welche hauptsächlich die Laternen für Leuchtthürme fabricirt und neuerdings auch Gramme'sche Lichtmaschinen baut, hat ebenfalls die elektrische Beleuchtung in ihren Werkstätten eingeführt. Diese Werkstätten bestehen aus zwei Hallen von 30 Meter Länge und 25 Meter Breite. Zwischen denselben, sowie an den Seiten ist in einer Höhe von 5 Meter über dem Fußboden eine Galerie von 10 Meter Breite angebracht. Zu ebener Erde befinden sich die Schmiedefeuer, Werkzeugmaschinen u. s. w.; ebenso erfolgt dort die Montirung schwerer Stücke. Auf den Galerieen sind die Modelltischler, Klempner, Schlosser placirt und es werden hier auch die feineren Präcisionsarbeiten vorgenommen. Der erforderliche Strom wird durch drei Gramme'sche Lichtmaschinen geliefert, welche ebensoviele Lampen von je 150 Gasölbrenner Lichtstärke betreiben. Die Beleuchtung genügt so vollständig, daß jede andere sowohl für die bei den Werkzeugmaschinen arbeitenden Leute als oben auf der Galerie überflüssig ist. Es liegt der Gedanke nahe, daß in einer derartigen Werkstätte die vorhandenen Maschinen, Riemen, Säulen u. s. w. starke Schatten werfen und daß daher überall, wohin das Licht nicht direct dringen kann, ein greller Contrast zwischen den beleuchteten und den Schattenflächen hervortreten müßte. Es ist dies in Wirklichkeit aber nicht der Fall, da das zerstreute und von allen beleuchteten Objecten reflectirte Licht jede starke Schattenbildung verhindert, und zwar in so vollkommener Weise, daß ein Arbeiter die auf dem Boden seiner Schublade liegenden Werkzeuge leicht unterscheiden kann. Auch hier hat sich ergeben, daß das elektrische Licht die Augen nicht so leicht ermüdet wie andere Lichtquellen; die Arbeiter verlieren nach den ersten Tagen, wo ihnen die elektrische Beleuchtung neu ist, sehr bald die Gewohnheit, in die Lampen hineinzusehen, und sprechen sich über dieses Licht, welches ihnen die Nachtarbeit ebenso leicht wie die Tagarbeit macht, in der zufriedensten Weise aus.

Bei den hier benutzten Lampen muß die Auswechslung der Kohlen nach vierstündigem Betrieb erfolgen und kann diese Operation bequem in 2 Minuten vorgenommen werden. Jede der zur Verwendung gelangenden Lichtmaschinen bedarf zu ihrem Betrieb zweier Pferdekräfte.

Der Preis der Kohlenstäbe beträgt pro Meter 2,50 Frs.; da pro Lampe und Stunde 0,07 Meter verbrennen, so entspricht dies einer Ausgabe von 17 Centimes (13—14 Pfennig).

Von der Firma Egger, Kremenezky & Co. in Budapest wurde

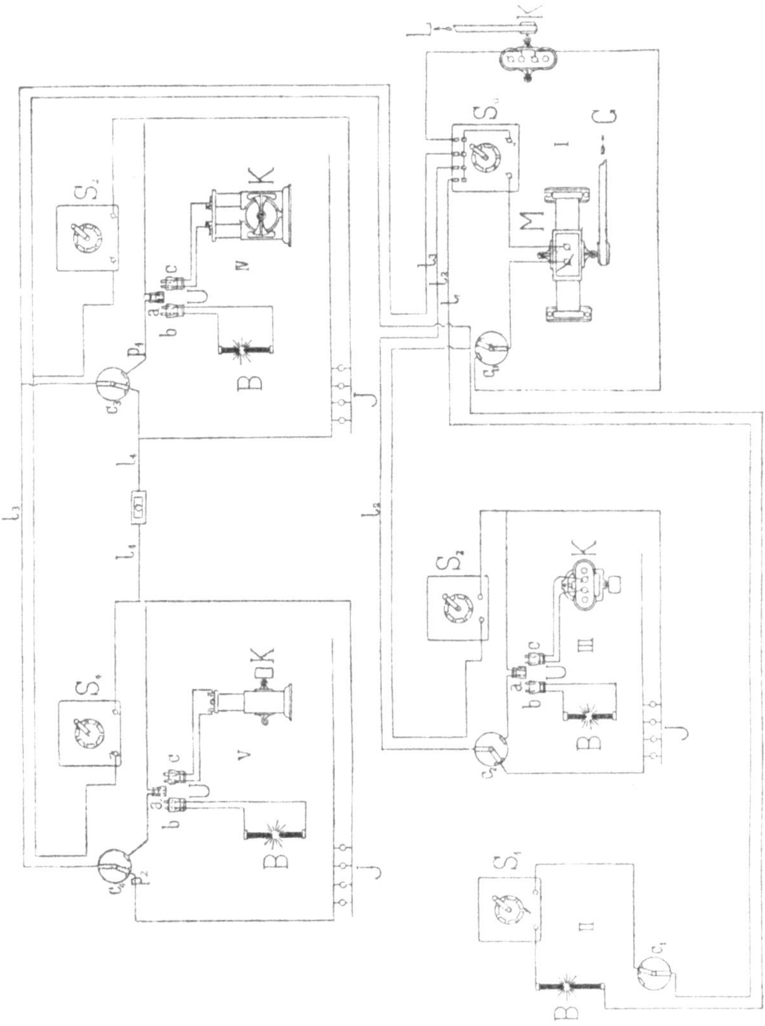

Fig. 331. Installationsdisposition der elektrischen Beleuchtung des Pathologischen Instituts in Wien.

die Installation des elektrischen Lichtes im Pathologischen Institut in Wien ausgeführt; dieselbe ist schon aus dem Grunde interessant, weil dies eine der ersten Anlagen ist, durch welche die Elektricität in ausgiebiger Weise bei klinischen Sectionen in Action tritt. Das Interesse an dieser Einrichtung wird noch dadurch erhöht, daß hier auf nicht besonders großem Raume eine mannigfaltige Gruppirung herrscht, da sowohl Glüh- und Bogenlampen als auch eine Kraftübertragungsmaschine in Thätigkeit sind.

Das Arrangement der ganzen Anlage ist aus Fig. 331 zu ersehen. Vom Maschinenraum I führen drei Leitungen, und zwar l_1 in den Hörsaal II, l_2 in den Hörsaal III und l_3 in die Hörsäle IV und V. Die Rückleitungen vereinigen sich im Commutator c_0 und gehen von hier zum negativen Pol der Maschine M. Letztere ist eine mittlere Cylinderringmaschine von nachstehenden Dimensionen:

Nr.	Innerer Widerstand	Stromstärke	Spannung	Kraftverbrauch	Tourenzahl	Durchmesser der Riemenscheibe	Breite der Riemenscheibe	Länge der Maschine	Höhe der Maschine
79	7,3 Ohm	9 Ampère	150 Volt	2,5 Pferdekr.	1000	200 Millim.	120 Millim.	725 Millim.	440 Millim.

Diese Maschine, welche durch einen Otto'schen Gasmotor G von 6 Pferdestärken betrieben wird, ist durch die eine Klemme des positiven Stromes mit dem Stromregulator s_0 verbunden; der letztere ist derart eingerichtet, daß, je nachdem der Stöpsel in 1, 2 oder 3 steckt, die Leitungen l_1, l_2 oder l_3 geschlossen werden. Der vierte Stöpsel des Stromregulators führt zum positiven Pol der Kraftübertragungsmaschine K, deren negativer Pol wieder mit dem zweiten Contacte des Commutators c_0 verbunden wird für den Fall, daß die directe Anwendung der Kraftübertragung im Maschinenraum erforderlich wird. Die Maschine K ist eine kleine Cylinderringmaschine von nachstehenden Dimensionen:

Nr.	Innerer Widerstand	Stromstärke	Spannung	Kraftverbrauch	Tourenzahl	Durchmesser der Riemenscheibe	Breite der Riemenscheibe	Länge der Maschine	Höhe der Maschine
77	5,13 Ohm	7 Ampère	35 Volt	1 Pferdekr.	1000	100 Millim.	65 Millim.	310 Millim.	530 Millim.

Die zur Kraftübertragung dienende Maschine ist transportabel und dient zum Betriebe einer Luftpumpe L. Jeder der Hörsäle III, IV und V enthält 12 Glühlampen von je 12 Normalkerzen Lichtstärke, welche im der Weise vertheilt sind, daß deren acht in einem Metall-Lustre mit elliptischem Träger, zwei in Wandarmen und zwei transportabel angebracht sind. Für die Glühlampen J ist die Leitung stabil; dagegen wird die Einschaltung der Bogenlampen B wie auch der Maschine K durch den Umschalter U bewirkt. Der letztere besteht zu diesem Zwecke aus drei Theilen, dem oberen a und den unteren b und c. Die Klemmen a stehen mit der Stromleitung in stetiger Verbindung und man kann, je nachdem b oder c hineingeschoben wird, entweder die Bogenlampen oder die Maschine einschalten. Der Hörsaal II enthält nur eine Bogenlampe für den Duboscq'schen Projectionsapparat. Die Lampenserien IV und V können durch Zwischenschaltung der Leitung l_4 hintereinandergeschaltet werden, indem man die Brücke des Commutators c_3 auf den Contact p_1, die des Commutators c_4 auf p_2 stellt und den Stromregulator s_4 ausschaltet. Zu den Leitungen wurde siebenfacher, mit Kautschuk gut isolirter Kabeldraht von 3,5 Millimeter Durchmesser angewendet.

Die englische Zeitschrift „Engineering" enthält in Band 33 auf Seite 92 und 93 eine Beschreibung der elektrischen Beleuchtungsanlage in Norwich, welche interessant genug erscheint, um hier im Auszug Platz zu finden.

Zur richtigen Beurtheilung ist es erforderlich, die Geschichte des Unternehmens kurz zu schildern. Die städtische Beleuchtungscommission wendete sich vor einigen Jahren in der Absicht, die Beleuchtung des Marktplatzes auf eine höhere Stufe zu bringen, an James N. Skoolbred in Westminster, welcher in dem Berichte, den er in dieser Angelegenheit an die Commission erstattete, die elektrische Beleuchtung empfahl. Es wurde denn auch der bezeichnete Vorschlag zum Beschluß erhoben und das Anerbieten von Crompton & Co. (im Sommer 1881), den Platz durch zwei große Crompton-Bogenlichter drei Monate hindurch zu beleuchten, angenommen. In der Zeit, als die genannte Firma mit den Vorbereitungen hierfür beschäftigt war, wurde der Plan angeregt, in Norwich eine Fischerei-Ausstellung abzuhalten, für welche der Stadtrath den Marktplatz zur Verfügung stellte. Da nun die elektrische Beleuchtung auch für die Ausstellung acceptirt wurde, so kamen während der Dauer derselben 9 Crompton'sche Bogenlichter und 60 Swan'sche Glühlichter zur Anwendung.

Die regelmäßige Beleuchtung des Platzes trat im Mai 1882 in Thätigkeit und da sich dieselbe bewährte, wurde Crompton ersucht, sie auch auf einige Nebenstraßen des Marktplatzes auszudehnen, und zwar wurde für diesen Zweck die Glühlichtbeleuchtung gewählt. Das Publicum fand jedoch diese, gegenüber dem durch mächtige Bogenlichter erleuchteten Marktplatz, nicht genügend und wurden infolge dessen die Crompton'schen Bogenlampen auch in den schmalen Straßen angewendet. Die Lichtfülle entsprach jetzt zwar den Wünschen des Publicums; dagegen stellte sich durch den Kohlenverbrauch und die Wartung des Lichtes der Preis dieser Beleuchtungsweise im Verhältniß zu dem erleuchteten Raume zu theuer. Es ist dies vollkommen erklärlich, wenn man hört, daß durch die ungünstige Placirung $^3/_4$ des Lichtes vollständig verschwendet wurden, indem sie nicht zur Wirkung gelangten. Man mußte daher von der Anwendung der starken Crompton'schen Lichter absehen und wählte an Stelle derselben die Weston'schen Bogenlampe mit sehr kurzem Lichtbogen, wobei es möglich war, sieben solcher Lampen durch eine Vierlichtmaschine Bürgin'scher Construction mittels eines Drahtes Nr. 8 auf 3 Kilometer Länge zu bedienen. Die jetzt functionirende Anlage besteht 1) aus sechs großen Crompton'schen Lichtern von je 4000 Kerzen, welche den Heumarkt, den Marktplatz, den Bank- und den Postplatz beleuchten und deren je drei in einen Stromkreis geschaltet sind; 2) aus 12 in zwei Stromkreise geschalteten Weston-Lampen, welche die London-Street und Prince of Wales-Road bis zur Eisenbahnstation beleuchten, zwei Crompton-Bogenlichtern in St. Andrew's Hall und 50 Maxim-Glühlichtlampen in der öffentlichen Bibliothek.

Die Maschinenstation liegt zu Elno-Hill in einem der Stadt gehörenden Hofe hinter Andrew's Hall. Als Motor dient eine zweicylindrige halbtransportable Dampfmaschine von nominell 20 Pferdestärken. Dieselbe betreibt zwei Wellen, an welche sechs dynamo-elektrische Maschinen nach Crompton-Bürgin'schem System angehängt sind; vier dieser Maschinen speisen die 15 Bogenlichter, die in stetigem Gebrauche sind. Eine der Maschinen bedient die Maxim-Glühlichtlampen in der Bibliothek und die letzte der Maschinen dient als Reservemaschine.

Nebenstehende Tabelle I giebt die von den verschiedenen Stromkreisen gebrauchte Kraft, Tabelle II die Betriebskosten an.

Aus einer langen Reihe sorgfältig ausgeführter Indicator-Versuche mit genauer Beobachtung des Kohlen- und Wasserverbrauchs zusammengestellt, ergiebt die erste Tabelle ein werthvolles Material für die Beurtheilung der ganzen Anlage. Wie ersichtlich, ist der durch die Reibung der Dampfmaschine und der Transmission absorbirte Kraftbetrag

Tabelle I. Bedarf an Betriebskraft (in Pferdestärken).

Belastung der Dampfmaschine.	Leistung, nach dem Diagramm berechnet.	Von der Maschine verbrauchte Kraft.	Von der Transmission verbrauchte Kraft.	Durch 7 Weston'sche Bogenlichter verbrauchte Kraft, Bürsten oben.	Desgleichen Bürsten niedergelassen.	Durch 3 auf dem Marktplatze stehende Crompton-Bogenlichter verbrauchte Kraft.	Durch 2 große Crompton-Lichter bei der Bank und Post verbrauchte Kraft.	Durch 3 Weston-Bogenlichter in London-Street verbraucht.	Betriebskraft für die Reservemaschine.
Unbelastet	10,34	10,34	—	—	—	—	—	—	—
Nur durch die Transmission	11,54	10,34	1,20	—	—	—	—	—	—
7 Weston-Bogenlampen in Prince of Wales-Road; Bürsten oben	19,62	10,34	1,20	8,08	—	—	—	—	—
Desgleichen, Bürsten heruntergelassen	20,58	10,34	1,20	—	9,04	—	—	—	—
7 Weston-Bogenlampen der Prince of Wales-Road; Bürsten oben, und 3 Crompton-Bogenlampen auf dem Markte	25,64	10,34	1,20	8,08	—	6,02	—	—	—
7 Weston-Bogenlampen in Prince of Wales-Road, 3 Weston-Bogenlampen London-Street, 3 Crompton-Bogenl. auf dem Markte, 2 desgl. Post und Bank	38,8	10,34	1,20	8,08	6,02	6,02	6,81	4,85	1,5

Im ganzen 15 Lichter und 1 Reservemaschine.

Tabelle II. Betriebskosten.

Art der Lampen.	Wirklicher Kraftbedarf.	Wirkl. Kraftbedarf einschließlich Maschine und Transmission	Kilogramm Kohle für 1 indicirte Pferdekraft und Stunde	Wasserverbrauch für 1 indicirte Pferdekraft und Stunde in Kilogramm.	Preis der Kohlen in der Stunde bei 14,6 Mark pro Tonne	Kosten für Wasser in der Stunde bei 1,5 Mark pro 1000 Gallon	Kosten an Oel ꝛc., allen Materialien, für Reparatur, einschl. Glasglocken f 1 St.	Kosten für Kohlenstäbe, einschl. Verluste für 1 Stunde.	Arbeit und Oberleitung einschl. Reparaturarbeiten für 1 Stunde.	Gesammtkosten für 1 Stunde
	Pferdekraft.				₰	₰	₰	₰	₰	₰
I. Crompton-Bogenlicht	2,56	3,86	—	—	10,50	1,53	2,00	5,42	8,08	27,50
I. Weston-Bogenlicht	1,29	1,94	—	—	5,37	0,77	1,08	4,31	8,08	19,58
Summa:	25,6	38,8	1,94	12,22	107,33	15,50	20,83	70,17	120,83	334,67

ein sehr bedeutender; ebenso arbeitet die Maschine bezüglich des Brennmaterialverbrauchs nicht gerade sehr ökonomisch. Der Kessel verdampfte mit 1 Kilogramm guter Derbyshire-Kohle 7,7 Kilogramm Wasser. Die zur Anwendung gelangenden Dynamomaschinen gestatten, durch Drehung der Bürsten um einen gewissen Winkel die Stromstärke innerhalb ziemlich weiter Grenzen zu verändern, sodaß die Lichtproduction um etwa 20% über die Normalstärke gesteigert werden kann, wobei allerdings auch der Kraftverbrauch in demselben Verhältniß steigt. Diese Einrichtung ist für englische Verhältnisse deswegen von großer Wichtigkeit, weil bei nebligem Wetter eine solche Erhöhung der Lichtstärken dringend geboten erscheint; die Veränderung kann sofort für irgend einen Stromkreis ohne Störung eines anderen erfolgen.

Die in Tabelle II zusammengestellten Betriebskosten beziehen sich auf die Normalstellung der Bürsten. Es betragen hiernach die Gesammtbetriebskosten für jedes Crompton'sche Bogenlicht von 4000 Kerzen 27,5 Pfennig für eine Leuchtstunde, für jedes Weston'sche Bogenlicht von 1000 Kerzen 19,58 Pfennig; alle 15 Lichter zusammen kosten demnach pro Stunde 334,67 Pfennig. (Bei dieser Berechnung ist der Schilling zu 1 Mark angenommen.) Crompton hofft nach den Erfahrungen, die an anderen Orten, wo vortheilhafter arbeitende Dampfmaschinen vorhanden sind, gemacht wurden, den Kohlenverbrauch auf 4,25 Pfennig für die Crompton- und auf 2,17 Pfennig für die Weston-Bogenlichter reduciren zu können; es würde dann jedes Licht auf 15,42 bezw. 11,25 Pfennig zu stehen kommen.

Die zur Verwendung gekommenen Leitungsdrähte sind durchweg Kupferdrähte von 4,2 Millimeter Durchmesser (Nr. 8 der Birmingham-Drahtlehre). Die Leitungen liegen oberirdisch, werden durch starke Pfosten getragen und sind in gewöhnlicher Weise isolirt. Eine Ausnahme ist in London-Street gemacht, wo die Drähte durch gußeiserne, verzierte, gegen die Gebäudemauern gebolzte Consolen getragen werden, die an einigen Stellen gleichzeitig als Lampenhalter dienen. Die Bogenlampen sind überall paarweise angebracht, sodaß, falls irgend eine Lampe ungenügend brennt, oder wenn die Kohlenstäbe einer solchen verbraucht sind, sofort die andere automatisch in den Stromkreis eingeschaltet und hierdurch jede Unterbrechung vermieden wird.

Diejenige elektrische Beleuchtungsanlage, welche seiner Zeit das größte Aufsehen erregte und an deren Zustandekommen und gutem Functioniren am meisten gezweifelt wurde, ist die von Edison resp. von der Edison

Electric Light Company ausgeführte Beleuchtung New-Yorks, zugleich die erste Anlage, bei welcher der Strom von einer Centralstation aus den einzelnen Verbrauchsstellen zugeleitet wird. Der erste zur Ausführung gelangte District hat eine Ausdehnung von einer englischen Quadratmeile (2,56 Quadratkilometer) und wird im Osten vom East-River, im Süden von Wall-Street, im Westen von Nassau-Street und im Norden von Spruce-Street, Ferry-Street und Peck-Slip begrenzt. Die Gesellschaft hat für die Centralstation, von der aus die Vertheilung des Stromes über den ganzen District erfolgt, die Gebäude Nr. 255 und 257 in Pearl-Street erworben. Im Nachstehenden soll die vollständig eingerichtete, in dem Gebäude Nr. 257 befindliche Station geschildert werden.

Die Centralstation ist ein zweistöckiges Gebäude, welches in Eisenconstruction über einem gemauerten und mit Betonschicht versehenen Unterbau ausgeführt ist. Im Souterrain befinden sich vier Dampfkessel, welche zusammen eine Leistungsfähigkeit von 1000 Pferdekräften besitzen; jeder der beiden Schornsteine hat 5 Fuß (1,52 Meter) Durchmesser und 80 Fuß (24,3 Meter) Höhe. An Maschinen sind vorhanden sechs Dampfmaschinen, sechs Dynamomaschinen, ein Widerstandsapparat und ein besonderer Regulator; jede der sechs Dampfmaschinen äußert bei normaler Leistung 125 Pferdestärken und kann auf eine Maximalleistung von 200 Pferdestärken gebracht werden. Die sechs vorhandenen Dynamomaschinen sind selbstverständlich nach Edison's eigenem System construirt.

Die in den einzelnen Häusern dieses Bezirks vorhandenen Installationen vertheilen sich wie folgt: 107 Parteien in Beckmann-Street, 166 in Fulton-Street, 75 in John-Street, 78 in Maiden-Lane, 97 in William-Street, 46 in Fond-Street, 68 in Nassau-Street, 43 in Pearl-Street, 36 in Cellar-Street, 28 in Pine-Street, 24 in South-Street, 31 in Ann-Street, 32 in Spruce-Street und noch einige in anderen Straßen. Die Zahl der Lampen, welche in diesen verschiedenen Localitäten angebracht sind, beträgt 7916 A Lampen von 16 und 6359 B Lampen von 8 Kerzenstärken.

Auch in Mailand ist in neuester Zeit eine Centralstation für elektrische Beleuchtung nach Edison'schem Princip eingerichtet worden. Dieselbe befindet sich in einem massiven, dreistöckigen Gebäude, das eigens für diesen Zweck in der Nähe des Theaters Santa Radegonda erbaut wurde. In dem 3 Meter unter dem Straßenniveau liegenden untersten Stockwerck dieses Gebäudes sind die Dynamomaschinen mit Motoren und Regulatoren, sowie ein Probirapparat für 1500 Lampen untergebracht. Die Dampfkessel befinden sich in dem darüberliegenden Stockwerk und werden direct von gußeisernen Säulen getragen, die im Erdgeschoß auf soliden Fundamenten stehen. Das oberste Stockwerk dient hauptsächlich als Magazin; nur ein kleiner Theil desselben wird als Laboratorium benutzt. In einem gewölbten Raume unter dem Hofe befindet sich eine Maschine zum Betriebe eines Centrifugalgebläses und einer Pumpe, welch letztere, wie auch mehrere Körting'sche Injectoren, zur Speisung der Dampfkessel bestimmt ist. Gegenwärtig sind vier Edison'sche Dynamomaschinen aufgestellt, deren jede zur Versorgung von 1200 Edison A Lampen dient. Die Armaturen der Maschinen haben 8,440 Meter Durchmesser und 1,550 Meter Länge; die stählerne Welle hat 195 Millimeter Durchmesser bei 3,050 Meter Totallänge. Die Zapfen von 165 Millimeter Durchmesser und 380 Millimeter Länge laufen in Weißmetallagern, die durch eine fortwährende Wassercirculation kühl gehalten werden; ebenso ist für die Kühlung der Armatur durch einen auf dieselbe gerichteten Luftstrom gesorgt. Der Commutator ist so genau für seine Wirkung adjustirt, daß trotz der bedeutenden Stromstärke keine erhebliche Funkenbildung bemerkbar ist. Als Dampferzeuger dienen Babcock & Wilcox-Kessel, die für 1000 Pferdekräfte berechnet sind und mit einem Drucke von 8,5 Atmosphären arbeiten.

Die Dampfmaschinen sind direct mit den Armaturwellen gekuppelt. Zwei derselben, nach dem System Porter-Allen, mit Cylindern von 285 Millimeter Durchmesser und 406 Millimeter Hub, laufen mit 350 Touren pro Minute, was einer Kolbengeschwindigkeit von 284,100 Meter pro Minute entspricht. Die anderen beiden in Gebrauch befindlichen Maschinen, welche nach dem System Armington & Sims construirt sind, haben 330 Millimeter Cylinder-Durchmesser und 330 Millimeter Hub.

Das Gewicht jeder Dynamomaschine sammt ihrem Motor ist folgendes:

Grundplatte	4 673	Kilogramm
Dynamomaschine . . .	20 312	„
Dampfmaschine	2 925	„
	27 910	Kilogramm

Die Regulirung sämmtlicher Dynamos wird durch Veränderung der Intensität des um die Feldmagnete circulirenden Stromes bewirkt, indem ein veränderlicher Widerstand in diese Magnete eingeschaltet ist; jeder Umschalter wird durch ein Kegelrad, das in ein auf eine gemeinschaftliche Welle gekeiltes correspondirendes Kegelrad eingreift, bewegt. Durch diese Anordnung ist eine möglichst gleichmäßige Regulirung gesichert. Die Galerie Vittorio Emanuele, mit den vielen theils in derselben, theils in der nächsten Nähe liegenden prächtigen Läden einer der Glanzpunkte Mailands, ist fast ausschließlich mit elektrischem Lichte beleuchtet. Die ganze Einrichtung hat sich bis jetzt vorzüglich bewährt.

Eine elektrische Beleuchtungseinrichtung, bei welcher Accumulatoren zur Anwendung kommen und die aus diesem Grunde und weil sie überhaupt eine der allerneuesten der elektrischen Beleuchtungseinrichtungen ist, besondere Beachtung verdient, ist die der Waggon-Werkstätten von Saint-Denis. Die Schreinerwerkstätte dieses Etablissements erfordert zu ihrem Betriebe 40 Pferdestärken, besitzt dagegen einen Motor von 50 Pferdestärken; die überschüssige Kraft von 10 Pferdestärken treibt abends eine für 10 Weston'sche Lampen gebaute Lichtmaschine, welche den Tag über zur Ladung von 80 Kabath'schen Accumulatoren dient, von denen bei eintretender Dunkelheit Maxim'sche Glühlichtlampen gespeist werden.

Der sehr gut eingerichtete Maschinenraum enthält einen automatischen Stromunterbrecher nach dem System Hospitalier, ein Galvanometer, ein Elektro-Dynamometer und einen Umschalter, mittels dessen man entweder die Lampen oder die Accumulatoren in den Stromkreis der Maschine einschalten kann; außerdem kommt noch ein Stromregulator zur Verwendung, da die Regulirung der Weston'schen Maschine durch variable Bürstenstellung sich nicht als ausreichend erwies. Es sind zwei Stromkreise vorhanden, von denen der eine die zur Beleuchtung der Schreinerwerkstätte dienenden 10 Bogenlampen, der andere die 250 Meter vom Maschinenraum entfernten Accumulatoren enthält. In letzterem Stromkreise befindet sich außerdem der automatische Unterbrecher, um zu verhüten, daß eine Entladung der Accumulatoren in der Maschine stattfinde. Die 80 Kabath'schen Accumulatoren sind für Ladung wie für Entladung zu je 40 hintereinandergeschaltet. Um für längere Zeit ein gleichmäßiges Brennen der bei einem Widerstande von 60 Ohm etwa 60 Volt Spannung erfordernden Lampen zu erreichen, kann man zwei verschiedene Wege einschlagen, indem man entweder dem Stromverbrauch entsprechend nach und nach neue Accumulatoren einschaltet, oder von vornherein deren eine größere Anzahl verwendet und die Stromstärke durch Einschaltung entsprechender Widerstände regulirt. Diese letztere Methode ist in Saint-Denis zur Anwendung gebracht.

In der 151 Meter langen, 36 Meter breiten und 27 Meter hohen Schreinerwerkstätte sind die Bogenlampen in einer Höhe von 6 Meter aufgehängt, sodaß dieselben möglichst wenig Schatten werfen. Die ziemlich große Lackirerwerkstätte enthält 30 Maxim'sche Glühlampen, welche Anzahl nur dadurch genügt, daß dieselben von den Arbeitern je nach Bedarf verschoben werden können, weshalb die Aufhängung an parallel durch den Raum gespannten Drähten erfolgte. Auf diese Weise ist eine ausreichende Beleuchtung des 105 Meter langen, 17 Meter breiten und 12 Meter hohen Raumes geschaffen. Die Beleuchtungseinrichtung wurde durch die Compagnie l'Eclairage Electrique installirt, welche die Patente von Weston und Maxim für Frankreich besitzt.

---

6. Anwendung des elektrischen Lichtes auf Eisenbahnzügen, Leuchtthürmen, Schiffen, für militärische Zwecke, in der Landwirthschaft u. s. w.

Außer zur Beleuchtung von Straßen, Plätzen, industriellen Etablissements und Wohnhäusern findet die elektrische Beleuchtung noch mannigfache Anwendungen. So hat man neuerdings mit Erfolg versucht, Eisenbahnzüge elektrisch zu beleuchten, und zwar einestheils zum Zwecke der größeren Fahrsicherheit, indem man am Kopfe der Locomotive ein starkes Bogenlicht anbringt, anderentheils mit Rücksicht auf die Bequemlichkeit der Passagiere und Beamten, indem man die einzelnen Coupées mittels Glühlichtes beleuchtet.

Die größere Wichtigkeit ist jedenfalls dem ersteren Bestreben beizumessen, da es ein lange schon empfundener Uebelstand ist, daß der Locomotivführer bei Nacht das Bahngeleise nur auf wenige Schritte übersehen kann und infolge dessen vorliegende Hindernisse meist erst dann wahrnimmt, wenn es zu spät ist, um einem Unglücksfall vorzubeugen. Der Führer war und ist somit bei der alten Beleuchtung mittels zweier Petroleumlampen vollständig auf die Gewissenhaftigkeit der Bahnwärter angewiesen und kann seinerseits nichts zur Sicherung des ihm anvertrauten Zuges thun, sondern fährt auf gut Glück in die Nacht hinein. Es ist daher als ein wesentlicher Fortschritt in der Eisenbahntechnik zu bezeichnen, daß von Sedlaczek und Wikulill eine Locomotivlampe construirt wurde, welche, wie mit derselben angestellte Versuche ergeben haben, ihrem Zwecke sehr gut entspricht und deren Einführung jedenfalls nur eine Frage der Zeit ist.

Die den ersten Versuchen dienende Locomotivlampe wurde mit einem parabolischen Reflector versehen, in einen 0,80 Meter hohen und 0,60 Meter breiten Holzkasten montirt und dicht vor dem Schornstein in den Unterrand, in einer Höhe mit dem Oberrand des Locomotivkessels, auf der Locomotive Johnsdorf als Kopflicht befestigt, wie aus Fig. 19, Seite 87, welche diese Locomotive darstellt, zu ersehen ist. Die dynamo-elektrische Maschine ist nebst der dazu gehörenden kleinen Brotherhood'schen Dreicylinderdampfmaschine, welche ihren Betriebsdampf aus dem Locomotivkessel entnimmt, auf dem Rücken des Locomotivkessels und dicht hinter dem Schornstein aufgestellt; die Länge des ganzen Apparats beträgt ca. $1^1/_2$ Meter. Bei dieser Einrichtung wurde das Kopflicht um seine verticale Achse drehbar gemacht und kann vom Führerstand aus entsprechend bewegt werden, um auch in Curven die genaue Beleuchtung der Strecke zu ermöglichen.

Die mit einem solchen Apparat ausgerüstete Locomotive verkehrt zwischen St. Michael und Leoben auf der Kronprinz Rudolf-Bahn. Bereits im März des Jahres 1881 fanden mit derselben Versuche statt, deren Resultate in jeder Richtung sehr zufriedenstellend waren. Nach den Berichten, welche derzeit über diese Versuche veröffentlicht wurden, war das Licht ein sehr gleichmäßiges und beleuchtete den Bahnkörper auf 4—500 Meter vor der Locomotive in durchaus genügender Weise. Besonders bemerkenswerth war die große Deutlichkeit, mit welcher die Signale und namentlich die verschiedenen Farben derselben auf große Entfernung hin zu erkennen waren; die Signalscheiben und Arme hoben sich in weißem Lichte von dem dunklen nächtlichen Hintergrunde klar ab und auch die Lichter der Signale und Laternen wurden deutlich auf dem durch die elektrische Beleuchtung gebildeten weißlich blassen Grunde unterschieden. Ebenso bot der in der Versuchsstrecke liegende Tunnel Gelegenheit, die Wirksamkeit des Lichtes zu beobachten und den Werth der Beleuchtung für die Betriebssicherheit zu erkennen.

Die am Ende des genannten Jahres zwischen Paris und Dammartin mit einer gleichartig ausgerüsteten Locomotive mit gewöhnlichen Personenzügen gemachten Probefahrten bestätigten und ergänzten in jeder Hinsicht die zuerst gewonnenen Ergebnisse. Man hatte ursprünglich die Absicht, die elektrische Lampe erst außerhalb des Bahnhofs von La Chapelle zu entzünden, weil man befürchtete, durch den grellen Lichtschein derselben die Wirksamkeit der zwischen dem Pariser Bahnhof und diesem Punkte zahlreich vorkommenden Signale zu beeinträchtigen. In der That konnte man jedoch von der großen Pariser Personenhalle mit voller

Lichtstärke abfahren und ebenso dahin zurückkehren, ohne irgend eine Klage des Dienstpersonals zu veranlassen. Im Gegentheil rühmten sowohl die Maschinenführer als auch alle Ingenieure, welche an den Versuchsfahrten theilnahmen, das Gefühl der Sicherheit, welches man auf dieser Locomotive empfand, da man den Bahnkörper vor dem Zuge weithin hell erleuchtet sah. Es wurden 70 Kilometer mit den verschiedensten Geschwindigkeiten durchfahren, ohne daß sich auch nur einmal die Nothwendigkeit ergab, den Stromerzeuger oder den Regulator zu berühren, da während dieser ganzen Zeit das Licht sich vollständig gleich blieb.

Am 9. October 1882 wurde bei Gelegenheit der Münchener Elektricitäts-Ausstellung vom Centralbahnhof in München ein Extrazug nach Starenberg abgelassen, welcher der Prüfungscommission dieser Ausstellung und einer großen Anzahl geladener Gäste, unter denen sich verschiedene Minister, die Spitzen der Behörden, sowie aus Anlaß der Elektricitäts-Ausstellung in München anwesende Vertreter fremder Verkehrsverwaltungen und hervorragende Gelehrte befanden, eine Anwendnng des elektrischen Lichtes im Eisenbahnbetrieb vorführen sollte. Der Zug bestand aus einer mit der Sedlaczek'schen Lampe ausgerüsteten Locomotive, etwa 12 zum größten Theil mit Edison'schen Glühlichtern erleuchteten Personenwagen und einem offenen Güterwagen, der den von Schuckert in Nürnberg construirten, zur Ausstellung gebrachten sogenannten Beleuchtungswagen mitführte. Die ebenfalls von Schuckert angefertigte Sedlaczek'sche Locomotivlampe war an der Vorderseite der Locomotive vor dem Rauchfange angebracht und wurde durch eine Flachringmaschine gespeist, die in Verbindung mit einem dreicylindrigen Brotherhood'schen Motor ihren Platz auf der Locomotive hinter dem Rauchfange erhalten hatte. Zum Zwecke der Coupébeleuchtung diente der Schuckert'sche Beleuchtungswagen, welcher eine Locomobile (System Abraham) enthielt, die eine Schuckert'sche Dynamomaschine trieb. In jedem Coupé der elektrisch beleuchteten Waggons, deren Anzahl sich auf 7 belief, war eine Edison B Lampe von 8 Normalkerzen angebracht; die übrigen Waggons wurden mit Gas beleuchtet.

Die gemeinsame Achse des auf der Locomotive angebrachten Brotherhood'schen Motors und der Flachringmaschine machte 700 bis 800 Umdrehungen pro Minute. Bei einem Kraftbedarf von etwa 3 Pferdestärken reichte die Lichtstärke der Locomotivlampe vollständig aus, um den Bahnkörper auf mindestens 500 Meter vor der Maschine hell zu erleuchten, wobei die Gleichmäßigkeit des Lichtes durch die Stöße der Locomotive nicht im geringsten beeinträchtigt wurde. Die vortrefflichen Eigenschaften der Sedlaczek'schen Lampe traten namentlich auf dem Bahnhofe von Starenberg recht deutlich hervor, als die von dem Zuge abgelöste Locomotive mit voller Geschwindigkeit mehrere Probefahrten ausführte und die Ufer des Sees, sowie einige malerische Häusergruppen von Starenberg elektrisch beleuchtete. Man kann daher, soweit die elektrische Locomotivbeleuchtung in Frage kommt, das Ergebniß der betreffenden Versuchsfahrt als ein durchaus zufriedenstellendes bezeichnen und der Hoffnung Ausdruck geben, daß dieses System recht bald allgemeinen Eingang im Eisenbahnwesen finden wird.

Anders steht es dagegen mit dem zweiten Theile der elektrischen Beleuchtung jenes Probezugs, der Erleuchtung der Waggons mit Glühlichtern. Wie bereits erwähnt, diente zur Speisung der Edison'schen Lampen eine Schuckert'sche Dynamomaschine, welche sammt ihrem Motor in einem Güterwagen mitgeführt wurde. Die Lampen nahmen nur während der Hinfahrt von München nach Starenberg in ihrer Lichtstärke etwas ab; im übrigen konnte man ihre Leuchtwirkung als gleichmäßig und ausreichend bezeichnen, wenn sie auch hinsichtlich der letzteren Eigenschaft hinter der Wirkung des in einigen Wagen zur Anwendung gelangten Gaslichtes merklich zurückblieben. Trotz dieser nicht gerade ungünstigen Resultate hat die beschriebene Versuchsfahrt für die Praxis der Waggonbeleuchtung eigentlich keinen Werth, da wohl niemand in Zweifel gezogen hat, daß man Eisenbahnwaggons mittels Glühlichter erleuchten kann, wenn man eine Dynamomaschine mitführt und die Waggons nie voneinander trennt. Die letztgenannte Vorbedingung wird aber wohl bei den wenigsten Zügen zutreffen, da auf allen größeren Routen durchgehende Waggons mitgeführt werden, die auf Zwischenstationen abgehängt und in andere Züge eingefügt werden müssen. Es kann daher für Eisenbahnzüge nur ein solches Beleuchtungssystem ausgedehnte Verwendung finden, bei welchem von der Mitführung besonderer Beleuchtungswagen abgesehen ist und die einzelnen Waggons unabhängig voneinander beleuchtet werden. Natürlicherweise können auch hierbei dynamo-elektrische Maschinen zur Stromerzeugung verwendet werden; die Hauptschwierigkeit liegt in der Beschaffung der Betriebskraft für die Maschinen. Interessante Versuche in der bezeichneten Richtung sind auf der Staatsbahnstrecke Frankfurt a. M.—Bebra und neuerdings auch in England angestellt worden, wo die Kraft direct den Achsen der Waggons durch Uebertragung entnommen und während der Haltezeit auf den Stationen der Strom durch Accumulatoren geliefert wurde. Leider hat auch dieses System für die praktische Ausführung zu große Schwierigkeiten im Gefolge, da einerseits die Einrichtung für alle Waggons sehr kostspielig und complicirt werden, anderseits die Lichtstärke von der Fahrgeschwindigkeit des Zuges, die bekanntlich eine sehr veränderliche ist, abhängen und endlich auch die Bedienung dieser Beleuchtungseinrichtung zuviel Zeit und Kosten beanspruchen würde.

Es bleibt demnach für die innere Beleuchtung der Eisenbahnzüge, falls dieselbe durch elektrisches Licht erfolgen soll, wohl kein anderer Weg übrig, als den zur Speisung der Lampen erforderlichen Strom mittels Accumulatoren zu beschaffen und sind in dieser Richtung auch bereits Versuche gemacht worden, über welche nachstehend berichtet werden soll. So bringt „La Lumière Electrique" über die elektrische Beleuchtung eines zwischen Brighton und London verkehrenden Zuges folgende Angaben: Der Zug besteht aus vier Pullmann'schen Wagen zur Aufnahme von 113 Passagieren. Der Gepäckraum an der Spitze des Zuges enthält zwei Batterieen von je zwei Faure'schen Accumulatoren, deren jede mit zwei Kabeln in Verbindung gebracht werden kann, die sich über den ganzen Zug erstrecken und an welche die Edison-Glühlichtlampen mittels Zweigleitungen angeschlossen sind. Die beiden Gruppen von Accumulatoren sind in Schränken von 1,8 Meter Länge, 0,6 Meter Breite und 1,4 Meter Höhe untergebracht; die ganze Einrichtung hat ein Gewicht von etwa 600 Kilogramm.

Der Zug ist mit 25 Lampen versehen, welche gewöhnlich durch eine der beiden Batterieen im Glühen erhalten werden. Nach einer gewissen Dauer der Fahrt genügt die eine Batterie nicht mehr vollständig und es werden alsdann einige Elemente der Reservebatterie zu Hilfe genommen. Vor Abgang des Zuges werden die Batterieen auf der Victoria-Station geladen, wozu man sich zweier durch einen Gasmotor von 6 Pferdekräften betriebenen Gramme'schen Maschinen bedient, welche zu diesem Zwecke etwa 10 Stunden arbeiten müssen. Sind die für den Zug bestimmten Accumulatoren geladen, so werden andere zur Ladung vorgenommen, welche bei der abendlichen Beleuchtung eines Perrons der Victoria-Station die hierfür verwendeten Maxim'schen Glühlampen zu speisen haben, doch erweist sich diese Perronbeleuchtung als zu schwach.

Während des Tages werden die auf dem Zuge befindlichen Glühlampen beim Durchfahren jedes Tunnels entzündet; während der Nachtzeit bleiben dieselben beständig im Glühen und es bewährt sich das Licht auf der ganzen Fahrt des Abendzuges von Brighton bis London als sehr gleichmäßig und den Augen wohlthuend. Die Edison-Lampen sind mit Hilfe der früher für die Oellampen bestimmten Halter an der Decke befestigt und mit den für die alten Lampen benutzten Lichtschirmen versehen. Man hat jedoch versucht, diese Schirme durch blaßblaue Glaskugeln zu ersetzen, um die Helligkeit besser zu vertheilen. Die Glaskugeln werfen das Licht etwas mehr nach der Decke des Wagens, sodaß die sitzenden Reisenden weniger Licht empfangen; doch genügt dasselbe immerhin, um selbst in der Mitte zwischen zwei Lampen noch ohne Anstrengung lesen zu können. Diese Einrichtung wurde von der Compagnie de Force et Lumière ausgeführt; die Batterien sollen die Lampen fünf Stunden hindurch im Glühen erhalten.

Obschon hier wesentlich günstigere Resultate vorliegen, so bleibt doch der vorhin erwähnte Mangel bestehen, daß keine neuen Wagen in den Zug, resp. in das Beleuchtungssystem eingefügt und keine während der Fahrt ausgeschaltet werden können, ein Mangel, der zwar auf der in Rede stehenden Strecke nicht als solcher empfunden wird, dessen Beseitigung dennoch aber im allgemeinen als Norm gelten dürfte. Außerdem ist es ein lästiger Uebelstand, daß während der zehnstündigen Ladeperiode der Accumulatoren der ganze Zug nahe bei der elektrischen Maschine stehen muß. Um diesen Uebelstand zu vermeiden, hat man in Brighton eine Siemens-Maschine versuchsweise in einer Abtheilung des Gepäckwagens aufgestellt und unmittelbar von einem der Räder desselben betreiben lassen. Zu diesem Zwecke besteht die Achse der Maschine aus zwei durch Universalgelenke miteinander verbundenen Theilen; am Ende eines derselben befindet sich eine Scheibe, deren Durchmesser darauf berechnet ist, daß sie bei einer Geschwindigkeit des Zuges von 32 Kilometer in der Stunde 1000 Umdrehungen in der Minute macht. Die Uebertragung der Bewegung des Wagenrades auf diese Scheibe erfolgt durch eine am Umfang mit Gummi überzogene Zwischenrolle, welche derart gelagert ist, daß sie trotz der Schwingungen, in welche der Wagen während der Fahrt versetzt wird, stets in gleichmäßiger Berührung einerseits mit dem Rade, anderseits mit der Scheibe der Dynamomaschine bleibt. Mittels eines kleinen Umschalters kann die Stromrichtung geändert werden, sobald sich die Fahrrichtung des Zuges ändert. Der Strom der Siemens-Maschine wird beständig in die Accumulatoren und Lampen geleitet. Vermindert sich die Zuggeschwindigkeit so weit, daß der Strom der Maschine schwächer wird als der der Accumulatoren, so unterbricht ein selbstthätiger Umschalter die Verbindung zwischen beiden und die Accumulatoren speisen nun die Lampen allein.

Aehnliche Versuche sind im Februar und März 1882 zwischen Frankfurt und Hanau mit einer Dynamomaschine von Möhring und 24 Accumulatoren von Faure angestellt worden, wobei Swan-Lampen zur Verwendung gelangten; ferner wurden im Juni desselben Jahres befriedigende Versuche auf der französischen Ostbahn veranstaltet, bei welchen 33 Maxim-Lampen, in 8 Wagen vertheilt, von einer Gramme-schen Maschine, Modell A, mit Verwendung von Faure'schen Accumulatoren gespeist wurden. Bei den Frankfurter Versuchen hatte sich als nothwendig herausgestellt, in jedem Wagen des Zuges einige Accumulatoren unterzubringen, damit jeder Wagen für 1—2 Stunden sich aus eigenen Mitteln beleuchten könnte, ein Umstand, der für den Fall des Zerreißens des Zuges von Wichtigkeit ist. Man kann dies leicht durchführen, da 10—12 vollständig geladene Faure'sche Accumulatoren genügen, um 6 Lampen während dieser Zeit im Glühen zu erhalten.

Von der General-Direction der Reichseisenbahnen in Elsaß-Lothringen wurden in der Nacht vom 21. zum 22. Juni 1882 auf der Strecke von Straßburg nach Weißenburg und zurück Versuche in's Werk gesetzt, deren Resultate sich noch günstiger als die der Frankfurter Versuche gestalteten.

Der Zug bestand aus je einem Personenwagen erster, zweiter und dritter Classe; alle drei Wagen waren nach amerikanischem System gebaut und gestatteten daher ein Durchschreiten des ganzen Zuges. Die Locomotive und die drei Personenwagen wurden in verschiedener Weise beleuchtet. Die an der Locomotive und die in den beiden Personenwagen erster und zweiter Classe angebrachten Lampen erhielten den erforderlichen Strom durch eine mit der Locomotive fest verbundene Dynamomaschine von 8 Pferdekräften, welche aber nicht, wie bei den Versuchen in Frankfurt, von den Wagenachsen aus, sondern von dem Dampfe der Locomotive getrieben wurde. Der Personenwagen dritter Classe enthielt acht Batterieen von je vier Faure'schen Elementen, in deren Stromkreis eine Anzahl Edison'scher Lampen älterer und neuerer Art, sowie Swan-Lampen eingeschaltet werden konnten. An der Stirnwand der Locomotive befand sich eine elektrische Lampe besonderer Construction, welche für sich allein eine Stromstärke verlangte, wie sie ungefähr von den in den Personenwagen erster und zweiter Classe angebrachten 24 Edison-Lampen zusammen gebraucht wurde. Sobald daher die Locomotivlampe in Activität gesetzt wurde, mußten die 24 Edison-Lampen ausgeschaltet werden.

Die Lampen der Personenwagen zeigten keinen Augenblick eine Veränderung der Lichtstärke, selbst nicht während des Haltens des Zuges auf den Bahnhöfen, was sich daraus erklärt, daß durch die Erhaltung des Dampfdrucks der Locomotive auf gleicher Höhe die Dynamomaschine ununterbrochen fortarbeitete; ebensowenig wurde die Gleichmäßigkeit des Lichtes durch heftiges Oeffnen und Schließen der Wagenthüren gestört. Um zu prüfen, welches Lichtmaaß für eine Hälfte eines Personenwagens erster resp. zweiter Classe genügen möchte, wurde die Zahl der Lampen von sechs auf eine vermindert und konnte man selbst bei dieser Lichtstärke in der äußersten Ecke der Wagenabtheilung kleine Druckschrift mit Leichtigkeit lesen.

Bei der Kürze der in diesem Falle zu durchfahrenden Strecke bot sich während der Probefahrt keine Gelegenheit, das Kraftmaaß der Batterie genau festzustellen, doch wurde durch die Versuche dargethan, daß die Lampen der verschiedenen Arten tadellos leuchteten und daß somit die Faure'schen Elemente eine Berechtigung zur Verwendung im Eisenbahnbetrieb haben.

Auf der Strecke Wien-Triest, auf welcher die Fahrzeit 14 Stunden 54 Minuten beträgt, wurde von De Calo aus Wien ein Eilzug versuchsweise mit elektrischer Beleuchtung versehen. Wenn man bedenkt, daß dieser Zug auf horizontalen Strecken eine Geschwindigkeit von 60 Kilometer in der Stunde erreicht, während die mittlere Geschwindigkeit zwischen den Stationen Gloggnitz und Mürzzuschlag wegen der großen Steigung über den Semmering nur 28,7 Kilometer beträgt, ist es begreiflich, welche Schwierigkeiten es verursachen muß, die Intensität der Glühlichter constant zu erhalten. Auch bei diesem Versuche wird zur Erzeugung des Stromes eine dynamo-elektrische Maschine verwendet, welche die erforderliche Betriebskraft von der Achse eines Wagens mittels Riemenübersetzung erhält. Bei geringerer Fahrgeschwindigkeit des Zuges, sowie beim Stillstande desselben auf den Stationen werden die Lampen von Accumulatoren gespeist, deren Constructeur De Calo ist. Während der Fahrt werden dieselben entladen und sodann von der Dynamomaschine wieder geladen, worauf sie schließlich vollständig geladen auf der Endstation ankommen, um für die nächste Fahrt vorbereitet zu sein.

Da eine sich selbst erregende Maschine bei der Verbindung mit Accumulatoren stets der Gefahr ausgesetzt ist, umpolarisirt zu werden, hat man zu den erwähnten Versuchen eine Maschine mit zwei vollständig voneinander getrennten Stromkreisen gewählt, welche somit eine Doppelmaschine darstellt. Der Gramme'sche Ring hat nämlich bei dieser Maschine zwei Systeme von Drahtwindungen. Das System der starken Windungen gehört zum Hauptkreise, während das der dünnen Drähte mit den Wickelungen der Elektromagnete einen Stromkreis für sich bildet. An jeder Seite der Maschine befindet sich ein Collector mit je zwei Kupferbürsten; auf diese Weise ist ein Zurücktreten des Stromes aus den Accumulatoren in die Maschine und ein Umpolarisiren der letzteren unmöglich gemacht.

Die elektro-motorische Kraft der Maschine ist über 600 Touren hinaus, bei welcher Zahl der Elektromagnetismus sein Maximum erreicht hat, beinahe direct der Tourenzahl proportional. Der zum regelmäßigen Functioniren der Einrichtung unerläßliche Regulator wirkt in folgender Weise: Das eine Ende der Armaturachse hat ein Zahnrad, dessen Zähne wieder in eine gezahnte Scheibe eingreifen, welch letztere mit einem gewöhnlichen Centrifugal-Regulator fest verbunden ist. Befindet sich die Maschine in Ruhe, oder hat sie noch eine zu geringe Geschwindigkeit, so ist der Stromkreis der Dynamomaschine vollständig unterbrochen, damit sich die Accumulatoren nur in die Lampen und nicht zugleich in die Maschine entladen können. Sobald jedoch die gehörige Tourenzahl eintritt, schließt der Centrifugal-Regulator den Hauptstromkreis der Maschine und es erfolgt dann eine gleichzeitige Stromentnahme aus der Maschine und den Accumulatoren. Neben dem Einschalten der Maschine besorgt der Regulator aber auch die Ausschaltung einer Anzahl von Accumulatoren aus dem Lampenstromkreise, damit die Lampen gleichmäßig weiter brennen; mit Zunahme der Tourenzahl der Maschine werden alsdann immer mehr Accumulatoren ausgeschaltet. Durch diese Versuche wurde gezeigt, daß man einen Eisenbahnzug bei nicht zu großen Fahrgeschwindigkeitsdifferenzen sehr gut mittels Glühlichtes beleuchten kann; denn es waren die Lichtschwankungen bei den verschiedenen Fahrgeschwindigkeiten nur sehr unbedeutend, während der Strom, welcher durch die Lampen ging, beinahe constant blieb. Leider konnten die Schwierigkeiten, welche sich bei der Fahrt über den Semmering darbieten, noch immer nicht überwunden werden.

Im allgemeinen scheinen sämmtliche bis jetzt angestellten Versuche die Thatsache ergeben zu haben, daß einer allgemeinen und erfolgreichen Einführung des Glühlichtes zur Erleuchtung der Eisenbahn=Coupés bis jetzt noch erhebliche Bedenken entgegenstehen und derselben so lange entgegenstehen werden, bis die Accumulatoren auf eine so hohe Stufe der Vollkommenheit gebracht sind, daß man für jeden Waggon auf den Hauptstationen den zur Speisung der Lampen erforderlichen Strom, in Accumulatoren enthalten, entnehmen und diese letzteren alsdann leicht an passender Stelle des Waggons unterbringen, sowie mit den Lampen verbinden kann. Auf diese Weise wäre dann auch jeder einzelne Waggon hinsichtlich seiner Beleuchtung von den anderen unabhängig gemacht. Gerade auf dem Gebiete der Kraftaufspeicherung wird in neuester Zeit von berufenen Kräften mit solchem Eifer gearbeitet, daß wir hoffen dürfen, in nicht zu ferner Zeit nicht nur zur Beleuchtung von Eisenbahnzügen, sondern auch zu vielen anderen Zwecken im Besitze von Accumulatoren zu sein, durch welche erst die weitgehende Bedeutung der Glühlichtbeleuchtung zur Geltung kommen würde.

Eine hervorragende Stellung ist dem elektrischen Lichte für die Zwecke der Schiffahrt gesichert. Die durch dieses Beleuchtungsmittel gebotene Möglichkeit, außerordentlich starke Lichtquellen zu erhalten, macht dasselbe für die Anwendung auf Leuchtthürmen ganz besonders geeignet. Bekanntlich haben die Leuchtthürme den Zweck, den Schiffen rechtzeitig die Nähe der ihnen gefährlichen Küste anzuzeigen, außerdem ihnen in dunkelen, sternlosen Nächten genauen Aufschluß über ihren eigenen Standpunkt zu geben. Durch eine Kette von Leuchtthürmen werden die Küste entlang gewissermaßen künstliche Sternbilder geschaffen, welche zwar eine unveränderliche Stellung haben, aber je nach dem Platze, den das Schiff inne hat, einen wechselnden Anblick darbieten. Der Capitän des Schiffes kann aus hierauf gegründeten Combinationen seine Stellung bis auf einige Meilen von der Küste bestimmen.

Die erste Anwendung der Leuchtthürme datirt um mehrere Jahrtausende zurück, denn schon um 300 v. Chr. existirte der berühmte Pharus von Alexandrien, welcher 16 Jahrhunderte lang den Seefahrern als Führer diente. Als Lichtquellen wurden auf den Leuchtthürmen Holz= und Kohlenfeuer benutzt, bis gegen Ende des achtzehnten Jahrhunderts an die Stelle derselben die Oellampen traten, die in der Folge immerfort verbessert wurden. Die Lampe, welche jetzt noch auf Leuchtthürmen in Gebrauch steht, ist eine solche mit sechs concentrischen Dochten und besitzt eine Helligkeit von 772 Normalkerzen. Da es sich darum handelt, nach der Seeseite hin ein möglichst intensives Licht zu werfen und das nach der Landseite, sowie nach oben und unten ausgestrahlte Licht nicht nutzlos verloren gehen zu lassen, hat man hinter der Lampe parabolische Reflectoren von etwa 600 Millimeter Durchmesser aus versilbertem Metall angebracht. Diese Reflectoren haben jedoch den Nachtheil, daß ihre Oberflächen sehr bald matt werden und daß sie nur die Hälfte des empfangenen Lichtes zurückwerfen. Es sind deshalb auf allen Leuchtthürmen die von Fresnel zuerst angegebenen Linsen-Prismenapparate in Anwendung gekommen, durch welche kaum 20 % des Lichtes verloren gehen und die eine rationellere Ausnutzung der gesammten von der Lichtquelle ausgestrahlten Lichtmenge gestatten.

Die Einführung des elektrischen Lichtes auf Leuchtthürmen reicht in das Jahr 1857 zurück, zu welcher Zeit sowohl in Toulon als auch in Blackwall unter Faraday's Leitung dahin zielende Versuche angestellt wurden. Dieselben lieferten so günstige Resultate, daß bereits am 8. December 1858 auf dem South-Foreland-Leuchtthurm bei Dover das erste elektrische Licht brannte; 1862 folgte der Leuchtthurm von Dungeneß nach. Im Jahre 1863 wurde der Leuchtthurm erster Ordnung von La Hève bei Havre mit elektrischem Lichte versehen. Man constatirte hier, daß im Vergleich mit der früheren Oelbeleuchtung das elektrische Licht durchschnittlich um 8 Kilometer weiter und bei nebeligem Wetter doppelt so weit sichtbar war. Drei Jahre später wurde der zweite Thurm von La Hève mit elektrischem Lichte versehen, ebenso 1869 der von Grisnez. Im Jahre 1870 veröffentlichte Quinette de Rochemont einen Bericht über die Leuchtthürme von La Hève, in welchem er als Vorzüge des elektrischen Lichtes hauptsächlich die bedeutende Vermehrung der Leuchtweite bei Nebel, sowie das ruhige und sichere Functioniren der Apparate hervorhebt. In sechs Jahren fanden nur zwei Betriebsstörungen statt, die eine durch Beschädigung der Dampfmaschine, die andere durch Unachtsamkeit des Wärters.

England besitzt jetzt an seinen Küsten sechs Leuchtthürme mit elektrischem Lichte; in Frankreich hat man außer den genannten noch die Thürme von Planier und La Palmyre für die neue Beleuchtung eingerichtet. Außerdem brennt seit 1866 auf dem Leuchtthurm von Odessa und seit 1869 auf demjenigen von Port Said eine elektrische Lampe. Frankreich beabsichtigt, im Laufe der nächsten zwölf Jahre die sämmtlichen übrigen 42 Leuchtthürme seiner Küsten mit elektrischem Lichte zu versehen. Der Inspector des französischen Leuchtthurmwesens, Allard, hatte dem Minister der öffentlichen Arbeiten eine umfassende und gründliche Denkschrift über diese Einrichtung eingereicht und zur Ausführung des Planes 8 Millionen Francs gefordert. Die französische Kammer hat diese Summe anstandslos bewilligt, weil sie sich zu diesem bedeutenden Opfer hinreichend verpflichtet fühlte, wenn dadurch auch nur um etwas die Gefahr für das Leben der Seefahrer verringert wurde.

Man hat im Anfange die Leistungsfähigkeit des elektrischen Lichtes im Vergleich mit derjenigen der Oellampen für den Zweck der Leuchtthürme überschätzt, indem man einfach nach dem bekannten Gesetze rechnete, daß die Lichtstärke mit dem Quadrate der Entfernungen abnimmt; hiernach würde z. B. eine viermal so starke Lichtquelle doppelt so weit sichtbar sein. Die elektrischen Lampen, welche Allard gewählt hat, sollen eine Helligkeit von etwa 5000 Kerzen besitzen und Oellampen von etwa 500 Kerzen Helligkeit ersetzen. Nach obigem Gesetze würde sich also eine Vermehrung der Sehweite auf das Dreifache ergeben, während sie nach Allard kaum das Doppelte beträgt. Die Ursache dieser eigenthümlichen Erscheinung liegt darin, daß selbst bei klarer Luft die Strahlen jeder Lichtquelle durch die Absorption, welche die Dünste der Luft auf sie ausüben, einen beträchtlichen Verlust erleiden, der mit der Entfernung von der Lichtquelle zunimmt. So werden nach Versuchen von Bouguer bei vollständig klarer Luft, wenn die Lichtquelle 1 Kilometer entfernt ist, 3% des Lichtes absorbirt; bei einer Entfernung von 2 Kilometern werden von den übrig bleibenden 97% wiederum 3% verloren gehen u. s. f. Auf die 20 Seemeilen bei mittlerer Klarheit der Luft betragende Sichtbarkeitsgrenze der französischen Leuchtthürme macht dies einen Lichtverlust von etwa 11% aus, der sich bei unklarer Luft noch bedeutend erhöht. Entsprechend der Thatsache, daß in den Städten die Durchsichtigkeit der Luft eine viel geringere als im Freien ist, fand Allard in Paris an einem heiteren Abend 50% Lichtverlust in der Entfernung von 1 Kilometer.

Es ist demzufolge das elektrische Licht in Gestalt von großen Einzellichtern den übrigen Lichtquellen nicht in dem enormen Maaße überlegen, wie man seiner großen Helligkeit nach erwarten sollte. Trotzdem muß die Einführung desselben auf den Leuchtthürmen als eine werthvolle Errungenschaft gelten, wie nachfolgende Beispiele zeigen. Die Sichtbarkeitskreise der französischen Leuchtthürme schneiden sich in einer Entfernung von 15—16 Seemeilen von der Küste bei mittlerer Durchsichtigkeit der Luft und es beträgt die Sehweite derselben etwa

20 Seemeilen. In sehr klaren Nächten wird man die Lichter auf größere Entfernung als 20 Seemeilen erblicken können, während bei Nebel eine verminderte Sehweite eintreten wird. Die Angaben, wie weit ein Leuchtthurm bei mittlerer Durchsichtigkeit der Luft gesehen werden kann, beruhen auf Beobachtungen der Leuchtthurmwärter, welche die benachbarten Feuer beobachten und notiren, wieviele Male im Jahre sie dieselben sehen konnten, sowie auf Beobachtungen von Schiffen aus. Interessant sind in dieser Beziehung die Wahrnehmungen, welche Schiffslieutenant L. Petit als Commandeur des den Verkehr zwischen Dover und Ostende vermittelnden belgischen Postdampfers zu machen Gelegenheit hatte. Derselbe beobachtete, daß in 100 Fällen die elektrisch beleuchteten Thürme von South Foreland und Grisnez

69	mal	auf mehr als	20	Seemeilen
12	„	zwischen 15 u.	20	„
19	„	auf weniger als	15	„

zu sehen waren, während er die mit Oellampen beleuchteten Thürme erster Ordnung von North Foreland, Ostende, Dünkirchen und Calais

29	mal	auf mehr als	20	Seemeilen
43	„	zwischen 15 u.	20	„
28	„	auf weniger als	15	„

gesehen hatte.

Diese Zahlen beweisen klar die Ueberlegenheit des elektrischen Lichtes bei heiterem Wetter, geben jedoch leider keinen Aufschluß darüber, wie sich dasselbe bei Nebel im Vergleich zum Oellichte verhält, da die Angaben für geringere Entfernungen als 15 Seemeilen fehlen.

Ein weiterer Vorzug, den das elektrische Licht gegenüber dem Oellichte hat, beruht auf seiner geringen Ausdehnung. Die bei den Leuchtthürmen angewendeten Spiegel und Linsen erreichen nämlich ihren Zweck, alles Licht in einer bestimmten Richtung zu concentriren, am besten, wenn die Lichtquelle keinen großen Raum einnimmt. Das durch Spiegel und Linsen von dem elektrischen Lichte erzeugte Lichtbüschel ist aber verhältnißmäßig viel concentrirter als das vom Oellichte erzeugte, da bedeutend weniger Strahlen nach oben und unten verloren gehen. Anderseits erschwert gerade dieser Umstand die Einführung des elektrischen Lichtes auf den Leuchtthürmen. Es ist leicht einzusehen, daß bei der großen Flamme der Oellampe die Linsen nicht so genau geschliffen zu sein brauchen, da irgend ein Punkt der Flamme sich doch im Brennpunkte befinden wird; für das fast punktförmige elektrische Licht müssen dagegen die Linsen vollkommen genau geschliffen sein. Hierzu kommt, daß die Lichtvertheilung im elektrischen Lichte eine andere als in der Flamme der Oellampe ist, sodaß die Linsen dementsprechend auch anders geschliffen sein müssen. Man sieht sich also genöthigt, sobald man die Oelbeleuchtung durch die elektrische ersetzen will, den bestehenden Linsenapparat durch einen neuen, kostspieligeren zu ersetzen.

Der zuletzt erwähnte Umstand wird namentlich für Deutschland die Einführung des elektrischen Lichtes auf Leuchtthürmen verzögern, da erst vor kurzem die vollständige Kette der Leuchtfeuer an den deutschen Küsten mit großen Kosten vollendet ist und bei Anwendung des elektrischen Lichtes die sämmtlichen neuen Apparate werthlos würden. Für Frankreich liegt die Sache insofern günstiger, als seine optischen Leuchtthurmapparate bereits älter sind und also doch über kurz oder lang einer Verbesserung resp. Renovirung bedurft hätten.

Von Sautter, Lemonnier & Co. in Paris, den bekannten Besitzern einer Fabrik für die Herstellung von Leuchtthurmlaternen und bezüglichen Einrichtungen, erhielt Hippolyte Fontaine folgende Daten über die Installation elektrischer Leuchthürme:

Handelt es sich um ein fixes Feuer, so besteht der optische Theil des Apparates aus einem Linsensystem von passender Form, welches alle die in den verticalen Ebenen vom Lichte ausgehenden Strahlen in eine horizontale Ebene sammelt und in dieser divergiren läßt. Die Dimensionen des Linsenapparates variiren je nach der Größe der Maschinen. Der Durchmesser von 0,5 Meter (Apparat vierter Ordnung) genügt für eine Gramme'sche Maschine, type normal; dieser Durchmesser ist zweckmäßig zu vergrößern, wenn stärkere Maschinen zur Anwendung gelangen, um einen größeren Abstand des Brennpunktes vom Glase zu erhalten und somit ein Springen der Gläser infolge der Hitze zu vermeiden. Bei Anwendung der Maschinen von 2000, resp. 4000 Carcel-Brenner Lichtstärke muß der optische Apparat einen Durchmesser von 0,75 Meter, resp. 1 Meter erhalten. Die Zunahme des Durchmessers der Apparate ist ungefähr der Zunahme des Durchmessers der Kohlenstäbe der Lichtquelle proportional. Da nun der Durchmesser der Kohlen größtentheils die Dimensionen des elektrischen Lichtes bedingt, folgt daraus, daß die Divergenz in verticalem Sinne bei den drei Sorten von Apparaten dieselbe bleibt.

Wird ein Drehfeuer verlangt, so umgiebt man den optischen Theil des fixen Feuers mit einem drehbaren Mantel, aus Linsen gebildet, deren

Form je nach dem beabsichtigten Charakter des Lichtes variirt. Die elektrischen Drehfeuer haben vor den gleichen Apparaten mit Oellampen den wichtigen Vorzug, daß man den Lichtblitzen die gleiche Dauer wie den Verdunkelungen geben kann.

Bei den Leuchtthürmen mit Oelbeleuchtung hat man, wenn man das Licht in Form von Lichtblitzen concentrirt, zweierlei bezweckt: 1) eine Vermehrung der Lichtstärke und damit der Tragweite des Leuchtthurmes; 2) die Herstellung eines charakteristischen Unterschiedes vom fixen Feuer. Den ersten dieser Zwecke kann man nur dann erreichen, wenn man dem Lichtblitz eine bedeutend kürzere Dauer als der Verdunkelung giebt, oder mit anderen Worten, wenn man den Winkel des Lichtstrahles im Verhältniß zum Winkel der von der Linse aufgenommenen Strahlen sehr klein macht. Uebrigens hängt dieser Winkel von den Dimensionen des leuchtenden Körpers ab und man kann denselben nicht vergrößern — sei es, indem man die Dimensionen des Lichtes vergrößert, sei es, indem man die locale Distanz von der Linse ändert —, ohne dabei einen Theil des Lichtes zu verlieren, da die Divergenz nicht nur in der horizontalen Ebene (der einzigen, wo sie zur Verlängerung der Dauer der Lichtblitze nutzbar gemacht werden kann), sondern in allen Richtungen auftritt.

Bei der Combination verticaler Linsen mit einer cylindrischen Trommel, wie sie zur Herstellung der Lichtblitze bei den elektrischen Leuchtthürmen benutzt wird, kann man nun, wenn man den verticalen Linsen eine entsprechende Krümmung giebt, die Divergenz der Strahlen in der Horizontalebene allein nach Belieben vergrößern und im Verhältniß die Dauer der Verdunkelungen verringern.

Nichtsdestoweniger bleibt die Tragweite eines elektrischen Leuchtfeuers kleinster Dimension immer noch der des größten Leuchtfeuers mit Oellampen weit überlegen. Man kann sich hiervon durch folgende Ziffern überzeugen:

Die Lichtstärke eines fixen Leuchtfeuers erster Ordnung mit einer sechsmaschigen Lampe ist 1105 Carcel-Brenner. Die Lichtstärke eines ringförmigen Korbes von 45° bei einem Drehfeuer erster Classe und einer sechsmaschigen Lampe ist 9847 Carcel-Brenner und das ist die größtmögliche Lichtstärke, die durch einen mit Oellampen versehenen Leuchtthurm zu erreichen ist.

Die Divergenz des Lichtbüschels bei einem derartigen Korbe ist 7,7° und es beträgt die Dauer des Lichtblitzes ungefähr ein Sechstel der Dauer der vorhergehenden und der nachfolgenden Verdunkelung.

Benutzt man zur Berechnung der Lichtstärke elektrischer Leuchtfeuer die Methode von Allard und geht dabei von den in verschiedenen Richtungen genommenen photometrischen Messungen aus, so findet man, daß die Stärke eines fixen elektrischen Leuchtfeuers von 0,5 Meter Durchmesser mit einer kleinen Gramme'schen Lichtmaschine mindestens 20 000 Carcel-Brenner beträgt. Dasselbe Licht, mittels gerader drehbarer Linsen in Lichtbüschel concentrirt, deren Divergenz so bemessen ist, daß die Dauer des Lichtblitzes und der Verdunkelung gleich groß ist, giebt eine Lichtstärke von 40 000 Carcel-Brennern, d. h. es ist viermal so stark als das stärkste Leuchtfeuer mit Oellampe bei einer bedeutend kürzeren Dauer der Verdunkelung.

Verwendet man eine Gramme'sche Maschine mit vier Elektromagneten, so wird die Lichtstärke eines Leuchtfeuers von 0,75 Meter Durchmesser ungefähr 60 000—100 000 Brenner für das feste Feuer (je nachdem die Maschine auf Spannung oder Quantität gekuppelt ist) und 120 000—200 000 Carcel-Brenner für das Drehfeuer.

Mit einer Gramme'schen Lichtmaschine, größtes Modell, wird die Lichtstärke eines elektrischen Leuchtfeuers von 1 Meter Durchmesser ungefähr 80—160 000 Carcel-Brenner für das fixe und 160 000—320 000 für das Drehfeuer. Die eben gegebenen Ziffern correspondiren bei den drei Typen mit einer gleichen Dauer der Lichtblitze und der Verdunkelungen.

Es ist leicht einzusehen, daß man bei derartigen Lichtmengen nicht mehr nöthig hat, sich mit der größeren oder geringeren Concentration der Strahlen zu beschäftigen, um hierdurch die Tragweite des Feuers zu erhöhen. Die einzige Aufgabe der beweglichen Linsen bei Drehfeuern ist somit die, charakteristische Zeichen zu schaffen, welche jeden Leuchtthurm deutlich von den benachbarten Leuchtthürmen unterscheiden. Die Anwendung des elektrischen Lichtes zu Gruppen von Lichtblitzen (welch letztere sich mit elektrischem Lichte viel leichter als mit Oellicht herstellen lassen) liefert eine genügende Anzahl Erkennungszeichen, sodaß man davon absehen kann, unter den entscheidenden Abzeichen eines Drehfeuers auch die Dauer der Intervalle zwischen den Lichtblitzen figuriren zu lassen.

Wenn selbst die Anzahl der mit weißem Lichte zu erzielenden Unterschiede ungenügend erscheinen sollte, kann man immer noch das rothe Licht, oder besser eine Combination rother und weißer Lichtblitze zu Hilfe nehmen, ohne befürchten zu müssen, daß hierdurch die Tragweite des Lichtes zu sehr beeinträchtigt werde; dieselbe bleibt vielmehr auch nach dem durch die Färbung hervorgerufenen Verluste noch dem kräftigsten Oel-Apparate überlegen.

Auf Tafel XX ist der Leuchtthurm von Planier bei Marseille zur Darstellung gebracht. Wie ersichtlich, ist dieser Leuchtthurm von cylin-

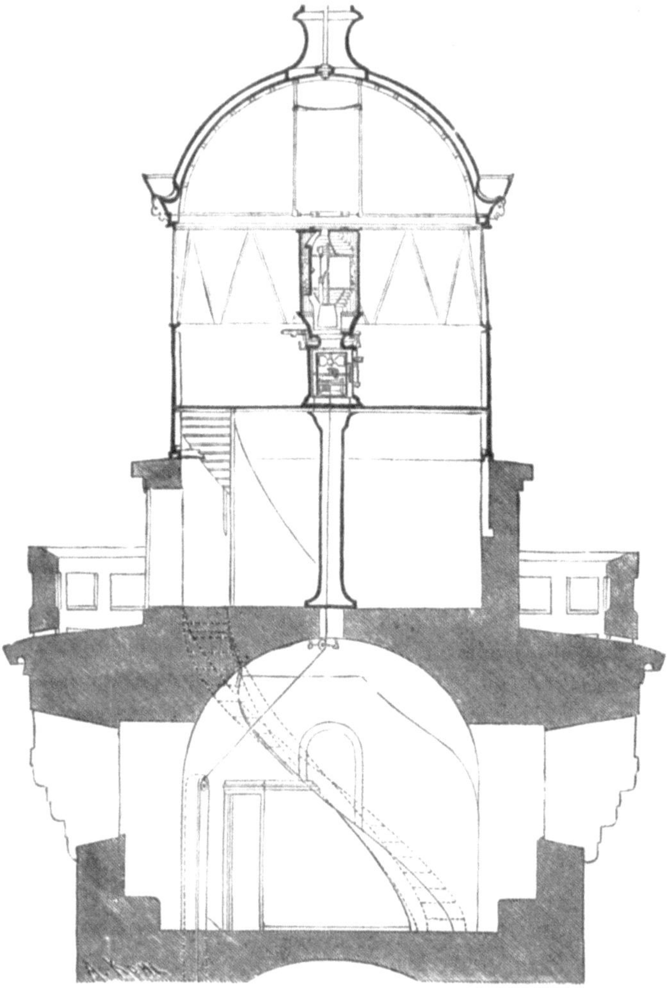

Fig. 332. Laterne des Leuchtthurmes von Planier bei Marseille.

drischer, nach oben konisch auslaufender Form. An der Basis hat derselbe einen Durchmesser von 13,800 Meter, unterhalb der Laterne einen solchen von 6,700 Meter, Die Laterne hat einen inneren Durchmesser von 4 Meter; die um dieselbe herumlaufende Galerie befindet sich

57,600 Meter über der Plattform des Fundaments und 61,930 Meter über dem Niveau des Meeres während der Flutzeit. Das Licht der Laterne ist ein sogenanntes Blinkfeuer, welches in Zwischenräumen von 5 zu 5 Minuten sichtbar wird, und zwar folgen immer einem rothen drei weiße Lichtblitze. Die Sichtbarkeitsgrenze des Lichtes beträgt 23 Seemeilen, also nahezu 43 Kilometer. Der Lichtapparat ist derselbe, welcher während der ganzen Dauer der Weltausstellung von 1878 auf dem Marsfelde functionirte; ein ganz gleicher Apparat war während der Pariser Elektricitäts-Ausstellung im Industriepalast in Betrieb.

Fig. 332 zeigt einen Schnitt durch die Laterne und eine der unteren Etagen. Der eiserne Fußboden des Apparatraumes der Laterne wird durch eine hohle eiserne Säule getragen, welche im Centrum des tiefer liegenden Raumes angebracht ist, sich somit direct unter dem gleichfalls im Centrum der Laterne stehenden Lichtapparat befindet und diesen trägt. Durch den Innenraum der Säule sind die den Strom zu der Lampe führenden Drähte geleitet; weiter unten werden dieselben in einen in dem Mauerwerk des Thurmes angebrachten Canal geführt.

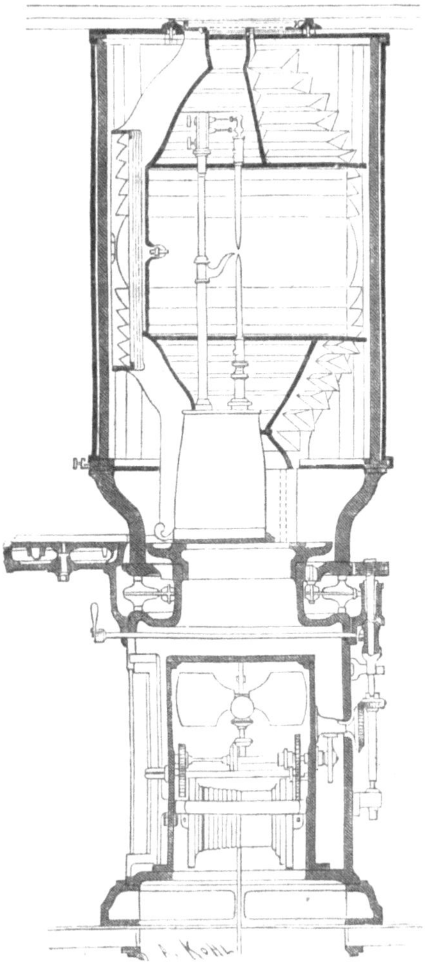

Fig. 333. Optischer Apparat des Leuchtthurms von Planier bei Marseille.

Der optische Apparat ist in Fig. 333 im größeren Maaßstabe dargestellt. Derselbe setzt sich zusammen aus einem Apparat für das fixe Feuer von 0,6 Meter innerem Durchmesser und einer drehbaren äußeren Trommel, in welcher sich die verticalen Linsen befinden. Die Trommel enthält sechs Gruppen von vier Linsen, von denen je eine roth und drei weiß sind. Die Linsen, welche zur Erzeugung der rothen Lichtblitze

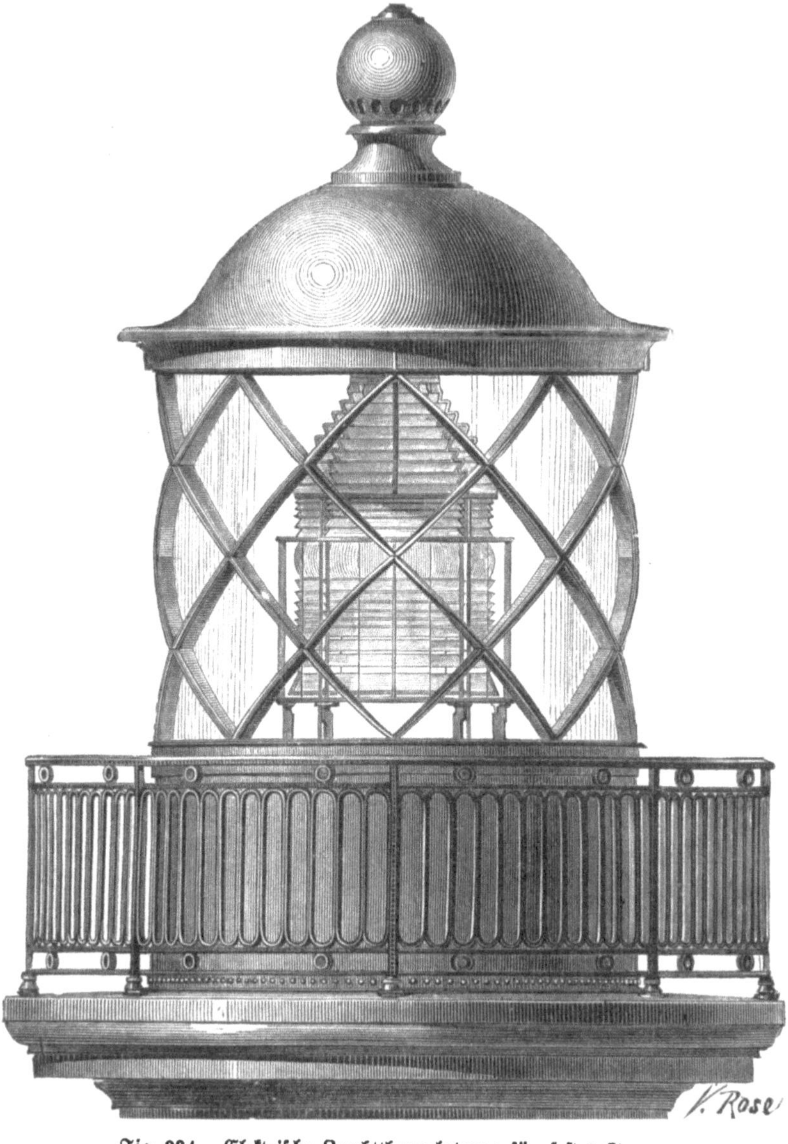

Fig. 334. Elektrische Leuchtthurmlaterne für festes Feuer.

dienen, umfassen einen dreimal so großen Winkel wie die, welche die weißen Lichtblitze hervorrufen; es ist dies erforderlich, um dem rothen

Lichtblitz dieselbe Tragweite wie dem weißen zu geben. Die Laterne eines Leuchtthurmes für festes Feuer mit elektrischem Lichte und in der Ausführung von Sautter, Lemonnier & Co. ist durch Fig. 334 veranschaulicht.

Von gleicher Wichtigkeit wie die Verwendung des elektrischen Lichtes auf Leuchtthürmen ist die Anbringung starker Bogenlichter als Positionslaternen auf Dampfschiffen. Das gegenwärtig immer häufigere Vorkommen von Dampfer-Collisionen hat seine Ursache einestheils in der größeren Frequenz der am meisten benutzten Seewege, anderentheils in der erhöhten Fahrgeschwindigkeit der großen Dampfschiffe. Nach der internationalen Verordnung zur Verhütung von Unglücksfällen auf See müssen die Dampfschiffe während der Fahrt bei Nacht an oder vor dem Fockmast in einer Höhe von mindestens 6 Meter über dem Schiffsrumpf ein helles, weißes Licht, an der Steuerbordseite (rechts) ein grünes und an der Backbordseite (links) ein rothes Licht führen. Bei vollkommen klarem Wetter beträgt die Sehweite der weißen Laterne 5, die der farbigen 2 Seemeilen. Bedenkt man nun, daß die großen Dampfer mit einer Geschwindigkeit von 12 Knoten laufen, d. h. 12 Seemeilen in der Stunde zurücklegen, so ergiebt sich Folgendes: Von dem Augenblicke an, wo von einem solchen Dampfschiffe aus das Herannahen eines demselben mit gleicher Geschwindigkeit entgegenkommenden Schiffes durch Erkennen des weißen Toplichtes bemerkt wird, bis zu dem Augenblicke, wo die beiden Fahrzeuge aufeinander treffen, vergehen nur $12^1/_2$ Minuten; die Richtung des entgegenkommenden Dampfers wird durch Erkennen der rothen und grünen Lichter sogar erst 5 Minuten vor dem etwaigen Zusammenstoß constatirt. Bei der schweren Manövrirfähigkeit unserer Schiffskolosse sind das sehr kurze Zeiträume und bei regnerischem oder nebligem Wetler vermindern sich dieselben noch um ein Bedeutendes. War doch z. B. bei der Katastrophe der Cimbria der Dampfer Sultan nur noch 35—50 Meter von der Cimbria entfernt, als er von dieser aus bemerkt wurde.

Es lag bei dem angegebenen Stande der Dinge nahe, die Frage in Erwägung zu ziehen, ob nicht durch Anbringung starker elektrischer Lampen auf den Schiffen diese vor den Gefahren des Zusammenstoßes mit anderen Schiffen bewahrt, oder wenigstens die Gefahren bedeutend verringert werden können.

Bereits zu Ende der sechziger Jahre wurden auf einer Anzahl von Dampfschiffen der Société des Transports Maritimes de Marseille elektrische Lichtmaschinen aufgestellt, durch welche in Verbindung mit einem Projectionsapparat der Horizont beleuchtet werden sollte; wegen mangelhaften Functionirens der Apparate wurden dieselben jedoch bald wieder abgeschafft.

Im März 1876 wurde auf dem der Compagnie Générale Transatlantique gehörenden Dampfschiff l'Amérique die gleiche Einrichtung getroffen. Der Capitain berichtete äußerst günstig über seine Erfahrungen mit derselben und es wurde infolge dessen das elektrische Licht auch auf den Schiffen La France und La Ville de Brest der nämlichen Linie eingerichtet.

An Bord verschiedener dänischer, russischer, spanischer, englischer und französischer Kriegsschiffe, ebenso auf mehreren Dampfschiffen des Oesterreichisch-Ungarischen Lloyd sind gleichfalls elektrische Lampen angebracht worden.

Die größeren Schiffe der deutschen Kriegsmarine sind jetzt sämmtlich mit elektrischem Lichte ausgerüstet, und zwar haben die zur Anwendung gebrachten Lampen eine Helligkeit von 4000 Normalkerzen und sind mit Reflector und Fresnel'scher Linse versehen, wodurch der Schein weit hinausgeworfen wird. Auch in der deutschen Handelsmarine sind bereits vielfach Schiffe mit elektrischem Lichte ausgerüstet, doch gebrauchen sie dasselbe weniger als Toplicht wie zur Beleuchtung beim nächtlichen Löschen und Laden oder auch zur Erleuchtung der Salons mittels Glühlampen.

Während des Transportes der englischen Truppen nach und von Aegypten hatten die Beamten der englischen Regierung reichlich Gelegenheit, die Vorzüge des elektrischen Glühlichtes auf Schiffen zu beobachten. So wurde das Truppentransport-Dampfschiff „Orient" in allen seinen Theilen mit elektrischer Glühlichtbeleuchtung versehen und es zeigte sich hier der Vortheil dieses Lichtes, da selbst Räume, die ganz ohne Tageslicht waren, mit Truppen belegt wurden, umsomehr als durch die Oellampenbeleuchtung in diesen Räumen eine unerträgliche Hitze und Luftverderbniß herbeigeführt und dennoch nur eine ungenügende Beleuchtung geschaffen worden wäre.

Von der Swan United Electric Light Company wurde der Truppentransportdampfer „Himalaya" mit elektrischer Beleuchtung versehen, und zwar befinden sich an Bord desselben 171 Lampen von je 20 und 78 Lampen von je 10 Kerzenstärken, die von zwei Siemens'schen Wechselstrommaschinen gespeist werden. Von einer dreicylindrigen Dampfmaschine System Brotherhood, welche direct mit der die Armaturen der Lichtmaschine und ihres Erregers tragenden Welle verkuppelt ist, wird die erforderliche Betriebskraft geliefert. Sämmtliche elektrischen Maschinen mit ihrem Motor sind auf einer gemeinsamen gußeisernen Fundamentplatte montirt, die auf einem 200 Millimeter starken Bette aus Teakholz fest mit dem Schiffskörper verbolzt ist. Die Maximalgeschwindigkeit der elektrischen Maschinen beträgt 640 Umdrehungen pro Minute, gewöhnlich machen dieselben aber nur 610 Touren.

Der Strom vertheilt sich bei dieser Anlage in 7 Stromkreisen über das ganze Schiff; durch einen Stöpselumschalter ist die Ein- und Ausschaltung jedes einzelnen oder aller Stromkreise gestattet. Außer dem Hauptumschalter sind noch zahlreiche Nebenumschalter vorhanden, mittels deren man die einzelnen Lüstres entzünden und löschen kann; ebenso ist überall, wo es wünschenswerth erscheint, einzelne Lichter entzünden resp. löschen zu können, eine entsprechende Schaltvorrichtung angebracht. Die von Gebr. Siemens hergestellten Hauptleitungen bestehen aus einem Kabel von je 19 Drähten, die mit Leinwand und Gummi isolirt sind; die Zweigleitungen bestehen aus einzelnen Drähten und sind eigens für Schiffsanlagen von der Gutta-Percha and India-rubber Company gefertigt.

Die Leitungen und Rückleitungen sind in Nuthen im Holze, und zwar 13 Millimeter voneinander, gelagert, wobei die größte Sorgfalt auf die Vermeidung jedes kurzen Schlusses verwendet ist. Stromunterbrecher sind an den Verbindungsstellen aller Zweigleitungen eingeschaltet.

Auch für die Flußschiffahrt ist die Anbringung einer elektrischen Lampe als Toplicht von Vortheil, da man alsdann bei nächtlichen Fahrten im stande ist, die Biegungen des Flusses und die Ufer zu beleuchten und die an diesen Stellen drohenden Gefahren zu vermeiden. So hat der bekannte französische Industrielle Ménier seine Yacht mit elektrischem Lichte ausgerüstet, damit dieselbe auch bei Nacht gefahrlos die Krümmungen der Marne und Seine zwischen Paris und der großen Ménier'schen Chocoladenfabrik in Noisiel befahren kann. Die auf diesem Boote angebrachte Lampe wird von einer Gramme'schen Maschine gespeist, die durch eine Brotherhood'sche Dampfmaschine getrieben wird. Auf Taf. XXI ist die in der Fahrt begriffene Ménier'sche Yacht abgebildet.

Die Anwendbarkeit des elektrischen Lichtes für rein militärische Zwecke findet gleichfalls immer eingehendere Würdigung. Am weitesten ist in dieser Richtung Frankreich vorgegangen. So ist in der französischen Armee der in Fig. 335 dargestellte Projector von Mangin allgemein eingeführt. Die hierbei zur Verwendung kommende Lampe ist die von Sautter, Lemonnier & Co., welche sich in geneigter Stellung vor einem aplanetischen, auf der convexen Seite versilberten Spiegel

Fig. 335. Projector von Mangin.

befindet. Auf der anderen Seite ist das Projectorgehäuse entweder durch eine parallelwandige Glasscheibe oder durch eine Streuungslinse geschlossen. Durch das mittels mathematischer Berechnung festgestellte günstige Verhältniß zwischen den Krümmungshalbmessern der beiden Begrenzungsflächen des Spiegels, der Glasstärke und dem Berechnungscoefficienten wird es möglich, dem Spiegel einen ziemlich großen Durchmesser und dabei doch eine weitaus geringere Concavität als bei gewöhnlichen sphärischen Spiegeln von gleichen Dimensionen zu geben.

Befindet sich der Lichtbogen im Brennpunkte des Spiegels, so tritt ein nahezu vollkommen paralleles Strahlenbüschel aus dem Projector hervor. Verschiebt man die Lampe aus dem Brennpunkte in der einen oder anderen Richtung, so entsendet der Projector ein bis zu gewissem Grade concentrirtes oder im anderen Falle zerstreutes Licht nach außen. Durch Anwendung einer Streuungslinse kann dies noch in der Weise modificirt werden, daß die Streuung nur der Breite nach erfolgt, wie es zur Beleuchtung der Küste, sowie überhaupt ausgedehnter Objecte, erwünscht ist. Der ganze Projections-Apparat ist mittels zweier Achsen nach jeder beliebigen Richtung drehbar und kann in jeder Stellung durch Anziehen zweier Hebel sofort fixirt werden. Ein dritter Hebel vermittelt die Circulation des elektrischen Stromes durch die Lampe. Wird derselbe auf „Licht" gestellt, so tritt die Lampe in Thätigkeit; bei der Stellung auf „Ruhe" erlischt dieselbe.

Die Art und Weise, wie der Mangin'sche Projector mit sämmtlichen Hilfs-Apparaten auf einem Wagen montirt ist, um während eines Feldzuges transportabel zu sein, ist in Fig. 336 gezeigt, während das Vollbild XIX eine Abbildung der ganzen gleichfalls fahrbaren Maschineneinrichtung giebt. Wie ersichtlich, ist zwischen zwei ⊏ Eisen der verticale Dampfkessel mit seinen Armaturen befestigt, welcher den Dampf zum Betriebe des auf den ⊏ Eisen gelagerten dreicylindrigen Brotherhood'schen Motors liefert; der letztere ist direct mit einer Gramme'schen Lichtmaschine verbunden, die in gleicher Weise wie der Brotherhood'sche Motor gelagert ist.

Von Werner Siemens ist gleichfalls ein derartiger Projector construirt worden, bei welchem Fresnel'sche Linsen zur Anwendung gebracht sind. Der optische Theil des Apparates besteht aus einer central angebrachten, zusammengesetzten Glaslinse und mehreren dieselbe umgebenden Glasringen, die in Verbindung mit einem parabolischen Metallspiegel die Concentration der Lichtstrahlen bewirken. Von der k. k. österreichischen Artillerie-Commission in Pola wurden vergleichende Versuche mit dem Mangin'schen und dem Siemens'schen Projector angestellt. Dieselben ergaben einen entschiedenen Vorzug des Siemens'schen Projectors, da das Streuungsvermögen desselben ein bedeutend größeres und somit die Ausnutzung der Lichtquelle eine bessere als bei dem Projector Mangin's war.

Von dem englischen Marine-Ingenieur M. Burstyn wurde zu beiden Seiten des Mangin'schen Projectors ein sogenannter Auxiliar-Projector angebracht, um das elektrische Licht noch besser zu Kriegs-

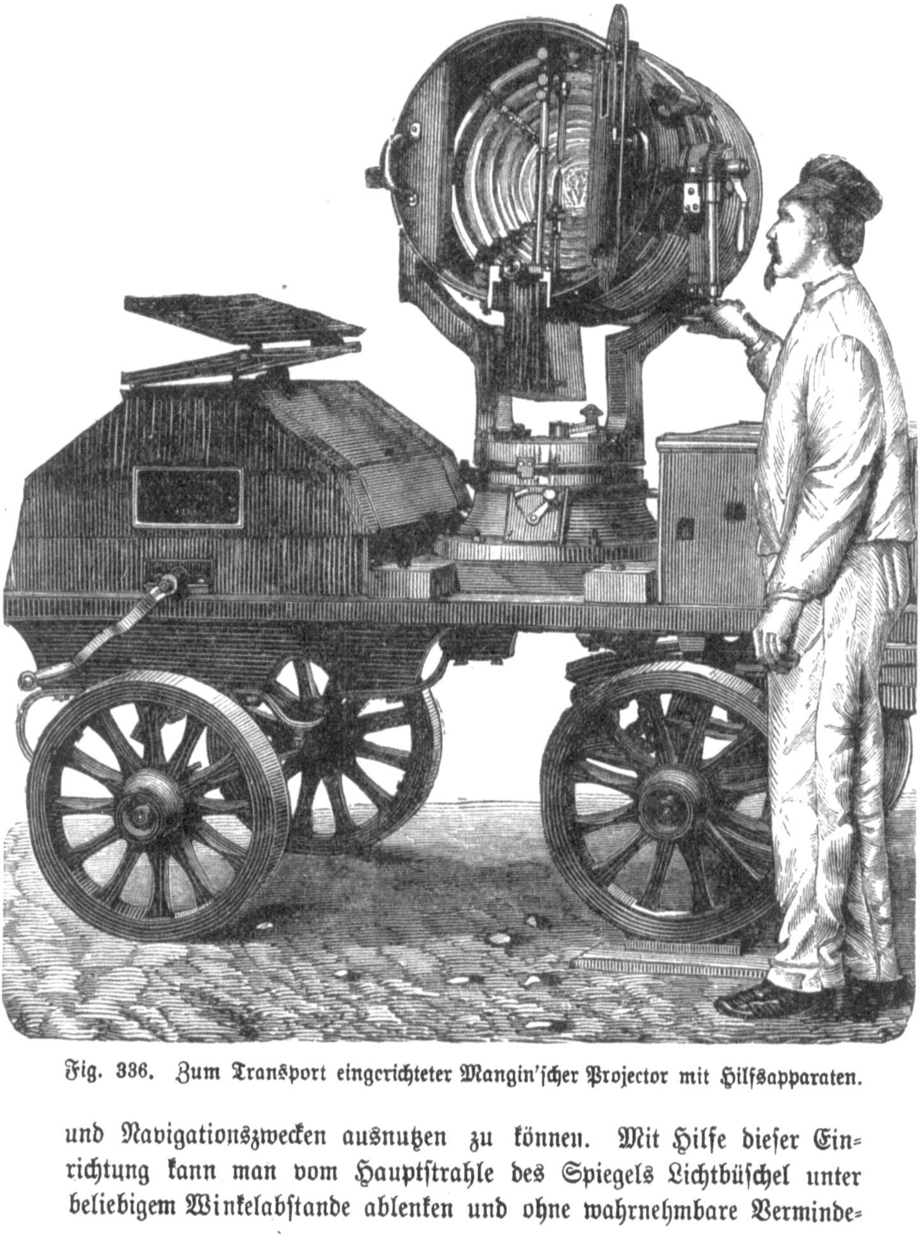

Fig. 336. Zum Transport eingerichteter Mangin'scher Projector mit Hilfsapparaten.

und Navigationszwecken ausnutzen zu können. Mit Hilfe dieser Einrichtung kann man vom Hauptstrahle des Spiegels Lichtbüschel unter beliebigem Winkelabstande ablenken und ohne wahrnehmbare Verminderung des Lichteffectes im Hauptstrahle auch seitlich gelegene Objecte gleichzeitig sehen und verfolgen. Der Apparat besteht im wesentlichen aus einem seitlich an dem Mangin'schen Projector angebrachten Metallrohre, in welchem ein planer Spiegel in Universalgelenken drehbar ist. Das Licht wird durch Reflexion aus dem Projector erhalten und gestattet die Beleuchtung von Gegenständen, die rechts oder links vom Hauptstrahle liegen, ohne ersteren zu beirren.

Schon vielfach hat man sich mit Versuchen über die Leistungen der mit Projectoren verbundenen elektrischen Lampen für militärische Zwecke beschäftigt. Derartige Versuche wurden z. B. im Jahre 1877 von dem französischen Panzerschiff „Richelieu" aus im Golfe von St. Juan angestellt. Die bei dieser Gelegenheit zur Verwendung gekommene Lampe besaß 7600 Normalkerzen Lichtstärke und man vermochte bei dem Lichte derselben auf 4507 Meter Entfernung das Schloß Sainte-Marguerite so deutlich zu erkennen, daß mit freiem Auge auf die Gebäudemasse gezielt werden konnte, während mit Binocle sogar einige Details zu unterscheiden waren. Von der Batterie Foucarde, welche 2150 Meter entfernt lag, waren mit dem Fernrohre alle Details, mit bloßem Auge ein Brückenbogen zu erkennen; bei Pointe Croisette (4000 Meter Entfernung) konnte mit Binocle auf jedes einzelne Gebäude gezielt werden.

Bei den Versuchen, die in Portsmouth im Jahre 1879 stattfanden, wurden schwächere Lichter, von 1500 Kerzenstärken, erprobt und diente zur Concentration des Lichtes ein Mangin'scher Projector. Auf 1000 Meter Entfernung war Gosport sehr deutlich erkennbar; auf 1400 Meter erschien Spitford und auf 1500 Meter Fort Monkton so hell beleuchtet, daß die Masse des Forts sichtbar war.

Ferner wurden Versuche mit der Beleuchtung von Booten gemacht, von denen das eine weiß gestrichen, ein anderes gefirnißt und ein drittes schwarz gestrichen war; bei letzterem waren auch die Ruder schwarz gestrichen, die Bemannung schwarz gekleidet und die Gesichter und Hände derselben geschwärzt. Aus einer Entfernung von 900 bis 1000 Meter beleuchtet, konnten das weiße und das gefirnißte Fahrzeug in allen ihren Bewegungen verfolgt werden, während das geschwärzte erst auf 500—600 Meter Entfernung und nur durch den Widerschein des von den Rudern bewegten Wassers entdeckt wurde. In der Entfernung von 400 Meter erschien das schwarze Boot wie ein Lichtfleck und erst bei 10 Meter Distanz war die Farbe desselben wirklich zu erkennen.

Die Versuche, welche neuerdings von der deutschen Marine-Leitung in Kiel angestellt wurden, haben zu dem Resultate geführt, daß das elektrische Licht an Bord der Schiffe allerdings von Vortheil ist, daß dagegen eine elektrische Beleuchtung des Meeres resp. Hafens von der Küste aus einen sehr zweifelhaften Werth hat, da das Licht, welches zur Entdeckung nahender Kriegsfahrzeuge und namentlich Torpedoboote dienen soll, meist nur dazu dient, ein ungefährdetes Herannahen derselben zu erleichtern. Das Bild auf Taf. XXI zeigt die mit elektrischen Lampen ausgerüstete französische Fregatte La Surveillante, welche die Landung der französischen Truppen durch die Beleuchtung der Insel Tabarka unterstützt.

Eine weitere Benutzung für maritime Zwecke dürfte das elektrische Licht zu Signalzwecken finden, und zwar könnte man, wenn ein directes Erkennen der Signale nicht möglich, mit Hilfe des elektrischen Lichtes leicht die Signale auf den nächtlichen Himmel projiciren.

Es giebt ein anderes ausgedehntes Gebiet von noch allgemeinerer Bedeutung, auf welchem das elektrische Licht eine hervorragende Stellung, man darf wohl sagen, eine Einzelstellung unter den Beleuchtungsmitteln der Gegenwart einnimmt.

Bis vor der Einführung des elektrischen Lichtes vermochte keine der bestehenden Beleuchtungsmethoden eine genügend starke Lichtquelle zu schaffen, um nächtliche Arbeiten im Freien — seien es Hochbauten, Wegebauten, landwirthschaftliche Arbeiten u. s. w. — zu ermöglichen. Auch hier war es dem elektrischen Lichte vorbehalten, folgenreiche Wandlungen herbeizuführen. Schon jetzt sind in vielen Fällen derartige Arbeiten, deren Beschleunigung wünschenswerth oder dringend geboten erschien, mit Hilfe dieses Lichtes vorgenommen worden. Wenn man bedenkt, wieviel in manchen Fällen von einer möglichst raschen Beendigung solcher Arbeiten abhängt, wird man den in dieser Beziehung erreichten Fortschritt zu würdigen wissen. Um einige Fälle dieser Art hervorzuheben, erinnern wir an die in Feldzügen oft erforderlichen nächtlichen Bauten, wie das Schlagen von Brücken, die Instandsetzung von Wegen, das Legen von Schienen. Namentlich auch bei nächtlichen Dammbauten resp. Ausbesserungen von Dämmen bei Eisgang u. s. w. ist eine helle Beleuchtung unzweifelhaft von größtem Werthe, da man hierdurch in die Lage versetzt wird, die herannahenden Gefahren leicht zu erkennen und die Mittel zur Abwehr derselben zu ergreifen.

Bei den Hafenbauten in Havre hat man in der ausgedehntesten Weise von der elektrischen Beleuchtung zur Ermöglichung nächtlicher Arbeiten Gebrauch gemacht. Die Baustellen wurden von dem Unternehmer Deslandes mittels zweier Bogenlampen von je 500 Carcel-Brennern Lichtstärke erleuchtet und es genügte die somit erhaltene Lichtmenge vollkommen, um 150 Arbeitern die für ihre Thätigkeit erforderliche

Fig. 337. Nächtliche Bauarbeiten bei elektrischer Beleuchtung.

Helligkeit zu spenden. Zum Betriebe der Lampen diente ein Beleuchtungsapparat von Sautter, Lemonnier & Co., wie ein solcher schon beschrieben und auf Taf. XIX abgebildet wurde. Der gleiche Apparat fand bei den Fundamentirungsarbeiten des neuen Gebäudes der Bank Crédit Lyonnais in Paris Verwendung, welche Arbeiten bei dem Scheine von 18 elektrischen Lampen vorgenommen wurden. Die Art der Anbringung der Lampen zur Beleuchtung derartiger Baustellen ist in Fig. 337 veranschaulicht. Wie ersichtlich, sind die Lampen auf entsprechend construirten Gerüsten montirt und, um die Helligkeit in passender Weise auf der Baustelle vertheilen und die Lichtquellen möglichst ausnutzen zu können,

Reflectoren hinter denselben angebracht, welche den Lichtschein auf die zu beleuchtende Fläche werfen. Bei den nächtlichen Arbeiten während des Baues der Kehler Brücke wurde gleichfalls die elektrische Beleuchtung angewendet, wovon Fig. 338 ein Bild giebt.

Von immer größerer Wichtigkeit wird das elektrische Licht auch für submarine Bauten und Taucherarbeiten werden, da hier die Eigenschaft desselben, in jeder Atmosphäre zu brennen, in vorzüglichem Grade zur Geltung kommt. Bei den bis jetzt mit elektrischer Beleuchtung aus-

Fig. 338. Nächtliche Arbeiten während des Baues der Brücke von Kehl bei elektrischer Beleuchtung.

geführten Arbeiten dieser Art war die Lampe in einem starken Cylinder von mehr als 1 Meter Durchmesser eingeschlossen, der an seinem unteren Ende mit einer dicken Glasplatte versehen war. Um einen hinreichenden Widerstand gegen den mit der größeren Entfernung von der Meeresoberfläche zunehmenden Druck des Wassers zu schaffen, wurde der Innenraum des Cylinders mit einer Alaunlösung gefüllt. Im oberen Theile des Cylinders war die elektrische Lampe von bedeutender Lichtstärke angebracht, deren Strahlen die Alaunlösung und die Glasplatte durchdrangen und unterhalb des Cylinders eine Kreisfläche von ca. 30 Meter

Durchmesser beleuchteten. Von fachmännischer Seite wird der Werth großer Einzellichter für specielle Taucherzwecke bestritten, da der Meeresboden an den Küsten meist von schlammiger Beschaffenheit ist und der auf diesem gehende Taucher denselben aufrühren, somit das Wasser in seiner nächsten Umgebung trüben wird, sodaß die Strahlen des in größerer Entfernung über ihm hängenden elektrischen Lichtes nicht im stande sein werden, das Wasser zu durchdringen. Es scheint daher rathsam, wenn nicht der Meeresboden ein fester, felsiger ist, von der Verwendung starker Lichtquellen zur Erleuchtung größerer Bodenflächen abzusehen und lieber jedem Taucher eine kleine Glühlichtlampe mitzugeben, die vielleicht mittels Accumulatoren gespeist werden könnte, welche der Taucher an Stelle der erforderlichen Beschwerungsgewichte trägt. Auch würde die Verwendung stärkerer Lampen und die Stromzuführung von Bord des Wachtschiffes aus keine Schwierigkeiten machen, da ja die Zuführungsdrähte leicht mit den Luftschläuchen in Verbindung gebracht werden könnten.

Für die Landwirthschaft erscheint die Anwendung des elektrischen Lichtes von ganz besonderer Wichtigkeit, da ja oft außerordentlich viel von dem rechtzeitigen Einbringen des Getreides u. s. w. abhängt. Es werden in solchen Fällen direct an den den Motor und die Lichtmaschine tragenden Locomobilkesseln in Eisenconstruction ausgeführte Gerüste angebracht, welche die Lampen tragen. Diese Gerüste haben Aehnlichkeit mit den Auslegern der Hafenkrahne (System Fairbairn) und lassen sich wie diese heben und senken, sodaß man nach Belieben eine kleinere Fläche intensiver oder eine größere weniger intensiv beleuchten kann. Die Locomobilen lassen sich so einrichten, daß sie auch zum Betriebe von Dreschmaschinen und anderen landwirthschaftlichen Apparaten zu benutzen sind, wodurch die Kosten der Anlage verhältnißmäßig sehr geringe sind.

An dieser Stelle mögen auch die Versuche Erwähnung finden, welche William Siemens in Betreff der Einwirkung des elektrischen Lichtes auf das Wachsthum der Pflanzen angestellt hat. Um seine Treibhauspflanzen soviel als möglich denselben Bedingungen zu unterwerfen, welche das Gedeihen und die Entwickelung der Pflanzen im Freien bestimmen, ließ Siemens mit Luft geschwängerten Wasserdampf durch dünne Röhren in das Treibhaus blasen und stellte auf diese Weise künstliche Wolken her, welche zugleich den Zweck hatten, das elektrische Licht etwas abzudämpfen. Bald hatte er die Freude, zu bemerken, welchen günstigen

Einfluß dieser Versuch auf die Pflanzen ausübte. Da er wahrnahm, daß die dem nackten Lichte ausgesetzten Pflanzen bei weitem kein so gutes Aussehen hatten als diejenigen, welche unter dem Einfluß des mit Glas umgebenen Lichtes standen, kam er auf die Vermuthung, daß das Glas die den Pflanzen schädlichen Strahlen absorbire, und umgab deshalb die elektrischen Lampen mit verschieden gefärbtem, durchsichtigem Glase. Um allseitig gründliche Erfahrungsresultate zu sammeln, setzte er einen Theil der Pflanzen dem nackten, einen anderen dem durch helles Glas gedämpften Lichte aus, während er auf noch andere Pflanzen elektrisches Licht einwirken ließ, das mit gelbem, rothem und blauem Glase umgeben war. Es zeigte sich hierbei, daß die dem nackten Lichte ausgesetzten Pflanzen im Wachsthum etwas zurückblieben und dunkleres Laub hatten, die dem hellen, mit durchsichtigem Glase umgebenen Lichte ausgesetzten sich vorzüglich entwickelten, während die dem farbigen, besonders dem rothen und blauen Lichte ausgesetzten stark verkümmerten.

Auch über das Reifen der Pflanzen unter dem Einflusse des elektrischen Lichtes sind von William Siemens eingehende, höchst interessante Beobachtungen angestellt worden. Vom 26. December bis zum 10. März gelangten Trauben vollkommen zur Reife; Ende October gesäete Erbsen reiften bis zum 16. Februar, Erdbeeren in zwei Monaten, Himbeeren in 75 Tagen. Im Treibhaus gezogener Weizen und Hafer, sowie Gerste gelangten wegen ihres schnellen Wachsthums nicht zur Reife, da die jungen Halme die Aehren nicht zu tragen vermochten. Im Freien jedoch wurde am 6. Januar gesäetes, bis Anfang Mai ununterbrochen unter dem Einfluß elektrischen Lichtes stehendes Getreide Anfang Juni vollständig reif. Die so gezogenen Pflanzen erwiesen sich auch als vollkommen productionsfähig, denn Erbsen, welche zwei Tage nach ihrer Reife in die Erde gesetzt wurden, keimten schon wenige Tage darauf.

Es ist schon früher darauf hingewiesen worden, welch hohe Wichtigkeit dem elektrischen Lichte und namentlich dem Glühlichte für die Beleuchtung der Theater in hygienischer Beziehung und aus Gründen der Feuersicherheit zuerkannt werden muß. Außerdem ist dasselbe bei den weitgehenden Anforderungen, welche das Publicum, sowie die Dichter und Componisten der Gegenwart an die Ausstattung der Stücke stellen, zur Hervorbringung scenischer Effecte geradezu unentbehrlich geworden. In weitaus der Mehrzahl der Fälle wird man sich zur Herstellung dieser Effecte des Bogenlichtes bedienen müssen, da es sich meist um große, auf einen

Punkt zu concentrirende Lichtmengen handelt. Die erste derartige Anwendung einer elektrischen Bogenlampe fand, wie schon mehrfach erwähnt, in der Meyerbeer'schen Oper „Der Prophet" bei ihrer Aufführung im Pariser Opernhause im Jahre 1846 statt. Das Experiment, mittels dessen bei dieser Gelegenheit eine Imitation der Sonne auf der Bühne hervorgebracht wurde, ist ein sehr einfaches. Es wird nämlich, wie Fig. 339 zeigt, eine elektrische Lampe mit einem parabolischen Reflector versehen, sodaß das Licht sich genau im Brennpunkt derselben befindet; der Reflector wirft die parallelen Strahlen in einem Lichtbüschel auf einen vor der Lampe aufgestellten Seidenschirm, auf welchem alsdann ein täuschend ähnliches Bild der Sonne entsteht.

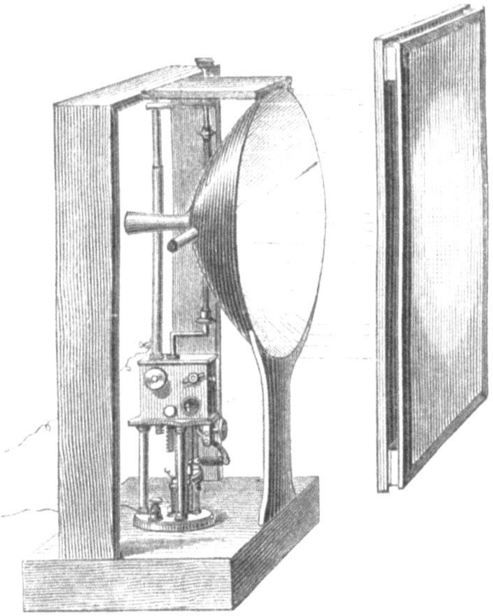

Fig. 339. Darstellung der Sonne auf der Bühne.

Nachdem durch Duboscq das elektrische Licht für den bezeichneten Zweck auf der Bühne der Großen Oper in Paris eingeführt war und derselbe im Jahre 1855 definitiv die Leitung der elektrischen Beleuchtungseffecte übernommen hatte, welcher er heute noch vorsteht, sind dieser ersten Anwendung zahlreiche ähnliche gefolgt. Im Jahre 1860 brachte Duboscq bei einer Wiederholung der Oper „Moses" zum ersten Male mit Hilfe des elektrischen Lichtes einen Regenbogen auf der Bühne hervor. In dieser Oper soll der Regenbogen bekanntlich in dem Augenblicke entstehen, in welchem die Wogen des Rothen Meeres über den den Israeliten nachsetzenden Aegyptern zusammenschlagen. Bis zur Einführung des elektrischen Lichtes benutzte man zur Herstellung des Regenbogens farbige Papierstreifen, die auf einem blauen Fond, welcher den ägyptischen Himmel darstellte, aufgeheftet waren. Um im gegebenen Moment diesen primitiven Regenbogen sichtbar zu machen, ließ man die Vorderbühne im Halbdunkel und beleuchtete mittels einer Anzahl Lampen die Hinterseite des Papiers. Der von Duboscq benutzte elektrische Apparat, welcher den Strom von 100 Bunsen-Elementen erhielt, bestand aus einer Bogenlichtlampe, deren Lichtstrahlen man, wie Fig. 340 zeigt, durch einen halbrund geformten Schlitz auf eine Sammellinse fallen ließ, welche die Strahlen auf ein in entsprechender Entfernung angebrachtes Prisma warf. Indem durch letzteres in bekannter Weise die Farben, aus welchen das Licht sich zusammensetzt, zerlegt wurden, entstand das Spectrum des Lichtes in bogenförmiger Gestalt auf einem passenden Hintergrunde. In Fig. 341 ist die betreffende Scene aus der Oper „Moses“ mit dem Regenbogen im Hintergrunde zur Anschauung gebracht.

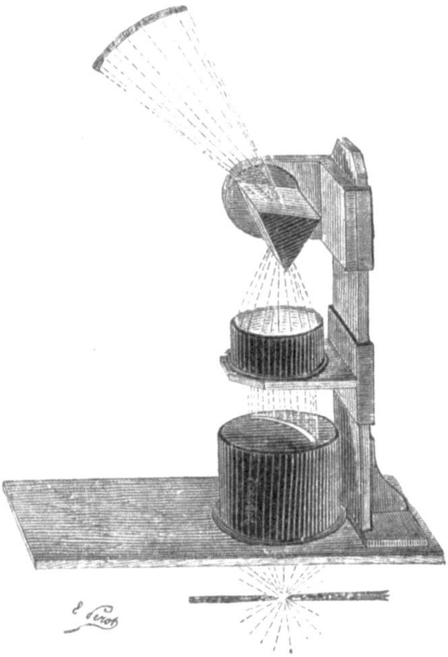

Fig. 340. Herstellung des Regenbogens auf der Bühne.

Eine noch ausgedehntere Anwendung findet das elektrische Licht für theatralische Zwecke, wenn es gilt, eine Person oder einen bestimmten Punkt der Bühne derart zu beleuchten, daß die Aufmerksamkeit des Publicums besonders dahin gerichtet wird, oder auch die betreffende Person von einem magischen, geisterhaften Schimmer überflossen erscheinen zu lassen. So wird in der Großen Oper in Paris der Darsteller des Moses, wie Fig. 342 zeigt, wenn er mit seinem Stabe das Wasser aus dem Felsen hervorsprudeln läßt, elektrisch beleuchtet und in ähnlicher Weise hebt sich in der Wagner'schen Oper „Lohengrin“ die Gestalt des Helden, in dem vom Schwan gezogenen Fahrzeug nahend, von der Umgebung ab.

Die Apparate, welche zur Hervorbringung dieser Effecte dienen, sind Bogenlampen mit hinter denselben angebrachten Reflectoren, welche die Strahlen sammeln und auf einen Punkt concentriren. Zur Beleuchtung von Personen dient der in Fig. 343 dargestellte Apparat, der mit einer scherenartigen Vorrichtung versehen ist, welche gestattet, den Effect im gegebenen Augenblick zu dämpfen oder auch zu verhindern, daß außer der zu beleuchtenden Figur noch andere Darsteller von dem elektrischen Lichte getroffen werden. Die Beleuchtung fester Punkte wird mittels des in Fig. 344 abgebildeten einfacheren Apparates bewirkt.

In neuester Zeit wird das elektrische Glühlicht mit ausgezeichnetem Erfolg in der ärztlichen Diagnostik angewendet. Es ist bekannt, daß, wenn man einen starken elektrischen Strom durch einen Platindraht sendet, der letztere sich bis zur Glühhitze erwärmt. Auf Grund dessen versuchte man, Platindrähte in kaltem Zustande mit Hilfe besonderer Vorrichtungen theils in direct von außen zugängliche Höhlen des mensch-

Fig. 341. Scene aus der Oper Moses, mit dem durch elektrisches Licht erzeugten Regenbogen.

lichen Körpers (die Mundhöhle, das Ohr, die Nasen- und Rachenhöhle) unter geeignetem Schutze der benachbarten Schleimhäute einzubringen, theils solche Drähte mittels geeigneter Röhrensysteme tiefer (z. B. in den Magen) zu schieben, um sie dann durch die Wirkung des elektrischen Stromes bis zur Weißglut zu erhitzen. In dieser Richtung wurden namentlich von Gustave Trouvé in Paris Versuche unternommen und Apparate construirt, welch' letztere indeß den Uebelstand zeigten, daß durch die sich entwickelnde Wärme schon nach sehr kurzer Zeit (höchstens 15 Secunden) die Unterbrechung des Stromes resp. die Entfernung des Apparates nothwendig wurde, da selbst die durch die feinsten Platindrähte producirte, der Intensität des Glühlichtes proportionale Wärmemenge als strahlende Wärme höchst unangenehm sich äußert, als fortgeleitete Wärme aber bei der mitunter unvermeidlichen Annäherung an die Zellengewebe des Körpers oder gar bei etwaiger Berührung eine Verbrennung derselben herbeiführen würde, während bei fortgesetzt starker Verminderung des glühenden Materials der erzielte Lichteffect nicht mehr genügend ist. Es ging deshalb schon seit längerer Zeit das Bestreben

Fig. 342. Scene aus der Oper Moses, mit Anwendung des elektrischen Lichtes.

der Aerzte dahin, die Lichtwirkung des elektrischen Stromes von der thermischen zu trennen, bez. letztere unschädlich zu machen. Dies hat unter Anderen Dr. Bruck in Breslau in der Weise erreicht, daß er eine Kühlung mittels Wassers einrichtete, indem der weißglühende Platindraht von in geschlossenen Glasröhren fließendem Wasser umspült wurde. Er benutzte die so construirten Apparate zur Durchleuchtung einiger Körpertheile, in der Voraussetzung, diese Theile zu diagnostischen Zwecken hinreichend erhellen zu können (Diaphanoskopie). Die praktische Verwerthung der Methode scheiterte jedoch an der Schwierigkeit, die doppelte isolirte elektrische Leitung, die Zu- und Ableitung des Wassers nebst allen sonst erforderlichen Details auf den für manche Fälle von vornherein beschränkten Raum zu concentriren; denn alle diese Apparate schreckten durch ihre Unförmlichkeit und Größe von weiteren Versuchen ab.

Erst in neuerer Zeit gelang es Dr. M. Nitze in Dresden, eine Ausführung dieser Methode zu ersinnen, welche gestattete, tiefer gelegene Körperhöhlen mittels Glühlichtes, welches von permanent circulirendem

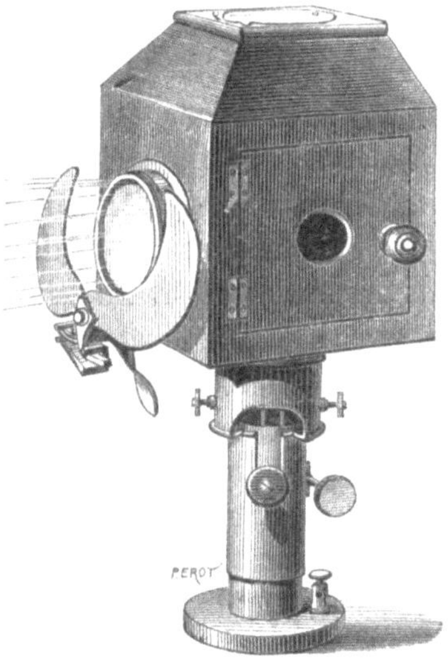

Fig. 343. Apparat zur elektrischen Beleuchtung einzelner Personen auf der Bühne.

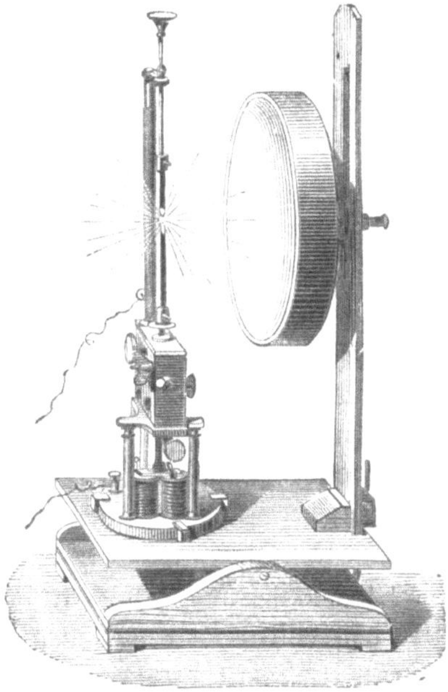

Fig. 344. Apparat zur elektrischen Beleuchtung bestimmter Gegenstände auf der Bühne.

Wasser umspült wurde, zu erleuchten. Die von Dr. Nitze construirten Apparate hatten Katheterform und zeichneten sich namentlich dadurch aus, daß sie neben der elektrischen und der Wasserleitung noch ein System optischer Linsen enthielten und so das Ueberblicken eines größeren Gesichtsfeldes ermöglichten. Um die weitere constructive Durchbildung des von Dr. Nitze erfundenen Systems hat der Instrumentenfabrikant Josef Leiter in Wien sich besondere Verdienste erworben, durch dessen Verbesserungen die betreffenden Apparate erst in der Praxis Eingang fanden.

Anhang.

Die elektrische Kraftübertragung.

Der Reichthum an Kraft, den die für die Erhaltung des Weltalls rastlos thätige Natur aus ihrer unerschöpflichen Fülle theils sichtbar, theils verborgen dem Menschen zur Verfügung stellt, hat schon in den frühesten Zeiten dem sinnenden Geiste die Möglichkeit nahe gelegt, einen Theil derselben, in nützliche Arbeit umgesetzt, zur Erleichterung des materiellen Daseins und zur Erhöhung der eigenen Leistungsfähigkeit zu verwerthen. Schon die ältesten Ueberlieferungen berichten von Versuchen, die bekannten Naturkräfte mit den zu Gebote stehenden primitiven Hilfsmitteln dem menschlichen Willen dienstbar zu machen, und in gleichem Fortschritt mit der Cultur der Völker vervollkommneten sich diese Kenntnisse und Hilfsmittel, sodaß man zu immer vortheilhafterer und umfangreicherer Ausnutzung der vorerst noch allein in Frage kommenden elementaren Kraftäußerungen — die Bewegung des Windes und Wassers und die unmittelbare Energie der Wärme — gelangte.

Am nächsten mochte es wohl liegen, die Kraft des Windes zu Arbeitsleistungen zu benutzen. Bis heute wird dieselbe in windreichen Gegenden in ausgedehnter Weise namentlich zum Betriebe von Mühlen und zur Wasserhebung verwerthet. In neuerer Zeit hat die Anwendung dieser Kraft durch die in den Windturbinen gegebene Vervollkommnung der die Bewegung auf die Arbeitsmaschine übertragenden Motoren einen bedeutenden Aufschwung genommen. Während man jedoch im allgemeinen Windmotoren nur da antrifft, wo das Bedürfniß einer billigen Kraftquelle zur Verwendung an Ort und Stelle vorliegt, ist in der Ausnutzung der vorhandenen Wasserkräfte mehr geschehen und man wird in unmittelbarer Nähe der Stätten menschlichen Schaffens nicht leicht einen Wasserlauf, ein Wasserbecken finden, die nicht an geeigneten Stellen zur Kraftabgabe gezwungen worden wären. In neuester Zeit scheint es nun auch gelungen zu sein, die bisher noch fast gar nicht ausgenutzte Kraft des fließenden Wassers mittels in den Strom eingebetteter turbinenartiger Apparate abzuleiten und so für industrielle Zwecke verfügbar zu machen, womit ein weites Gebiet der Kraftverwerthung erschlossen wäre. Immerhin giebt es noch zahlreiche Wasserkräfte in unbewohnten Gegenden, in schwer zugänglichen Gebirgen rc., die an Ort und Stelle nicht verwerthbar sind, und in noch höherem Grade gilt dies von den Kraftäußerungen der bewegten Luft an windreichen Plätzen, fern von den Stätten größerer industrieller Thätigkeit.

Solche Kraftquellen können mit großem Vortheile an anderen Orten zur Dienstleistung herangezogen werden und durch den Bedarf bedeutend im Werthe steigen, wenn ein geeignetes Mittel zur Verfügung steht, die gewonnene Kraft auf größere Entfernungen fortzuleiten.

Als eine Kraftquelle von eminenter Bedeutung hat die Wissenschaft schon in den ersten Perioden der Culturgeschichte die Energie der Wärme erkannt. Abgesehen von der ungeheuren Wärmemenge, welche die Sonne täglich nach unserem Planeten entsendet, besitzen wir in den im Inneren der Erde aufgehäuften Steinkohlenmassen eine zur Zeit noch ungemessene Menge aufgespeicherter Wärme, welche heute die treibende Kraft für den größten Theil unserer Industriewerkstätten abgiebt, indem sie, zur Erzeugung gespannter Wasserdämpfe benutzt, ihre Kraftäußerung mittels der Dampfmaschinen in geeigneter Weise zum Ausdruck bringt. Der Transport der Steinkohlen von den Orten ihrer Gewinnung nach den entfernten Industriebezirken macht jedoch die durch dieselben erzeugte Kraft beträchtlich theurer, als sie sich an den Orten der Kohlenproduction stellen würde, sodaß auch hier die Kraftübertragung auf große Entfernung für einen ökonomischen Betrieb zur maaßgebenden Bedingung wird.

Verschiedene Methoden sind bereits für die Kraftübertragung auf größere Entfernungen zur Anwendung gebracht worden, und namentlich sind es die Drahtseiltransmission, die hydraulische und die pneumatische Transmission, welche praktische Verwendung gefunden haben; die letztere von diesen blieb allerdings auf einzelne bestimmte Zwecke (durch gepreßte Luft betriebene Bohrmaschinen für Tunnelbauten, pneumatische Briefposten rc.) beschränkt. Einer ausgedehnteren Verwendung der genannten Arten der Kraftübertragung steht jedoch die Thatsache entgegen, daß die unvermeidlichen Kraftverluste mit der zunehmenden Entfernung der Arbeitsstelle von der Kraftquelle rasch wachsen, wodurch der Betrieb wesentlich vertheuert wird.

Nachdem in den letzten Jahren die Wirkungen des elektrischen Stromes für die mannigfachsten Zwecke praktische Bedeutung gewonnen haben, hat sich diese geheimnißvollste aller Naturkräfte auch als ein vortreffliches Hilfsmittel erwiesen, Energie von einem Orte, wo sie billig zu entnehmen ist, auf beliebige Entfernung zu übertragen. Die elektrische Kraftübertragung, welche recht eigentlich eine Errungenschaft der neuesten Zeit ist und seit ihrem ersten Auftreten bereits wesentliche Vervollkommnungen erfahren und vielfache Anwendung gefunden hat, beruht darauf, die vorhandene Arbeitskraft mittels geeigneter elektrischer Maschinen zur Erzeugung elektrischer Ströme zu benutzen und diese durch beliebig lange Leitungen an die Verbrauchsstelle zu führen, wo sie wiederum in mechanische Energie umgesetzt werden. Obwohl auch bei der elektrischen Kraftübertragung große Kraftverluste unvermeidlich sind, hat dieselbe vor den oben bezeichneten Transmissionen den wichtigen Vorzug, daß diese Verluste mit der Größe der Entfernung bei weitem nicht in so rapidem Maaße wachsen; außerdem sind die Anlagekosten beträchtlich geringere, sodaß überall, wo es sich um die Uebertragung billiger Kräfte auf große Entfernungen handelt, die elektrische Kraftübertragung jedenfalls eine hervorragende Bedeutung zu gewinnen berufen ist, während man für geringere Entfernungen die ersterwähnten Methoden vorziehen wird, weil sie in diesem Falle ein günstigeres ökonomisches Resultat ergeben.

Die Endziele der elektrischen Kraftübertragung faßt Ed. Japing (auf dessen Werk: „Die elektrische Kraftübertragung und ihre Anwendung in der Praxis" für ein eingehenderes Studium des Gegenstandes hiermit hingewiesen wird) in folgender Weise zusammen: „Theoretisch liegt nach dem heutigen Standpunkte der Elektrotechnik kein Hinderniß vor, an Orten, wo starke Wasserkräfte bisher unbenutzt vorhanden, dieselben durch geeignete Motoren zu leiten, in windreichen Gegenden Windmühlen in großer Zahl aufzustellen, in den Centren der Steinkohlenbergbaudistricte Centralstationen mit ganzen Batterieen von Dampfkesseln und mächtigen Dampfmaschinen vorzüglichster Construction anzulegen, die Wärmestrahlen der Sonne mit großen Brenngläsern zu concentriren und zum Heizen von Dampfkesseln, calorischen Maschinen 2c. zu benutzen u. s. w., die ganze so gewonnene mechanische Energie durch dynamo-elektrische Maschinen von den praktisch bewährtesten Dimensionen und Systemen in elektrische Ströme umzusetzen, diese letzteren entweder direct durch gut isolirte Drähte von entsprechender Stärke zu den Wohnsitzen der Menschen, nach den Mittelpunkten industrieller Thätigkeit fortzuleiten und dort an einer beliebig großen Anzahl von Stellen zur Verrichtung mechanischer Arbeit, zu Beleuchtungszwecken, zum Eisen- und Metallerhitzen, Schmelzen, zum Kochen und Braten, kurz für alle erdenkbaren Zwecke gewerblicher oder häuslicher Thätigkeit zu benutzen; oder aber mit Hilfe von Accumulatoren oder Secundär-Batterieen die kinetische, lebendige Energie der elektrischen Ströme in latente, ruhende Energie umzuwandeln, die dann zu beliebiger Zeit und an beliebigem anderen Orte wieder zu den oben aufgezählten Dienstleistungen verwendet werden kann."

Es kann nicht die Aufgabe des Nachstehenden sein, alle angedeuteten Verwendungsarten einer detaillirten Besprechung zu unterziehen; vielmehr sollen hier nur, nachdem das Wesen der elektrischen Kraftübertragung so weit erläutert sein wird, als zum Verständniß des Folgenden nothwendig erscheint, einige der wichtigsten der bis heute existirenden praktischen Ausführungen elektrischer Kraftübertragungen geschildert werden, um ein Bild von dem zu geben, was auf dem betreffenden Gebiete schon jetzt geleistet worden ist und was wir von diesem neuen Zweige der angewandten Elektricitätslehre zu erwarten berechtigt sind.

Als Krafterzeugungsmaschinen für die Zwecke der elektrischen Kraftübertragung kommen im wesentlichen nur Windräder, Wasserräder, Turbinen und Dampfmaschinen, außerdem calorische und Gaskraftmaschinen in Betracht. Dieselben geben ihre Kraft als um eine Achse rotirende Bewegung ab und diese Bewegung muß zunächst zu ihrer Umwandlung in elektrische Energie möglichst gleichmäßig auf die Achse einer elektrischen Maschine übertragen werden. Als solche kann im allgemeinen jede Form der in dem Kapitel: „Die elektrischen Maschinen" besprochenen Constructionen dienen; am besten eignen sich jedoch die Gleichstrommaschinen und unter diesen die magnet-elektrischen, resp. diejenigen dynamo-elektrischen Maschinen, bei welchen die Erregung der inducirenden Magnete durch eine separate Maschine erfolgt, um jede Ursache von Stromschwankungen möglichst zu vermeiden. Zur Ueberwindung des Widerstandes, den die in den Drahtwindungen einer solchen Maschine hervorgerufenen Ströme vermöge der zwischen ihnen und dem inducirenden Magnet stattfindenden Anziehung der Bewegung entgegensetzen, muß Arbeit aufgewendet werden. Diese Arbeit ist es, welche durch die elektrische Maschine in elektrische Energie umgewandelt wird, und zwar ist nach dem Fundamentalgesetz von der Erhaltung der Kraft die Summe der in der neuen Form auftretenden Energie genau äquivalent der stromerzeugenden Energie, d. h. es geht auch nicht der kleinste Bruchtheil der aufgewendeten Kraft verloren, sondern dieselbe erscheint nur in anderer Form in dem Stromkreise wieder. Möglichst viel der aufgewendeten Energie an einem entfernten Orte und in der erforderlichen Form wiederzugewinnen, darin besteht das durch die elektrische Kraftübertragung zu lösende Problem. Die Hauptformen der Energie, in welche sich der elektrische Strom umwandeln läßt, sind Licht, Wärme und Arbeit oder strahlende, chemische und mechanische Energie. In Form von Wärme tritt stets ein Theil des einen Leitungsdraht durchfließenden Stromes auf und die gesammte Energie wird in Wärme verwandelt, resp. zur Erwärmung des Stromleiters aufgewendet, wenn von dem Strome keine andere Arbeit verlangt wird. In dem Kapitel: „Die elektrischen Lampen" ist gezeigt worden, wie die Energie des einen Leiter durchfließenden Stromes durch an geeigneten Stellen angebrachte Vorrichtungen zur Lichtbildung benutzt wird, wodurch im Schließungskreise diejenige Wärmemenge verschwindet, welche der zur Lichtbildung aufgewendeten Energie äquivalent ist. In ähnlicher Weise kann man diesen Theil elektrischer Energie in chemische Energie und schließlich in mechanische Energie verwandeln — und dies ist der für die elektrische Kraftübertragung in Betracht kommende Fall —, indem man für diesen Zweck den Strom durch die Drahtwindungen einer zweiten, elektromagnetischen Maschine leitet, welche dadurch in Bewegung gesetzt wird und mechanische Arbeit abzugeben im stande ist.

Die ersten Bestrebungen, Motoren zu bauen, welche durch die Kraft des elektrischen Stromes betrieben werden sollen, datiren bereits aus dem vierten Decennium dieses Jahrhunderts. So lange es indeß nicht möglich war, Elektricität in größeren Mengen billig zu erzeugen, mußten alle derartigen Versuche scheitern, da die Elektromotoren, um praktische Erfolge aufweisen zu können, die Concurrenz mit der Dampfmaschine zu bestehen hatten.

Zu den einfachsten Formen elektromagnetischer Maschinen, welche die Lösung der bezeichneten Aufgabe angestrebt haben, gehört der Froment'sche Motor, von welchem Fig. 345 eine Abbildung giebt. Wenn derselbe sich auch für größere Betriebe (wie in der Figur, welche ihn in der Anwendung für einen Kollergang darstellt) als ungeeignet erwiesen hat, so ist er doch besonders häufig für elektrische Spielereien (Modelle elektrischer Bahnen, Wasserhebewerke ꝛc.) zur Anwendung gekommen. Derselbe besteht aus vier Hufeisenmagnetpaaren A, B, C, D, vor deren Polen eine Trommel rotirt, die durch mehrere auf zwei Seitenscheiben befestigte parallele Eisenstäbe gebildet wird. Der Strom tritt über die Klemme K in die Drahtwindungen der Elektromagnete, und zwar über einen Commutator, welcher so construirt ist, daß der Strom während einer Umdrehung der Trommel 24mal wechselt und immer durch denjenigen Elektromagnet läuft, welcher sich am nächsten bei einem der Eisenstäbe befindet. Derselbe wird demzufolge angezogen, bis er sich den Polen des Elektromagnets gegenüber befindet, wonach der Strom in den benachbarten Elektromagnet tritt, der nun seinerseits den ihm im gleichen Sinne benachbarten Eisenkern anzieht u. s. f., sodaß vermöge der aufeinanderfolgenden Anziehungen eine continuirliche Drehung der Trommel mit einer gewissen Kraft erfolgt. Die letztere kann jedoch nur eine verhältnißmäßig geringe sein, schon der Kraftverluste wegen, die der fortwährende Stromwechsel bedingt.

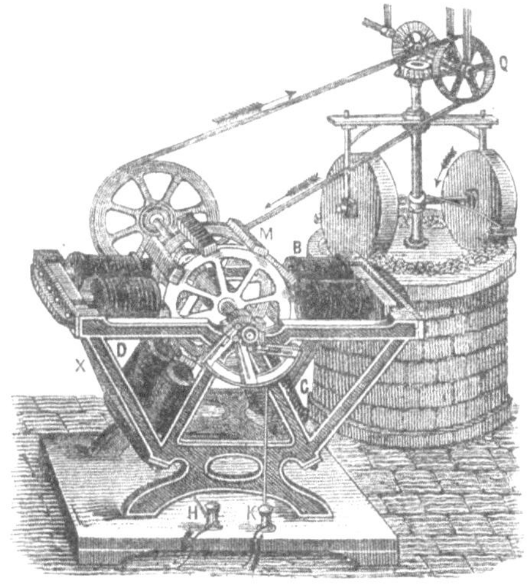

Fig. 345. Froment'scher Motor.

Ein von Marcel Deprez construirter elektromagnetischer Motor ist eine Modification der Siemens'schen Maschine mit Cylinderinductor und von dieser nur dadurch verschieden, daß der Inductor parallel mit den Magnetschenkeln rotirt, wie dies bei der auf Seite 75 beschriebenen magnet-elektrischen Maschine von Deprez erläutert wurde. Den erwähnten Motoren gegenüber zeigen diejenigen von Borel, sowie der Motor von Bürgin den Vortheil, daß in denselben kein Polwechsel stattfindet, da der rotirende weiche Eisenkern während der ganzen Dauer der Rotation dieselbe Polarität behält.

Wenngleich, wie aus Vorstehendem ersichtlich, schon früher die

Umkehrung der magnet-, resp. dynamo-elektrischen Maschine in einen durch den elektrischen Strom zu betreibenden Motor bekannt war, so konnten doch diese Motoren in der eigentlichen Praxis nicht Eingang finden, so lange man sich noch der galvanischen Elemente zur Erzeugung der zum Betriebe erforderlichen Ströme bedienen mußte. Heute ist das anders geworden. Die neueren magnet- und dynamo-elektrischen Maschinen haben in schnellem Fortschritt der constructiven Durchbildung eine Vollkommenheit erreicht, welche es ermöglicht, auf wohlfeile Weise quantitativ starke Ströme zu erzeugen und dieselben mit Benutzung gleichartiger Maschinen in umgekehrter Anwendung mit verhältnißmäßig geringem Kraftverlust in mechanische Arbeit umzuwandeln.

Fig. 346. Schema der Verbindung zweier Dynamomaschinen zum Zwecke der Kraftübertragung.

Durch Fig. 346 wird angedeutet, in welcher Weise zwei Dynamomaschinen zum Zwecke der elektrischen Kraftübertragung miteinander in Verbindung gesetzt werden. Die erste Maschine, welche durch den Angriff irgend einer primären Kraft (durch einen Wind-, Wasser-, Dampf- oder Gasmotor) in Rotation versetzt wird, ist mit G (Generator) bezeichnet. Wenn der in dieser Maschine erzeugte Strom mittels der Leitung, die man mit Berücksichtigung gewisser Gesetze für den Leitungswiderstand beliebig lang machen kann, in die zweite Dynamomaschine R (Receptor) durch den Commutator der letzteren derart eingeführt wird, daß in den Polschuhen derselben die entgegengesetzten magnetischen Pole, im Eisenkern des Ringes hingegen auf den den erwähnten Polen gegenüberliegenden Seiten gleichnamige magnetische Pole erregt werden, so wirken diese abstoßend. Die so erzielte doppelte Abstoßung — Nordpol gegen Nordpol, Südpol gegen Südpol — gestaltet sich zu einer Rotationsbewegung und es wird somit eine Kraftleistung erhalten, die einen Bruchtheil derjenigen Kraftleistung repräsentirt, welche für die Erzeugung des Stromes in der ersten Maschine aufgewendet wurde. Die Größe dieses Bruchtheiles richtet sich in erster Linie nach der Länge der Leitungen, welche die primäre mit der secundären Maschine verbinden, d. h. nach dem Widerstande des äußeren

Stromkreises, der unter sonst gleichbleibenden Verhältnissen mit zunehmender Länge der Leitungen wächst. Um diesen Widerstand auch für längere Leitungen möglichst gering zu machen, mußte man also den Querschnitt der Leitungen im entsprechenden Verhältnisse zu ihrer Länge vergrößern und dies ist der Punkt, bezüglich dessen noch vor kurzem die meisten Fachmänner ernstliche Zweifel an der praktischen Ausführbarkeit der elektrischen Kraftübertragung auf größere Entfernungen hegten, da man hiernach für dieselbe Leitungsdrähte oder Kabel von so außerordentlicher Stärke benutzen mußte, daß die hohen Kosten eine solche Kraftübertragung für die Praxis unmöglich erscheinen ließen.

Beinahe wäre die bezeichnete Schwierigkeit Veranlassung geworden, daß man die elektrische Kraftübertragung als nicht praktisch verwerthbar der Reihe ungelöster Probleme zugezählt hätte. Da trat, angeregt durch die vortrefflichen bezüglichen Untersuchungen und auf Grund eigener Experimente, Deprez mit der Behauptung hervor, daß das Leitungsvermögen, resp. die Länge und der Querschnitt des Leitungsdrahtes bei der elektrischen Kraftübertragung überhaupt unwesentlich sei. Er hatte mit einfachen arithmetischen Hilfsmitteln erst theoretisch nachgewiesen, daß durch einen Draht von gleicher zulässiger Dicke Kräfte auf beliebige Entfernungen übertragen werden können, wenn nur bei der Construction der Maschine auf gewisse Gesetze über das Verhältniß der elektro-motorischen Kräfte zu dem Gesammtwiderstande im Stromkreise Rücksicht genommen wird. Auf diese Gesetze näher einzugehen, ist hier nicht der Ort; es sei nur erwähnt, daß Deprez gefunden hatte, daß man die elektro-motorische Kraft der dynamo-elektrischen Maschine steigern müsse, falls man die Leitung bei gleichbleibender Dicke der Leitungsdrähte verlängerte. Um die bis jetzt construirten dynamo-elektrischen Maschinen zur elektrischen Kraftübertragung verwenden zu können, hat man nur nöthig, den inneren Widerstand derselben zu vermehren, um dadurch die elektro-motorische Kraft zu steigern, was z. B. durch Anwendung einer größeren Anzahl von Drahtwindungen auf der Armatur erreicht werden kann.

Die Leistungsfähigkeit zweier auf diese Weise modificirten Gramme'schen Maschinen hat Deprez durch seine Experimente auf der Münchener Elektricitäts-Ausstellung 1882 bewiesen, wobei es ihm gelang, mittels eines einfachen Telegraphendrahtes die Kraft eines Wasserfalles in der Nähe von Miesbach nach dem 57 Kilometer entfernten Münchener Glaspalast zu übertragen. Die von Deprez ausgeführten bezüglichen Rechnungen ergaben, daß durch einen Telegraphendraht etwa 10 Pferdekräfte auf eine Entfernung von 50 Kilometer übertragen werden können, wenn zum Betriebe der primären Maschine etwa 16 Pferdekräfte aufgewendet werden. Obschon dieses Resultat in der Praxis durch verschiedenartige störende Einflüsse modificirt werden dürfte, berechtigt dasselbe doch zu den schönsten Erwartungen für die Zukunft. Die Hauptschwierigkeit bestand nunmehr noch in der genügenden Isolirung der Leitung und auch dieses Hinderniß ist heute durch zweckentsprechende Isolationsmethoden überwunden.

Die elektrische Kraftübertragung auf geringere Entfernungen, in Fällen, wo es sich weniger um den Transport von Kraft als um die bequeme Uebermittelung solcher handelt und wo die Anwendung der bisher zur Verfügung stehenden Betriebsmittel mit Unzuträglichkeiten verbunden wäre, soll später an einigen Beispielen erläutert werden; hier ist nur noch anzuführen, daß bei der elektrischen Kraftübertragung statt der primären Dynamomaschine auch Secundärbatterieen oder Accumulatoren mit dem Elektromotor in Verbindung gesetzt werden können, wodurch der Betrieb in vielen Fällen sehr vereinfacht wird, da bei dieser Anordnung die Führung der Leitungen wegfällt. In der Zeit, als die Accumulatoren noch so unvollkommen waren, daß sie kaum mehr elektromotorische Kraft entwickeln konnten, als bei ihrem bedeutenden Eigengewicht zu ihrem Transport nothwendig war, mißglückten alle für den hier in Rede stehenden Zweck mit denselben angestellten Versuche. Es ist jedoch bereits in dem die Secundärbatterieen behandelnden Abschnitt erwähnt worden, daß wir heute Accumulatoren von bedeutend größerer Leistungsfähigkeit besitzen, und demgemäß hat die Frage ihrer Verwendung für die Kraftübertragung, namentlich aber für die Fortbewegung von Fahrzeugen (Schiffen, Eisenbahnwagen ꝛc.), heute eine erhöhte Wichtigkeit erlangt. Man hat bei dieser Methode der Stromlieferung den Vortheil, eine größere Menge Elektricität an Orten, wo dieselbe zur Verfügung steht, entnehmen und dieselbe an der Verbrauchsstelle zur beliebigen Zeit und in beliebiger Quantität abgeben zu können.

Die Anwendungen, welche die elektrische Kraftübertragung bisher in der Praxis gefunden hat, unterscheiden sich, wie bereits angedeutet, im allgemeinen in solche, welche die Uebertragung anderenfalls unbenutzbarer Kräfte auf große Entfernungen bezwecken, und in solche für geringere Entfernungen, welch letztere einer außerordentlichen Mannigfaltigkeit fähig und dadurch besonders für industrielle Zwecke von größter

Wichtigkeit sind. Es sei hier nur darauf hingewiesen, daß in Etablissements mit mächtigen Dampfmaschinen nicht selten der Fall eintritt, daß in Werkstätten, welche von dem Centrum der Krafterzeugung, dem Kesselhause, sehr weit entfernt liegen, sich eine Betriebskraft als nothwendig erweist, die nicht bedeutend genug ist, um die Anlage einer besonderen Kraftquelle zu rechtfertigen, für welche aber durch die Entfernung, durch auf dem Wege befindliche Hindernisse, durch den höheren Kostenaufwand oder durch sonstige Umstände eine directe Dampfzuleitung oder eine mechanische Uebertragung ausgeschlossen ist. Hier ist die elektrische Kraftübertragung vollständig an ihrem Platze, da die schmiegsamen elektrischen Leitungen sich jedem Terrainverhältnisse anzupassen vermögen.

Ein derartiges Beispiel ist die Einrichtung in dem Etablissement „A la belle Jardinière“ in Paris, in dessen oberen Etagen Nähmaschinen in großer Anzahl durch einen in den Kellerräumen aufgestellten Motor betrieben werden. Es wäre ungemein umständlich gewesen, die Uebermittelung der Kraft an die einzelnen Nähmaschinen mit Riemen zu bewerkstelligen, da man zu dem Zwecke die Decken hätte durchbrechen, Vorgelege anbringen, d. h. eine durch großen Raumbedarf ebenso lästige als theure Einrichtung hätte treffen müssen, während es für die elektrische Kraftübertragung genügte, zwei elektrische Maschinen aufzustellen und zwei Drahtleitungen nach den betreffenden Räumen zu führen.

In anderen Fällen ist man mit Hilfe der elektrischen Kraftübertragung im stande, den Bedarf einer Werkstätte ꝛc. an Betriebskraft und Licht mit einer Kraftquelle zu bestreiten, welche sonst für beide Verwendungen nicht ausreichen würde. Wird in einem solchen Etablissement nur bei Tage gearbeitet und ist der Motor nur für den Kraftbedarf der Arbeitsmaschinen berechnet, so läßt man denselben während der Nacht zum Betriebe einer Lichtmaschine arbeiten und verwendet einen Theil des elektrischen Stromes zur Beleuchtung des Fabrikcomplexes oder der Wohnungen, speichert dagegen den Rest desselben in Accumulatoren auf, um mit dieser Elektricitätsmenge die Beleuchtung für die Morgen- und Abendstunden herzustellen, in denen gleichzeitig Betriebskraft und künstliches Licht erforderlich sind. Anderseits kann in Fällen, wo die Beschaffung von Betriebskraft sich nur für den Zweck der Lichterzeugung nothwendig macht, der Motor also nur in den Abendstunden zur Verwendung kommen würde, derselbe mit großem Vortheil während des Tages zum Betriebe von Pumpen für Bewässerungsanlagen, von landwirthschaftlichen Maschinen ꝛc. benutzt werden.

Im Vorstehenden sind nur einige Beispiele aus der überaus großen Anzahl der Verwendungsarten herausgegriffen, für welche die elektrische Kraftübertragung sich vorzüglich eignet. Eine der wichtigsten derselben, diejenige zum Betriebe der elektrischen Eisenbahnen, deren erste Anwendung das Verdienst der Firma Siemens & Halske ist, soll im Nachstehenden etwas eingehender geschildert werden.

Das Princip der elektrischen Eisenbahn besteht im wesentlichen in Folgendem: Man denke sich die secundäre Maschine, den Elektromotor oder Receptor, auf ein Eisenbahnfahrzeug gestellt und mittels einer Leitung demselben die elektrische Kraft der primären Dynamomaschine, des Generators, zugeführt, welche Kraft zur Fortbewegung des Fahrzeuges ausgenutzt wird. Beim Betriebe mit Accumulatoren wird naturgemäß die Leitung wegfallen können. Die elektrische Kraft des Generators wird alsdann in den Accumulatoren aufgespeichert; dieselben werden mit dem Receptor auf das Fahrzeug gebracht und es wird so die durch die Accumulatoren abgegebene Kraft die Fortbewegung des Fahrzeuges bewirken.

Wie es am nächsten lag, benutzte man bei den ersten elektrischen Eisenbahnen zur Leitung des elektrischen Stromes die Fahrschienen, und zwar in der Weise, daß der eine Schienenstrang mit der positiven, der andere mit der negativen Polklemme des Generators verbunden wurde, wobei meist zwei voneinander und von den übrigen Theilen des Fahrzeugs isolirte Wagenräder die weitere Leitung des elektrischen Stromes zu der am Wagen befestigten und als Receptor dienenden Dynamomaschine vermittelten. In anderen Fällen wurde dem zu bewegenden Fahrzeuge der elektrische Strom durch eine besondere Schiene zugeführt, die zwischen den beiden Fahrschienen gelegt war und von dem Strome durchflossen wurde, der alsdann vom Elektromotor mittels über die Schienen hinstreichender Bürsten abgenommen wurde. In beiden Fällen sind am Wagen eigene Contactvorrichtungen angebracht, die es ermöglichen, die Leitung im Wagen selbst beliebig zu schließen, wenn gefahren, und zu öffnen, wenn angehalten werden soll.

Auf die mit diesen Methoden der Stromleitung verbundenen Vortheile und Nachtheile kann hier nicht näher eingegangen werden; es genügt, zu erwähnen, daß nach den bisher mit der Anlage elektrischer Eisenbahnen gemachten Erfahrungen die Stromleitung durch die Fahrschienen oder durch eine besondere Mittelschiene für zahlreiche Fälle auch heute noch als die geeignetste betrachtet werden kann.

Als Beispiel einer größeren Anlage dieser Art möge die vor kurzem eröffnete, von C. W. Siemens ausgeführte elektrische Eisenbahn zwischen Portrush und Bushmills in Irland dienen. Diese etwa 10 Kilometer lange Bahn, welche die Reisenden zu dem sogen. Riesendamm (Giant's Causeway), einer interessanten Basaltbildung an der Küste der Grafschaft Antrim, bringt, hat Steigungen bis zu 1 : 35 und scharfe Curven zu überwinden und führt durch fünf Ortschaften hindurch bis auf den Marktplatz des Städtchens Bushmills. Ungefähr 1,5 Kilometer vom Ende der Linie befindet sich ein Wasserfall von genügend starkem Gefälle und ausreichender Wassermenge, um eine Anzahl von Turbinen zu speisen, mit deren Kraft die Primär-Dynamomaschine betrieben wird, die den erzeugten Strom durch eine unterirdische Kabelleitung am Ende der Bahnlinie abgiebt.

Das hier zur Anwendung gekommene System wird als „System mit besonderem Leiter" bezeichnet. Der die Bahnstrecke entlang führende Stromleiter besteht aus einer Mittelschiene von T-Eisen, welche isolirt auf hölzernen Pfählen ruht, die 43 Centimeter über den Boden emporragen. Von der Leitungsschiene wird der Strom mittels zweier stählernen Federn abgenommen, die von zwei stählernen Stangen an jedem Ende des Wagens gehalten werden und um 15 Centimeter an den Seiten vorstehen. Durch die Anordnung doppelter Bürsten ist erreicht, daß zahlreiche Uebergänge für den Verkehr, bei denen der Leiter unterbrochen ist, passirt werden können; denn wenn auch die vordere Bürste den Contact unterbrochen hat, so wird derselbe noch von der hinteren Bürste unterhalten und bevor die hintere Bürste den Leiter verläßt, ist die vordere wieder mit demselben in Contact gekommen. Einige Uebergänge sind jedoch so breit, daß der Strom auf diese Weise nicht zu unterhalten ist; in diesen Fällen unterbricht der Maschinist denselben, bevor der Wagen den Uebergang erreicht hat, und die Ueberfahrt erfolgt durch die dem Wagen innewohnende lebendige Kraft, die ihn noch 10 bis 12 Meter weit fortzubewegen im stande ist. Unterhalb der Uebergänge wird der Strom mittels eines isolirten Kupferkabels in schmiedeeisernen Röhren von dem einen Ende der Leitungsschiene zum anderen übergeführt.

Der von den Bürsten aufgenommene Strom gelangt zunächst in einen Collector, welcher durch einen Hebel bewegt werden kann, der die unterhalb des Wagens befindlichen Widerstandsrollen nach Bedarf aus- und einschalten läßt. Mit dem gleichen Hebel kann auch die

Stellung der Bürsten auf dem Collector der Dynamomaschine umgekehrt und damit die Bewegungsrichtung des Fahrzeugs in die entgegengesetzte verwandelt werden.

Von der Maschine des Wagens geht der Strom durch die Achsenlager, Achsen und Räder in die Fahrschienen und nach der Primär-Maschine zurück. Da somit die Fahrschienen als Rückleitung benutzt werden, muß ihre Verbindung derart hergestellt sein, daß die Stromleitung durch dieselben sicher vor sich geht. Die Maschine selbst befindet sich in der Mitte des Wagens unter dem Fußboden und überträgt die Bewegung mittels einer Stahlkette auf eine der Radachsen. Die bequem eingerichteten Wagen sind theils offen, theils bedeckt und können 20 Personen außer dem Maschinisten aufnehmen.

Ein älteres Beispiel einer elektrischen Eisenbahn, das bezüglich der Stromleitung wesentlich andere Einrichtungen zeigt, ist die für die Pariser Elektricitäts-Ausstellung 1881 von Siemens Frères ausgeführte, die Place de la Concorde mit dem Inneren der Ausstellung verbindende Bahn, welche einen der mächtigsten Anziehungspunkte dieser Ausstellung bildete.

Die Bahn sollte ebenerdig ausgeführt und es sollten dabei die Schienen, um als Rückleitung dienen zu können, etwas überhöht werden (wie dies auch bei der von Siemens & Halske gebauten elektrischen Eisenbahn zwischen Berlin und Lichterfelde, der ersten für fortdauernden Personenverkehr, der Fall ist). Da dies von den französischen Behörden nicht genehmigt wurde und die Schienen ohne Ueberhöhung, des auf ihnen sich ablagernden Schmutzes wegen, nicht als Rückleitung zu benutzen waren, mußte man sich entschließen, beide Leitungen in der Luft zu führen und mit Schleifcontacten zu versehen. Es wurden hierzu an der einen Seite der Bahn Stangen aufgestellt, an denen eine horizontale Holzlatte angebracht war. Dieselbe trug an ihren beiden unteren Kanten zwei unten aufgeschnittene Messingröhren, in denen je ein Schiffchen sich bewegte, das zur Herstellung eines stets ausreichenden Contactes mittels zweier Federn gegen die Röhre gedrückt wurde und durch ein bewegliches Leitungskabel mit dem Wagen verbunden war, der es bei seiner Fortbewegung mittels einer Schnur hinter sich herzog, wodurch es an jeder Stelle der Bahn mit der Stromzuleitung in Verbindung stand.

Der Wagen mit Imperiale faßte 50 Personen und hatte voll belastet ein Gewicht von etwa 9000 Kilogramm. Die Länge der mehrere scharfe Curven beschreibenden Bahn betrug 493 Meter bei theilweise nicht unbedeutender Steigung; bei einer mittleren Fahrgeschwindigkeit von 17 Kilometer in der Stunde, die versuchsweise auf 70 Kilometer gesteigert wurde, betrug der absorbirte Effect auf gerader Strecke 3,5, in der Curve 7,5 und auf der Rampe 8,7 Pferdekräfte. Die Installation der Bahn war als durchaus gelungen zu bezeichnen. Fig. 347 giebt ein Bild des Wagens, wie er von der Place de la Concorde in die Curve abbiegt; derselbe wurde während der Ausstellung von 84 000 Personen benutzt.

Fig. 347. Elektrische Eisenbahn in Paris.

Nach ähnlichem System wird jetzt von Siemens & Halske zwischen der österreichischen Südbahnstation Mödling und dem an Naturschönheiten reichen Brühlthal eine elektrische Bahn gebaut, auf deren von Mödling bis zur Klause vollendeter Theilstrecke am 18. October 1883 die officielle Probefahrt stattfand. Auch hier wird der elektrische Strom nicht durch die Schienen geleitet, sondern durch zwei an Telegraphenstangen angebrachte, geschlitzte Röhren, von welchen die eine die Hinleitung, die andere die Rückleitung vermittelt. Die Stromabgabe an den Wagen und der Betrieb gestaltet sich somit ganz ähnlich wie bei der vorherbeschriebenen Anlage.

Zur Stromerzeugung sind vier Dynamomaschinen in einem nächst der Station Mödling gelegenen Gebäude aufgestellt. Von denselben war bei der Eröffnung der Strecke nur eine Maschine mit einem Arbeitsaufwand von 40 Pferdekräften im Betriebe, ebenso nur ein Wagen, welcher 24 Personen faßt. Derselbe durchfährt die 1,7 Kilometer lange Strecke in der Steigungsrichtung (1 : 100) in 6 Minuten, zurück in 4 Minuten. Nach dem Fahrplane verkehren vorläufig täglich 18 Züge, aus 2 bis 3 Wagen bestehend, in beiden Richtungen. Die Eröffnung der weiteren 1,2 Kilometer langen Strecke Klause-Vorderbrühl wird im Laufe des Jahres 1884 erfolgen.

Wenn schon der elektrische Betrieb oberirdischer Bahnen von nicht unwesentlichen Vortheilen begleitet ist, so ist dies noch in viel höherem Grade der Fall, wo es sich um unterirdische Bahnen, namentlich Grubenbahnen, handelt, für welch letztere bisher der Motorenbetrieb durch die unvermeidliche Dampf- und Rauchentwickelung ausgeschlossen erschien. Daß die elektrischen Bahnen auch diesem Bedürfnisse sich vortrefflich anzupassen vermögen, zeigt die von Siemens & Halske erbaute, am 1. August 1883 dem Betriebe übergebene elektrische Grubenbahn der Hohenzollerngrube bei Beuthen O./S. Die den Strom liefernde Dynamomaschine ist über Tage aufgestellt und wird von einer 50 Pferdekräfte starken Dampfmaschine bewegt, die darauf berechnet ist, noch eine zweite Dynamomaschine in Gang zu erhatten, da die zweigeleisige Bahn nach Bedarf später mit zwei elektrischen Locomotiven betrieben werden soll, wodurch die auf dieser Strecke zur Zeit 500—600 Centner pro Stunde betragende Förderung — wohl die größte mit derartigen Anlagen bis jetzt erreichte Leistung — auf 1000 Centner gesteigert werden wird. Gegenwärtig verkehrt alle 10 Minuten ein Zug, bestehend aus der den elektrischen Motor tragenden Locomotive und 10—12 Wagen, mit einer Fahrgeschwindigkeit von ca. 4 Meter pro Secunde.

Die Stromzuleitung durch den in die Tiefe führenden Schacht geschieht mittels zweier 230 Meter langer Kabel, von welchen der Strom in zwei in einem beiderseitigen Abstande von 30 Centimeter oberhalb und längs der Förderstrecke isolirt geführte ⊥ Schienen gelangt. Auf jeder derselben sitzt ein sie möglichst umfassender Schlitten mit zahlreichen federnden Schleifcontacten, von denen der Strom durch Kupferseile der unterhalb dahinfahrenden Locomotive zugeführt wird, welche die Contactschlitten an Hanfseilen mit sich zieht.

Die secundäre Dynamomaschine macht (wie die primäre Maschine) 1000 Touren in der Minute und überträgt ihre Kraft mittels Zahnräder auf die Laufräder der Locomotive, die, ihrer Bestimmung entsprechend, möglichst niedrig und schmal gebaut ist. An beiden Enden der letzteren befinden sich ein Sitz für den Führer und zwei Kurbeln, von denen eine zum Bremsen, die andere zum Aus- und Einschalten des Stromes dient, sodaß die Locomotive, ohne gedreht zu werden, vorwärts und rückwärts fahren kann. Dieselbe entwickelt ca. 10 Pferdekräfte und läßt sich mit großer Präcision beim Rangiren, sowie beim Durchfahren der Weichen mit verschiedener Geschwindigkeit führen.

Vorläufige Berechnungen haben ergeben, daß sich der elektrische Bahnbetrieb der Hohenzollern-Grube gegenüber dem früheren Pferdebetrieb um jährlich ca. 4000 Mk. billiger stellt. Wenngleich nun solche Berechnungen bei dem geringen Alter der Anlage nicht unbedingt maaßgebend sein können, so haben doch ähnliche Resultate, welche mit anderen, kleineren Bahnen erreicht wurden, bewiesen, daß der elektrische Bahnbetrieb bei zweckmäßiger Anlage jedenfalls nicht theurer als die bisher gebräuchlichen Betriebsmethoden kommt. Allerdings werden die Elektriker ihre Kräfte unausgesetzt anstrengen müssen, um den elektrischen Eisenbahnbetrieb immer mehr zu vervollkommnen; denn auch auf der anderen Seite spart man keine Mühe, um die Dampfmaschine, speciell die Dampflocomotive, den Erfordernissen des unterirdischen Bahnbetriebs anzupassen. So ist neuerlich von Honigmann ein feuerloser Natron-Dampfkessel erfunden worden, der, für eine Locomotive benutzt, dieselbe durchaus ohne Rauch- und Dampfentwickelung arbeiten läßt, da bei derselben jede Kesselfeuerung wegfällt, der Abdampf der Maschine in sinnreicher Weise zur vollkommenen Condensation gebracht und zu neuer Dampfbildung benutzt wird. Diese Erfindung, welche in Fachkreisen großes Aufsehen erregt hat, scheint zum mindesten befähigt, in obengenannter Beziehung der elektrischen Kraftübertragung ernstliche Concurrenz zu machen.

Von großer Bedeutung verspricht die Kraftübertragung durch dynamo-elektrische Maschinen auch für den Betrieb von Aufzügen zur Personenbeförderung zu werden. Aufzüge, wie man sie häufig in großen Hôtels und Geschäftslocalen findet, um die Mühe und den Zeitaufwand des Treppensteigens zu ersparen, wurden bisher fast ausnahmslos auf hydraulischem Wege betrieben, weil die hydraulischen Aufzüge sich als die sichersten erwiesen hatten. Anlage und Betrieb derselben sind aber stets kostspielig und überdies ist die erstere oft mit großen Umständlichkeiten verknüpft. Beiden Unzuträglichkeiten ist durch den elektrischen Betrieb abgeholfen, der zuerst von Siemens & Halske an einem auf der Mannheimer Industrieausstellung 1880 in Thätigkeit gesetzten Aufzug zur Anwendung gebracht wurde. Das im Verhältniß zur

Fig. 348. Elektrischer Aufzug von Siemens & Halske (tiefste Stellung).

Arbeitsleistung geringe Gewicht der dynamo-elektrischen Maschinen gestattet, die secundäre Maschine auf den durch sie zu bewegenden Fahrstuhl zu setzen, wobei ihr der elektrische Strom durch Drahtleitungen zugeführt wird. Die Einrichtung ist derart getroffen, daß die Maschine an einer feststehenden leiterartigen Zahnstange gleichsam hinaufklettert und hierbei den mit ihr verbundenen Fahrstuhl mitnimmt. Fig. 348 und 349 zeigen den elektrischen Aufzug, welcher auf der genannten Ausstellung dazu diente, das Publicum auf einen Aussichtsthurm von etwa 20 Meter Höhe emporzuheben. Die mit L bezeichnete Leiter geht durch die Mitte des Fahrstuhles, unter welchem sich, von einem sie rings umschließenden Holzkasten H umgeben, die stromempfangende Maschine befindet. Die Achse derselben läuft in eine Schraube ohne Ende aus,

Fig. 349. Elektrischer Aufzug von Siemens & Halske (höchste Stellung).

welche zwei Zahnräder dreht, die von beiden Seiten in die Sprossen der Leiter eingreifen. Ein auf dem Fahrstuhl befindlicher Hebel h ist mit einem Stromschalter derart verbunden, daß bei der mittleren Stellung des Hebels die Stromleitung unterbrochen ist, während die Hebelstellungen nach rechts oder links bewirken, daß die elektrische Maschine und mit ihr die treibende Schraube in dem einen oder anderen Sinne rotirt und so den Fahrstuhl auf- oder abwärts bewegt. Ein Hinabgleiten des Fahrstuhles kann bei Unterbrechung des Stromes nicht eintreten, da die Ganghöhe der Schraube entsprechend klein gewählt und somit für genügende Sicherheit Sorge getragen wurde.

Die Last des Fahrstuhles und der Maschine ist durch Gegengewichte ausbalancirt, welche an zwei Drahtbandseilen D hängen, die über zwei am oberen Ende des Thurmes befestigte Rollen laufen; diese Drahtseile und die Zahnstange selbst dienen gleichzeitig als Elektricitätsleiter, indem sie die primäre und die secundäre Maschine miteinander leitend verbinden.

Fig. 349 giebt ein Bild des Fahrstuhles in seiner höchsten Stellung, während Fig. 348 denselben in seiner tiefsten Lage zeigt, d. h. im Begriff, seine Bewegung nach oben anzutreten, welche mit einer Geschwindigkeit von etwa 0,5 Meter pro Secunde erfolgt.

Durch relative Wohlfeilheit der Anlage und des Betriebes, sowie durch leichte Aufstellung zeichnen sich die elektrischen Aufzüge nicht nur den hydraulischen, sondern auch allen anderen Aufzügen gegenüber aus. Das Letztere gilt selbstverständlich namentlich dann, wenn der Antrieb der primären Dynamomaschine von einem bereits vorhandenen Motor aus erfolgen kann; doch besitzen wir in den Gaskraftmaschinen so vortheilhafte selbständige Motoren, daß auf diesen Punkt nicht besondere Rücksicht genommen zu werden braucht. Die Zukunft wird lehren, ob die Hoffnungen berechtigt sind, welche heute diesem Beförderungssysteme entgegengebracht werden.

Die bisher gegebenen Beispiele der Beförderung von Personen oder Gegenständen mittels elektrischer Kraftübertragung zeigen die Anwendung locomobiler Elektromotoren, bei welchen die Aufnahme des Betriebsstromes an wechselnden Stellen der Leitung erfolgt. Eine in den Kohlenbergwerken von La Peronnière angewendete elektrische Förderung zeigt eine wesentlich andere, den localen Verhältnissen angepaßte Einrichtung.

Es hatte sich dort bei größerer Ausdehnung des Abbaues in die Tiefe die Nothwendigkeit herausgestellt, statt der auf einfallender Strecke geschehenden Förderung durch Pferde einen Haspel aufzustellen. Bei der Wahl der zum Betriebe des Haspels nothwendigen Kraft kam hauptsächlich die Entfernung des Aufstellungsortes des Haspels von der Hängebank des Schachtes, welche 1200 Meter beträgt, in Betracht. Die Anwendung von Dampfkraft oder mechanischer Kraft blieb infolge dieser großen Entfernung und der häufigen Richtungsänderungen der von der Leitung zu durchlaufenden Strecken von vornherein ausgeschlossen; man hatte daher zwischen comprimirter Luft und Elektricität zu wählen. Bei der Schwierigkeit, unter den obwaltenden Verhältnissen eine Luftleitung dauernd in gutem Zustande zu erhalten, entschloß man sich zur Anwendung der Elektricität.

Die Länge der einfallenden Förderstrecke beträgt 110 Meter, die Höhe, auf welche die Kohle gehoben wird, 40 Meter. Zum Betriebe der Strecke sind über Tage zwei Gramme'sche dynamo-elektrische Maschinen, „machine octogonale", aufgestellt, die durch eine Dampfmaschine bewegt werden. Diese elektrischen Maschinen, denen die bewegende Kraft durch Frictionsräder übermittelt wird, sind derart am Gestell montirt, daß sie sich um einen Punkt drehen lassen, auf welche Weise mittels einer geeigneten Vorrichtung die Frictionsräder mehr oder weniger aneinander gedrückt und somit verschiedene Geschwindigkeiten der Maschinen erzielt werden können.

Die unter Tage aufgestellten, zum Betriebe der Haspel dienenden secundären Dynamomaschinen besitzen genau die Construction der über Tage aufgestellten und sind ebenfalls um einen Punkt drehbar am Gestelle montirt. Die Frictionsräder derselben können durch einen Hebelmechanismus gleichzeitig gegen ein größeres Frictionsrad, von dessen Achse aus die Bewegung durch Riemen und Riemenscheiben auf den Haspel übertragen wird, gepreßt oder von demselben entfernt werden, jenachdem letzterer in Thätigkeit sein oder still stehen soll. Diese Anordnung ist erforderlich, da man die Dynamomaschinen nicht plötzlich anhalten kann; dieselben laufen, wenn sie ausgerückt sind, ununterbrochen weiter. Da die elektrischen Maschinen immer in demselben Sinne umlaufen, werden die beiden entgegengesetzten Bewegungen des Haspels durch Anwendung eines Wendegetriebes hervorgerufen. In der Nähe des Maschinisten ist ein Umschalter zum Oeffnen und Schließen des Stromes angeordnet. Ersteres darf, wenn der Haspel in Betrieb ist, nicht geschehen, um die Bildung eines Extrastromes, welcher die Maschinen zu zerstören im stande ist, zu vermeiden. Der Maschinist unter Tage steht mit dem über Tage in Telephonverbindung.

Die zur Anwendung gekommenen Kabel sind, da sie zum Theil in feuchten Strecken liegen, sehr gut isolirt und gegen äußere Einflüsse geschützt; dieselben liegen wenigstens 20 Centimeter auseinander, um eine schädliche Induction zu vermeiden.

Die während eines sechsmonatlichen Betriebes mit der beschriebenen Anlage gemachten Erfahrungen haben auch hier die leitenden Ingenieure zu der Ueberzeugung geführt, daß die Elektricität in Bezug auf den Nutzeffect, die Kosten der Anlage und namentlich der Unterhaltung zur Kraftübertragung in Bergwerken vortheilhaft an Stelle der gepreßten Luft und der mechanischen Kraft verwendet werden kann, und zwar besonders:

1) wenn die Entfernung zwischen der primären und der secundären Maschine sehr groß ist;

2) wenn die Transmissionsorgane, wie Röhren, Ketten oder Kabel, in gekrümmte Strecken zu liegen kommen, und namentlich, wenn sie abwechselnd Strecken und Schachte zu durchlaufen haben;

3) wenn das Bergwerk nicht zu reich an schlagenden Wettern ist, da infolge der Funkenbildungen an den Stromsammlern (Collectoren) der Dynamomaschinen Explosionen entstehen können.

Eine dritte Art der Beförderung mittels Elektricität ist diejenige, nach welcher man dem zu bewegenden Fahrzeuge den elektrischen Strom, in Accumulatoren aufgespeichert, mitgiebt. Wie bereits weiter oben erwähnt wurde, hatte sich bis vor kurzem diese Betriebsmethode für elektrisch zu bewegende Fahrzeuge infolge des großen Eigengewichtes der Accumulatoren als unökonomisch erwiesen. Nachdem man jedoch in der Construction der letzteren weiter fortgeschritten war und dieselben bei gleicher Leistungsfähigkeit von geringerem Gewichte herzustellen vermochte, konnte ihre praktische Verwerthung für den genannten Zweck schon eher in Frage kommen und in der That hat dieser Betrieb neuerlich zu bemerkenswerthen ökonomischen Resultaten geführt, wie dies nächstfolgendes Beispiel zeigen wird:

Die Bleicherei von Duchenne-Fournet in Brenil-en-Ange besitzt schon seit längerer Zeit eine elektrische Beleuchtung nach System Reynier, für welche der erforderliche Strom durch eine Gramme'sche Maschine erzeugt wird. Da dieselbe den Tag über unbenutzt steht, kam der technische Leiter des Etablissements, Clovis Dupuy, auf den Gedanken, sie während dieser Zeit zum Betriebe einer elektrischen Eisenbahn zu verwenden, die den nachstehend angegebenen Zwecken dienen sollte.

Zwischen den verschiedenen chemischen Operationen, denen der zu bleichende Stoff zu unterwerfen ist, wird derselbe auf Wiesen der Einwirkung des Sonnenlichtes ausgesetzt, wozu die Stücke hinausgeschafft, ausgebreitet, hernach wieder zusammengenommen und hereingebracht werden müssen, welche Arbeit bisher durch Menschenkräfte in zeitraubender und kostspieliger Weise bewerkstelligt wurde. Auf den Wiesen, die sich etwa

500 Meter weit rings um die Fabrik erstrecken, wurde ein Eisenbahnnetz von etwa 2 Kilometer Gesammtlänge, mit 21 Weichen und mehreren Curven, angelegt. Die Verzweigung der Schienengeleise und die Schwierigkeit, auf dem feuchten Wiesenboden die Schienen genügend zu isoliren, waren der Grund, weshalb der Accumulatorbetrieb gewählt wurde.

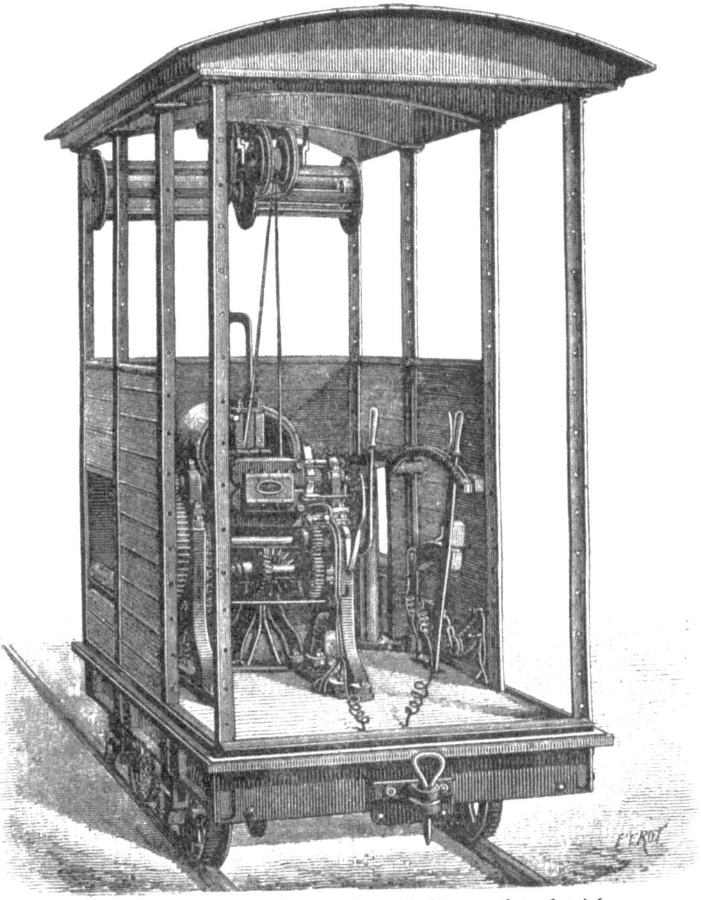

Fig. 350. Elektrische Locomotive mit Accumulatorbetrieb.

Es werden 60 Faure'sche Accumulatoren, sorgfältig zu je sechs Stück in Körben verpackt, in einem der Locomotive beigegebenen Tender untergebracht. Jeder derselben wiegt 8 Kilogramm, sodaß das Gesammtgewicht des Tenders mit den Accumulatoren etwa 700 Kilogramm beträgt. Die Ladung der Accumulatoren geschieht am Tage während sieben Stunden mittels der Lichtmaschine, wobei die Batterieen auf Quantität geschaltet wurden; beim Gebrauche wird alsdann mittels eines leicht zu handhabenden Commutators auf Spannung geschaltet.

In Fig. 350 ist die Locomotive abgebildet, die nicht nur zum Ziehen der Wagen, sondern auch durch eine mit derselben verbundene krahnartige Vorrichtung zum Zusammenraffen der ausgebreiteten Stoffe dient, welche abwechselnde Thätigkeit mit Hilfe einer Ausrückung geschieht. Die Aenderung der Drehrichtung des Elektromotors (einer Siemens'schen Maschine) erfolgt durch Aenderung der Bürstenstellung, während die Geschwindigkeit desselben durch einen von Reynier construirten, eigenartigen Rheostat geregelt wird.

Die von der Locomotive ausgeübte Kraft beträgt ca. 2,7 Pferdestärken; dieselbe zieht 6 Wagen, welche beladen 4800 Kilogramm wiegen, mit einer Geschwindigkeit von 3,25 Meter pro Secunde (12 Kilometer pro Stunde). In 35 Minuten werden 500 Meter Stoff zusammengerafft, eine Arbeit, deren Ausführung früher sieben Personen und vier bis fünf Stunden Zeit erforderte.

Der bei der vorstehend geschilderten Anlage sich ergebende Nutzeffect wird (besonders auch in Anbetracht der vorhandenen Betriebskraft) als ein sehr vortheilhafter bezeichnet, wobei noch zu berücksichtigen ist, daß der Betrieb mittels einer das Gleiche leistenden Dampflocomotive nicht nur theurer kommen, sondern auch für den vorliegenden Fall infolge der Rußbildung ꝛc. unstatthaft sein würde.

Nachdem schon die Industrie- und speciell die Elektricitäts-Ausstellungen der letzten Jahre zahlreiche verschiedenartige Anwendungen der elektrischen Kraftübertragung zur Anschauung gebracht hatten, war dies, wie mit Rücksicht auf die fortschreitende Entwickelung derselben zu erwarten stand, in besonders reichem Maaße auf der Internationalen Elektrischen Ausstellung in Wien der Fall. Diese Ausstellung hat viel dazu beigetragen, das Publicum mit dem Wesen der elektrischen Kraftübertragung vertrauter zu machen.

Während man bis dahin, nicht nur außerhalb der Fachkreise, immer noch geneigt war, diese Art der Kraftübertragung vom praktischen Standpunkte mit Mißtrauen zu betrachten, und dieselbe für nicht mehr als ein wohlgelungenes Experiment der Theoretiker gelten lassen wollte, ist nunmehr die praktische Anwendbarkeit des elektrischen Stromes in dem betreffenden Sinne zur Evidenz bewiesen. Nicht zum geringsten Theile hat hierzu auch die von Siemens & Halske gebaute elektrische Eisenbahn beigetragen, welche den Praterstern mit der Rotunde verband. Als

Beweis für diese Thatsache konnte schon die ungemein starke Frequenz der Bahn von Seiten des Publicums gelten, der zufolge noch einige Zeit vor Schluß der 2½ Monate dauernden Ausstellung der aus dem Betriebe derselben resultirende Ertrag sich bereits als Reingewinn herausstellte, indem die Kosten der Anlage vollständig gedeckt waren.

Der Bahnhof dieser 1,7 Kilometer langen Eisenbahn befand sich vor dem Nordportale der Rotunde. Die Stromzuleitung von den primären in die unter den Waggons mit 30 Plätzen angebrachten secundären Dynamomaschinen erfolgte durch die Schienen. Bemerkenswerth war herbei die neuartige sogenannte Compound-Wickelung, welche die beiden Generatoren (Siemens'sche Dynamomaschinen) zeigten. Die letzteren wurden durch eine Dampfmaschine von 60 Pferdekräften angetrieben.

Ein lebhaftes Interesse erregte ferner der durch eine Dumont'sche Centrifugalpumpe erfolgende Betrieb der im Centrum der Rotunde befindlichen großen Fontaine, wobei die erstere durch eine 30 Pferdestärken übertragende Gramme'sche Dynamomaschine bewegt wurde. Vorzüglich beachtenswerth war unter den übrigen Ausführungen elektrischer Kraftübertragungen der von Freißler ausgestellte elektrische Aufzug, welcher insofern eine von dem beschriebenen Siemens'schen Aufzuge abweichende Anordnung zeigt, als der Antrieb nicht durch eine mit dem Fahrstuhl in Verbindung stehende secundäre Maschine erfolgt, sondern das Windewerk, dessen Kette den Fahrstuhl trägt, mittels eines Zahnradgetriebes von einer feststehenden secundären Dynamomaschine bewegt wird.

Nicht minder erfolgreich trat die elektrische Kraftübertragung in ihrer Anwendung zum Betriebe von Arbeitsmaschinen auf. So wurde eine Buchdruckschnellpresse der Steyrermühl-Gesellschaft mittels einer Gramme'schen Maschine angetrieben; eine Gewehrschloß-Einlaßmaschine der österreichischen Waffenfabriks-Gesellschaft, sowie zwei Polirmaschinen der Abtheilung für Galvanoplastik wurden von Schuckert'schen Dynamomaschinen bewegt. Außerdem sah man eine Tiegeldruck-Schnellpresse, mehrere Schweifmaschinen für Holzbearbeitung, eine größere Anzahl von Werkzeugmaschinen und einen Ventilator, welche auf die gleiche Weise angetrieben wurden. Zum Betriebe einer Dreschmaschine wurden die hierfür verwendeten Accumulatoren von einer Dynamomaschine geladen, die ein Halladay'scher Windmotor in Bewegung setzte. Sogar ein durch Accumulatoren betriebenes dreirädriges Velociped fehlte nicht, das die Electrical Power Storage Company ausgestellt hatte. Von weit höherem

Interesse war indeß das elektrische Boot der genannten Gesellschaft, welches in den letzten Wochen der Ausstellung täglich auf dem Donaucanal verkehrte. Allerdings war dies keineswegs der erste Fall, in welchem die Elektricität mit Erfolg als Betriebsmittel der Schiffahrt benutzt wurde. Mit Rücksicht auf die hohe Bedeutung, die von vielen Seiten der Anwendung der elektrischen Kraftübertragung zur Fortbewegung der Wasserfahrzeuge beigemessen wird, soll im Folgenden auf diesen Gegenstand etwas näher eingegangen werden.

Die elektrische Schiffahrt stellt eine der ältesten Fragen auf dem Gebiete der Elektrotechnik dar. Ein deutscher Physiker war es, der es zuerst unternahm, einen derartigen Versuch praktisch auszuführen. Moritz Hermann v. Jacobi construirte eine elektromagnetische Maschine, die den Strom von 128 Grove'schen Elementen erhielt und mit welcher er im Jahre 1839 auf der Newa ein mit Schaufelrädern versehenes Fahrzeug in Bewegung setzte. Die hierbei auftretenden Uebelstände, welche den Erfinder veranlaßten, sein Project aufzugeben, beruhten einerseits auf dem Erforderniß einer im Verhältniß zur Arbeitsleistung enormen Stromstärke, anderseits auf der zugleich lästigen und gesundheitsschädlichen Wirkung der bei dieser Art der Stromerzeugung außerordentlich reichlich entwickelten Dämpfe. Noch weniger glücklich fiel 25 Jahre später das auf einem der Seen des Bois de Boulogne angestellte Experiment des Franzosen De Mollins aus, der sich eines Motors nach Froment's System bediente, um ein gleichfalls mit Schaufelrädern versehenes Boot durch den Strom von 20 Bunsen'schen Elementen zu betreiben. Mehrfache, nur zum Theil bekannt gewordene Versuche sind in neuerer Zeit auch in Deutschland gemacht worden, um den Strom einer elektro-dynamischen Maschine auf eine Schiffsschraube wirken zu lassen. Von Gustave Trouvé wurde gelegentlich der Pariser Elektricitäts-Ausstellung ein Boot von 5,5 Meter Länge, 1,2 Meter Breite und einem Gewichte von 80 Kilogramm durch einen elektrischen Motor (im Princip eine Siemens'sche Dynamomaschine mit Cylinderinductor), der den Strom von 12 Bunsen'schen Elementen erhielt, fortbewegt. Namentlich durch die im September 1882 von den Ingenieuren der Electrical Power Storage Company auf der Themse angestellten Versuche, bei welchen der Strom durch Sellon-Volkmar'sche Accumulatoren geliefert wurde, hat sich in neuester Zeit die öffentliche Aufmerksamkeit in erhöhtem Grade der Frage der elektrischen Schiffahrt zugewendet.

Im Folgenden ist eine eingehendere Beschreibung und in Fig. 351 bis 353 eine Längen- und zwei Querschnittzeichnungen des von derselben Gesellschaft in Wien ausgestellten, bereits erwähnten Bootes gegeben. Dieses aus Stahlblech hergestellte, 12,5 Meter lange und 1,55 Meter breite Boot mit 0,6 Meter Tiefgang bietet bequem für 30 bis 40 Personen Platz. Im hinteren Theile desselben, unter dem Fußboden, befindet sich der Elektromotor, eine Dynamomaschine D, Typus D_2 von Siemens Brothers in London, deren Trommelinductor mit dem zweiflügeligen Propeller auf einer gemeinschaftlichen Welle sitzt; diese Maschine empfängt ihren Strom aus 78 Faure-Sellon-Volkmar-Accumulatoren A, die unter den Sitzbänken und theilweise auch im Kielraume

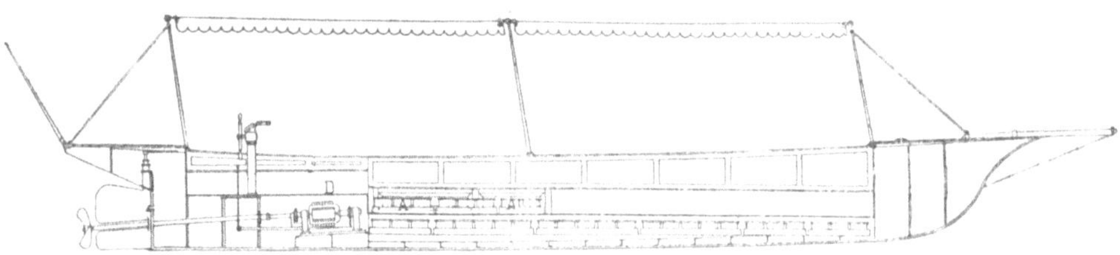

Fig. 351—353. Elektrisches Boot der Electrical Power Storage Company.

des Bootes untergebracht sind. Jeder Accumulator, aus 18 Paar perforirter, 3 Millimeter starker, 130 Millimeter hoher und 180 Millimeter langer Bleiplatten in einem würfelförmigen Glasgefäße bestehend, wiegt 37 Kilogramm; die Gesammtheit derselben macht einen wohlberechneten Theil des Schiffsballastes aus.

Selbstverständlich ist die secundäre Dynamomaschine mit Schaltvorrichtungen versehen, um entweder alle Accumulatoren oder nur eine gewisse Anzahl derselben in den Stromkreis zu schalten, oder auch den Strom ganz abzusperren. Diesen Apparat bedient der Steuermann in bequemster Weise gleichzeitig mit dem Steuer, sodaß in der That nur ein Mann zum Betriebe des Fahrzeuges erforderlich ist.

Die zur Ladung der Accumulatoren dienende primäre Maschine war im vorliegenden Falle sammt der sie betreibenden Locomobile von 10 Pferdekräften am Lande, in einem wenige Schritte unterhalb der

Sophienbrücke am Prater-Ufer des Donaucanals erbauten Schuppen untergebracht. Nach erfolgter Ladung sind die Accumulatoren im stande, das Boot mit dem für eine sechsstündige Fahrt ausreichenden Kraftbedarf zu versorgen, wobei sich die Geschwindigkeit des Bootes, welches exact und leicht dem Steuer gehorchte, als eine sehr gleichmäßige erwies und bei der Thalfahrt die ansehnliche Ziffer von 4 Meter pro Secunde (14,4 Kilometer in der Stunde) erreichte.

Aus den im Vorstehenden angeführten Beispielen geht unwiderleglich hervor, daß man heute der praktischen Lösung des Problems der elektrischen Kraftübertragung zum mindesten schon sehr nahe gekommen ist. Der Ueberzeugung, daß dieselbe berufen ist, in Zukunft in der Industrie und im Verkehrsleben eine wichtige Rolle zu spielen, wird sich niemand verschließen können, der mit Aufmerksamkeit dem bisherigen Entwickelungsgang derselben gefolgt ist.

Wir wollen diesen Abschnitt nicht schließen, ohne noch einen Blick auf das von Dr. Werner Siemens entworfene Project einer elektrischen Stadtbahn für Wien geworfen zu haben. Diese speciell für Personenbeförderung bestimmte Bahn hat den Zweck, als Mittelglied zwischen der Pferdebahn und einer von Fogerty projectirten Gürtelbahn sämmtliche Wiener Bezirke unter sich und mit der inneren Stadt zu verbinden, um dadurch allen Verkehrsbedürfnissen vollkommen zu entsprechen. Das Siemens'sche Project ist unter der Voraussetzung entstanden, daß einerseits die Pferdebahn sich auf den Kleinverkehr zu beschränken habe und daß anderseits die Gürtelbahn dazu berufen sein werde, den Verkehr der Stadt mit den Vororten zu vermitteln, wonach der Stadtbahn die Aufgabe zufallen würde, ausschließlich dem Localverkehr innerhalb der Stadt, aber auf weitere Entfernungen und besonders für solche Punkte zu dienen, wohin die Pferdebahn nicht gelangen kann. Es sind daher für die breiten Straßen zweigeleisige, leicht gebaute Viaducte von 2,5 Meter Basis und für die engeren Straßen 5,5 Meter breite Tunnel in Aussicht genommen. Für einen möglichst raschen Verkehr soll durch stete Aufeinanderfolge einzelner Wagen mit sehr compendiösen Motoren gesorgt werden, denen die treibende elektrische Kraft von Centralstellen aus in einem ununterbrochenen Strome zugeführt wird. Mit der Verwirklichung dieses Planes wird die junge Betriebskraft, die bereits so schöne Triumphe gefeiert und unserem Zeitalter sein typisches Gepräge verliehen hat, für ihre Stellung als Rivalin des Dampfes ein neues, ansehnliches Terrain erobert haben, denn voraussichtlich wird sich an eine so umfangreiche Ausführung eine lange Reihe gleichartiger Ausführungen anschließen. Selbst wenn jedoch die kühnen Erwartungen, die man heute, dem Fortschritt der Zeiten vorauseilend, an die Leistungsfähigkeit des elektrischen Stromes als treibendes Agens knüpft, sich nicht in jedem Sinne erfüllen sollten, so sind doch schon jetzt hinreichend sichere Grundlagen für die stetige Weiterentwickelung der ausschlaggebenden Fragen geschaffen und anderseits haben die in überraschend schneller Aufeinanderfolge hervorgetretenen Erfindungen der letzten Jahre selbst dem ruhig beobachtenden Blicke ein so weites Feld der Möglichkeiten erschlossen, daß kaum noch irgend eine Aufgabe auf den hier in Betracht kommenden Gebieten von vornherein als unlösbar bezeichnet, vielmehr jedem ernsten Bestreben innerhalb der betreffenden Fachkreise und im Publicum eine vorurtheilsfreie Beachtung geschenkt werden sollte.

Alphabetisches Sachverzeichniß.

Namen-Register.

Kolibri 360 GmbH
Ferdinand-Jühlke-Straße 7
99095 Erfurt, Deutschland
produktsicherheit@kolibri360.de